生态建设与改革发展

# 2020 林业和草原重大问题调查研究报告

**Reform and Development:**
Research Reports on China's Major Forestry and Grassland Issues

国家林业和草原局发展研究中心　编



中国林業出版社
·北京·

**图书在版编目（CIP）数据**

生态建设与改革发展：2020年林业和草原重大问题调查研究报告 / 国家林业和草原局发展研究中心编. —北京：中国林业出版社，2021. 11

ISBN 978-7-5219-1525-9

Ⅰ. ①生… Ⅱ. ①国… Ⅲ. ①林业经济-经济发展-研究报告-中国-2020 ②草原建设-畜牧业经济-经济发展-研究报告-中国-2020 Ⅳ. ①F326. 23 ②F326. 33

中国版本图书馆CIP数据核字（2022）第001677号

---

**出版** 中国林业出版社（100009 北京西城区刘海胡同7号）

**E-mail** forestbook@163. com **电话** （010）83143543

**发行** 中国林业出版社

**印刷** 三河市双升印务有限公司

**版次** 2021年12月第1版

**印次** 2021年12月第1次

**开本** 889mm×1194mm 1/16

**印张** 24

**字数** 642千字

**定价** 128. 00元

# 2020年林业和草原重大问题调查研究报告

## 编辑委员会

# 前　言

调查研究是重要的马克思主义思想方法和工作方法，也是保证科学决策、实现正确领导的基本条件。国家林业和草原局高度重视调查研究工作，经济发展研究中心（2021 年 11 月改为发展研究中心）从 2006 年开始，每年组织开展重大问题调查研究，为林草事业改革发展提供了有力的决策支撑。

2020 年，局重大问题调查研究深入贯彻习近平新时代中国特色社会主义思想，坚持问题导向和目标导向相结合，落实全国林业和草原工作会议精神，服务林草改革发展大局，在林草重大改革、林草业与国家重大发展战略、生态保护修复制度与政策、国家公园体制研究、林草业高质量发展等 5 大领域形成 17 个重大问题选题。承担重大问题调研的单位认真制定调研方案，改进工作作风，深入基层，深入群众，广泛听取各方面意见建议，精心组织撰写调研报告。

这些重大调研成果，为推动国家公园体制试点、草原保护修复制度创新、黄河流域林草高质量增长、林草生态扶贫机制构建等提供了重要决策参考，服务决策能力稳步提升。为进一步用好调研成果，将这些调研报告汇编成册很有意义，希望为完善林草工作提供重要参考。

2021 年是“十四五”开局之年，我国林业草原改革发展任务十分繁重，碳中和碳达峰的林草贡献、森林草原国家公园“三位一体”协调推进、林草高质量发展等重大问题还需深入研究。要求我们坚持以习近平新时代中国特色社会主义思想为指导，认真贯彻落实习近平生态文明思想，提升调查研究能力，把调查研究贯穿于科学决策、政策执行和政策评估全过程，推动林草事业高质量发展。调查研究要紧紧围绕新时期林草中心工作，加强基础性、战略性、前瞻性问题研究，科学分析问题、深入研究问题，不断提高调查研究工作质量。调查研究要注重实际效果，力戒形式主义，不断改进工作作风，坚持问计于民，丰富调研手段，创新调研方式，提高调查研究的针对性和科学性，提出更有针对性的政策建议，努力推动林草事业高质量发展。

编　者

2021 年 12 月

# 目　　录

## 林草重大改革



## 林草业与国家重大发展战略



## 生态保护修复制度与政策



## 国家公园体制研究



## 林草业高质量发展

# 林草重大改革

# 国家重要湿地管理制度建设研究

**摘要：**建立国家重要湿地管理制度体系，是落实党中央关于生态文明建设决策部署的重要举措，是全面保护湿地、稳步提升我国湿地保护管理能力的必然要求，是推进湿地分级管理工作的迫切需求。选取近年来湿地保护分级管理工作完成较好的省份和存在较大困难的省份，实地调查国家重要湿地保护管理成效与现状，分析得出国家重要湿地管理现阶段面临的威胁。与基层湿地管理人员和多方面专家进行线上研讨，探讨加强国家重要湿地保护管理的相关政策、措施、手段，分析加强国家重要湿地保护管理的主要方向，提出完善国家重要湿地保护管理的有效途径。

## 一、我国国家重要湿地管理制度研究基本情况

### （一）国家重要湿地管理制度研究背景

我国自1992年正式加入《湿地公约》以来，积极认真履行国际公约，中央政府对湿地保护管理工作的重视程度不断加深。2000年，由国家林业局牵头，外交部、财政部等国务院17个部门共同参与制定的《中国湿地保护行动计划》颁布实施。该计划首次对国家重要湿地的认定标准以及标准的使用准则等内容做出了规定，并据此在全国范围内确定了173块国家重要湿地，以附录的形式对社会进行了公布。但是，该名录只公布了湿地名称，没有公布边界、范围、四至和责任主体等具体信息，与湿地保护管理新形势、新要求不相适应。

2009年以来，国家林业局湿地保护管理中心（2018年4月以后为国家林业和草原局湿地管理司）在黑龙江等22个省（直辖市）开展了71处国家重要湿地确认，当时还未对确认方法、确认内容、确认标准等做统一规定，各省使用的确认标准不尽一致。2011年，我国颁布实施了国家标准《国家重要湿地确定指标》（GB/T26535—2011），该标准规定了确定国家重要湿地的指标及其解释等，但国家重要湿地名录发布工作一直没有再启动。通过国家林业局于2009—2013年组织完成的第二次全国湿地资源调查，我国掌握了大陆范围内162块国家重要湿地的面积、类型、边界、四至等关键信息。客观上说，这只是当时一个部门内部划定的边界，没有得到地方政府的认可，也没有得到国务院有关部门的认可。

2013年，国家林业局颁布《湿地保护管理规定》，要求国家林业局会同国务院有关部门划定国家重要湿地，并制定国家重要湿地的划分标准。因此，推进国家重要湿地的认定和落界是当前

极为迫切的任务。

**(二)国家重要湿地管理制度研究进展**

国家林业和草原局湿地管理司以落实《湿地保护修复制度方案》(以下简称《制度方案》)为契机，将《国家重要湿地认定和名录发布规定》(以下简称《规定》)作为贯彻落实《制度方案》的一项具体制度。

2017 年 6 月 22 日，国家林业局湿地保护管理中心在江西南昌召开专门会议，总结各地发布省级重要湿地名录的做法和经验，正式启动《规定》编制工作，进一步推进国家重要湿地的认定和落界。2017 年 7—9 月，湿地保护管理中心对已发布省级重要湿地的福建等 11 个省(直辖市)开展了湿地分级管理情况调研，指导各地加快制定省级重要湿地认定标准和相关管理办法，推进省级重要湿地名录发布。

2018 年以来，国家林业和草原局加大了国家重要湿地认定工作的推进力度。组织起草了《规定》初稿，经多次征求意见和修改完善，于 12 月 13 日，经国家林业和草原局第六次局务会审议通过。

2019 年 1 月 29 日，国家林业和草原局正式印发《规定》，明确了国家重要湿地认定的申报条件和程序，规范了申报材料，为完善湿地分级管理体系奠定了良好基础，开启了我国管理国家重要湿地的新历程。2019 年以来，湿地管理司以司函部署各地积极开展申报工作；召开专门会议对国家重要湿地管理存在问题进行了多次研究，提出了规范管理的建议；并部署开展了《国家重要湿地管理办法》(以下简称《管理办法》)起草工作。

2020 年 6 月 1 日，国家林业和草原局正式印发《国家重要湿地名录》，全国共有 29 处湿地列入《国家重要湿地名录》，总面积 25.11 万公顷，涉及已建立的 12 处湿地自然保护区，17 处湿地公园。通过《国家重要湿地名录》的发布，划定了湿地保护管理边界范围，明确了管理主体，进一步明晰了区域内的湿地名称、类型、面积、野生动植物资源、土地权属与土地利用类型等相关信息，对于依法加强湿地保护管理具有重要意义。

**(三)国家重要湿地管理制度研究必要性**

**1. 落实党中央关于生态文明建设决策部署的重要举措**

湿地保护修复是习近平总书记提出的“绿水青山就是金山银山”“山水林田湖草是一个生命共同体”等理念在生态文明建设领域的重要组成部分。党中央、国务院高度重视湿地保护，明确把“湿地面积不低于 8 亿亩”列为到 2020 年我国生态文明建设的主要目标之一，党的十九大报告也作出了“强化湿地保护和恢复”的重大部署。林草系统在社会主义生态文明建设中肩负着重要的职责和使命，湿地保护修复是林草工作的中心任务之一。

2016 年 11 月 30 日，国务院办公厅正式印发《制度方案》，要求“国务院林业主管部门会同有关部门制定国家重要湿地认定标准和管理办法，明确相关管理规则和程序，发布国家重要湿地名录”，这是我国生态文明体制改革的全新成果，为完善湿地保护管理制度建设奠定了良好基础，开启了全面保护湿地的新篇章。

2018 年 3 月，中共中央印发的《深化党和国家机构改革方案》中提出组建国家林业和草原局，并明确了国家林业和草原局湿地保护管理的职责；9 月，中共中央办公厅、国务院办公厅关于印发《国家林业和草原局各司局职能配置、内设机构和人员编制规定》的通知中指出湿地管理司主要职责包括：发布国家重要湿地名录，管理国家重要湿地等，进一步明确了林草系统开展湿地保护管理的主要工作。国家重要湿地制度建设是开展湿地保护分级管理的重要基础，也是按照国家林业和草原局“三定”规定，管理国家重要湿地的基础工作。

**2. 提升我国湿地保护管理能力的必然要求**

湿地是“地球之肾”，既是独特的自然资源，又是重要的生态系统，在净化水质、调节气候、维护生物多样性、蓄洪防旱、储碳固碳中发挥着不可替代的作用。健康的湿地生态系统，是区域生态安全体系的重要组成部分和经济社会可持续发展的重要基础。我国是世界上湿地资源最丰富的国家之一，居亚洲第一位，世界第四位，包括沼泽湿地、河流湿地、湖泊湿地、人工湿地和近海与海岸湿地等5类34型。截至2020年年底，全国共有国际重要湿地64处，湿地自然保护区602个，国家湿地公园899个，湿地保护率达52.19%，初步形成了以湿地自然保护区为主体的湿地保护体系。从第二次全国湿地资源调查情况看，全国湿地生态环境呈现改善态势。但是，近年来，随着我国人口的急剧增长、工农业及城乡经济的高速发展，我国湿地不断遭到开(围)垦、污染、淤积、资源过度利用、外来物种入侵等威胁，湿地面积持续萎缩、功能不断退化、物种逐渐减少，保障经济社会可持续发展的作用下降。我国湿地不断遭到破坏，这意味着目前我国湿地保护管理相关制度规范的不健全。建立国家重要湿地管理制度体系，是全面保护湿地、稳步提升我国湿地保护管理能力的必然要求。

**3. 推进湿地分级管理工作的迫切需求**

自2016年《制度方案》正式印发以来，各地区、各部门积极贯彻落实《制度方案》，扎实推进湿地分级管理工作。然而，针对如何科学开展湿地分级管理工作，我国目前尚无行之有效的制度规范，湿地主管部门在实际工作中依然面临着“怎么管”、事权与支出责任划分等问题，导致我国湿地生态功能仍然呈现不断恶化态势。不同地域和类型湿地在自然生态系统中的重要程度和功能价值并不相同，所面临的威胁程度也各不一致，应尽快根据生态区位、生态系统功能和生物多样性等对湿地资源进行合理有效的分级，按照科学的优先顺序对不同级别的重要湿地采取相应的管理措施。国家重要湿地管理制度是解决我国国家重要湿地管理工作中所面临主要问题的有效途径。国家重要湿地管理制度将进一步以法律形式对国家重要湿地的范围加以界定，清晰划分中央和地方各级人民政府及其有关部门的事权与支出责任，明确下一步工作重点，推动各项湿地保护管理措施的有效实施，从而为开展国家重要湿地优先保护提供依据，确保湿地生态系统得到有效改善。因此，建立国家重要湿地管理制度，是推进湿地分级管理工作的迫切需求。

## 二、典型案例分析

### (一)广东省深圳市福田区福田红树林国家重要湿地

**1. 福田红树林湿地基本情况**

福田红树林湿地位于深圳湾东北部，面积367.64公顷，属近海与海岸湿地中红树林湿地，具有重要的保护价值。福田红树林湿地动植物资源丰富，其内有高等植物172种，其中红树植物9科16种，红树林带长约9千米，平均宽度约0.7千米；每年有近200种10万多只候鸟在此栖息和越冬，是东半球候鸟迁徙通道上的重要栖息地和“加油站”，在全球生态系统中占有重要位置。

福田红树林湿地具有较高的社会经济价值，湿地拥有着独特的生态景观与文天祥的爱国历史背景，不仅吸引了众多游客，为市民亲近自然提供了便利条件，而且有利于提高市民的环保意识和爱国意识，是开展科普教育和爱国主义教育的重要基地。

**2. 福田红树林湿地保护管理现状**

福田红树林湿地的管理机构目前具备一定的组织基础、群众基础、社会基础和物质基础，能将资源保护管理的目标落实到日常工作中。

（1）物种和生境管理。近年来，管理部门对物种及其栖息地的保护和管理高度重视，大力开展外来物种清除和红树林湿地重建工作。管理局对薇甘菊、海桑和无瓣海桑进行了多次清除，保护红树林及鸟类所特有的生存环境，并且在实验区以及海滨生态公园沿岸多次进行林相改造和红树人工种植的实验，修复受损湿地，湿地内生物多样性有所增加。

（2）保护执法。管理部门在全面贯彻各项法律法规的前提下，先后制定了各种规章制度，强化自然资源的保护管理，实行预防为主、防打结合的方针，有效地防范了非法入境人员乱捕滥猎、乱砍盗伐、乱采滥挖的违法行为，维护了区内野生动植物和景观资源的安全，取得了较好成绩。

（3）宣传教育。福田红树林湿地利用有利的区位优势，积极开展宣传教育工作，在区内设置科普教育场所及设施三处：滨海生态公园、观鸟屋和红树林湿地展览馆，以此为平台进行生动的科普教育，曾获“深圳市环保教育基地”和“广东省深圳市科普教育基地”的称号。

（4）科研提升。福田红树林湿地内设有科研室，主要负责区域内的生态环境因子监测、珍稀野生动植物物种监测、人类活动对生态环境影响的监测，与香港城市大学、中山大学、厦门大学、华南师范大学、广东省昆虫研究所等科研院所合作，先后开展了多项科研工作，为保护区的发展与管理及周边城市建设的环境评价提供了可靠的科学依据和良好的技术储备。保护区还定期举办各类培训活动，通过“请进来”“走出去”等方式，大大提高了科技人员的业务素质和文化素质，对保护管理水平的提高具有积极的促进作用。

**3. 福田红树林湿地现阶段面临的威胁**

近年来，由于人类活动，全球红树林面积正在以每年 1%～2%的速度下降。我国从 20 世纪 50 年代至 20 世纪末，全国红树林面积锐减了 55%。尽管福田红树林湿地在保护和发展事业上取得了一些成效，总面积呈缓慢上升趋势，但仍存在诸多问题。

（1）发展与保护矛盾突出。福田红树林湿地是全国唯一处于城市中心的红树林湿地，对提升深圳的生态环境指标和城市品位具有重要作用。红树林湿地主要分布在经济相对发达的沿海地区，而沿海地区又是广东省经济社会发展的重点区域，随着改革开放的深入推进和地方经济发展需要，沿海地区开发强度逐年加大，红树林被占用或破坏的情况还时有出现，红树林资源保护和开发利用的矛盾日益突出。一是占用红树林情况较严重。沿海地区居民主要收入来源是捕捞和养殖业，随着人口的增长和为了提高生活水平，不可避免的扩大生产经营区域；另外，沿海地区人多地少，建设用地需求旺盛，地方一些项目需要通过围填海使用红树林滩涂湿地，致使部分红树林区域被征占用，导致红树林一边种植，一边被利用，红树林面积扩展缓慢。二是经济高速发展造成严重污染。水污染：深圳湾沿岸的部分城市排污系统尚不完善，导致深圳湾红树林滩涂处于中度以上污染状态，而红树林内的铜、汞等重金属含量，均超出国家地表水 V 类水质标准，水环境质量的下降严重影响到河口湿地的生长发育以及底栖生物和鸟类的生存，红树林生境已经受到威胁和破坏；大气污染：城市大气中硫氧化物以及氮氧化物等污染物的浓度较高，一定程度上影响了红树林生态系统正常的生存和发展，对区内动植物构成危害；噪声污染：滨海大道和广深高速等快速路上车辆行驶和人类活动所产生的城市噪声污染程度较强，鸟类的迁徙、觅食和栖息都受到干扰；光污染：湿地周边的车辆、路灯以及建筑物等所排放的光污染也日趋严重，已经成为影响红树植物和鸟类正常生长活动的重要因素。

（2）红树林保护修复科研滞后。一是缺乏红树植物造林的科技支撑。目前，对红树林的群落生态学和造林学虽然有一定的研究，但一些红树林造林关键性技术仍尚未突破，如红树林育苗、高盐分、高潮位滩涂的营造技术，外来红树林树种对海岸带生态系统影响评估，高效红树林体系配置技术等。二是红树林科研成果转化、利用率较低。现有的红树林科技成果、先进的造林模式和方法，由于造林用地落实困难、投资标准过低等原因，暂时未能得到广泛地应用和推广，在一定程度上制约了红树林造林质量和效益发挥。三是缺乏红树林湿地生态系统修复的技术规程。目前，我国还没有专门针对红树林湿地生态系统修复的技术规程，由于管理人员缺乏对红树林生态系统修复的认知，以及得不到专业的技术指导，导致大多已开展或已完成的红树林修复项目仅以确保红树林成活率为目标。

（3）红树林保护修复缺乏资金保障。红树林生长环境特殊，致使红树林恢复造林难度大、技术要求高、加上台风、风暴潮等自然灾害因素影响，人工造林的成活率和保存率都很低，需要多次补植复种，抚育管护难，因此造林成本高，以当下实际成本核算，红树林造林直接费用平均在每公顷22.5万元以上，后续补植费用约为每公顷每次5万~10万元。此外，现有红树林适宜恢复地以红树林宜林养殖塘为主，养殖塘作为沿海地区当地居民赖以生存的支柱，较好的经济收入导致这部分宜林养殖塘的业主退塘还林意愿不强，退塘还林也需要大笔的补偿费用。然而，当前红树林恢复造林的投入可谓是“杯水车薪”。不论是开展红树林资源保护或营造人工红树林资源，均需要大量的资金，目前我国对红树林资源保护与发展投入的资金远远不能满足实际的需要。由于缺乏资金保障，许多红树林保护项目和行动难以实施，已建立的红树林自然保护区不能发挥其正常的保护功能，必要的红树林基础研究难以进行。

（4）红树林保护管理体制不顺。一是红树林保护管理法制不健全。截至目前，国家在红树林保护方面还没有一部国家层面的专门立法对其进行系统、全面的规范。目前，保护区在红树林保护管理方面所参照的现行法律法规，散见于《广东省林地保护管理条例》《广东省湿地保护条例》等，但由于内容过于笼统、制度不够完善、可操作性不强等原因，不能满足对红树林湿地资源的系统保护和合理利用的要求。二是存在多头管理现象。由于红树林湿地资源分布区域的特殊性，因此在红树林湿地资源保护方面涉及自然资源、海洋、水利、生态环境等多个部门，关系多方利益，不同部门在红树林湿地保护、利用、监管方面职责和权力不同、目标不同、利益不同，使得各自为政、各行其是的矛盾比较突出，造成红树林湿地资源的多头管理现象，进而严重影响到红树林湿地资源科学管理和合理利用，同时红树林多数未确权发证，权属不清，致使毁林建塘、建筑侵占等蚕食红树林的现象时有发生。

（5）红树林监测网络不健全。目前，广东省红树林湿地监测网络体系尚不健全，已开展监测的红树林区域仍比较少，并未实现对红树林湿地生态状况的实时在线监测，无法全面掌握全省红树林湿地的生态状况和变化趋势，无法实现动态监测并及时采取有针对性的保护措施。

（6）红树林外来物种入侵问题仍未有效解决。1993年10月，国家“八五”攻关项目红树林课题组将海桑和无瓣海桑从海南成功引种到深圳湾并不断适应深圳湾生境，由于无瓣海桑的生长较快、植株高大、根系发达等因素，至2006年夏季以后，以海桑和无瓣海桑为主的外来物种呈现快速蔓延之势，在保护区观鸟屋两侧均发现大片幼苗的扩散和暴发，对林下其他种类的生存可能有抑制作用，导致天然林和海桑林下的生物多样性有所降低。目前，海桑和无瓣海桑已经对本土树种的生存环境造成一定的影响，不少适宜恢复为本土红树林的滩涂被外来物种侵占，本土红树林被侵蚀退化。

**（二）江西省婺源县饶河源国家重要湿地**

**1. 饶河源湿地基本情况**

江西婺源饶河源国家湿地公园位于饶河上游星江河段，公园规划面积346.6公顷，其中湿地面积为320.6公顷，占土地总面积的92.50%。饶河源国家湿地公园是我国东部中亚热带低山丘陵地区湿地的典型代表，湿地类型多样，包括河流湿地和沼泽湿地2类4型。江西婺源饶河源国家湿地公园动植物资源丰富，初步统计，湿地公园共有湿地维管植物58科169属218种；野生脊椎动物34目100科404种。其中，在我国仅分布在江西婺源饶河源国家湿地公园月亮湾区域的蓝冠噪鹛野生种群，被列入《世界自然保护联盟》(IUCN)国际鸟类红皮书2009年名录ver 3.1，属极危(CR)等级动物。

江西饶河源国家湿地公园除了调蓄水源、净化水质、保存物种、提供野生动物栖息地等生态效益以外，与现有的乡村旅游文化资源相结合，同时融合了朱子文化、茶文化、徽州文化等历史文化的人文景观，丰富了旅游文化内涵，拓展了旅游深度，吸引了众多游客，体现了湿地公园深厚的历史文化价值，促进了当地旅游经济发展。

**2. 饶河源湿地保护管理现状**

(1) 湿地保护管理能力建设。江西婺源饶河源国家湿地公园于2015年成立了副科级管理机构，并落实了专门管理人员18人，有效促进了整个湿地公园的保护管理工作。2015年3月，婺源县政府颁布《江西婺源饶河源国家湿地公园管理办法(试行)》，建立了湿地公园管理制度，逐步完善了湿地保护管理制度体系。

(2) 湿地保护与恢复工作。江西婺源饶河源国家湿地公园管理部门在湿地公园范围内开展了植被恢复、控制化肥养鱼及打击非法电、炸、毒鱼工作“百日”集中整治活动，以及渔业、畜禽养殖业面源污染防治工作；并实行流域水资源管理制度，加强了入河排污口的监管，实施了城区污水管网项目。通过湿地保护与恢复工作，湿地公园内水质大部分为Ⅱ类水质，部分地方可达到Ⅰ类水质标准，进一步改善了区域生态系统

(3)科普宣教体系建设。江西婺源饶河源国家湿地公园管理部门建设了湿地科普宣教馆、蓝冠噪鹛科普馆、湿地诗歌文化长廊等科普设施，完善了科普宣教标识标牌系统，制作了导游图和宣传册等宣教资料；并结合“世界湿地日”“爱鸟周”等活动，开展了科普宣传教育、知识讲座、走进湿地等生态文明教育实践活动；逐步构建和完善了江西婺源饶河源国家湿地公园科普宣教体系。

(4)资源的合理利用。通过江西婺源饶河源国家湿地公园的建设，推进了湿地公园婺源城区段“一江两岸”工程，生态旅游服务设施与基础设施建设得到进一步优化，湿地公园各类公共景观和游览场所为周边的社区居民提供了健康休闲的场所，湿地公园逐渐成为婺源生态旅游的重要载体。湿地公园生境及其生物特有性(蓝冠噪鹛)得到较好保护，初步形成了一个以生态保护、生态游览、科普教育为重点的区域，在区域湿地保护与资源合理利用方面具有一定的示范价值。

**3. 饶河源湿地现阶段面临的威胁**

(1)开发利用与生态保护矛盾突出。随着城市建设的扩张和乡村旅游的发展，城市建设范围和旅游建设范围逐渐向湿地公园上游生态环境保存较好的区域发展，游客对于具有生物多样性价值的区域的频繁进入，导致湿地公园整体面临湿地空间缩小和破碎化的威胁。另外，不合理的生活方式对水质和鸟类生存也造成了威胁。湿地公园周边农田化肥与农药的不合理使用，造成了湿地公园面源污染，甚至有可能影响到鸟类的繁殖和生存。如果不尽早合理划定游人和本地居民的活动范围，制止人与自然抢地的行为，这种人口高密度区域的湿地环境一旦遭到破坏，湿地破碎化以后就很难修复。

(2)湿地生物多样性亟须保护。主要栖息在江西婺源饶河源国家湿地公园月亮湾区域的蓝冠噪鹛，受到的人为干扰较为严重，在管理措施和管理方式上需要尽快完善。目前除了科考人员和研究人员以外，摄影师、影视剧组以及其他游客进入相当频繁，蓝冠噪鹛的生活状态和栖息地受到严重干扰。另外，湿地公园水质污染、栖息地缩小、破碎化等问题，也对栖息生活在这里的中华秋沙鸭、白颈长尾雉在内的众多珍稀鸟类和普通水鸟、水禽的生活、繁殖造成了严重影响。

(3)城市用水安全受到威胁。如上所述，城市建设范围逐渐向上游水源地方向拓展、不合理的土地利用方式所造成的面源污染，以及湿地公园周边民居生活污水的直排和垃圾倾倒，都对城市水源地的水质造成了严重威胁。

(4)科研监测水平薄弱。目前，江西婺源饶河源国家湿地公园购置配备了监测设施设备，主要开展了监测频率为 1 次/10 分钟的在线自动监测，并未对湿地资源开展全面地监测工作，监测网络体系建设尚不健全，无法全面掌握公园内湿地资源的生态状况和变化趋势，无法及时采取有针对性的保护措施。另外，由于湿地公园管理人员在湿地公园保护、修复、监测、合理利用等方面缺乏专业知识，导致湿地保护修复科研成果较少，科研工作亮点不突出。

## 三、我国国家重要湿地现阶段存在的主要问题

党中央、国务院以及国家林草局高度重视湿地保护修复工作，各级湿地主管部门在国家重要湿地管理方面已经开展了大量有益工作，并取得了显著成效。但是，我国在国家重要湿地管理制度建设方面依然面临一些困难与问题，主要表现在以下几个方面：

**(一)管理体制不顺**

一是管理主体不够明确。《国家重要湿地名录》现已正式发布，国家重要湿地名称、类型、面积、野生动植物资源、土地权属与土地利用类型等相关信息已经明晰，但是目前对于国家重要湿地的管理主体问题并没有进行明确规定。湿地资源的保护与管理涉及诸多部门，不同部门在湿地保护、利用、监管方面职责和权力不同、目标不同、利益不同，使得各行其是的矛盾比较突出，进而严重地影响到国家重要湿地的保护与管理。因此，国家重要湿地管理目前亟待解决的问题之一就是管理主体的明确，只有明确了国家重要湿地的管理主体，捋顺了部门关系，湿地保护管理措施才能顺利开展，国家重要湿地资源才能得到有效保护。二是管护职责不够清晰。目前，我国尚未对国家重要湿地保护管理工作要求、工作目标、工作任务、支出责任等作出相应具体规定，特别是，对于没有建立保护形式的国家重要湿地，并没有将具体的管护责任落实到管护责任人，也没有提出落实管护责任的具体方式。由于，管护职责的不明确，地方政府对于国家重要湿地

“怎么管”、事权与支出责任划分等问题存在一定的盲目性，管护人员的工作积极性得不到有效调动，国家重要湿地保护管理成效也因此而大打折扣。因此，我国应尽快完善国家重要湿地管理制度，规范工作要求，细化工作任务，明确工作目标，加快推进国家重要湿地的建设与管理。三是法制不健全。目前，湿地生态系统还没有一部国家层面的专门立法对其进行系统、全面的规范。我国在国家层面对于湿地生态系统的现行法律规定，散见于《农业法》《水法》《海洋环境保护法》《渔业法》《海域使用管理法》《自然保护区条例》等法律法规中，国家重要湿地管理者在实际管理中只能套用现行的相关法律法规，但由于内容过于笼统、制度不够完善、可操作性不强等原因，不能满足对国家重要湿地系统保护的要求。因此，我国国家重要湿地在遭遇威胁和破坏情况下，仍无法求得国家法律的救济。因此，建议国家尽快制定出台针对湿地生态系统的专门立法，为国家重要湿地管理者提供切实可行的制度保障。

**（二）发展与保护矛盾突出**

一是水资源过度开发。近年来，随着经济社会高速发展，水资源开发利用规模不断加大，供需矛盾突出，导致湿地面积不断萎缩、湿地生态功能逐渐退化、地表水减少、地下水水位持续下降，出现了众多不同的水生态问题，湿地生物多样性也受到严重威胁，严重威胁着人类的生存环境。二是无序征占和改造湿地。随着人口膨胀、工业化和城镇化进程的加快发展，对土地的需求量日益加大，我国征占湿地的形式也从传统的农业用地围垦迅速扩展到城镇建设、旅游设施建设等基础设施占，越来越多的湿地被无序征占和改造。大规模的湿地征占和改造行为在带来经济利益的同时，又给湿地生态功能和生态系统的结构带来了负面影响，湿地面积不断萎缩，湿地资源也遭到严重破坏。三是湿地生物资源过度利用。主要体现在过度放牧、过度捕捞、人工采砂等活动。由于人们粗放的放牧行为，加速了土壤沙化和盐渍化，调蓄洪水、涵养水源的功能不断下降，碳沉降功能逐渐减弱，生物多样性保育功能逐年衰减。19 世纪以来，由于人们无节制和高强度的破坏性捕捞，鱼类资源受到了严重威胁。另外，人工采砂活动也加剧了对湿地植被和生态环境的影响和破坏。湿地生物资源过度利用，直接导致湿地生态系统失衡，生物多样性显著下降，特别是珍稀水禽数量逐年减少，区域生态状况急剧退化甚至严重恶化。四是水污染不断加重。随着我国经济社会的高速发展，人类足迹也在不断地拓展，越来越多的湿地正在被废渣、废水、废气污染所侵蚀，水污染已经逐渐成为中国湿地面临的最严重威胁之一。许多未经处理的生活污水和工业废水、废渣、废气直接排入湿地，加之来自农业面源污染的压力，水污染的严重程度已经远远超过水体自净能力，绝大多数湿地处在水环境不断污染、生态质量持续恶化的威胁之中。

**（三）动态监督管理机制不健全**

湿地保护管理是我国当前和今后相当长一段时间的重点任务，为了保证国家重要湿地保护管理成效稳步提升，需要尽快建立国家重要湿地保护管理成效动态监督管理机制。目前，我国尚未建立针对国家重要湿地保护管理成效的动态管理机制，国家重要湿地保护管理成效缺乏有效监督，地方政府对于国家重要湿地保护管理的积极性可能也会逐渐消退，从而使得国家重要湿地资源得不到有效保护。

**（四）监测网络体系不完善**

我国国家重要湿地监测网络体系尚不完善，目前，并未实现对国家重要湿地生态状况的实时在线监测，无法第一时间掌握国家重要湿地生态特征变化的相关信息，不能及时针对被损坏湿地资源开展应急处置、损害原因调查、损害情况评估和修复工作，不能有效防止湿地生态系统特征发生不良变化的发生，国家重要湿地资源保护管理存在隐患。因此，我国应尽快开展国家重要湿地智慧监管平台建设工作，对监测数据进行统一管理，为考核各级人民政府落实国家重要湿地保护责任情况提供科学依据和数据支撑。

**(五)科技支撑力量不足**

科技支撑力量不足是国家重要湿地保护管理现阶段面临的突出问题，各地普遍存在科研力量薄弱、专业人员少、科研经费缺乏、科研设施设备落后等困难。地方政府对于如何科学合理开展国家重要湿地保护管理工作依然存在盲目性，湿地保护与修复的技术瓶颈无法突破，一些正在实施的湿地保护修复项目普遍存在科技支撑薄弱、技术含量较低的问题，亟须针对国家重要湿地保护管理发布相关技术指南，并尽快对国家重要湿地的指标进行细化，指导地方政府有序开展国家重要湿地保护管理工作。

**(六)缺乏多领域的专家委员会**

湿地是由水、土地、生物等资源要素和环境要素共同构成的生态、生产、环境及文化等多种功能的综合体，国家重要湿地保护管理工作涉及较多领域专业知识。国家重要湿地保护管理是我国湿地保护管理的核心工作，湿地资源主管部门作为湿地行政事务的具体管理者，行政管理经验丰富，但并不完全具备多领域专业知识。湿地保护管理问题十分复杂，既是环境问题也是文化问题，既是政治问题也是经济问题，既是科技问题也是法律问题，湿地保护管理是多学科交叉的领域，仅仅靠政策研究部门开展国家重要湿地保护管理工作，研究范围较窄，科研力量薄弱，人数也有限。因此，我国应尽快成立多领域、多专业的国家重要湿地专家委员会，进一步推进国家重要湿地的可持续发展。

**(七)缺乏目标责任考核机制**

长期以来，我国没有立法明确国家重要湿地的责任主体，责任主体的缺失或难以确认，致使目标责任考核机制难以推进。不仅造成国家重要湿地保护修复绩效难以评估核算，而且湿地保护修复目标任务未完成、决策失误和保护不力造成国家重要湿地破坏等问题也只能不了了之。《制度方案》提出，“地方各级人民政府对本行政区域内湿地保护负总责，将湿地面积、湿地保护率、湿地生态状况等保护成效指标纳入本地区生态文明建设目标评价考核等制度体系，建立健全奖励机制和终身追责机制”。明确了地方政府和党政领导干部应该承担湿地保护修复的目标责任，实现了用最严格的法律制度保护生态环境的目的。没有量化分解的目标任务，就无法比较任务的完成情况和措施的落实情况；没有考核和监管的目标任务，就无法形成上下联动、部门协作的工作局面；没有奖惩的目标任务，就无法调动每一个人的积极性。目前，我国在落实各级政府和党政领导干部生态保护修复目标责任制方面还没有实质性的举措，对于国家重要湿地保护修复成效的监测评估工作还非常滞后，亟须建立国家重要湿地保护修复目标责任考核机制。科学运用考核结果，充分调动湿地保护管理人员的积极性和创造性，提高工作效率，促进政府部门各项工作逐步走向科学化、民主化、规范化和法制化的运行轨道。

## 四、完善国家重要湿地管理制度的政策建议

坚持以习近平新时代中国特色社会主义思想为指导，坚持“严格保护、动态管理、科学修复、

合理利用”的原则，为进一步深入贯彻落实习近平生态文明思想，稳步推进国家重要湿地的建设与管理，现提出以下政策建议：

### (一)捋顺管理体制

首先，应尽快制定出台国家重要湿地管理办法，进一步完善国家重要湿地保护管理政策，使国家重要湿地保护管理逐步走向规范化和法制化。管理办法应明确国家重要湿地责任主体及其具体的管护职责，规范工作要求，细化工作任务，明确工作目标，特别是，对支出责任要作出明确的具体规定。各责任主体应当配置专业人员和必要的设施设备，制定具体的实施管理计划，细化分解目标任务，负责国家重要湿地日常保护管理工作，维持国家重要湿地的生态特征。其次，应加快推进国家层面的湿地立法工作，从国家层面使国家重要湿地保护有法可依，为国家重要湿地管理者提供切实可行的制度保障。

### (二)优化湿地资源合理利用

在开展国家重要湿地资源利用时，应以“保护优先、科学规划”为首要原则，在资源环境承载能力范围内，维持国家重要湿地原有的生态特征和功能，促进湿地资源利用可持续发展。国家重要湿地应明确保护管理边界，依据不同的保护层次合理划分功能分区，并对不同分区人类活动范围和规范作出具体规定，形成合理的保护与利用空间关系。国家重要湿地责任主体，在开展国家重要湿地资源利用前，应当组织编制相应的资源利用方案。国家重要湿地资源利用方案，应当包含利用活动的必要性、可行性和可持续性，利用活动的方式、范围、规模、时序，生态损害风险预测及应对管理措施等内容。另外，国家重要湿地的保护管理，应当纳入国家和地方各级人民政府国民经济和社会发展规划、国土空间规划、湿地保护规划，并落实到具体地块，做到四至清楚、权属清晰、数据准确。

### (三)严控国家重要湿地征占行为

建议在国家重要湿地保护管理中实行负面清单管理制度，明确规定在湿地区域或周边禁止以及限制实施的湿地征占行为。对于禁止类的湿地征占行为要严格禁止实施，而对于限制实施的湿地征占行为要科学划定湿地资源开发利用类型和上限、限制各类建筑和设施的功能和面积上限等。同时，要随时根据国家重要湿地生态系统承载力的变化，对负面清单内容进行更新并公示，以便湿地资源利用主体及时掌握最新的负面清单内容，从而有效防止破坏湿地资源的湿地征占行为的实施。因建设项目、文体活动等确需征占国家重要湿地的，行为当事人应当就其开展的湿地征占活动对国家重要湿地的生态与景观的影响进行评估，事先针对可能对国家重要湿地造成的不利影响，制定出可以避免或最大限度减少不利影响的减缓措施，尽可能保障被征占湿地免受干扰与破坏。当行为当事人向国家重要湿地责任主体提出湿地征占行为的申请时，应提交征占行为的实施方案、环境影响评估报告、减缓措施报告等申请材料，责任主体应报省级林业和草原主管部门批准，并报国家林业和草原局备案。国家重要湿地责任主体应当全程监督行为当事人在国家重要湿地区域内开展的一切活动，确保其按照批准的实施方案和减缓措施报告开展活动。对于因征占湿地行为造成国家重要湿地生态特征退化甚至消失的，县级以上地方林业和草原主管部门，应当督促和指导国家重要湿地责任主体开展湿地损害原因调查、损害情况评估。国家重要湿地责任主体应当督促、指导行为当事人限期恢复，并向国家林业和草原局和本级人民政府报告。对逾期不予恢复的，由国家林业和草原局通报并会商所在地省级人民政府后，按有关规定处理；确实无法恢复的，应采取更严厉的处罚措施，实行更严格的责任追究办法。

**（四）完善国家重要湿地生态监测网络体系和预警机制**

首先，国家林业和草原局应当加强国家重要湿地生态监测网络体系建设，实现对国家重要湿地生态状况的动态监测，及时掌握生态状况的动态变化，为国家重要湿地保护管理提供实时的数据信息支持，为国家重要湿地保护管理提供科学、准确的决策依据。国家林业和草原局组织开展国家重要湿地生态状况年度监测，及时掌握年度湿地面积、分布、水环境、水量、生物多样性、受威胁状况等变化信息，定期向社会发布监测结果，接受社会监督。省级林业和草原主管部门负责监督本辖区内国家重要湿地责任主体开展生态状况年度监测任务，并向国家和林业草原局提交本辖区内国家重要湿地年度监测报告。国家重要湿地责任主体，按要求开展国家重要湿地生态状况年度监测工作，并按时向省级林业和草原主管部门提供相关资料。其次，国家林业和草原局应当建立国家重要湿地生态状况变化预警机制，加强生态风险预警，确保及时对湿地生态状况的变化做出响应，防止湿地生态系统特征发生不良变化。国家林业和草原局应当定期根据国家重要湿地生态状况监测结果确定生态状况预警级别，并发布预警信息。县级以上地方林业和草原主管部门应及时根据收到的预警信息，及时督促和指导国家重要湿地责任主体开展相应的应急处置工作。

**（五）成立国家重要湿地专家委员会**

湿地分级管理和国家重要湿地名录的确定是我国湿地保护管理中的核心工作，涉及较多领域专业知识。目前，我国尚未成立涉及多领域、多专业的国家重要湿地专家委员会，不利于我国国家重要湿地保护管理工作的稳步推进。因此，我国应广泛吸纳社会力量，尽快成立多领域、多专业的国家重要湿地专家委员会，并在国家重要湿地管理办法中明确其在国家重要湿地保护管理工作中的工作要求与工作任务，从而搭建一个既能充分发挥不同领域专家作用、又能形成合力的平台，充分运用专家学者所具备的专业知识和技术，进一步提升湿地行政管理人员的科学决策水平，使湿地分级和湿地名录更具科学、合理和客观，共同推进国家重要湿地的可持续发展。

**（六）强化科技支撑**

一是加强培训。定期对国家重要湿地保护管理业务人员开展具有针对性地培训，不断提升业务人员的科学技术实力与保护管理业务能力，使国家重要湿地保护管理工作更加科学、有效地开展。二是强化合作交流。国家林业和草原局应统筹协调国内有关湿地资源研究机构、技术专家和国家重要湿地责任主体，建立学术交流平台，加强国家重要湿地保护管理技术交流与合作，大力推广先进技术和经验，为国家重要湿地保护管理提供科技支撑。适时举办国家重要湿地保护管理国际交流活动，积极开展国际合作，引进国外先进的湿地保护理念、技术和经验，向国际社会贡献中国湿地保护修复的理念和方案。三是深化科研工作。建议在国家层面加大科研经费，大力支持国家重要湿地保护管理科学技术研究工作，推进相关先进科技创新成果的推广与应用，进一步提升科学决策水平。四是制定出台国家重要湿地保护修复技术指南。目前，我国迫切需要制定出台针对国家重要湿地生态系统修复的技术指南，来指导国家重要湿地责任主体更加科学、规范地开展湿地保护修复工作。

**（七）建立目标责任考核机制**

我国应尽快建立国家重要湿地保护管理目标责任考核机制，对保护管理的过程细节进行有效控制，对保护管理成效形成有力监督。将国家重要湿地保护管理责任逐级分解细化，科学量化的转换为单项责任最终落实到各地区、国家重要湿地责任主体的各部门，并明确各自的权责利。在责任分解细化过程中，要保证目标方向一致，形成协调统一的目标体系。国家林业和草原局应当对国家重要湿地所在地政府及其责任主体设立年度保护管理目标，依据目标任务完成度进行政绩考评，并按照政绩考评结果对相关责任人进行相应的奖励或处罚；若发生国家重要湿地破坏情况时，应当依据严重程度对主要责任人作出责任追究的决定。另外，应强化平时工作中的跟踪监督，以保证每一项保护管理责任都能落到实处，推动整体目标的实现。科学运用考核结果，充分调动国家重要湿地保护管理责任主体的积极性和创造性，提高工作效率，促进国家重要湿地保护管理各项工作逐步走向科学化、民主化、规范化和法制化的运行轨道。

**(八)加大宣传力度**

目前，我国对于国家重要湿地保护和合理利用宣传教育滞后，广大民众对国家重要湿地价值和重要性缺乏认识，尚未形成自觉保护国家重要湿地的意识。因此，我国应大力推动公众参与，通过多种形式及时宣传报道国家重要湿地保护管理相关政策措施和取得的成效，加强舆论引导和监督，及时回应公众关切。利用“世界湿地日”“爱鸟周”和“野生动物保护月”等时机，拓展宣传平台，通过电视、广播、报刊、自媒体、微信公众号等多种形式，大力宣传国家重要湿地的功能效益和保护管理的重要意义。使广大民众能充分认识到国家重要湿地不可替代的生态价值和社会价值，促使他们在处理眼前利益与长远利益、局部利益和整体利益时，把国家重要湿地的保护放在重要位置，不断提升广大民众的湿地保护意识，增强支持和参与国家重要湿地保护的自觉性，营造全社会关注湿地和呵护湿地的良好氛围。

调 研 单 位：国家林业和草原局经济发展研究中心
课题组成员：苗垠、崔嵬、夏一凡、谷振宾

# 国有森林资源管理体制改革研究

## ——以龙江森工集团为例

**摘要：**天保工程实施20多年来，东北国有林区一直延续着森工时期的森林资源管理体制，木材采伐加工产业因转型不成功而逐步消亡。从长远来看，国有林区经济社会发展不能不依托森林资源，不能不对森林生态系统产生负面影响。森工林区完成政企社分开改革后，地方发展必然对森林资源保护造成压力。因此，当前亟须建立一套全新的国有森林资源管理体制，守住生态保护的底线，同时支持地方经济社会快速发展。天保工程实施以来，黑龙江森工林区国有森林资源管理体制改革探索不断，政企社分开和行政权力移交对森林资源管理体制形成了很大冲击，森工企业管理森林资源的职能弱化是趋势，但在新的管理体制未确立之前，又形成了管理空白。因此，当前亟须明确龙江森工集团所辖林区森林资源的管理体制，建立管理和监管机构。考虑到龙江森工所属23个林业局与地方交错分布的特点，建议采取委托代理模式，将国有森林资源保护管理职责委托给龙江森工集团，并尽快研究具体的管理和监管模式。

## 一、国有森林资源管理体制改革背景与问题的提出

### (一)国有森林资源管理体制改革的背景

黑龙江重点国有林区是我国和东北亚陆地自然生态系统主体之一，是我国维护生态安全的重要屏障。抵御着西伯利亚寒流和蒙古高原旱风的侵袭，使来自东南方的太平洋暖湿气流在此涡旋，为东北平原、华北平原营造了适宜的农牧业生产环境，庇护了全国1/10以上的耕地和最大的草原，是黑龙江、松花江、嫩江等水系的重要发源地和水源涵养区，为中下游地区提供了宝贵的工农业生产和生活用水，大大降低了旱涝灾害发生概率。林区具有森林、草原、湿地等多样的生态系统，适生着各类野生植物近千种、野生动物300多种，是我国保护生物多样性的重点地区，在国家生态保护总体战略中具有特殊地位。同时，林区丰富的植被资源使其成为我国重要的碳汇区，在吸收二氧化碳、减缓气候变暖方面具有重要作用。

黑龙江重点国有林区还是国家重要的木材战略储备基地和森林工业基地，在保障国家生态安全、国土安全、粮食安全、能源安全以及促进绿色增长中具有重要的战略地位。2018年按照《关于中国龙江森林工业(集团)总公司改组方案的批复》(黑委[2018]40号)要求，中国龙江森林工业(集团)总公司改制重组为中国龙江森林工业集团有限公司，于2018年6月30日挂牌运营。黑

龙江省委、省政府将森工集团定位为大型国有生态公益性企业，赋予生态建设、产业发展、林业投资三项功能，首要职责是推进生态文明建设。

**（二）国有森林资源管理体制改革问题的提出**

龙江森工总局改制重组成为国有独资龙江森工集团以来，为贯彻落实中央6号文件精神和国家林草局的部署，龙江森工集团按照“三个有利于”原则和“四分开”要求已全面完成政府行政职能移交、办社会职能改革。中国龙江森林工业（集团）总公司于2018年6月30日与原黑龙江省森工总局分立，改组为中国龙江森林工业集团有限公司，成为国有独资集团公司，在省级层面彻底实现了“政企分开”。森工林区2151项政府行政权力分别移交省直部门、属地8个地市、8个县区，其中，89项森林资源行政权力分级移交省、市、县林草部门，实现资源管理“管办分开”。整建制剥离移交森工林区公、检、法机构和人员，其中，检法机构48家1449人；公安机构29家4273人。

黑龙江省森工总局企业办社会职能改革稳步推进。森工林区剥离移交森工系统教育机构和人员，84所中小学校、7163人移交属地政府。撤销各类事业单位82家，43家事业单位1400人移交省直厅局和属地，37家事业单位转为企业。与林业局属地地方政府签署移交协议，将森工林区486个社区机构职能、27个社保机构移交属地政府。黑龙江省森工总局原有的医疗单位、职业教育与干部教育机构、公积金经办机构、自然资源保护区、实验林场依然留在集团公司，继续按事业单位或现状管理。原总局、管理局机关涉改人员中，375名机关和参公人员由省直部门和属地政府接收安置，原总局近500名离退休职工由省林草局负责服务管理，原“三江”管理局1000多名退休职工正在移交属地政府。

在此背景下，国有林区森林资源管理体制改革，对于黑龙江省国有林区管理体制整体改革的继续深化和推进起到十分重要的作用。为此，课题组在理论研究的基础上，分别在国家林业和草原局驻黑龙江省森林资源监督专员办事处、黑龙江省林业和草原局、龙江森工集团森林资源管理部门；地方政府林业管理部门，海林县、五常县林业局资源、林政管理部门了解森林资源管理体制行政权力移交的文件政策精神；深入森工林区绥阳林业局、亚布力林业局资源管护站进行现场调研，掌握第一手资料，了解资源管理的现状，提出完善国有森林资源管理的政策与建议。

## 二、国有森林资源管理现状

随着我国对森林资源开发的观念不断转变，对森林的利用从过去单一的木材生产为中心、过度消耗资源、低效利用资源的开发利用方式转变为以森林培育为中心、木材生产与多种经营相结合的方式，可以充分发挥森林的生态效益、经济效益和社会效益。2014年，国家林业局开始在东北进行全面停止天然林商业性采伐的试点，并计划全面停止国有林区天然林商业性采伐的政策，表明国有森林资源的生态功能将发挥主要作用，国有森林资源的保护与合理利用变的至关重要。

**（一）国有森林资源资产的权属**

我国的土地资源都实行公有制，包括国有和集体所有。对于国有林区来说，土地资源是公共的，由国家所有，这是我国《宪法》和《森林法》所规定的。国家林草主管部门代表国家对全国的国有林草资源进行管理，并监督林草资源的使用和经营状况。但并不意味着，由国家林草主管部门直接管理和经营国有林区的所有事情。在国有林区，森林资源经营权主体是林区的森工企业、林区职工，以及林区内其他为森林资源增长和恢复付出努力的林区工作人员。森林资源经营权的客体包括：林地上生长的林木、林地内蕴含的矿产和林下资源等(统称为森林资产)。从事生产、销售及资产管理的诸经营权主体所行使的经营权包括直接对林木等资源进行培育、采伐和经营销售，还包括对林区建设生产和生活居住设施等多种经营。具有现代的、广义的资产经营行为。企业生产包含公共产品生产和私人产品生产两个过程，森林存在天然原始林和次生林以及无林地的差异，又存在林地和林木等不同资源类别，这些使国有林区的产权制度更为复杂。国有林区的森林资源产权绝不仅仅包括管理权和代管权，还包括所有权、经营权等不同概念，理清上述概念对国有林区的管理体制改革和资源管理体制改革具有很重要的理论意义。

诸多学者认为政企合一的管理体制导致了森林资源管理中产生责权不明的问题。政府主导地位缺失，企业丧失竞争能力，多头管理，管理效率低下。赵元生(1997)和张道卫(2006)认为政企合一导致权力集中、效率低、激励和约束机制不明。崔海兴(2010)提出政企不分带来自主性缺乏。国内的学术界也对国有林区管理体制改革模式进行了探讨。于长辉和姜宏伟国有林区管理体制改革的总体思路主张“先进行内部政企分开改革，经过一定的过渡期，再实行完全的政企分开”，认为政府职能的作用，即社会行政职能和森林资源管理职能虽由新成立的职能部门接管，但这个新成立的职能部门应该从原来的政企合一的职能部门中剥离，而非直接划归地方政府。

**(二)国有森林资源管理体制改革探索**

国有森林资源管理体制改革在实践过程中也有过不同的尝试，而黑龙江省国有林区主要有以下两种模式的森林资源管理体制改革。

一是仅对森林资源管理体制进行改革的模式，主要对森林资源的监督管理体制改革，建立基层试点。2004年，选取了鹤北、方正等几个具有代表性的林业局，在林业局内部设有专门的森林资源管理部门，外部有林管局驻林业局资源监督机构，各林业局在林场等设立了资源监督站，由此形成了由上到下的森林资源监督管理体系。这一改革存在的主要问题是改革只停留在了机构设置和人员配备上，最为关键的机构性质、经费来源等问题没有真正解决，且新成立的国有林管理局并没有行政执法权，难以承担森林资源管理职能。

二是国有林权制度改革模式，对国有森林资源的经营体制改革。其代表是在黑龙江省伊春林区内“浅山区林农交错、相对分散、零星分布的易于分户承包经营的国有商品林”进行的以商品林资源家庭承包经营为特征的改革。对于国有林林权改革，学术界看法未能统一，李周(2008)认为将一部分国有林改为私有林并不是什么大逆不道的事情，但若将所有的国有林都改为私有林则是不恰当的。詹绍宁(2010)指出国有林权改革中分林会导致国有资产流失、违背林业经济规律、不利于森林经营、拉大职工的贫富差距、维持政企合一的体制等弊端，认为国有林区改革的终极目的不是实行私有化。

目前黑龙江省的林业体制和监督体制十分复杂。中央派驻的森林资源监督机构有2个，一是驻黑龙江省和大兴安岭专员办；二是省森林资源管理局(挂靠在森工总局)逐级向林管局、林业局和林场派出监督机构。伊春林区有一套相对独立的森林资源监督系统，中央派驻监督机构接受国家林业和草原局直接领导和管理，而地方监督系统虽有明确的领导关系，但其人、财、物管理同时受到派出机关和同级林草主管部门(企业)的制约(刘东生，2007)。

**(三)森林资源管理体制改革存在的主要问题**

森林资源管理体制改革经历了许多不同模式的尝试，产生了一些问题。

奚海鹰等(2009)认为在体制上森林资源管理体制改革多从基层试点开展存在系统的局限性，缺乏自上而下的系统性和层次性。关系上面临着多重关系的理顺，主要表现为所有者和经营者、管理与经营、管理与服务、林业与地方的重新认识和定位问题。资源现状看上保护、培育、建设稳定的生态系统任务仍然艰巨与基础设施和实际投入经营抚育经费问题严峻。

刘锦(2014)认为森林资源管理的权力混乱与管理部门的不统一是管理体制的主要问题。此外，对于市场竞争机制的缺乏和不充分利用，林业执法任务繁重，基层办案人员短缺，林政执法力量薄弱等执法力度的欠缺，公众参与的意识不足，以及法律层面上缺乏森林保险法，森林资产评估方面还欠缺相应的法律规章等问题。

朱永杰(2010)认为目前实行的对于国有森林资源的管理体制和强调将资源管理权上收到国家林草主管部门，既达不到有效控制和管理资源的目的，也不能达到对实际代管机构(林管局)控制消耗的目的。

**(四)国有森林资源管理体制改革方向探索**

毛辉等(2014)认为设置什么样的机构、划分什么样的责权、落实哪些费用是森林资源管理体制改革的主题。组建新的即国有林资源管理局，从而实现新体制下的机构重组、权责划分，明确细化工作职能，并且提出森林资源管理机构作为国家政府的执法部门，费用理应由国家全额支付。

探索森林分类经营，国家公益林管理机制，以建设天然林为基点建立生态补偿制度。维护和提升公益林生态功能和对地球环境所发挥的作用；探索商品林经营模式，在维系生态环境的条件下以追逐最大经济效益为出发点，以经营培育工业原料林等工艺林为基点，逐步加大集约经营力度，建立一体化的经营模式，实现可持续经营。

奚海鹰等(2009)探讨现实体制下委托经营管理模式。国家在内蒙古大兴安岭林区，吉林、辽宁、黑龙江森工林区均设有试点单位，明确了委托经营的对象和内容以及权利和义务，还需认真研究其实现的最佳途径和与市场体制相适应的管理模式，逐步实现森林资源管理职能在产权所有的基础上搞好发展规划，开展资源评估，实现调查设计中间运作，对生产经营实施有效监管，促进市场主体多元化。

对于森林资源资产的委托代理，杨清、耿玉德(2002)基于林业分类经营模式，提出以下两种委托代理方式(表1)。

**表1 国有森林资源资产委托代理模式**

| 林分类型 | 委托代理模式 | 经营目标 | 监督机构 | 目标模式 |
|---|---|---|---|---|
| 商品林 | 全民→国家→国家林业和草原局→国有森林资源资产运营公司→各基层商品林经营公司 | 经济效益优先，兼顾生态、社会效益 | 国有森林资源资产监督机构 | 完全委托-完全代理 |
| 公益林 | 全民→国家→国家林业和草原局→各级林业行政主管部门→各公益林经营机构 | 生态、社会效应 | 国有森林资源资产监督机构 | 完全委托-完全代理 |

邵岚(2012)提出建立自上而下的中央垂直管理体系，自上而下从中央、省、森工局3个层面进行分解。在中央层面，依托林草主管部门设立国有林管理总局，负责全国国有林管理；在省级层面，设立某省级国有林管理局(没有省级林管局的，可单独组建)；在森工企业层面，剥离企业管理职能组建国有林管理分局。省级国有林管理局、国有林管理分局作为中央林草主管部门的派出机构，比照中央事业单位进行管理，负责辖区内林业管理，行使行政管理职能。剥离管理职能

后的企业作为独立的市场主体，负责采伐生产、营林生产、病虫害防治、森林防火、林区基本建设工程的具体实施，参与市场竞争。原森工企业(集团)所属森林保护、森林调查设计、林业科研等事业单位纳入国有林管理机构，作为下属事业单位进行管理。

资产化管理，前提是资源管理权和经营权的分离，主要针对商品林资源。孟庆国(2010)提出在森林资源管理、企业之间形成商品交换关系，企业在采伐和利用森林资源时，需向森林资源管理者有偿购买立木资源，缴纳林价后才可以实施采伐。当然，森林资源管理者在对国有森林的具体管理上，可采取：①出售森林资源的采伐利用权，采伐后再雇请有关企业负责森林更新；②仅出售森林资源的采伐经营权，并要求其采伐后及时进行更新，但采伐利用出售权的出卖和森林更新所需费用要单独核算；③部分森林资源整体委托经营，受托企业在受托期内负责森林防火，病虫害防治，林政保护、森林更新等。森林资源管理机构采取什么形式可以根据具体情况确定，通过森林资源商品化经营，解决无偿采伐利用森林资源问题，形成对森林资源消耗的约束机制。

**(五)研究结论**

第一，国有森林资源管理体制改革、国有森工企业改革、国有林区行政职能移交所有的这一切都是中国工业化进程中，国有林经营各利益主体利益的重新分配，因此，国有森林资源管理体制改革必须满足各利益主体的需要，特别是中央政府这个最大利益集团。

第二，国有森林资源是中华民族的世袭财产，因此，国有森林资源管理体制改革必须保障国有森林资源的永续利用。

第三，目前国有森林资源主要是天然林，在天保工程及天然林修复方案制度实施目标与要求下，国有森工企业特别是下属林场经济目标主要公益性经营，应以保护森林资源，提高生态产品提供能力为主。

第四，下放到地方的国有森工集团应该分为两个体系经营管理国有林，例如龙江森工集团，23个林业局主要负责公益性经营，以国家财政为主实施天然林保护修复；另一部分负责竞争性资源与资产，走市场化经营道路，完全放开与其他工业企业一样经营管理。

## 三、龙江森工集团森林资源管理体制与权力移交现状

### (一)国有森林资源管理体制

森林资源管理体制，是对国有林资源管理的组织形式、管理方法、职能体系等方面的总称，主要包括两方面：一是森林资源管理行政审批许可；二是森林资源行政执法管理。

#### 1. 森林资源管理行政许可审批职能

森林资源管理行政许可审批主要包括森林资源采伐、林地用地管理。森林资源采伐量依然根据每五年计划国家审批计划，下达给各省森工系统及地方林业系统，各省再逐级下批森工林业局及地方各县，采伐限额五年总量控制，每年可弹性使用。而目前东北国有林区全面停止天然林商业性采伐后的行政许可审批主要是森林抚育间伐审批。森林资源采伐管理即森林抚育间伐审批与运行体系则是森工林业局或地方各县林场根据自身森林资源的实际情况，在森调基础上，提出年度中幼林抚育面积计划各自上报到龙江森工集团及省林业和草原局审核，然后上报省森林资源专员办批复。

国家林业和草原局驻黑龙江省森林资源监督专员办事处是行政许可审批职能执行机构，全面

负责黑龙江省的森林资源监督管理工作和濒危物种进出口管理工作，承担着森林资源监管、重点国有林区占用林地初步审核、新增林业投资监管、濒危物种进出口管理、重点国有林区《林木采伐许可证》核发、县级人民政府保护发展森林资源目标责任制检查等多项监督管理职责，近年来，通过创新体制机制，采取森工系统层级派驻监督机构、地方林业系统由驻省专员办与省林业厅联合聘任监督联络员的方式，在黑龙江省森工林区和地方林业分别建成了比较完备的森林资源监督体系，有效地提升了黑龙江省森林资源的保护监督管理能力。

**2. 森林资源管理行政执法管理职能**

森林资源管理行政执法管理职能主要包括：森林防火职责体系、林政行政管理执法体系、林地占用补偿管理体系。

（1）森林防火职责体系。国家林业和草原局负责落实综合防灾减灾规划相关要求，组织编制森林和草原火灾防治规划和防护标准并指导实施，指导开展防火巡护、火源管理、防火设施建设等工作。组织指导国有林场林区和草原开展宣传教育、监测预警、督促检查等防火工作。必要时，可以提请应急管理部，以国家应急指挥机构名义，部署相关防治工作。由国家林业和草原局内设机构森林公安局指导森林公安工作，监督管理森林公安队伍、协调和督促查处特大森林案件、指导林区社会治安治理工作，同时负责森林和草原防火相关工作。森林防火体系一直独立、自成体系，没有变化。

（2）林政行政管理执法体系。林政行政管理主要是审批经营许可、林权证。林业行政管理归属林草局；林业刑事管理归属林业公安；即林业案件处理归属林草局，如果确定为林业犯罪案件交付到林业公安处理；就是行政权力，比如有人想放火或者砍树什么的，林草局对他们进行驱赶或者罚款，这就是行使行政权。还有一块是刑事权利，就是有人违法了对此进行处置这就涉及刑事权了，需要森林公安来行使。但新《中华人民共和国森林法》第八十二条规定公安机关按照国家有关规定，可以依法行使本法第七十四条第一款、第七十六条、第七十七条、第七十八条规定的行政处罚权。违反本法规定，构成违反治安管理行为的，依法给予治安管理处罚；构成犯罪的，依法追究刑事责任。《中华人民共和国森林法》中并未对森林公安的执法权进行详细规定。

（3）林地占用补偿管理体系。《中华人民共和国土地管理法》中第二条明确规定了强制征收土地需要补偿的有关内容，同时其第 47 条也详细规定了征收耕地的补偿标准，只是在其第 3 款和第 4 款中规定了征许其他土地的补偿标准。由省、自治区、直辖市参照耕地补偿标准制定的内容，这是林地征占用补偿制度的最直接依据和主要来源，在法律上明确了林地征占用补偿制度。根据本条规定，可以确定林地征占用补偿范围主要包括林地补偿费、林木补偿费和安置补助费。

**（二）国有森林资源行政管理职能移交状况**

**1. 移交过程**

为保证森林资源行政权力移交的有序进行，从党中央到省级层面均出台了多项指导文件。2019 年 1 月 8 日，黑龙江省人民政府办公厅出台了《关于印发黑龙江森工政府行政职能移交及办社会职能改革实施方案的通知》（黑政办规〔2019〕2 号），文件中突出强调要将“重点国有林区森林资源管理职能移交给新组建的省林业和草原局”。2019 年 3 月 1 日，黑龙江省林业和草原局《关于印发〈黑龙江省重点国有林区森林资源管理职责区划和森林资源管理行政权力移交方案〉的通知》，方案规定“将龙江森工所辖 23 个林业局森林资源管理职责区划分到 8 个市 18 个县、市、区，将原重点国有林区 89 项行政权力，按照事权属性分级移交”。2019 年 9 月 26 日，中央组织部、中央编办下发了《关于健全重点国有林区森林资源管理体制有关事项的通知》(中央编办发〔2019〕225号),明确了“国家林草局根据自然资源部的委托,代表国家行使重点国有林区森林资源所有者职责”。“森工企业受国家林草局的委托,承担重点国有林区森林资源经营保护工作,并就受委托事项的完成情况接受国家林草局的考核评价”。

依据上述文件,森林资源行政权力的移交分为三个部分进行,其一是成立改革领导小组,准确把握森林资源行政权力移交的实质;其二是摸清基准底数,对承担的行政权力事项、类型等信息进行全面清查;其三是根据相关文件合理依次推进行政权力的移交,对于清单中未列入的原森工总局森林资源管理行政权力,由县级以上林业和草原行政主管部门依据现行法律、法规、规章等规定执行。

**2. 移交内容**

2019年4月19日,黑龙江重点国有林区森林资源管理行政职能移交会议在哈尔滨市召开。会议决定龙江森工集团不再承担重点国有林区森林资源行政管理职责,省林草局、省农垦总局及所属管理局、龙江森工集团及其所属林业局分别与相关市级人民政府签订协议书,同时协议书中明确表示各部门必须在2019年6月30日前完成企业行政管理权力移交工作。

森林资源行政权力移交的重点主要包括48项原省森工总局森林资源管理行政权力省级取消事项以及30项原省森工总局森林资源管理行政权力移交市县级事项。其中包括行政监督检查、行政许可、行政奖励、行政征收、行政确认、行政裁决、行政处罚、行政强制、行政复议等9大职权类型(表2)。

**表2 森林资源管理行政权力移交情况**

<table>
<tr><th>类 别</th><th>移交职权类型</th><th>移交事项数目</th><th>移交职权类型</th><th>移交事项数目</th><th>合计移交事项数目</th></tr>
<tr><td rowspan="3">原省森工总局森林资源管理行政权力省级取消事项</td><td>行政监督检查</td><td>29</td><td>行政许可</td><td>14</td><td rowspan="3">48</td></tr>
<tr><td>行政奖励</td><td>2</td><td>行政确认</td><td>1</td></tr>
<tr><td>行政征收</td><td>1</td><td>行政裁决</td><td>1</td></tr>
<tr><td rowspan="3">原省森工总局森林资源管理行政权力移交市县级事项</td><td>行政处罚</td><td>23</td><td>行政强制</td><td>2</td><td rowspan="3">30</td></tr>
<tr><td>行政监督检查</td><td>2</td><td>行政许可</td><td>2</td></tr>
<tr><td>行政复议</td><td>1</td><td colspan="2"></td></tr>
</table>

因此,89项森林资源行政权力[省级11项(省、市、县共有1项),县市30项(省、市、县共有1项),取消49项]分级移交省、市、县林草部门,至此,资源管理“管办分开”落实完毕。

原黑龙江省森工总局森林资源管理行政权力省级取消事项清单、原省森工总局森林资源管理行政权力移交市县级事项清单、行政职能移交目录,参见附录。

**(三)国有森林资源监管现状(案例)**

东北国有林区在各森工企业设置或明确了专业部门进行森林资源经营监管,依据相关条例或法规加强森林林政监督管理工作。

**1. 森林资源经营监管规章制度**

方正林业局林政执法人员认真贯彻执行《中华人民共和国森林法》《森林管理条例》《森林法实施细则》《黑龙江省森工国有林区林政管理办法》《黑龙江省森工林区木材运输管理规定》《黑龙江省野生药材资源保护管理条例实施细则》等法律法规,切实加强森林林政监督管理工作。鹤北林业局遵照国家林业局 2014 年 7 月下发的《关于东北、内蒙古重点国有林区森林资源管理体制改革试点的意见》，独立行使森林资源管理职能设置 6 个行政业务部门和 1 个党务部门、1 个纪检部门，还设置了 5 个森林资源监督管理中心站和 9 个木材检查站。

**2. 森林资源经营监管模式**

森林资源经营监管由各林业局成立或委派专业部门进行组织工作，调研报告选取较具代表性的森林资源经营监管模式做出具体介绍如下：

方正林业局成立了由资源、林政、防火、专员办等部门组成的森林资源管护大队。森林资源管护实行的是专业管护，在每个林场都成立管护队，全局共设有森林资源管护中队 18 个，管护站点 40 个，管护人员共计 786 人，落实管护面积 199，502 公顷。落实管护责任，对护林员“定岗定责”，把森林防火、偷砍盗伐林木，乱挖滥占林地，乱捕乱猎等违法行为作为管护的重点工作。并严格对护林员的考核，定期深入各林场所对护林员的在岗情况、管理责任、巡山记录等进行督促检查。针对盗伐林木资源多发势头，开展了严厉打击破坏森林资源犯罪专项行动，在全林区范围内集中组织开展以严厉打击偷盗木材违法犯罪为主要任务的专项整治行动。严厉打击非法盗伐林木，非法收购、违法运输木材等违法犯罪行为。为加强了红松等珍贵树种的保护工作，严厉打击掠青、撅树头、非法采集红松种子行为，对毁坏珍贵树种违法犯罪行为起到了震慑作用。

**3. 森林资源经营模式**

依据《全国森林资源经营管理分区施策导则》中经营管理类型的分类方法，方正林业局以区域生态重要性和生态敏感级为基础进行分类，将森林资源按生态重要性等级区划为严格保护、重点保护、保护经营和集约经营四个类型组。同时，为了确保在经理期内实施的各种经营措施有效性和合理性，针对各类型组内森林资源结构、功能和林分质量的差异性，根据应采取的经营措施对类型组进行二级区划；在森林资源经营类型确定的基础上，分别经营类型将森林资源经营目的和经营措施与林学特性统一起来，分别经营类型开展保护、经营和培育及组织生产与建设，建立完整的技术体系(表 3)。

**表 3　森林分类经营类型表**

| 经营区 | 林　种 | 亚林种 | 经营类型组 | 经营类型 | 经营目标 | 面积(公顷) |
|---|---|---|---|---|---|---|
| 生态公益林 | 特用林<br>防护林 | 珍贵林<br>护岸林<br>原始林 | 严格保护类型组 | 退耕还林 | 保护生物多样性 | 1142.5 |
| | | | | 封山育林 | | 80406.7 |
| | | | | 无林地造林 | | 24.0 |
| | | | | 封　护 | | 72.0 |
| | | | | 种苗经营 | | 34.0 |
| | | | | 其　他 | | 1255.0 |
| | | | | 合　计 | | 82934.2 |
| | 防护林<br>特用林 | 水保<br>护岸<br>护路<br>母树<br>风景 | 重点保护类型组 | 退耕还林 | | 1687.9 |
| | | | | 未成林造林 | | 17.0 |
| | | | | 无林地造林 | | 39.0 |
| | | | | 封山育林 | | 15662.4 |
| | | | | 封　护 | | 55.5 |
| | | | | 种苗经营 | | 2.0 |
| | | | | 农地经营 | | 4471.5 |
| | | | | 其　他 | | 405.6 |

（续）

| 经营区 | 林种 | 亚林种 | 经营类型组 | 经营类型 | 经营目标 | 面积(公顷) |
|---|---|---|---|---|---|---|
| 一般生态公益林 | 防护林 | 一般水土保持林 | 保护经营类型组 | 择伐 | | 1198.0 |
| | | | | 抚育伐 | | 10257.0 |
| | | | | 未成林造林 | | 7.0 |
| | | | | 封山育林 | | 38509.7 |
| | | | | 红松双培 | | 177.0 |
| | | | | 封护 | | 73.0 |
| | | | | 农地经营 | | 2840.7 |
| | | | | 其他 | | 383.4 |
| 商品林 | 用材林 | 一般用材林 | 集约经营类型组 | 择伐 | | 1666.0 |
| | | | | 皆伐 | | 129.0 |
| | | | | 抚育伐 | | 6655.0 |
| | | | | 低改 | | 61.0 |
| | | | | 改培 | | 31.0 |
| | | | | 无林地造林 | | 14.0 |
| | | | | 红松双培 | | 245.0 |
| | | | | 未成林造林 | | 25.0 |
| | | | | 封护 | | 41.0 |
| | | | | 封山育林 | | 26853.8 |
| | | | | 种苗经营 | | 43.0 |
| | | | | 农地经营 | | 6635.6 |
| | | | | 其他 | | 2463.7 |

### （四）国有森林资源管理职能移交的成效

#### 1. 全面贯彻落实“四分开”政策

森林资源行政管理权的移交是深化国有林区“四分开”进程的重大事件，也是作为全面厘清国有林区森林资源管理、林区社会管理和经营管理三条主线的“立柱架梁”的关键性安排。这一举措突出强调了平稳过渡、分类指导，将促进人与自然和谐共生、建设具有特色国有林区紧密结合。

#### 2. 国有林管理体制的革命

森林资源行政权力的移交标志着国有林管理体制发生根本转变，为构建精简高效、资源配置合理的运行管理体制创造了重要的条件。龙江森工集团在移交行政权力的同时契合了习近平总书记着重强调的“绿水青山就是金山银山”这一科学论断，有助于国有林区可持续发展水平的提升。目前龙江森工已基本完成行政职能和办社会职能事项移交和承接工作，且职能移交后机构运转情况整体良好，地方政府制定接收政策并有序组织实施，将社会管理和公共服务职能逐步纳入地方政府统一管理。

#### 3. 森工企业成为真正意义上的企业

森林资源行政权力的移交意味着森工企业“去行政化”进程的加快，同时标志森工企业经营机制的有效转变。森工企业现代化的组织架构基本搭建完成，冲破过去因身份、职能错位或者混乱造成的种种困境，表明森工企业的组织结构真正向现代化管理制度体系不断迈进。

## 四、龙江森工集团森林资源管理体制改革存在的问题

**(一)后续改革的方向不明朗**

龙江森工集团是重点国有林区森林资源经营保护的主体、天保工程政策及人员的承载主体。按照 2019 年 1 月 8 日省政府办公厅黑政办规〔2019〕2 号文件规定：重点林区森林资源管理及所有者职能已经移交省、市、县人民政府林草主管部门；但按照 2019 年 9 月 26 日中组部、中央编办发 225 号文件规定：国家林草局根据自然资源部的委托，代表国家行使重点国有林区森林资源所有者职责。龙江森工集团接受国家林草局委托和森林资源经营保护工作考核评价。但截至目前，国家林草局委托经营管理体制机制改革尚未明确(225 号文件的具体落实)。

**(二)森工企业在国有林区已无执法权**

龙江森工集团辖区内经黑龙江省政府批准的林政木材(防火)检查站 256 个。一是因行政管理权限移交，木材检查站工作人员已经没有执法权限，存在违规执法行为。二是发现违法问题，因没有执法职能，无法对过往车辆进行检查，只能向属地林草主管部门和公安机关报告。因此在行政执法过程中困难重重。重点国有林区森林资源管理行政权力移交属地人民政府后，林业局原森林资源管理人员已没有了资源管理和行政执法的权力，导致无法及时制止和查处对破坏森林资源的行为，使部分森林、林木和植被遭到破坏。

以亚布力林业局为例。按照黑龙江省林草局黑林草函〔2019〕106 号文件要求，亚布力林业局于 2019 年 6 月份将森林资源行政权力移交后林业局仍承担本施业区内的森林防火工作的主体责任。行政权力移交后，经过一年多对国有森林资源的保护与管理，仍发现存在涉及森林资源行政案件地方政府处理不及时、滞后等问题。分析原因为：一是亚布力林业局面广、交通发达，施业区地跨尚志、延寿、方正三市县，180 个行政村，给森林资源管理与保护带来极大困难；二是属地林草部门管理人员少、管理面积大、距亚布力林业局路途远，致使造成破坏森林资源案件处理不及时、滞后，对违法责任人不能及时控制，给森林资源保护带来隐患，森林资源保护管理工作形成事实上的“真空”。如 2019 年 12 月 24 日亚布力林业局红星林场发现有个人砍刺五加杆行为，林场工作人员及时进行了制止，并电话报告给属地林草部门，属地林草部门答复为：“因工作人员少，让林业局形成正式材料统一上报，不单独受理林场报案。”

**(三)属地林草管理部门无力承接国有森林资源管理职能**

属地县市林业行政执法过程中存在问题。部分承接管理职能的县市区距离林业局施业区较远，林政案件无法得到及时处理。如虎林市距东方红林业局最远的林场 190 多千米，汤原县距离鹤立林业局最近，县城距离林场也有 60 多千米。发生盗伐林木或毁林开垦案件，即使发现得及时，也只能报案，从报案到受案，再赶到作案现场，反应速度最快也得半天甚至 1 天的时间，等林政人员到达，犯罪分子早已不知去向。而移交前的情况是，林业局林政管理人员和管护队伍健全，基本上是就地管理和现场巡护，发生一般性林政案件，都能做到当场制止、当场处理。再者，由于上级派发任务和各专项行动执法工作较多，加之林业公安转隶，使县林草局执法力量薄弱。

## 五、完善国有森林资源管理体制的对策建议

**(一)明确龙江森工集团及所辖森林经营单位职责**

协调授权给予最基层的管护人员最基本的林政职能，赋予制止、扣押等职能，行政处罚权移交林草主管部门或林业公安机关处理。

第一，可委托驻省专员办或委托个人代理行使执法权力，让林业局配合协助其进行执法管理。

第二，依据新《中华人民共和国森林法》加大林业公安派出所行政执法的力度与作用。

第三，对已经营造的民有林由国家出资统一进行回购或统一办理采伐后林地回收造林。同时，严格林权管理，对以虚假合同、虚假设计等非法手段将国有林变成“民有林”的违法犯罪行为，坚决依法查办，绝不姑息；对过去提倡营造民有林的文件进行清理，该废止的一律废止，避免造成国有森林资源资产流失和国有林地被长期无偿使用等问题；对未经国家林草局和集团公司依法确认林权的“民有林”，属于林权待定状态，不准采伐、不准开垦、不准买卖，严禁补签、变更、更换“民有林”合同。

**(二)尽快出台森林资源经营监管具体实施方案和实施细则**

建议国家林草局尽快出台225号文件的具体实施方案和实施细则，科学编制，现地结合；管理规程适当放宽，动态编制，允许动态调整，将森林抚育、补植补造和透光伐相结合，根据林分质量调整设计内容，并对相关问题予以明确。

**(三)明确龙江森工集团所辖各森林经营单位的经营范围**

明确龙江森工集团所辖各森林经营单位的经营范围、界线及林地权属问题以解决龙江森工集团多年来因林地权属引起的林权争议，加强林地权属界线管理，以便于更好地开展森林资源保护工作。明确林地权属界线是解决林农用地纠纷的一个必然条件，对林地权属界线必须采取造边界林或挖边界沟等设立明显标志的方法，彻底解决林地权属问题。依法诉讼越权越界发证行为。同时追究发证机关及相关责任人的法律责任，确保林农用地纠纷得到彻底解决。

**(四)加强后备资源培育资金基金投入**

国家林草局增加后备资源培育资金，解决造林资金缺口挂账问题。建议国家林草局协商财政部直接管理并拨付龙江森工国有重点林区森林植被恢复费资金，用于加强森工林区森林防火、其他专项等方面林地保护恢复工作。

调 研 单 位：国家林业和草原局经济发展研究中心、东北林业大学经济管理学院
课题组成员：崔嵬、苗垠、夏一凡、谷振宾、曹玉昆、任月、黄显乔、张蕊、张亚芳

# 林草业与国家重大发展战略

# 创新驱动战略下我国林草产业现代化实现路径研究

**摘要**：生态环境保护是“一带一路”建设的重要议题。对于中国而言，跨境生态保护合作是地缘合作中最为重要的跨境问题。建设绿色利益、绿色责任和绿色命运共同体，顺应了全球可持续发展的需求与趋势。课题组与国家林草局国际司合作，通过调查，从合作平台、主体、经费和方式等方面归纳了我国林草国际合作的概貌；分析跨境保护合作的国际案例，探讨了对我国开展跨境保护合作的启示；聚焦云南省林业跨境保护合作实践，总结2020年度林业跨境保护合作领域的最新成果。建议以更具国际视野和国际认同的保护目标推动林业跨境保护合作，把促进联合保护区域内的社区发展作为跨境保护合作的重要内容，积极探索构建人与生态系统共生关系下的生物多样性保护机制，进一步理顺我国政府推动跨境合作保护的体制机制。

## 一、引　言

创新驱动是从国家经济发展划分为要素驱动阶段、投资驱动阶段、创新驱动阶段以及财富驱动阶段考虑的。经济学家将创新驱动阶段定义为利用高科技和知识推动经济发展，这个过程中需要通过市场化和网络化实现科技与经济的一体化，以形成产业集聚。创新驱动是将创新作为企业发展的核心驱动力，即从个人的创造力、技能和天分中获得发展动力，通过对知识产权的开发，创造潜在财富和就业机会，也就是说经济增长主要依靠科学技术的创新带来的效益来实现集约的增长方式，用技术变革提高生产要素的产出率。创新驱动打破了传统的生产要素驱动论和投资驱动论，是知识经济发展趋势下的必然选择，与生产要素驱动和投资驱动相比，创新驱动主要是依靠科技创新、提高劳动力整体素质、管理水平创新等提高国家经济与产业经济的稳步和可持续发展。

党的十八大提出实施创新驱动发展战略，强调科技创新是提高社会生产力和综合国力的战略支撑。党的十九大报告提出“加快建设创新型国家。创新是引领发展的第一动力，是建设现代化经济体系的战略支撑”。林业和草原经济体系是我国国民经济的重要组成部分，林草产业不仅保障国家生态安全、木材安全、粮油安全和能源安全方面发挥着重要作用，还有利于助推生态文明建设和经济体系优化升级，服务国家战略。为贯彻落实国家创新驱动发展战略，国家林草局出台了一系列相关政策，加强科技创新和推进新技术利用，支撑林业现代化建设，促进我国林草产业现代化发展。创新驱动发展战略下，我国林草产业科技创新的现状如何，林草产业科技创新的路径与趋势，以及新形势下林草产业科技创新面临的挑战，如何利用科技创新促进我国林草产业现代化发展，这些问题地研究对于促进我国林草产业高质量可持续发展具有重要意义。

本研究采用文献研究法、统计分析法和实地调研相结合的方式，梳理了我国林草产业科技创新发展历程，分析了林草产业科技创新现状，我国林草产业科技创新的趋势及面临的挑战，最后提出了促进我国林草产业现代化的实现路径，为我国林草产业高质量发展提供参考和借鉴。

## 二、我国林草产业科技创新发展历程

新中国成立以来，我国林草产业科技不断发展，森林经营管理、木材加工、林产化工、林业机械化、林业基础科学等不断发展壮大。生物工程科学、遥感技术、信息技术等逐渐应用到林草产业发展中。

**（一）第一阶段：社会主义建设初期(1949—1966年)**

新中国成立后，中国林草产业科技有了新的发展。一是森林经营科技。主要集中在开展防风固沙林造林和橡胶生产基地建设、开始进行森林航空测量调查，出现机械造林林场设计。二是森林保护科技。主要集中在森林火灾制度和队伍建设、森林病害调查。三是森林采伐更新科技。主要集中在木材生产向机械化发展，制定木材技术标准，开始森林采伐规范化管理。四是木材加工科技。制材工业与技术形成比较完整的生产流水线，机械化水平有所提高；开始研究木材防腐技术，引进外国设备发展胶合板生产。这一时期初步实现胶合板设备国产化。五是林产化学加工科技。松脂采集加工新技术、栲胶生产技术等开始逐步发展；木材干馏工业开始发展。

**（二）第二阶段：社会主义探索时期(1958—1978年)**

这一时期开始出现林木速生丰产技术、飞机播种造林、林木引种与两种选育技术出现。森林经营方面，森林资源清查、森林调查设计改进、森林警察与防洪基础设施建设、森林害虫的生物防治开始应用。木材生产机械化范围逐步扩大，机械设备国产化发展，木材采运技术标准相继出台。木材制材机械化设备更新，人造板生产技术通过引进国外设备开始应用。林产化学加工技术不断提升，松香生产技术、栲胶加工技术较上一时期有所提高，木材热解工艺技术开始发展。“文化大革命”期间，中国国民经济遭到巨大损失。一方面，部分林业科技连续性研究被破坏，如木材生产机械化停滞不前，松脂加工连续化研究等被迫中止。另一方面森林生态研究取得初步成果，航空技术的进步促进了森林培育、林业调查设计、森林保护等林业科技的进一步发展。

**（三）第三阶段：改革开放后(1979—2011年)**

改革开放后，我国林业迅速发展，绿化祖国被确定为基本国策，林业重大工程相继实施，包括三北防护林工程、天然林保护工程、退耕还林工程等。林业改革不断推进，从以木材生产为主向生态与产业并举的方向发展。林业基础科学包括树木学研究、树木生理、森林土壤学、森林生态系统功能定位监测等开始全面发展。种苗生产、树木改良工作与林木遗传育种、用材林基地建设与速生丰产技术以及防护林体系建设深入发展。此外，经济林培育、薪炭林、能源林技术得到发展。林业调查设计、森林防火、病虫害防治等技术得到快速发展。木材学研究迅速发展，带锯机的更新和制材工艺的改进、外国人造板技术引进和消耗吸收、木材防腐技术、木材干燥技术持续推进。林产化学加工和造纸工业发展迅猛，松脂采集加工、栲胶工艺、紫胶加工工艺等技术进一步提高。

**(四)第四阶段：新时期(2012年至今)**

党大十八大明确提出实施创新驱动发展战略。我国成为科技大国，林草科技创新不断涌现。森林生态学向综合性研究发展，新技术、新方法的应用更加广泛，研究领域的交叉融合日益深入。森林培育与林木遗传育种研究方向以质量精准提升侧重，经济林良种化、高效栽培技术和产品综合开发利用为重点，林业调查设计科学技术体系逐步优化，航空遥感与现代生物技术融入森林保护科学。木材科学与技术研究向关键技术和难点突破。生物质利用开始逐步发展，成为国际多学科技术创新竞争的制高点。同时随着现代信息技术的发展，大数据、人工智能等技术逐步应用的林草产业。竹材加工产业一直处于国际领先水平，竹业机器人、竹工机械已达到世界领先水平。林草产业领域不断扩大，新产品产值持续增长，产业链不断优化升级。

## 三、我国林草产业科技创新现状分析

**(一)林草产业科技创新的政策支撑**

为贯彻落实国家创新驱动发展战略，国家林草局出台了一系列相关政策，加强科技创新和推进新技术利用，支撑林业现代化建设，促进我国林草产业现代化发展。2012年，《国家林业局关于加快科技创新促进现代林业发展的意见》，提出强化科技创新，引领林业产业转型升级，其中重点提到研究解决产业发展关键技术难题、大力推进高新技术和新兴产业融合、着力培育战略性新兴产业等；推进产学研合作协同创新，按照产业链布局科技链，积极构建产业技术创新战略联盟等。2016年，《国家林业局关于推进中国林业物联网发展的指导意见》和《关于加快中国林业大数据发展的指导意见》陆续出台，强调了促进物联网、大数据等技术在林业产业的应用。《国家林业局关于加快实施创新驱动发展战略支撑林业现代化建设的意见》中强调，增强科技创新有效供给，引领产业绿色发展，构建从资源培育、原料收储、制造加工到产品服务一体化的产业技术创新链；建立技术创新市场导向机制，引导各类创新要素向企业集聚，使林业企业成为技术创新决策、研发投入、科研组织和成果转化的主体。《林业科技创新“十三五”规划》中指出“十三五”期间实施森林资源高效培育与质量精准提升科技工程、林业产业升级转型科技工程、林业装备与信息化科技工程、林业科技成果转化推广工程等重大科技工程，为林业产业绿色低碳发展指明了方向。2017年6月，《国家林业局促进科技成果转移转化行动方案》，明确了集成创建林业产业技术创新中心、引导组建林业产业技术创新战略联盟、培育壮大林业科技创新示范企业等林业产业科技成果转移转化行动重点任务。2019年，国家林业和草原局先后颁布《国家林业和草原局关于促进林草产业高质量发展的指导意见》《中共国家林业和草原局党组关于实施激励科技创新人才若干措施的通知》和《关于促进林业和草原人工智能发展的指导意见》，这些文件提出了坚持创新驱动，集约高效，加快产品创新、组织创新和科技创新，促进林草产业高质量发展的具体要求，以及利用智能芯片、机器人、自然语言处理、语音识别、图像识别等技术，与生态产业深度融合等，构建生态产业人工智能应用体系，同时明确指出要着力解决当前林草科技高端人才匮乏的问题。

**(二)我国林草产业科技创新的投入产出分析**

我国林草产业科技创新的主体主要是林业研究与开发机构和林草企业。本部分将重点分析这两个科技创新主体的人力资源、资金投入和产出的情况。

**1. 林业研究与开发机构**

(1)研究与开发人员情况。林业研究与开发机构及其R&D人员情况代表了林业行业科技创新的能力。从表1可以看出，近7年林业行业研究与开发机构数量在减少，到2019年研究与开发机构数量只有166个。自2013年以来，R&D人员总体呈增长趋势，但是2018年后出现下降趋势，2018年比2017年下降13%。近几年林业行业研究与开发机构研究人员占R&D人员全时当量的比重逐年递增，但一直略低于农业行业，到2018年林业行业研究与开发机构研究人员占比超过了农业行业。

**表1 研究与开发机构R&D人员情况**

| 年份 | 林业 | | | | 农业 | | |
|---|---|---|---|---|---|---|---|
| | 机构数 | R&D人员全时当量 | 研究人员 | 研究人员占比 | R&D人员全时当量 | 研究人员 | 研究人员占比 |
| 2013 | 190 | 4187 | 2083 | 49.75 | 26562 | 14592 | 54.94 |
| 2014 | 190 | 4459 | 2401 | 53.85 | 26679 | 14809 | 55.51 |
| 2015 | 192 | 4474 | 2388 | 53.38 | 27528 | 14812 | 53.81 |
| 2016 | 192 | 4942 | 3205 | 64.85 | 27111 | 16898 | 62.33 |
| 2017 | 192 | 5472 | 3568 | 65.20 | 28453 | 19162 | 67.35 |
| 2018 | 173 | 4755 | 3259 | 68.54 | 28018 | 19391 | 69.21 |
| 2019 | 166 | 4827 | 3614 | 74.87 | 29189 | 20866 | 71.49 |

数据来源：历年中国科技统计年鉴

(2)R&D经费使用情况。自2013年以来林业研究与开发机构R&D经费内部支出呈逐年递增的状态。到2019年林业研究与开发机构R&D经费内部支出达到17.6亿元。从R&D经费内部支出结构来看，60%以上经费用于试验发展，约20%用于应用研究，其余用于基础研究。经费内部支出用于基础研究的比例逐年递增，而用于试验发展的比例逐年减少，用于应用研究的比例趋于稳定。林业研究与开发机构R&D经费内部支出结构略差于国家的支出结构(表2)。

**表2 研究与开发机构R&D经费内部支出结构(%)**

| 年份 | 林业 | | | 国家 | | |
|---|---|---|---|---|---|---|
| | 基础研究 | 应用研究 | 试验发展 | 基础研究 | 应用研究 | 试验发展 |
| 2013 | 8.28 | 21.89 | 69.82 | 12.44 | 29.52 | 58.04 |
| 2014 | 9.69 | 17.80 | 72.52 | 13.44 | 28.70 | 57.86 |
| 2015 | 10.44 | 17.11 | 72.45 | 13.82 | 28.94 | 57.24 |
| 2016 | 13.90 | 21.31 | 64.79 | 14.93 | 28.41 | 56.66 |
| 2017 | 11.45 | 20.50 | 68.05 | 15.78 | 28.72 | 55.50 |
| 2018 | 18.17 | 18.98 | 62.86 | 15.71 | 29.56 | 54.73 |
| 2019 | 22.20 | 20.37 | 63.10 | 16.56 | 30.30 | 53.13 |

从经费来源来看，林业研究与开发机构R&D经费主要来源于政府资金，并且政府资金的占比呈递增趋势；林业研究与开发机构来源于国外资金和企业资金的比例极低(表3)。

**表 3 林业研究与开发机构 R&D 经费来源结构(%)**

| 年 份 | 政府资金比例 | 企业资金比例 | 国外资金比例 | 其他资金比例 |
|---|---|---|---|---|
| 2013 | 89.83 | 1.11 | 0.60 | 8.46 |
| 2014 | 85.65 | 0.28 | 0.60 | 13.46 |
| 2015 | 92.47 | 0.79 | 0.71 | 6.04 |
| 2016 | 89.33 | 1.22 | 0.11 | 9.34 |
| 2017 | 94.36 | 0.46 | 0.11 | 5.07 |
| 2018 | 94.70 | 1.73 | 0.00 | 3.57 |
| 2019 | 97.01 | 0.85 | 0.00 | 2.13 |

(3)科技创新成果产出情况。科技论文、科技著作、专利申请和专利发明是反映科技创新成果的重要体现。林业研究与开发机构作为林草产业科技创新的主力军，其科技产出能够体现林草行业的科技创新能力。自 2013 年以来，我国林业研究与开发机构的科技论文的发表数量呈增长态势，但是到 2018 年有下降趋势，2019 年发表科技论文的数量为 2905 篇，其中国外发表数量为 572 篇，出版科技著作 94 部，远低于农业研究与开发机构(表 4)。

**表 4 研究与开发机构科技论文与著作情况**

| 年 份 | 林 业 | | | 农 业 | | |
|---|---|---|---|---|---|---|
| | 发表科技论文(篇) | 国外发表的科技论文(篇) | 出版科技著作(部) | 发表科技论文(篇) | 国外发表的科技论文(篇) | 出版科技著作(部) |
| 2013 | 3302 | 338 | 101 | 15549 | 1828 | 497 |
| 2014 | 3263 | 354 | 110 | 15832 | 2066 | 515 |
| 2015 | 3316 | 396 | 97 | 16532 | 2356 | 443 |
| 2016 | 3432 | 434 | 111 | 16831 | 2700 | 579 |
| 2017 | 3586 | 468 | 106 | 17111 | 2723 | 532 |
| 2018 | 3134 | 399 | 95 | 15760 | 2882 | 515 |
| 2019 | 2905 | 572 | 94 | 16867 | 3717 | 540 |

自 2013 年以来林业研究与开发机构专利申请数量和有效发明专利数量整体呈增长趋势，但 2018 年略有减少。但是相对于农业行业专利申请数量和有效发明专利数有明显差距(图 1)。

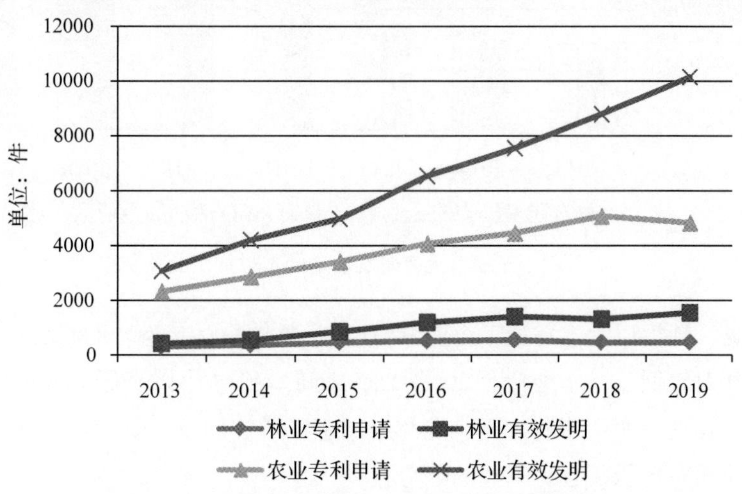


**图 1 林业研究与开发机构专利申请和有效发明情况**

林业研究与开发机构专利所有权转让及许可数量呈增长态势，到2018年专利所有权转让及许可数达到28件，但是较农业行业差距较大，2018年农业研究与开发机构专利所有权转让及许可数为林业的6.6倍。2019年林业专利所有权转让及许可数降为14件(图2)。

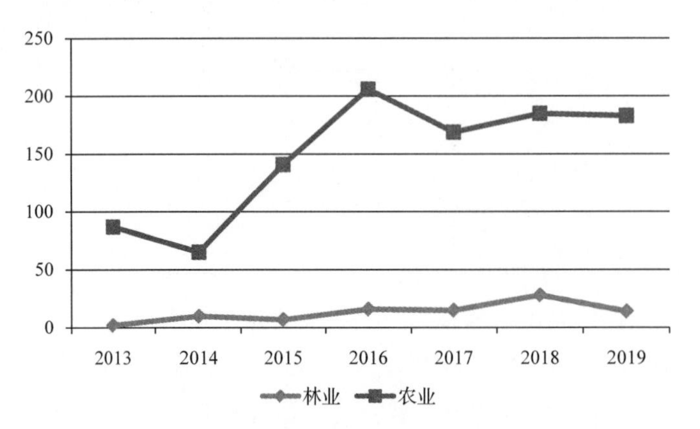


图2 林业研究与开发机构专利所有权转让及许可数

**2. 规模以上木材加工企业**

木材加工企业是指木材加工和木、竹、藤、棕、草制品企业、家具制造企业和造纸和纸制品企业。本部分分析了以上三类企业人力资源、资金和产出的整体情况。

(1)R&D人员投入情况。自2013年以来，我国规模以上木材加工企业有研发活动和有研究机构的企业数量呈逐年增加的态势(图3)。这表明越来越多的木材加工企业参与到林草产业科技创新活动中。到2019年我国规模以上木材加工企业有研发活动和有研发机构的企业占比分别为22.5%和14.5%，低于全国工业企业占比(34.2%和22.6%)。

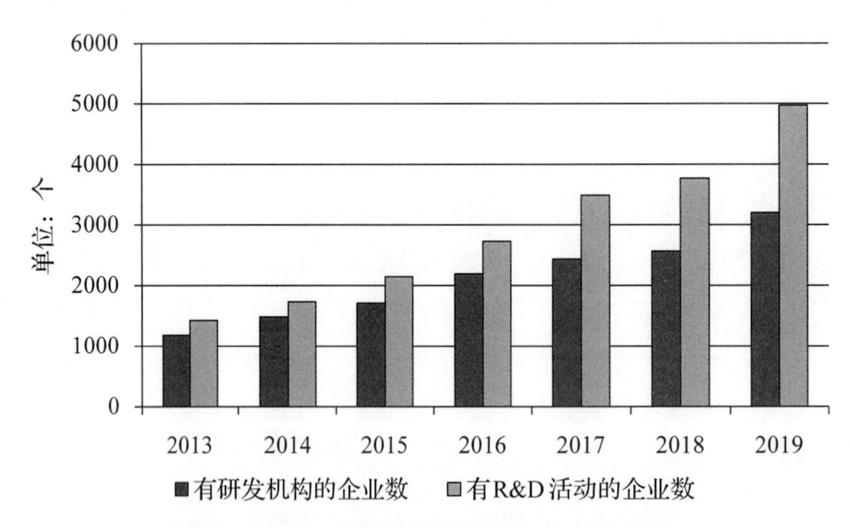


图3 规模以上有研发活动的木材加工企业数量

由图4可见，规模以上木材加工企业R&D人员整体呈逐年递增的趋势。但是R&D人员中研究人员的比例相对较低，基本维持在20%~25%之间。2018年以来研究人员比例有所下降，2019年降为19.6%。由此可见，木材加工企业越来越重视科技创新，研究与开发人员呈增长趋势，但是研究人员占比相对较低，且有下降的趋势。

(2)R&D经费投入情况。自2013年以来我国规模以上木材加工企业R&D经费内部支出呈增

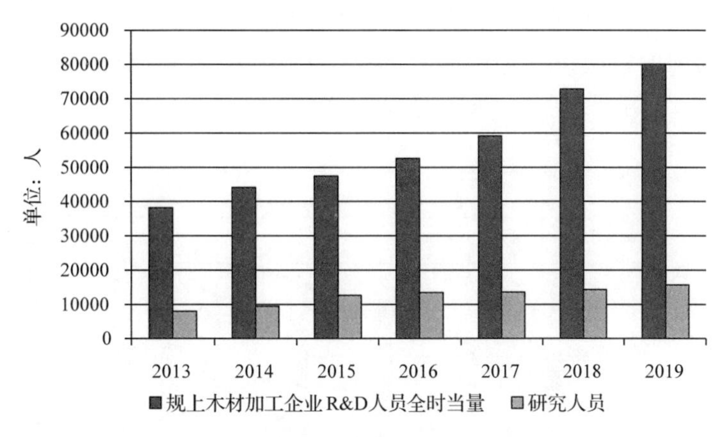


**图 4　木材加工企业 R&D 人员情况**

长态势。从经费来源来看，规模以上木材加工企业 R&D 经费主要源于企业自有资金，来源于政府的资金占比不足 2%(表 5)。这反映了政府对木材加工企业科技创新的支持力度有待提高。

**表 5　规模以上木材加工企业 R&D 经费内部支出情况**

| | R&D 经费内部支出(亿元) | 政府资金占比(%) | 企业资金占比(%) | 国外资金占比(%) | 其他资金占比(%) |
|---|---|---|---|---|---|
| 2013 | 137. 41 | 1. 54 | 97. 65 | 0. 08 | 0. 73 |
| 2014 | 156. 21 | 1. 56 | 96. 82 | 0. 28 | 1. 34 |
| 2015 | 183. 43 | 1. 48 | 97. 05 | 0. 14 | 1. 33 |
| 2016 | 218. 50 | 1. 50 | 97. 58 | 0. 12 | 0. 80 |
| 2017 | 260. 30 | 1. 11 | 97. 94 | 0. 10 | 0. 85 |
| 2018 | 290. 46 | 0. 86 | 97. 94 | 0. 13 | 1. 07 |
| 2019 | 294. 42 | 0. 84 | 99. 16 | 0. 00 | 0. 00 |

规模以上木材加工企业 R&D 经费外部支出呈波动趋势，且外部支出主要用于支持境内研究机构的研究工作，但近年来用于支持境内高校比例开始增加，2019 年用于支持境内高校的比例超过了研究机构，说明规模以上企业 R&D 活动也开始寻求与高等院校的合作(图 5)。

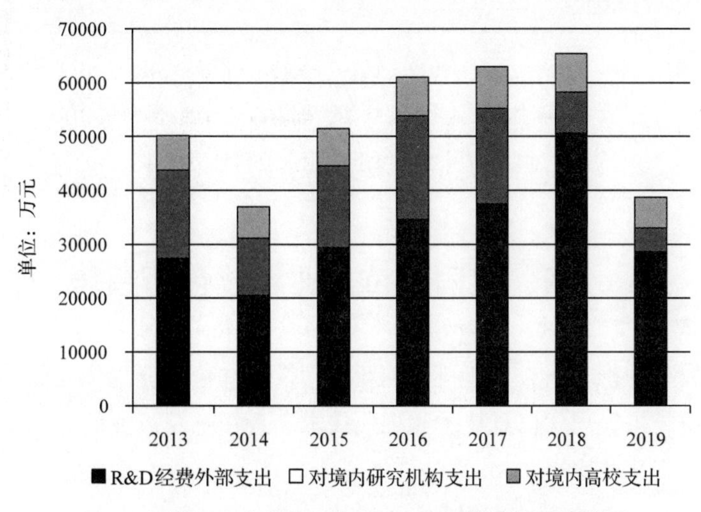


**图 5　规模以上木材加工企业 R&D 经费外部支出情况**

(3)科技创新产出情况。规模以上木材加工企业在市场需求的刺激下，科技创新能力不断提升。图6可见，2013年以来规模以上木材加工企业专利申请数量、发明专利以及有效发明基本呈增长趋势，且有效发明增加幅度更加明显，由2013年的3173件增加到2019年的17022件，增长了4.36倍。

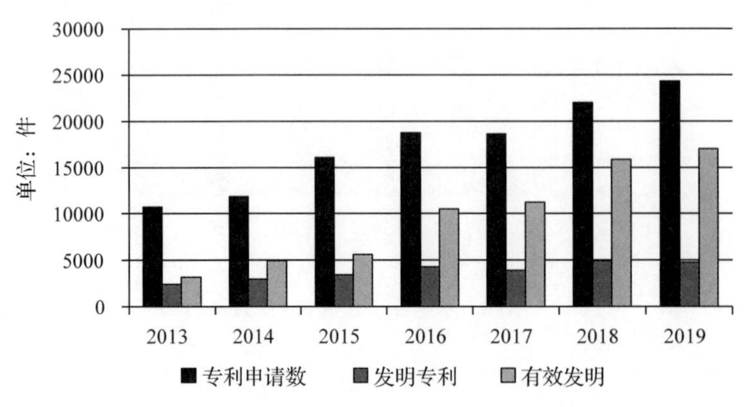


**图6 规模以上木材加工企业专利发明情况**

林业科技贡献率反映了科技创新产出对林业发展的贡献程度。林业工业企业科技贡献率用新产品销售收入与全部产品收入的比值来衡量。2011年以来，中国规模以上林业工业企业的科技贡献率与规模以上工业企业的科技贡献率整体呈稳步上升的态势，但是一直低于工业企业科技贡献率，并且2017年以来林业工业企业科技贡献率增幅明显高于工业企业平均值(图7)。主要是因为我国已经形成了比较完备的林业产业体系，林业工业企业科技创新投入产出上均呈增长趋势。

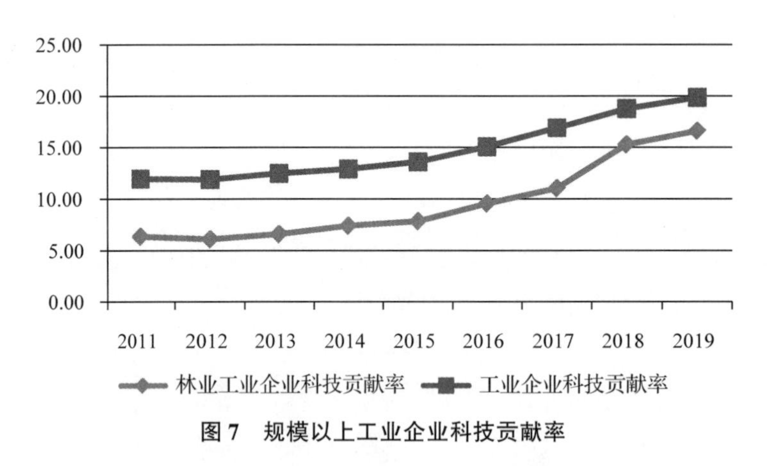


**图7 规模以上工业企业科技贡献率**

# 四、我国林草产业科技创新趋势

在创新驱动战略的推动下，林业科技创新成为推动林草产业现代化的重要方式。林草产业科技创新是通过科研成果、现代信息技术和现代技术装备在林草产业的应用，以提高林草产业生产力，推动林草产业现代化水平。

**(一)林业生物技术与良种培育提升林草产业水平**

林业生物技术与良种培育通过林木遗传学、分子育种技术等新技术可有效缩短林木花卉育种周期，定向高效获得优质的林木花卉新品种。林业生物技术和育种技术是现代农林业生产的重要技术。育种技术在促进林草林产业发展中作用巨大。如分子标记辅助育种技术在铁皮石斛选育中的应用，通过构建了国际上首张铁皮石斛全套19个连锁群的高密度遗传图谱，并利用基于该图谱获得的石斛总多糖含量相关QTL位点紧密连锁的分子标记，选育出铁皮石斛良种。核桃、油茶、油橄榄等经济林产品良种选育技术，对于促进经济林产业发展发挥作用明显。

**(二)森林培育与可持续经营促进林草产业提质增效**

一是突破大径材培育技术，促进珍贵用材林良种选育与栽培技术。如以思茅松、秃杉、热带珍贵用材林为重点，实施商品林提质增效。选育思茅松优良种，提高单株材积。利用优良品种，构建珍贵树种集约化育苗技术、高效培育配套技术及可持续经营模式。二是高效栽培技术实现经济林产业增收增效。如云南构建油橄榄水肥一体化技术，实现精准和定量化灌溉，解决灌溉粗放及费工费力问题。通过研究新型栽培基质，促进铁皮石斛整个生长期苗生长，开发了适合规模化栽培的铁皮石斛栽植床，促进铁皮石斛产业化发展需求。三是利用特色林源药材资源，开发大健康产品。利用生态栽培的铁皮石斛为主要原料，利用生态栽培的铁皮石斛为主要原料，结合传统炮制工艺和现代加工技术，开发了寿仙谷牌铁皮枫斗颗粒、胶囊、茶、饮料和浸膏等系列产品。利用优质核桃，开发出蜜制核桃仁、粉末核桃油、核桃蛋白肽、核桃降脂减肥粉等新产品。

**(三)现代信息技术创新林草产业模式，提升产业效率**

近年来，大数据、人工智能、物联网等技术在林草产业发展中发挥着越来越重要的作用。林业大数据、人工智能等不断发展壮大。

一是大数据平台，促进特色林果资源信息化管理。林果业在新疆占有重要地位，目前全疆(含兵团)林果种植面积近2200万亩，但林果资源不清、数据分散、缺乏统一的大数据等问题长期存在。2018年5月，开始实施“新疆生态经济林(特色林果)大数据平台建设”项目，对全疆特色林果资源实现全面的信息化管理。建立了全疆首个特色林果大数据建库规范、采集体系、资源中心及应用平台。研究了林果树种多光谱数据的自动识别技术，利用多光谱信息，实现自动提取识别林果树种分布信息，提高海量数据处理能力；基于“互联网+”地理信息系统的林果数据采集应用技术，提高了特色林果大数据采集效率，提升了数据准确性，降低了采集成本；采用“微服务+数据中台+业务中台”技术架构，构建了新疆林果大数据平台，实现多源数据整合、交互服务、分析应用的综合应用平台。

二是以人工智能实现森林物种识别，促进智慧公园建设。人工智能在林草产业利用范围广泛，包括森林测绘、森林物种识别、监测预警等。如基于人工智能的智慧公园建设。通过百度图像视觉搜索与植物园场景结合，打造出基于AI的智慧植物园，为游客提供植物识别、AR植物识图、植物园游览资讯、游客与园方互动等应用，让游客领略到一拍即识身边花草树木等不一样的高科技游园体验。目前，北京植物园、西双版纳热带植物园、武汉植物园、上海植物园、兴隆热带植物园等中国植物园联盟的多家植物园均在建立智慧植物园。

三是基于物联网+基地模式的智慧油茶云平台，促进油茶产业精准管理。常山油茶研究所基地建立了智慧油茶云平台(物联网+基地模式)。利用物联网技术，通过建立油茶种苗智慧繁育温室，开展油茶规模化光质种苗培育示范、油茶微型采穗圃示范试验、智慧育苗等试验，实现油茶育苗过程中的各种环境数据采集和分析，实时视频油茶专家解决试验中遇到的问题。利用物联网技术，启用油茶追溯系统，建立全面的油茶溯源档案，为油茶种苗贴上一张专属标签，购买用户通过扫去二维码，即可快速通过图片、文字、实时视频来了解油茶生长情况。

### （四）互联网+促进林草全产业链发展

“互联网+”林草产业，是将新一代信息技术与林业产业培育、林产品生产加工、流通销售环节等深度融合，推动林草产业创新发展，实现林草产业提质增效。一是电子商务平台促进林产品销售，加快商品流通。大多数林产品生产都位于远离城市的边远山区，由于信息闭塞、交通不便等问题。电子商务平台缩短了商品交易双方的空间和时间距离，加快了商品流通的速度。通过电子商务平台，极大地促进了林产品的销量。二是互联网+促进林草产业全产业链发展。以福建建瓯市“互联网+笋竹产业”为例。运用互联网技术，搭建了笋竹产业链互联网平台，推动笋竹产业迈上新台阶。开展“互联网+笋竹产业”区域化链条化试点项目，打造了包括“一个中心、五个子平台”的笋竹产业链互联网平台，即笋竹大数据中心、笋竹产业公共服务平台、笋竹质量追溯平台、笋竹在线交易平台、笋竹云供应链平台、笋竹网络众包设计平台等。其中，笋竹质量追溯平台是建瓯市管控全市笋竹全产业链产品品质的重要平台，它将建瓯全市笋竹种植户、种植基地、加工企业、科研单位、经销商等纳入信息体系，实现笋竹产品质量源头管控。通过在线交易平台，可对接产业上下游的相关企业，并完成定价、下单、购买。

### （五）利用现代林业技术装备提升林草生产力

现代林业技术装备在林草行业的应用非常广泛，包括林木采运机械、木材运输装备、林副产品加工及林产化工机械、木材加工利用机械设备等林业产业领域技术装备。一是牧草生产全程机械化，提升牧草生产效率。以青海省为例。政府出台农业机械购置补贴，牧草收获机械、牧草加工机械设备在中央资金补贴额的基础上，省级资金进行累加补贴，这些补贴措施极大地促进了牧草机械化使用程度。依托牧草生产全程机械化技术现场实训活动和农机生产田间日活动，推广示范牧草机械化生产从耕整地到牧草收获、摊晒、搂集、打捆、裹包等全程机械化技术和装备，实现了牧草生产机械化水平持续提升。目前，青海牧草耕种收综合机械化率达到90%以上，基本上实现了全程机械化。青海省农机推广部门还探索形成了地域特色鲜明、利于示范推广、政策体系配套的牧草生产全程机械化发展新模式，并发布了《牧草（燕麦）生产全程机械化技术指导意见》及配套机具推广目录，集成推广了青饲料收获、青贮裹包、青干草打捆、牧草烘干等机械化技术、生产工艺以及配套机具技术。

二是木材加工生产装备向高端智能发展。调研发现，我国木材加工业正处于转型升级期，大型木材加工制造企业通过技术引进+自主创新的模式，提升木材加工制造的技术水平。如定制家居，通过引进德国工业4.0标准的生产车间，大大提高生产效率，提升产品品质，降低生产成本。通过智能化生产设备和工业机器人生产，实现了设备与数据的对接，实现了物流和信息流上互联互通。人造板装备制造发展成效明显，以连续平压机、热磨机、旋切机为代表的关键技术装备取得积极进展，智能制造和先进工艺在人造板装备产业不断普及，装备企业数字化、网络化、智能化步伐明显加快，关键工艺流程数控化率大大提高，形成了人造板装备中国制造的新模式。人造板装备技术的转型升级，不断推动我国人造板向智能制造挺进。

## 五、我国林草产业科技创新面临的挑战与问题

近年来，我国林业科技进步贡献率在逐步提升，到2020年为55%，与发达国家相比还存在

较大差距。良种普及率低、林草机械装备落后、大数据、物联网、智能化等高新技术在林草产业领域应用不足，这些情况表明我国林草产业科技创新还有很大的提升空间。

**(一)林草产业在应对气候变化和促进绿色经济的重要性认识不足**

《巴黎协定》中明确了森林和林业在应对气候变化中的作用，各国均将发展林业作为应对气候变化，实现减排的重要手段。林业作为绿色经济的生态基础，作为传统产业的原料基础，在促进绿色经济发展发挥着重要作用，但是在实际中对林草产业的功能认识有偏差。一是林草产业对实现可持续发展目标的探索不够。根据联合国《2030 可持续发展议程》中的可持续发展目标来说，林草产业对于多个目标的实现具有重要推动作用，如消除贫困、促进可持续就业、促进能源可持续、保护生物多样性等方面，但是实际中对于林草产业开发不足。二是林草产业在深化绿色经济发展方面的作用尚未完全挖掘。林草产品作为绿色、低碳的木质新材料和生物质能源材料，对于高耗能、高污染的化石材料和塑料具有很好的替代作用，是促进能源利用结构转变的重要基础，目前对于林草产业的创新探索有待进一步加强。

**(二)林草产业科技创新投入有待进一步提高**

在国家创新驱动战略的推动下，我国林草产业科技创新投入不断加强，但是相对于农业行业而言，林草产业科技创新投入差距比较明显。一是林草产业科技创新机构不足，人才短缺。无论是林业研究与开发机构还是规模以上木材加工企业，科技创新机构数量不多，科技创新人才不足。规模以上木材加工企业拥有研发机构的企业仅占 14.5%。规模以上木材加工企业 R&D 人员中只有 20%左右为研究人员。二是林草产业科技创新资金投入结构不合理。林草产业科技创新投入呈逐年增长的态势，政府资金多投入林业研究与开发机构而投入企业的资金极少；而规模以上木材加工企业科技创新以企业自有资金为主，政府资金较少，且木材加工企业资金以内部支出为主，外部支出很少。这说明政府对林草企业科技创新投入不足，林草企业与研究机构、高校合作较少。

**(三)林草产业科技创新能力不断提升，但成果转化率不高**

林草产业科技创新成果产出逐年增加，专利发明和有效发明呈增长态势，整体林草产业科技创新能力不断增强，科技成果利用率不高。一是科技创新产出增加，但是成果利用率较低。林业研究与开发机构科技论文和著作产出远低于农业，专利发明也相对较少，且专利所有权转让及许可数量较少，仅为有效专利发明的 0.9%。林业工业企业科技贡献率稳步上升，但略低于工业企业平均水平。二是引进技术和技术改造成为林草企业技术创新的主要方式，自主创新能力有待提升。随着市场需求结构的变化，国内大型林草企业技术升级均是通过引进国外先进的智能化生产设备，实现产业升级，国内林草制造业智能化生产设备研发有待深入。

**(四)林草产业科技推广机制有待优化**

我国虽然建立比较完备的林草科技推广体系，但是在林草科技推广重视程度、林草科技推广体系以及林草科技推广模式方面有待进一步完善。一是加强对林草科技推广重视程度。林草科技推广周期长、见效慢，因此在林草科技推广投入力度相对较低，人财物方面投入不足，限制了林草科技推广工作的顺利开展。二是林草科技推广模式单一。我国以省、地、县三级林业科技推广机构开展科技推广活动，主要模式以政府林业科技推广机构为主导，为林业科技推广培训体系为依托，主要采用传统的科技推广方式，开展林业科技推广示范基地建设。现代化信息技术在林草科技推广中的应用不足。三是基层林草科技推广人员素质能力有待提高。林草科技推广人员的自身专业素质和道德素养对林草科技推广的质量关系密切。由于林业行业入职门槛低，普遍存在相关工作人员专业知识和技术方面的能力有限，不能很好地完成科技推广工作。

**（五）林草产业信息化应用有待进一步深化**

随着信息化技术的不断发展，以云计算、大数据、人工智能、物联网、移动互联网等为代表的新一代信息技术，在森林经营、森林防火、森林资源、生态和环境监测等领域的应用越来越广泛，但大多处于应用的起步阶段。一是缺乏统一的标准规范。标准规范体系是林业信息化的基础和保障。林业信息化标准针对性和实用性不高，起不到推进林业发展的支撑作用。二是信息化投入不足，人才缺乏。林业信息化建设，不论是网络基础建设还是软件和硬件投入都需要大量的资金支持，目前林业信息化建设以政府和林草主管部门投入为主，存在资金投入不足的问题。林业信息化需要专门的技术人才，林草行业高素质专业技术人才缺乏。三是资源利用率不高，应用深度不够。各类林业工程均建立大力的应用系统，但是各个应用系统信息资源没有合理整合，无法实现资源共享，且应用广度和深度不够。四是缺少专门的林业信息化服务机构。利用第三方信息化服务机构，通过购买服务的方式，促进信息化在林草产业的应用。

**（六）林草产业机械化设备应用程度有待提高**

随着数字化、自动化、智能化技术在农林领域应用步伐加快，机械化生产与信息化技术深度融合，无人化农业已初步形成。但是林草产业机械化智能化应用的程度也在不断扩展，但是要实现无人化作业、现代化技术采收蓝莓等经济林产品还有一段距离。一是机械化智能化设备和技术在林草产业的应用范围不断扩展，但有待进一步深化。如花卉苗木的远程监管系统开始应用，但是只是在少数一些规模较大的企业应用。工业 4.0 标准的智能化无人车间在大型的木材加工企业应用，但是只存在于少数大型企业。二是机械化采收在经济林产业应用有待突破。虽然机械化在经济林方面的各个环节均有所涉及，但是国外大型的智能化采收设备不适合我国丘陵山区地带，如油茶产业，采收设备较少，主要以辅助作业为主，劳动强度依然较大。三是无人化车间和无人化作业技术亟须突破。欧盟日等一些发达国家自动化、智能化生产技术研究与应用方面一直处于世界领先水平，已经实现了环境调控自动化、生产过程无人化、分级包装智能化，同时国外采摘机器人等已有小规模使用。但是我国林草产业在无人化车间和无人化作业方面的应用凤毛麟角。

## 六、促进我国林草产业现代化的实现路径

在创新驱动战略的推动下，立足我国国情林情，聚焦制约林草产业科技创新的关键卡脖子技术，加大投入力度和人才培养，依托现代信息技术、大数据、人工智能等高科技手段，推动我国林草产业现代化水平。针对我国科技创新推动林草产业现代化进程中的不足，必须补齐短板促进林草产业现代化发展。

**（一）提升林草产业在国民经济体系中的地位**

一是深化林草产业在新发展理念中的重要性认识。林草产品作为绿色、低碳的木质材料和生物质材料，对于高耗能、高污染的化石、塑料具有很好的替代作用，对于引导居民绿色消费模式和转变生活方式具有重要作用。二是加强林草产业与国家重要战略的结合。如依托国家乡村振兴

战略、应对气候变化和实现国家减排目标等，充分探索挖掘林草产业在促进国家重要战略实施的作用，创新林草产业发展模式，发展林草新兴产业，提升林草产业的重要性。三是确立林草产业在现代产业体系中的地位。提升林草产业链供应链现代化水平，推动林草产业链优化升级，推动林草产业高端化、智能化、绿色化。如提升林草产品深加工水平，促进林草加工网络化、智能化、精细化，挖掘林草产业的巨大潜力。

**（二）把科技创新作为提升林草产业现代化的战略任务**

一是加强林草重大和关键技术问题研究。加大资金投入鼓励林草高校和科研机构，特别是林草企业参与到林草产业科技创新中。依托林业和草原国家创新联盟，力争在主要经济林和林下经济优良新品种培育及高产高效栽培技术、经济林和林下经济机械化采收技术及其产品精深加工技术、木竹资源高效利用、木竹家居产品智能制造技术、胶合板连续化制造技术、林业生物质能源与材料制造技术、现代农业装备与设施技术等领域实现重大突破。二是加强林草产业智能化技术研发。加强人工智能采摘机器人和智能设备研发和推广，开展种植、水肥管理、生物防治、采收等智能生产的研发，提升林草产业现代化水平。三是培育林草科技人才。长期以来，农林行业不具备吸引优秀人才的能力，特别是基层林业。制定政策，完善提升农林行业工资报酬，吸引优秀人才进入林草行业，特别是从事林草科学研究。

**（三）把数字化信息化作为提升我国林草产业转型升级的重要手段**

随着信息技术的快速发展，林草产业信息化服务是实现林草产业现代化的重要条件和前提。一是积极开展智能林草业育种、育苗产业。将物联网技术应用到林草产业，开发品牌绿色无污染等高附加值经济林和林下经济产品的精细化培育和种植。二是促进经济林和林下经济精准化、信息化管理。通过实现经济林和林下经济主产区精准化、信息化管理，要落到山头地块，实现经济林、林下经济产业“一张网”管理，真正做到经济林和林下经济高质量管理和服务。三是促进智能感知系统在林草产业的应用。通过无线通信网络、物联网传感设备投入，通过对温度、湿度、土壤、光照、植物养分、病虫害等的智能检测，实现特色林产品生产环境的智能感知和预警，通过区块链等技术实现全产业链监测，全面提升特色林产品的数据资源，为林草产业发展提供信息服务。

**（四）将林草科技服务体系作为促进林草产业科技成果转化的重要载体**

林草机械化、智能化和科技推广是实现林草产业规模经济，走向林草产业现代化的重要内容之一。一是打造林草科技服务云平台。运用大数据、云计算进行系统架构，整合各类林业科技信息资源，打造林草科技服务云平台。云平台可以包括智慧林业、林草技术推广、科技创新支撑、成果转化等多个专项子平台以及在线培训系统、基层林业技术推广综合业务系统、现代林业产业技术体系综合业务系统等核心业务系统。通过云平台实现专家与技术员、林农的沟通交流，实现移动互联互通，为广大林农和林业经营主体提供精准、及时、全程的科技信息服务，从而提高林草科技推广的成效，提升林草产业科技创新成果转化，有效支撑现代林草业发展。二是加强林草科技推广服务。运用现代信息技术，构建“上下联通、资源共享”的林草科技推广服务网络，开展示范推广、创新成果展示、科技培训、技术咨询等多领域、专业化、社会化服务，形成以市场为导向，示范、推广、服务融合一体的多元化现代林草科技推广机制。三是开展林草产业机械化智能化科技示范基地建设。围绕优势和特色林产品主产区，积极开展林草产业机械化智能化科技示范基地建设，充分发挥示范带头作用。大力推广林草产业机械化、智能化实用技术，不断提升林草机械科技含量。加强对林草机械化智能化先进技术培训，提高林农和林草经营主体接受和应用新技术、新成果的能力。

调 研 单 位：国家林业和草原局经济发展研究中心
课题组成员：李秋娟、毛炎新、张英豪

# “一带一路”建设下林业跨境保护合作机制研究

**摘要：**生态环境保护是“一带一路”建设的重要议题。对于中国而言，跨境生态保护合作是地缘合作中最为重要的跨境问题。建设绿色利益、绿色责任和绿色命运共同体，顺应了全球可持续发展的需求与趋势。课题组与国家林草局国际司合作，通过调查，从合作平台、主体、经费和方式等方面归纳了我国林草国际合作的概貌；分析跨境保护合作的国际案例，探讨了对我国开展跨境保护合作的启示；聚焦云南省林业跨境保护合作实践，总结2020年度林业跨境保护合作领域的最新成果。建议以更具国际视野和国际认同的保护目标推动林业跨境保护合作，把促进联合保护区域内的社区发展作为跨境保护合作的重要内容，积极探索构建人与生态系统共生关系下的生物多样性保护机制，进一步理顺我国政府推动跨境合作保护的体制机制。

## 一、研究背景

### （一）一带一路建设与林业跨境合作

“一带一路”倡议，是“丝绸之路经济带”和“21世纪海上丝绸之路”的简称，2015年3月28日，在全球瞩目下，中国正式向世界发布了“一带一路”的愿景与行动纲领。该文件展示了中国新一轮全方位开放的大格局，表达了中国深度融入世界经济体系的战略决心；同时也传达了中国与相关国家共同打造开放、包容、均衡、普惠的区域经济合作架构，探索国际合作以及全球治理新模式的宏大愿景。

在习近平新时代中国特色社会主义思想指导下，近年“一带一路”建设在稳妥有序应对疫情、着力凝聚合作共识、加强六廊六路建设、推进规则标准法律对接、提升贸易自由化便利化水平、加强产业投资合作、提升金融服务能力、促进民心相通等方面取得了令人瞩目的成就。截至2020年10月中国已与138个国家、31个国际组织签署了203份共建“一带一路”合作文件。此外，“一带一路”倡议也主动和上合组织、中国-东盟10+1、亚太经合组织等多边合作平台进行对接，形成了更广阔的自由贸易区，极大地促进了地区整体经济社会的发展，也给世界的稳定与发展，做出了巨大贡献。联合国大会、联合国安理会等重要决议也将“一带一路”倡议纳入，中国的“东方吸引力”与日俱增，“六廊六路多国多港”互联互通架构基本形成。

2020年，中共中央的一系列重大文件中，又对一带一路建设和布局进行了重要谋划。其中，中共中央、国务院《关于新时代推进西部大开发形成新格局的指导意见》中指出支持新疆加快丝绸之路经济带核心区建设，形成西向交通枢纽和商贸物流、文化科教、医疗服务中心。支持重庆、四川、陕西发挥综合优势，打造内陆开放高地和开发开放枢纽。支持甘肃、陕西充分发掘历史文化优势，发挥丝绸之路经济带重要通道、节点作用。支持贵州、青海深化国内外生态合作，推动绿色丝绸之路建设。支持内蒙古深度参与中蒙俄经济走廊建设。提升云南与澜沧江—湄公河区域开放合作水平。《中共中央关于制定国民经济和社会发展第十四个五年规划和二〇三五年远景目标的建议》和《2020 年习近平在气候雄心峰会上的讲话》中提出要坚持共商共建共享原则，秉持绿色、开放、廉洁理念，深化务实合作，加强安全保障，促进共同发展。

绿色已成为“一带一路”合作的底色和重要内容。目前，我国已与 100 多个国家开展了生态环境国际合作与交流，与 60 多个国家、国际及地区组织签署了约 150 项生态环境保护合作文件。中国已签约或签署加入的与生态环境有关的国际公约、议定书等有 50 多项，涉及气候变化、生物多样性、臭氧层保护、危险化学品、海洋、土地退化等领域。兼具经济和公益属性的林草业对推进绿色“一带一路”合作也具有重要意义。

**（二）生物跨境保护合作与“一带一路”倡议落实**

“一带一路”沿线地区分布着大量全球生物多样性热点，这些地区尽管生物多样、物种丰富，但生态环境保护相对于经济的发展显得非常脆弱；尤其是一些经济欠发达国家在发展经济、改善民生的时候过度索取与开发自然资源，致使出现土地荒漠化，森林和草地资源减少，生物多样性减少等生态环境问题（孟宏虎等，2019；张树兴，2016）。

当今时代，解决生态环境问题，实现绿色发展已成为大势所趋和潮流所向。解决生态环境问题不仅是一个漫长又艰巨的过程，并且由于生态环境问题的特殊性，还需要在“人类命运共同体”的理论指导下进行跨境保护合作。一方面，2015 年 3 月 28 日，国家发展改革委、外交部、商务部联合发布的《推动共建丝绸之路经济带和 21 世纪海上丝绸之路的愿景与行动》提出，要在投资贸易中突出生态文明理念，加强生态环境合作，共建绿色丝绸之路。马克平（2016）通过对世界自然保护大会的会议内容进行多方面的总结分析，指出中国应在“一带一路”倡议下，鼓励亚洲生物多样性分布、热点、保护空缺和保护规划方面的研究，在做好本国工作的基础上，结合“一带一路”倡议等国家战略开展跨区域自然保护。另一方面，已建立的中国-中东欧国家、中国-东盟、中日韩、大中亚、澜沧江-湄公河等区域林业合作机制对在“人类命运共同体”解决生态环境问题的理念下，推动实施“一带一路”倡议下林业跨境合作具有重要作用。

林业是陆地生态系统的主体，生态文明建设的主要力量，“一带一路”建设的后花园，为生物多样性保护提供保障（刘珉，2016）。由于在生物富集量高的地区经常存在多个物种存在跨国境迁徙现象，为更好地进行生物多样性保护，“人类命运共同体”理论指导下的跨境合作就显得尤为重要。与此同时，林业跨境合作的机制建设一直受到中国的重视，“一带一路”倡议又为林业跨境合作提供了广阔的平台。因此，“一带一路”倡议下林业跨境合作是“人类命运共同体”保护生物多样性，解决生态环境问题，实现绿色发展的实践载体。

**（三）林业跨境合作机制种类**

（1）加强政府间合作。森林生态系统保护问题已经日益成为各个国家和地区关注的重要问题，无论是突发的灾难性事件还是持续性的生态问题，都逐渐受到国际社会的广泛关注和深入思考。国家有界，生物无界，为保护森林生态系统，国际合作逐渐成为主流方式和重要手段。因此各国政府之间只有加强合作，建立健全多层次的双边多边组织协调机制，加强政府间合作是共商、共建、共享“一带一路”的关键，也是共同发力真正实现生态保护目标和可持续发展的关键。

(2)搭建和融入林业国际合作平台，共享林业科研成果。开展林业跨境合作，需要积极利用国际竹藤组织、亚太森林组织等现有平台基础和经验，推动建立“一带一路”林业合作对话平台、林业规划交流平台、森林资源、产业、技术、政策等信息共享平台、林业科技培训平台等，开通高层林业政策对话渠道，开展林业政策磋商，完善能力建设等相关支持机制，建设服务于“一带一路”沿线国家林业国际合作的交流平台。同时，还应积极加入现有国际学术交流平台，互学互通，数据共享，增进相互了解，推动林草跨境合作。

(3)联合打击野生动植物非法贸易。森林生态系统包含大量的珍稀、濒危野生动植物资源，出于经济目的、利用各国法律差异形成的空白或灰色地带进行非法盗猎盗伐，使得来源国动植物资源遭受巨大破坏。由于野生动植物非法贸易往往是有组织的犯罪，因此保护野生动植物、打击非法贸易是国际社会面临的共同挑战，需要加强合作、综合施策、妥善应对。《濒危野生动植物种国际贸易公约》等相关国际法框架和联合国系统有关机构的设立，为解决上述问题提供了合作基础，我国应进一步加强与周边国家的国际警务合作机制，共同严控和打击边境非法贸易，共享大数据平台，建立跨境保护监管网络。

(4)拓宽民间合作渠道与民众参与。我国许多地方与各边境国山相依、水相连，存在多个跨境而居的少数民族。在“与邻为善，与邻为伴，睦邻、安邻、富邻”的周边外交政策的指导下，建立以政府间合作为主，民间公众广泛参与的合作方式，通过举办边民交流会、组建民间合作保护组织等方式，加强边民交流，增进两国边民间友谊，加深边民间的感情，拓宽自然保护视野和见识，充分调动边民参与资源保护，从而有效切断跨界非法采集、狩猎、贩卖渠道，为跨境保护合作夯实基础。

## 二、“一带一路”林草国际合作现状

为贯彻落实习近平总书记外交思想，推动林草参与高质量“一带一路”建设，本部分通过整理分析全国林草系统“一带一路”国际合作情况调查资料，给出我国林草国际合作的概貌。

### (一)“一带一路”林草国际合作文件

在共建“一带一路”框架下，我国与各参与国和国际组织本着求同存异原则，协商制定合作规划和措施，截至2020年11月，已与138个国家和31个国际组织签署201份共建“一带一路”合作文件。

国家层面，2013年至2020年10月，我国累计签订5项以生态建设为重要内容的国家级文件。与柬埔寨、老挝、越南、泰国、缅甸签订了《三亚宣言》《金边宣言》《澜湄合作五年行动计划(2018—2022)》《澜沧江—湄公河农业合作三年行动计划(2020—2022)》4项文件，合力应对地区面临的经济、社会和环境挑战，共同打造面向和平与繁荣的澜湄国家命运共同体。与乌兹别克斯坦联合发布《乌鲁木齐宣言》，针对当前中亚面临的咸海问题开展科技创新合作，加强生态建设。

部委层面，国家林业和草原局与各部委合作，制定发布多项“一带一路”合作规划。与商务部合作《中俄在俄罗斯远东地区合作发展规划(2018—2024年)》，明确中俄林业合作重点聚焦木材深加工，充分发挥经济效益；编发4份“一带一路”林业产业合作文件，提出充分发挥国内技术和产能优势，深化我国中小企业与带路沿线国家在贸易投资、科技创新、产能合作、基础设施建设等领域的交流与合作，重点开展木材深加工项目。编发了《丝绸之路经济带防沙治沙工程建设规划(2016—2030 年)》和《一带一路防沙治沙工程建设规划(2016—2030 年)》，科学防治“古丝绸之路”沿线的沙化土地，构建丝绸之路经济带的生态安全体系。

省级政府层面，各地涉林“一带一路”国际合作文件 15 项。其中，河北省 5 项，广东、新疆、甘肃各 2 项，海南、山东、宁夏、陕西各 1 项。总体上，中东部地区政策定位于经济发展，涉及林业产业及技术发展、经济林产业的高效利用等；西部地区政策定位于全面推进生态文明建设，主要是生态修复和生态系统保护以及荒漠化治理。

**(二)“一带一路”林草国际合作平台**

目前，我国已具备的林业合作平台大致归为：论坛类(展览会)合作平台、人才培训类合作平台、技术培训类合作平台、国际组织类合作平台、金融机构类合作平台五类(图 1)。

论坛类合作类平台 5 个，主要采取论坛、展会等形式。

人才培训类平台 16 个，主要依托平台：国家外国专家局出国培训项目计划、中国援外人力资源开发合作项目、省级结对国际友城项目。参与主体涉及各个国家政府部门以及科研院所、公司及国际组织。

技术培训类平台 21 个，参与主体主要有林业、外交、自然资源等政府部门以及农林类高校、林业及生物多样性国际组织、林业企业等，依托平台多为中国热带农业科学院、热带油料作物生物学重点实验室、珍贵树种培育工程技术研究中心。研究领域多为热带作物的培育以及群体遗传多样性合作研究。

国际组织类合作平台共计 23 个，参与主体有林业局、农林高校、林业研究院(所)、自然资源管理联合会等。研究领域主要为林业科技交流、林业现状、发展战略及森林管理最佳实践研究，旨在加强与“一带一路”国家的林业科技交流与合作。

金融机构类合作平台 11 个，主要为亚洲开发银行、欧洲投资银行、德国复兴银行、世界银行、国际金融组织等。该平台上的多数合作项目，以贷款为主要合作模式，且资金主要用途是丝绸之路沿线地区生态恢复与发展项目，以沙化土地及荒漠化可持续治理为主。

借助上述平台，我国林草部门积极与“一带一路”国家开展务实合作，深化伙伴关系，建立合作机制，合作项目达 321 项。其中，双边合作项目 246 项，多边合作项目 75 项，分别 76.64%和 23.36%。围绕生态保护与恢复、林业产业与林机装备产能合作、绿色人文交流和应对气候变化开展了一系列优先项目，其中生态建设项目占双边合作的 48.45%，生态修复项目占多边合作的 56.72%。高校还通过教育合作机制推动我国林草高等教育国际化，依托各自的区域和学科优势组建了各类机制和平台。

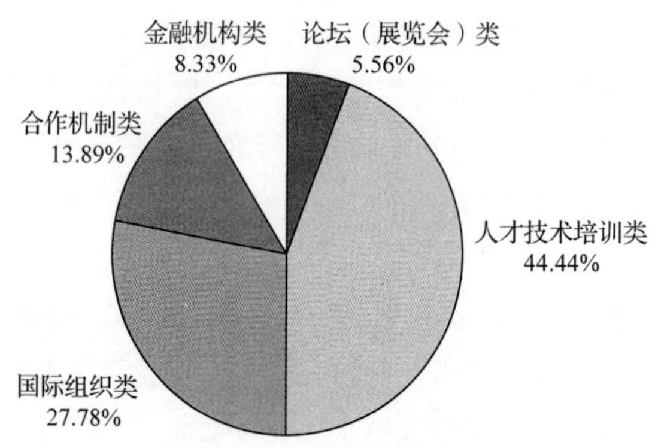


**图 1　各类林草国际合作平台构成**

### (三)“一带一路”林草国际合作主体

321 个林草国际合作项目中，48 个项目是多主体牵头开展，中方牵头项目 219 个，形成了中方主力推动、多主体参与助力前行的“一带一路”林草国际合作模式。

林草国际合作牵头单位主要是政府部门和事业单位，涉及 182 个项目，其中 69.20%的项目由中央部委牵头，67 项由国家林草局牵头，30.80%的项目由地方部门牵头。科研机构或高校牵头的项目有 46 个，其他牵头单位还包括企业、国际组织和非政府组织。国际组织及非政府组织中，日中友好沙漠绿化协会和联合国参与度最高，均占 17.65%(图 2)。

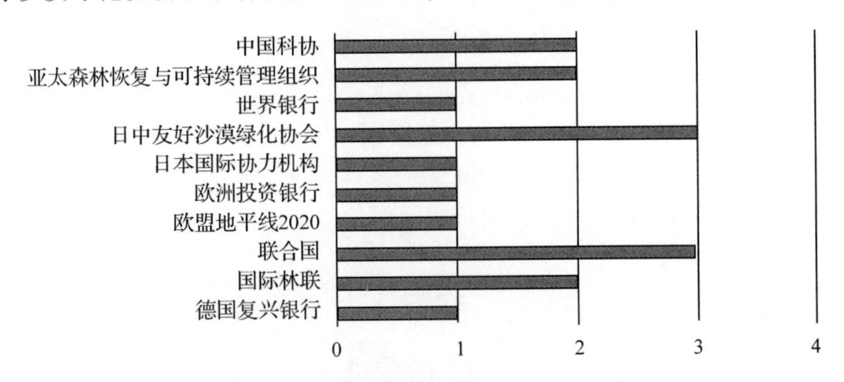


图 2　国际组织和非政府组织参与项目个数

多主体共同牵头的项目类型呈现多样化和跨领域交叉性特点。科研合作项目比例最高，占 41.60%，其他依次为规划设计项目、教育培训项目、工程建设项目、跨领域交叉项目、经贸合作项目和人文交流合作项目(图 3)。

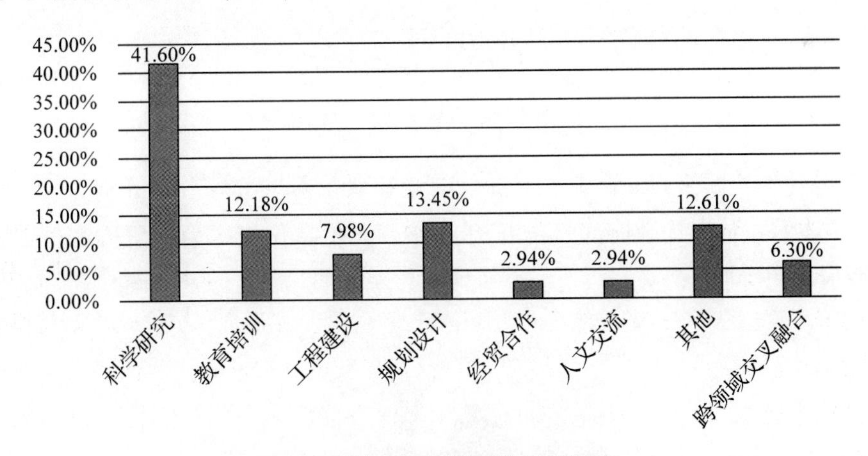


图 3　多主体共同推动的项目类别

从参与主体的地域分布情况看，中方参与主体中北方单位占 69.03%，南方单位占 30.97%。北方单位中，来自北京的最多，占总量的 25.66%，其次为甘肃和内蒙古，分别占 11.50%和 6.19%。南方单位中，广西的单位数最多，占总量的 4.42%，其次为广东和海南，均占 3.54%(图 4)。

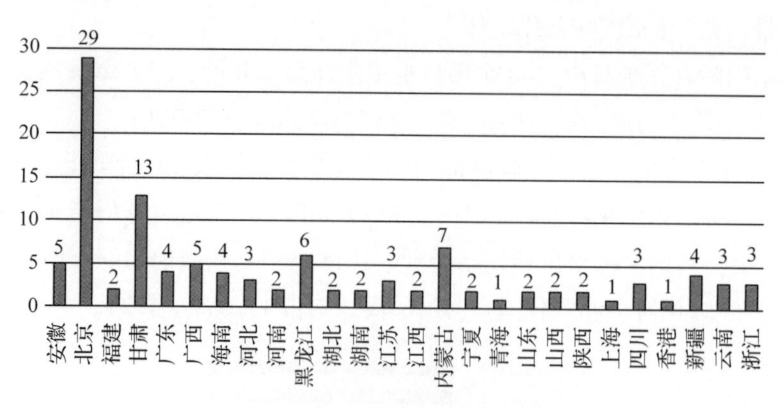


**图4　中方参与主体地域分布**

中方参与主体主要为科研机构，占中方参与项目总量的45.65%，其次分别为政府部门、企业(包括国有企业)、高校、科研机构、其他未注明单位的主体和学会(协会)(图5)。

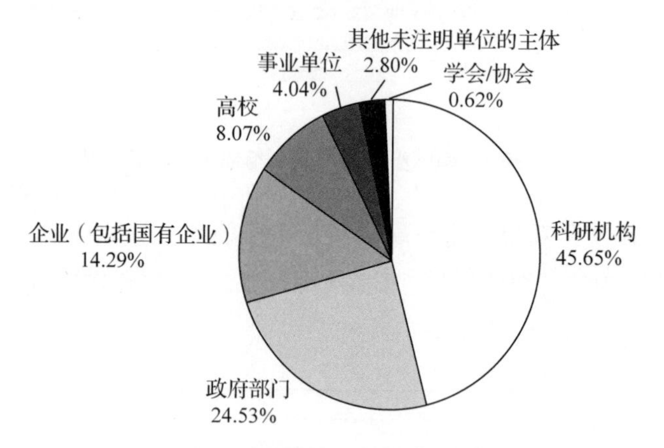


**图5　中方参与主体单位性质**

外方参与主体主要来自东南亚、非洲、南亚等地，参与次数占比分别为41.29%、8.15%和6.74%。外方参与主体多为政府部门，占31.22%，其他单位依次为科研机构、高校、国际组织、企业、非政府组织等(图6)。

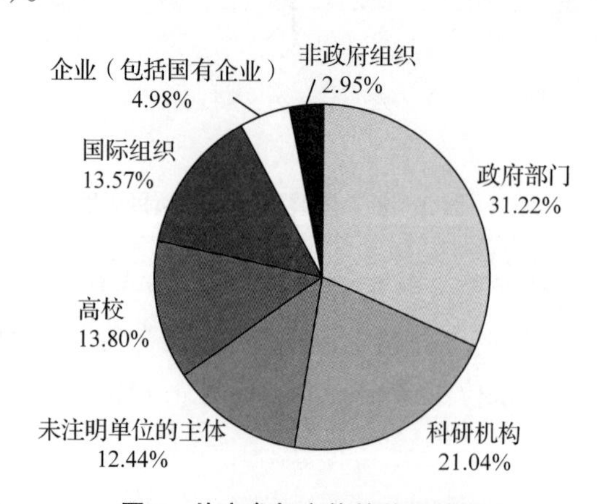


**图6　外方参与主体的单位性质**

外方主体更倾向于参与科研项目，占总量的34.27%。参与的经贸合作项目最少，仅占1.87%。外方主体对于跨领域交叉性项目的参与度也不高，仅占总参与项目的4.36%(图7)。

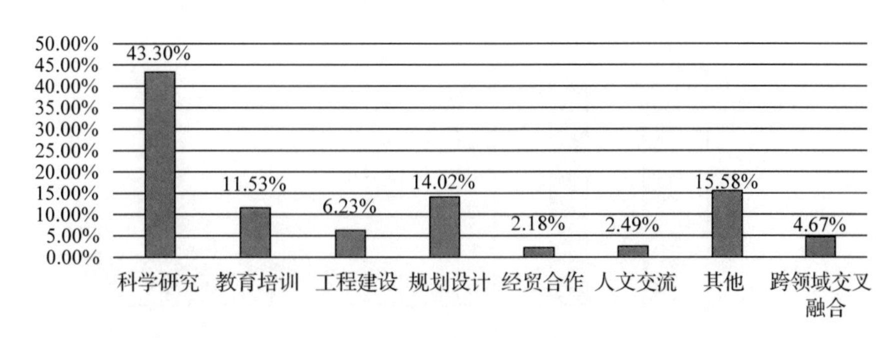


图7 外方参与项目类别

## (四)"一带一路"林草国际合作经费情况

"一带一路"林草国际合作项目的经费渠道主要来自国际组织捐赠或贷款(包括银行、公约组织)、科研经费、部委经费(包括科技部、商务部、国家外专局以及农业农村部)、项目单位自筹、多渠道经费支持及其他,分别占总项目数的24.44%、19.17%、17.29%、9.77%、10.15%和12.78%。中国对"一带一路"林草国际合作项目的经费支持最大,其中由中方独资进行的投入约占总投入的57.45%(图8)。

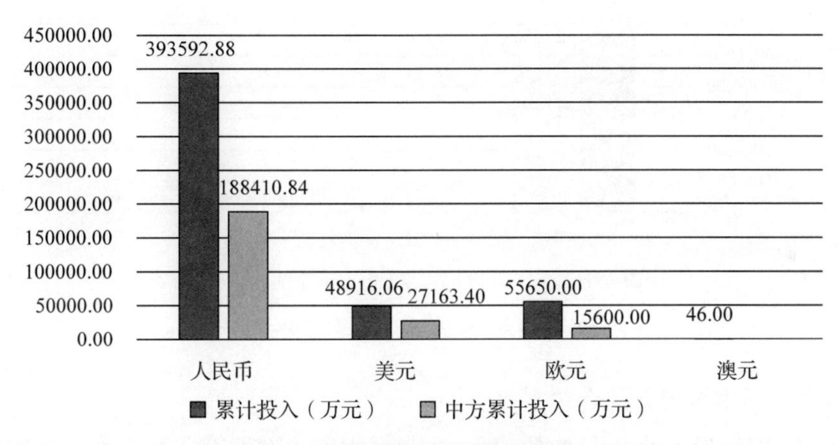


图8 林草国际合作项目累计投入

## (五)"一带一路"林草国际合作方式

总体而言,主要采取四种合作方式来执行"一带一路"林草国际合作项目,即技术+资金投入(占比42.06%)、资源+技术+资金投入(占比24.61%)、智力+资金投入(占比25.23%)以及综合型(占比8.10%)的合作方式。

### 1. 技术+资金投入的合作方式

技术+资金投入的合作方式,即为一方或多方投入技术服务,再由项目推动方、实施方或第三方进行资金投入的方式。该种合作方式主要用于数据库建设、物种跨境保护、良种繁育及发展规划设计等。技术进步是推动林草发展的重要动力,因此以该种方式开展的国际合作项目较多,共135个。其中有96个项目明确了经费渠道,但经费渠道单一,仅有8.33%的项目为多渠道经费。该种合作方式中,有19.79%的项目依托科研项目经费,22.92%的项目由部委资助,包括国家外专局、国合署、国家林草局、农业农村部、科技部和商务部(图9)。110个明确经费额度的项目有54个为中方独资(占49.09%)。此类合作项目累计投入占项目总累计投入的63.32%,其中中方投入占41.13%(见图10)。

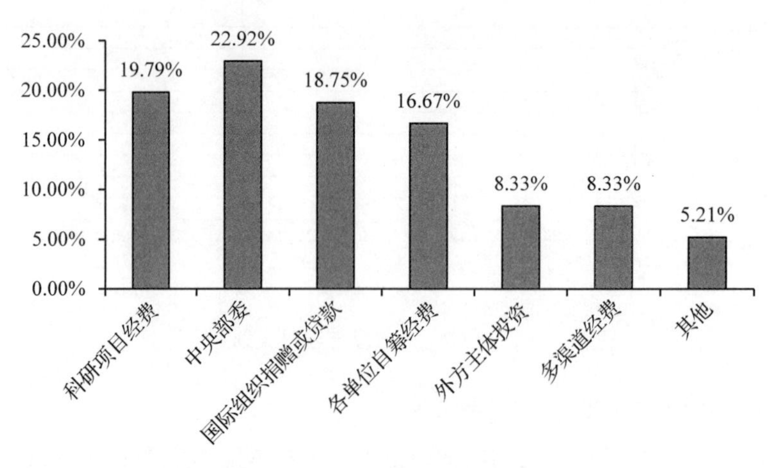


**图 9　“技术+资金”投入的合作方式经费渠道**

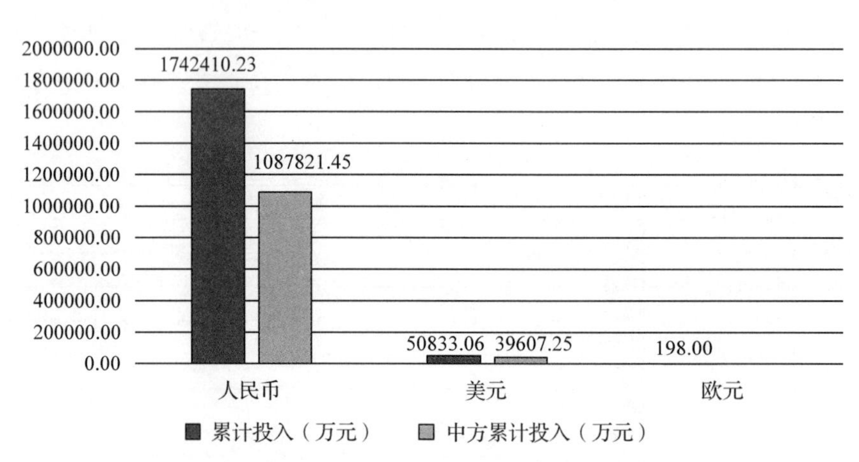


**图 10　“技术+资金”投入的合作方式累计投入**

**2. 资源+技术+资金投入的合作方式**

资源+技术+资金投入的合作方式，即一方提供土地、物种等资源，另一方提供技术服务，再由项目推动方、实施方或第三方投入资金的方式。该种合作方式主要用在区域资源调查、具有区域特色的生态修复治理、因地制宜的社区管理与发展以及良种示范基地建设上等国际合作项目。“一带一路”沿线合作方的林草资源丰富，但林草建设能力不足，因此较为倾向于该种合作方式。目前国内该类型项目共 79 个，占总项目的近 1/4。79 个项目中 87. 34%的项目为单一经费渠道，12. 66%的项目为多经费渠道。这些项目更加受到外方重视，资金投入较其他合作方式项目更高，其中国际组织(包括国际银行)以贷款或无偿援助的方式为 49. 37%的项目提供了强大的资金支持，外方独资项目占 10. 13%(图 11)，中方独资项目占 18. 99%。该类合作项目累计投入占总项目累计投入的 35. 17%，其中中方投入占 14. 99%。

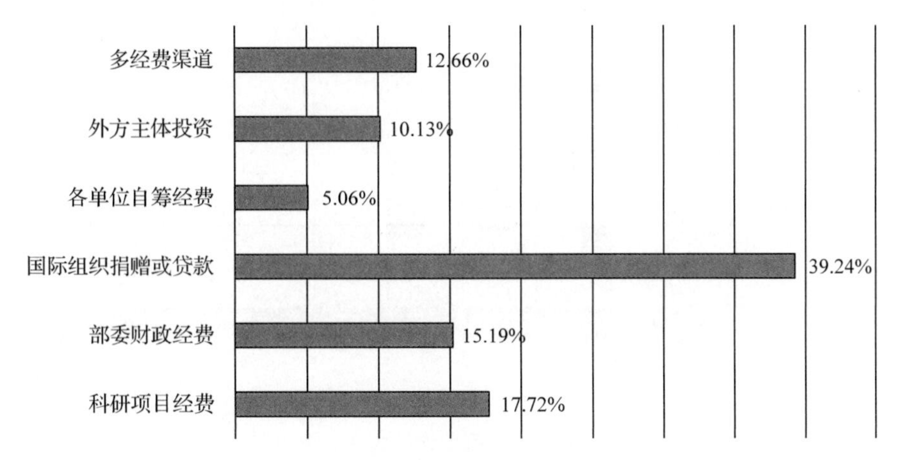


**图 11 “资源+技术+资金”投入的合作方式经费渠道**

### 3. 智力+资金投入的合作方式

智力+资金投入的合作方式，即以访学、人才引进、开展交流合作会议、举办培训班等方式开展的国际合作。该种合作方式主要用于培养林业技术人才和经验交流，也是较易开展的合作项目之一，共有 81 个。67 个项目明确了经费渠道，有 44 个项目(占 54. 32%)为中方独资，有 3 个项目是多渠道经费，约 80. 60%的项目以部委(包括科技部、国家外专局、国家林草局、农业农村部、商务部和外交部)、国际组织(包括国际银行)和科研项目经费为主(图 12)。该类合作项目经费投入区别于其他合作项目之处的是按参会人数、培训班期数、会议次数分年度投入。

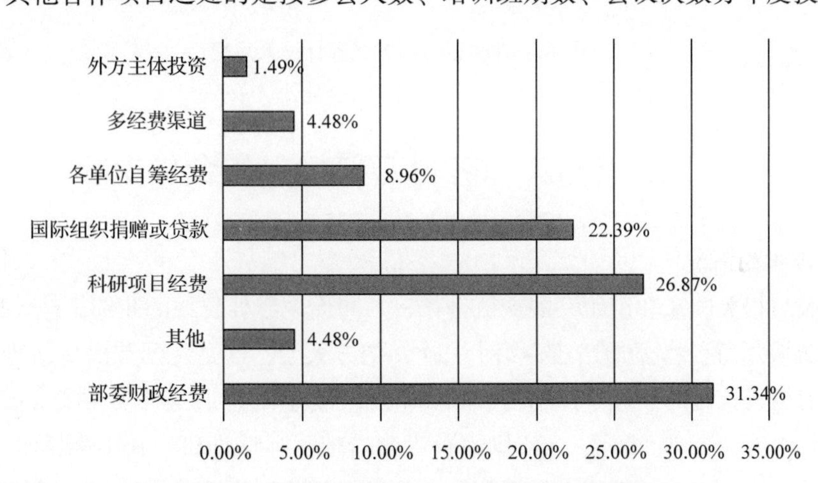


**图 12 “智力+资金投入”的合作方式经费渠道**

### 4. 综合型合作方式

综合型合作方式，即一个项目中同时包含技术+资金、资源+技术+资金、智力+资金三种合作方式。该类合作项目共 26 个，65. 38%的项目依靠科技部等资金支持，23. 08%项目利用了多渠道经费，主要由各级财政或项目经费组成(图 13)。说明经费渠道的 23 个项目中，18 个项目为中方独资，占 78. 26%，投资占比 87. 76%(图 14)。该合作项目的中方投入金额占合作项目总投入金额的 1. 33%。

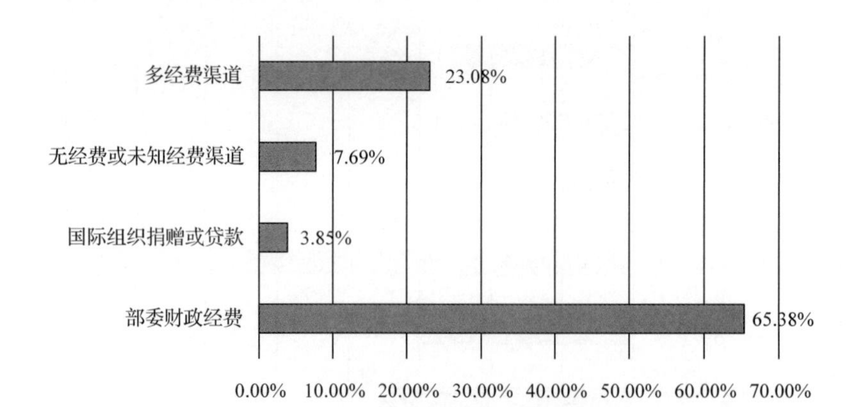


图13 综合型合作方式经费渠道

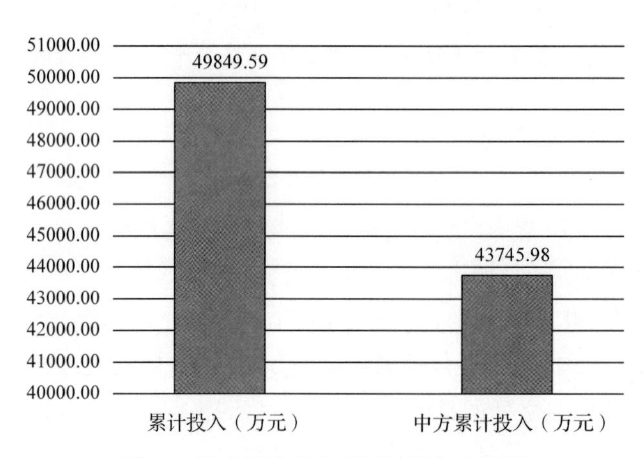


图14 综合型合作方式累计投入人民币

## 三、“一带一路”林草跨境保护合作现状

### (一)联合履约情况

我国积极与相关国家和组织开展交流合作，共同促进涉林公约的履约工作。2017年9月在内蒙古鄂尔多斯承办《荒漠化防治公约》第十三次缔约方大会，这是我国首次举办的联合国环境公约大会。宁夏回族自治区林业和草原局与《联合国防治荒漠化公约》秘书处签订协议，从2019年至2023年间，每年举办一期“一带一路”国家荒漠化治理国际培训班，让国际学员全方位了解中国和宁夏在荒漠化防治方面的理论、技术与方法，共享荒漠化防治成功经验。近年我国在国家公园和自然保护地建设、野生动植物保护和湿地保护成效显著，率先实施象牙禁贸和野生动物禁食，成为《濒危野生动植物种国际贸易公约》《生物多样性保护公约》《湿地公约》等公约的履约典范。

在促进森林可持续经营方面，2017年亚太森林组织在内蒙古自治区赤峰市敖汉旗三义井林场组织实施了“大中亚区域植被恢复与森林资源管理利用示范项目”。以防沙治沙、植被恢复、沙产业和成果展示为主要建设内容，集多种先进成熟技术建立示范区，促进区域植被恢复，提高荒漠化地区生态系统质量，为大中亚区域同类地区植被恢复与森林资源管理利用建立了多层次、多功能的典型示范。

### (二)野生动物跨境保护合作

我国与俄罗斯开展东北虎、候鸟保护合作，开展种群合作调查，加强管理和技术交流；与俄罗斯、印度、蒙古、不丹以及中亚等雪豹分布国开展雪豹保护合作；与缅甸、泰国、老挝、越南、柬埔寨、马来西亚、印度等亚洲象分布国开展亚洲象保护合作和交流；与美国、奥地利、泰国、日本、澳大利亚、新加坡等16个国家和地区开展大熊猫科研合作与交流。2018年起与蒙古国开展戈壁熊栖息地管理和技术援助项目，开展戈壁熊种群及其栖息地生境、生物多样性等研究；与老挝、缅甸联合开展中南半岛中老缅山地跨境生态安全森林可持续恢复与管理项目；与巴基斯坦、吉尔吉斯斯坦和塔吉克斯坦3国共同商讨"马可波罗盘羊跨境保护网络"建设问题，同意和确认在帕米尔高原建立共同的平台，为今后中国与帕米尔高原周边国家开展盘羊、北山羊、岩羊等濒危动物保护的跨境科学研究提供了支持和保障。这些合作有效地促进了参与各方在濒危物种跨境保护方面经验、数据交流和共享，推动了跨境野生动物保护进程。

**(三)边境森林火灾联防**

为做好边境森林火灾的防控，我国与邻国积极推进边境森林火灾的联防工作。先后与俄罗斯、蒙古签署了《中华人民共和国政府和俄罗斯联邦政府关于森林防火联防协定》和《中华人民共和国政府和蒙古国政府关于边境地区森林草原防火联防协定》。云南省的部分边境县市也与比邻国家省、县签订《边境森林防火协议》，建立联防会议机制，举行民间森林防火联谊交流会等，强化边境沿线森林防火管控，有效控制边境森林火灾事故发生。

**(四)生态建设项目"引进来"与"走出去"**

"引进来"方面，自2013年起，全国共接受并实施外资生态建设项目42项，涉及湿地保护地、沙地修复等合作领域，对森林生态系统、湿地生态系统、海洋生态系统开展有效保护合作。例如在安徽省开展了陆地生态系统保护与发展项目，在广东省开展了海洋生态系统保护与发展项目，在新疆维吾尔自治区开展了林业生态发展建设项目，在宁夏回族自治区开展退化地修复项目，在云南省开展珍贵树种繁育项目，在四川省开展长江上游森林生态系统恢复与湿地保护项目，在全国多地开展林业碳汇、社区及生物多样性、森林文书示范单位建设等项目。

"走出去"方面，我国为许多国家提供了大量的林业科技援助项目。例如科技部推动的"东南亚国家森林资源合作监测技术建设"项目，通过建立健全森林资源监测技术和方法，帮助提升东南亚国家的森林资源监测能力；商务部委托中国林科院编制的《中俄森林资源合作开发利用规划(一至六期)》，被确立为中俄林业合作规划的典范加以推广；广西壮族自治区实施外交部"澜沧江-湄公河地区油茶良种选育"项目，通过无偿技术服务，向泰国、越南输出油茶良种大树换冠、苗木培育、栽培管理等4项成熟技术，提升了泰国、越南油茶种植管理水平；中国林学会和国际竹藤组织联合主办中缅林业专家竹子增值科技交流会，邀请来自缅甸的6名林业相关政府部门官员来华，组织前往云南省实地考察中国的竹种培育和竹笋加工，并与当地高校、企业和科研机构进行交流；中国林科院与亚太森林组织、柬埔寨林业局森林和野生生物发展研究所共同签署了"基于补植固氮珍贵树种和疏伐相结合的退化森林改造和可持续经营"项目协议，通过引入近自然森林经营理念和技术，营建森林恢复试验示范林，改善村民的生活水平。

## 四、国际跨境保护区案例

**(一)案例保护区概况**

卡万戈-赞比西跨境保护区(Kavango Zambezi Transfrontier Conservation Area，简称KAZA)是

2012年3月建立的全球最大的自然保护区，总占地面积44.11万平方千米，区内有36块独立的自然保护区域，跨越津巴布韦、纳米比亚、博茨瓦纳、安哥拉、赞比亚五国。2011年8月，五国政府签署了《谅解备忘录》，承诺共同开发这片区域。2012年3月，五国政府举行了正式的条约签署仪式，保护区成立。目前，保护区内拥有的非洲象种群数量超过总量的45%，植物种类达600种，鸟类种类3000种。此外，保护区还为鳄鱼、狮子、豹、鬣狗、犀牛、狒狒，以及濒临灭绝的非洲野生狗等动物提供栖息地和水源。

五国建立跨境保护区有六大目标，包括：保护这个区域内共享的自然和文化遗传、推动保护区互联互通、成为世界级旅游目的地、促成游客在区域内自由跨境通行、确保可持续利用自然资源以促进乡村社区生计和扶贫、统一区域内的立法工作。

KAZA建立以来，形成了KAZA发展战略，增加野生动物保护软硬件设备、建立营地和管理设施，支持环境监测项目、社区发展项目，疏通野生动物迁徙廊道，提升野生动物保护意识、缓解人兽冲突等。

长期以来，卡万戈-赞比西跨境保护区内存在大量原住民和当地社区，人口超过1500万且持续增长，很大一部分原住民和当地社区依赖于当地的野生动植物来维持生存，因此保护区一直寻求着平衡，在利用中保护、在保护中利用，实践着可持续利用与保护相结合的理念。有许多从事原住民和当地社区研究的机构活跃于这个地区，思考现实环境下的人类生计与野生动植物存续的共同可持续发展。由于具有相似的野生动植物保护管理理念，五国建立了“跨境自然资源管理论坛”，并设立了卡万戈-赞比西跨境保护区秘书处。通过这个论坛，五国执法机构相互交流情报和信息，在区域内的原住民和当地社区实行高度自治的管理并且分享管理经验。秘书处不仅协调五国的关系，还吸引五国之外的合作伙伴来投入到KAZA保护措施建设中，其中包括国外政府部门和国际非政府组织、研究机构等。

卡万戈-赞比西跨境保护区的一项关键创新举措是推出KAZA联合签证。五国希望通过建立跨境保护区来实现更好的野生动物观光旅游收入，KAZA联合签证让国际游客只需要一个签证就可以畅行这个区域。然而，由于涉及敏感的边境管控，博茨瓦纳实施“格杀勿论”的军事化反盗猎措施，常因为夜晚视线不清，导致纳米比亚农民和津巴布韦牛群被击毙，目前只有津巴布韦和赞比亚两国之间实现了KAZA联合签证。

**（二）案例启示**

卡万戈-赞比西跨境保护区为我国在东北和西南地区的跨境保护合作带来一些启示。在东北部，我国已经和俄罗斯建立了东北虎跨境研究保护机制，即东北虎豹国家公园与豹之乡国家公园之间的跨境合作。在具体合作上，还可以达成备忘录，进一步增进跨境种群动态分享工作，并且考虑将这一机制扩大到黑龙江与俄罗斯接壤的大种群链接上。在西南部，我国已经和老挝建立了亚洲象中老跨境联合保护区，正在探索中国-缅甸跨境保护区，这可以让中国的亚洲象避免成为“口袋种群”，与更大种群进行连接。

然而，跨境保护区的设立面临两方面的主要问题：一是边境工作复杂，涉及边防等敏感问题，因此需要上层设计，与国外相关部门建立高度互信的机制，确保后续工作顺利开展。二是如何建立一个均衡的利益机制。跨境保护工作往往会面临利益和成本分担不均衡问题，例如世界闻名的东非野生动物大迁徙，肯尼亚和坦桑尼亚两国至今没有能达成一个良好的解决方案，主要原因就是坦桑尼亚承担了大量保护成本，而肯尼亚获得了大量的保护收益。因此，建立一个协调的成本和收益分配模式，是跨境保护区一个重要的工作。

## 五、边境保护区跨境保护合作机制：云南实践

云南作为我国边境省份，陆上边境线漫长、邻国较多、保护区跨境保护合作紧迫性十分突出，自20世纪90年代以来就开始了跨境保护合作的探索。本部分将介绍西双版纳、高黎贡山两个国家级自然保护区的经验做法并进行分析评估。

### (一)西双版纳国家级自然保护区林业跨境保护合作机制的探索

#### 1. 西双版纳国家级自然保护区概况

西双版纳国家级自然保护区位于西双版纳傣族自治州境内，始建于1958年，是我国建立最早的自然保护区之一。地跨景洪、勐海、勐腊一市两县，是由互不相连的勐养、勐仑、勐腊、尚勇、曼稿5片子保护区组成。总面积245210公顷，占全州国土总面积的12.68%；1986年升格为国家级自然保护区，1993年成为联合国教科文组织"世界人与生物圈保护区网络"成员。

西双版纳国家级自然保护区是西双版纳州生物多样性之精华所在，动植物种数之多居全国之首，被誉为"动植物王国"和"热带生物种质基因库"。保护区森林覆盖率为95.7%，森林生态系统服务功能价值为每年247.46亿元；分布有热带雨林、季雨林等8个天然植被类型，占全国植被类型的27.6%，占云南省植被类型的66.7%；已知的维管束植物214科1012属2779种，其中有国家重点保护植物31种，占全国重点保护植物的10.3%，国家珍稀、濒危保护植物占全国的14.7%；已知脊椎动物818种，其中国家重点保护野生动物114种，占全国重点保护动物总数的44.4%，占云南省重点保护野生动物总数的69.5%。亚洲象、野牛、印支虎、云豹、金钱豹、鼷鹿、绿孔雀等珍稀濒危野生动物在此栖息繁衍。

#### 2. 中老跨境保护合作历程

中国西双版纳与老挝北部4省(南塔省、丰沙里省、乌多姆塞省和波桥省)在经济、文化方面的交流合作由来已久，但在森林资源和生物多样性保护方面的合作起步较晚。中老跨境保护合作始于20世纪90年代，开始主要是以中老边境森林联合防火为主要目标，建立森林防火联防联控机制，并共同联合打击野生动植物资源犯罪，建立跨境制止非法野生动植物资源贸易合作。

1998年，由麦克阿瑟基金会资助，西双版纳热带植物园与保护区管理局合作，由保护区科研所、保护区尚勇管理所与植物园混农林业研究室共同组织实施中老跨边界生物多样性保护项目，我国选择勐腊县磨憨镇曼庄村公所坝连村作为项目试点。该项目与老挝南塔省农林厅进行磋商，共同拟定了在老方实施的内容；组织老方部分村寨村民及南塔省保护区管理部门的代表到中方西双版纳热带植物园、勐仑镇大卡新寨和曼鹅办事处、尚勇镇平河村进行参观考察，跨境合作机制初步建立。

随着社会经济的快速发展，双边合作进一步加强。

2006年4月于景洪中老双方举行了"亚洲象跨境保护座谈会"，双方达成了合作保护共识。2006年11月于老挝南塔召开第一次正式年会，签订了合作备忘录，并确定了每年轮流举办年会交流机制。截至目前，双方共召开年会13次。

2009年12月在景洪召开的年会上确定了"尚勇-楠木哈"第一片跨境联合保护区域。2012年12月在老挝风沙里举办的第七次交流年会上，将联合保护区域拓展到了老方的乌多姆赛省和风

沙里省，形成了长220千米，面积约20万公顷的“中老跨境生物多样性联合保护区域/生物走廊带/边境绿色生态屏障”。

在2017年于老挝南塔召开的第11次年会上，双方将交流合作层次由部门间的合作上升到了政府间的合作，第一次由西双版纳人民政府与老挝北部3省政府签订了合作备忘录。

2020年由于新冠肺炎疫情影响，中老跨境生物多样性联合保护项目暂停了第14次交流年会等人员接触性的项目活动；但是，在线联络及信息交流共享依然进行。

2021年西双版纳国家级自然保护区管理局成立了“中老项目办公室”，负责组织开展联合保护区域的各项工作，勐腊、尚勇两个保护区管理所安排固定人员共同实施项目工作。老挝南塔省农林厅、乌多姆赛省农林厅、丰沙里省农林厅及其下属的林业处(或保护区管理处)负责老方的项目执行。双方都确定了对应的联络人员。

通过14年合作，西双版纳保护区与老挝北部三省林业保护部门在边境线上建立了长220千米、面积20万公顷的“中老跨境生物多样性联合保护区域”，构建了中老边境绿色生态屏障，促进了联合保护区域内的物种交流与繁衍，筑牢了中老边境生态安全屏障。双方以跨境生物多样性联合保护区域为基础，在保护区能力提升培训、跨境亚洲象调查与监测、生物多样性保护宣传、跨境联合巡护、边民交流及跨境交流年会等多方面开展了合作，为东南亚生态安全做出了积极的贡献。

**3. 中老跨境保护合作的主要工作**

在跨境保护合作过程中，依托项目，进行了中老边境沿线项目区域的社会经济、动植物资源概况进行调查；开展中老双方项目人员能力提升培训13次；开展中老双方边境沿线边民交流与互访活动11次；开展联合保护区域双方工作人员联合监测巡护10次；开展联合保护区域双方公众教育与宣传，印制发放宣传资料37000份，边境宣传4次；制作中老联合保护区域宣传标牌6块、界桩100块移交老方安装。应老方三省农林厅的要求，向老方管理部门赠送电脑、打印机、数码相机、红外线相机及野外工作服等设备155件(套)，支持老方跨境保护工作。与亚太森林组织网络(APFNet)合作接受捐赠，在尚勇-楠木哈跨境联合保护区域安装“森林眼”设备各一套、猎豹越野车各一台以及项目调查所需资金的支持。

2019—2020年，与云南省绿色环境发展基金会合作投入资金85万元，共同在老挝丰沙里省奔怒县巴卡老寨和巴卡新寨开展两期“中老跨境亚洲象保护区域贫困少数民族村寨生态示范村试点项目”，通过组建巡护队、援助节柴灶和防象路灯、修建蓄水池、开展科普宣传，提高当地居民参与生态保护的积极性与自觉性。

2019—2020年，在中方一侧开展了跨境亚洲象迁移通道调查与监测及线上的边境火情通报，设计制作完成了中老跨境生物多样性联合保护区域界桩105棵，待赠送老方。

2020年积极引进北京市朝阳区永续全球环境研究所(GEI)，在中方一侧尚勇子保护区南满村小组开展“打击跨境野生动物非法贸易和社区协议保护联动项目”。

2020年10月，中老项目办协助国家林草局经研中心专家调研组开展了“一带一路与跨境保护合作机制研究”调研。

**4. 保护区典型案例介绍**

1)亚洲象保护项目

亚洲象是亚洲现存最大的陆栖野生动物，在我国仅分布于云南省的西双版纳、普洱、临沧三个州市，1988 年被列为首批国家一级重点保护野生动物。由于人口的快速增长、偷猎、栖息地破坏、人为干扰等因素，亚洲象面临严峻的生存挑战。近些年，在生态文明建设思想指导下我国加大了保护力度，亚洲象的种群数量逐渐增大，由 20 世纪 80 年代的 170 头左右，发展到了现在的 300 头左右。但是，由于我国自然保护区实施封闭式管理，区内哈尼族等原住民的迁出，曾经以刀耕火种为主、辅以采集的生活方式完全消失，种植习惯由固定土地种植模式取代，种植种类从以前的粮食作物逐渐转变为经济林果等经济林作物，以禾本食物为生的亚洲象食物来源大大减少；加之当地经济发展、人口规模扩大，加剧了林地的征占用，亚洲象生存空间被挤压，迁徙路线被阻隔，生活空间逐步趋于岛屿化。在现有栖息地不能满足生存需求的情况下，亚洲象逐步向保护区外扩张，部分象群走出保护区，给当地群众造成人身伤害和财产损失，活动范围与当地居民的生产生活空间重叠，形成了"人象矛盾冲突"，而且有愈演愈烈之势。

当地政府、林草部门及自然保护区竭尽所能，采取了多种措施来保护亚洲象，同时缓解人象冲突。

一是修建防象工程，建立食物源地，探索缓解人象冲突的途径。2001 年西双版纳国家级自然保护区管理局筹集资金，积极探索，在"象灾"最为严重的勐腊县勐满镇南坪村至上中良村之间根据地形地貌，在保护区与社区村寨农地之间野象通道上，修建了"沟堑式"防象工程 12 千米，电围栏 2 千米。在保护区原搬迁村寨旧址，通过人工干预开展计划烧除，种植一些野象喜食的禾本科等植物，建立亚洲象食物源地，并逐步探索扩大食物源的种植范围，人象冲突均有所缓解。

二是参与实施"大湄公河次区域生物多样性保护廊道建设示范项目"。在亚洲象保护工作中，西双版纳国家级自然保护区管理局还积极探索了中老跨境联合保护，以亚洲象保护为切入点，与老方合作在中老国境线上建立了长 220 千米、面积 20 万公顷的"中老跨境生物多样性联合保护区域"/生物走廊带/绿色生态安全屏障，为亚洲象的自由迁移提供良好的栖息环境。

三是探索建立野生动物肇事保险赔偿制度。2009 年，为减轻当地群众因象灾所造成的损失，西双版纳国家级自然保护区管理局积极探索，引入商业保险模式，与太平洋财产保险公司合作，且于 2010 年率先为亚洲象保护投入了公众责任保险，使当地群众因保护亚洲象而造成的人身伤害、财产损失得到及时补偿。目前这一经验已在云南省全面推广，保险范围已包含所有国家重点保护野生动物所造成的损失。

四是建立亚洲象种源繁育及救护中心。2009 年，我国第一个亚洲象种源繁育及救护中心在西双版纳国家级自然保护区建成并投入使用。该中心自建立以来，先后共救助了受伤、生病的亚洲象 23 头，其中有 4 头后来已放归野外。截至目前，该繁育中心共繁殖幼象 9 头。该中心的建立，对亚洲象的保护与研究起到积极的作用。

五是借助科技手段提高保护水平。自 2015 年起，保护区与中科院西双版纳热带植物园合作，尝试利用红外相机进行亚洲象监测预警工作。在亚洲象活动频繁的村寨及农地附近的野象通道上，安装红外相机，实时拍摄和监测野象活动信息，通过手机微信及 App 发送到附近生产生活的群众手机上，以起到预警目的。

2020 年，西双版纳国家级自然保护区管护局与浪潮电子信息产业股份有限公司合作，在红外相机预警的基础上，运用人工智能、云计算、大数据等先进技术，为缓解人象冲突、保护亚洲象，规划设计从终端、边缘到云端的一体化解决方案。方案主要通过人工智能识别雨林中的"红外相机+摄像头+无人机"等设备采集的亚洲象活动信息，以手机 App、短信和智能广播等方式实时告知当地居民，避免在亚洲象活动范围内活动。目前，这一模式已得到推广。中央财政至今已投入 2380 万元用于西双版纳亚洲象监测预警工作，预警信息由人工转发升级为自动发送，有效缓解了当地的人象矛盾。与此同时，阿里巴巴公益组织、阿拉善基金会等社会组织也纷纷加入，参与亚洲象监测预警和栖息地修复工作，推动构建亚洲象保护多元化格局。

2) 生态廊道建设项目

2007 年，为解决亚洲象生境破碎化问题，由亚洲发展银行资助、版纳州环境保护局主导、西双版纳国家级自然保护区管理局参与实施“大湄公河次区域生物多样性保护廊道建设示范项目”。该项目主要在我国云南省和广西壮族自治区实施。从 2007 年起，目前共开展了二期项目实施工作。保护区作为主要实施单位通过建设生物廊道将西双版纳六片(含纳板河流域国家级自然保护区)互不相连的保护区连接起来。项目先后规划建立了西双版纳保护区曼稿片区——纳板河保护区、勐养片区——勐腊片区、勐腊片区——尚勇片区等三个廊道区域，开展了廊道资源调查、土地利用规划、生态修复、示范村建设等一系列工作，共实施了两期，于 2017 年结束。

依托跨境保护合作机制，中老双方共组织开展了 7 次中老跨境联合保护区域动物物种调查。通过村寨走访和样线调查的方式，进一步掌握区域动物物种种类，为中老跨境生物多样性联合保护区域内生物多样性保护提供基础资料，并根据调查结果编制中老联合保护区域物种调查报告。由于廊道建设中涉及的一些区域村寨较多、土地权属复杂等问题，廊道建设工作推进难度太大。

3) 老挝跨境亚洲象保护区域贫困少数民族村寨生态示范村项目

2019—2020 年，西双版纳国家级自然保护区与云南绿色发展基金会合作，投资 50 万元，分别在老挝丰沙里省奔怒县巴卡老寨和巴卡新寨建立了“老挝跨境亚洲象保护区域贫困少数民族村寨生态示范村”，通过社区生态环境教育、技术培训、基础设施建设，提高生产生活质量，提升生态保护意识，让群众主动参与到生态保护行列。通过前期考察，并针对实际情况，最终把村寨内安装太阳能路灯、解决当地用水问题等作为项目建设内容。项目执行期内，共为巴卡老寨安装 10 台太阳能路灯，发放 73 台节能灶，修建容积为 100 立方米的蓄水池，并就水池、太阳能路灯的使用与维护开展了培训。云南省绿色发展基金会和西双版纳国家级自然管护局有关人员还分组入户，了解巴卡老寨村民生产生活情况，发放并张贴亚洲象保护宣传资料 2000 多份，组织村寨里的学生开展有奖竞答活动，通过寓教于乐的方式宣传亚洲象等动物保护知识。借助示范项目的开展，中方还协助当地成立了以老挝丰沙里省农林厅、奔怒县农业局和巴卡老寨村民组成的社区亚洲象监测巡护队和一支有 15 人的民兵应急队，举办了社区居民防象意识及亚洲象巡护技能培训班，捐赠巡护装备及播音设备。该项目作为这一区域首个以社区为立足点实施的可持续发展项目，在保护好以亚洲象等重要物种的同时，有力改善了村民的生活条件，为推进“中老边境绿色生态安全屏障”和“中老边境生物多样性走廊带”建设作出示范奠定基础。

**5. 跨境保护合作的实施效果**

中老跨境生物多样性联合保护合作项目的开展，为双方边境生态保护合作搭建了友谊的平台。2017 年，项目合作已提升到了双方政府层面，同时也受到国内科研院所及相关国际组织的极大关注。通过项目，开展如下活动。

一是开展联合巡护工作，加强在资源保护、打击违法犯罪、信息共享等方面的合作；交流保护管理经验，促进联合保护区域的各项管理工作；二是加强宣传，加强了枪支、猎具、林地、防火等方面的管理，亚洲象等主要物种及其栖息地得到了有效保护；三是举办培训班和边民交流活动，加强联合保护区域管理、技术的能力和提高资源保护意识，增进边民之间友谊，宣传生物多样性保护法律法规；四是赠送物资、设备，提升老方资源管护能力和工作效率，增强跨境生物多样性保护的自信心。

通过中老双边多年的合作交流，使中老边民保护动植物资源的意识明显增强，盗伐盗猎的事件发生频率减少，边境生物多样性得到有效保护，野生动物种群及数量有所增加。中老双方联合保护区域的建立，构建了中老边境线上的绿色生态长廊，促进了联合保护区域内的物种交流与繁衍，筑牢了中老边境生态安全屏障。同时也带动和引导周边国家参与自然资源保护，对拓展与东南亚周边国家开展联合保护合作，推进云南省边境一线生物多样性保护模式、加强边境生态安全屏障建设探索了新途径。为国家绿色“一带一路”建设奠定了基础。

**(二)高黎贡山国家级自然保护区跨境合作进展**

**1. 高黎贡山国家级自然保护区概况**

高黎贡山地处我国西南边陲，与缅甸接壤，是印缅生物多样性热点地区的核心区域，是我国生物多样性最丰富的地区之一，是我国西南边陲重要的生态安全屏障，是云南生态安全和生态文明建设的重要单元。高黎贡山于1983年经云南省人民政府批准建立省级自然保护区；1986年经国务院批准晋升为国家级自然保护；2000年4月经国务院批准，同意将怒江省级自然保护区纳入高黎贡山国家级自然保护区范围。扩大后高黎贡山国家级自然保护区总面积为40.52万公顷，由北、中、南互不相连的三片组成，是云南省最大的保护区。按行政区域分别设立保山管护局和怒江管护局，各管理其辖区，保山辖区管理面积81443公顷。

高黎贡山国家级自然保护区保山辖区有23千米的国境线与缅甸山水相连，涉及7号、副7号、8号、9号、10号5个国界桩，边境线沿线保护区面积有13.7万亩，由高黎贡山保山管护局腾冲分局自治管护站进行管理。腾冲市是祖国西南边陲重镇，具有“极边第一城”美誉，地处“古南方丝绸之路”出境的最后一站，是国家构建面向南亚、东南亚“桥头堡”的重要边境门户口岸。腾冲分局自治管护站辖区内有经济价值极高的黄金樟、含笑、枫木、黄杨木及喜马拉雅山红豆杉等植物，有高黎贡白眉长臂猿(天行长臂猿)、高黎贡羚牛、黑熊、水鹿、林麝云猫、白尾梢虹雉、黑颈长尾雉、红腹角雉、白鹇等珍稀濒危野生动物。该区域还分布有大量世居的傈僳族少数民族村寨。

腾冲和缅甸接壤区域同处中缅生物多样性热点地区的核心区域，为世界十大生物多样性热点地区之一的东喜马拉雅地区的核心区域，生物物种及特有类群之多均居云南省乃至全国前列，是我国乃至世界的天然基因库，具有重要的科学价值、经济价值、环境价值和美学价值。被誉为全球“重要物种基因库”“天然植物园”和“动植物的避难所”。生物多样性呈现生态类型多和物种丰富、物种特有化程度高且遗传种质多、少数民族关于生物多样性保护的传统知识和文化丰富等特点。腾冲市境内龙川江、大盈江、槟榔江三大水系作为伊洛瓦底江上游主要干流汇入缅甸境内，生物多样性的保护关系到整个下游流域生态平衡的维持，保护好该地区的生物多样性对国家社会经济持续发展具有重要意义。

**2. 中缅跨境保护合作历程**

从20世纪90年代起，高黎贡山国家级自然保护区就是中缅开展森林联合防火、打击野生动植物资源犯罪、构建中缅跨境交流常规机制、构建边境绿色生态安全屏障的重点区域。

随着经济社会发展，依据《一带一路发展战略》《全球生物多样性保护公约》《中国履行生物多样性公约第五次国家报告》《中国生物多样性保护战略与行动计划（2011—2030）》《2010国际生物多样性年云南行动腾冲纲领》《云南省生物多样性保护战略与行动计划》《腾冲市生物多样性保护实施方案》等，保护区的跨境合作保护工作不断创新和向前推进。但限于与保护区接壤的缅甸克钦邦省属于民地武装控制区域，经济发展方式主要以粗放的农业种植为主，属于缅甸国内经济发展比较缓慢的区域，因此中缅跨境合作保护的推进较中老跨境合作保护要慢。

**3. 跨境保护合作机制的探索**

（1）项目保障。积极向国家申报中缅联合保护区建设项目，该项目曾于2014年纳入了“一带一路”国家战略规划及云南省“一带一路”实施方案。根据《云南省参与建设丝绸之路经济带和21世纪海上丝绸之路行动计划（2015—2016）》，中缅联合保护区建设项目在2016年以前的工作目标是开展中缅联合保护区建设可行性论证。2016年1月8日，保山市人民政府成立了保山市中缅联合保护区前期工作领导小组。市政府分管副市长任组长，市政府副秘书长、市林业局局长和高黎贡山自然保护区保山管护局局长为副组长，各相关单位领导为成员，领导小组下设办公室在高黎贡山国家级自然保护区保山管护局。项目技术支持单位包括国际山地综合发展中心（ICIMOD）、中国科学院昆明植物所、中国科学院昆明动物研究所、中国科学院西双版纳植物园、中国科学院东南亚生物多样性研究中心等单位的帮助和支持。

（2）信息沟通。2016年12月13—14日中缅双方在昆明成功召开“中缅边境北段生物多样性保护与可持续发展合作”研讨会，来自中缅双方以及国际山地综合发展研究中心（ICIMOD）的代表45人出席会议（其中，缅甸代表11人，分别来自缅甸自然资源与环保部林业司、克钦邦林业厅、林业研究所等单位）。研讨会按“中缅边界地区生物多样性保护与发展现状”“与保护和发展有关的跨境问题”“过去的合作经历、经验和存在的问题”3个专题进行，中缅双方就缅甸一侧北段、南段，中国一侧怒江段、保山段生物多样性保护与发展现状进行了交流。对保护与发展有关的跨境问题、过去的合作经历经验等进行了讨论和分享。中缅双方通过研讨总结出了“偷猎盗伐生物多样性、野生动植物非法贸易、森林火灾、管护能力、社区贫困、关键物种的保护、生物多样性信息不全、跨境旅游”等8个需要跨境合作的问题。参加研讨会的中缅双方人员，就中缅边境北段生物多样性保护与可持续发展合作一事达成了共识，一致达成了会议宣言。

（3）社区交流。过去十年间，云南高黎贡山国家级自然保护区保山管护局腾冲分局通过腾冲外事办、森林防火指挥部、森林公安等部门和机构加强与缅甸克钦邦第一特区进行沟通协调，召开联防会议，签订资源管护、森林防火等联防协议。通过民间与保护区直接接壤的大田坝区领导洽谈沟通，达成在资源管护、森林防火等方面的共识，奠定了实施跨境保护的思想及人力资源基础。

**4. 保护区典型案例介绍**

（1）中缅边境跨境保护联防联控机制建设。为加强中缅跨境生物多样性保护，加强中缅边境沿线的森林防火工作，加快推进联合保护区建设工作，有效预防和控制森林火灾相互蔓延造成损失，维护中缅双方边境地区森林资源和边民生命财产安全，共同保护好连接中缅两国间的绿色生态屏障，进一步巩固中缅两国人民胞波情谊，云南省保山市人民政府成立中缅联合保护区前期工作领导小组、中缅双方建立了跨境森林防火联防机制。2016年1月保山市人民政府成立中缅联合保护区前期工作领导小组，由分管副市长任组长，下设领导小组办公室在高黎贡山国家级自然保护区保山管护局，由姜明局长任办公室主任。2017、2018年，通过多方协调促成腾冲市外事办、腾冲市森林公安、腾冲森林防火指挥部、高黎贡山自然保护区腾冲分局等部门领导与缅甸克钦邦第一特区发展和平委员会主席崩郎的洽谈，在边境一带资源管护、森林防火、案件查办等方面达成了共识，与其签订了联防协议。2018 年 8 月，腾冲市成立边境事务联络办公室，组织、协调和联络开展中缅双方会谈会晤、交流等活动，积极推动双边签订合作纪要。腾冲市成立边境事务联络办公室自成立以来，已与缅甸克钦邦政府、缅甸甘拜地口岸联检部门以及克钦邦第一特区建立了定期会谈会晤制度、协作及情报互通机制，与缅甸克钦邦第一特区板瓦共同签署《中缅双方关于加强高黎贡山自然保护区森林资源保护和森林防火、边境事务工作会议纪要》，目前已与缅甸克钦邦政府、缅甸甘拜地口岸联检部门以及克钦邦第一特区建立了定期会谈会晤制度、协作及情报互通机制。2018、2019 年，与缅甸大田坝区副营长进行了两次洽谈，就共同加强边境区域的资源管护、森林防火工作达成了一定共识，取得了其支持。2020 年 1 月，中缅双方相关单位（部门）和领导在腾冲市滇滩镇共同座谈，对联防联治事宜进行商讨，并签订了联防协议，明确了双方的权利和义务，确保中缅边境森林资源安全。

（2）缅甸华文学校生态教育项目。腾冲市与缅甸特别是缅北部华侨华人在教育文化方面有着长久广泛地联系交流，华文教育是教育文化的一项重要内容，是增进中外友好的一个重要平台。为扩大对外交流合作，凝聚侨心，争取华裔青少年，腾冲每年都安排专项经费用于对缅华文教育工作，在缅方华文教育中对生态保护工作进行宣传，希望缅方人民能引起对生态保护工作的重视。一是在市民族中学开办侨生班，在猴桥、滇滩和明光边境三镇国门学校继续接纳边境一线学生。二是进一步发展华文职业教育。接纳缅甸学生到职校学习旅游服务、汽车修理等专业知识，派职校教师到缅甸开展职业培训。2018 年 2 月腾冲市第一职业高级中学为缅甸克钦邦第一特区 65 名农民开展了职业技能培训。三是加强对外友好工作、2018 年 2 月整合腾冲市教育系统更新的教育设备、图书及教学器具，总价值 200 余万元，援助板瓦汉语培训学校、昔董华兴学校、密支那地区华文学校等。向缅北华校发放华文教材 2 万册，促进中缅的文化交流。四是大力支持开办缅甸板瓦中文学校。2017 年 9 月，在缅甸克钦邦第一特区板瓦市建立了一所有 3 个班、80 名学生的初级中文学校，招收的学生年龄为 6~14 岁。该初级中文学校开办 2 年多以来，得到了缅甸边民的普遍赞誉。五是筹措资金资助缅甸华文学校开展生态保护宣传工作。2019 年高黎贡山保护区保山管护局筹集资金 4 万元通过外事部门资助缅甸华文学校开展生态保护宣传，保护区提供资金为学校解决了一些紧缺的设施设备，学校利用中秋节、圣诞节开展生态保护宣传，提高学生的生态保护意识。

### （三）云南自然保护区跨境保护合作机制分析

为了解保护区跨境合作保护效果、社区共建经验和保护区建设的需求，在三个样本保护区分别选择保护区机构和相关参与主体开展的调查与访谈、召开保护区管理局和周边社区座谈会，并实地考察 3 种不同类型的基层民族社区（迁移安置社区、扶持动员社区和受灾社区）。

#### 1. 相关参与主体访谈分析

相关参与主体调查共收集问卷 36 份，其中：保护区工作人员 8 份（22.22%），村寨干部 17 份（47.22%），普通村民 11 份（30.56%）。

问卷主要涉及联合保护情况与地方传统知识两个部分，第一部分主要调查野生动植物保护的威胁和影响因素、受访者对跨境联合保护意义的观点、开展联合保护边境两方的优缺点以及相关实践、存在的问题等六个方面，第二部分主要了解当地居民对野生动植物资源的了解、保护利用的习俗、传统知识和方式等三个方面。

关于跨境保护合作的必要性和开展方式，村民认为应该加强交流，从而促成跨境合作；村寨干部认为除了加强交流外，同时要加大宣传力度，增加巡护人员共同巡护；保护区工作人员认为应完善跨境合作的体制机制，成立专业队伍，加强人才培养。

关于跨境保护合作的参与人员，除了共同认可的森林公安与相关部门人员参与外，村民参与保护的必要性得到村民与村干部一致认同；保护区科研人员是保护工作的重要支撑力量。此外，上到政府各个相关部门，下到当地村民的共同参与，发挥各自优势形成跨境保护合作良好模式，使政府进行完善有效地管理，村民是熟悉情况的保护主体，共同参与将有助于更加高效地推进跨境合作，改变目前双方了解不深入、语言不通沟通不便、群众思想薄弱等问题。

关于野生动植物资源和保护级别，中国境内人员无论是村民、村寨干部还是保护区工作人员都较为熟悉了解，境外人员则对保护区内动植物资源的保护级别不太了解。中国境内村民、村寨干部认为亚洲象是珍贵的野生动物资源，傣族将亚洲象作为吉祥物，并且每年定期祭祀“竜林”，种植黑心树、保护菩提树，崇拜亚洲象、保护野生植物资源。

对于破坏野生动植物资源者，村规民约的约束力没有政府管理的罚款、监禁、举报奖励等措施作用明显。但各级人员都认为野生动植物资源应该以保护为主，保护的目的主要有三点，一是为了让后代还能再见到这些物种；二是认为保护野生动植物资源也是在保护自然、保护人类，为自己的生存环境做打算；三是认为唯有先保护好，才能谈利用。

**2. 保护区管理者访谈分析**

保护区管理人员普遍认为中国相关保护法律制度完善，管理体系健全，人员、资金、设备、宣传到位，保护区周边村民积极配合，是开展跨境保护合作的有利条件；相邻的边境国野生动植物资源丰富，是开展跨境保护合作的物质基础。但是边境国情况复杂：老挝设有保护区且分布较为集中，便于统一管理，老方积极性较高；缅甸一侧没有建立保护区，缺乏对等的实施部门和机构。

跨境合作仍然存在困难，保护区工作人员与境外人员语言不通，沟通不便；跨境合作机制不完善，出境交流审批耗时且繁琐；境外保护区存在人员、资金、设备不足，群众意识薄弱，且枪支管理不严格。即便如此，双方依然在努力探索一种适合的共同管理模式。

社区共管被认为是推进保护工作的有效手段，但缺乏持续的社区发展项目资助。共管主要对自然资源、基础设施、生产项目、文化教育事业等实施共管，保护区通常以援助、协议、共同开发、行政管理和共同投入等方式开展区内共管，实施共建共管研究基地，组建农民生物多样性保护协会，推动社区发展项目。社区共管无论是对于保护区还是当地社区居民在自然资源保护管理水平、社区经济发展以及自然资源使用有效控制方面均产生正影响，但面临缺乏持续的项目经费投入问题，需要国家在社区生态产业发展方面给予资金支持。

对保护区而言，在“封闭式”(无人)管理模式下，随着保护力度加大，野生动物种群数量呈现恢复性增长的同时，大型野生动物肇事成为管理中的一大难题。尽管云南省开展了野生动物肇事商业保险赔偿工作，但补偿金额低、群众积极性、满意度不高等问题比较突出。例如，2019年版纳保护区发生了野生动物肇事事件，保护区周边居民共有 1941 户受到影响，造成实际损失共计 723 万元，最终通过商业保险获得的补偿共计 241. 07 万元(仅占损失额的 33. 34%)。

此外，管理体制机制不顺也对保护区建设形成阻碍。保护区内由森林公安主导执法，保护区工作人员没有执法权，巡查中即便发现违法行为，也因无执法权而不能处置，导致违法人员不惧怕保护区工作人员，影响违法案件的及时查处和办理。其次，保护区人员队伍缺乏流动上升空间，体系狭窄，人员固化和老化问题较突出。

## 六、一带一路林业跨境保护合作面临的机遇、挑战及建议

### (一)机　遇

随着我国国际地位和综合国力的持续提升，以及美国等西方国家在国际环境问题中的立场调整，国际环境治理体系正在发生深刻变化和调整，中国也正在从国际生态环境舞台边缘走向中心，扮演越来越重要的角色。林业跨境保护合作应抓住这一战略机遇期，主动对接外交、安全、对外援助等国家战略规划，开新局、谋新篇、找新机，以提升林业跨境保护合作水平服务国家总体发展战略。

### (二)挑　战

一是不同国家保护体制和政策有差异，跨境合作相关的政策、法规和制度不完善。二是缺少必要的合作经费，项目资金不足，合作模式较为单一，深入合作机会和时间较少，许多工作停留在面上，双边合作信心不足。三是语言障碍、通信不畅等均导致双方交流理解的低效和部分项目工作的滞后。四是缺乏专业技术人员和项目高级管理人员，小语种专业翻译人员稀缺，许多工作因沟通不畅无法开展或进展缓慢。五是协作认识不够高，各级各单位对加强跨境生物多样性保护协作，维护边境生态安全稳定的作用认识不够，没有形成合力。六是信息共享平台建设缺失，跨境生态保护合作的数据管理缺乏法律规范，相关信息无法统一整合，没有真正实现资源共享。七是林业跨境合作的科技成果境外转移转化缺乏相关法律、制度和规范地支持，影响工作开展的积极性。八是跨境合作的人员交流和援外项目的外事审批和资金管理政策滞后，影响交流合作积极性。九是保护区现有管理机制和体制不适应跨境保护合作开展。

### (三)建　议

一是进一步理顺我国政府推动跨境合作保护的体制机制，建立上下贯通、左右联动、政府主导、社会广泛参与、资源整合、聚力基层的决策体制和行动机制，增强中国作为倡导、主导方的引领、示范和带动作用。

二是从国家层面加强与边境各国的沟通联系，促成对方在边境线附近建立资源保护区，为开展跨境保护合作提供必要的资源和空间基础。建立对等行政级别的跨境保护合作工作机制，设立跨境合作常设机构和协调员，编制跨境合作年度工作计划和行动规划，对已经建成的跨境联合保护区域，完善区域界桩界碑和警示宣传建设，组织联合巡护。尤其在全球新冠疫情尚未得到完全掌控的情况下，建议国家林草局协调有关部委，建立重大自然灾害和疫情监测、检疫和防治合作平台和协同机制。就自然灾害和疫情减灾加强与相关国家的治理合作，建立信息共享和联防联控机制。同时，推动落实定期会商制度，建立防控人才培训体系，健全动植物联合检疫、检查互信机制以及设立重大有害生物联防联控防控国际合作专项资金，共同应对未来挑战。

三是以2021年《生物多样性公约》第十五次缔约方大会为契机，倡导制定更具国际视野和国际认同的生物多样性保护目标，推动构建国际生物安全风险防控体系。

四是完善跨境联合保护的相关法律、制度和政策。优先出台国家层面的法律法规来指导和规

范跨境保护、科研监测成果的存储和信息共享，促进科技成果境外转化、应用。确立可以共享的数据和信息以及可转化科技成果的范围、方式、渠道和转化收益分配等。优化“一带一路”林草国际合作人员出入境和项目经费审批管理政策，放宽科技人员出入境交流、陆路边境口岸对跨境保护合作人员和项目交流管理，方便“引智引才”与“人才输出”，助力林草业跨境保护事业和科技发展。

五是建设联合保护区域科研创新支撑平台。建立跨境联合保护区域内的生物多样性科研监测合作平台；开展跨境联合保护区域生物本底调查；建立长期稳定的跨境迁徙动物动态监测体系。改善软硬件工作条件，既要注重新设备投入，更要注重运营维护经费的持续性保障。

六是发展确立跨境资源保护合作交流机制，设立专项工作基金用于保障合作交流的定期开展。强化边境森林防火及生态保护信息交流；提升跨境保护交流年会或研讨会的层次，扩充交流和研讨内容。

七是加强跨境双方机构及人员能力建设。开展管理、技术类培训项目；开展跨境合作项目联络员语言培训；建立专项基金用于双边人才培养，为绿色一带一路建设提供人才保障。

八是助推周边社区发展。社区是自然资源的受益者，也是生态保护重要的参与主体和实施主体。助推联合保护区域内的社区发展是跨境保护合作的重要内容之一。通过政府援助、公益基金资助、企业援建等多种形式，改善跨境合作区域内社区的生产生活条件，实现对森林资源的可持续利用和积极保护。同时，应支持和及时启动对保护区关联基层社区开展系统性的基线调查，为下一步出台促进保护区基层社区发展与保护行动相互协调的政策措施奠定基础。

九是借助跨境保护合作，探索“封闭式”保护的突破口，实现人与生态系统和谐共生。我国的保护区采用封闭式管理模式，将传统社区从保护区中迁出。这种管理方式虽然在一定程度上利于森林修复和野生动植物资源恢复，但忽视了该地区原住民的生产生活方式与周边生态系统已经融为一体，人为的强制分割这种共生关系必然会对生态系统较为脆弱的地区造成较为严重的打击（刘金龙等，2020），反而不利于整个生态系统的稳定。而且，跨境保护区域邻国未必能实施这种封闭式保护。因此，以跨境联合保护为契机，从人与生态系统的整体性角度出发，尊重社区传统利用方式，积极探索构建人与生态系统共生关系下的生物多样性保护机制。

调 研 单 位：国家林业和草原局经济发展研究中心、西南林业大学、云南西双版纳国家级自然保护区管护局、云南高黎贡山国家级自然保护区保山管护局、云南铜壁关省级自然保护区管护局、中央民族大学

课题组成员：王月华、唐肖彬、张坤、王佳、张升、彭伟、赵玉荣、张杰峰、温常青、王见、何娴昕、庞婧、王建民、贾仲益、李武洋、王利繁、毛娅南、杨南、杨云、郭贤明、张会荣、张忠员、王仕华、董鑫、岩温的、林建勇、姜明、张富有、陶宏、毕争、姜兴伟、黄湘元、姜加奖、高歌、张永生、龚强帮、余选稳、陈浩、邢德选、郑雯、杨积荣、马维银、刀保林、杨祖韦、金宝、李彭、左安如、石干么、杨赵林

# 黄河流域林草高质量增长与政策选择研究

**摘要**：2019年9月18日，习近平总书记在郑州主持召开黄河流域生态保护和高质量发展座谈会并发表重要讲话，希望黄河成为造福人民的幸福河。黄河是中华民族的母亲河，黄河流域的保护和发展历来是安民兴邦的大事，习近平总书记的重要讲话深刻阐明了黄河流域生态保护和高质量发展的重大意义和重大任务，为新时代黄河流域生态保护和高质量发展提供了根本遵循。为了更好地发挥林草部门在黄河流域生态保护和高质量发展战略中的重要作用，国家林业和草原局经济发展研究中心和北京林业大学共同开展了"黄河流域林草高质量增长和政策选择"研究，在总结黄河流域林草资源与社会经济发展现状的基础上，梳理黄河流域林草政策法规实施效果与高质量增长实践探索，分析黄河流域林草高质量增长面临的挑战和机遇，研究提出促进黄河流域林草高质量增长的对策建议。

## 一、黄河流域林草资源与社会经济发展现状

本部分系统梳理了黄河流域九省份林草资源和社会经济发展的基本状况及变动特点。具体地，一是黄河流域九省份森林资源和草资源基本状况及发展趋势；二是黄河流域人口、城镇化率基本状况，以及经济增长基本状况。

### (一) 黄河流域林草资源现状

#### 1. 黄河流域森林资源基本特征与动态变化

利用第九次全国森林资源清查数据对黄河流域各省份森林面积进行统计，各清查期对应的年份如表1所示，自第二次清查期开始，每个清查期间隔5年，自第三个清查期开始，下一个清查期的开始年份接着上一个清查期的结束年份。

**表1 全国森林清查对应年份**

| 清查期 | 年 份 | 清查期 | 年 份 |
|---|---|---|---|
| 1 | 1973—1976 | 6 | 1999—2003 |
| 2 | 1977—1981 | 7 | 2004—2008 |
| 3 | 1984—1988 | 8 | 2009—2013 |
| 4 | 1989—1993 | 9 | 2014—2018 |
| 5 | 1994—1998 | | |

(1)森林面积。如图1所示，黄河流域森林面积整体呈上升趋势。自第一次清查(指全国森

林资源清查，下同）的1873万公顷至第九次清查的7327.32万公顷，森林面积扩大了2.9倍，年均增长率为3.3%。

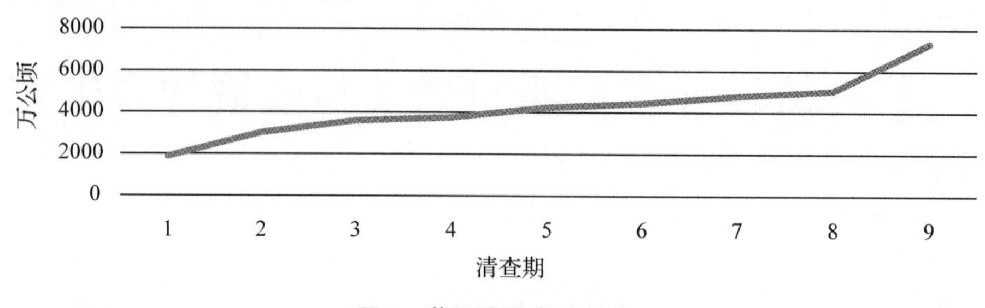


**图1 黄河流域森林面积**

根据黄河流域上中下游，分别介绍各省份森林面积状况。黄河流域上游包括青海省、四川省、甘肃省和宁夏回族自治区，黄河流域中游包括内蒙古自治区、陕西省和山西省，黄河流域下游包括河南省和山东省。

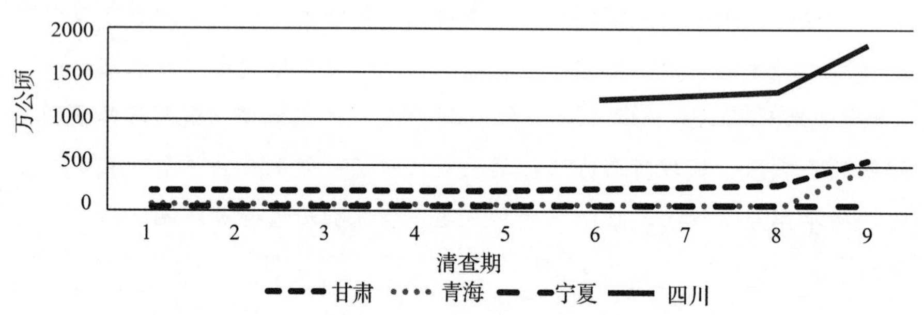


**图2 黄河流域上游省份森林面积变化趋势**

黄河流域上游省份森林面积变化趋势如图2所示，各省份森林面积均呈上升趋势。青海省森林面积自第一次清查的19万公顷，至第九次清查的419.75万公顷，扩大了约21倍，年均增长率为7.65%。四川省森林面积自第六次清查的1234.24万公顷，至第九次清查的1839.77万公顷，扩大了约1.5倍，年均增长率为2.24%。甘肃省森林面积自第一次清查的188万公顷，至第九次清查的509.73万公顷，扩大了约1.7倍，年均增长率为2.52%。宁夏回族自治区森林面积自第一次清查的8万公顷，至第九次清查的65.6万公顷，扩大了约21倍，年均增长率为5.54%。

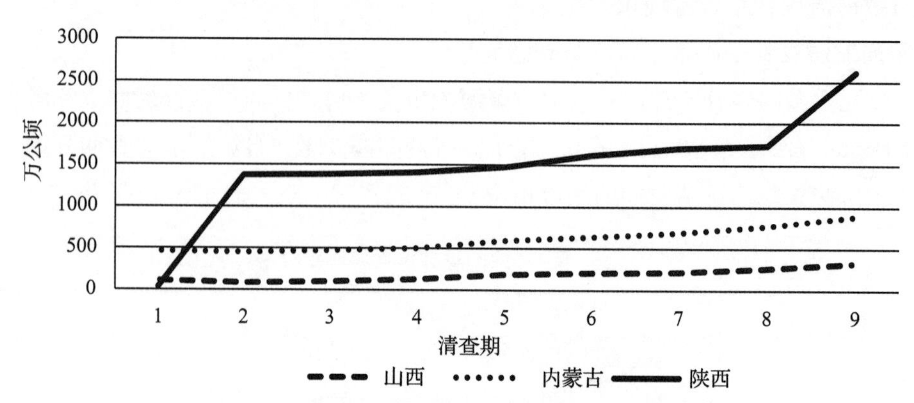


**图3 黄河流域上中游省份森林面积变化趋势**

黄河流域中游省份森林面积变化趋势如图3所示，各省份森林面积均呈上升趋势。内蒙古自治区森林面积自第一次清查的34万公顷，至第九次清查的2614.85万公顷，扩大了约76倍，年均增长率为10.89%。陕西省森林面积自第一次清查的459万公顷，至第九次清查的886.84万公顷，扩大了约1倍，年均增长率为1.75%。山西省森林面积自第一次清查的109万公顷，至第九次清查的320.11万公顷，森林面积扩大了约2倍，年均增长率为2.81%。

黄河流域下游省份森林面积变化趋势如图4所示，各省份森林面积均呈上升趋势。河南省森林面积自第一次清查期的178万公顷，至第九次清查期的403.18万公顷，扩大了1.27倍，年均增长率为1.97%。山东省森林面积自第一次清查期的132万公顷，至第九次清查期的266.51万公顷，扩大了约1倍，年均增长率为1.73%。

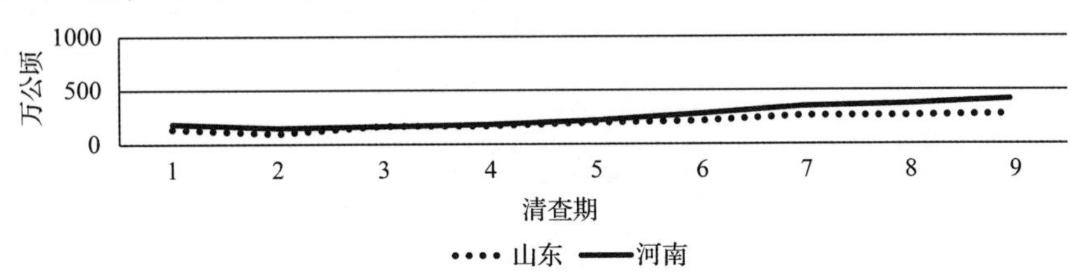


**图4 黄河流域下游省份森林面积变化趋势**

表2显示，黄河流域九省份森林面积年均增长率最大的为内蒙古自治区，年均增长率最小的为山东省。黄河流域各省份森林面积年均增长率均大于中国整体森林面积年均增长率。

**表2 黄河流域九省区及中国森林面积年均变化情况**

| 省份 | 年均增长量（万公顷） | 年均增长率 | 省份 | 年均增长量（万公顷） | 年均增长率 |
|---|---|---|---|---|---|
| 青海 | 9.54 | 7.65% | 陕西 | 11.26 | 1.75% |
| 四川 | 33.64 | 2.24% | 山西 | 5.44 | 2.81% |
| 甘肃 | 8.04 | 2.52% | 河南 | 5.36 | 1.97% |
| 宁夏 | 1.48 | 5.54% | 山东 | 3.28 | 1.73% |
| 内蒙古 | 61.45 | 10.89% | 中国 | —— | 1.42% |

注：四川省年均变化数据由第六次至第九次全国森林资源清查的数据计算而得。

（2）森林蓄积量。黄河流域森林蓄积量整体呈上升趋势（图5）。自第一次清查的19.91亿立方米，至第九次清查的50.39亿立方米，森林蓄积增加了30.48亿立方米，扩大了1.5倍，年均增长率为2.24%。

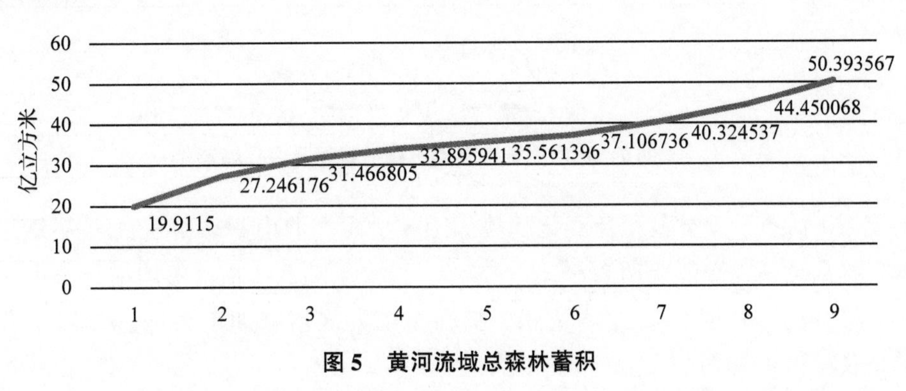


**图5 黄河流域总森林蓄积**

黄河流域上游省份森林蓄积及变化趋势如图6所示。青海森林蓄积自第一次清查期0.31亿立方米，提高至第九次清查期的0.56亿立方米，扩大了约0.8倍，年均增长率为1.43%。四川森林蓄积自第六次清查期15.82亿立方米，提高至第九次清查期19.72亿立方米，扩大了约0.25倍，年均增长率为1.23%。甘肃森林蓄积自第一次清查期1.98亿立方米，提高至第九次清查期

2. 84 亿立方米，扩大了约 0. 43 倍，年均增长率为 0. 91%。宁夏森林蓄积自第一次清查期 482 万立方米，提高至第九次清查期的 0. 11 亿立方米，扩大了约 1. 3 倍，年均增长率为 2. 16%。

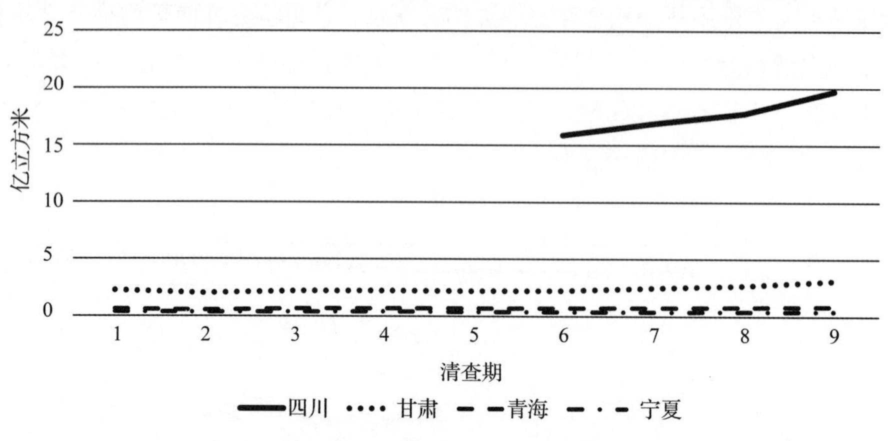


**图 6 黄河流域上游省份森林蓄积及变化趋势**

黄河流域中游省份森林蓄积及变化趋势如图 7 所示。内蒙古森林蓄积自第一次清查的 923 万立方米，提高至第九次清查的 16. 63 亿立方米，森林蓄积扩大了约 179 倍，年均增长率为 13. 16%。陕西森林蓄积自 2. 44 亿立方米，提高至第九次清查期的 5. 10 亿立方米，扩大了约 1 倍，年均增长率为 1. 96%。山西森林蓄积自第一次清查 0. 57 亿立方米，提高至第九次清查 1. 48 亿立方米，森林蓄积扩大了约 1. 6 倍，年均增长率为 2. 49%。

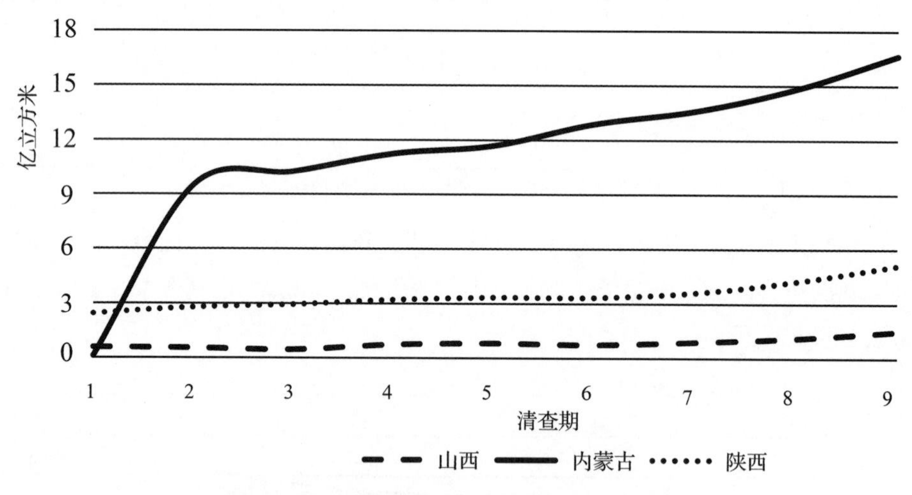


**图 7 黄河流域中游省份森林蓄积及变化趋势**

黄河流域下游省份森林蓄积及变化趋势如图 8 所示。河南森林蓄积自第一次清查期的 0. 79 亿立方米，提高至第九次清查期 2. 66 亿立方米，扩大了约 2. 4 倍，年均增长率为 2. 94%。山东森林蓄积自第一次清查期 0. 23 亿立方米，提高至第九次清查期 1. 30 亿立方米，扩大了约 4. 7 倍，年均增长率为 4. 33%。

表 3 显示，黄河流域九省份森林蓄积年均增长率最大的为内蒙古自治区，年均增长率最小的为甘肃省。黄河流域九省份除甘肃以外，其余省份森林蓄积年均增长率大于中国平均森林蓄积年均增长率。

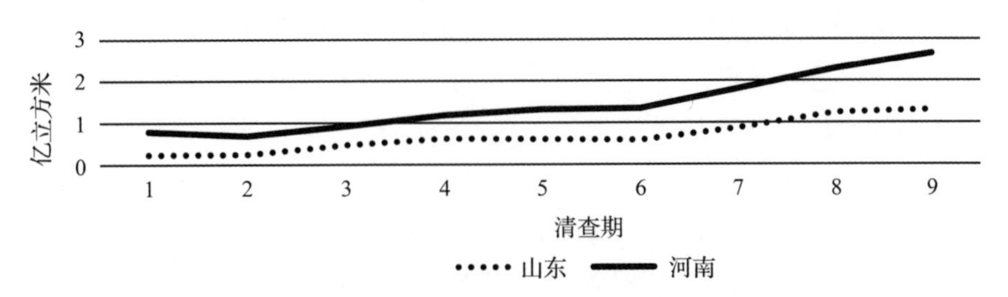


**图 8　黄河流域下游省份森林蓄积及变化趋势**

**表 3　黄河流域九省份及中国森林蓄积年均变化情况**

| 省　份 | 年均增长量（万立方米） | 年均增长率 | 省　份 | 年均增长量（万立方米） | 年均增长率 |
|---|---|---|---|---|---|
| 青　海 | 59.45 | 1.43% | 陕　西 | 701.72 | 1.96% |
| 四　川 | 2165.84 | 1.23% | 山　西 | 233.91 | 2.49% |
| 甘　肃 | 214.97 | 0.91% | 河　南 | 445.20 | 2.94% |
| 宁　夏 | 16.13 | 2.16% | 山　东 | 262.21 | 4.33% |
| 内蒙古 | 3936.88 | 13.16% | 中　国 | —— | 1.79% |

（3）工程造林面积。根据数据可得性，工程造林面积分为以下七个内容：天保工程造林（天保造林）、退耕还林工程退耕地造林（退耕造林）、退耕还林工程荒山造林（荒山造林）、退耕还林工程封山育林（封山育林）、京津工程造林（京津造林）、防护林工程造林（防护造林）、速丰工程造林（速丰造林）。根据 1995—2017 年数据，分黄河流域上中下游，分析黄河流域九省份各项造林面积的变化趋势。

黄河流域上游省份工程造材面积变化趋势如图 9 所示。青海 1995—2017 年总造林面积从波动变为平稳。青海总造林面积 1995 年为 2.72 万公顷，2017 年为 5.86 万公顷。其中，天保造林面积、退耕造林面积和防护造林面积整体上波动增加。荒山造林面积、封山育林面积和速丰造林面积波动中有所下降。四川 1998—2017 年总造林面积整体波动中下降。四川总造林面积 1998 年为 26.7 万公顷，2017 年为 5.9 万公顷。各个分项造林面积都呈波动中下降的趋势。甘肃 1995—

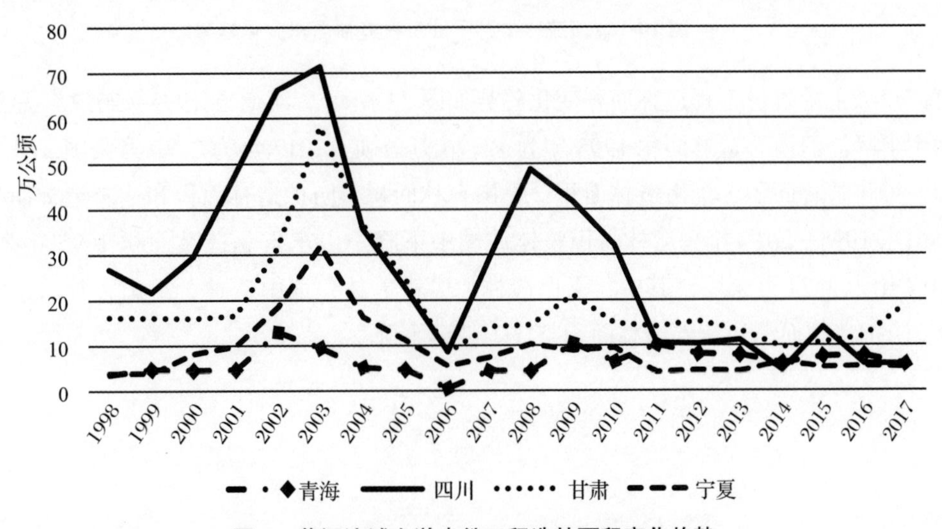


**图 9　黄河流域上游省份工程造林面积变化趋势**

2017 年总造林面积整体波动中上升。甘肃总造林面积 1995 年为 15. 53 万公顷，2017 年为 18. 87 万公顷。其中，天保造林面积、荒山造林、封山育林、防护造林和速丰造林整体上呈波动中下降的趋势。退耕造林面积整体上波动增加。宁夏 1995—2017 年总造林面积整体从波动变为平稳。宁夏总造林面积 1995 年为 2. 68 万公顷，2017 年为 5. 20 万公顷。其中，天保造林面积、退耕造林面积、荒山造林面积、速丰造林面积整体上呈波动下降的趋势。防护造林面积整体上呈波动上升。

黄河流域中游省份工程造林面积变化趋势如图 10 所示。内蒙古 1995—2017 年总造林面积整体波动较大。1995 年内蒙古自治区总造林面积为 36. 64 万公顷，2017 年为 32. 49 万公顷。其中，天保造林、退耕造林面积整体上波动上升。荒山造林面积、封山育林面积、京津造林面积、防护造林面积和速丰造林面积波动下降。陕西 1995—2017 年总造林面积从波动变为平稳。陕西总造林面积 1995 年为 29. 9 万公顷，2017 年为 17. 98 万公顷。其中，天保造林面积整体上呈波动中上升的趋势。退耕造林面积、荒山造林面积、封山育林面积、防护造林面积整体波动下降。山西 1995—2017 年总造林面积整体上从波动变为平稳。1995 年山西省总造林面积为 40. 27 万公顷，2017 年造林面积为 21. 78 万公顷。其中，天保造林面积、退耕造林面积、京津造林面积整体上波动上升。荒山造林面积、封山育林面积、防护造林面积、速丰造林面积整体上波动下降。

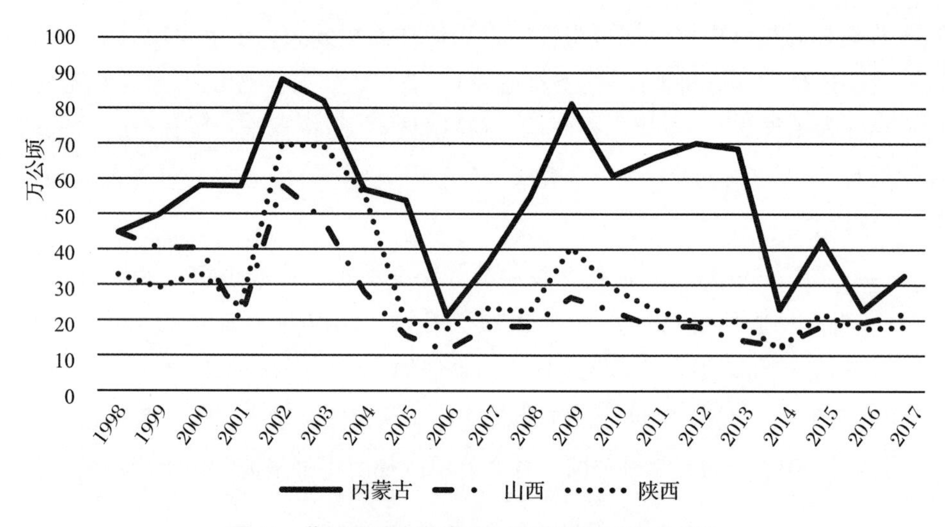


**图 10　黄河流域中游省份工程造林面积变化趋势**

黄河流域下游省份工程造林面积变化趋势如图 11 所示。河南省 1995—2017 年总造林面积整体波动中下降。河南总造林面积 1995 年为 12. 76 万公顷，2017 年为 2. 73 万公顷。其中，天保造林面积、退耕造林面积、荒山造林面积、封山育林面积、防护造林面积和速丰造林面积整体波动下降。山东 1995—2017 年总造林面积整体波动中下降。山东省总造林面积 1995 年为 4. 47 万公顷，2017 年为 2. 74 万公顷。其中，天保造林、退耕造林、荒山造林、封山育林、京津造林面积均为 0。防护造林面积、速丰造林面积整体上波动下降。

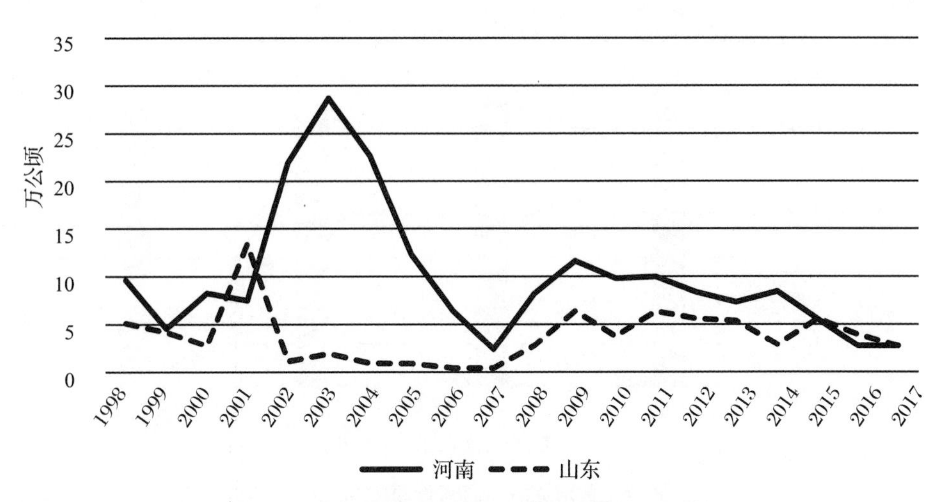


**图 11 黄河流域下游省份工程造林面积变化趋势**

综上所述，黄河流域各省份在 2002—2003 年达到总造林面积的最高点，之后有所回落。主要原因是退耕还林工程自 1999 年开始实施，2002—2003 年左右工程造林面积达到峰值，很大程度上影响了总造林面积的变化。之后，退耕和防护林工程投资有所回落，造林面积亦开始下降。

**2. 黄河流域草资源基本特征与动态变化**

根据 1996、2005、2008、2010、2020 年的数据对黄河流域上中下游各省份草地面积变化情况逐一说明。黄河流域上游省份草地面积变化趋势如图 12 所示。1996—2020 年，青海草地面积整体呈上升趋势，共增加 37. 44 万公顷，年均增加 1. 56 万公顷。2005—2020 年，四川草地面积整体呈上升趋势，共增加 7. 65 万公顷，年均增加 0. 51 万公顷。甘肃草地面积整体呈下降趋势，共减少 73. 03 万公顷，年均减少 3. 04 万公顷。宁夏草地面积整体呈下降趋势，共减少 34. 5 万公顷，年均减少 1. 44 万公顷。

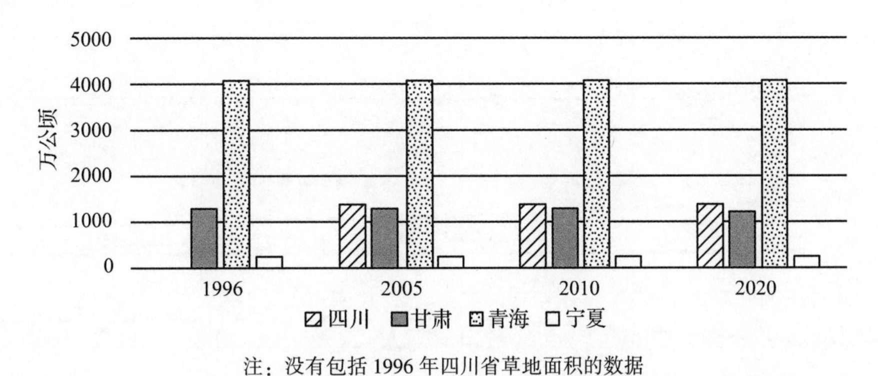


注：没有包括 1996 年四川省草地面积的数据

**图 12 黄河流域上游省份草地面积变化趋势**

黄河流域中游省份草地面积变化趋势如图 13 所示。1996—2020 年，内蒙古草地面积整体呈下降趋势，共减少 319 万公顷，年均减少 13. 29 公顷。陕西草地面积整体呈上升趋势，共增加 88. 72 万公顷，年均增长 3. 7 万公顷。山西草地面积先增加后下降，共减少 24. 38 万公顷，年均减少 1. 02 万公顷。

黄河流域下游省份草地面积变化趋势如图 14 所示。河南省草地面积整体呈上升趋势，共增加 0. 02 万公顷。山东省草地面积整体呈下降趋势，共减少 1. 19 万公顷，年均减少 0. 05 万公顷。

1996—2020 年，黄河流域九省上游青海省草地覆盖率上升 0. 52%，四川省草地覆盖率上升

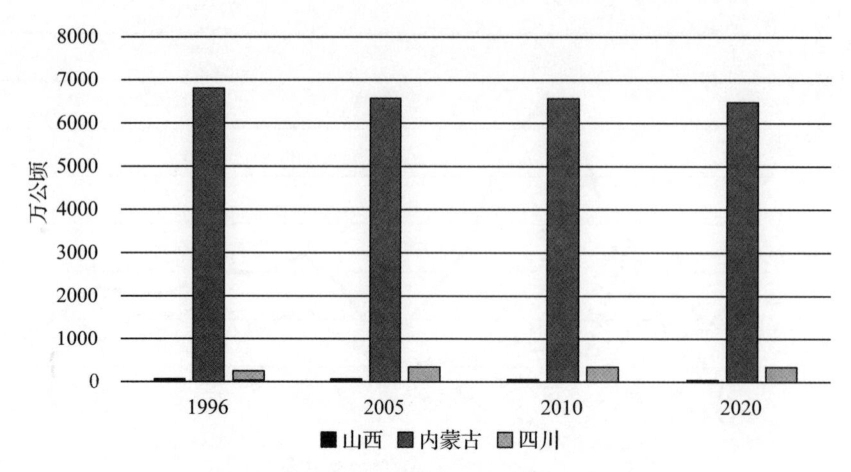


图 13　黄河流域中游省份草地面积变化趋势

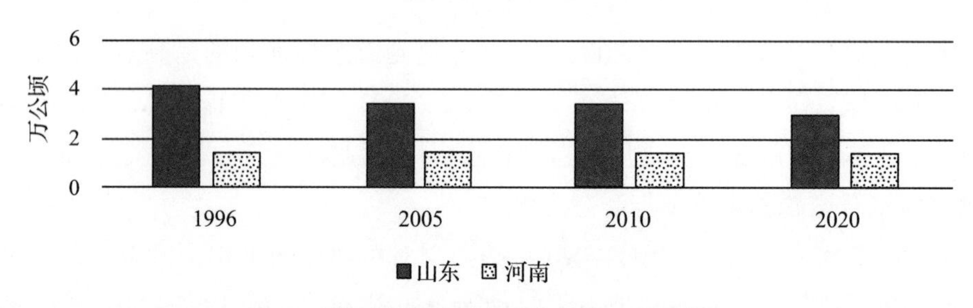


图 14　黄河流域下游省份草地面积变化趋势

0. 16%(2005—2020 年)，甘肃省草地覆盖率下降 1. 72%，宁夏回族自治区草地覆盖率下降 5. 2%；中游内蒙古自治区草地覆盖率下降 2. 7%，陕西省草地覆盖率上升 4. 32%，山西省下降 1. 56%。1996—2020 年，全国草地覆盖率下降 0. 61%。

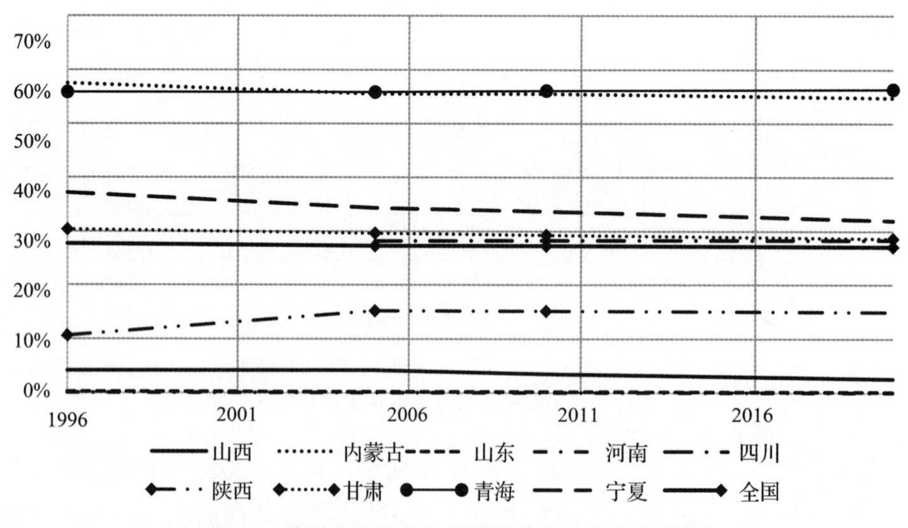


图 15　黄河流域各省及全国草地覆盖率变化趋势

2020 年黄河流域九省份，草地覆盖率大于全国平均水平的省份有上游的青海省、四川省、甘肃省、宁夏回族自治区和中游的内蒙古自治区，下游省份的草地覆盖率均小于全国平均水平(图 15)。

## (二)黄河流域社会经济发展现状

### 1. 黄河流域人口特征与动态变化

黄河流域上游省份人口变化趋势如图 16 所示。青海人口逐年上涨，自 1990 年的 448 万人至 2019 年的 608 万人，扩大 0. 35 倍。四川人口整体在波动中下降，自 1998 的 8493 万人至 2019 年的 8375 万人，减少 118 万人，缩小 0. 01 倍。甘肃人口整体波动中呈上涨趋势，自 1990 年的 2255 万人至 2019 年的 2647 万人，增加 392 万人，扩大 0. 17 倍。宁夏人口逐年上涨，自 1990 年的 470 万人至 2019 年的 695 万人，增加 225 万人，扩大 0. 48 倍。

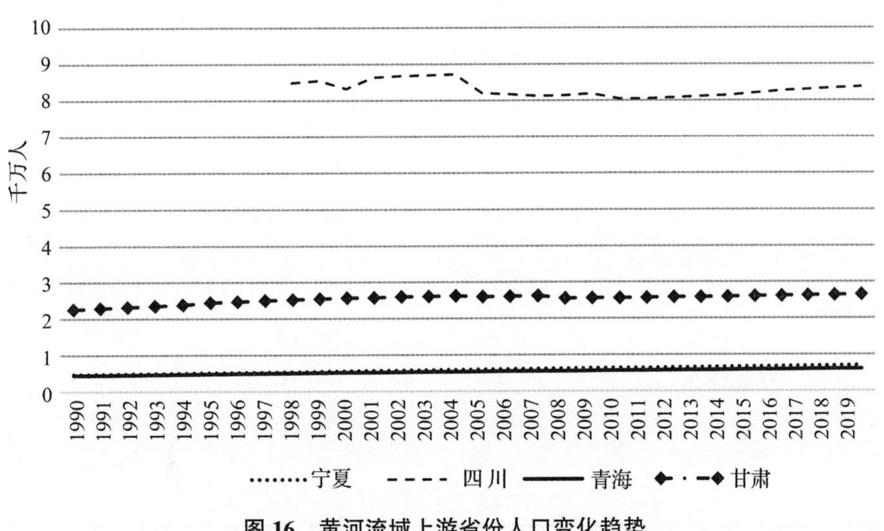


图 16　黄河流域上游省份人口变化趋势

黄河流域中游省份人口变化趋势如图 17 所示。内蒙古人口逐年上涨，自 1990 年的 2163 万人至 2019 年的 2540 万人，增加 377 万人，扩大 0. 17 倍。陕西人口整体呈上升趋势，自 1990 年的 3316 万人至 2019 年的 3876 万人，增加 560 万人，扩大 0. 17 倍。山西人口逐年上涨，自 1990 年的 2899 万人至 2019 年的 3729 万人，增加 830 万人，扩大 0. 29 倍。

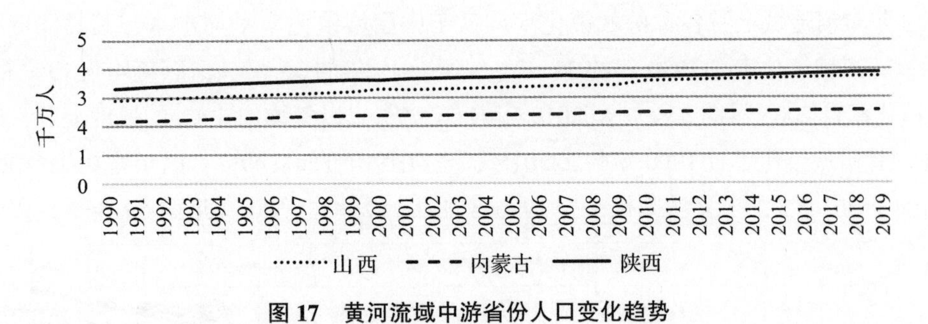


图 17　黄河流域中游省份人口变化趋势

黄河流域下游省份人口变化趋势如图 18 所示。河南人口逐年增长，自 1990 年的 8649 万人至 2019 年的 9640 万人，共增加 991 万人，扩大 0. 11 倍。山东人口呈逐年上升的趋势，自 1990 年的 8493 万人至 2019 年的 1. 007 亿人，增加 1577 万人，扩大 0. 18 倍。

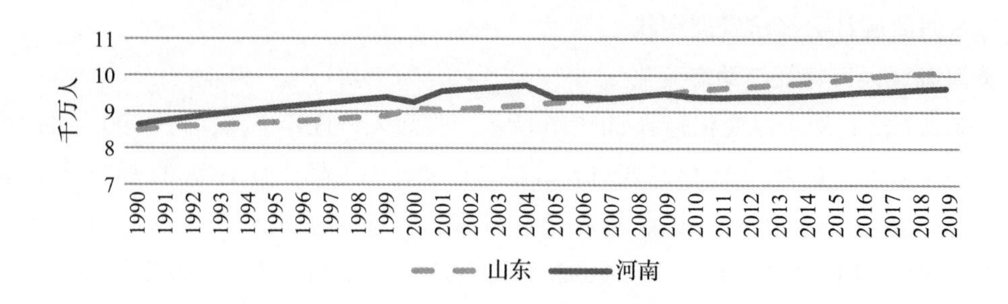


**图 18　黄河流域下游省份人口变化趋势**

表 4 显示，1990—2019 年，黄河流域九省中人口年均增长率最大的省份为宁夏回族自治区，年均增长率最小的省份为四川省，为负数。黄河流域九省中人口年均增长率大于全国平均水平的省份有宁夏、青海和山西。

**表 4　黄河流域九省及中国人口数年均变化情况**

| 省　份 | 年均增长量（万人） | 年均增长率 | 省　份 | 年均增长量（万人） | 年均增长率 |
|---|---|---|---|---|---|
| 青　海 | 5. 52 | 1. 06% | 山　西 | 28. 62 | 0. 87% |
| 四　川 | -5. 62 | -0. 07% | 陕　西 | 19. 31 | 0. 54% |
| 甘　肃 | 13. 52 | 0. 55% | 河　南 | 34. 17 | 0. 37% |
| 宁　夏 | 7. 76 | 1. 36% | 山　东 | 54. 38 | 0. 59% |
| 内蒙古 | 13 | 0. 56% | 中　国 | — | 0. 70% |

注：四川省年均变化数据由 1998—2019 年的数据计算而得。

**2. 黄河流域城镇化率动态变化**

城镇化率是城市化的度量指标，一般采用人口统计学指标，即城镇人口占总人口的比重。中国整体城镇化率自 1990 年的 26. 41%上升至 2019 年的 60. 6%，以年均 1. 18% 的速度上升，29 年增加了 34. 19%。

2019 年黄河流域上游各省份城镇化率均低于中国城镇化率平均水平，其具体变化趋势如图 19 所示。青海城镇化率自 1990 年的 34. 23%，至 2019 年的 55. 52%，以年均 0. 73% 的速度上升。四川城镇化率自 2005 年的 33%，至 2019 年的 53. 79%，以年均 1. 49% 的速度上升，14 年增加了 20. 79%。甘肃城镇化率自 1990 年的 22. 01%，至 2019 年的 48. 49%，以年均 0. 91% 的速度上升，29 年增加了 26. 48%。宁夏城镇化率自 1990 年的 23. 92%，至 2019 年的 59. 86%，以年均 1. 24%

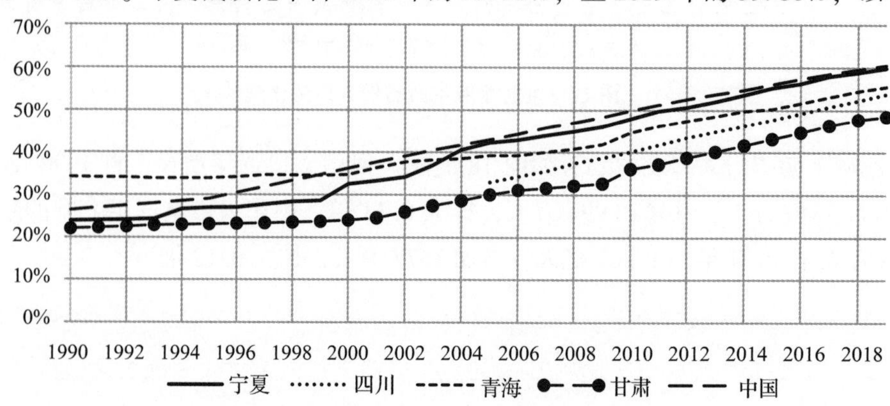


**图 19　黄河流域上游省份城镇化率变化趋势**

的速度上升，29 年增加了 35.94%。

2019 年黄河流域中游各省份中，内蒙古城镇化率高于中国城镇化率整体水平，其他省份均低于中国城镇化率整体水平，其具体变化趋势如图 20 所示。内蒙古城镇化率自 1990 年的 36.1%，至 2019 年的 63.37%，以年均 0.94% 的速度上升，29 年增加了 27.27%。陕西城镇化率自 2000 年的 32.27%，至 2019 年的 59.43%，以年均 1.43% 的速度上升，19 年增加了 27.16%。山西城镇化率自 1990 年的 28.9%，至 2019 年的 59.55%，以年均 1.06% 的速度上升，29 年增加了 30.65%。

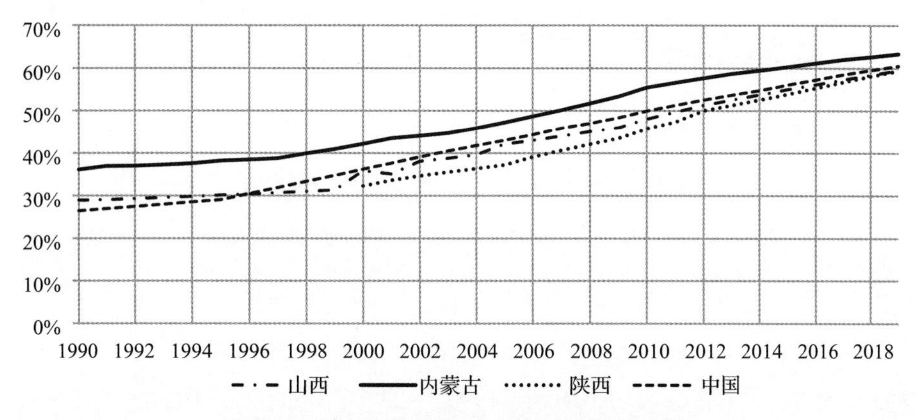


**图 20 黄河流域中游省份城镇化率变化趋势**

2019 年黄河流域下游两省中，山东城镇化率高于中国城镇化率整体水平，河南城镇化率低于中国城镇化率整体水平，其具体变化趋势如图 21 所示。河南城镇化率自 1990 年的 15.5%，至 2019 年的 53.21%，以年均 1.3% 的速度上升，29 年增加了 37.69%。山东城镇化率自 1990 年的 27.3%，至 2019 年的 61.51%，以年均 1.18% 的速度上升，29 年增加了 34.21%。

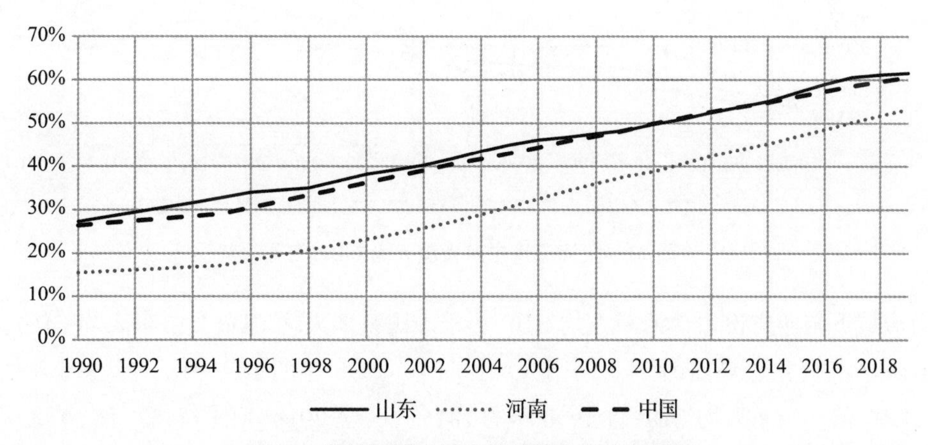


**图 21 黄河流域下游省份城镇化率变化趋势**

**3. 黄河流域经济增长特征与动态变化**

中国人均 GDP 逐年提高，且呈指数增长形式。中国人均 GDP 自 1990 年的 1663 元，至 2019 年的 70892 元，扩大了 41.63 倍。由于数据的可得性，山西省、山东省、宁夏回族自治区、四川省、甘肃省和河南省只能获得截至 2018 年的数据，故对上述六个省份进行 28 年的统计分析。

黄河流域上游各省份的人均 GDP 均小于中国整体人均 GDP，其变化趋势如图 22。青海人均 GDP 自 1990 年的 1575 元，至 2019 年的 48981 元，扩大了 30.1 倍。四川人均 GDP 自 1998 年的

4294 元，至 2018 年的 48883 元，扩大了 10.38 倍。甘肃人均 GDP 自 1990 年的 1099 元，至 2018 年的 31336 元，扩大了 27.51 倍。宁夏人均 GDP 自 1990 年的 1392.8 元，至 2018 年的 54094.2 元，扩大了 37.84 倍。

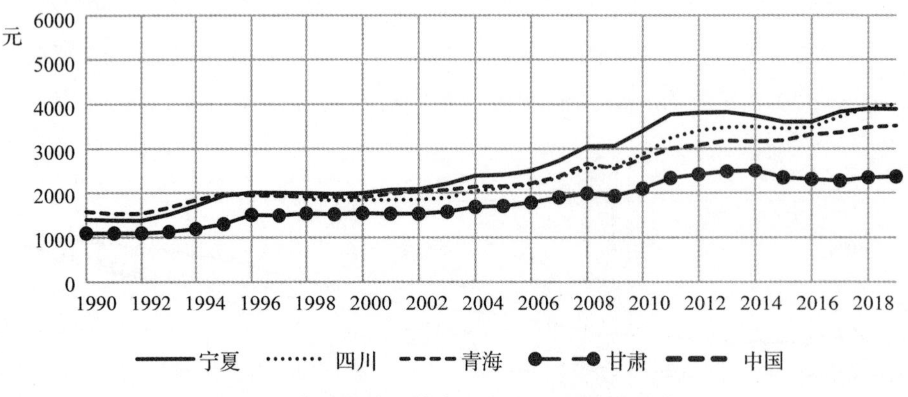


**图 22 黄河流域上游省份人均 GDP 变化趋势**

黄河流域中游各省份中陕西和山西人均 GDP 小于中国整体人均 GDP，内蒙古人均 GDP 在 2004 年超过中国整体人均 GDP 后，于 2016 年有所回落，在 2019 年被中国整体人均 GDP 反超，其变化趋势如图 23。内蒙古人均 GDP 自 1990 年的 1478 元，至 2019 年的 67852 元，扩大了 44.91 倍。陕西人均 GDP 自 1990 年的 1241 元，至 2019 年的 66649 元，扩大了 52.71 倍。山西人均 GDP 自 1990 年的 1136 元，至 2018 年的 48883 元，扩大了 42.03 倍。

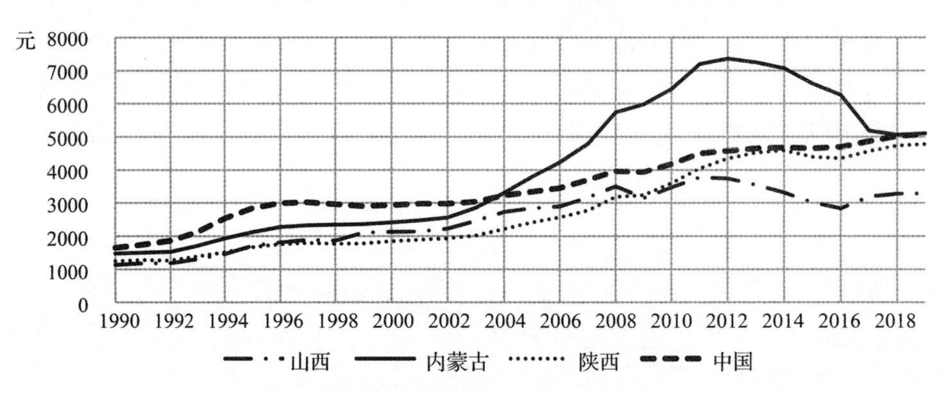


**图 23 黄河流域中游省份人均 GDP 变化趋势**

黄河流域下游两省份中，河南人均 GDP 小于中国整体人均 GDP，山东人均 GDP 大于中国整体人均 GDP，其变化趋势如图 24。河南人均 GDP 自 1990 年的 1091 元，至 2018 年的 50152 元，扩大了 44.97 倍。山东人均 GDP 自 1990 年的 1815 元，至 2018 年的 74452 元，扩大了 41.02 倍。

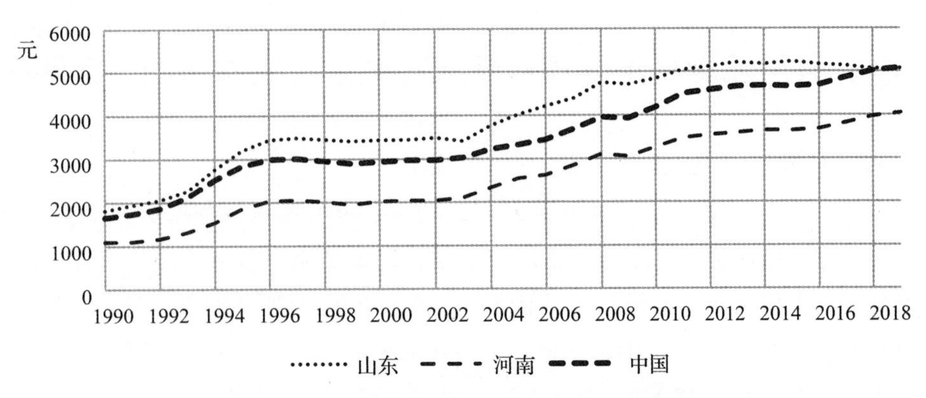


**图 24　黄河流域下游省份人均 GDP 变化趋势**

综上所述，黄河流域九省份中，仅山东人均 GDP 一直位于中国整体人均 GDP 之上。1990—2018/2019 年间，黄河流域九省份及全国整体 GDP 的年均增长率如表 5 所示。黄河流域九省份中，GDP 年均增长率最大的为陕西省，最小的为青海省，其中大于中国整体 GDP 年均增长率的省份有陕西、河南、山西、山东、内蒙古、宁夏。

**表 5　黄河流域九省及中国 GDP 年均变化情况**

| 省　份 | 年均增长量(元) | GDP 年均增长率 | 省　份 | 年均增长量(元) | GDP 年均增长率 |
|---|---|---|---|---|---|
| 青　海 | 1634. 69 | 12. 58% | 陕　西 | 2255. 45 | 14. 72% |
| 四　川 | 2229. 45 | 12. 93% | 山　西 | 1705. 25 | 14. 38% |
| 甘　肃 | 1079. 89 | 12. 71% | 河　南 | 1752. 18 | 14. 65% |
| 宁　夏 | 1882. 19 | 13. 96% | 山　东 | 2659. 00 | 14. 28% |
| 内蒙古 | 2288. 76 | 14. 11% | 中　国 | 2387. 21 | 13. 81% |

注：四川省年均变化数据由 1998—2019 年的数据计算而得。

图 25 为 1991—2018 年各省及中国人均 GDP 的增长率，其整体变化趋势基本一致，1991—1994 年，增长率上升，在 1994 年达到峰值；1994—1999 年，增长率下降；1999—2007 年增长率呈上升趋势；2007 年增长率开始下降，2008 年金融危机使人均 GDP 增长率进一步下跌；2009 年增长率开始回升，仅维持一两年后又下降；2011—2019 年增长率呈下降趋势。

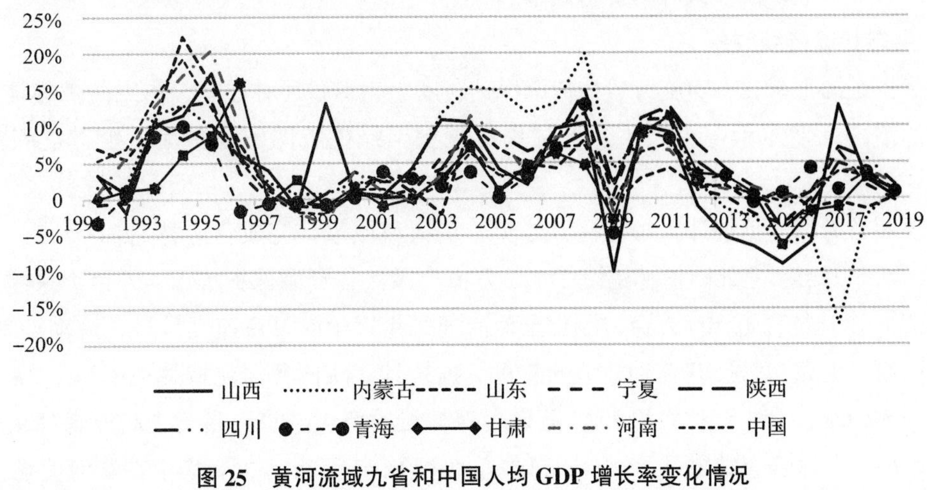


**图 25　黄河流域九省和中国人均 GDP 增长率变化情况**

## 二、黄河流域林草政策法规实施效果与高质量增长实践探索

### （一）黄河流域生态保护和高质量发展国家战略

2019年9月18日，习近平总书记在郑州主持召开黄河流域生态保护和高质量发展座谈会并发表重要讲话。在座谈会上，习近平提出一个重大国家战略：黄河流域生态保护和高质量发展。保护黄河是事关中华民族伟大复兴的千秋大计。黄河发源于青藏高原，流经青海、四川、甘肃、宁夏、内蒙古、陕西、山西、河南、山东9个省份，最后于山东省东营市注入渤海，全长5464千米，是我国仅次于长江的第二大河。黄河流域在我国经济社会发展和生态安全方面具有十分重要的地位。黄河流域省份2018年年底总人口4.2亿，占全国30.3%；地区生产总值23.9万亿元，占全国26.5%。

坚持“绿水青山就是金山银山”的理念，坚持生态优先、绿色发展，以水而定、量水而行，因地制宜、分类施策，上下游、干支流、左右岸统筹谋划，共同抓好大保护，协同推进大治理，着力加强生态保护治理、保障黄河长治久安、促进全流域高质量发展、改善人民群众生活、保护传承弘扬黄河文化，让黄河成为造福人民的幸福河。

习近平总书记指出，黄河治理着眼五个方面：第一，加强生态环境保护。第二，保障黄河长治久安。第三，推进水资源节约集约利用。第四，推动黄河流域高质量发展。第五，保护、传承、弘扬黄河文化。

要加强对黄河流域生态保护和高质量发展的领导，发挥我国社会主义制度集中力量干大事的优越性，牢固树立“一盘棋”思想，尊重规律，更加注重保护和治理的系统性、整体性、协同性，开展顶层设计，加强重大问题研究，着力创新体制机制，推动黄河流域生态保护和高质量发展迈出新的步伐。

### （二）黄河流域林草政策法规实施效果

“十三五”以来，黄河流域地区深入学习贯彻习近平生态文明思想，认真践行“绿水青山就是金山银山”理念，坚决执行黄河流域生态环境保护各项决策部署，认真履行职责，工作成效明显。本节梳理黄河流域主要林草政策法规的实施效果，包括林业重点工程、集体林权制度以及国有林场改革、林业产业发展政策等的实施效果。

#### 1. 生态状况持续改善

稳步推进国土绿化，实施天然林资源保护、新一轮退耕还林还草、重点防护林体系建设、京津风沙源治理二期工程等重大生态保护修复工程，绿色版图不断扩大，生态空间治理取得新进展。

以陕西省为例，据统计，2016—2020年，黄河流域累计完成营造林2281万亩，实施退耕还林还草155.5万亩、三北防护林建设217.9万亩、天然林资源保护173.4万亩、京津风沙源治理93.4万亩；森林抚育近400万亩。沙化土地治理每年以105万亩速度推进，流动沙地基本消除，成为全国第一个完全“拴牢”流动沙地的省份。据统计，陕西黄河流域林地面积1.18亿亩，占流域面积的59.6%；其中森林面积7337万亩，森林覆盖率36.8%，是黄土高原森林集中连片规模最大的区域。草原普查结果显示，全省草地总面积8167万亩，主要集中在黄河流域，面积5646万亩，占全省草原面积的69%。

宁夏治沙为世界治沙贡献了中国经验。首创草方格治沙模式，腾格里沙漠探索出“五带一体”防风固沙体系，毛乌素沙漠灵武白芨滩林场“六位一体”防沙治沙发展沙区经济模式，创造了多个全国第一，涌现了王有德等治沙英雄，荒漠化土地和沙化土地面积20多年持续双缩减的基础上，不断探索创新，建立了我国第一个国家沙漠公园，全国唯一的防沙治沙展览馆，总结出了多个不同荒漠化类型、程度、区域、立地条件下组装配套的治理技术和模式。

历史上山东沿黄地区土地沙化严重，风沙、盐碱、旱涝等灾害频繁，严重威胁群众生产生活。多年来，沿黄地区坚持沟渠路林田综合治理，网带片点间相结合，开展了大规模植树绿化，彻底改变了风沙肆虐、生态恶化的状况。近年来，通过实施长江防护林、沿海防护林、森林生态廊道建设、林业生态修复保护、城乡绿化美化等重点生态建设工程，绿化水平不断提升，基本消除了风沙危害。目前，山东沿黄9市林地面积280.10万公顷，其中森林面积113.01万公顷，占山东省森林总面积的40%。沿黄地区盐碱地面积由2009年297.4万亩减少到241.9万亩，昔日寸草不生的盐碱滩成为沃野良田。

**2. 生态保护全面加强**

实行封山育林、封山禁牧政策不动摇，严厉打击破坏林草资源违法活动，保护林草生态安全。加强森林病虫害预测预报工作。湿地保护恢复力度进一步加大。为保护自然生态系统、野生动物栖息地和生物多样性发挥了重要作用。

河南省全面停止天然林商业性采伐，完成天保工程二期国家下达的公益林建设21.8万亩、中幼林抚育38.4万亩的任务。实行湿地资源总量管理，湿地保有量达942万亩，建立湿地自然保护区11处，湿地公园试点71处，湿地保护率达50.51%。保护、修复和扩大珍稀野生动植物栖息地，建立各类自然保护区30处、森林公园128个、风景名胜区35个、地质公园31个。持续抓好森林防火工作，“十三五”期间全省森林火灾起数和受害森林面积，比“十二五”分别下降了75%和90%。加强美国白蛾、松材线虫病等林业有害生物防治，全省没有出现大面积成灾现象。

青海省草原生态保护治理有力有序推进。统筹推进退牧还草、退化草原治理等重大草原生态治理工程，近年治理退化草地258万亩，防治草原鼠害、虫害及毒草3993万亩。强化草原监督管理，修订完成天然草原草畜平衡核算标准，制定了禁牧管理、草畜平衡管理办法，结合国土三调对全省草原资源进行了全面核查。加强草原资源及生态状况监测，完成返青期监测样地18个，月动态长势监测24个，生产力野外监测样地694个。2019年全省天然草原总鲜草产量超过9500万吨，可食牧草鲜草产量达到8600万吨，全省草原综合植被盖度达到57.2%，草原生态环境持续改善。

**3. 生态体制改革稳步推进**

近年来，黄河流域地区在更高起点、更高层次、更高目标上统筹推进各项林草事业改革，国有林场、集体林权等主要领域改革任务基本完成，湿地产权确权改革、草原确权登记试点等展现了新作为、实现了新突破。

宁夏积极推进湿地产权确权试点和草原确权登记试点改革任务。按照《生态文明体制改革总体方案》的要求，宁夏作为全国首批试点单位，在吴忠市等5市开展了湿地产权确权试点改革任务，完成了试点工作的调查、审核、公示、登薄等全部程序，摸清了全区所有湿地资源的自然状况和权属状况，完成湿地边界界定，权属明晰，建立了宁夏有史以来最齐全的湿地图像、文本、数据等资料库，共确权各类湿地294万亩，全面完成了试点工作任务。2015年7月，在盐池县启动了草原确权承包登记试点工作。调查承包户4060户12739人，完成了草原地籍图绘制、草原承包数据库建设、草原确权承包登记程序标准制定等专业技术工作，建成了“宁夏草原确权承包登记综合信息平台”，制定了《宁夏草原确权承包技术规程》，完成青山乡草原地籍图确认36份，签订草原承包经营合同40份，共完成草原确权39万亩。草原确权承包登记，进一步明确了草原国家所有、集体使用、农户承包经营三者关系，为开展草原“三权分置”改革和草原承包经营权有序流转以及开展草原承包经营权不动产登记奠定了基础。

**4. 生态富民成效显著**

近年来，沿黄地区坚持生态建设产业化、产业发展生态化，积极调整种植业结构，大力发展用材林木、经济林果、种苗花卉等林业产业，不仅加快了生态保护与修复，而且有效增加了农民收入，实现了生态、经济和社会效益有机统一。

河南全省林业年产值由2015年末的1658亿元增至2020年的2200亿元，年均增速超过6.5%。全省经济林面积达1650万亩，花卉种苗297万亩，建成了豫西苹果、信阳茶叶油茶、西峡猕猴桃等一大批特色经济林生产基地，有力带动当地经济发展。“十三五”期间，全省共落实生态护林员专项补助资金8.83亿元，选聘生态护林员4.6万名，带动增收脱贫人口13.4万，林业经济效益和社会效益充分显现。

山东沿黄地区光热资源丰富、土地肥沃，为林业产业发展提高了基础条件。每年一届的中国（菏泽）林产品交易会、黄河三角洲（惠民）林木种苗交易会、北方（昌邑）绿化苗木博览会、泰山苗木花卉博览会、中国（平阴）玫瑰产品博览会等展会活动，进一步提升了沿黄林业产业的知名度和影响力。沿黄地区经济林面积860万亩，年产各类经济林产品1460万吨；建立林木种苗基地150万亩，有21个县（市、区）被命名为中国特色经济林之乡，有国家林业龙头企业16家、省级林业龙头企业187家，菏泽市成为中国牡丹之都、曹县成为中国木艺之都、平阴县成为中国玫瑰之都。

**5. 治理体系日趋完善**

深入贯彻习近平总书记在黄河流域生态保护和高质量发展座谈会上的重要讲话精神，为持续改善黄河流域生态状况，黄河流域各地区细致谋划、精心布局，完善林草治理体系，加快推进黄河流域生态保护和高质量发展。

陕西省立足“森林、湿地、草原、荒地荒漠、自然景观”五大阵地，加快推进黄河流域生态保护和高质量发展，制定并发布《陕西省黄河流域生态空间治理十大行动》，确定了黄河流域“三屏三区一廊一带”的总体布局，明确了到2030年新增森林面积830万亩、森林覆盖率增加4个百分点的奋斗目标。为切实落细落实十大行动，联合省发改委、省自然资源厅、省财政厅等七部门印发了《关于实施沿黄防护林提质增效和高质量发展工程的意见》，计划用6年时间，对黄河干流及其主要支流沿线防护林体系开展提质增效，初步建成连续完整、结构稳定、功能完备的沿黄防护林体系和岸绿境美、绵延千里的沿黄森林生态廊道。

山东省开展黄河流域国土空间专项规划编制。结合全省国土空间规划编制，围绕加强生态环境保护和修复，保障黄河长治久安，推进水资源节约集约利用，推动黄河流域高质量发展，保护、传承、弘扬黄河文化等重大问题开展专题研究，确定黄河流域国土空间发展战略和格局、国土空间规划目标和指标体系，因地制宜制定用途管制制度。该规划作为国土空间规划的专项规划，经审批后，纳入国土空间规划“一张图”，明确划定生态保护红线、永久基本农田、城镇开发边界三条控制线，作为保护、开发、利用的依据。同时，结合资源环境承载能力和国土空间开发适宜性评价，推进生态保护红线评估调整，将沿黄地区生态功能极重要、生态环境极敏感区域划入生态保护红线，实现应划尽划。

### (三)黄河流域林草高质量增长的实践探索

自2019年习近平总书记提出黄河流域生态保护和高质量发展国家战略以来，沿黄地区林草系统积极行动，作出了许多有益的实践探索。本节选取调研中的典型事例进行说明。

#### 1. 推进试点示范：宁夏青铜峡高质量发展先行区建设稳步开展

宁夏回族自治区青铜峡市牢固树立和践行“绿水青山就是金山银山”理念，紧紧围绕自治区推进大规模国土绿化行动提出目标任务和重点内容，结合乡村振兴战略和全域旅游示范市创建活动，坚持以项目为依托，以工程为抓手，山川有别、城乡一体，因地制宜、适地适树，大力实施引黄灌区绿网提升、三北防护林、世行防沙治沙等造林绿化工程，深入推进国土绿化，全力改善生态环境，着力打造宁夏黄河流域生态保护和高质量发展建设先行区。一是以确保黄河安澜为根本，围绕58.3千米黄河过境段先后实施了滨河大道绿色景观廊道建设工程、罗家河景观绿化及湿地生态修复工程、凤凰岛景观绿化及湿地生态修复工程等，打造黄河岸边滨河生态旅游景观长廊，实现黄河流域生态保护和经济社会发展协调统一、和谐共生。二是以打造西部生态屏障为目标，围绕贺兰山东麓葡萄长廊规划实施了沿山公路绿化项目、世界银行贷款造林项目、鸽子山酿酒葡萄示范区绿化项目、生态移民村绿化项目、树新林场大坝梁义务植树基地建设等，打造贺兰山下葡萄旅游景观长廊，实现文化旅游与葡萄产业融合发展。三是以建设美丽乡村为抓手，在全市8镇实施引黄灌区农田防护林建设工程、引黄灌区低产林分改造提升工程，打造引黄灌区平原绿网建设样板区；围绕全市6个小城镇和85个行政村规划建设环村林、巷道绿化、庭院经济，着力改善农村人居环境，全市村庄绿化率达到20.1%。四是以促农增收为目标，在同乐、同进等移民村建设高标准苹果基地1万亩，在甘城子、广武等地区更新改造苹果示范园3万亩，在小坝镇先锋村推广建设大青葡萄标准化示范园2000亩，全市以苹果为主的经果林面积达到6.7万亩，广大果农果园栽培管理水平不断提升，林果经济效益稳步提高。

#### 2. 夯实湿地保护：陕西大荔多举措保护黄河湿地

黄河湿地大荔段位于县东部黄河滩区，南北长38~40千米，总面积24.2万亩，湿地区总人口110800人。保护区内现有野生植物216种，野生动物141种，其中一级保护鸟类5种，二级保护鸟类有10种。每年冬季在此栖息的各种鸟类，数量最多时达到60余万只，是我国中西部水禽的重要驿站。大荔坚持保护优先、科学修复、合理利用、持续发展的原则，从加强湿地资源保护管理、生态环保等工作入手，严格湿地管理，强化集中整治，不断加大退耕还湿项目实施和巡护宣传力度，使湿地保护工作取得了一定的成绩。

一是加强组织领导。制定了《陕西黄河湿地省级自然保护区大荔段网格化管理实施意见》《大荔县加强陕西黄河湿地省级自然保护区大荔段保护管理工作的实施意见》，成立领导小组，明确相关单位职责，有效保护湿地生态环境。同时扎实开展湿地大清查、禁牧、禁猎和保护湿地等各项保护工作。二是强化生态保护治理。①划定保护区范围，核定面积，建设管护站。②实施退耕还湿项目，完成退耕还湿面积1140亩。③组建陕西黄河湿地省级自然保护区大荔段巡护队伍(7名人员)，明确了巡护人员的巡查范围，并要求认真填写巡护日志。④组织林业公安干警和林政执法人员，开展打击毁湿开垦等破坏湿地资源行为的专项行动，严肃查处黄河湿地内的各类违法案件，拆除违法鱼池管理房和临时办公用房 3246 平方米，拆除饭店用房 5645 平方米，共计 8 家，拆除牛圈 6 家，共计 456 平方米，取缔非法采沙 5 起，驱赶放牧 45 次。三是广泛宣传动员。积极开展科技宣传月、爱鸟周和野生动物保护宣传等活动，印制散发湿地保护宣传年画 4 万余份，中央电视台、陕西电视台等宣传媒体进行了多次报道。通过坚持不懈地努力，黄河湿地周边群众保护野生动物等湿地资源的意识普遍增强，保护区内水生、湿生植物种类、数量明显增加，鸟类、鱼类等种类、种群持续增多。四是加大支持力度。为了推进朝邑国家湿地公园建设，县政府集中财力、整合资源保投入，累计完成投资 1. 35 亿元，其中，投资 4500 万元着力开展了湿地保护与恢复工作，投资 220 万元用于湿地管理及能力建设，投资 180 万元逐步完善了科研监测及科普宣教体系建设，投资 8600 万元完成了湿地服务及基础设施建设，目前，湿地公园规模初具、成效初显。

**3. 创新绿化行动：河南黄河生态廊道取得初步成效**

2019 年习近平总书记在郑州召开黄河流域生态保护和高质量发展座谈会后，河南林业系统聚焦黄河流域生态保护和高质量发展战略，深入推进国土绿化提速行动和森林河南建设，将高标准实施沿黄生态廊道建设等工程，建设堤外“绿廊”、堤内“绿网”和城市“绿芯”，作为实施黄河流域生态保护和高质量发展战略的“切入点”和“先手棋”。2020 年植树节当天，在郑州举行了沿黄生态廊道示范工程集中开工仪式，郑州、开封、洛阳、新乡、三门峡五市沿黄生态廊道示范段统一开工建设。截至目前，河南完成沿黄生态廊道建设 120. 2 千米，造林 7. 04 万亩。

郑州市积极推进八堡村沿黄生态廊道示范段建设，投入资金 7557 万元，建设生态廊道约 1. 2 千米，面积约 400 亩，设计有骑行道、步行道，沿路设置启动广场、疏林草地、林荫健身广场、林中栈道等节点，主要种植品种有雪松、白蜡、椤木石楠、乌桕、重阳木、樱花、玉兰等乔灌木以及细茎针茅、蒲苇、千屈菜等地被，目前已竣工。同时，完善提升黄河大堤惠济区至开封段防护林带，开展黄河滩区专项整治，实施黄河滩地公园一期工程建设。

黄河大堤开封段总长 87. 7 千米，涉及开封市四区一县，目前已全段绿化。其中，开封市黄河生态廊道示范段总长度 21 千米，面积 3876 亩，总投资 13 个亿，以“一轴、一带、两线、三片区、十五个景观节点”为总体布局，生态建设与文化旅游有机结合，林带内建设慢行道路系统和游客服务中心。示范带平均宽度 100 米，靠外侧 40 米种植泡桐、雪松、国槐、栾树等高大乔木，内侧 60 米景观带栽植特色小乔木和花灌木，建设近自然式生态景观。

三门峡沿黄生态廊道谋划于 2019 年 10 月，以“筑沿黄生态千年之基，创豫西黄河百里大观”为目标，全力建设“河畅、水清、岸绿、景美”的沿黄生态绿廊，打造堤内绿网、堤外绿廊、区域绿芯的生态格局。沿黄生态廊道示范段全长 32 千米，计划造林 4000 亩，示范段南侧以高大的常绿、落叶乔木、灌木片状、块状、丛状栽植为主，靠近黄河北侧绿化以花草、零星树木点缀为主，目前已完成绿化面积 4000 亩。

**4. 企业强效带动农民增收：山东博华高效生态农业科技有限公司助力林业发展**

现阶段农村老龄化严重，存在土地闲置、利用率低等问题。山东博兴县博华高效生态农业科技公司通过“公司+专业合作社+农户”的形式，流转土地 6 万余亩，涵盖 40 余个村庄、5500 余户、18200 多人，涉及建档立卡贫困户 264 户，502 人。每年提供近 300 个就业岗位，增加农民收入 700 余万元，提供 1000 个季节性岗位，增加农民收入 500 余万元。以益仁社区韩某一户(4 口人，8 亩土地)为例，土地流转前，种地收入约 8320 元/年，土地流转后，每年获得土地流转费约9891元/年，比耕种多收入1571元/年，劳动力则完全从土地上解放出来，在公司基地务工，获得工资性收益19000元/年/人。此外，公司充分利用林地资源大力发展“林下经济”，指导农民成立合作社15家，引导农民发展畜禽、食用菌等产业，实现农林资源的优势互补，积极推进生态环境建设及资源循环利用，达到生态平衡。通过林下种植分成(50%~80%)的方式进一步增加农民收入。在坚持产业兴农的同时，公司还整合许多教育资源，对周边的农民进行职业技能培训，提供就业创业平台，带动当地农民增收创收。此外，目前共有1366位70岁以上老年人，全部享受到集中供养服务，群众幸福感、获得感持续提升。

**5. 信息化推动科学管理：宁夏沙坡头自然保护区探索智慧化管理**

宁夏中卫市沙坡头区被腾格里沙漠环绕，经过几十年的保护与治理，顺应自然、尊重规律，既防沙之害、又用沙之利，实现了自“沙进人退”到“人进沙退”和“人沙和谐共处”的转变。这里建有中国第一个沙漠科学研究站，创造的以“麦草方格”为主的“五带一体”治沙体系，被誉为“人类治沙史上的奇迹”，治沙成功经验已经推广到国内外。

沙坡头国家级保护区一直致力于智慧林业生态保护、人类与环境和谐共存、均衡发展。在黄河流域生态保护和高质量发展战略提出以来，沙坡头保护区先后实施了水鸟保护、生物多样性监测、监测与管护数字中心、无人机应用管理平台等多平台融合的智慧监管信息化项目，并集成为保护区数字中心平台，通过平台把技术与林业业务整合为一个有机联系的整体，运用感知技术、互联互通技术和智能化技术使平台整体运转得更加智能和高效，平台具有鲜明的智能化、感知化、一体化、协同化、生态化特征，显著提高了保护区智慧监管的效率和智能化水平，迈向“天空一体化”监测网络体系，取得了显著的成果，在宁夏自然保护区智慧化管理中走在前列。

一是建立了空地一体的网格化智能巡护体系，实现了网格化巡护管理的规范化、流程化和自动化。创新巡护人员管理方式。依托巡护管理信息系统，将网格化管理应用于巡护管理工作中，科学划建了5个管理网格，巡护终端与监控平台互联，二级联动，纵向到底，横向到边，做到巡护到点，全天监控。充分发挥3架无人机充当巡护员进行网格化巡护的作用。对巡护员巡护死角、事件多发地进行无人机巡护。无人机与管理平台互联，提升了巡护效率、应急处理能力。并通过与自治区林业和草原局无人机管理平台对接，实现了林草系统内从自治区到保护区无人机森林草原防火的实时调度与监管。二是建立了生物多样性监测体系，实现了对生态环境、物种动态统一智能监测。建立了保护区生态环境质量自动监测系统。在保护区设置了气象、水文、土壤监测自动监测点各1个，实时回传信息管理平台，监测24小时生态环境质量变化趋势。建立了野生动物监测系统。在保护区设置了51台自动监测红外相机，在荒草湖、马场湖和高墩湖野生动物分布重点区域共设置了3台智能AR瞭望球型鹰眼，在小湖和高墩湖共设立了5个视频监控，对这些监控信息实时回传管理平台，监测24小时野生动物的动态。三是建立了覆盖保护区全域的森林草原防火监测预警体系。在保护区重要区域设立了9个热成像野外高清视频监，做到了24小时不间断对保护区森林草原火情监控全覆盖，做到火灾早发现、早解决，实现森林防火工作的规范化、科学化、信息化。

## 三、黄河流域林草高质量增长挑战与机遇

聚焦高质量发展和生态文明建设目标，在习近平总书记黄河流域生态保护和高质量发展战略指引下，综合分析生态空间治理面临新形势，我们认为，黄河流域林草高质量增长面临的挑战与机遇并存。

**(一)黄河流域林草高质量增长面临的挑战**

黄河流域由于历史原因，黄河上游局部地区生态系统退化、水源涵养功能降低；中游水土流失严重，部分支流污染问题突出；下游生态流量偏低、一些地方河口湿地萎缩，是生态文明建设的短板，全面保护和系统恢复林草资源还面临许多问题，其发展水平与全面深化改革，以及城镇化、农业现代化和绿色化等一系列的新要求还不能完全适应，与广大人民群众对优美生活环境的需要还有一定差距。

**1. 生态修复难度增大**

经过多年的大规模造林绿化，黄河流域容易造林地地块已经基本造林，剩余的荒山荒坡自然立地条件差、造林成本高、造林成林困难。据调查，黄河流域中上游地区一般造林地造林单位成本为3000元/亩、困难造林地单位成本可达20000元/亩。中下游平原地区一般造林实际成本为每亩1000元左右，太行山区、小浪底水库等生态脆弱区困难地造林成本则在2000元以上。目前国家林业重点工程造林投入500元/亩，与实际相差较大，群众积极性不高。同时，平原地区造林大多采用政府统一流转土地，然后公开招标，由造林大户或公司进行造林，每年每亩租地费用在1000元左右，不少县(市)土地流转地租每年就需2000万~3000万元，地方财政压力巨大。同时，因补助标准低，造成部分地方苗木规格小、品种质量低、树种结构单一，造林质量不高，森林病虫害严重和火灾风险等级高，后期管护不到位，保存率低等问题。

**2. 生态功能待加强**

整体上看，黄河流域虽实现了“由黄变绿”的历史性转变，但是季节绿比重大，常年绿比重小。森林单位面积蓄积量、生态服务功能价值低于全国平均水平。实施重大生态修复工程以来栽植的林木，很多地区出现不同程度退化。

总体来看，黄河流域森林生态系统结构简单，生态脆弱，生物多样性不足，抗病虫害能力低，林木自身安全堪忧。很多区域林分结构单一，落叶阔叶树种偏多，常绿树种偏少，人工纯林多而混交林少，单层林多而复层林少，同龄林多而异龄林少，群落结构不合理，高质量发展能力不强，乔木林单位蓄积低，林草质量不高，水源涵养能力、水土保持能力和碳汇能力不强，林草生态服务不足。

中上游沿黄地区草、灌木比重大，乔木比重小，草地退化问题较为严重。下游沿黄地区生态环境问题复杂，存在土壤盐碱化、土壤沙化、水土流失、自然岸线变化、地上悬河、地下苦咸水、地面沉降、地下水环境污染、矿山环境问题、防护林缺株断带、湿地退化、外来有害生物等生态问题，部分生态环境问题严重，影响当地的工农业发展。

**3. 资源保护压力大**

一是个别地方为了经济发展，资源开发依赖程度强，不惜以牺牲森林资源、破坏生态环境为代价，仍然存在违法使用林地、无证采伐林木和毁林开垦现象。二是重造轻管现象普遍，新造林

木生长缓慢。三是新一轮机构改革林草管理任务量增加，但林草机构不健全，人员减少，保护管理难度加大。四是林区道路、防火通道、护林站、草原监测站等基础设施落后，供水、供电、通信、采暖以及现代化的巡护设施设备等建设滞后，资源保护和监测等基础保障能力较为薄弱。五是现代化设施装备建设滞后。森林管护、火警御灾体系信息化平台建设不足，航空护林、无人机、视频监控、灭火炮等现代化设施装备投入不足，难以适应新时代林草资源管护需要。六是林草有害生物监测预警、检疫御灾、防治减灾体系基础设施薄弱，资金投入不足，森防机构不健全，专业技术人才缺乏；林草有害生物防控能力弱，松材线虫、美国白蛾等重大林草有害生物防控形势严峻，已经成为区域生态安全的主要威胁。七是很多保护地设立时缺乏科学论证，范围划定过大，将一些城镇、村庄、厂矿等都划进保护地范围，导致原住居民生产生活、房地产开发、采矿探矿、工业企业生产经营、种植养殖、旅游开发等多种历史遗留问题大量存在，整改难度很大。

**4. 产业带动能力不强**

沿黄地区绿水青山转化为金山银山的理念和做法还不成熟，多功能林草产业发展不足，林业成本不断增加；林地供给能力弱，林草产出率低，林产品产业未形成规模，经济林产业发展科技含量不高；单一经济林树种面积偏大，如苹果、核桃等，出现“谷贱伤农”现象，其他药材、花卉等种植比例偏小；龙头企业发展滞后，产业链不完整，未充分发挥带动和引领作用，缺乏拳头产品和品牌效应，大资源、小产业、低效益的现状依然没有得到有效改变，林业产业对国民经济贡献率低，对农民增收贡献程度不高。森林旅游资源受区位条件限制，多而散、同质化普遍，优质旅游产品不足，宣传不广泛，为社会提供生态服务和生态文化产品能力不足、效益不高。

**5. 激励协调机制不完善**

一是生态激励机制不完善，生态建设多依靠地方财政投入和社会投入，财力投入覆盖面较窄，对地方和社会参与生态保护治理的激励政策缺失，生态修复奖补机制尚未建立。二是跨区域的管理协调机制还不够完善，跨区域的生态补偿制度体系还不够健全，上下游、干支流、左右岸统筹谋划的体制机制还不成熟。三是林草科技投入激励不足。林草科技研究周期长、见效慢，科研经费投入不足，科研产出少、水平不高。尤其是科研成果的针对性不强、深度不够，单项研究多而综合性研究少，推广应用滞后。

**（二）黄河流域林草高质量增长面临的机遇**

黄河流域生态保护和高质量发展，同京津冀协同发展、长江经济带发展、粤港澳大湾区建设、长三角一体化发展一样，都是重大国家战略。林草部门推进黄河流域林草高质量增长进入重要战略机遇期。

**1. 绿色发展的机遇**

以习近平同志为核心的党中央高度重视生态文明建设，“绿水青山就是金山银山”写进党章，生态文明写入宪法，美丽中国是社会主义现代化国家目标。随着《关于建立国土空间规划体系并监督实施的若干意见》《全国重要生态系统保护和修复重大工程总体规划（2021—2035 年）》《山水林田湖草生态保护修复工程指南（试行）》《关于建立以国家公园为主体的自然保护地体系的指导意见》等政策规定带来的新变化新要求，林草部门推进生态空间治理进入重要战略机遇期。

黄河流域的高质量发展必须坚持绿水青山就是金山银山的理念，坚持生态环保优先、绿色发展先行，综合治理、系统治理、源头治理，合理保护，从保护中寻找发展机遇。区域经济发展规模、空间布局、增长速度与自然生态环境承载能力之间的矛盾越来越突出，黄河流域生态环境脆弱的问题也依然存在。绿色发展、创新驱动、协调持续迫在眉睫。黄河流域必须牢牢抓住黄河流域生态保护和高质量发展的历史机遇，坚定不移打好绿色攻坚战，加强生态环境建设，强化绿色发展根基，将黄河流域生态保护转换成高质量发展的新引擎。

**2. 协调发展的机遇**

黄河流域城乡发展不协调，区域发展差异较大，经济社会发展相对缓慢，人与自然矛盾突出。在黄河流域生态保护和高质量发展国家战略指引下，统筹城乡发展、统筹区域发展、统筹经济社会发展、统筹人与自然和谐发展正当其时。按照协调发展的理念，推进生产力和生产关系、经济基础和上层建筑相协调，推进经济社会与自然生态的各个环节、各个方面相协调。

黄河流域是生态环境治理的重点区域。通过深化黄河流域综合治理统筹协调，有助于缩减黄河流域上中下游发展的不平衡，协调跨区域的重大生态环保和经济社会发展问题，以国家统筹规划为指导、协调推进流域开发管理工作，促使黄河流域的保护利用落到实处。

**3. 开放发展的机遇**

黄河流域贯穿东西，是古代重要的丝绸之路经济带覆盖地区，也是共建“一带一路”的重要支撑地区。特别是沿黄河向西开放大通道已初步形成，以中欧班列为主的陆路通道和以国际航线为主的空中通道能有效推进黄河流域参与共建“一带一路”，提升对外开放水平，让黄河中上游内陆地区成为向西开放的前沿地带，并以更大的开放促进改革和发展。

**4. 共享发展的机遇**

目前我国迈入实现共同富裕的新阶段，黄河流域也需要共建共治共享共同富裕的民生发展新格局，要注重激发经济欠发达地区低收入群体致富内生动力，引导先富带动后富，培养实现共同致富的能力。在 2020 年实现全面小康的背景下，还要在保持精准扶贫政策的连续性的基础上，关注相对贫困、遏制返贫发生，紧密结合乡村振兴战略和新型城镇化战略，探索制定更加合理的林农致富新思路新制度新办法，建立可持续的城乡居民增收长效机制，主动作为，积极依靠制度建设实现可持续脱贫，依靠政府与市场两只手实现共同富裕。

## 四、黄河流域林草高质量增长政策建议

黄河是中华民族的母亲河、中华文明的摇篮。黄河流域是我国重要的生态屏障和重要的经济带，在我国经济社会发展和生态安全方面具有十分重要的地位。习近平总书记强调：“共同抓好大保护，协同推进大治理，着力加强生态保护治理、保障黄河长治久安、促进全流域高质量发展。”自古以来，由于特殊的地理气候条件、沿岸植被破坏严重等原因，黄河水旱灾害频发，治理难度极大。在黄河流域生态保护和高质量发展战略背景下，促进黄河流域林草高质量增长的基本原则应该是中央和地方结合、上中下游结合，采取系统治理方案，既要保护黄河流域生态安全，又要促进沿岸经济高质量发展。

### （一）加强组织领导

地方各级政府要将黄河流域生态保护修复工作纳入重要议事日程，加强领导、统一思想、提高认识，精心组织，团结带领广大干部群众，扎实推进各项工作。要把党中央决策部署与当地实际结合起来，明确主要目标和任务，层层分解落实，制定具体的实施方案和配套措施，做好与城

乡、土地利用等规划的统筹与衔接，建立造林绿化质量责任追究制度，确保各项工作落到实处。创新管理体制，进一步理顺和强化生态保护建设管理体制，积极推行林长制，建立生态保护治理区域联动协调机制和部门联席会商机制。加强流域上下、区域内外、各生态系统建设之间的协作配合，动员各方力量参与，形成共抓共管、联防联治的工作格局。

**（二）推进改革创新**

进一步深化改革，创新体制机制和政策措施，破解生态保护治理难题。完善生态补偿机制，坚持责任共担、环境共治、效益共享，明确流域上下游和生态相关领域省市县责任，实行“谁达标谁受益、谁损害谁赔偿”的双向补偿，依法依规追究损害赔偿责任。完善绩效评价机制，把资源消耗、环境损害、生态效益等指标纳入高质量发展综合绩效评价体系，作为各级领导班子和领导干部奖惩和提拔使用的重要依据，形成生态优先、绿色发展的鲜明导向。完善奖励激励机制，加大生态建设政府购买服务和奖励力度，在资金投入、人才科技、市场交易等方面搭建合作平台、完善协同机制，充分调动各方面参与生态建设的积极性、创造性。

**（三）加大资金投入**

稳定增加生态建设投入资金，积极争取国家支持，多渠道筹措资金，谋划和实施一批有示范性、带动力的项目。加大财政投入，优化省市县事权及支出责任，建立财政投入保障机制，集中财力保障生态建设重点项目实施，完善生态环境保护成效与资金分配挂钩机制，提高财政资金使用绩效。扩大生态效益补偿范围，将沿黄生态林带、集体林场、湿地公园等生态公用林纳入生态效益补偿范围，解决好受生态建设影响区域群众生产生活问题。运用市场机制，鼓励生态项目采取 PPP 模式建设等多种方式，引导社会力量、社会资本参与建设，运用直接投资、运营补贴等办法，推动形成多元生态环保投入机制。积极探索碳排放权交易制度、生态环境税、生态环境损害赔偿制度等，利用公共资源交易平台，积极开展试点推广工作，促进要素市场化配置。探索建立市场主体投资生态建设税费减免等相关支持政策，调动市场主体参与生态建设的积极性。

**（四）强化科技支撑**

整合优势创新资源，开展科学研究和技术创新，不断提升科技创新支撑能力。加强重大科技攻关，聚焦黄河生态保护治理和经济高质量发展，加大科研投入、平台建设力度，组织开展一批重点科技专项，形成一批共性关键技术和科技成果，促进成果转化和示范应用，发挥科技带动作用。发挥人才引领作用，坚持党管人才原则，深化人才发展体制机制改革，大胆创新、兑现落实人才政策，健全人才引进培养、使用流动、评价激励、服务保障等工作体系，实施高层次人才引进计划、产业人才发展计划，畅通科研院所、高校和企业间人才流动渠道，整合各类人才资源，为黄河流域生态保护和高质量发展提供智力支撑和人才保障。

**（五）健全法治保障**

坚持依法保护、依法治理，把黄河流域生态保护和高质量发展建设纳入法制化轨道，以法律武器治理污染、保护生态，用法治思维推进转型、促进发展。加强立法、严格执法，加强生态环境执法监管，建立完善源头预防、过程控制、损害赔偿、责任追究的执法监管体系，建立跨部门、跨区域联动执法机制，严惩重罚破坏生态和污染环境违法违规行为。切实提高各级党政领导对黄河流域保护重要性的认识，加强“世界地球日”“爱鸟周”“世界湿地日”等重要节点的宣传，调动社会各界参与黄河母亲河保护积极性，提高全民保护黄河意识。推动各级出台黄河保护相关法规，确保黄河保护与建设管理规范有序推进。实施生态损害终身追责制度，对违法占用黄河、破坏黄河等行为严肃查处、终身追责。进一步加强与黄河流域沿线 9 省份沟通交流，共同研讨探索湿地保护与恢复的新理念和新模式，扎实推进黄河流域生态保护和高质量发展。

调 研 单 位：国家林业和草原局经济发展研究中心、北京林业大学
课题组成员：李冰、李凌超、刘璨、文彩云、王雁斌、刘浩

# 完善扶贫干部激励机制巩固脱贫攻坚成果研究

**摘要**：统筹做好脱贫攻坚与乡村振兴工作，是当前及今后一段时间国家贫困治理体系创新的重要课题。脱贫攻坚和乡村振兴战略的有机衔接、融合发展，离不开制度的保障、政策的延续，更离不开干部队伍的稳定。本研究是在2018年、2019年对脱贫攻坚一线林草干部职工思想动态、内生动力研究基础上开展的关于扶贫干部激励机制的延续性课题。2020年，调研组赴广西、贵州、西藏三省（自治区）的七个县（市）开展调研，通过定性和定量分析，从相关激励政策发挥作用情况、影响激励政策执行的主要因素、扶贫干部的压力和动力来源以及对心理健康服务的需求等五方面进行分析，深入剖析了在激励政策的宣传工作、激励机制的作用、基层党组织发挥作用、心理健康服务体系、乡村振兴接续机制等方面存在的问题，从强化激励政策宣传工作、补齐完善激励机制短板、加强基层党组织工作系统性、建立心理健康服务长效机制、统筹推进脱贫攻坚与乡村振兴等方面提出了政策建议。

习近平总书记指出，打赢脱贫攻坚战，各级干部特别是基层一线干部十分重要。在决战决胜脱贫攻坚座谈会上强调："脱贫攻坚目标任务接近完成、贫困群众收入水平大幅度提高、贫困地区基本生产生活条件明显改善、贫困地区经济社会发展明显加快、贫困治理能力明显提升、中国减贫方案和减贫成就得到国际社会普遍认可……每一项成绩的取得，都凝聚了全党全国各族人民智慧和心血，是广大干部群众扎扎实实干出来的。"党的十八大以来，国家林草局认真学习习近平总书记关于扶贫工作的重要论述，贯彻落实中共中央、国务院《关于打赢脱贫攻坚战的决定》《关于打赢脱贫攻坚战三年行动的指导意见》等系列文件，充分发挥林草行业推进贫困地区脱贫攻坚的优势和潜力，不断创新林草生态扶贫生态脱贫工作思路，大力实施生态补偿扶贫、国土绿化扶贫及生态产业扶贫三大举措，坚持尽锐出战，按照"精准选派、全面保障、正向激励"的要求，为全面落实林草生态扶贫提供强大的人才支持和组织保障，实现了贫困地区生态保护与脱贫攻坚协同推进，在一个战场打赢两场攻坚战。

选派优秀干部到脱贫攻坚一线挂职，既是贯彻落实党中央关于打赢脱贫攻坚战战略部署的有力举措，也是顺利完成帮扶任务的内在要求，更是贯彻落实关于多渠道、多方式培养锻炼干部的重要途径。2012年以来，国家林草局选派干部或科技人才121人到一线挂职锻炼（其中，滇桂黔石漠化地区74人，定点扶贫县23人），接受220余名基层干部上挂锻炼。中西部22个省级林草部门共选派139名优秀干部驻县挂职交流，选派420名优秀干部驻村扶贫，其中任驻村第一书记64名；开展结对帮扶或派驻扶贫队累计1605人次。全国林草系统在加大培训力度，提升干部履职能力的同时，坚决落实各项保障措施，解决好后顾之忧，确保挂职干部全面发挥作用。

## 一、研究背景及意义

在全面打赢脱贫攻坚战的收官之年，既要保证“打赢”的进度，也要保证“打好”的质量，还要保证“稳住”的要求，需要充分发挥扶贫干部的作用，进一步强化扶贫干部既是战斗员，又是联络员，还是监督员的责任意识，统筹兼顾抓好落实；更需要扶贫干部攻坚开拓、久久为功，努力使政策“含金量”转化为贫困群众的“获得感”。统筹做好脱贫攻坚与乡村振兴衔接工作，是当前及今后一段时间国家贫困治理体系创新与完善的重要课题。未来三年将是我国脱贫攻坚和乡村振兴战略实施并存和交汇的特殊时期，实现二者的有机衔接、融合发展，离不开制度的保障，离不开政策的延续，更离不开队伍的稳定，而队伍稳定的关键是奋战在一线干部职工的坚守与笃定。习近平总书记在全国组织工作会议上指出，广大基层干部任务重、压力大、待遇低、出路窄，要把热情关心和严格要求结合起来，对广大基层干部充分理解、充分信任，格外关心、格外爱护，多为他们办一些雪中送炭的事情。当前，脱贫攻坚进入决战决胜的最后关键阶段，需要一鼓作气、顽强作战，也需要关爱激励、担当作为。14 个集中连片特困地区特别是“三区三州”深度贫困地区既是脱贫攻坚难啃的“硬骨头”，也是林草重大生态工程建设的重点区域，成为生态扶贫的主战场，林业和草原系统始终冲锋在脱贫攻坚最前线，承担着生态空间治理和贫困群众增收的双重任务，肩负着实现生态建设和脱贫攻坚双赢的神圣使命。生态脱贫攻坚任务对林草干部职工的工作动力、工作方法、工作能力、工作作风等都提出了更高的要求。课题组在连续两年对脱贫攻坚一线干部职工思想动态和内生动力研究的基础上，继续深入调研，分析探讨激励机制在激发扶贫干部干事担当的工作热情和主动性方面发挥作用情况。

完善扶贫干部激励机制，有利于留住优秀人才，形成良好的干部培养环境。习近平总书记在“两不愁三保障”突出问题座谈会上指出：“对奋战在脱贫攻坚一线的同志要关心他们的生活、健康、安全，对牺牲干部的家属要及时给予抚恤、长期帮扶慰问。对在基层一线干出成绩、群众欢迎的干部，要注意培养使用。”通过正向激励扶贫一线干部，肯定和鼓励扶贫干部的付出与辛劳，提振队伍士气，激发干事动能，让基层一线扶贫干部有自豪感、获得感、幸福感，从而以更加饱满的精神、更加积极向上的姿态投入到一线工作中。同时，要加大容错纠错力度，为勇挑重担、开拓进取、敢闯敢干的干部撑腰鼓劲。对给予容错的干部，考核考察要客观评价，选拔任用要公正合理。为干部们打消顾虑，甩掉“包袱”，吃下“定心丸”。

建立健全扶贫干部激励机制，有利于进一步激发扶贫干部的工作热情。应落实好扶贫干部待遇补贴，健康检查，休假制度。对因公受伤、患病的要及时给予医疗保障，特别是对因公去世的脱贫攻坚一线干部家属，要落实好抚恤待遇，长期帮扶慰问，帮助解决家属就医享受绿色通道、子女入学给予放宽政策等实际需求，及时帮助家属解决生活困难，免去后顾之忧。当前，脱贫攻坚战进入决胜的关键阶段，越是在最紧要的关头，越要关心关爱干部，全面落实关心关爱政策措施，激励广大干部在一线担当作为，心无旁骛攻坚克难，确保按时高质量打赢脱贫攻坚战。

## 二、基本情况

**(一)林草生态扶贫工作进展**

2015年，习近平总书记提出“五个一批”工程，“生态补偿脱贫一批”作为措施之一，成为中央精准扶贫、精准脱贫方略的重要组成部分。国家林业和草原局认真贯彻落实“生态补偿脱贫一批”部署要求，提出了“四精准三巩固”的林草生态扶贫工作思路，即生态护林员精准到人头，退耕还林精准到农户，木本油料精准到收益，定点帮扶精准到脱贫摘帽；通过在深度贫困地区开展国土绿化、发展特色林果、扩大森林旅游巩固脱贫成果。主要从生态补偿脱贫、国土绿化脱贫、生态产业脱贫三大方面入手，探索了很多做法，取得了显著成效。生态补偿脱贫让贫困人口实现家门口就业，2016年以来，中央累计安排生态护林员资金205亿元，在贫困地区选聘建档立卡贫困人口生态护林员110多万名，结合其他帮扶措施，精准带动300多万贫困人口脱贫增收。国土绿化扶贫增加贫困人口劳务收入，目前全国建成造林种草专业合作社2.3万个，吸纳160万贫困人口参与生态建设，超额完成《生态扶贫工作方案》目标任务。退耕还林还草及其他林草重点工程项目向贫困地区倾斜。生态产业扶贫助力长效脱贫，支持木本油料发展，目前全国油茶种植面积6500万亩，带动173万贫困人口脱贫增收。通过发展生态旅游产业，贫困人口户均增收5500元。通过发展林下经济，全国林下经济产值近9000亿元，参与农户达7000多万户。

**(二)扶贫干部激励政策情况**

为落实习近平总书记提出的“对在脱贫攻坚一线的基层干部要关心爱护，各方面素质好、条件具备的要提拔使用，同时要鼓励年轻干部到脱贫攻坚一线去历练”的要求，国家林草局坚决落实保障措施，解决好挂职干部后顾之忧。在挂职干部赴任前组织召开专题培训班，邀请有关专家领导开展专项培训，帮助他们提升履职能力、尽快进入角色、全面发挥作用。高度重视挂职干部生活保障，修订印发《国家林业和草原局干部挂职、援派工作和基层学习锻炼管理办法》，将扶贫一线挂职干部生活补助标准由原来的1000元/月调整到3000元/月，将援藏、援青、援疆干部生活补助标准从原来的1500元/月调整到4000元/月。各地也相继出台了关心关爱鼓励激励脱贫攻坚一线干部的有关政策。就项目组调研的几个省份来看：

贵州省出台《进一步关心关爱脱贫攻坚一线工作人员激发决战决胜活力办法(试行)》，进一步对奋战在脱贫攻坚一线的干部尤其是驻村干部、第一书记等一线干部关心关爱，落实一线干部工作待遇和保险等保障措施，从安全防范措施、待遇保障、人文关怀等各方面提出具体要求。

广西壮族自治区出台了容错纠错办法，强调“要旗帜鲜明关心关爱扶贫一线干部，既严肃查处扶贫领域腐败和作风问题，又严格按照‘三个区分开来’精准容错免责，积极撑腰鼓劲，确保脱贫攻坚决战决胜。”广西罗城仫佬族自治县印发《关心关爱激励扶助脱贫攻坚一线干部二十条措施》，让脱贫攻坚一线干部政治上得到关心、生活上得到关爱、成绩上得到关注，激励扶贫一线干部在脱贫攻坚一线安心干事创业，为打赢脱贫攻坚战、助力乡村振兴提供强大能量。

西藏自治区加强基层党组织建设，着力把村“两委”班子建成听党话、跟党走，善团结、会发展，能致富、保稳定，遇事不糊涂、关键时刻起作用的坚强战斗堡垒。阿里地区坚持严管与厚爱相统一，创新关心关爱干部工作机制，着力在政治激励、工作支持、待遇保障、身心关怀、环境改善上下功夫，激励广大干部扎根边疆建功立业。在表彰奖励上，部分名额定向驻村干部，在选拔任用上，同等条件优先选拔驻村期满表现优秀的驻村干部。昌都市坚持把脱贫攻坚一线作为考察识别干部的主阵地，制定昌都市优秀脱贫攻坚干部提拔使用制度，优先提拔使用脱贫攻坚工作业绩突出的干部。林芝市“尽全力”提升广大基层扶贫干部的“获得感”，关怀广大基层扶贫干部的工作、学习、生活和成长进步，为其谋划扶贫工作生涯发展愿景，打通职务职级晋升通道，提供更好施展才华的舞台和平台，让广大基层扶贫干部干得用心、学得开心、生活舒心，激励每一名基层扶贫干部实现个人与党的伟大事业同进步、共成长。

## 三、研究方法

### （一）研究对象

研究采用随机抽样法，最终选取来自广西、贵州、西藏三个省份的脱贫攻坚一线干部职工共计130人作为研究对象。从性别上看，男性107名，占82.31%，女性23名，占17.69%；从年龄结构上看，扶贫干部的平均年龄为39岁，其中20~30岁以及40~50岁的人数较多；从学历上看，大专及以上学历比例达到88.46%，其中硕士及以上6人、本科59人、大专49人；从政治面貌上看，中共党员75人，占比57.69%；从干部类型看，国家下派挂职干部8人，占6.15%，驻村扶贫干部59人，占45.38%，林场和林业局有帮扶任务的职工42人，占32.31%，基层林业站职工21人，占16.15%。

### （二）调研形式

采取定量与定性相结合，通过线上问卷和线下访谈两种形式，以集体座谈与考察走访的方式开展调查。

线上问卷具有很好的匿名性和便利性，能够降低掩饰性和社会赞许性的影响，增加研究的广度与宽度。线下访谈采用一对一方式，根据访谈对象叙述进行灵活调整和必要扩展，有助于获取更多细节信息和案例素材，弥补单一的问答方式的不足，从而增加研究的深度与广度。

集体座谈能够增加沟通效率，有利于对普遍性问题进行反馈、促成共识。考察走访能够深入了解干部职工内心感受、实际需求，直接了解干部职工工作生活状况、基层组织发挥作用情况。

三年来，调研组综合运用以上各种调研形式，成功完成了多次主题调研。2018年，调研组赴贵州、广西、陕西三省份的5个县开展调研，共召开省县两级座谈交流会5次，访谈了108名林业和草原干部职工，走访了7个村的基层单位。2019年，调研组在广西、贵州、甘肃、青海四省份的8个县市开展调研。通过问卷调查、一对一访谈、心理团辅等方式，共收集到有效问卷180份，访谈127人，开展团体心理辅导5次，参与心理辅导的干部职工共计46人。2020年，调研组深入西藏5个县开展调研，向广西、贵州、西藏三省份的一线干部发放线上问卷，共收回有效问卷130份，访谈干部职工20人，初步设计完成了建立扶贫干部心理健康服务长效机制的工作方案。

### （三）分析方法

在整体分析原则方面，采用多维度系统性方法分析数据资料。综合运用横向对比与纵向分析、激励政策与工作效果分析、动力与压力关系分析、工作与生活关系分析、个人与组织互动分析等多种分析手段。具体而言，研究对不同类型干部、不同省份进行横向对比，对三年以来扶贫干部工作状态思想动态等进行纵向比较；对激励政策的制定与激励政策的执行进行系统分析；对扶贫干部工作动力与工作压力的互动关系进行系统分析；对扶贫干部工作状况与生活状况的相互影响进行系统分析；对扶贫干部个体与组织的互动情况进行系统分析。通过上述系统性分析，有利于获得相互联系、相互作用、动态变化的辩证视角，系统地了解和把握干部激励机制的整体状况。

在具体分析方法方面，采用相关分析和方差分析等统计方法对数据资料进行分析处理。首先，研究在分析激励政策执行中的重要关联因素、扶贫干部工作动力的关联因素等主题的研究中，采用相关法对数据资料进行量化分析。相关法通常用于分析两类在发展变化的方向与大小方面存在一定联系的变量之间的关系。具体而言，本次调研采用斯皮尔曼等级相关法进行分析，通过问卷资料量化数据计算相关系数。相关系数有正负之分，正数代表两者之间为正相关，负数代表两者之间为负相关。相关系数的绝对值越大，代表两者之间的相关性越强。通过相关分析，可以了解激励政策、工作动力等方面的重要相关因素，为政策制定和工作落实提供理论依据和实践指引。其次，为探究激励机制对不同类型干部作用的差异，采用方差分析法进行统计分析。方差分析法也被称作变异分析，主要用于分析不同类别的数据之间是否存在差异。通过方差分析，可以了解激励政策对不同类型的扶贫干部是否会产生不同的效果。

## 四、结果分析

### (一)出台的相关激励政策发挥作用情况

打赢脱贫攻坚战离不开一线扶贫干部的辛勤付出。为了让扶贫干部全身心地投入到扶贫工作中，各级政府、相关部门制定了许多扶贫干部激励政策。从调研结果看(图1、图2)，近90%的扶贫干部认为激励政策非常合理或合理，近80%的干部表示相关部门对激励机制进行了宣传讲解。但值得注意的是，近40%的扶贫干部认为激励机制的执行情况不好或者一般。这说明，各级各类干部激励政策制定较为合理，但政策的执行和落实情况还不够理想。

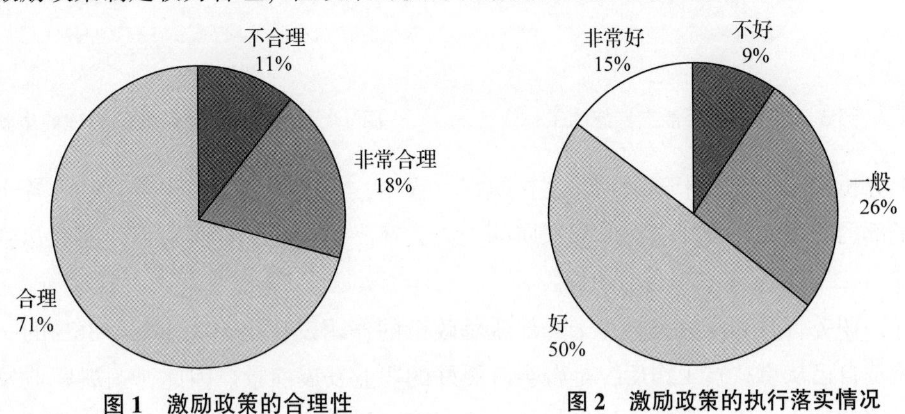


图1 激励政策的合理性　　图2 激励政策的执行落实情况

通过相关分析得出，激励机制的执行落实情况和多个因素相关(表1)。具体而言，职务晋升、物质奖励、家庭关怀、组织关怀都与激励政策的执行情况高度正相关，具有内在的紧密联系，可以成为改善激励政策执行效果的重要抓手。

表1　激励政策执行情况的相关因素

| 指　标 | 与激励政策执行情况的相关系数 |
|---|---|
| 职务晋升 | 0.532** |
| 物质奖励 | 0.613** |
| 家庭关怀 | 0.530** |
| 组织关怀 | 0.583** |

注：**代表因素之间高度相关。

其中，物质奖励指的是扶贫干部的津贴和补贴政策，20%的干部认为津贴及补贴政策存在不合理的地方，主要体现在工资不高，有时交通补贴、生活补贴、下乡补贴等不能及时到位，个别干部在访谈中提到，干部津贴没有随工作年限增长而调整，这对多年从事扶贫工作的干部是不合理的。

组织关怀指的是基层组织对扶贫干部工作上的支持，以及对干部的精神支持和心理关怀；其中不仅包括组织对扶贫干部个人的关心，还包括对扶贫干部家属的关怀。从调研结果来看，基层党组织对干部的工作十分支持，领导能够及时解决干部工作中遇到的困难，但对干部的心理健康状况关注不够，对干部家属的关怀关心不够(图3、图4)。有97%的干部表示党组织能够支持他们的工作，但仅有62%的干部认为领导了解他们的工作压力和心理状况，还有38%的干部认为领导不了解他们的工作压力和心理状况。

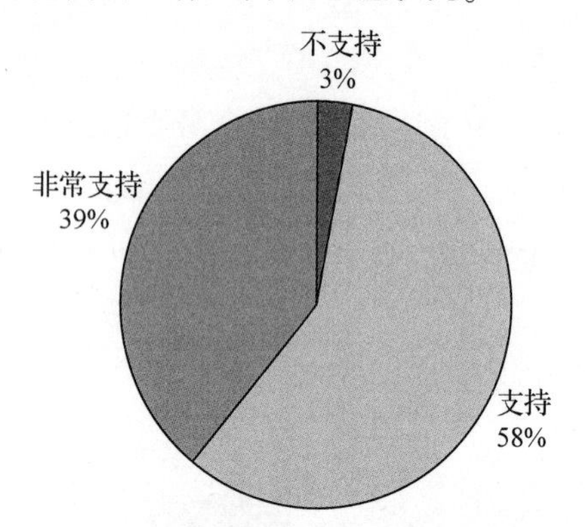


图3　党组织是否能支持您的工作

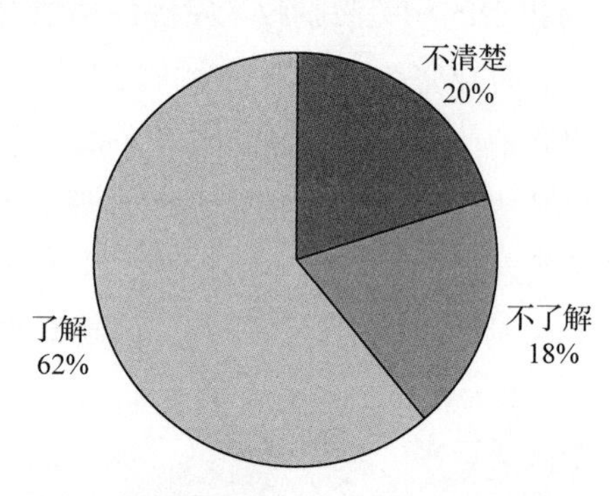


图4　党组织是否了解您的心理健康状况

以上分析表明，扶贫干部激励政策在执行过程中，应进一步加强物质奖励及资金监管，同时加强对干部的心理关怀，加强对干部家属的关心关怀。从这两个方面入手，能够达到更好的激励效果。

此外，职务晋升和家庭关怀对于干部激励政策的作用发挥也至关重要。36%的一线林草干部职工不清楚自己从事扶贫工作后，是否会有更好的职业发展前景。因此，拓展职业发展通道是激励扶贫干部的重要手段。家庭关怀指的是扶贫干部家属对扶贫干部工作的支持程度。如何做好家属思想工作，让家属全力支持扶贫干部投入工作，是基层党组织需要解决的一大难题。

**(三)扶贫干部的压力来源**

扶贫干部的压力主要可以分为经济压力和家庭压力。大部分扶贫干部都是已婚，如何平衡家庭和工作之间的关系是他们面临的一大难题。首先，约85%的干部表示承担着一定的家庭经济负担，其中有超过30%的干部表示家庭经济负担较大，而部分一线干部对津贴以及补贴政策不是很满意，这可能是因为现有的津补贴政策不能很好地解决扶贫干部的家庭经济问题。其次，超半数的扶贫干部有未成年子女抚养问题，扶贫驻地往往和家庭所在地异地，孩子的教育问题总是家庭中的头等大事，许多干部因投身于扶贫事业而疏于对孩子的教育，导致孩子的成绩一落千丈，这成了他们最大的遗憾。

因此，各级组织在关心扶贫干部的同时，也要增强对扶贫干部家属的关心慰问，帮助他们解决家庭困难。只有这样，扶贫干部才能没有后顾之忧，全身心地投入到扶贫工作中去。

**（四）扶贫干部的动力来源**

扶贫是一项艰苦长期的工作，一线扶贫干部在工作中面临许多困难和挑战。支持他们迎难而上的动力既有物质方面的，也有精神方面的。97%的干部表示贫困户生活的改善能有效激发他们的工作动力，98%的干部表示看到贫困地区发生的变化能让他们工作起来更有干劲。相关性分析表明，职务晋升、物质奖励、家庭关怀及组织关怀都与扶贫干部的工作动力具有高度的相关性，是激发扶贫干部工作动力的重要源泉（表2）。因此，为扶贫干部创造更好的职业前景、提供更高的物质奖励，以及加强家庭关怀和组织关怀都是提高扶贫干部工作动力的重要抓手。

**表2 扶贫干部工作动力的相关因素**

| 指　标 | 与扶贫干部工作动力的相关系数 |
|---|---|
| 职务晋升 | 0.407** |
| 物质奖励 | 0.519** |
| 家庭关怀 | 0.479** |
| 组织关怀 | 0.452** |

注：**代表因素之间高度相关。

**（五）扶贫干部对心理健康服务的需求**

2020年，突如其来的疫情为打赢脱贫攻坚战带来了新的挑战。为了圆满完成脱贫攻坚任务，一线林草干部职工比以往承受了更多地来自工作和生活的双重压力，而扶贫干部缺乏恰当的应对方式，缺少良好的压力缓解方法，长此以往必定影响身心健康，工作效果也会大打折扣。本次调研中，有超过60%的一线干部提出了对心理健康服务的需求（图5）。

关于扶贫干部内生动力的研究表明，开展心理健康服务是支持一线扶贫干部工作的有效手段。研究团队在广西、贵州、甘肃、青海开展的团体辅导活动，能够帮助脱贫攻坚一线林草干部职工认识和减轻工作及生活压力。团体辅导结束后，干部职工的身心状况均得到了一定程度的改善。如何建立系统长期的心理健康服务体系，是今后需要研究解决的重要问题。

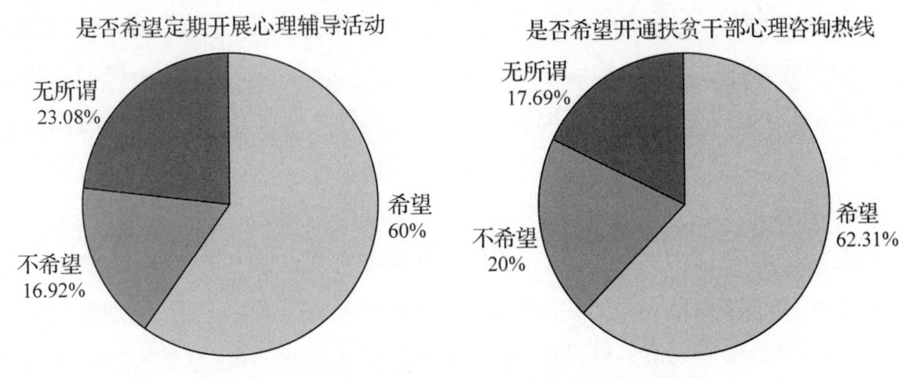


**图5 一线林草干部职工对心理健康服务的需求**

**（六）横向比较分析**

通过不同省份的比较分析发现，西藏的一线林草干部职工出现了与广西、贵州不同的特点。

一方面，西藏的一线林草干部职工对激励机制的满意程度整体上要高于广西、贵州。西藏的干部中，有90%以上认为激励机制的落实情况很好并且能有效地激发他们的工作动力，认为激励机制是合理的比例更是达到了百分之百。西藏是全国唯一的省级集中连片贫困地区，也是全国脱贫攻坚的重点、难点地区，为了啃下这块“硬骨头”，国家对西藏的扶贫干部有一定程度上的政策优待，这毫无疑问会影响到西藏的一线扶贫干部对激励机制的看法和态度。除此之外，问卷结果表明，有85.29%的西藏一线干部表示相关部门曾对激励机制进行宣传讲解，但在广西和贵州，这个比例下降到了76.04%，这有可能是广西和贵州的干部职工对激励机制满意程度相对较低的原因。因此，要想让一线林草干部职工对激励机制的满意度提高，需要进一步加强对扶贫激励政策的宣传解释。

另一方面，尽管西藏的一线林草干部职工对激励机制基本上都持满意态度，但他们也表现出了对心理健康服务的较高需求(图6)。这也从侧面反映了心理健康服务对一线扶贫干部的重要性，不论是在对激励机制满意程度较高的西藏，还是满意程度略低的广西和贵州，干部职工均表达了对心理健康服务的较高需求。各级部门在全力保障干部职工物质需要的同时，也应该进一步重视干部职工的心理需求。只有这样，一线干部职工才能全身心地投入到脱贫攻坚事业中。

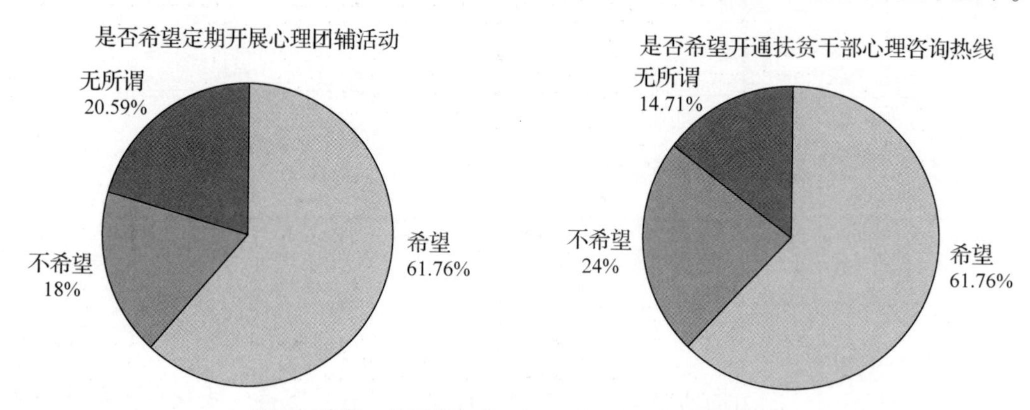


**图6　西藏一线林草干部职工对心理健康服务的需求**

**（七）纵向比较分析**

从工作信心方面看，通过2018年、2019年、2020年的数据进行纵向对比发现，一线林草干部职工的工作信心逐年提升。2018年，仅有52.2%的职工表示自己有信心完成脱贫攻坚任务，其中还有34.8%的职工认为自己能力不足所以信心不足；2019年，已有81.1%的干部职工对成功完成脱贫任务表示了十足的信心；2020年，这个比例上升到了92.31%。可以看出，随着脱贫攻坚工作的逐步推进，扶贫干部的能力得到了很大的提升，对成功完成脱贫攻坚任务及巩固脱贫成果都充满了信心。

从工作压力方面看，2019年数据与2018年数据进行对比，可以发现干部职工在压力来源和应对方式上有所变化。2018年的108份问卷中，19人认为压力来自上级领导，28人认为来自帮扶对象，36人认为工作量太大，11人认为自身能力不足，分别占总访谈人数17.59%、25.93%、33.33%和10.08%。2019年的调研结果显示，干部职工压力仍然很大，但来自帮扶对象的压力有所降低。82.2%的干部职工表示“与扶贫对象沟通谈心比较顺畅”。这表明干部职工虽然在初期与扶贫对象沟通存在困难，但通过不断地努力和适应，逐渐掌握了与贫困群众的沟通技巧，也更加注重激发扶贫对象的内生动力，从而能够与扶贫对象建立良好关系，开展顺畅沟通。另一方面，干部职工家庭与工作异地带来的压力变得比较突出，近30%的干部职工表示不能很好地协调工作与家庭的关系。这表明随着时间累积，工作与家庭的矛盾日益突出，需要各级组织加以重视。

从应对方式方面看，在2018年的108份问卷中，对于在扶贫工作中遇到的压力和困难，71人选择寻求上级帮助，22人会寻求同事帮助提高自身工作能力，2人选择独自承担压力，3人认为说了也没用，10人认为应与群众多沟通。从2019年的调研结果发现，干部职工面对工作压力和生活压力采取了不同的应对策略。面对工作压力，干部职工倾向于积极寻求上级和同事帮助。但面对生活压力，干部职工相对而言较少主动诉说及寻求帮助。另一方面，当因工作生活的压力带来悲观、失望等不良情绪时，干部职工情绪释放和缓解压力的方式较少，更多的干部职工选择压抑情绪。

## 五、存在的主要问题

调研结果显示，各级各类扶贫干部激励政策效果良好，对激发干部职工工作动力发挥了巨大作用。大部分一线林草扶贫干部职工对激励政策表示认同，对激励政策发挥的作用和效果表示肯定。与此同时，调研结果也显示，扶贫干部激励政策和激励机制还存在五个方面的问题：激励政策的宣传工作有待加强、激励机制的作用发挥存在短板、基层党组织作用发挥尚不充分、心理健康服务体系有待完善、乡村振兴的接续机制亟待谋划。

### （一）激励政策的宣传工作有待提高

“三分谋划、七分落实”，毫无疑问，对于扶贫干部职工的激励政策来说，好的政策要想充分发挥作用，执行和落地是关键。在此方面，地方政府和组织应更加重视政策的宣传解释工作，让扶贫干部职工心无牵挂，能够安心、放心、舒心、全心地投入工作。研究结果表明，近90%的扶贫干部职工认为现有激励政策合理，整体满意度较高。但与此形成较大反差的是，超过35%的扶贫干部职工对激励政策执行情况不够满意，认为激励政策的执行和落实情况一般或不好。究其原因，超过20%的干部职工表示，相关部门并没有对扶贫干部激励政策进行有效的宣传讲解，因而导致超过20%的干部职工表示对激励政策并不了解。由此可见，相关部门对激励政策的宣传解释工作还不够细致，扶贫干部因为不了解、不理解导致了对激励政策的不认同、不满意。

### （二）激励机制的作用发挥存在短板

研究结果表明，超过85%的扶贫干部职工表示激励政策有效激发了他们的工作动力，不断完善日趋合理的考核制度、各级领导和党组织对扶贫干部工作上的大力支持、贫困户生活水平的提高、贫困地区面貌的改善均发挥了巨大的激励作用。但与此同时，激励政策中的部分因素发挥作用有限，减弱了激励政策的整体效果。根据相关性统计分析，扶贫干部激励要素中作用较弱、成为激励机制短板的有四个方面：职业发展、物质奖励、家庭负担以及组织关怀。具体而言，一是在职业发展方面，36%的一线林草干部职工不清楚自己从事扶贫工作后，是否会有更好的职业发展前景。在实际工作中也确实存在着基层干部晋升通道不宽、干部队伍不稳定等问题。二是在物质奖励方面，20%的干部职工认为津贴及补贴政策不合理，具体体现为津补贴不能及时发放到位，另外，津补贴没有随扶贫工作年限而提高。三是在家庭负担方面，超过37%的干部职工表示家庭负担较大或很大，超过48%的干部职工表示参与扶贫工作给家庭经济和教育等方面增加了困难，而超过55%的干部职工表示这些困难是很难有效解决的。四是在组织关怀方面，扶贫干部职工普遍表示，各级领导非常关怀支持他们的工作。仅有60%的扶贫干部表示自己的家属得到了组织上的关怀关心。也存在一小部分干部家庭出现困难，但组织没有及时帮助解决的情况。

**（三）基层党组织作用发挥尚不充分**

思政工作是激发扶贫干部职工内生动力的重要途径。从调研结果看，近80%的扶贫干部职工表示党组织在扶贫工作中发挥的作用大，满意度较高。但也有近20%的扶贫干部职工表示党组织发挥的作用一般或不好。超过38%的干部职工表示党组织不了解自己的心理状态和工作压力，超过27%的干部职工表示党组织不能帮助其缓解工作压力。由此可见，地方党组织在关注干部职工工作状态的同时，对干部职工的心理状态和工作压力了解关怀不够，缓解干部职工工作压力和改善心理状态的办法不多。此外，干部职工仍有后顾之忧，其家属和家庭困难尚未得到充分关注和关心。因此，基层党组织作用的进一步发挥，还需在家庭关怀和心理关怀方面多下功夫。

**（四）心理健康服务体系有待完善**

大部分奋战在脱贫攻坚第一线的干部不仅承受着身体的劳累和心理的疲惫，更面对着动辄就被问责处分的精神压力。脱贫攻坚是一场持久战，扶贫干部长期处于这样的压力当中，不仅不利于干部工作积极性的调动，也不利于扶贫工作保质保量的开展。从扶贫干部职工的心理健康需求来看，超过60%的干部职工认为有必要定期开展各种心理辅导活动，超过62%的干部职工认为有必要开通扶贫干部心理咨询热线。而调研结果显示，基层党组织及各级领导对扶贫干部的工作状态关注较多，而对一线干部的心理状态关注较少。仅有60%的干部表示党组织了解其工作压力及精神状态，72%的干部表示党组织能帮助其缓解工作压力。一线扶贫干部职工承担着较大的工作压力、经济压力和生活压力。一是由于基础设施及人员不充足，干部人数少，导致工作任务繁重。通过访谈了解到，最显著的就是数据上报问题，往往上报时间要求很急，很多时间都用在了应付考核和检查上，而且一些统计口径和标准不完全不一致，无形中增加了更多的工作量。二是担心自己能力不足，考虑群众持续增收的问题，害怕不能很好地完成脱贫任务。例如一些负责产业发展的干部，自身缺少经济领域工作经验，产业扶持效果不好，时常倍感压力。三是担忧自己的工作成果能否得到群众的认可。部分群众文化程度较低，思想工作难做，对扶贫政策不理解，对扶贫工作开展不够配合。四是在经济条件、家庭生活、子女教育等方面也有不少困难。多种压力若不能得到及时有效地缓解，势必成为扶贫干部职工前进的阻力，影响完成脱贫攻坚和乡村振兴工作的进度和质量。因此，完善扶贫干部职工心理健康服务体系，健全心理健康服务机制，是关系到扶贫事业全局的基础性工作。

**（五）乡村振兴接续机制亟待谋划**

2020年是脱贫攻坚收官之年。但是脱贫攻坚任务的完成，并不意味着贫困问题的彻底解决。我国城乡之间、区域之间、群体之间发展不平衡的问题依然存在，相对贫困将取代绝对贫困，成为我国贫困问题的主要存在形态。随着集中连片贫困地区面貌的改善，以及城镇化过程的推进，贫困人口在空间分布上的散点化和流动性将成为新的特征。与此同时，老少病残等特殊群体存在着一定的返贫风险，对基层干部的工作动力、工作方法、工作能力、工作作风也是极大的考验。由此可见，脱贫攻坚任务完成之后，乡村振兴和解决相对贫困的任务依然艰巨，需要积极谋划布局。科学制定相对贫困标准、建立城乡一体化扶贫体制、制定有利于长期减贫的各类政策都是其中的关键任务。

## 六、相关建议

习近平总书记指出，要把严格管理干部和热情关心干部结合起来，建立崇尚实干、带动担当、加油鼓劲的正向激励体系。针对当前扶贫干部激励机制中存在的主要问题，需要系统考虑扶贫干部的工作动力与工作压力、身体健康与心理健康、个人发展与家庭和谐等要素及其关系，重点做好五个方面的工作：强化激励政策宣传工作、补齐完善激励机制短板、加强基层党组织工作系统性、建立心理健康服务长效机制、统筹推进脱贫攻坚与乡村振兴。

### (一)强化激励政策宣传工作

研究结果表明，因为对激励政策的不了解和不理解，部分扶贫干部对激励政策执行情况不够满意。因此，强化激励政策的宣传解释工作显得尤为重要。一方面，应积极拓宽激励政策宣传解释渠道，通过政策宣讲、座谈研讨、案例分析等多种方式，让扶贫干部对激励政策弄懂吃透，满怀热情、心无旁骛地投入工作。另一方面，应及时总结扶贫工作中的经验，选树优秀扶贫干部典型，为扶贫干部扩宽思路、干好工作提供参考和榜样。持续关注、及时发现扶贫干部在工作和生活中的常见问题，通过多种渠道给予反馈和解决。

### (二)补齐完善激励机制短板

脱贫攻坚任务重、矛盾多、困难大、要求严，广大扶贫干部积极主动担当、迎难而上，值得注意的是他们在工作中产生的巨大压力需要及时疏解，需要组织给予更多关怀和关爱。一方面，要进一步关注扶贫干部的身心健康和精神需求，通过多种方式提高扶贫干部的收入和福利，实施更加灵活的休假探亲制度，协调各方解决扶贫干部家庭困难和子女教育问题。另一方面，要建立容错纠错机制，在部署扶贫工作时因地制宜，不搞“一刀切”；在考核督查时，把考核重心放在脱贫成效和百姓口碑上，切不可动辄问责“打板子”“挪位子”“扣票子”，杜绝形式主义和官僚主义，更不能常常以“问责处分”来否定干部。只有这样，才能真正让扶贫干部少受委屈，沉下心来真心实意帮扶。当然，容错纠错不是纵容犯错，对扶贫干部贪污腐败、侵占扶贫资金、失职渎职等违纪违法行为，要坚决依法查处，绝不姑息。坚持严管和厚爱结合、激励和约束并重，推动容错纠错从“事后补救”到“事前预防”，给受到不实反映的干部撑腰鼓劲、消除顾虑，充分激发扶贫干部干事创业热情，推动扶贫工作持续有效落实。同时，脱贫攻坚干部培训，确保新选派的驻村干部和新上任的乡村干部全部轮训一遍，增强精准扶贫、精准脱贫能力。

### (三)加强基层党组织工作系统性

基层党组织在脱贫攻坚战中的作用至关重要，很大程度上影响着激励政策作用的发挥。基层党组织在工作内容和形式上都应该更接地气、工作要办到扶贫干部的心里去。脱贫攻坚是一项系统性工作，扶贫干部也承担着工作、生活、家庭等多方面多层次的任务和压力。要进一步发挥基层党组织的作用，必须辩证系统地建立完善扶贫干部的激励机制。基层党组织应全面系统看待扶贫干部的工作、生活、家庭的一体化关系。除了对扶贫干部职工的工作关怀，应更加重视对扶贫干部职工的心理关怀；除了对扶贫干部职工本人的关怀，应更加重视对扶贫干部职工家庭和家属的关怀。基层党组织只有系统考虑各种激励要素，帮助扶贫干部协调好职业发展与心理健康、自身发展与家庭和谐的关系，才能让扶贫干部职工心无牵挂、心无旁骛，充满热情地投入到脱贫攻坚和乡村振兴工作中。

### (四)探索建立心理健康服务长效机制

各级基层党组织、工会组织应充分重视扶贫干部职工的心理健康状况，把扶贫干部职工的心理健康问题作为基础性工作来抓。应全面系统性地看待扶贫干部职工的内部动力与外部压力、工作成效与家庭生活的辩证互动关系。既要激发干部职工的工作动力，也要减轻干部职工的工作压力；既要关注干部职工的工作情况，也要关注干部职工的生活家庭情况。各级基层组织应密切关注干部职工的身心状态，通过多种途径缓解干部职工的心理压力。

为了给扶贫干部职工提供持续高效的心理支持，需要建立健全心理健康服务的长效机制，从工作队伍、工作方式、保障体系等方面花力气下功夫。首先，在工作队伍建设方面，应在心理学等专业人员的支持下，对基层党组织、工会组织的相关人员进行专业培训，建立专业人员与基层人员相结合、“外援”与“内援”相结合的工作队伍。其次，在工作方式方面，应针对不同的心理状态和心理需求，定期开展心理健康讲座、团体心理辅导、个体心理咨询等活动。考虑到疫情、成本等可行性因素，可以根据条件灵活选取线上或线下的心理服务方式。最后，在保障体系方面，需要地方政府和相关组织提供相应人员、场地、时间、资金保障，通过政府购买社会服务等形式开展干部职工的心理健康支持工作。

### (五)统筹推进脱贫攻坚与乡村振兴

习近平总书记强调，打好脱贫攻坚战是实施乡村振兴战略的优先任务。确保全面建成小康社会不落一户，首先要增强乡村振兴与脱贫攻坚融合推进的意识。两项工作统筹推进，就是要确保农业农村发展少走弯路，不搞重复建设，减少资源浪费。在推进精准扶贫工作过程中，要脚踏实地地为乡村振兴做打基础、利长远的实事。坚持乡村振兴与精准扶贫“两手抓”，不能有偏废、搞取舍，更不能把二者对立起来。

传好脱贫攻坚和乡村振兴的“交接棒”，一线扶贫干部是最重要的运动员。鼓励保障扶贫干部继续投身乡村振兴建设，能够最大限度减少人力资源成本。调研结果表明，超过74%的干部职工表示，在脱贫攻坚任务完成后愿意继续从事扶贫工作。相关性统计分析表明，这一意愿在很大程度上受激励机制的影响。因此，各级部门需要持续完善基层挂职干部激励机制，为基层不断注入新活力、激发原动力提供坚强组织保障和政策支持。

调 研 单 位：国家林业和草原局经济发展研究中心、北京林业大学
课题组成员：菅宁红、李扬、吴琼、衣旭彤、王亚明、任海燕、田浩、胡奕欣、刘嘉怡

# “后扶贫时代”生态扶贫防返贫机制及政策体系研究

**摘要：**中国减贫速度和减贫规模举世瞩目，但脱贫基础的脆弱性和返贫诱因的多维性，使得脱贫户、边缘户仍存在返贫致贫风险，阻断返贫成为我国贫困治理中亟须攻克的难题。我国脱贫攻坚战取得了全面胜利，进入“后扶贫时代”，还面临着脱贫成果长效巩固、有效防止返贫、与乡村振兴战略有机衔接等重要问题。本研究以国家林业和草原局定点扶贫的贵州省独山县、荔波县，广西壮族自治区罗城仫佬族自治县、龙胜各族自治县4个县为重点调研区域，通过实地调研和访谈，在深入了解其脱贫攻坚成效的基础上，分析其返贫的潜在影响因素，结合其他区域贫困县调研情况，针对建立完善生态扶贫防返贫预警监测机制，优化提升生态扶贫防返贫利益联结长效机制，健全强化生态扶贫防返贫贫困人口就业能力提升机制和强化贫困人口内生动力增长等防返贫的关键问题，从财政政策、金融政策、产业政策、人才政策和科技政策等多个维度，综合构建防返贫政策体系。

## 一、引　言

### (一)研究背景

脱贫攻坚战是党的十九大提出的三大攻坚战之一，对如期全面建成小康社会具有十分重要的意义。生态扶贫是脱贫攻坚战中的重要战略部署。生态扶贫以可持续发展观作为目标指向，解决人与自然之间矛盾冲突的问题。因此，把生态文明建设与精准扶贫有机结合，充分依托贫困地区的生态资源优势，发展生态产业，是消除贫困、实现可持续发展的必然之路。良好的生态环境是贫困地区可持续发展的保障，也是实现稳定脱贫的保障，在脱贫攻坚战中决不能以牺牲环境为代价，必须牢固树立“绿水青山就是金山银山”理念，走出一条生态保护与脱贫攻坚互利共赢的绿色脱贫道路。随着脱贫攻坚战的全面胜利和绝对贫困问题的解决，我国即将进入以相对贫困和特殊贫困为特点的“后扶贫时代”。脱贫攻坚概念提出的时间节点，也可以视为“后扶贫时代”贫困治理的起点。“后扶贫时代”返贫治理重点在于建立“可持续性”脱贫机制，从“能力贫困”的视角解决“防贫”问题。2020年是全面打赢脱贫攻坚战的收官之年，新冠肺炎疫情的爆发给脱贫攻坚任务完美收官带来了巨大挑战，同时也给已脱贫摘帽县的防返贫工作造成了重大影响。巩固和稳定脱贫成效，有效防止返贫现象发生已成为当下及未来一段时间内的重要任务和主要工作。本研究选取以下几个地方为调研地点，研究生态扶贫模式及防返贫机制。

在此背景下，本研究选择贵州省独山县、荔波县，广西壮族自治区罗城仫佬族自治县(以下简称“罗城县”)、龙胜各族自治县(以下简称“龙胜县”)等国家级贫困县进行实地调查，在了解和评价生态扶贫效果的基础之上，探究生态就业扶贫、生态产业扶贫、生态工程扶贫、生态科技扶贫和易地搬迁扶贫等不同生态扶贫模式效果之间的差异，并针对不同生态扶贫模式探索防返贫的机制和政策体系，以保障生态扶贫效果，巩固生态扶贫成效，推动利益联结机制发挥长效作用，有效避免返贫现象发生。

**(二)研究思路和方法**

本研究以生态扶贫领域防返贫长效机制为主要研究对象，将防返贫和生态扶贫有机集合，采用文献研究、案例研究、实地调研、比较分析和系统分析法对4个定点扶贫县进行调研，总结经验，探索生态扶贫防返贫的长效机制和政策体系。研究思路如图1所示。

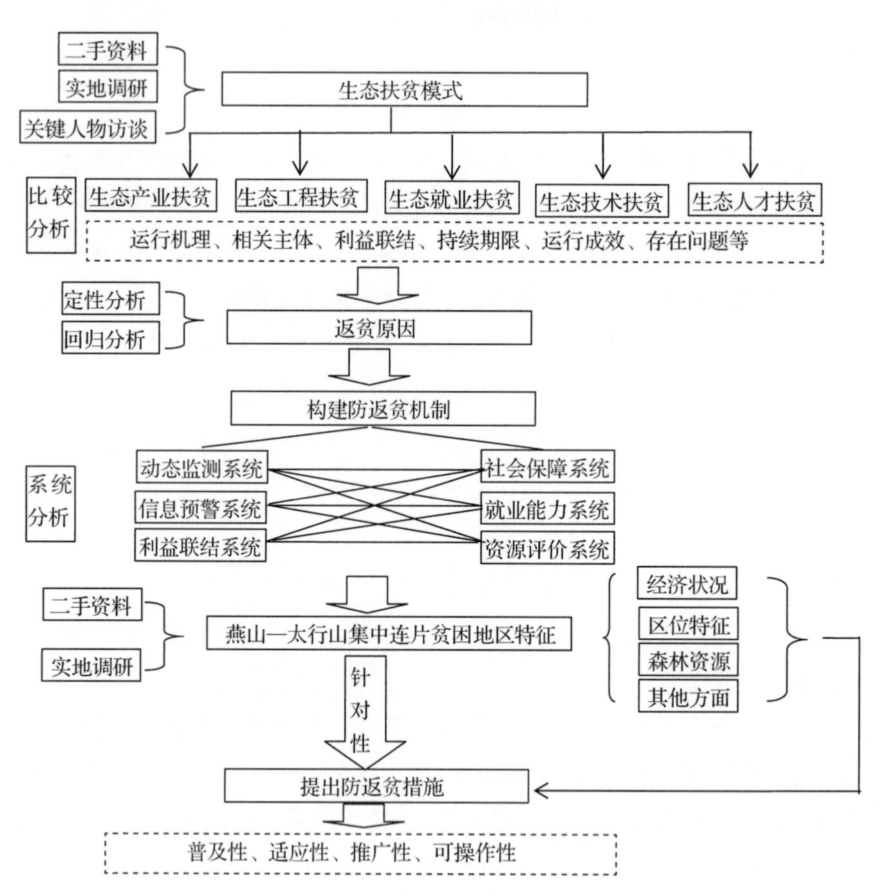


**图1 技术路线图**

**(三)文献综述及评价**

本研究整理和分析了大量与“返贫”“防返贫”“扶贫”“林业扶贫”“生态扶贫”等相关文献资料，将已有的文献研究重点总结为以下几个方面：

第一，返贫概念及特点。虽然人们对返贫定义表述各有不同，但对其含义基本达成共识，即在经过扶贫开发后摆脱贫困的部分人口再度返回到贫困人口行列的现象(丁军、陈标平，2010)，也就是通常理解的“饱而复饥”“暖而复寒”。尽管我国目前仅以收入为标准衡量判断贫困程度，但国际上更多是从相对贫困和多维贫困角度对贫困进行更加全面地考量，除了经济收入，还包括教育、医疗等诸多方面(Martin Ravallion，2011；Ikram Ali，2017)。西方阐述二者关系最著名的是“贫困陷阱”学说，将贫困与环境视为一个相互依赖与相互强化的螺旋下降过程，贫困与生态环境退化恶性循环束缚着贫困地区及生态脆弱区的发展(祁新华等，2013)。而且近几年越来越多国内学者也倾向于从经济收入、教育水平、基础设施、就业能力、医疗保障等多个维度来衡量贫困程度，从这个角度而言，返贫概率大大提高。目前对返贫特点的分析多是从全国范围开展的，主要体现在广泛性、可防性(张鹏飞，2017)、地域性、严重性、频发性、反复性、个体性和原因的不均衡性(彭琪、王庆，2017)等方面。

第二，返贫原因。已有文献研究最多的内容就是返贫原因，具体可以归结为自然资源因素、政策制度因素、贫困人口因素和其他约束性因素。自然资源因素主要是指自然资源禀赋和生态环境的承受能力，在一定程度上制约了发展的模式和程度(彭琪、王庆，2017等)；政策制度因素不仅包括扶贫政策自身的合理性、完善性和持续性，还包括与之相关的社会保障制度、生态补偿制度、金融及保险制度等的建立、健全、执行以及后续评估和反馈(张鹏飞，2017)；贫困人口自身的因素是学者们最为集中讨论的返贫原因，除了贫困人口的数量、增速、年龄结构等方面外，还包括贫困人口自身的健康状况、能力素质、思想观念、就业分布、抗风险能力等更为内在的方面(彭新万、程贤敏，2015；庄天慧、张海霞、傅新红，2011)；其他限制性因素主要是指产业结构不合理、产业类型匮乏、产业资金缺少(李瑞琴、徐德军，2011；刘姝问，2018)，基础设施不完善，大病重疾事故突发等方面，主要聚焦于“因病返贫”“因学返贫”“因灾返贫”等几个方面(王刚、贺立龙、杨路耀、程玺，2017；关孔春，2018)。还有情况认为贫困人口所具有的脆弱性特征是返贫的主要原因，经济的脆弱性与贫困互为因果(韩峥，2004；董春宇，2008)。有的学者从扶贫主体和扶贫客体归结贫困诱因，从扶贫主体角度看，扶贫政策断供、执行偏差与监管缺位是贫困的主要诱因，从扶贫客体角度看，政府主导式扶贫伴随的负面效应，从扶贫载体角度看，贫困群体生产、生活环境条件恶劣(程明、钱力、吴波，2020)。

此外，还有一些学者对失地农民(孙敏、吴刚，2017)、失独群体(薛雁秋、林晨、陈彦华，2015)和征地拆迁户(王郅强、王昊，2014)等特殊群体的返贫原因进行专门分析。

第三，防返贫对策。针对返贫的原因从不同维度提出了防止返贫的对策。首先，要建立和完善防返贫的相关机制。从返贫管理机制、返贫动态监控机制(张鹏飞，2017)、群众内生动力机制(李金蔚，2017)、社会保障机制、产业扶贫机制、预警信息机制、组织预警机制、长效衔接机制、利益联结机制和考核监督机制(范和生，2018)、返贫信贷机制(刘姝问，2018)等方面进行完善和健全。其次，针对“因病返贫”，对新农合(郑军，2017)制度进行完善和发展，并同时开展“医疗网”(左禹华，2016)的构建。再次，针对“因学返贫”，在巩固义务教育成果的同时，开展教育扶贫，将职业教育、技能培训等内容均涵盖进来(刘民权，2017；苑英科，2018)。再者，针对“因灾返贫”和“因护返贫”(在生态环境脆弱或生态重要的地区，为保护生态环境而禁止或限制开发资源发展经济)，健全完善保险体系和生态补偿机制。此外，通过完善基础设施、健全社会保障、创新扶贫模式等方式(李金蔚，2017；庞柏林，2019)有效地防止返贫。此外，有学者认为发展产业是增强贫困地区造血功能，巩固脱贫、防止返贫，确保农民持续增收致富的根本之策(秦北平，2020)。

第四，林业扶贫。通过对文献进行归纳总结发现，对林业扶贫的研究可简单归纳为两大类：

一类是从整体视角对林业扶贫进行总括性研究，包括林业扶贫意义、林业扶贫作用机理、林业扶贫路径选择、林业扶贫模式、林业扶贫效果和林业扶贫存在问题等几个比较主要方面(窦亚权等，2018；奉钦亮等，2018；周海川等，2014)；另一类是针对某一方面进行深入、细致、系统分析，主要集中于对林业扶贫模式的分类阐述，由于学者选择的维度和视角存在差异，对林业扶贫模式进行分类时千差万别：有的学者从林业产业、行政力量和科技管理 3 个角度总结归纳我国林业扶贫的典型模式（赵荣等，2014)；有的学者将林业扶贫实践进行归纳总结为林业产业扶贫、林业工程扶贫、林业生态扶贫、林业就业扶贫、林业科技扶贫、参与式扶贫和可持续扶贫等(窦亚权，2018)；还有学者将森林旅游单独列出，将林业扶贫模式归结为生态扶贫、科技扶贫、产业扶贫和生态旅游扶贫(杨旭东，2013)；还有学者专门针对林业生态扶贫将其进一步细分为生态补偿扶贫、生态产业扶贫、生态搬迁综合扶贫三种典型模式(朱冬亮、殷文梅，2019)。

第五，生态扶贫。从 2012 年开始，以“生态扶贫”为篇名的文献逐渐增多，特别是从 2016 年开始文献数量快速增加，梳理起来研究内容主要集中于以下几个方面：一是依据马克思主义理论、习近平思想分析生态扶贫理论(李晓夏、赵秀凤，2020；方世南，2019；沈茂英，2017)；二是研究生态扶贫概念和内涵(杨庭硕、皇甫睿，2017；沈茂英，2016)；三是选择创新、风险规避、绿色发展抗逆视角等，研究生态扶贫的实现机制和实现路径(孟庆武，2019；欧阳伟兰，2019；王萍，2019)；四是从法律层面探讨生态扶贫的法治保障(肖磊，2019;)；五是选择某个领域深入分析生态扶贫的实施和监考框架(古瑞华，2017；杨博文，2019)。

从研究内容来看，对于返贫问题而言，主要集中于返贫的原因和防返贫对策；对于林业扶贫问题而言，更多集中于对林业扶贫模式具体实践的介绍和分析。从研究方法来看，绝大多数学者对这两个问题都是进行定性描述和分析，仅有少数学者运用多维贫困分析方法“A-F（双重临界值法)”(马绍东、万仁泽，2018)、二元 logistic 回归模型(王刚、贺立龙，2017)、K-Means 聚类分析法(窦亚权，2018)等定量分析方法。从研究区域来看，多集中于贵州、四川、云南、青海等中西部集中连片贫困地区或深度贫困地区，针对北方地区进行深入剖析的文献较少。

基于此，本研究重点聚焦生态扶贫防返贫机制和政策体系，专门针对生态扶贫周期长、风险大、存在一定公益性、经济和生态和谐发展等特征，研究其防返贫机制及政策体系，并综合考虑贫困程度、南北方差异、石漠化问题、返贫风险、防返贫机制构建程度等，选择对贵州独山县、荔波县，广西罗城县、龙胜县 4 县为典型案例，研究生态扶贫防返贫机制和政策体系。

## 二、生态扶贫模式及扶贫实践

本研究根据已有生态扶贫模式类型研究，选择合理划分标准，将生态扶贫模式划分为：生态产业扶贫、生态工程扶贫、生态就业扶贫、生态科技扶贫和生态搬迁扶贫。实地调研共收回有效问卷 191 份，其中独山县 50 份、荔波县 43 份、罗城县 59 份、龙胜县 39 份，分别占比为 26. 18%，22. 51%，30. 89%和 20. 42%。

**(一)调研样本户基本情况**

通过对有效问卷进行归纳整理，在被调研样本户中，受访者的性别比例、年龄构成比例如图 2 和图 3 所示，受访者男性比例占 69%，且 45~55 岁受访者人数频次最多，这与一般农村人口居住情况稍有不同。通过深入调研发现，主要是由于大量男性劳动力从事生态护林员工作，就近就业使得他们能同时照顾家中老人和子女，所以大多数留在家中工作。

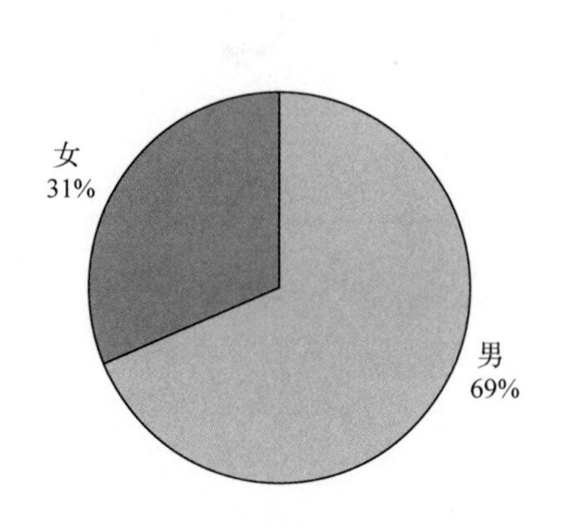


图 2 受访者性别比例结构图

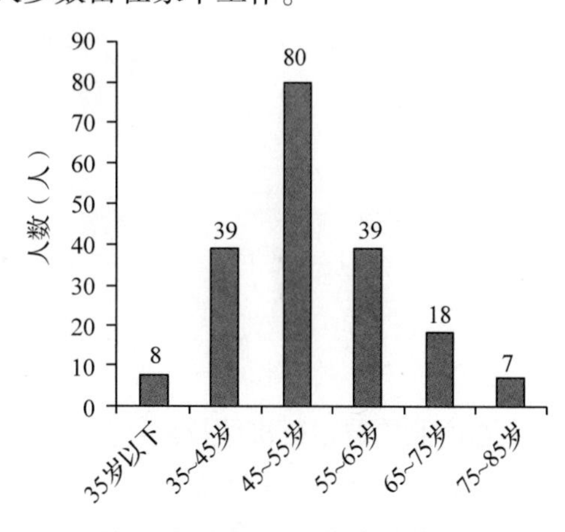


图 3 受访者年龄结构示意图

表 1、表 2 分别反映受访者学历构成和家庭中劳动力占比情况，可以看出贫困人口学历水平明显偏低，大约 97%的受访村民的学历为初中及以下水平；劳动力数量占家庭总人口比重集中在 25%~75%，可见一部分村民家庭劳动力数量较少，劳动力的数量直接影响村民的收入。

表 1 受访者学历构成统计表

| 学 历 | 频 次 | 比 例 |
|---|---|---|
| 小学及以下 | 119 | 62.30% |
| 初 中 | 66 | 34.55% |
| 高 中 | 5 | 2.63% |
| 大专及以上 | 1 | 0.52% |

表 2 受访者劳动力占比情况统计表

| 劳动力占比 | 频 次 | 比 例 |
|---|---|---|
| 25%以下 | 17 | 9% |
| 25%~50% | 99 | 52% |
| 50%~75% | 41 | 21% |
| 75%以上 | 34 | 18% |

从贫困户拥有的耕地和林地等情况来看(表 3)，耕地面积多为 5 亩以下，以种植水稻、玉米为主，主要满足家庭食物需求，部分贫困户种植罗汉果、百香果、辣椒等经济类果品和蔬菜，成为家庭收入的主要来源。林地面积以 15 亩以下为主，近 5 年中砍伐杉木销售的贫困户仅有 12 户。

表 3 受访者家庭户拥有耕地和林地面积情况

| 耕地面积 | 频 次 | 林地面积 | 频 次 |
|---|---|---|---|
| 1 亩以下 | 11 | 5 亩以下 | 87 |
| 1~3 亩 | 70 | 5~15 亩 | 46 |
| 3~5 亩 | 62 | 15~30 亩 | 20 |
| 5~7 亩 | 35 | 30~50 亩 | 17 |
| 7~9 亩 | 7 | 50~100 亩 | 12 |
| 9~12 亩 | 6 | 100~200 亩 | 4 |

注明：耕地包括水田和旱地两种类型；林地统计中有 5 户选择“不清楚林地面积”，故林地选择频次合计数为 186。

图 4 为受访者各项家庭收入频次比例统计图，可见在家庭总收入中，务工收入的频次比例最高。通过访谈得知大部分贫困户成员前往浙江、广东、福建等经济相对发达省份务工；此外，务农收入和转移性支付的频次比例均达到 50%左右；由于经营能力的局限性，个体经营收入频次占比最低。

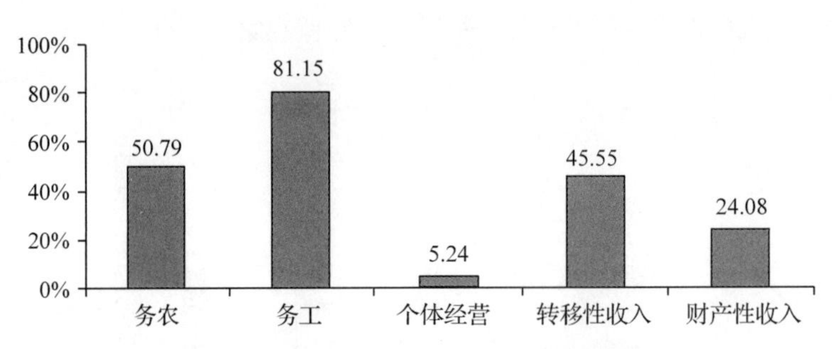


**图 4　受访者各项家庭收入频次比例统计图**

## (二)生态产业扶贫运行机理及其扶贫效果

生态产业扶贫是通过产业结构调整、升级的方式重新整合贫困地区的自然资源、物质资源和人力资源，将传统高消耗、低效率产业转化为以生态环境为基础、以市场为导向的生态产业，以此带动贫困人口脱贫致富的生态扶贫方式。主体是地方政府和其他组织(含企业、个人等)，受体是普通农户和贫困户，方式是资源开发，方法是通过科学规划、规模投入、林业科技、经营管理等，促进主导产业形成。大力发展“生态+旅游”“生态+特色种植”“生态+特色养殖”等生态产业，强化生态产业对贫困群众的带动作用。支持贫困群众通过土地流转、土地入股分红、就业等方式获得资产性收入和劳务收入，或者通过自主创业、合作经营等方式获取经营性收入。

### 1. 生态产业扶贫实践

4 个定点扶贫县都是根据本地资源环境来发展有自己特色的产业，发展的主导生态扶贫产业为林果、木材、林下经济和森林旅游 4 种类型，各县确定的主导产业如下：贵州独山县发展刺梨、油茶、仿野生铁皮石斛等，已形成“2+6”特色生态扶贫产业体系；荔波县发展百香果、金橘、蜜柚、荔波雪桃等林果产业和仿野生铁皮石斛、油茶、桑蚕、全域森林旅游等；广西罗城县发展百香果、罗汉果、金玉柚等特色水果和油茶等，确定的县级“5+2”特色产业中包含糖料蔗、毛葡萄、桑蚕、油茶、杉木 5 项生态扶贫产业；龙胜县发展百香果、罗汉果等富硒生态水果、油茶以及“森林旅游示范基地”“森林氧吧”和“森林康养示范基地”等生态旅游产业。

通过调研，发现样本户主要参与林果产业，包括罗汉果、百香果、刺梨、金橘等，还有部分以参与种植仿野生铁皮石斛、油茶等为主，没有样本贫困户参与林下经济和林业碳汇(图 5)。

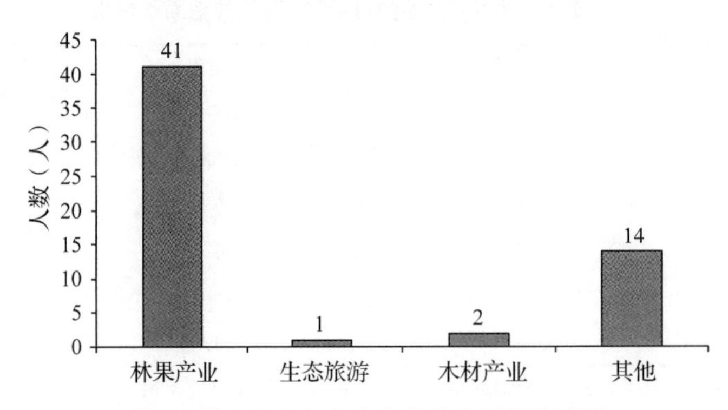


**图 5　样本户参与生态产业扶贫项目统计图**

通过与样本贫困户交流，发现生态产业扶贫还存在一些问题(图 6)，其中：农民增收效果不大占比最大，投入资金不充足是第二个主要问题，项目政策带动的辐射范围不广也是一个重要方面。

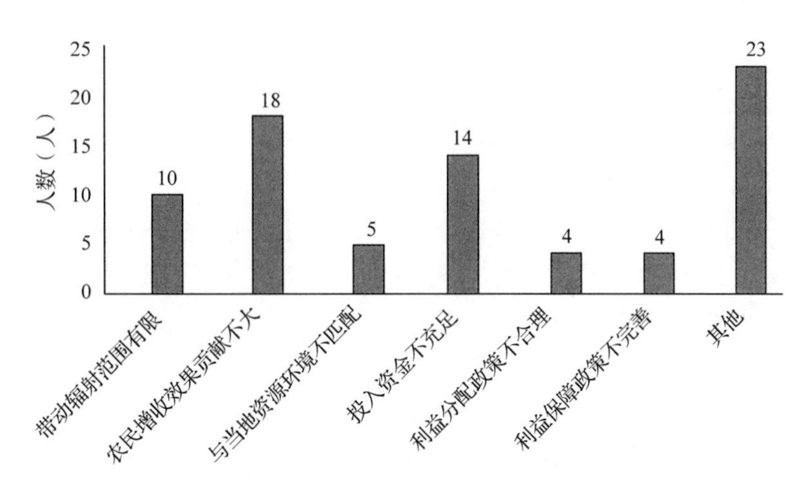


**图 6 样本贫困户认为生态产业扶贫存在的问题**

**2. 生态产业扶贫运行机理**

生态林果方面，依托资源优势，因地制宜、合理布局，突出发展中药材、食用菌、富硒蔬菜、百香果、罗汉果、猕猴桃、油茶。金橘种植等速效致富产业，大力发展杉树、铁皮石斛等长效致富产业，坚持产业扶贫示范片区建设。推进一二三产业融合发展，建立健全龙头企业、合作组织、专业大户、家庭农场帮带贫困户合作机制，采取“公司+基地+农户”“公司+基地+专业合作社+农户”的产业经营模式，确保贫困户合理分享资源开发效益。

生态旅游产业是无烟的工业，是长久可持续的经济来源。4 个定点扶贫县都具备丰富的旅游资源，应充分发挥生态优势，积极开展旅游扶贫，推动文、旅、农深度融合发展，把旅游业培育成增收脱贫的富民产业。设立乡村旅游扶贫基金，确定并支持一批旅游扶贫试点村建设，鼓励旅游资源、扶贫资金入股参与旅游开发。通过旅游景区景点的开发，将贫困户融入旅游产业链，以此来发展乡村旅游和农家乐，实现脱贫致富。

4 个定点扶贫县一方面通过产业奖补形式，对发展特色主导生态扶贫产业的贫困户以户为单位、按照种植面积进行奖补，直接增加贫困户的经济收益；另一方面通过“龙头企业+合作社+农户”模式，大力扶持重点龙头企业、林业种植（或林果）农民专业合作社，通过“扶强带弱”机制，积极探索以土地、劳动力、资金等为纽带的利益联结机制，带动贫困户直接或间接增收。

**3. 生态产业扶贫效果**

一是培育新型经营主体，由于 4 个定点扶贫县均为山区县，地形地貌比较复杂，田和地分布较为分散，难以以较低成本实现适度规模经营和规模效益，在产业扶持政策和市场发展促进的双重作用下，新型经营主体培育已初见成效，荔波县培育和引进农（林）业龙头企业 46 个，规范农民专业合作社 291 个，龙胜县培育贫困村农民专业合作社 76 个。二是建立特色产业示范基地，通过创建特色产业示范基地扩大生态扶贫产业的带动性、示范性和辐射范围，为贫困户增收再添一道保障，荔波县创建省级现代高效农（林）产业示范园区 7 个、农（林）业示范基地 5 个，龙胜县创建和完善省级扶贫产业园（基地）45 个。三是以消费促进产业扶贫，通过发展农村电商、线上线下销售、“互联网+基地+农户”等新型消费形式，确保生态扶贫产业与消费市场的有效对接，罗城县创建了电子商务创业园，利用“直播带货”和工会消费等形式拉动生态扶贫产品消费，龙胜县成立了县级电商办，建立村级邮乐购、乐村淘等服务点 8 个。四是树立特色农（林）产品品牌，生态产业扶贫效果核心的影响因素是产品品质，高品质产品是提高核心竞争力，保障销售收入的关键一环，荔波县建立世界遗产地生态农(林)产品质量安全追溯体系，培育“瑶山鸡”“荔波蜜柚”“养珍谷”“石上森”等知名品牌，全县获“三品一标”认证企业、合作社 34 家，无公害农产品产地认证 86 个，荔波蜜柚获“国家地理标志保护产品”称号，罗城县打造了“仫佬侬”品牌，龙胜县获得有机认证的农(林)产品达 12 个，获得国家地理标志认证的农(林)产品有 6 个。五是在更大范围内带动贫困户增收，通过扶持和发展生态扶贫产业，最终实现产业覆盖到村、合作社覆盖到户，荔波县有 3.2 万贫困人口因参与生态产业扶贫受益，龙胜全县 90%以上的贫困户至少有一项生态扶贫产业覆盖，贫困户由此年增收 2000～4000 元不等。六是促进生态、社会效益综合发挥，生态扶贫产业发展在带动贫困村脱贫、贫困户增收，产生经济效益的同时，在保护和修复生态环境、提供就业岗位带动贫困户就业等生态和社会方面也取得了显著效果，如毛葡萄产业发展对于荒漠化治理有重要作用，森林旅游和森林康养产业发展助推“绿水青山就是金山银山”目标的实现，生态扶贫产业发展带动了当地有劳动能力贫困人口就业，与此同时，帮助贫困人口树立和强化生态保护意识，形成在绿色家园中谋求发展的理念。

**(三)生态工程扶贫运行机理及其扶贫效果**

生态工程扶贫是政府为保障国家生态安全，通过财政转移支付等方式对退耕还林还草工程、风沙治理工程、水土保持工程、环境综合整治工程、自然保护区和国家公园建设等大规模、长周期的生态环境改善项目投资，以实现贫困地区生态良好、生产改善、人口安居的生态扶贫方式，是目前贫困地区涉及范围最广、实施力度最大的生态项目。运行形式主要为：一是参与土地(林地)流转的贫困户可依托土地(林地)资源获得流转收入；二是具有劳动能力的贫困人口参与工程项目建设获得劳务收入；三是贫困户参与生态工程项目实施和运行中提供其他就业岗位获得收入。

**1. 生态工程扶贫实践**

生态工程扶贫在 4 个定点扶贫县的展开主要是在退耕还林、石漠化治理、防护林工程上。当前 4 个县的生态补偿机制主要是退耕还林，属于纵向补偿，来源于上级资金，横向跨区域的补偿尚未建立，生态补偿中第三方“开发—保护—破坏—恢复—收益—补偿”或者“污染—支付”的模式尚未实施。调研的农户还有参与天然林资源保护工程、防护林工程、石漠化综合治理工程、野生动植物保护工程。在调研过程中一共有 32 户农户参与生态工程扶贫。

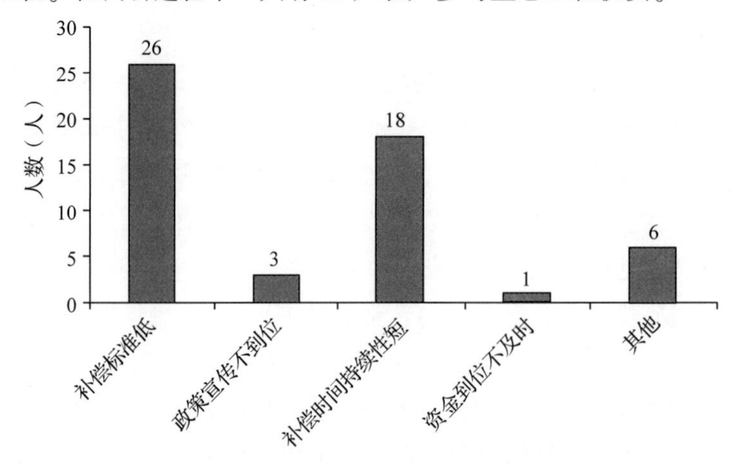


**图 7　样本贫困户认为生态工程扶贫存在问题**

由图7可知，生态工程扶贫出现的问题主要是生态补偿标准低，生态和扶贫压力大。由于生态补偿标准相对木材市场价格差距大，并且由于生态工程成本高，而补助标准低，所以群众积极性不高。确保生态文明建设持续发展，从根本上减轻生态环境的压力，保护好绿水青山并巩固脱贫成果也需要考虑到实施各项工程成本逐年提高，各项工程补助也应适当提高。

**2. 生态工程扶贫运行机理**

生态补偿机制是实现生态保护和扶贫开发有机结合的制度保障。要在紧密结合实际、充分吸收国内相关领域研究成果的基础上加快生态系统价值核算的研究，探索建立生态补偿机制，明确生态补偿的标准体系、资金来源、补偿渠道、补偿方式和后续的保障措施。通过建立和实施生态补偿机制，鼓励贫困户自觉参与到环境保护、生态产业建设中来，通过生态补偿、产业发展共同带动贫困人口实现脱贫致富。

**3. 生态工程扶贫效果**

生态工程的实施改善了生态环境，为农民生产生活提供了有力保障，林业生态工程的实施促进了产业结构的调整，为产业扶贫开发奠定了基础；增加了贫困农户的生产资本，为农民脱贫致富提供了物质条件；改变了贫困农户的收入结构，成为农民增收的重要渠道之一 。

4个定点县生态工程项目农户整体满意度很高，积极推进国家实施的生态工程项目。通过实施生态工程扶贫，一方面，增加贫困户直接经济收入，如贵州省独山县2020年上半年以来，完成对2754户贫困户兑现现金补助资金732万元，户均增收2658元；贵州省荔波县2015年至2020年落实森林生态效益补偿基金9882.92万元，年补助高达1730万元，生态公益林补偿惠及全县104个村1.3万户。另一方面，增加贫困村集体经济收入，间接改善贫困人口生活条件，由于部分森林生态效益补偿金补助到贫困村，村集体将其统筹用于全村基础设施建设或公益事业。此外，改善生态环境为生态产业扶贫提供发展基础，生态环境改善和优化为森林旅游、森林康养等生态产业扶贫提供良好产业发展基础。

**(四)生态就业扶贫运行机理及其扶贫效果**

生态就业扶贫主要是指通过开展就业培训、搭建就业平台、传递就业信息、提供就业岗位、提升就业技能等途径，提高贫困人口就业能力、拓展就业机会、增加经济收入。生态就业扶贫是贫困户脱贫最直接有效的脱贫保障之一，也是在广西、贵州两省(自治区)4个定点扶贫县中重点推进的扶贫保障政策。生态就业扶贫主要涉及技能培训、公益岗位、扶贫车间项目，具体有护林员和其他公益岗、农业种植养殖技术培训、果蔬栽培技术培训、农林疾病、家政服务培训等。各项就业扶贫政策中生态护林员是最广泛最直接最有保障的政策，4县聘用贫困人口担任生态护林员的比例较高。

**1. 生态就业扶贫实践**

生态就业扶贫中护林员岗位为重要保障贫困户脱贫的岗位，施行培训后上岗和定期培训。生态护林员的岗位设置为生态脆弱区的林草自然资源提供了保护力量，缓解了基层生态保护队伍的紧缺。同时护林员岗位也是培育林草大户、致富能手这些就业脱贫内生动力的基石。调研中发现，生态护林员收入往往是家庭的重要收入甚至是唯一收入，通过调研数据显示191份有效问卷中生态护林员有119户，因此护林员岗位政策、资金的后续稳定保障是防返贫的重要一环。4县护林员样本数分别占到总样本的60.00%、76.74%、49.15%和69.23%(图8)。各县也制定了多项生态护林员岗位政策，如独山县根据《独山县林业局关于做好2019年度中央财政建档立卡贫困人口生态护林员选聘工作的通知》完成其 2950 名建档立卡贫困人口生态护林员的选聘工作；根据《关于开展 2019 年新聘护林员培训的通知》，安排完成其新增和动态调整中央财政建档立卡贫困人口生态护林员的岗前培训工作等。

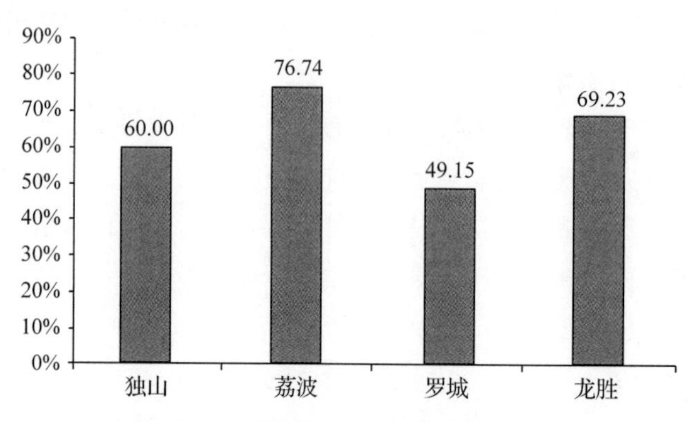


**图 8 各县护林员岗位占各县总样本比例**

此外在护林员岗位的基础上又设置了几类临时签约式公益岗位，如广西壮族自治区龙胜县的疫情防护员、治安巡逻员、保洁员，此项政策为贫困户的增收减贫防返贫起到坚实保障作用，但是在岗位培训的次数、时间安排、知识技能上还有待规范和加强。

综合而言，4 个定点扶贫县生态就业扶贫措施主要包括：一是开办扶贫车间和提供公益岗位，为有劳动能力的贫困人口提供就业岗位；二是开展技能培训，提高贫困人口的技能水平和就业能力，调研中发现只有 2. 62%受访样本户未参与过技能培训，40. 84%受访样本户参与过 1~2 次技能培训，其余受访样本户均参与过 2 次以上技能培训，培训内容多集中于种养技术和果树、杉树栽培技术；三是实施生态护林员政策，实现贫困人口就近就业。通过选聘贫困户担任生态护林员，贵州独山带动 12150 人贫困人口稳定脱贫，占全县贫困人口的 13. 5%，贵州荔波带动 17708 人贫困人口稳定脱贫，占全县贫困人口的 25. 66%，广西罗城选聘 3300 名生态护林员，发放补助资金 4600 万元，广西龙胜选续聘生态护林员 8780 人次，发放补助资金 7700 万元。

调研发现，4 个县受访贫困户家庭中成员参加培训的次数多为 1 到 2 次(图 9)，培训次数并不多，没有形成培训体系。从培训的内容来看(图 10)，主要集中于种植养殖培训和其他(主要是护林员培训)，对于后续管护、疾病预防等方面的培训内容相对较少，技能提升幅度相对有限，应建立一套相对完整的制度体系，实现“政策、自然环境、岗位、内生动力”的有机结合。

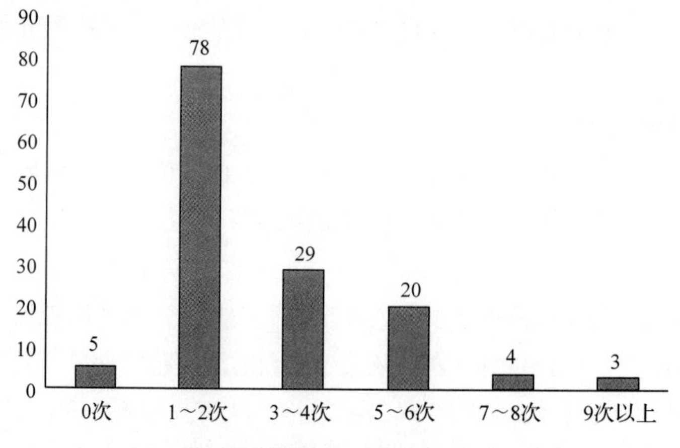


**图 9 受访贫困户参与就业培训次数统计图**

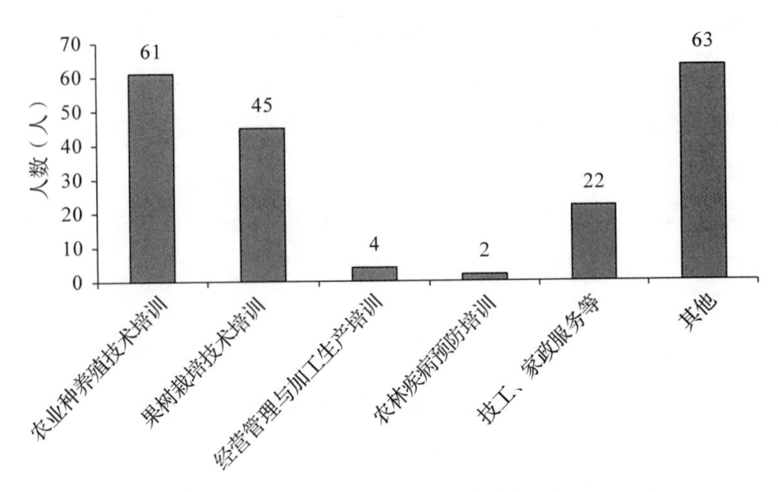


**图 10　受访贫困户参与就业培训内容统计图**

**2. 生态就业扶贫运行机理**

就业扶贫的特点是结合退耕还林、公益林补偿、天然林资源保护及生态综合治理等重点生态工程，挖掘生态建设与保护的就业岗位，让有劳动能力的贫困人口参与到生态工程建设中或就地转成护林员、管护员等生态保护人员，为生态保护区的农民特别是建档立卡贫困人口提供就业机会，引导贫困农民向生态工人转变，提高贫困户收入水平。

**3. 生态就业扶贫效果**

就业扶贫不仅适用于城镇贫困居民，更适用于农村的贫困人口，就业是民生之本，只有带动就业，才能促进社会发展，提高贫困人口的人均收入水平。因此推进就业扶贫政策，可以促进城市和农村的共同发展。问卷结果显示，在就业扶贫的工作推广中贫困户的认可度非常可行，“满意”以上占百分比为 82. 29%，“一般”以上占比 15. 11%。可以看出就业扶贫工作得到了绝大部分人的认可，但还存在一些问题。主要体现在就业培训的时间安排、培训内容、培训后的就业面和就业安置问题，因外出务工造成的顾虑过多也是重要的一方面（图 11）。

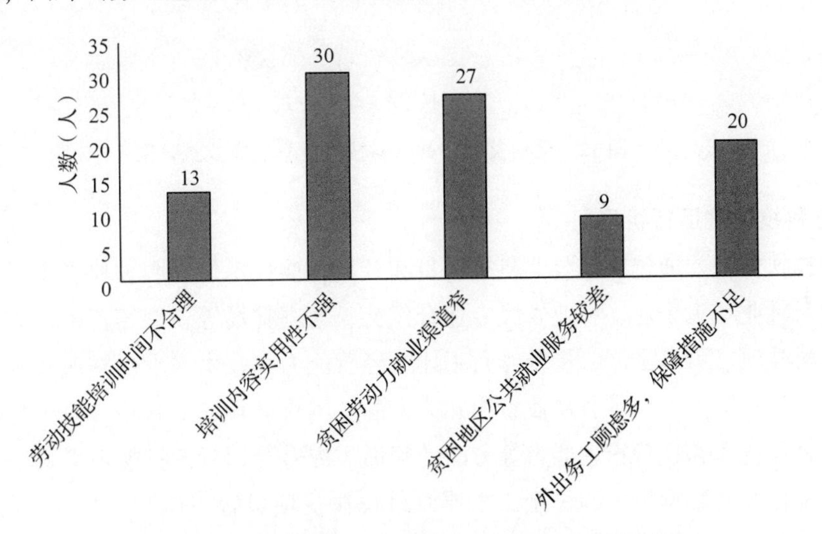


**图 11　受访贫困户认为生态就业扶贫存在问题统计图**

## （五）生态科技扶贫运行机理及其扶贫效果

生态科技扶贫是指运用成熟的科学技术，增强贫困地区群众的开发能力，提高贫困地区资源开发水平和劳动生产率。主要做法是在贫困乡村建立科技扶贫示范区，对贫困人口进行集中的科技培训，全面推广适用、高效技术。在贫困地区选择具有发展前景的特色产业，给予技术、人才、信息、市场等方面的支持，促进其发展壮大，带动当地经济发展。建立科技扶贫信息服务网络，为贫困地区提供技术、产品、劳动力、资金等方面的信息服务；组织科技人员深入贫困乡村，通过实地指导、技术培训等多种形式，向农民传授科技知识；针对贫困地区生态基础薄弱、水土流失和沙化严重问题，采取工程、生物、生态技术措施及区域性综合治理技术措施改善贫困地区生态环境。

**1. 生态科技扶贫实践**

4个定点扶贫县以致富带头人、技术人员结合贫困户等多种方式展开生态科技扶贫，主要涉及林果栽培技术培训、有害生物防治、林下经济发展。如广西龙胜自2015年来，实施林业科技推广示范项目6个，共投入中央财政资金600万元。实施良种油茶造林技术推广示范、油茶智能滴灌水肥一体化栽培技术示范推广项目、引进油茶新品种发展高产扶贫造林、建设食用菌种植基地等项目。由科技专家、高等院校与当地对接，保障项目的平稳运行。

调研数据显示，4个定点扶贫县通过多种形式有效地推进科技扶贫政策落实，受访者大都参加过两种及以上方式培训学习(图12)。多种培训学习方式给了受访者多种选择学习机会，使贫困户的参与度大大提高，同时也提高了政策落实度。

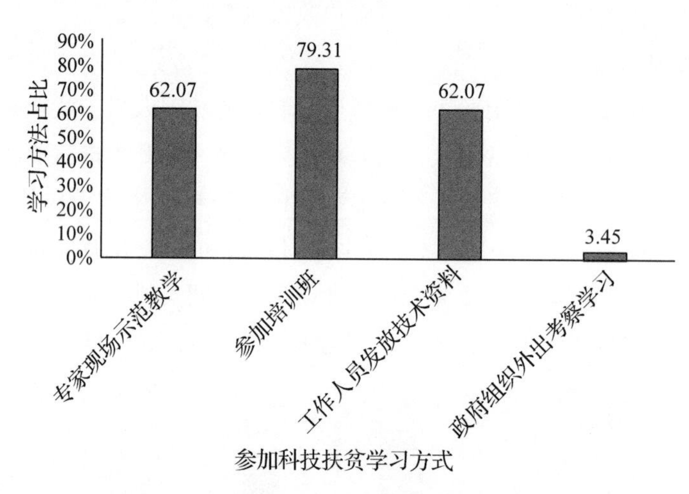


**图12 受访贫困户参与科技扶贫学习方式统计图**

**2. 生态科技扶贫运行机理**

生态科技扶贫主要通过实施林业科技项目和开展林业技术培训两种典型途径实现，林业科技项目主要针对林业龙头企业、林业农民专业合作社、家庭林场等新型经营主体和林业产业示范基地等，通过科技项目示范推广，提升经营主体的经营能力和技术水平；林业技术培训主要是对林业技术人员、致富带头人、具有从业意愿和能力的贫困户进行林果栽培、有害生物防治、林下中药材种植等林业技术和经营管理能力等方面的培训，提升受训者的技能水平。

对扶贫工作开展影响较大的机制，主要有科技扶贫项目管理机制、与农民的利益联结机制、人员激励机制、科技服务机制等。运行方式多以打包项目的形式进行，需要不断建立和完善项目选择、实施和评估机制。关键步骤是农民参与方式，以及如何带动农民内生动力。另外需要建立科技服务机制，如具体的科技服务组织形式和服务内容，建立科技信息服务网站、提供科技信息，建立交流平台、促进信息汇集和利益相关方接触，建立“一对一”“一对多”的帮扶制度、落实到户等。

**3. 生态科技扶贫效果**

对生态科技扶贫感到满意及以上的占受访者总数的 58.62%，一般及以上占总受访者的 86.57%，说明生态科技扶贫工作取得了大部分群众认可。但不满意的占比为 13.79%，这说明生态科技扶贫工作还存在着一些问题，其中主要问题有科技资金投入不足，科技扶贫宣传不到位，以及科技服务体系不完善(图 13)。还需进一步加强与群众的沟通，制定更加详细符合当地生活现状的政策并加强政策的宣讲，使群众能更好地参与相关项目。

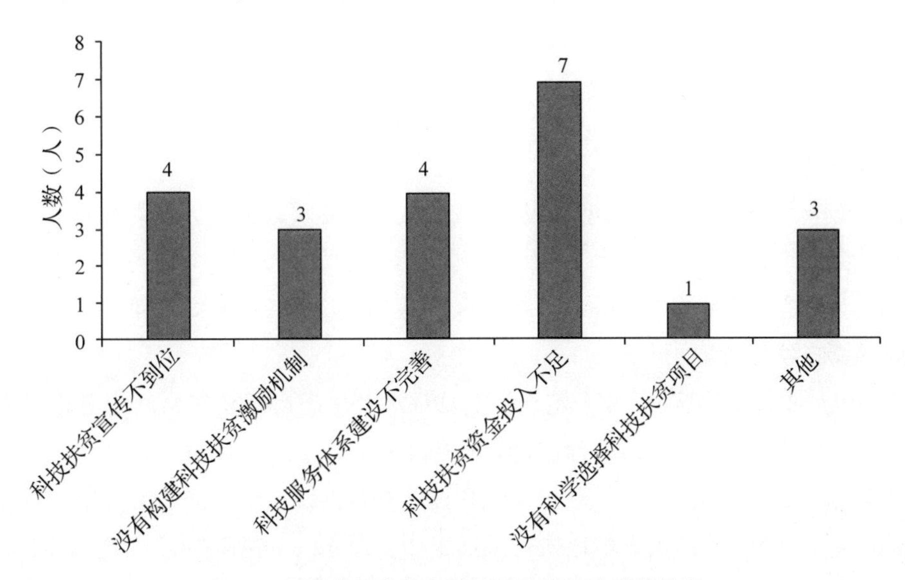


**图 13　受访贫困户参与科技扶贫学习方式统计图**

**(六)异地搬迁扶贫运行机理及其扶贫效果**

异地搬迁扶贫是为了防止贫困地区生态的持续恶化，减缓因生态承载力不足而造成的贫困，在居民自愿以及不破坏原有土地的基础上，将自然资源短缺、基础设施建设滞后、人居环境恶劣地区的贫困人口集中搬迁到安置点，并为他们提供经济适用房、就业机会等生活和发展条件的生态扶贫方式。

**1. 异地搬迁扶贫实践**

搬迁主要涉及搬迁原因、新址的基础生活设施建设、搬迁居民就业这三大问题。荔波县生态搬迁工作主要集中在荔波县城、瑶山梦柳、甲良等 12 个集中安置点；龙胜县建立了 5 个集中安置点，分散安置 1582 户 7217 人；罗城县自 2016 年以来，全县建成 4 个安置点 2800 多套安置房，搬迁入住 1.23 万人，并成立了易地扶贫搬迁管委会，设立“一办四中心”综合职能机构，强化易地扶贫搬迁后续管理。

此次调研涉及搬迁户的有效问卷共 6 户，在搬迁原因多选设定中，有 2 户选择生存环境较差(自然灾害频发)，有 3 户选择生产生活不便且开发难度大，有 4 户选择住房条件差，有 1 户认为远离中心村，上学就医困难是搬迁的主要原因，有 3 户认为搬迁是政府统一规划，没有家庭认为收入水平低是需要搬迁的主要原因。总的看，受访户搬迁的主要原因是住房条件差，占到总人数的 66.67%，其次是生产生活不便和政府统一搬迁，分别都占到总人数的 50%(图 14)。可见拆迁确实改善了人们的住房条件。而且有 66.67%的人认为拆迁之后，家庭收入明显提高。

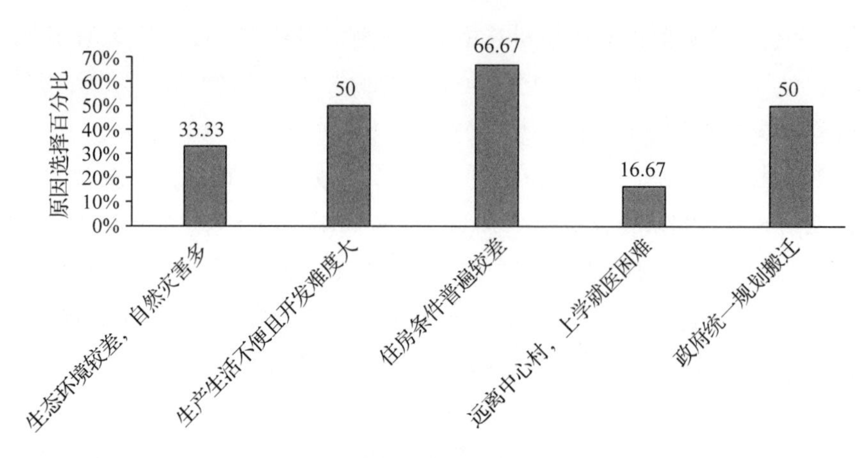


**图 14 受访贫困户搬迁原因统计图**

**2. 异地搬迁扶贫运行机理**

异地搬迁作为"生态环境驱动型移民"扶贫方式，一是可以减轻人类对原本脆弱的生态环境的继续破坏，使生态系统得以恢复和重建；二是可以通过异地开发，逐步改善贫困人口的生存状态；三是减小自然保护区的人口压力，使自然景观、自然生态和生物多样性得到有效保护。

**3. 异地搬迁扶贫效果**

根据走访和调研数据显示，4 个定点扶贫县都涉及生态搬迁扶贫，其中独山县和罗城县涉及异地搬迁的贫困户较多。在走访的拆迁贫困户中 100% 都选择了满意。但也存在搬迁新居的住宅产权问题没有解决，农民搬迁以后专业知识和技能有所欠缺，收入来源不稳定等问题。罗城县成立易地扶贫搬迁管委会专门负责易地扶贫搬迁工作，设立"一办四中心"综合职能机构强化易地扶贫搬迁后续管理工作，做好搬迁后贫困人口就业再就业问题等重要举措的经验值得借鉴。

## 三、"后扶贫时代"生态扶贫返贫特征和影响因素

### (一)"后扶贫时代"生态扶贫返贫特征

一是"后扶贫时代"生态扶贫返贫现象的区域性。4 个贫困县扶贫开发确立的集中连片特困地区贫困程度较严重，社会和个体承载能力差，从家庭状况来看，农村子女在成家后大多会分家生活，造成中老年型家庭比例较大，家庭成员教育程度低为普遍现象。调研发现，相对于一般农户，贫困农户的家庭结构老龄化程度更高。中老年型家庭普遍存在的问题就是缺乏劳动力、成员劳动能力下降，基本技能缺乏，体弱多病，除了耕种土地获得收入，没有更多的收入来源，一旦遭受自然灾害，就极容易返贫。同时，随着收入降低，基本医疗卫生需求无法得到满足，容易进入长期贫困状态。

二是"后扶贫时代"生态扶贫返贫现象的个体性。从此次调研来看，容易导致返贫的个体可能集中在特殊家庭，如无劳动力、孤寡、疾病又有未成年读书子女等。这些经济环境本身脆弱的家庭在子女上学负担增加、遭到比较严重自然灾害的冲击时，返贫的程度会比较严重，从冲击的影响中恢复能力有限，不能较快恢复到原来的生活水平。

三是"后扶贫时代"生态扶贫返贫现象的突发性。第一，存在"因灾返贫"的贫困恶性循环。据相关资料统计，贫困地区遭受严重自然灾害的概率是其他地区的 5 倍。自然灾害存在客观性和

不可预见性，一旦受灾很容易导致返贫。近几年4个定点扶贫县自然灾害较少且经济损失较少，几次受灾均为台风影响，因受洪水影响需异地安置的均已办妥。调研结果看，4个定点县因自然灾害导致贫困户返贫的概率较低。被调研农户中有很大一部分认为洪水对其生产生活没有很大影响，有小一部分人认为洪水等灾害会淹没田和地从而影响务农。第二，疫情影响下不稳定的市场环境。经济全球化、世界经济一体化发展，在加强各国联系的同时，也增加了市场的不稳定性，2020年在新冠疫情的影响下，我国大量工厂外贸订单受到影响，以外贸为主的广东工厂效益受到很大影响，有的减产有的放长假。许多农村贫困人口由于外出务工而“脱贫”，也可能由于被迫“返乡”而“返贫”。但调研的农户中大部分人认为疫情对其生产生活没有影响，只有很少一部分人认为疫情防控期间不能出去务工，会影响家庭收入。第三，相关扶贫经济政策的“后遗症”。相关扶贫经济政策是指国家有关部门或者地方政府为了扶贫工作而设置的相关政策。当前我国处于脱贫攻坚的最后关键时期，也是经济快速发展阶段，无论是贫困地区适用的各种经济补贴、公益岗位或是各地城市大规模的“搞开发、搞建设”不仅增加了贫困户的收入，也为促进经济发展、提高人民生活水平提供了重要保障。但是引进相关项目一定要与本地的自然生态环境、基础设施建设相匹配，要引进一个落户一个、稳定一个持续发展一个。不能盲目引进盲目投资使项目“空运转”，存在后期导致贫困户返贫风险。

**（二）“后扶贫时代”生态扶贫返贫影响因素重点**

一是自然资源禀赋形成的限制。地理环境是一个地区发展的基本要素之一，脆弱的生态环境和频发的自然灾害是最基本且长期制约贫困的因素。贵州、广西两地大多属于高原和喀斯特地貌，“地无三里平”是这一区域的生动写照。十分脆弱的自然环境和显著的地势高差，为农业生产和生活带来诸多不便。而大部分贫困人口就居住在自然条件恶劣、不利于发展经济的区域内。

二是贫困户收入不稳定。受访者认为家庭贫困原因比重最大的是子女上学负担重，其次是家庭劳动力数量少，文化水平低、身体素质差和收入渠道单一也是影响家庭贫困的重要原因（图15）。贫困户大都文化水平低、缺乏专业技术，通过调研了解到，即使在广东等发达地区务工，务工者多从事工厂劳动密集型工作，这种工作的特点是报酬低廉、生活成本高、流动性强，可替代性强。外出务工者往往因家里老人、小孩无人照料又经常性换工作打零工，这种奔波和收入不稳定性极大影响到家庭脱贫进程甚至造成返贫。

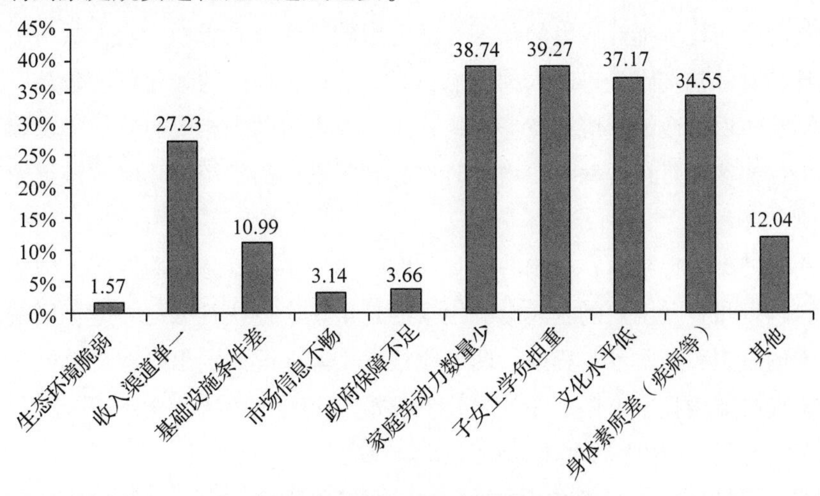


**图15 受访贫困户致贫原因统计图**

为了分析收入稳定性可能导致返贫的可能性，分别对贵州省和广西壮族自治区受访贫困户收入水平影响因素进行多元线性回归分析。影响贫困户家庭收入的因素分别选取慢性病人数、劳动力人数、受教育程度、林地面积、生态产业扶贫参与程度、生态工程扶贫参与程度为 $x_1$、$x_2$、$d_1$、$d_2$、$d_3$、$d_4$。其中将受教育程度、林地面积、生态产业扶贫参与程度、生态工程扶贫参与程度设为虚拟变量。受教育程度在小学及其以下取值为0，在初中取值为1；林地面积在0~5亩取值为0，在5~10亩取值为1，在10~15亩取值为2，以此类推；产业扶贫项目有6项，分别为林果产业、林下经济、生态旅游、木材产业、林业碳汇、其他，其中参加几项视为参与程度为几。工程扶贫项目包括五项，分别是天然林资源保护、退耕还林、防护林体系建设、石漠化综合治理、其他，与产业扶贫项目类似，参与几项视参与程度为几。由此计算模型，在模型计算中分别解决了多重共线性、异方差、模型设定偏误等问题，剔除 $d_2$ $d_3$ 变量。

得到贵州省样本贫困户收入影响因素模型为：

$\mathrm{Ln}y=10.032-0.437x_1+0.073x_2+0.127d_1+0.295d_3+0.05d_4$

(234.95) (−13.68) (4.41) (2.75) (10.19) (2.80)

$R^2=0.9566$ $\bar{R}^2=0.9541$ $F=122.5898378.94$

回归结果表明当慢性病人数 $x_1$ 增长一个单位时，平均来说贫困户家庭收入减少0.437%。当劳动力人数 $x_2$ 增长，平均来说贫困户家庭收入增加0.073%。另外贫困人口受教育水平、产业扶贫和工程扶贫的参与程度都对居民的收入有显著影响。综合来看慢性病人数和生态产业扶贫的参与程度对独山县和荔波县贫困人口收入的影响较大。这说明疾病的致贫程度较高，因此在制定防返贫政策时应重点考虑这一影响因素。此外生态产业扶贫项目在帮助农户增收时也起到了不小的作用，政府应该继续增加生态产业扶贫的力度。

得到广西壮族自治区样本贫困户收入影响因素模型为：

$\mathrm{Ln}y=9.4602-0.127x_1+0.188x_2+0.130d_1+0.096d_2+0.068d_4$

(167.54) (−3.00) (5.19) (2.50) (2.72) (2.58)

$R^2=0.869494$ $\bar{R}^2=0.8624$ $F=122.5898$

回归结果表明当慢性病人数 $x_1$ 增长一个单位时，平均来说贫困户家庭收入减少0.127%。当劳动力人数 $x_2$ 增长，平均来说贫困户家庭收入增加0.188%。另外贫困人口受教育水平、林地面积和工程扶贫的参与程度都对居民的收入有显著影响。综合来看慢性病人数、劳动力人数和林地面积对罗城县和龙胜县贫困人口收入的影响较大。这说明疾病的致贫程度较高，对家庭受影响越大，因此在制定防返贫政策时应重点考虑这一影响因素，制定相应的政策来保障贫困人口的家庭收入。此外工程扶贫项目在帮助农户增收时也起到了不小的作用，政府应该继续增加生态工程扶贫的力度。

从以上两个模型对比来看，影响两个省抽取样本户中，家庭患慢性病人数是影响收入的最大因素。其次影响贵州省贫困户的收入影响因素的是生态产业扶贫参与力度，影响广西壮族自治区收入影响因素的是工程扶贫参与程度。两省应根据实际情况制定出防返贫政策。

三是贫困人口能力提升有限。受访贫困户文化程度普遍偏低，小学及以下占比62.31%，初中学历占比34.55%，高中学历占比2.62%，大专及以上学历占比仅为0.52%。受教育程度较低，一方面，影响了通过培训等方式提升贫困户技术水平的程度，由于理解能力和领悟能力有限，难以通过短期、单次、人员集中的培训实现良好的培训效果，贫困户对于新引进的种植、栽培、病虫害防治等技术掌握程度不足，从而降低了其参与现代农林业的可能性；另一方面，影响到贫困户就业能力的提高和转移就业的可能，由于知识、技能、信息掌握程度有限，单纯依靠提供劳力缺乏竞争力，特别是对于一些年纪稍长的贫困人口而言，这一现象尤为突出，加大了贫困户外出务工转移就业的难度。自身能力不足、无力承担风险、难以适应更高标准的人力资源需求，种种因素都使得贫困户缺乏主动参与竞争、谋求自主发展、积极自发脱贫的主动性和积极性，内生发展动力不足。

相应的，文化程度低直接导致两个问题：一方面，农林科技成果推广困难。对引进的产业和种植技术难以理解，不能很好地接受和掌握现代化的生产方式，新技术难落地，影响生产率的提高。另一方面，影响劳动力在产业之间的转移。大多数贫困人口缺乏多样化的谋生技能，只能从事简单劳动且劳动效率极低。相当一部分农民除了缺乏基本的现代文化知识，更缺乏市场经济的基本常识和劳动技能，有的甚至都不具备自给自足的家庭经济的经营能力，自我发展难度大。即使参与培训，也不能完全掌握生产技术技能，影响增收。

四是利益联结机制持续性较弱。虽然4个定点扶贫县确定了本县的主导发展产业，并培育新型经营主体参与带贫、助贫、扶贫的实践活动，提升特色产业的覆盖范围。但调研发现，龙头企业、农民专业合作社等新型经营主体发展起步较晚，与贫困户之间的利益联结形式较为单一，利益联结的紧密程度相对较弱，一旦出现自然风险、市场风险或人为风险等，这种利益联结机制可能面临重大威胁，带贫、助贫增收的作用也不能很好地发挥。

五是贫困户脱贫内生动力不足。具有"脱贫"的主观能动性是农村贫困人口实现"脱贫"和防止"返贫"的前提条件。贫困人口自身要克服"等、靠、要"思想，改变一味依靠政府的惰性观念，树立艰苦创业、苦干实干精神，积极参与到扶贫开发的各项建设之中。对于贫困家庭来说，"主观能动性"还包括积极支持国家方针政策，例如坚持计划生育政策，避免自身因"超生"而致贫、返贫；不乱垦乱伐，保护生态环境等。贫困人口中的劳动力人口，应努力提高自我发展能力，对于政府开展的各项免费扶贫培训，积极响应的同时视自身情况选择性的参与，努力做到学以致用。同时贫困人口在自我脱贫的过程中若遇到政策疑惑，应主动解决。例如贫困人口如果想小额贷款创业，对于相关技术和贷款流程就可请教相关工作人员。对于自己的学习需求可向相关部门提出诉求，请求支持与帮助。总之，只有通过贫困人口自身主动地学习，才能持续提高其自我发展能力。

## 四、生态扶贫防返贫机制构建设想

在进行生态扶贫防返贫机制设计时，在兼顾生态周期长、风险大、公益性等特点的基础之上，还需兼顾不同生态扶贫模式特征和增收资金来源稳定性的差异。

### (一)建立完善生态扶贫防返贫预警监测机制

#### 1. 预警监测对象

生态扶贫防返贫机制构建中，确定预警监测对象，通过提前提示来预防4个定点扶贫县脱贫群众返贫，进一步巩固脱贫成果。通过调研，了解到4个定点扶贫县均在2020年年底前实现脱贫，但有两类人需要特别注意。一类是脱贫监测户，又可称作不稳定脱贫户，另一类是边缘人口。这两类人口不在贫困人口的行列，但存在较大的返贫风险。在制定预警监测对象时应该主要考虑这部分人群。首先根据最新形势制定这两类人群的认定标准，其次对其实施重点监测，动态管理。对返贫群众进行及时补助，化解返贫风险。

**2. 预警监测程序**

(1)警情发出。帮扶联系人(不再继续扶持和跟踪观察期的脱贫户，帮扶联系人为收入登记人)结合日常帮扶工作，根据脱贫户家庭生产生活情况，特别是遭遇的因灾，因病，因残、失业等情况，对照“两不愁三保障”和“八有一超”脱贫标准，判断脱贫户是否存在返贫风险。当脱贫户出现返贫风险时，帮扶联系人(收入登记人)根据实际情况，通过大数据平台及时填写《脱贫户返贫风险预警报告》说明存在的返贫风险以及建议采取的干预措施，经脱贫户签字确认后，上报乡(镇)人民政府。

(2)警情核查。乡(镇)接到返贫警情后，应在7个工作日内组成返贫警情核查工作组(由乡镇干部、村“两委”干部、驻村第一书记或工作队员)入户开展核查，核查返贫风险属实的，提出初步干预建议，填写《脱贫户返贫风险核查情况表》，通过大数据平台及时上报县扶贫开发领导小组。

(3)警情复核、研判。县扶贫开发领导小组每季度对各乡(镇)上报的《脱贫户返贫风险核查情况表》进行一次复核和研判，分两种情况区别处理：第一，否定存在返贫风险的，终止返贫警情并由县扶贫办反馈到乡(镇)，由乡(镇)告知相关人员，返贫警情解除；第二，认定存在返贫风险的，由县扶贫开发领导小组认真对照“两不愁三保障”和“八有一超”脱贫标准，根据乡(镇)提出的初步干预建议，统筹研究，进一步明确处理措施，并进入下一步的“警情处理”环节。

(4)警情处理。由县级扶贫开发领导小组统筹协调各乡镇、各有关部门，采取有针对性地帮扶措施，加大帮扶力度，实现脱贫户稳定脱贫后，宣布警情解除。原则上，对少数经过实施6个月干预措施仍无法使脱贫户免于返贫的，按照有关规定等相关程序进行返贫认定，并在全国扶贫开发信息系统中进行标注返贫，进行贫困户管理。

(5)警情备案。通过大数据平台自动形成返贫预警处理台账，并定期生成《返贫警情处理情况汇总表》向市、自治区扶贫开发领导小组办公室报备。

**3. 预警监测管理**

预警监测管理主要从监测范围和监测频率以及主体落实三方面进行。第一，监测范围主要包括人物、地点、时间。主要监测两类人口，一类是不稳定脱贫户，一类是边缘户。地点通过各村排查主要有返贫风险的家庭所在的村落上报。通过大数据平台进行记录。返贫时间和动态脱贫时间也要详细记录，找出时间规律。第二，监测频率主要根据村民的农事活动和外出打工情况进行监测，村与村可以不同。但在三年之内实行定期监测。乡村干部等要及时到户走访监测范围内农户，摸清其家庭收支、健康等重大变故情况；县级要对这些情况进行定期排查，防止情况不符，信息不及时等状况发生。第三，落实责任主体。防返贫体系的建立是各级部门相互合作的产物。村级领导小组应该落实日常监测，随时上报的责任。镇扶贫小组应及时排查筛选并将农户家庭状况上报县级防返贫领导组织。县级组织再进行统一规划管理。各级部门主体责任应进一步加强落实，进一步防止贫困户返贫，巩固脱贫成效。

**(二)优化提升生态扶贫防返贫利益联结长效机制**

实现防返贫利益联结长效机制，应从明确利益联结主体、增强利益联结紧密度以及提高利益联结可持续性三方面进行。第一，要明确企业与村集体、村民等一些利益联结主体。调研发现农村贫困人口收入主要来自务农收入、务工收入或是依靠政府转移支付收入获得。4个定点县农村人口依靠政府转移支付比例不大，绝大多数家庭依靠务农自给自足，务工成为在家庭收入的主要来源。在此龙头企业起了重要的作用，龙头企业借助村民的土地等要素生产产品并进行销售，村民以土地或者补助资金入股，这样龙头企业和村民形成了一个利益联结。另外当地龙头企业招工多会以本地人为主，这也提高了当地的就业水平。第二，利益联结主体明确后，完善利益联结机制。增强利益联结紧密度。调研发现，4个定点县致力于乡村生产的龙头企业不多，龙头企业本身发展状况并不好，很难给予村民分红。村民也没有与其共担风险的想法。林草主管部门应该加大扶持当地的龙头企业，增加它的经营能力和盈利水平，允许龙头企业分红可以根据自己的能力和公司状况而不是干涉其分红。同时要保证龙头企业即使不能分红的情况下也要按时给农户发放工资，保证村民基本的生活水平。第三，积极探索与农民的利益联结机制，突出内部制度建设，在运行机制上力争规范。一要建立健全民主管理制度，坚持"民有、民管、民受益"的原则，实行"民主决策、民主管理、民主监督"。二要建立健全价格保护机制，三要建立健全利益分配机制。有条件的专业合作组织要努力实行二次返还，建立风险基金，正确处理合作组织与其成员之间的利益关系。四要建立健全财务公开制度，定期向社员公开收支情况，接受社员的监督。

## 五、构建生态扶贫防返贫政策体系

### （一）构建生态扶贫防返贫政策体系框架

生态扶贫防返贫体系不是一个孤立的单元，而是一个综合整体，为了解决贫困户动态监测、风险有效防范、长效利益联结机制构建和内生发展动力增强等防返贫的关键性问题，需要综合考虑财政政策、金融政策、产业政策、人才政策和科技政策等方面综合构建防返贫政策体系。2000年中国首次提出了将扶贫开发与生态保护相结合的生态扶贫理念。2010年开始，中国的生态扶贫已经初步形成了包含生态产业、生态移民、生态补偿、生态建设等路径的制度体系。2015年，中国的生态扶贫理念更加清晰、路径更加多元、机制更加优化。2018年，中国的生态扶贫制度体系全面建立并制定了三年行动目标。

### （二）构建生态扶贫防返贫财政政策

财政政策是整个政策保障体系中最为核心和最为关键一项政策，产业发展、金融扶持、人才培育、科技创新等内容都离不开财政政策的保障和支持。与防返贫密切相关的购买性支出、财政转移支付等主要财政手段在"后扶贫"时代仍是一项重要保障措施，特别是对于存在重度残疾或疾病丧失劳动力贫困人口的最低生活保障补助，特困人员的基本生活补助和照料护理补助，遭遇突发事件、意外伤害、重大疾病或其他特殊原因导致基本生活陷入困境贫困户的应急性、过渡性临时救助等务必给予足够的保障。

政府的财政政策主要包括政府支出和政府收入。政府支出主要分为政府购买和政府转移支付。4个定点县政府通过政府转移支付实现贫困人口脱贫与预防返贫。一是扶贫补贴，分为小额信贷补贴，扶贫产业奖补等。二是教育就业技能培训补贴，分为中短期就业技能培训补助，建档立卡贫困子女免除学杂费等。三是民政救助，主要有低保金、特困人员基本生活费。四是医疗卫生补贴。五是农业补贴如农机购置补贴、粮食收购补贴。六是生态效益补偿，主要通过生态功能转移支付，森林生态效益补偿基金等促进贫困地区脱贫。可以适当提高国家公益林补偿基金，以此来调动森林保护相关利益主体的积极性。七是其他财政补贴，基础设施建设和危房改造补贴等。除了政府转移支付还有政府购买，如 4 个定点县实行的生态护林员政策，政府通过购买劳动力增加当地就业，实现脱贫。

财政支持结构在预防返贫中发挥了重要作用，仅依靠政府财政资金不容易全面预防返贫，应建立多元化投融资机制和激励机制，激活社会资本助力乡村振兴。资金投入应向产业倾斜，需要创造财富而不是大量用于政府购买。在财政结构中控制财政支出规模和扩张速度，以适应减税降费等带来财政收入增速放缓的情况，将财政支出规模控制在合理范围，为长期可持续发展留有空间。

**(三)生态扶贫防返贫金融政策**

国家针对深度贫困地区专门实行特惠贷(小额信贷)政策。发放的对象主要是扶贫主管部门建档立卡的贫困户，凡可以创收增收的项目均可以申请贷款。针对不同人群研究不同贷款类型，对于贫困村民或小型企业主要是小额信贷，对于扶贫龙头企业可以放宽贷款期限和贷款金额。着重考虑如何利用社会资本。以县级国有企业承贷承还国开行贷款，减少中间环节，节约贷款成本。安排项目时，适当提高补助标准和免除配套资金，对贫困县实施倾斜政策。积极开展创业基金的探索，支持有意愿、有能力返乡贫困人口进行回乡创业，解决其资金短板。

一方面，严格审查申请人资格。新申请扶贫小额信贷(含续贷、展期)的贫困户，必须遵纪守法、诚实守信、无重大不良信用记录，并具有完全民事行为能力；必须通过银行评级授信、有贷款意愿、有必要的技能素质和一定还款能力；必须将贷款资金用于不违反法律法规规定的产业和项目，且有一定市场前景；借款人年龄原则上应在 18 周岁(含)~65 周岁(含)之间。银行机构应综合考虑借款人自身条件、贷款用途、风险补偿机制等情况，自主做出贷款决定。另一方面，规范贷款程序。建议按照如下程序：①摸底核实。扶贫系统充分利用建档立卡成果，对建档立卡贫困人口进步摸底核实，扣除民政救助兜底的两无人员后，针对其他建档立卡贫困户中有贷款意愿、有就业创业潜质、有技能素质和一定还款能力的建档立卡贫困户，进行精准建档。②特惠授信。农村信用社按照有关规定，对建档立卡贫困户进行 5 万元以下的“特惠贷”授信。③贷款发放。农村信用社按“一次核定、随用随贷、余额控制、周转使用、动态管理”的授信、用信管理方式，向贫困农户发放贷款。④贴息补助。扶贫部门与农村信用社按季度进行贴息结算。建档立卡贫困户贷款贴息，由贷款发放银行按季度汇总贷款明细，建档立卡贷款贫困户向县级扶贫、财政部门统一申请贴息补助。由县级扶贫、财政部门共同审核后，按相关政策规定拨付贴息资金。

**(四)生态扶贫防返贫产业政策**

产业政策主体是龙头企业和新型经营主体及致富带头人，提高带贫能力。通过加大引进、培育和扶持龙头企业，积极推行订单林业。加快培养致富带头人和发展规模适度的家庭林(农)场，引导和促进农民专业合作社的规范运营等方式方法培育各类新型农业经营主体，辐射带动广大群众积极参与农业产业发展和增收致富。大力推广“公司+基地+农户”“合作社+基地+农户”“致富带头人+农户”等发展模式，调动各类市场主体参与现代农业建设、服务农村发展的积极性。围绕特色农业方面的需求，加大科技投入，积极引进新技术、新成果，提高农业科技成果的入户率、到位率和覆盖率。大力促进生产对接市场，充分利用消费扶贫、农产品展销会、电商扶贫、订单农业等平台和渠道，发挥“互联网+扶贫”作用，多方解决农产品“入市难”和“流通难”问题，建立“农工商一体化、产供销一条龙”的农业产业化体系。加强主导扶贫产业甄选、产业链条延伸、产业附加值增加、长效利益联结机制构建等，最终形成“主导扶贫产业——新型经营主体——贫困户”层次明显的产业扶贫体系，以扶贫产业发展带动新型经营主体培育，以新型经营主体发展带动贫困户增收，从根本上保障贫困户收入的稳定性和持续性。

推进产业融合发展。一是旅游业加农业。要坚持从产业融合入手，不断强化乡村旅游扶贫的广度、深度和效度。首先，对于旅游发展成熟的乡村，应通过业态融合和产品升级，创造新的模式，积累新的经验，推动示范带动，通过乡村旅游的高质量发展带动更多人口脱贫；其次，对于旅游基础较好的乡村，要善于因地制宜，发掘优势，找到切入点和突破口，积极推动乡村旅游与特色产业的融合发展，从而做大市场、做大规模，充分发挥乡村旅游在带动就业和发展集体经济方面的积极作用；再次，对旅游基础一般的乡村，应通过村容村貌整治，为旅游业发展营造环境，推动特色种植养殖的产业化和农副土特产品的商品化，逐渐带动更多人口脱贫。如龙脊镇的大寨村民以梯田和民族村寨入股发展旅游，同时，龙胜县提出了“全域一区一线”发展思路，正在建设一条全长300多千米，连接全县10个乡镇、89个行政村的“生态旅游扶贫大环线”，将全县的主要旅游景区景点串点成线、串线成片，覆盖了全县大部分的贫困村。这条生态旅游扶贫大环线的全面打通，将让更多各族群众特别是贫困群众分享旅游红利。二是扶贫与电商结合，4个定点扶贫县可以实施全国电子商务进农村综合示范县项目。按照“资源整合、体系健全、功能完善、服务规范”的思路，坚持政府推动和市场运作有机结合，通过两年的规划建设，打造县域农村电子商务生态链，构建消费品下乡、农产品进城的网上通道，建设农村电子商务公共服务体系，健全农村电子商务物流配送、综合服务等配套体系，通过发展电商促进全县特色农业产业发展和脱贫攻坚工作。

**（五）生态扶贫防返贫人才政策**

防止返贫的关键在于提高当地脱贫人口本身生存能力，激发人口内生动力。制定与当地的文化价值观相符合，培训的内容与当地产业实际情况相符的培训政策，注意年龄和性别的差异。大力发展当地的职业技能学校，解决当地青壮年劳动力多小学或初中辍学后在家打零工或外出打工问题。注重人才引进。一是乡土人才引育。强化人才引领示范和能人带动作用，搭建干事创业平台，就地培养新型职业农民，吸引各类优秀人才返乡创业，推动农业产业转型升级，激活农村发展新活力。注重在优秀青年农民、退役军人中发展党员力度，稳妥有序处置不合格党员。建立农村党员定期培训制度，加强农村党员致富带头人建设，引导农村党员发挥先锋模范作用。二是加强人才培训，提高林业技术水平。国家林草局继续支持建设林业科技扶贫项目。积极发挥高等林业院校、林业科研等多方面优势，为其特色产业发展等提供全方位技术支持，加大了科技培训力度，大力推进产业“造血”扶贫。同时，建议给予一定的薪酬，实行建档立卡贫困人口生态护林员小组长管理制度，对生态护林员实行“阶梯式”“梯队式”的管理。完善人才激励政策，加强人才吸引力度。

**（六）生态扶贫防返贫科技政策**

通过现代通信技术加强科技推广，利用微信等建立专家和贫困户的直接联系，让专家随时随地解决农户的技术困扰，同时提高扶持农户的专家待遇，留住专家。量化科技项目投入资金，将资金、技术与精心选择的科技含量高、效益好的项目配套给龙头企业，培植壮大龙头企业创新能力，以此来提升产业带动扶贫脱贫的科技支撑能力。探索建立适合当地农民发展的培训体系，加强调研，提出合理培训计划，并设立奖惩机制。加强各部门统筹协调，上下贯通。一是加强团队合作能力；二是深入调研，找准方向；三是创新科技扶贫模式。

调 研 单 位：河北农业大学、国家林业和草原局经济发展研究中心
课题组成员：戴芳、刘妍、刘国萍、冯晓明、张丽颖、张朝阳、王亚明、衣旭彤、吴琼、李扬

# 生态保护修复制度与政策

# 林草生态安全评价及治理对策研究

**摘要**：近年来，随着生态文明建设力度不断加大，我国林草生态资源状况逐步得到改善，但仍面临资源总量不足、质量不高、灾害多发等问题。这些问题与林草生态安全风险相伴而生，迫切需要通过加快林草治理体系与治理能力现代化建设，提升生态安全水平，推动林草事业高质量发展。本课题基于PSR模型，多维度、多角度构建森林与草原生态安全的“压力-状态-响应”评价指标体系，利用2009—2018年中国及31个省(自治区)面板数据，从时间、空间二维视角评估中国31个省域(港、澳、台除外)森林及16个省域草原生态安全状况及动态变化。结果表明：中国大部分省域森林生态安全综合指数呈增长趋势，发展态势较好，但森林生态安全总体状况呈现显著异质性；2018年，16个案例省份的草原生态总体处于比较安全状态，生态安全综合指数为0.47，较2011年的0.45有所上升，草原生态安全提升主要归功于草原生态状况改善和响应水平的提高；但部分地区森林与草原生态安全的协调性有待进一步提升。基于本研究测算的结果，总体来看，我国林草生态安全还存在较大改善空间，仍需要强化林草治理并转变发展模式，推动林草生态安全水平的全面提升。

## 一、林草生态安全的理论内涵与治理框架分析

### (一)研究背景及意义

党的十八大将生态文明纳入新时代“五位一体”总体布局，党的第十九届五中全会进一步提出要“构建生态文明体系，促进经济社会发展全面绿色转型”。生态文明建设作为我国生态环境保护与建设的总体方针，对推动环境治理、维护生态安全具有重要的引领作用。在全球应对气候变化和新冠疫情，以及国际合作面临新挑战的背景下，中国在2020年9月召开的第75届联合国大会一般性辩论期间，郑重提出将提高国家自主贡献力度，采取更加有力的政策和措施，二氧化碳排放力争于2030年前达到峰值，努力争取2060年前实现碳中和。这是迄今为止世界各国中作出的减少全球气候变暖预期的最大承诺，彰显了中国的责任和担当。

林草资源作为我国陆地生态资源的主体，在调节气候、涵养水源、保持水土、防风固沙、固碳释氧等方面发挥了重要作用。IPCC认为，林业是未来30~50年减缓地球表面温度的经济可行、成本较低的重要措施。据2019年美国国家航空航天局(NASA)发布的数据显示，全球从2000年到2017年新增的绿化面积中，中国贡献比例居全球首位(约1/4)。而中国的贡献中，有42%来自植树造林，32%来自集约农业。正如习近平总书记指出的那样，林业建设是事关经济社会可持

续发展的根本性问题，发展林业是全面建成小康社会的重要内容，是生态文明建设的重要举措。全国各族人民要一代人接着一代人干下去，坚定不移爱绿植绿护绿，把我国森林资源培育好、保护好、发展好，努力建设美丽中国。

生态安全是生态文明建设中的关键一环，国家为维护生态安全出台了一系列文件和政策（表1）。林草生态安全是森林、草原生产力的根本保障，在维护国家生态安全、屏障安全，推动绿色发展等方面具有重要作用。而持续开展探讨林草生态安全评价研究，不仅有利于促进林草生态系统的宏观调控、恢复改善林草系统，为推进我国林草生态系统治理体系和治理能力现代化提供决策依据，而且对实现区域生态环境保护和人类社会经济的可持续发展，构建和谐、稳定的社会关系具有重要的推动作用。

**表1　我国生态安全相关的部分政策**

| 时　间 | 政策名称 | 政策内容 | 部　门 |
|---|---|---|---|
| 2019.01 | 《建立市场化、多元化生态保护补偿机制行动计划》 | 坚持谁受益谁补偿、稳中求进的原则，实现生态保护者和受益者良性互动。建立市场化、多元化生态保护补偿机制要健全资源开发补偿、污染物减排补偿、水资源节约补偿、碳排放权抵消补偿制度，合理界定和配置生态环境权利，健全交易平台，引导生态受益者对生态保护者的补偿 | 国家发展改革委、自然资源部、生态环境部等9部门联合 |
| 2017.02 | 《关于划定并严守生态保护红线的若干意见》 | 以改善生态环境质量为核心，以保障和维护生态功能为主线，按照山水林田湖系统保护的要求，划定并严守生态保护红线，实现一条红线管控重要生态空间，确保生态功能不降低、面积不减少、性质不改变，维护国家生态安全，促进经济社会可持续发展 | 国务院 |
| 2016.10 | 《全国生态保护“十三五”规划纲要》 | 研究建立生态系统和生物多样性预警体系，开发预警模型和技术，对生态系统变化、物种灭绝风险、人类干扰等进行预警 | 环境保护部 |
| 2015.09 | 《生态文明体制改革总体方案》 | 构建以空间规划为基础、以用途管制为主要手段的国土空间开发保护制度，将用途管制扩大到所有自然生态空间 | 国务院 |
| 2015.09 | 《生态文明体制改革总体方案》 | 树立绿水青山就是金山银山的理念，清新空气、清洁水源、美丽山川、肥沃土地、生物多样性是人类生存必需的生态环境，坚持发展是第一要务，必须保护森林、草原、河流、湖泊、湿地、海洋等自然生态 | 国务院 |
| 2015.05 | 《中共中央国务院关于加快推进生态文明建设的意见》 | 加大自然生态系统和环境保护力度，切实改善生态环境质量 | 国务院 |
| 2008.09 | 《全国生态脆弱区保护规划纲要》 | 高度重视环境极度脆弱、生态退化严重、具有重要保护价值的地区如重要江河源头区、重大工程水土保持区、国家生态屏障区和重度水土流失区的生态应急工程建设与技术创新 | 环境保护部 |
| 2008.07 | 《全国生态功能区划》 | 针对全国不同区域的生态系统类型、生态问题、生态敏感性和生态系统服务功能类型及其空间分布特征，提出全国生态功能区划方案，明确各类生态功能区的主导生态服务功能以及生态保护目标，划定对国家和区域生态安全起关键作用的重要生态功能区域 | 环境保护部 |

**（二）林草生态安全的内涵**

“生态安全”一词在20世纪70年代首次出现时，引发了国内外学者的广泛关注。生态安全作为自然科学与社会科学的交叉学科，国内外尚未有统一的定义，但国内外学者普遍认同的生态安全存在广义和狭义理解之分。广义上，生态安全指在人的生活、健康、安乐、基本权利、生活保障来源、必要资源、社会秩序和人类适应环境变化的能力等方面不受威胁的状态，包括自然生态安全、经济生态安全和社会生态安全，由此组成了一个复合人工生态安全系统。狭义上，生态安全指自然和半自然生态系统的安全，即生态系统完整性和健康的整体水平反映。不同学者会从不同角度解读生态安全的含义，对生态安全的内涵理解也在不断地拓展和外延。

综合来看，林草生态安全是指在具体的时空范围内，林草生态系统地内在结构、功能和外部表现，在现有的自然环境压力和社会经济压力以及人类的积极响应之下，其所能提供的生态服务对人类生存和社会经济持续发展的支持和影响，使人类的生活、生产、健康和发展不受威胁的一种状态。

### （三）林草生态安全的 PSR 框架

国内学者对生态安全的评价多采用 PSR（Pressure-State- Response）、DSR（Driving force- State -Response）、DPSIR（Driving force- Pressure-State-Impact-Response）等框架。PSR 框架源于 PR（压力-响应）框架，最初应用于环境科学，由加拿大统计学家 David J. Rapport 和 Tony Friend 构建，表达人类与环境之间的相互作用关系。后由经济合作与发展组织（OECD）和联合国环境规划署（UNEP）在 20 世纪八九十年代共同将其发展起来用于研究环境问题。目前 PSR 模型多用于评价生态系统健康水平。其基础假设是：当人类行为对环境造成改变时，从而对环境产生压力，导致人类社会减少或停止对环境的压力与破坏而采取应对措施。PSR 框架为调查和评估人类活动引发的环境变化提供了一个强有力的机制，但也存在缺陷，比如 PSR 框架认为人类对环境的影响都是不利的，忽略了对环境的积极影响。因此，1996 年，联合国可持续发展司在构建可持续发展指标体系中首次引入 DSR 框架，将压力替换为动力。DSR 框架相对于 PSR 框架可以容纳其他诸如社会、经济、体制方面的问题。驱动力的引入也表明人类对社会发展的影响可以同时是正面和负面的。1997 年，欧洲环境署（EEA）对 DSR 框架进行了延伸和拓展，提出了改进的 DPSIR 框架，这一框架的基本假设是：社会和经济的发展（驱动力）对环境产生压力，并导致环境的状态发生改变——这会造成潜在影响，并最终引发社会对驱动力的反应，或者直接反映在压力、状态或者影响上。本研究基于 PSR 模型，从状态-响应-压力三个互相联系的作用机制（图 1），分别构建了林业与草原生态安全评价指标体系框架，并基于具体指标进行了实证评价。

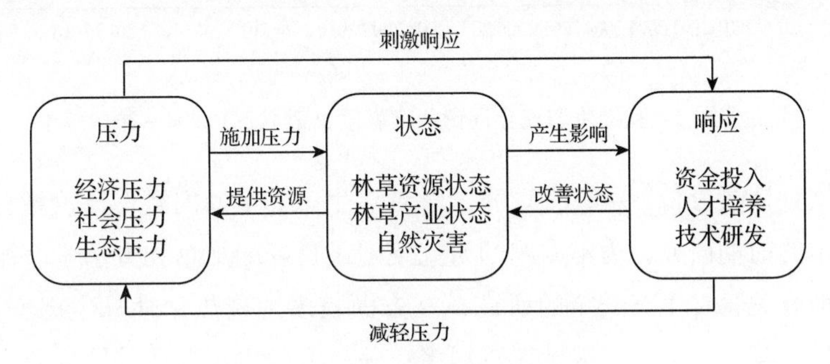


图 1　林草生态安全的 PSR 机制

### （四）林草生态安全评价研究动态

#### 1. 国内研究的总体趋势

基于中国知网（CNKI）数据库，以“主题”“篇名”为检索项对“生态安全评价”进行文献检索，结果显示，无论是“主题”检索还是“篇名”检索，国内学者对生态安全评价方面的报道均呈现递增趋势。就国内文献而言，1986 年国内学者首次报道生态安全，在 1986—1991 年，国内学者发表论文的内容主要以化学农药等对生态环境安全的影响为主。1995—2000 年，关注这一领域的学者没有显著增加。2000—2006 年，国内学者开始逐步加大对区域生态安全评价方面的研究，较高质量期刊(CSSCI)上的论文成果增多，研究对象从区域发展，拓展到土地、湿地、农业等多个领域。可能的原因在于，2000 年 11 月国务院印发了《全国生态环境保护纲要》，强调“通过生态环境保护，维护国家生态安全，确保国民经济和社会的可持续发展”。而随着经济水平的不断提升，环境污染问题较为凸显，政府层面进行生态保护的力度逐步加大，学术界也开始更加关注生态安全方面的研究。

自 2000 年开始，国家在水土流失严重的水蚀区和风蚀区实施退耕还林还草工程。相应地，学者们开始关注森林、草原在生态环境改善方面起到的积极作用。随着 2007 年 10 月召开的党的十七大将生态文明建设列入全面建设小康社会目标，生态文明建设开始进入新的发展阶段，有关生态安全方面的研究也稳步提升。学者们构建了相应的生态安全评价指标体系，环境保护部发布了《全国生态脆弱区保护规划纲要》《全国生态功能区划》等文件。此外，国家实施的天然林资源保护工程、退耕还林工程等重大生态工程，取得显著成效。受国家政策的影响，学术界开始增加关于生态保护的关注度，在 2006—2019，有关森林、草原生态安全的研究保持持续增长。

近年来，我国政府积极推进生态文明建设，重视生态保护工作。2016 年 10 月环境保护部发布《全国生态保护“十三五”规划纲要》，2019 年 1 月国家发展改革委、自然资源部、生态环境部等 9 部门联合印发《建立市场化、多元化生态保护补偿机制行动计划》。国家政策和相关文件的出台为生态安全研究指明了方向。国内学者在 2000—2019 年期间关于生态安全评价的研究，呈现总体增长、略有波动的态势(图 2)，有关森林、草原生态安全评价的研究趋势与总体生态安全评价研究相吻合。

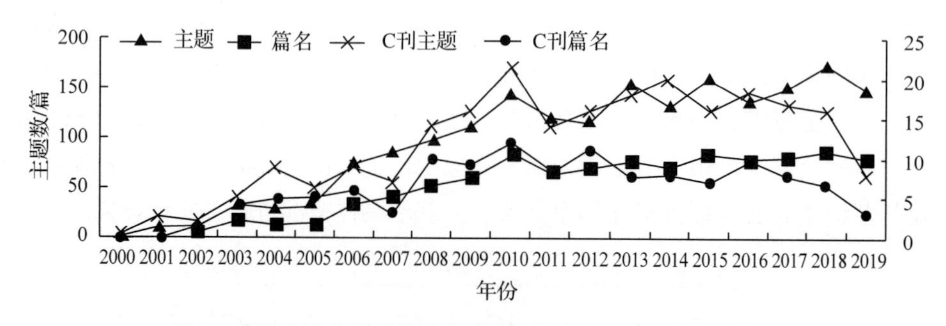


**图 2　我国生态安全评价研究发表文献状况(2000—2019 年)**

通过上述文献计量分析，可以发现我国学者对生态安全的内涵、评价指标体系、评价方法等问题展开了一定的前期研究，为本课题的研究奠定了良好的文献和方法学基础。但进一步分析也发现，国内目前有关森林生态安全的研究，一方面较多地聚焦于森林生态安全方面，且以市域、县域或自然保护区等较小的空间区域评价居多；另一方面也还存在着同质化、重复化，以及科学性有待提升等问题，因此关于林业和草原生态安全的评价，仍有进一步持续研究的空间。

**2. 评价指标体系的变化**

学者们对森林生态安全评价较多。森林生态安全评价指标体系的建立，其核心思想是明确森林生态环境与人类社会的相互关系。森林生态安全评价指标体系的建立是一个复杂的工作，现阶段国内外尚无统一标准的生态安全评价指标体系，常用的森林生态安全评价指标体系主要根据森林生态系统建立压力-状态-响应(PSR)指标体系，也有学者对 PSR 模型进行了改进，将评价体系分为森林承载和人类社会压力两类指标。汤旭等(2018)在建立包括森林承载和社会压力两类指标体系的基础上，引入了空间相关分析技术，对森林生态安全的时空变化规律进行了动态分析。学者们虽然针对国家、省域、县域层面的评价指标体系略有不同，但总体沿用了 PSR 框架模型。未来的森林生态安全评价指标发展方向应为构建以森林资源为基础，兼顾社会、经济和生态等多种因素的综合指标体系。

在草原生态安全评价研究中，学者们大都采用了多因子的综合指标，在压力-状态-响应(PSR)这一概念框架模型指导下选择具体的表征指标。草原生态安全评价是根据草原生态系统的特点，结合实际的区域自然和社会发展状况建立评价指标体系。评价中无法也不需要将所有指标均纳入评价指标体系，而是应根据草原生态系统的生态功能、经济功能以及社会功能的需要选择指标。例如，在高寒草原区应考虑湿润度、温度等因素；涉及国家自然保护区的区域，在评价指标体系中需要考虑自然保护区的植被、相关管理措施等因素。

**3. 生态安全评价方法**

生态安全评价已由最初的简单定性评价发展成为定性与定量分析相结合的，较为精确的评价。不同学者采用了不同的评价方法，归纳起来主要有四类模型：数学模型法、生态模型法、景观生态模型法、数字地面模型法等。上述模型各有其优缺点和其适用的范围，应用在不同的示例中。其中，数学模型法包括综合指数法、层次分析法、模糊综合法、灰色关联法、主成分投影法等，科学性强、适用性广，是常用的较为成熟的评价方法。生态模型法中最具有代表性的是生态足迹法，该方法主要用于评价人类需求与生态承载力之间平衡关系的研究。景观生态模型法主要从空间尺度进行生态安全研究，应用最多的是景观生态安全格局法和景观空间邻接度法模型。随着 GIS 和遥感 RS 信息提取技术的发展，GIS、遥感 RS 信息提取技术与计算机建模软硬件结合，产生了数字生态安全模型，可以揭示生态安全的格局和生态安全的时空变化，应用前景较为广阔。上述有关生态安全的评价方法，基本是学者基于不同研究对象的生态安全评价而提出的，但是缺乏不同方法之间的比较，同时缺乏对各种评价方法的适用范围和结果差异的成因探讨。国内学者对森林、草原生态安全评价方法主要以数学模型法为主，也有一些学者在进行生态安全综合评价过程中，积极探索新的研究方法，取得了较好的研究成果，为今后研究提供了新的思路和方法学基础。例如，徐海鹏等(2018)基于 PSR 模型和熵权法构建高寒草原生态安全评价指标体系，并计算各评价指标的权重，对天祝牧区高寒草原生态安全进行了实证分析。赵军等(2010)基于 GIS 软件，利用天祝高寒草原地区地图数据、遥感数据、观测数据和统计数据，采用信息图谱方法生成天祝高寒草原水热和土地条件图谱、以乡镇为指标分级分类单元的评价指标图谱和基于模糊评价模型的安全评价结果图谱。张颖等(2018)基于压力—状态—响应(PSR)模型，构建了森林生态安全评价指标体系，并运用熵权法进行了权数确定。这些成果在研究林草生态安全时空变化时，进行了方法学方面的交叉应用探索。

**4. 指标权重的确定**

众多学者根据生态安全的内涵和实际的评价对象构建评价指标体系后，需要进一步确定指标权重，判定指标的安全阈值，设定评价等级准则，最后根据评价结果进行分析。其中，确定指标权重主要有两种方法；一种是主观赋权法，包括层次分析法、专家打分法等，操作简单，应用较普遍，但对专家的经验背景要求较高，存在不同的评判主体会出现不同结果的情况；另一种为客观赋权法，主要包括：熵值法、主成分分析法等，它可以避免主观赋权的随意性以及不确定性，但客观赋权法不能反映专家的知识和经验，无法体现不同指标的相对重要性，可能导致结果与指标的实际重要程度相差较大，不符合实际情况。因此，为了避免客观和主观赋权法的缺点，部分学者采用定性与定量相结合的方法确定评价指标的权重，如侯成成等人基于 PSR 模型，采用层次分析法和熵值法确定指标权重，建立草原生态安全评价指标体系。本研究结合多种指标权重确定方法的利弊，采取平均赋权法确定后续指标体系中相关指标的权重。

## 二、我国森林生态安全评价

### （一）森林生态安全评价指标体系构建

#### 1. 评价指标体系设计

森林生态安全不仅包括林业生态系统通过自我调节能力和自我恢复能力，发挥生态效益、改善人类生存环境，支撑经济、社会可持续发展的状态，也包括林业生态系统被人类行为干扰后，人类采取补救措施使得林业产业获得持续、稳定的林木资源，继而支撑林业产业、从事相关经济活动的状态和能力。林业生态系统为人类行为提供生态服务，人类利用林业资源发展经济，然而过度的森林采伐导致林业资源减少。为了维护林业资源的可持续利用，人们积极采取措施缓解人类行为对林业生态的破坏。因此，应从林业生态系统与人类社会系统交互的内在机理出发，全面考量森林生态安全的内涵。

本研究以 PSR 模型为基础，在充分借鉴国内外相关研究成果的基础上，课题组参考有关学者的成果，结合业内有关林业、生态学等专家的咨询意见，对相关指标进行筛选论证，构建起森林生态安全评价指标体系，见表 2。

表 2　森林生态安全评价指标体系

| 目标层 | 项目层 | 因素层 | 指标层 | 指标公式及释义 | 指标性质 | 权　重 |
| --- | --- | --- | --- | --- | --- | --- |
| 森林生态安全评价 | 压　力 | 社会压力 | 城镇化比率 $X_1$ | 年末城镇人口数/年末总人口数 | - | 0.111 |
| | | 经济压力 | 单位 GDP 的木材消耗量 $X_2$ | 木材消耗量/GDP(商品材木材产量) | - | 0.111 |
| | | 生态压力 | 森林采伐强度 $X_3$ | 木材产量/森林蓄积量*100%(商品材+非商品材产量) | - | 0.111 |
| | 状　态 | 资源类指标 | 森林覆盖率 $X_4$ | 森林面积/国土面积 | + | 0.055 |
| | | | 森林单位面积蓄积量 $X_5$ | 森林蓄积量/森林面积 | + | 0.056 |
| | | 灾害类指标 | 森林火灾受灾率 $X_6$ | 森林火灾受灾面积/森林面积 | - | 0.055 |
| | | | 森林病虫鼠害受灾率 $X_7$ | 森林病虫鼠害发生面积/森林面积 | - | 0.056 |
| | | 产业状态指标 | 每单位森林面积的林业产值 $X_8$ | 林业产值/森林面积 | + | 0.055 |
| | | | 单位森林公园面积的森林公园旅游收入 $X_9$ | 森林公园旅游收入/森林公园面积 | + | 0.056 |

（续）

| 目标层 | 项目层 | 因素层 | 指标层 | 指标公式及释义 | 指标性质 | 权　重 |
|---|---|---|---|---|---|---|
| 森林生态安全评价 | 响　应 | 人才响应 | 林业科技交流推广人员数所占林业单位总人员数比重 $X_{10}$ | 林业科技交流推广人员数/林业单位总人员数 | + | 0.111 |
| | | 技术响应 | 林产技术进步指数 $X_{11}$ | 林业产值/木材产量 | + | 0.111 |
| | | 投入响应 | 林业投资强度 $X_{12}$ | 林业完成投资/林地面积 | + | 0.056 |
| | | | 新增造林比重 $X_{13}$ | 造林面积/森林面积 | + | 0.056 |

林业生态压力类指标反映的是经济社会发展过程中人类行为对林业生态质量产生的影响，主要由社会压力、经济压力及生态压力三类指标组成。首先，社会压力选取城镇化比率进行表征，该指标代表一个地区的城镇化水平：城镇化水平越高，说明人类活动对森林生态安全的压力越大。其次，地区在经济发展过程中耗费了林业资源，必然对森林生态安全产生一定的影响，为此采用每单位 GDP 消耗的木材量来表征林业生态经济的压力：单位 GDP 的木材消耗量越多，说明消耗的木材越多，越不利于森林生态安全的稳定。再者，用森林采伐强度指标来表征林业生态压力。人类社会的发展进程中，需要消耗木材支撑持续的人类活动，森林采伐量越多，维护森林生态安全的压力越大。上述 3 项指标均属于负向指标。

林业生态状态类指标反映的是林业健康程度以及林业产业发展状况，本研究考虑从林业一产、二产、三产综合角度予以构建，主要由资源类指标、灾害类指标、产业状态类指标组成。资源类指标反映了林业生态质量水平，包括森林覆盖率和森林单位面积蓄积量指标。前者反映了森林数量的多少，该指标越大，说明森林数量越多，林业生态系统越完备；后者反映了森林质量的高低，该指标值越大，林业生态系统越安全。以上两个指标可以正面反映森林生态安全状况，属于正向指标。由于森林在生长过程中，可能会遭受火灾、病虫鼠害等人为或自然灾害，如果没有及时控制，可能会使森林面积减少，对森林生态安全产生负面影响，故灾害类指标中选取了森林火灾受灾率和森林病虫鼠害受灾率两个负向指标。此外，人类利用林业资源发展林业产业过程中，如何利用有限的资源创造更多的利益是林业发展的重要目标之一，产业状态指标对森林生态安全具有重要的影响。产业状态指标中，每单位森林面积的林业产值、每单位森林公园面积的旅游收入越高，表明林业资源利用程度越高，林业生态系统越安全，此类指标反映了林业产业发展水平的高低，属于正向指标。

随着人类经济社会发展，林业资源急剧减少，自然灾害频繁发生，人类为了维护林业生态系统的稳定和安全，采取一系列措施弥补遭受破坏的林业资源。因此，林业生态响应指标将从人才、技术、投入三个方面考察人类的维护行动。无论是人才建设、技术进步、资金投入还是新增造林均可以反映人类对林业资源保护和重视的程度。其中，林业科技交流推广人员数所占林业单位总人员数比重越大、林产技术进步指数越高、林业投资强度越大、新增造林比重越大，林业生态系统越安全。以上三类指标都能反映人类对林业生态系统的维护，属于正向指标。

**2. 指标权重确定与数据来源**

学者们在评价指标体系的实证应用中，多采用层次分析法、专家打分法、熵权法、因子分析法等具体方法。其中，层次分析法、专家打分法对专家的经验背景要求较高，熵权法、因子分析法适用于截面数据。在处理面板数据时，学者们通常按不同年份分别确定权重，可能存在每年权重不相同问题，导致结果的可比性相对较差。考虑到没有充分理由证明某项目层比其他项目层更重要，因此本研究认为压力、状态、响应层面对判断森林生态安全水平是同等重要的，因此采用平均赋权法确定各指标权重(表 2-1)。

本研究的数据来源于《中国林业与草原统计年鉴》《中国统计年鉴》等公开统计数据，部分缺失数据采用插值法计算得到。其中，上海市木材生产量在近十年统计量缺失过多，故计算已有数据的算术平均值作为统计值。此外，因国家森林资源清查工作每五年进行一次，故统计年鉴中的森林覆盖率、林地面积、森林面积等数据每五年更新一次，为更好地深入对比分析不同年份的森林生态安全变化，本研究将每五年森林覆盖率、林地面积、森林面积等数据变化情况分别作算术平均，以保证每年数据的变化更符合实际情况，为后续的实证评价奠定基础。

**3. 指标数据标准化及判别标准**

由于各指标计量单位不一致，需要对指标进行无量纲化处理，正负指标采用不同的处理方式：

$$\text{正指标：} X_{ij} = \frac{x_{ij} - x_{\min}}{x_{\max} - x_{\min}} \tag{1}$$

$$\text{负指标：} X_{ij} = \frac{x_{\max} - x_{ij}}{x_{\max} - x_{\min}} \tag{2}$$

式(1)、式(2)中，$x_{ij}$ 表示第 $i$ 个省份第 $j$ 项指标值，$x_{\min}$ 表示 $j$ 项指标值的最小值，$x_{\max}$ 表示 $j$ 项指标值的最大值，$X_{ij}$ 表示标准化后的第 $i$ 个省份第 $j$ 项指标值。

本研究在参考已有学者研究的基础上，结合中国 31 个省份 2009—2018 年森林生态安全评价指标历史统计数据，将森林生态安全评判标准划分为 5 个等级，分别为：不安全状态、临界安全状态、比较安全状态、安全状态、理想状态(表 3)。森林生态安全指数越接近于 1，说明森林生态安全等级越高，地区森林生态安全状况越好；反之，说明地区森林生态安全状况越差。

**表 3　森林生态安全判别标准**

| 等　级 | 特　征 | 森林生态安全指数 |
| --- | --- | --- |
| 不安全状态Ⅰ | 林业生态系统极不安全，林业生态系统接近崩溃边缘，无法保证林业基本生态安全 | 0.0~0.19 |
| 临界安全状态Ⅱ | 林业生态系统不稳定，生态功能开始退化 | 0.2~0.39 |
| 比较安全状态Ⅲ | 林业生态系统尚稳定，可以发挥林业生态系统基本功能 | 0.4~0.59 |
| 安全状态Ⅳ | 林业生态系统处于较稳定状态 | 0.6~0.79 |
| 理想状态Ⅴ | 林业系统处于稳定状态 | 0.8~1.0 |

**(二)我国森林生态安全实证评价与分析**

2009—2018 年，中国 31 个省域(因数据可得性原因，未对港、澳、台地区进行评价)的森林生态安全评价结果，见表 4。

**表 4　省域森林生态安全评价结果**

| 地　区 | 2009 | 2010 | 2011 | 2012 | 2013 | 2014 | 2015 | 2016 | 2017 | 2018 |
| --- | --- | --- | --- | --- | --- | --- | --- | --- | --- | --- |
| 北　京 | 0.42 | 0.39 | 0.41 | 0.43 | 0.44 | 0.42 | 0.40 | 0.36 | 0.43 | 0.43 |
| 天　津 | 0.30 | 0.26 | 0.30 | 0.29 | 0.22 | 0.28 | 0.31 | 0.27 | 0.38 | 0.30 |
| 河　北 | 0.49 | 0.45 | 0.48 | 0.44 | 0.45 | 0.44 | 0.46 | 0.46 | 0.47 | 0.47 |

（续）

| 地 区 | 2009 | 2010 | 2011 | 2012 | 2013 | 2014 | 2015 | 2016 | 2017 | 2018 |
|---|---|---|---|---|---|---|---|---|---|---|
| 山 西 | 0.51 | 0.48 | 0.46 | 0.46 | 0.43 | 0.45 | 0.47 | 0.45 | 0.47 | 0.45 |
| 内蒙古 | 0.40 | 0.39 | 0.41 | 0.41 | 0.41 | 0.38 | 0.39 | 0.39 | 0.37 | 0.36 |
| 辽 宁 | 0.43 | 0.42 | 0.45 | 0.43 | 0.43 | 0.43 | 0.39 | 0.35 | 0.41 | 0.43 |
| 吉 林 | 0.43 | 0.42 | 0.44 | 0.45 | 0.46 | 0.45 | 0.46 | 0.47 | 0.48 | 0.47 |
| 黑龙江 | 0.42 | 0.39 | 0.45 | 0.44 | 0.44 | 0.44 | 0.44 | 0.45 | 0.45 | 0.43 |
| 上 海 | 0.61 | 0.70 | 0.61 | 0.72 | 0.71 | 0.72 | 0.75 | 0.73 | 0.72 | 0.70 |
| 江 苏 | 0.48 | 0.44 | 0.40 | 0.43 | 0.45 | 0.43 | 0.45 | 0.42 | 0.45 | 0.43 |
| 浙 江 | 0.55 | 0.48 | 0.56 | 0.49 | 0.47 | 0.47 | 0.52 | 0.51 | 0.53 | 0.52 |
| 安 徽 | 0.37 | 0.38 | 0.35 | 0.38 | 0.41 | 0.38 | 0.41 | 0.40 | 0.42 | 0.43 |
| 福 建 | 0.36 | 0.41 | 0.41 | 0.42 | 0.39 | 0.37 | 0.39 | 0.42 | 0.44 | 0.42 |
| 江 西 | 0.46 | 0.45 | 0.47 | 0.46 | 0.45 | 0.41 | 0.47 | 0.48 | 0.49 | 0.48 |
| 山 东 | 0.38 | 0.39 | 0.36 | 0.37 | 0.37 | 0.41 | 0.45 | 0.40 | 0.41 | 0.38 |
| 河 南 | 0.46 | 0.43 | 0.40 | 0.43 | 0.44 | 0.42 | 0.44 | 0.42 | 0.45 | 0.45 |
| 湖 北 | 0.50 | 0.50 | 0.46 | 0.45 | 0.46 | 0.44 | 0.45 | 0.45 | 0.48 | 0.46 |
| 湖 南 | 0.41 | 0.41 | 0.42 | 0.40 | 0.41 | 0.40 | 0.46 | 0.46 | 0.47 | 0.46 |
| 广 东 | 0.47 | 0.43 | 0.45 | 0.42 | 0.41 | 0.38 | 0.38 | 0.40 | 0.42 | 0.40 |
| 广 西 | 0.39 | 0.37 | 0.35 | 0.34 | 0.30 | 0.26 | 0.26 | 0.25 | 0.28 | 0.27 |
| 海 南 | 0.41 | 0.42 | 0.41 | 0.42 | 0.42 | 0.39 | 0.38 | 0.40 | 0.42 | 0.42 |
| 重 庆 | 0.54 | 0.50 | 0.51 | 0.50 | 0.48 | 0.46 | 0.48 | 0.46 | 0.48 | 0.47 |
| 四 川 | 0.49 | 0.48 | 0.47 | 0.47 | 0.48 | 0.47 | 0.50 | 0.49 | 0.50 | 0.47 |
| 贵 州 | 0.42 | 0.38 | 0.43 | 0.42 | 0.45 | 0.46 | 0.48 | 0.50 | 0.51 | 0.48 |
| 云 南 | 0.45 | 0.44 | 0.46 | 0.44 | 0.46 | 0.42 | 0.47 | 0.48 | 0.48 | 0.47 |
| 西 藏 | 0.40 | 0.39 | 0.39 | 0.41 | 0.50 | 0.52 | 0.50 | 0.50 | 0.51 | 0.51 |
| 陕 西 | 0.48 | 0.46 | 0.46 | 0.47 | 0.51 | 0.49 | 0.50 | 0.49 | 0.50 | 0.49 |
| 甘 肃 | 0.51 | 0.48 | 0.51 | 0.46 | 0.47 | 0.47 | 0.49 | 0.47 | 0.49 | 0.48 |
| 青 海 | 0.43 | 0.41 | 0.42 | 0.41 | 0.51 | 0.47 | 0.48 | 0.44 | 0.50 | 0.53 |
| 宁 夏 | 0.50 | 0.42 | 0.44 | 0.41 | 0.43 | 0.43 | 0.43 | 0.48 | 0.49 | 0.52 |
| 新 疆 | 0.44 | 0.42 | 0.42 | 0.42 | 0.42 | 0.40 | 0.41 | 0.41 | 0.42 | 0.42 |

由表4可以看出，各省域的森林生态安全状况存在一定的时空异质性，因此本研究分别从时间、空间二维视角，对区域森林生态安全状况进行评价和分析。

**1. 区域森林生态安全的时序变化**

本研究按照行政区划将中国31个省域划分为华北、东北、华东、华中、华南、西南、西北七大区域。根据2009—2018年中国31个省域及中国整体的森林生态安全综合指数状况，对七大区域及中国整体的森林生态安全状况及动态变化进行具体分析。

1）华北地区森林生态安全情况变化

华北地区中，天津市在2009—2018年期间森林生态安全指数波动较大，但仍处于临界安全状态（第Ⅱ等级）。林业生态状态指数变化与生态安全综合指数相吻合，说明天津市林业生态状态指数波动较大，这是由于在2013年天津市发生森林火灾，受灾森林面积较多，同时林业产值与往年相比下降幅度较大，造成天津市森林生态安全状态指数波动较大，在 2013 年森林生态安全综合指数较低，见图 3。

由图 3 发现，河北省、山西省在 2009—2018 年期间森林生态安全指数均一直处于比较安全状态(第Ⅲ等级)，但总体呈下降趋势，与林业生态响应评价值变化趋势相同，两省新增造林比重、林业投资等方面比以往有所下降，在林业人才、技术、投入方面具有不稳定性，应在后期加强重视林业资源生态保护观念，强化森林生态安全保护措施。北京市森林生态安全综合指数波动较大，在 2016 年由比较安全状态(第Ⅲ等级)进入临界安全状态(第Ⅱ等级)，结合状态得分，这是由于北京市 2016 年森林生态安全状态指数较低，造成北京市森林生态安全综合指数较低。说明北京市森林资源、森林灾害、林业产业在发展利用过程中仍存在一些森林生态安全隐患。

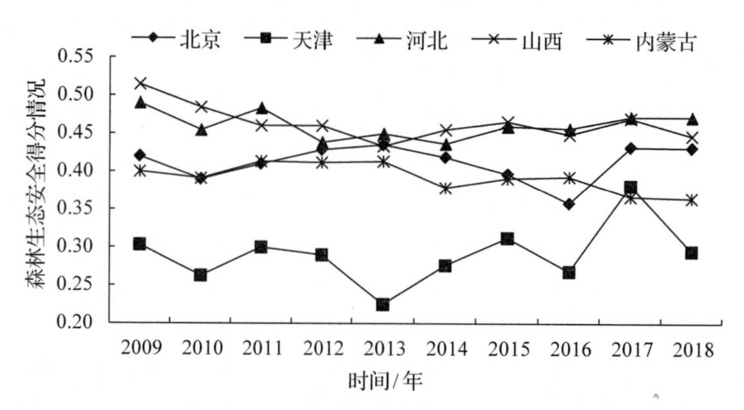


**图 3　华北地区森林生态安全变化情况**

2009—2013 年期间，内蒙古自治区森林生态安全指数在 0.41 处浮动，处在比较安全状态(第Ⅲ等级)，总体变化不大，但在 2014—2018 年间呈现下降趋势，处在临界安全状态(第Ⅱ等级)，可能的原因在于，2014 年 7 月内蒙古牛羊肉价格开始下降，到 2016 年 7 月牛羊肉价格下降到 2013 年价格的一半，而牧草价格的上涨使较多牧民破产，部分牧民为了减少损失，私自砍伐森林或将牛羊驱逐到森林中，造成林业资源减少，森林生态安全综合指数降低，该结果应引起相关部门的重视。

2)东北地区森林生态安全变化情况

由图 4 看出，吉林省与黑龙江省森林生态安全指数均呈现缓慢增长趋势，总体森林生态安全指数比较稳定，均处在比较安全状态(第Ⅲ等级)。结合其压力指数，吉林与黑龙江省在经济发展

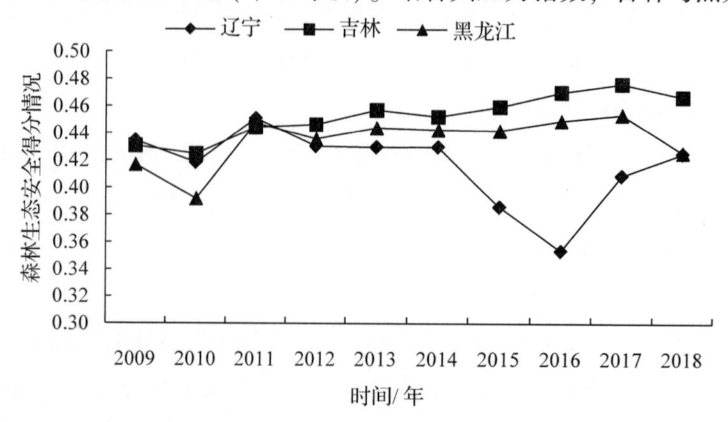


**图 4　东北地区森林生态安全变化情况**

过程中对林业生态造成的压力逐年递减，降低了林业生态的破坏，有利于维护林业生态系统安全。辽宁省森林生态安全指数变化较大，在2016年、2017年连续出现森林生态安全综合指数骤减情况，结合指标得分情况，这是由于2015、2016年辽宁省森林资源减少、林业产业发展受到限制等原因引起。

3）华东地区森林生态安全变化情况

由图5可见，上海市森林生态安全综合指数远远高于华东地区的其他省份，其在2009—2018年期间均处在安全状态（第Ⅳ等级），这是由于上海响应指数相比其他地区得分较高。上海经济发展较好，在人才投入、资金投入、技术投入等方面较多，弥补了林业资源欠缺的不足。

江苏省、浙江省及江西省森林生态安全综合指数趋于稳定，提升幅度较小，一直处于比较安全状态（第Ⅲ等级），但浙江省、江西省森林生态安全综合指数总体略高于江苏省，这是由于浙江省与江西省作为林业资源大省，森林生态安全状态指数高于江苏省，同时浙江省森林生态安全响应指数高于江苏省，反映出浙江省在林业生态系统维护方面的投入相对更多。

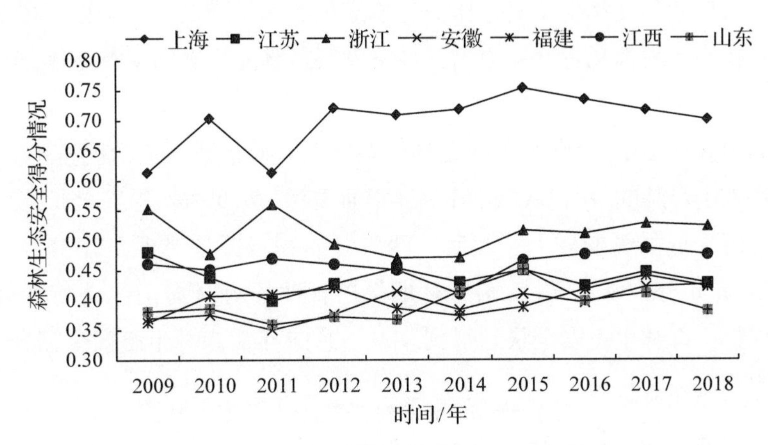


**图5　华东地区森林生态安全变化情况**

此外，江苏省经济发展程度较高，对森林生态安全产生的压力远高于江西省；安徽省与山东省的森林生态安全综合指数呈上升趋势，由临界安全状态（第Ⅱ等级）转变为比较安全状态（第Ⅲ等级），但变化较为缓慢，表明两省森林生态安全形势仍然较为严峻；福建省林业资源丰富，森林资源质量较高，但2013年受森林病虫鼠害的侵害和干扰，造成2013年、2014年资源状态指数降低，使得福建省森林生态安全综合指数波动较大，由比较安全状态（第Ⅲ等级）进入临界安全状态（第Ⅱ等级）。从时间上看，华东地区大部分省份的森林生态安全呈缓慢上升趋势，说明华东地区在近十年期间较大地改善了森林生态安全状况。

4）华中地区森林生态安全变化情况

由图6可知，河南、湖北、湖南三个省份大致处于比较安全状态（第Ⅲ等级）。湖北省森林生态安全综合指数呈略有下降趋势，可能的原因是湖北省在林业科技投入与新增造林投入上的增量相对较小，使得森林生态安全响应指数降低，反映出湖北省对经济发展的重视程度相对高于林业生态系统。

湖南省与河南省总体变化相似，呈缓慢增长趋势，前期河南省森林生态安全状况优于湖南省，在2015年及以后出现反转，这是由于湖南省林业资源质量提高，林业产业发展加快，森林生态安全状态指数逐年递增。

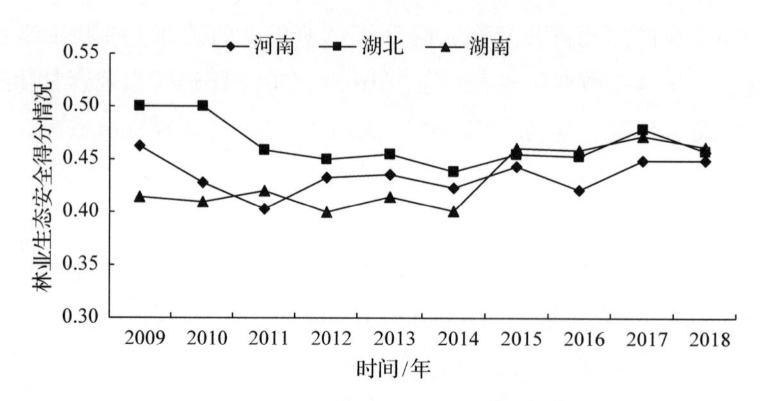


**图6　华中地区森林生态安全变化情况**

5)华南地区森林生态安全变化情况

由图7看出，广西森林生态安全综合指数逐年递减，一直处在临界安全状态(第Ⅱ等级)。结合指标分值来看，广西的森林生态安全压力与响应指数逐年降低，这是由于随着广西城镇化水平的加快，森林采伐与木材消耗量逐年递增，经济发展对林业生态的干扰不断加剧，进一步影响了森林生态安全。

广东省与海南省在2012—2018年的森林生态安全综合指数变化情况基本一致，均在2012年开始下降，并在2014年同时由比较安全状态(第Ⅲ等级)转变为临界安全状态(第Ⅱ等级)，说明受到林业投资力度降低的影响较大。此后，两省开始积极开展林业生态修复工作。例如，广东省、海南省在2014年分别修正了《广东省林地保护管理条例》《海南经济特区林地管理条例》等，更加重视林地保护，森林生态安全状态得到改善，2015年后森林生态安全综合指数逐年递增。

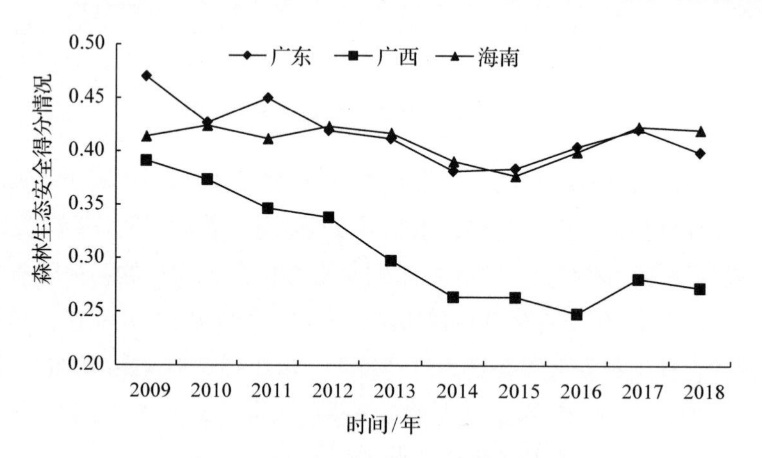


**图7　华南地区森林生态安全变化情况**

6)西南地区森林生态安全变化情况

由图8看出，西南地区各省份森林生态安全综合指数由不同值趋向统一值，在2018年均处于比较安全状态(第Ⅲ等级)，森林生态安全综合指数在0.48值上下略有浮动。

具体而言，西藏与贵州森林生态安全综合指数总体呈上升趋势，这是由于贵州在改善林业资源、加大林业投入方面做了大量的工作，实施植树造林、森林抚育等生态工程，以及建设了工业原料林、国家储备林等林业产业基地，使得贵州森林生态安全状态指数与响应指数逐年递增；而西藏近年来集中发展生态旅游、特色畜牧业、农牧产品加工业等，林业资源占用较少，对森林生态安全施加的压力逐渐降低，使森林生态安全压力指数逐年递增，进一步维护了森林生态安全。

云南省森林生态安全综合指数在波动中上升，原因在于2014年云南省发生森林火灾，造成林业资源损失严重，影响了森林生态安全，使得云南省森林生态安全状态指数在2014年骤降；重庆与四川省森林生态安全综合指数变化不大，均处于比较安全状态(第Ⅲ等级)，这是由于两省林业资源比较丰富，森林生态安全状态指数趋于稳定，但林业生态响应指数变化略有起伏，2009年国务院三号文件将重庆、成都市发展定位为高新技术产业、服务业、特色农业等，上述产业的快速发展对重庆市、成都市的森林生态安全施加了压力，同时，资金在相关产业的倾斜降低了林业投资强度，从而重庆市、四川省在2010年森林生态安全综合指数呈下降趋势，说明地方政府在维护森林生态安全方面仍需继续努力。

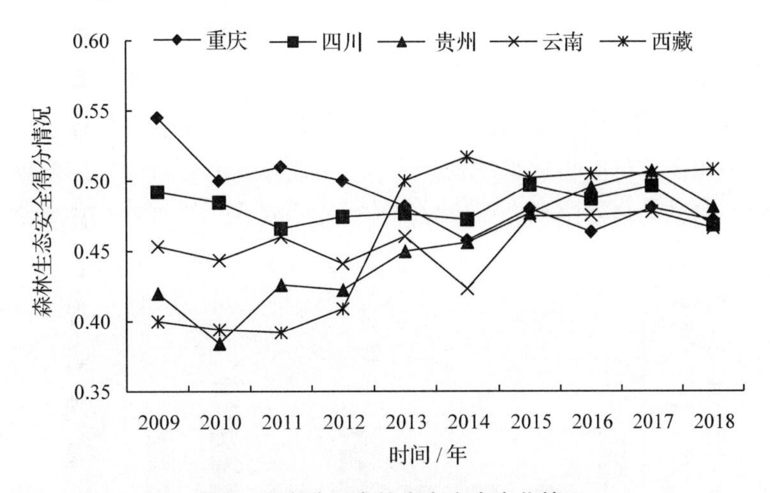


图8　西南地区森林生态安全变化情况

7)西北地区森林生态安全变化情况

由图9可知，2009—2018年的西北地区整体森林生态安全均处于比较安全状态(第Ⅲ等级)。具体而言：青海、宁夏森林生态安全综合指数波动较大，青海省森林生态安全综合指数在2013年大幅增长，这是由于2013年青海省森林旅游产业较快，林业第三产业产值增长幅度较大，从而提高了森林生态安全响应指数，最终使得森林生态安全综合指数增长；而宁夏林业安全综合指数在波动中上升，宁夏通过天然林资源保护工程、“三北”长江防护林工程、退耕还林(还草)工程、野生动植物保护及自然保护区建设等国家级林业工程的实施，加快了林业生态建设，森林生

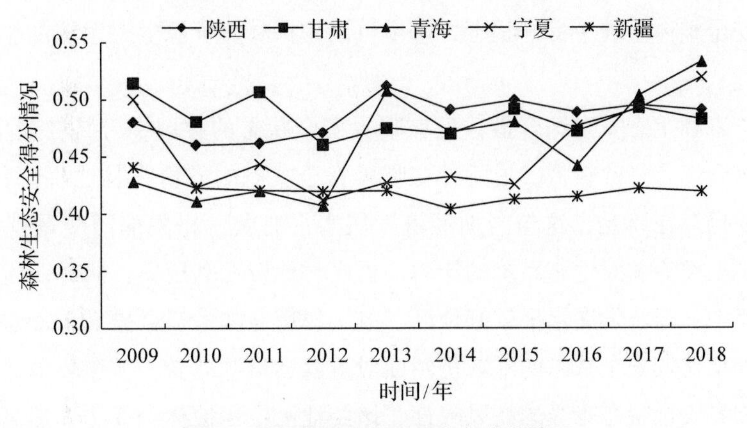


图9　西北地区森林生态安全变化情况

态安全响应指数在2010年后开始逐年递增；新疆、陕西、甘肃森林生态安全综合指数变化趋势趋于稳定，陕西、甘肃综合指数高于新疆。结合指标得分情况来看，三个地区森林生态安全压力指数基本一致，但陕西、甘肃森林生态安全响应指数高于新疆，这是由于陕西、甘肃省在林业科技人才数量、造林比重方面远远高于新疆地区，导致最终新疆森林生态安全综合指数低于上述两省。

8）中国整体森林生态安全变化情况

由图10可以看出，2009—2018年，中国森林生态安全均处于比较安全状态（第Ⅲ等级），森林生态安全综合指数在0.43处浮动，森林生态安全状况仍有进步空间。

结合森林生态安全压力、状态、响应指数，中国森林生态安全综合指数中，压力指数贡献最大，说明在经济发展过程中，发展较落后地区的人口压力、经济压力、社会压力缓解了经济发达地区的森林生态安全压力，使得中国整体森林生态安全压力指数较高；其次贡献较多的是状态指数，平均在0.14值处上下浮动，远远低于了部分林业大省地区的状态指数值，这是由于中国林业资源与世界水平相比，仍面临林业资源总量小、分布不均且质量偏低等问题；最后，森林生态安全响应指数得分最低，最低值与最高值分别为0.02、0.04，说明中国仍需要加强整体林业生态修复方面的资金、技术、人才投入。

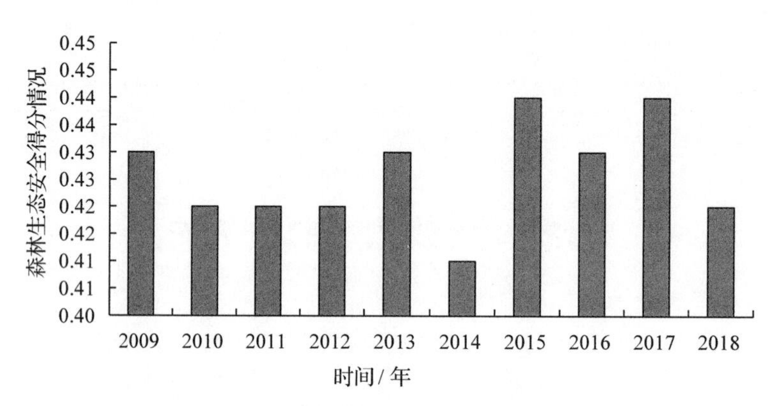


**图10 中国森林生态安全变化情况**

**2. 2018年省域森林生态安全的空间差异**

从森林生态安全整体状况来看，存在83.87%的地区处在比较安全状态（第Ⅲ等级），仅有上海市处在理想状态（第Ⅳ等级），临界安全状态（第Ⅱ等级）省份数量占16.13%，中国大陆31个省份森林生态安全整体上处于良好状态，基本可以发挥林业资源生态系统的生态功能，林业生态系统处于可持续状态。

总而言之，森林生态安全综合指数处在临界安全状态的省域中，其林业生态响应指数偏低，导致森林生态安全综合指数较低，说明处在临界安全状态的省份在林业生态保护及人力、物力、资金投入等方面仍存在不足，这与当地经济发展水平有关，相关部门应重视林业生态可持续发展，控制和减少人类活动对生态系统的压力，提高林业资源利用率，从林业生态压力角度缓解生态安全困境。其中，经济发展水平较好地区，如天津市应加大资金投入，加快技术进步，加强林业资源管护；处在比较安全状态的地区仍然面对着森林资源减少、生态环节恶化等问题，部分地区仍存在进入临界安全状态等级的高风险性，该类地区应保护林业资源、提高资源利用效率、加大生态保护投入，全方位维护森林生态安全。上海市凭借优越的经济发展基础使得森林生态安全响应方面得分较高，未来应在稳固强化当前生态安全水平的基础上进一步提升森林生态安全综合水平。

中国大部分省域林业生态压力状况处于理想状态与安全状态，说明中国大部分省域林业生态承受压力较小，加快经济建设与保护林业生态可以同步进行。但也存在山东、天津、北京等经济发展较好地区的森林生态安全压力较大，维护森林生态安全稳定的难度较大，继而导致森林生态安全综合状态处于临界安全状态。此类地区林业资源有限，应降低社会、生态对森林生态安全施加的压力。此外，本研究评估的中国 31 个省份中，仅有广西壮族自治区森林生态安全压力状况处在比较临界安全状态。广西经济发展较落后，城镇化进程较慢，但其凭借丰富的林业资源发展林业相关产业，使其承受的生态压力较大，应合理调控森林采伐强度。

中国上海、浙江森林生态安全状态状况处在安全状态，这是由于该部分地区经济发展基础好，林业灾害发生率远远低于其他地区，且浙江省林业资源丰富，使得其森林生态安全状态较好。森林生态安全状态状况处在比较安全状态的省份较多，涵盖了中国东北林区、西南林区、南方林区等区域，说明此类地区林业资源较丰富，林业产业发展相对较好，但相关部门仍需加强林业资源管护，减少因林业灾害造成的森林资源损失，同时提高林业生产效率，在一定程度上提高林木资源重复利用率，减少资源浪费。

森林生态安全状态类指标处在临界安全状态的地区基本分布在西北地区，这是由于西北地区林业资源贫乏、经济水平相对落后，林业产业发展水平较低。加之西北地区地广人稀，相关部门应增加人工林种植面积，提高林木资源的丰富程度。

中国大部分省份森林生态安全响应状况处于不安全状态，说明中国整体林业修复工作质量还有待进一步加强。其中，河北、北京、山东处在临界安全状态，该类地区经济基础较好，林业资源较少，在森林生态安全投入方面仍存在不足。此外，青海、宁夏森林生态安全响应状况处于比较安全状态，这是由于国家大力支持防护林建设，规划造林，使其造林比重较大，未来应加强人才队伍建设、提高林产加工技术。最后，仅有上海市森林生态安全响应状况处于安全状态，这是由于上海凭借资金、技术、人才等优势在林业生态保护方面投入了较多人力、物力、财力。

**3. 我国森林生态安全评价结论**

本研究在考虑传统森林生态安全的基础上，纳入了林业产业对森林生态安全的影响分析，综合了人才、技术对森林生态安全的支撑响应，构建了基于 PSR 模型的评价指标体系，运用平均赋权法确定指标权重，对中国 31 个省份 2009—2018 年的森林生态安全综合指数及分项指标进行了测度，得出主要结论如下：

第一，研究期内，中国 31 个省份森林生态安全综合指数总体呈现增长态势，反映出我国大部分省份的森林生态安全态势向好，但仍有部分地区如广西、广东、海南等省域的森林生态安全综合指数呈现下滑趋势，这是由于该类地区森林生态安全响应指数不断下降所致。此类地区应根据自身经济发展能力采取针对性地应对措施。例如，广西经济水平较低，但林业资源丰富，可以通过增加造林比重提升森林生态安全响应指数；广东、海南经济发展水平较高，可以通过加大资金投入，提高技术，防止林业生态系统的退化。

第二，各个省份森林生态安全综合指数存在较大差异，部分林业大省如福建、浙江、四川、云南等林业资源丰富、林业质量较高，森林生态安全指数均值在 0.46 左右；但也存在部分林业大省如广西森林生态安全处在临界安全状态，面临生态系统功能退化问题，急需采取措施应对。

部分经济发达地区(上海、江苏、河北、山西等)对林业生态产生较多压力，但其采取的修复措施弥补了人类行为的负面影响，使得此类地区森林生态安全水平处在较高水平。需要注意的是，有些省域(如天津等)一旦降低后续生态修复投入，就容易导致该地区森林生态安全陷入临界安全状态，不利于维护森林生态安全。大部分地区受气候、降雨量的影响，林业资源有限，但注重科学合理利用林业资源、降低人类行为对林业生态施加的压力，使得地区森林生态安全综合指数较高；部分地区(内蒙古)林业资源有限、经济发展水平落后，导致森林生态安全水平较低，全国各省份森林生态安全呈现较为显著的两极分化现象。

第三，2018 年中国 31 个省份森林生态安全综合情况大多处在比较安全状态，全国森林生态安全综合指数为 0.42，超过全国森林生态安全综合指数的省份占 74.19%，说明中国森林生态安全整体状况较好，但仍有进步空间。

## 三、我国草原生态安全评价

### (一)我国草原生态安全评价指标体系构建

#### 1. 评价指标构建原则

评价指标的选取是评价指标体系建立的前提和核心内容，要依据评价对象特点，最大限度合理的筛选指标。本研究评价的对象是我国大部分地区的草原生态系统，要综合考虑自然、经济和社会因素以及数据的可得性，筛选评价指标，选取时应注意以下选取原则：

一是地域性和适用性原则：各研究地区因其不同的生态人居等环境，存在的生态环境问题也各不相同。同时由于研究区域地理位置、自然资源、社会经济生活条件也存在差异，导致影响区域生态安全的因子并不完全相同。因此应选取大部分草原地区的共通指标，准确、合理地反映区域生态安全状况。

二是完整性与代表性原则：在选取指标时要综合考虑研究地区生态环境影响因子，完整、科学地选取自然、经济、社会各种影响因子，要能充分体现研究区域草原生态安全的现状及其特点。同时在指标选择时应选取具有典型性及代表性的影响因子，避免过于繁琐，各指标保持独立性，尽量做到每一个指标都能凸显生态安全问题的实质，构建一个体系简明、层次分明、重点突出的系统化指标架构。

三是可得性和可操作性原则：选取指标要充分考虑其数据的可得性以及具体计算时的可操作性，要选择在当前研究条件中数据易于获取和处理的评价指标。

四是科学性和真实性原则：科学研究要依据一定的科学基础理论，建立评价指标体系，要充分从客观角度选择，做到能科学真实地反映研究地区草原生态安全的真实状况和问题。在指标运用上保证其指标数据的可靠性和真实性，避免对数据的估算和编纂，保证数据的精确性。

#### 2. 评价指标体系构建

草原是生态环境的载体，对改善生态环境，维护生态平衡，保护人类生存和发展起着重要的作用。然而，我国草原退化情况较为严重，正确评价我国草原利用状况势在必行。在对区域草原生态安全评价指标进行选择时，不仅要考虑各个地区的生态环境现状，更应体现对区域生态安全有潜在影响的重要因素的变化及人类活动的影响。因此在选取草原生态安全评价指标时，根据“压力-状态-响应”(PSR)概念框架模型，在力求全面考虑影响草原生态安全各种因素的基础上，结合前述评价指标体系的构建原则，结合可获取的研究资料，利用中国知网数据库进行搜索，以“草原生态安全”词条为搜索条件，对2002—2020年涉及的266条文献进行频数统计，筛选出使用频率较高的指标。此外，根据草原生态系统的特点，结合实际的社会发展情况、自然发展情况完善评价指标体系，建立了多层次评价指标体系，见表5。

**表5　草原生态安全评价指标**

| 目标层 | 项目层 | 因素层 | 指标层 | 指标公式及释义 | 指标性质 |
| --- | --- | --- | --- | --- | --- |
| 草原生态安全评价 | 草原生态压力指标 | 直接压力 | 草原退化率 | 地区草原退化面积/草原总面积，反映了草原产草量的水平，草原退化率越高，对生态安全越不利 | − |
| | | | 人类干扰指数 | 地区耕地面积/地区土地总面积，耕地面积占用了草原面积，造成草原面积的减少，不利于草原生态安全 | − |
| | | | 超载率 | 超载量/理论载畜量，超载率越高，越不利于草原的可持续发展 | − |
| | | 间接压力 | 人口密度 | 年末总人数/国土面积，反映了人口密集程度，同等面积条件下人口密度越大，人类活动对森林产生的压力越大，森林生态系统越不安全 | − |
| | | | 城镇化比率 | 年末城镇人口数/年末总人口数，反映城镇人口密集程度指标，城镇化率越高，人类对林地等资源的需求越大，林业生态系统越不安全 | − |
| | | | 单位GDP能耗 | GDP/国土面积，是反映人类经济活动对能源的利用程度，能源消耗越高，对森林生态系统的干扰越大，森林生态系统越不安全 | − |
| | 草原生态状态指标 | 资源类指标 | 草原覆盖率 | 草原面积/土地面积，草原在保持水土、防风固沙等方面发挥重要作用，占比越高，说明草原生态更安全 | + |
| | | | 草原沙化比率 | 草原沙化面积/土地面积，草原沙化带来一系列生态问题，比例越高，越不利于 | − |
| | | | 人均草原面积 | 草原面积/总人口，反映了草原资源禀赋条件 | + |
| | | 气候类指标 | 年降水量 | 月平均降水量之和，降水量越丰富，草地生产力越高 | + |
| | | | 年平均气温 | 月平均气温之和/12，平均气温越高，越有利于草原生长，草原生态系统越安全 | + |
| | 草原生态响应指标 | | 草原投资指数 | 草原投资/GDP，投资指数越高越有利于草原生态保护和建设，从而维护草原生态安全 | + |
| | | | 人均草地建设资金投入 | 草地建设资金/总人口，人均资金投入越多，越有利于缓解资金短缺、建设不到位等情况 | + |
| | | | 人均退耕还草面积 | 退耕还草面积/总人口，人均退耕还草面积越多，越有利于缓解牲畜量过多带来的生态压力 | + |

### 3. 权重确定与数据来源

首先，本研究根据专家打分法确定各项目层权重，其次，根据平均赋权法确定各指标权重。本研究的数据来源于《中国林业与草原统计年鉴》《中国统计年鉴》《中国畜牧兽医年鉴》等，部分缺失数据采用插值法计算得到。由于部分指标难以获取数据，最终得到以下指标数据，并确定其权重，见表6。

由于存在部分省份草原资源贫乏，不适合发展草业，故在后续实证分析过程中剔除了此类地区，仅对山西、内蒙古、吉林、黑龙江、河南、湖北、重庆、四川、贵州、云南、西藏、陕西、甘肃、青海、宁夏、新疆16个省份草原生态安全进行评价分析。

表 6 草原生态安全评价指标体系及其权重

| 目标层 | 项目层 | 项目层权重 | 指标层 | 指标性质 | 指标权重 |
| --- | --- | --- | --- | --- | --- |
| 草原生态安全评价 | 压力 | 0.3 | 城镇化比率 | - | 0.1 |
| | | | 单位 GDP 能耗 | - | 0.1 |
| | | | 人类干扰指数 | - | 0.1 |
| | 状态 | 0.5 | 人均草原面积 | + | 0.1 |
| | | | 草原综合植被盖度 | + | 0.1 |
| | | | 鼠虫危害受灾率 | - | 0.1 |
| | | | 火灾受灾率 | - | 0.1 |
| | | | 鼠虫治理率 | + | 0.1 |
| | 响应 | 0.2 | 草地投资指数 | + | 0.1 |
| | | | 单位面积草原建设投入 | + | 0.1 |

**4. 指标数据标准化**

由于各指标计量单位不一致，需要对指标进行无量纲化处理，处理过程沿用森林生态安全评价指标标准化方法。

**(二)我国草原生态安全实证评价与分析**

**1. 测评结果综合分析**

2009—2018 年，中国整体草原生态安全评价结果见表 7。可以看出，我国草原生态安全整体水平在 2011—2017 年处在上升趋势，在 2018 年略下降。结合其项目层得分情况可知，近八年压力层得分处在下降趋势，说明随着经济的快速发展，其对草原生态施加的压力越来越大，不利于草原生态系统的恢复和维护；状态层得分整体是属于增长趋势，偶有下降，说明草原资源状况、灾害防治等方面较好；响应层得分基本处于上升趋势，但在 2018 年开始下降，这是由于 2018 年草原投资资金减少，造成 2018 年草原生态安全综合得分降低。相关部门未来应在稳定草原资源禀赋的基础上加大草原建设资金投入，加强草原基本设施建设，加快草原生态恢复。

表 7 全国 2011—2018 年草原生态安全指数

| 时间 | 压力 | 状态 | 响应 | 综合 |
| --- | --- | --- | --- | --- |
| 2011 | 0.20 | 0.23 | 0.02 | 0.45 |
| 2012 | 0.21 | 0.30 | 0.06 | 0.57 |
| 2013 | 0.18 | 0.32 | 0.06 | 0.56 |
| 2014 | 0.18 | 0.39 | 0.08 | 0.65 |
| 2015 | 0.17 | 0.31 | 0.13 | 0.61 |
| 2016 | 0.16 | 0.34 | 0.17 | 0.67 |
| 2017 | 0.13 | 0.29 | 0.20 | 0.62 |
| 2018 | 0.10 | 0.31 | 0.06 | 0.47 |

**2. 2018 年省级草原生态安全评价结果分析**

根据 2018 年 16 各地区的草原相关数据计算的生态安全指数情况(表 8)。详细来看：西藏地区草原生态安全综合得分最高，为 0.64，其压力得分与状态得分较高，这是由于西藏经济发展水平相对落后，对草原生态施加的压力较小，且西藏草原资源丰富，资源禀赋较好；黑龙江、贵州、云南地区草原生态安全综合指数较高，在 0.5~0.6 区间，这三个地方林业资源丰富，注重林业生态保护，所以在草原生态安全保护方面会借鉴森林生态安全保护做法，草原生态安全状态得分较高，黑龙江在草地投资建设方面投入较多，远超我国其他省份，响应指数较高。湖北、重庆、陕西、甘肃、青海、宁夏、新疆地区草原生态安全指数处在0.4~0.5区间，草原生态系统基本可以发挥生态系统服务功能，上述大部分地区经济发展相对落后，经济发展过程中对草原施加的压力较小，草原生态安全压力指数较高，且大多地区草原鼠虫害发生率控制得当，治理率较高，草原火灾发生率较小，造成的损失较少，使得草原生态安全状态指数较高，但在草原建设投入方面仍存在不足；山西、内蒙古、吉林、河南、四川草原生态安全综合指数较低，上述地区草原生态安全响应指数偏低，压力与状态得分较高，尤其内蒙古作为草原大省其生态安全指数较低的原因在于其2018年的鼠虫治理率下降，比2017年下降了2.75%，而且内蒙古在草原建设资金投入方面与以往有较大幅度下降，2018年内蒙古草地投资90256万元，比2017年下降了84.19%，导致2018年内蒙古草原生态安全指数较低。

**表8　2018年中国16个地区草原生态安全得分情况**

| 省　份 | 压力得分 | 状态得分 | 响应得分 | 综合得分 |
|---|---|---|---|---|
| 山　西 | 0.13 | 0.24 | 0.00 | 0.38 |
| 内蒙古 | 0.16 | 0.10 | 0.01 | 0.27 |
| 吉　林 | 0.12 | 0.27 | 0.01 | 0.39 |
| 黑龙江 | 0.11 | 0.26 | 0.20 | 0.57 |
| 河　南 | 0.04 | 0.28 | 0.00 | 0.32 |
| 湖　北 | 0.08 | 0.30 | 0.03 | 0.40 |
| 重　庆 | 0.10 | 0.29 | 0.05 | 0.44 |
| 四　川 | 0.13 | 0.18 | 0.01 | 0.32 |
| 贵　州 | 0.17 | 0.30 | 0.04 | 0.51 |
| 云　南 | 0.18 | 0.30 | 0.02 | 0.51 |
| 西　藏 | 0.30 | 0.31 | 0.03 | 0.64 |
| 陕　西 | 0.13 | 0.22 | 0.06 | 0.41 |
| 甘　肃 | 0.21 | 0.14 | 0.05 | 0.40 |
| 青　海 | 0.23 | 0.14 | 0.04 | 0.41 |
| 宁　夏 | 0.17 | 0.26 | 0.02 | 0.46 |
| 新　疆 | 0.21 | 0.19 | 0.01 | 0.41 |

## 四、我国林草生态安全协调性及治理对策

### （一）我国林草生态安全的协调性分析

结合2018年最新数据，对比分析我国森林生态安全状况与草原生态安全状况发现，湖北、重庆、贵州、云南、宁夏、新疆等省域，其林业与草原生态安全状况具有一致性，生态安全指数相差较小，这些地区的林业资源与草原资源相对平衡，在资源利用与保护方面处于稳定状态，见图11。

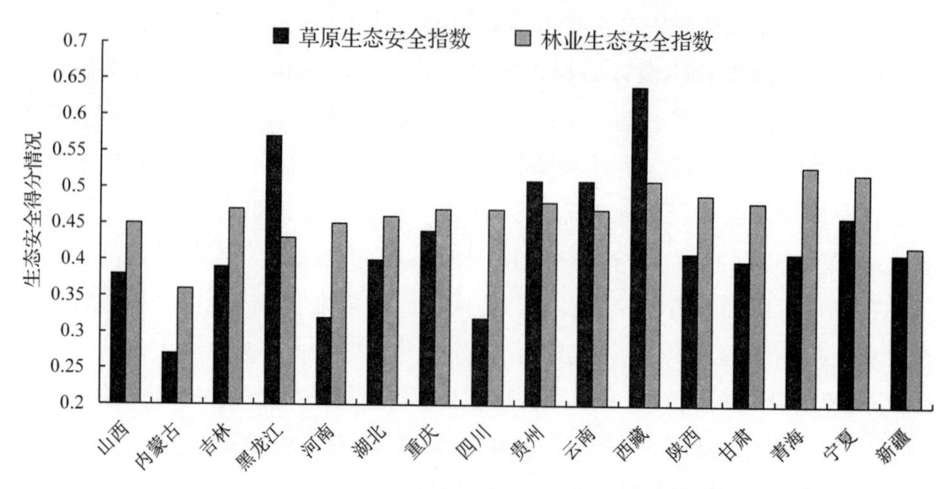


**图 11　省域林业与草原生态安全对比情况(2018 年)**

与此同时，也存在部分省域，如山西、内蒙古、吉林、河南、四川、陕西、甘肃、青海等，其草原生态安全指数远远低于森林生态安全指数。这类地区的森林生态安全指数处于比较安全状态，而草原生态安全指数基本处于临界安全状态。可能的原因在于，上述部分地区的林业资源比草业资源丰富，政府在政策扶持、资源投入方面倾向于林业资源建设，山西、内蒙古、河南、四川地区开展的天然保护工程、退耕还林工程投资巨大、成效显著，每年完成一定的生态工程造林面积，林业投资完成额较多，草原保护与发展的投入相对不足，而作为草原大省内蒙古是由于 2018 年鼠虫治理率下降且在资金投入方面与以往有较大幅度下降，2018 年内蒙古草地投资 90256 万元，比 2017 年下降了 84.19%，导致 2018 年内蒙古草原生态安全指数较低。

此外，也存在黑龙江、西藏等地区，其草原生态安全指数高于森林生态安全指数，这是由于西藏地区的草原资源丰富、畜牧业发达，是促进当地经济发展的重要产业之一，当地在资源利用与保护方面更侧重于草业资源，使得森林生态安全总体处于比较安全的状态，而草原生态安全处于较高水平(安全级)；而黑龙江地区林业资源丰富，但林业投资、技术响应等方面与其他省份相比较少，使得森林生态安全指数较低，而在草原建设方面投入比其他地区较多，草原生态安全响应指数较多，最终使得草原生态安全综合指数高于森林生态安全响应指数。

**(二)保障我国林草生态安全的总体思路**

**1. 转变发展方式，促进林草资源合理利用**

实践证明，经济增长对林草资源保护具有积极作用，比如可以加大生态补偿力度促进森林资源的保护，加大技术研发投入实现草原资源更细致的利用。但也不能忽视经济增长对环境造成的消极影响，部分地方为追求经济的快速发展，乱砍滥伐森林资源、过度放牧，造成森林资源减少、草原退化等问题，所以必须转变经济发展方式，合理利用林草资源。对森林资源的采伐应通过科学合理的现代技术手段确定最优森林采伐期，降低人类行为对森林资源的破坏；牧民放牧数量应控制在草原承载力范围以内，使草原系统留有余地进行自我调节。各地区需根据当地林草资源禀赋，培育当地主导产业、特色产业和新兴产业，开发林草产品和服务品牌，以品牌效应扩大地区影响力，打造独具特色的绿色品牌。

**2. 加大科技投入，提升林草专业人员素质**

加大科技投入一方面要加大对林草生态安全的理论研究，另一方面是加大对森林、草原监测技术研发的投入。林草生态安全的理论研究需要吸纳农林院校之外的高校人才，促进更多的学者参与林草生态安全的理论研究，为各地的林草生态安全维护建言献策，结合各地实际发展情况，因地制宜探索出各地独具特色的林草可持续发展之路。加大对森林、草原监测技术的投入，实现对森林、草原资源的全方位监测，确保每一棵树、每一片草原均在监测范围内。积极发展卫星技术监测森林、草原火灾情况，及时扑灭火源，减少资源损失；同时，利用卫星遥感技术监测森林、草原病虫害情况，及时做好病虫害防治工作，实现林草资源保护与循环利用的目标。

此外，培养具有林业生态知识的人才也是维护林草生态安全的有效途径。加大对教学的投入，目的就是培养具有森林生态知识的专业型人才。一方面，这些专业人才可以进一步研究林草生态安全的基础理论，另一方面，专业技术人才的培养也为社会输送了一大批林业从业者。林业从业者技能的提升有利于提高林草生态保护工作，做好森林、草原病虫害防治工作。

最后，强化从业者职业教育。职业教育可以提升从业人员的技能，职业道德教育可以提升林业从业人员的爱岗敬业精神。采用每年一次或两次的职业教育可以在一定程度上提升从业人员的职业素养，通过线上线下相结合的宣传、展示等，进一步提高从业者的职业素养。

**3. 加强资源保护，推动三产高质量融合发展**

在森林生态安全状态层面，森林覆盖率、森林蓄积量、林业产值和森林公园旅游收入尤为重要。增加林业资源数量必须在合理利用已有资源的基础上，增加人工林种植面积。针对不同地区的实际情况，采取不同的保护措施，实施不同的保护力度。对于森林资源丰富的地区，需要做好森林防火防病虫害的响应机制。林业产值、森林资源旅游收入在森林生态安全状态层占有一定的比重，对森林生态安全具有重要影响。要实现林业资源的可持续利用，就需要注重提高林业产值。在退耕还林地区，政府应该根据具体情况放宽经济林栽种的范围，并给予相应的补助，发挥森林在保持水土、涵养水源、净化空气的生态服务功能；对于临近城市适合开发第三产业的森林资源，相关部门应合理规划和适度开发为生态旅游区或者森林公园，打造三产融合发展示范区，实现森林资源保护与利用相互促进以及林业高质量发展的样板地。

**4. 合理控制载畜量，加快草原事业良性发展**

载畜量对草原发展具有重要影响，牧民放牧期间需要，如果载畜量过多会加剧草原的退化，无法满足牲畜的采食量，可能引发牲畜质量下降，畜产品减少等一系列的问题，而载畜量过小，长此以往可能会使牧草质量下降，并伴随牧草腐烂现象的发生。

因此，相关政府部门应根据各地草原资源情况科学合理规划，引导牧民及时控制饲养的牲畜数量，促进草原的良性发展。同时，牧民饲养的家畜种类较多，其采食习性及对生存条件的要求也不尽相同，在分划草原资源的过程中，应注重分群管理思想，根据不同家畜的特点，对家畜进行分类管理，根据各类别家畜的习性，合理规划放牧时间，根据具有不同气候条件的草原，相关部门引导牧民实行公母分群、强弱分群以及大小分群原则，从而对草原资源进行科学合理的高质量利用。

### （三）提升我国林草生态安全的路径措施

**1. 提升各省森林生态安全水平的措施建议**

林业资源基础较好的省份，如吉林、黑龙江、浙江、福建、江西、广西、重庆、四川、贵州、云南等，受森林生态安全状态指数较高影响，基本处于比较安全状态，这部分省份需保护现有的林业资源，控制森林火灾、鼠疫虫害等自然灾害，建立森林生态安全预警长效机制，有效预防森林生态安全风险，防止生态环境出现恶化，提高林业资源利用率，提高林业产值，注重开发与保护并重。

对于林业资源欠缺、经济发达地区，如上海、江苏、河北、山西、湖北等省份，应充分发挥自身的资金、技术、劳动力等优势，利用有限的资源创造更大的价值，引导建设项目不占或少占乔木林、特殊灌丛林或公益林地，减小人类行为对林业生态系统施加的压力，并积极开发新能源，加强工业排放治理力度，减轻环境压力，加大资金、技术投入，培养林业科技型人才，维护森林生态安全稳定。

针对林业资源匮乏、经济发展较落后的地区，比如西北地区，因其地广人稀的先天优势，当地森林生态安全压力较轻，应在建设经济的同时，加大造林力度，提高森林覆盖率，加强天然林保护，采取措施治理森林退化情况，加强森林可持续经营培育，提高混交林比重，稳定提升森林生态安全状态指数，增强林业生态系统的承载力以及自我调节、自我恢复能力。

**2. 提升各省草原生态安全水平的措施建议**

处在安全状态的省域地区，应及时监控草原虫害鼠害以及草原火灾情况，做到“早预防、早发现、早应对”。为维护已有的草原资源，相关政府部门应加大草原生态建设投入，加大用于草原生态治理和生态系统维护的经费投入，在农牧业生产用地方面，相关部门要进一步正确引导农牧区各类用地与草原资源之间的转换，合理放牧，以草定畜，与当地的畜牧业发展相协调，避免载畜量过多，保持草原生态安全平衡，维持草原产业稳步发展。

草原生态安全指数较低的地区在保护草原方面仍处在低支出水平。随着经济社会的发展，该类地区对草原生态的投入较少，保护草原生态安全意识不强。因此，应严格控制放牧牲畜数量，做好水土保持和退耕还林还草工作，建立农、牧、特色产业综合经济区，在发展产业的同时，与生态建设相结合，合理改善地区草原生态安全状况。同时，相关部门应加大宣传，提升生态安全保护的意识，加强草地保护力度，做到开源节流，治标先治本。此外，现代草原生态安全问题不只是草原生态系统的承载力和自我恢复功能的问题，更重要的是人类对草原生态的保护，为实现草原生态安全和生态系统平衡，既要合理利用草地资源，更要对草原的生态外部性进行合理地补偿。最后，政府部门应明确草地的开发和利用阈值，设定开发和利用底线，构建合理的草原生态安全功能分区，力争实现农牧民的生产生活与草原生态安全，以及生态文明传承等多方面共赢的结果。同时，应当与国家林草生态安全保护政策为基础，完善草原生态安全相关法规政策，为我国草原生态安全保护与建设工作奠定更为坚实的基础。

调 研 单 位：国家林业和草原局经济发展研究中心、南京林业大学
课题组成员：刘浩、张欣晔、余琦殷、杨加猛、余红红、魏尉、季小霞、李园园、吴保含、盛洁、陈帅、李佳芮

# 草原生态补奖政策评估及生态补偿机制完善研究

**摘要：** 草原是我国面积最大的陆地生态系统，对于维护国家生态安全和保障畜牧业生产具有重要的基础性作用。草原生态补奖政策从2011年开始实施以来，已经连续实施两轮。2020年中央一号文件明确要求，研究本轮草原生态补奖政策到期后的政策。经研中心联合中国农科院草原所组成调研组赴内蒙古新巴尔虎右旗、新巴尔虎左旗和阿巴嘎旗调研，分析了政策主要取得的生态、经济和社会效益，重点剖析了草原生态补奖政策在实施过程中存在的草原监管、补奖标准、政策协同性、牧民增收持续力等问题，在此基础上，提出了加多措并举合力助推草原生态保护，建立草原生态补奖资金动态调整机制，创新监管方式方法压实属地责任的对策建议。

草原占我国国土面积的41.7%，不仅是重要的畜牧业生产基地，也是我国重要的陆地生态屏障。然而，由于长期的不合理利用，我国近90%的天然草原发生了退化，严重威胁着我国的生态安全。为此，2011年起，国家在内蒙古、新疆、西藏等主要8个牧区省份和新疆建设兵团实施了草原生态保护补助奖励政策，2012年起将范围扩大到黑龙江等5省份的农牧交错区，2016年，国家继续实施新一轮草原补奖政策，并提高了补奖标准。该政策是我国有史以来影响最大的天然草原保护政策，涉及范围广、时间长、受益人数多。2020年是新一轮补奖政策的收官之年，也是下一轮补奖政策的积极谋划之年，对政策实施效果和经验教训进行充分的评估和总结，在此基础上谋划提出政策的优化建议，对于下一轮政策的制定和实施具有重要意义。

## 一、调研区域概况

在实施补奖政策13个省份中，内蒙古自治区落实补奖政策的面积最广，涉及金额最多，政策资金和覆盖面积均占到政策总金额和总实施面积的约27%，因此，课题组在内蒙古自治区选择典型草原区域开展调研。

### (一)旗县概况

调研选择了内蒙古自治区呼伦贝尔市新巴尔虎左旗、新巴尔虎右旗和锡林郭勒盟阿巴嘎旗，该三个旗县均属于边境纯牧业旗县。

新巴尔虎左旗(简称新左旗)位于呼伦贝尔大草原腹地，幅员面积2.2万平方公里，辖2个镇5个苏木，国境线总长311.24公里。2018年新左旗年末总人口数4.2万人，其中牧区从业人员

1.9 万人。新左旗与新巴尔虎右旗(简称新右旗)大致以乌尔逊河、呼伦湖为界。新右旗位于呼伦贝尔市西部，中俄蒙三国交界处，国境线长 515.4 公里。全旗面积 2.4 万平方公里，2018 年总人口为 3.5 万人，牧区从业人员 1.1 万人。上述两个旗县虽然边界相邻，但新巴尔虎左旗属于中温带季风性气候，新巴尔虎右旗属于中温带大陆性气候，这一气候特征差异导致新左旗年均降水量高于新右旗。

阿巴嘎旗全旗总面积 2.75 万平方公里，北与蒙古国接壤，边境线长 175 公里，东邻东乌珠穆沁旗和锡林浩特市，南与正蓝旗相连，西与苏尼特左旗毗邻。全旗辖 3 个镇、4 个苏木、1 个矿管区，71 个牧业嘎查、4 个社区。2018 年总人口 4.5 万人，其中蒙古族占总人口的 55.1%，牧区从业人口 1.4 万人。阿巴嘎旗处于中纬度西风带，属于温带半干旱大陆性气候，植被属于半干旱草原类型，具有代表性的草原全是大针茅草原和克氏茅草原 。南部沙地属浑善达克沙地的一部分，整个沙地景观完全不是人们想象中寸草不生的大漠，而是生长着沙蒿、小黄柳和其他沙生植物。三个调研旗县概况请见表 1。

**表 1　三个调研旗县概况**

| 旗　县 | 总面积(万平方公里) | 天然草场面积(万平方公里) | 草原类型 | 气候类型 | 2018 年总人口(万人) | 2018 年末牲畜数量(万头/匹/只) | 2019 年牧区常住居民人均可支配收入(元) |
|---|---|---|---|---|---|---|---|
| 新左旗 | 2.2 | 1.8 | 草甸草原 | 中温带季风性气候 | 4.2 | 78 | 23732 |
| 新右旗 | 2.5 | 2.3 | 典型草原 | 中温带大陆性气候 | 3.5 | 107 | 23794 |
| 阿巴嘎旗 | 2.8 | 2.7 | 典型草原 | 中温带大陆性气候 | 4.5 | 94 | 28335 |

注：数据根据《2019 年呼伦贝尔市统计年鉴》《2019 年锡林郭勒盟统计年鉴》和《2020 年内蒙古自治区统计年鉴》中的旗县篇整理。

## (二)样本分布

调研样本的选择遵循四条基本原则。①同一个旗县范围内，样本总数不少于 30 户且尽可能覆盖多个地貌和地带。如新巴尔虎左旗 51 个样本牧户，分别来自中部阿木古郎附近的沙丘地带、西北部的甘珠尔苏木乌尔逊河周边草场和南部的乌布尔宝力格丘陵地带的草场。新巴尔虎右旗各苏木均呈相似的南北长条形状分布，因此选择了具有代表性的克尔伦苏木。②同一个旗县范围内，样本尽可能与人口分布呈比例。如阿巴嘎旗全旗人口的 70%以上居住在南部的三个苏木镇。因此，58 个样本户中 45 个来自南部的三个苏木，13 个来自北部。③每个苏木样本中，尽可能包含大户、中等户和贫困户。④每个苏木根据管辖的嘎查数量，样本尽可能来自不同的嘎查。牧户调查样本分布及基本情况见表 2、表 3。

**表 2　2020 年内蒙古草原补奖政策评估调研样本分布**

| 旗　县 | 样本(户) | 乡镇(苏木) | 样本(户) | 村(嘎查) | 样本(户) |
|---|---|---|---|---|---|
| 新左旗 | 51 | 阿木古郎 | 15 | 塔日根宝力格 | 7 |
| | | | | 新宝力格 | 8 |
| | | 甘珠尔 | 10 | 呼和温都尔 | 7 |
| | | | | 乌尔逊 | 2 |
| | | | | 甘珠尔 | 1 |
| | | 乌布尔宝力格 | 26 | 巴音贡 | 26 |

（续）

| 旗　县 | 样本（户） | 乡镇（苏木） | 样本（户） | 村（嘎查） | 样本（户） |
|---|---|---|---|---|---|
| 新右旗 | 30 | 克尔伦 | 30 | 芒　来 | 16 |
| | | | | 宝音塔拉 | 5 |
| | | | | 萨如拉 | 2 |
| | | | | 赛罕呼热 | 5 |
| | | | | 西　庙 | 1 |
| | | | | 希日塔拉 | 1 |
| 阿巴嘎旗 | 58 | 别力古台 | 15 | 阿拉坦杭盖 | 6 |
| | | | | 赛罕图门 | 2 |
| | | | | 巴音杭盖 | 1 |
| | | | | 巴音敖拉 | 3 |
| | | | | 本道尔 | 2 |
| | | | | 恩格尔哈夏图 | 1 |
| | | 查干淖尔 | 15 | 巴彦淖尔 | 1 |
| | | | | 阿拉坦图雅 | 2 |
| | | | | 达布希拉图 | 2 |
| | | | | 查干淖尔 | 2 |
| | | | | 达布森塔拉 | 1 |
| | | | | 乌兰图嘎 | 4 |
| | | | | 乌兰宝力格 | 1 |
| | | | | 乌兰图雅 | 2 |
| | | 洪格尔高勒 | 15 | 巴彦呼格吉勒 | 6 |
| | | | | 哈夏图 | 1 |
| | | | | 巴彦洪格尔 | 3 |
| | | | | 萨如拉图雅 | 4 |
| | | | | 阿拉坦嘎达苏 | 1 |
| | | 伊和高勒 | 13 | 伊和乌苏 | 6 |
| | | | | 宝利根敖包 | 4 |
| | | | | 阿拉坦嘎达苏 | 3 |

**表 3　调研牧户草原使用基本情况**

| | | 新巴尔虎左旗 | 阿巴嘎旗 | 新巴尔虎右旗 |
|---|---|---|---|---|
| 承包草场面积（亩） | 最大值 | 15000 | 22140 | 18884 |
| | 最小值 | 500 | 910 | 2000 |
| | 平均值 | 5108 | 7346 | 7565 |
| 租入面积（亩） | 最大值 | 20000 | 30000 | 20000 |
| | 最小值 | 1000 | 720 | 0 |
| | 平均值 | 5591 | 5708 | 9369 |
| 租出面积（万亩） | 最大值 | 5000 | 11000 | 10000 |
| | 最小值 | 2200 | 3500 | 0 |
| | 平均值 | 3600 | 7250 | 7667 |

（续）

| | | 新巴尔虎左旗 | 阿巴嘎旗 | 新巴尔虎右旗 |
|---|---|---|---|---|
| 禁牧（亩） | 户　数 | 23 | 1 | 4 |
| | 平均面积 | 2377 | 300 | 5052 |
| 草畜平衡（亩） | 户　数 | 47 | 57 | 19 |
| | 平均面积 | 3722 | 6928 | 7338 |

注：租赁面积、禁牧和草畜平衡面积均在有该项内容的牧户中平均。如新巴尔虎左旗金牧户23户，平均禁牧面积为该23户的平均面积而不是在全旗所有样本中平均。

**（三）调研工作开展情况**

调研工作主要采取了牧户访谈和旗县相关部门座谈交流两种形式。通过与调研旗县农牧局、林草局、财政局及相关业务部门开展座谈交流，总结了政策落实过程中的经验和存在的问题，以及对2021年之后政策的期盼及政策设计构想等。入户调查前期，基于调研组的前期研究和旗县政策主管部门推荐，选择了政策落实有特点并具有典型特色的地区。样本以草畜平衡牧户为主，适度选择部分草畜平衡与禁牧兼有的牧户以及部分全部禁牧牧户。另外，为了进一步全面了解补奖政策实施对推进地区草原畜牧业发展、生态保护、脱贫攻坚等的影响，还对部分合作社和生产基地进行了实地踏查。

**（四）草原生态保护补奖政策落实情况**

**1. 呼伦贝尔市新巴尔虎左旗**

（1）第一轮草原生态补奖政策。第一轮草原生态补奖政策实施阶段（2011—2015年），新左旗实施草原生态补奖面积2127.77万亩。其中，禁牧750万亩，草畜平衡1377.77万亩。全旗享受草原生态补奖政策牧户共7459户。补贴标准为，禁牧9.54元/亩，草畜平衡2.385元/亩。补奖资金分为上半年和下半年两个批次发放，通过"一卡通"系统直接发放到牧户银行账户。

（2）新一轮草原生态补奖政策。新左旗新一轮草原生态补奖（2016—2020年）任务2220万亩，其中：禁牧面积868万亩，草畜平衡面积1352万亩。每年发放禁牧补助11935.4万元，草畜平衡奖励5966.1万元。涉及7个苏木镇，66个嘎查及嵯岗牧场生产队。新一轮补贴标准调整为禁牧13.75元/亩，草畜平衡4.58元/亩。新左旗调研的51个牧户中，27户部分承包草场享受禁牧政策，禁牧补贴最高获得68750元，27户平均获得30899.31元。所有调研牧户均享受草畜平衡政策，最高获得59540元，平均获得18058.47元。

（3）相关举措。从草原生态补奖政策的第一阶段进入第二阶段期间，新巴尔虎左旗农牧业局牵头，对享受新一轮草原生态补奖政策的牧户进行登记、核实，并完成了牧户信息录入、核对、资料整理、档案装订。发放补奖资金期间，资金发放表进行了公示、牧户确认签字，通过"一卡通"打入牧户账户，调研牧户表示资金到账率100%。落实了基本草原保护制度，严格实施了禁牧、草畜平衡区管护等措施，加快转变了草原畜牧业生产方式，逐步减轻了天然草原牲畜放牧压力。草原科学合理利用水平得以提高，草原生态环境日趋好转。补奖资金的发放也充分调动了牧民群众保护草原生态的积极性和责任感，提高了牧民对政策的参与度。

**2. 呼伦贝尔市新巴尔虎右旗**

（1）第一轮草原补奖政策。2011—2015年新右旗3245.24万亩草原列入生态保护补奖范围，其中禁牧面积为1000万亩，占总面积的30.8%，草畜平衡面积为2245.24万亩，占总面积的69.2%。共涉及5900余牧户，补贴标准为禁牧9.54元/亩，草畜平衡2.385元/亩。补奖政策资金每年上半年发放 70%，下半年发放 30%。第一轮补奖政策实施后，可食草总量增产 6.22 亿公斤，增加牲畜饲养量 72 万个羊单位，增加收入 1.44 亿元，牧民人均增收 8770 元。

(2)新一轮草原补奖政策。新一轮草原补奖政策拨付范围涉及 7 个苏木镇 80 个嘎查，共 2591 户、6965 人口受益。补贴标准上调为禁牧 13.75 元/亩，草畜平衡 4.58 元/亩。

(3)草原监管。新右旗比新左旗在监管方面投入更多，更加严格。根据新右旗草原工作站 2011—2015 年不同类型天然草原生产力实测，推定 2019 年度全旗载畜标准为 20 亩 1 个羊单位。克尔伦苏木综合执法局不定期进行巡查、核实，在草畜平衡区内超载放牧的，责令其限期改正，经警告逾期未改正的，在基本草原上放牧的罚款 100 元/羊单位。同时，发现 1 次扣发 10%草原生态补奖资金，发现 2 次扣发 20%，发现 3 次及以上扣发 40%。例一个牧户反应，自己因在禁牧区偷牧，被罚款 3000 元。

**3. 锡林郭勒盟阿巴嘎旗**

(1)第一轮草原补奖政策。阿巴嘎旗第一轮草原补奖实施总面积 4124.25 万亩。其中，禁牧面积 415.7 万亩、占全旗总面积的 10.1%，涉及 3 个苏木镇 10 个嘎查的 1079 户、3915 人，分别占全旗牧区总户数和人口的 20.3%和 21.6%。补贴标准原则上按照每年每亩 6 元，具体实施为，人均草场面积不足 500 亩，每人每年补贴 3000 元；人均草场面积为 501—2050 亩，补贴每年 6 元/亩；人均草场面积超过 2051 亩，每人每年补贴 12306 元。实施草畜平衡面积 3708.55 万亩，占全旗总面积的 89.9%。涉及 7 个苏木镇 61 个嘎查的 4221 户、14191 人，分别占全旗牧区总户数和人口的 79.7%和 78.4%，补贴标准为每年每亩 1.71 元。

(2)新一轮草原补奖政策。新一轮草原补奖政策实施过程中，全旗 4079.5 万亩草原全部纳入补奖政策实施范围。其中，实施禁牧总面积 301.63 万亩，包括常规禁牧面积 32.02 万亩、按禁牧管理的固定打草场面积 269.61 万亩。禁牧区以外的家庭承包和联户承包草原全部划定为草畜平衡区。全旗实施草畜平衡总面积 3777.87 万亩。凡持有草原承包经营权证或联户承包经营合同的牧民均享受了草原生态补奖政策，涉及 7 个苏木镇、70 个嘎查 6168 户、20344 人。新一轮草原补奖政策禁牧补贴标准为每年 9 元/亩；为了避免补贴到户资金过高或过低，实现牧民均衡受益，常规禁牧区采取封顶保底措施。全旗常规禁牧区封顶标准为每人每年 18000 元、保底标准为每人每年 5000 元。封顶或保底的人口核定，以牧户户口簿人数和草牧场承包经营证书为基本依据，依法确定享受补贴人口数量，并一经核准 5 年内不再进行调整。常规禁牧补助具体兑现办法为：人均草场面积不足 556 亩，每人每年补助 5000 元；人均草场面积在 556~2000 亩，按实际面积给予补助(每亩每年 9 元)；人均草场面积大于 2000 亩，每人每年补助 18000 元。草畜平衡区分为放牧草场和固定打草场。草畜平衡区的放牧草场奖励标准为每年 3/亩，固定打草场补助标准为每年 5 元/亩。

(3)休牧制度。不同于呼伦贝尔市的两个旗县，在阿巴嘎旗全旗草畜平衡区实施春季牧草返青期休牧制度，休牧草场面积 3777.87 万亩。按照锡林郭勒盟行署统一部署，阿巴嘎旗春季休牧时间大致为每年的 4 月中旬至 5 月中旬，为期 30 天。对实施休牧的牧户按休牧草场面积给予休牧补贴，标准为每户每亩 0.75 元。休牧结束后，旗春季牧草返青期休牧工作领导小组会组织农科、林草、财政部门和各苏木镇对休牧工作进行验收。验收合格后，财政部门通过“一卡通”一次性发放休牧补贴。马和骆驼不列入休牧范围，牛和羊要严格按照每个羊单位不超过 20 平方米的要求设立休牧期间牲畜活动场地，1 头牛等于 5 个羊单位，1 头牛仔畜等于 2.5 个羊单位，活动场地要设置在棚圈周边并有明显的标识，禁止在活动场地外放牧。另外增加对羔哺乳活动场地，每对羊(母羊和羊羔)不超过 0.5 亩，并严格限制对羊羔哺乳时间，合理设置四至界限、饮水通道，并在场地标识牌中明确标注。

## 二、政策效果

### (一)生态效果

(1)整体效果分析。应用 MODIS-NDVI 数据，分析了草原补奖政策实施以来草原植被覆盖度的平均变化趋势(2011—2019 年)。新巴尔虎右旗、新巴尔虎左旗和阿巴嘎旗，都属于植被覆盖度平均变化趋势轻度改善地区。但是，新巴尔虎右旗北部、新巴尔虎左旗南部和阿巴嘎旗全境还零星分布着植被覆盖度平均变化趋势轻中度退化的情况。其中，阿巴嘎旗轻中度退化的地块最多，而新巴尔虎右旗和新巴尔虎左旗轻中度退化的地块相对较少。这与当地工业生产污染等情况有关。

总体来说，草原补奖政策实施对草原生态保护起到了较为明显的积极作用，延缓了草原生态快速退化的趋势，减轻了草原生态功能衰减的程度。

(2)牧户关于草原补奖政策对草原生态环境的主观认知。根据新巴尔虎左旗 51 个户牧民数据，分析牧户关于草原补奖政策对草原生态环境的主观认知情况。结果表明：54%的牧户认为，草原补奖政策对自己草场的生态环境改善方面起到了积极作用，主要是因为牧民用补奖资金购买草饲料，增加了舍饲时间，减少了牲畜在草场上的踩踏，间接的起到了保护草场的作用；或者用补奖资金租赁草场扩大轮牧空间，减轻了草场的承载压力。46%的牧户认为没有起到作用，其理由是草原生态环境的恶化主要原因是气候因素，干燥度高的情况下，禁牧也很难恢复草原植被。而且补奖资金解决不了干旱等自然灾害给牧民造成的沉重的经济负担，牧民为了保障草场的长期可持续利用，购买大量的饲草料，主要还是依靠提高出栏头数或者增加银行贷款来应对困难，因此容易陷入债务旋涡。

### (二)经济效果

实施补奖政策对牧户的经济效果影响较为复杂，既通过转移支付增加了牧民收入，也会因禁牧减畜等转向舍饲圈养而增加农牧民生产成本，具体效果对不同牧户产业产生差异性影响。具体分析如下：

#### 1. 通过转移支付直接增加了牧民收入

草原补奖政策最直接的经济效果是通过政府转移支付，增加牧民的收入(图 2)。通过调研数据分析，新左旗 51 个调研牧户中草原补奖资金占家庭总收入的占比中最高达 52.3%，最低为 2.03%，平均为 10.64%。新右旗 30 个牧户中该占比最高达 47.02%，平均为 22.66%。其中阿巴嘎旗的一个贫困户家庭，收入的 50.2%来自于草原补奖政策转移支付。因此，对于贫困户家庭或草场面积较大的牧户而言，补奖资金占总收入的比重较大，对牧户家庭收入起到至关重要的作用。对于养殖大户，或者没有禁牧补贴的牧户家庭而言该比例较低。

#### 2. 间接增加了农牧民生产成本

补奖政策实施促进了畜牧业生产方式转变，由传统放牧转变成冬季舍饲和春季休牧的生产方式，增加了畜牧业生产成本。如果遇到夏季干旱、冬季降雪量大等自然灾害，饲草料价格进一步

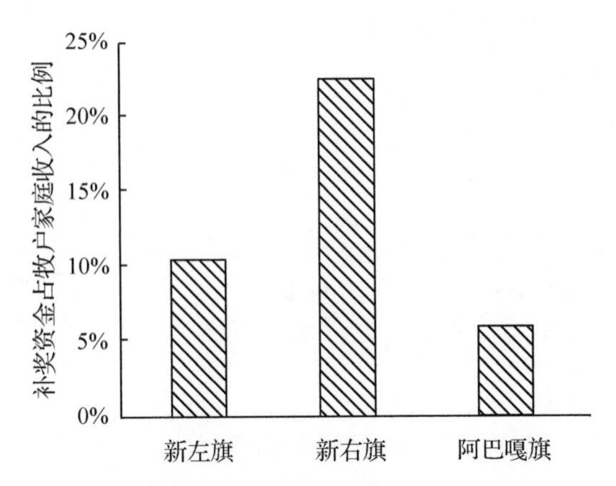


**图 2　调研旗县户均生态补奖资金在户均收入中的占比**

上涨，同时还要考虑市场价格波动，农牧民家庭经济状况更是雪上加霜，这一系列过程一定程度上抵消了正向的经济效果。

1)户均畜牧业成本较高

通过分析 3 个调研旗县的牧户家庭年均支出结构(图 3)，可以看出所有家庭支出中与畜牧业生产有关的支出均相对较高。2019 年新左旗 51 个牧户年平均饲草料支出超过 4 万元，打草和牛羊倌等劳动力成本超过 2 万元，第三大支出是与畜牧业生产有关的草场租赁支出，超过 1 万元。与此同时，牧户为了支付高昂的饲草料和畜牧业劳动力成本而进行贷款，牲畜出栏或草原补奖资金到账后还本付息，更新新一轮的贷款。一旦发生干旱或降雪早等自然灾害或牲畜市场价格下降情况，牧户容易陷入无法降低生产成本带来的贫困陷阱。比如阿巴嘎旗 2019 年夏季干旱、冬季降雪量大，舍饲时间从 4~5 个月增加到 6~7 个月，同时随着饲草料需求量的增加其价格飞涨，尤其是春季休牧期间饲草料价格一度上升到 1400 元/吨。如在图 7 中看到，阿巴嘎旗的 58 个牧户 2019 年户均草饲料支出接近 20 万元。

2)畜均成本较高且呈上升趋势

利用草原所在 2009 年(共 59 户)、2014 年(共 64 户)以及 2019 年(共 51 户)的新左旗调研数据，分析了户均养畜量的变化和平均载畜率的变化。

(1)户均养畜量变化。由图 4 可以看出，2009—2019 年调研样本的户均养畜量在减少，由 742.8 个羊单位下降到 457.5 个羊单位。不同畜种当中绵羊的变动幅度最大，由 2009 年的户均 458.1 减少为 179.5，变动率为-60.8%。原因如下：一是成本增加。2015 年至 2017 年连续几年干旱，饲草料和草场价格上升，同时羊倌儿等劳动力价格也上升，导致绵羊的养殖成本不断上升。二是市场价格波动。2015—2017 年间羊价下跌，牧民收入严重下滑，结果是养羊基本无法回本，甚至需要倒贴，所以很多牧户选择出售绵羊和山羊来应对这一变化。新左旗 34 户在 2009—2019 年的养畜变动情况如图 5 所示。整体上，2009 至 2014 年小幅上升，2014—2019 年大幅削减。表明 2014—2019 年新左旗畜牧业发展整体上与之前 5 年相比严重缩水。有牧户表示："2015 年以前，养 500 只羊不算做大户，最多能算上中等户，但是这两年能够养得起 500 只羊的就是大户"。从 34 户中剔除掉 4 个极端值后画箱型图(图 5)，28 个样本户在 2009-2014 年间养畜量分布区间扩大，2014 年的中位数最高，然而在 2009—2014 年间养畜量的分布收窄且中位数位于最低水平。

分析 34 户的畜群结构数据，显示除了畜牧业整体上缩水，另一个主要的变化是以前养羊的

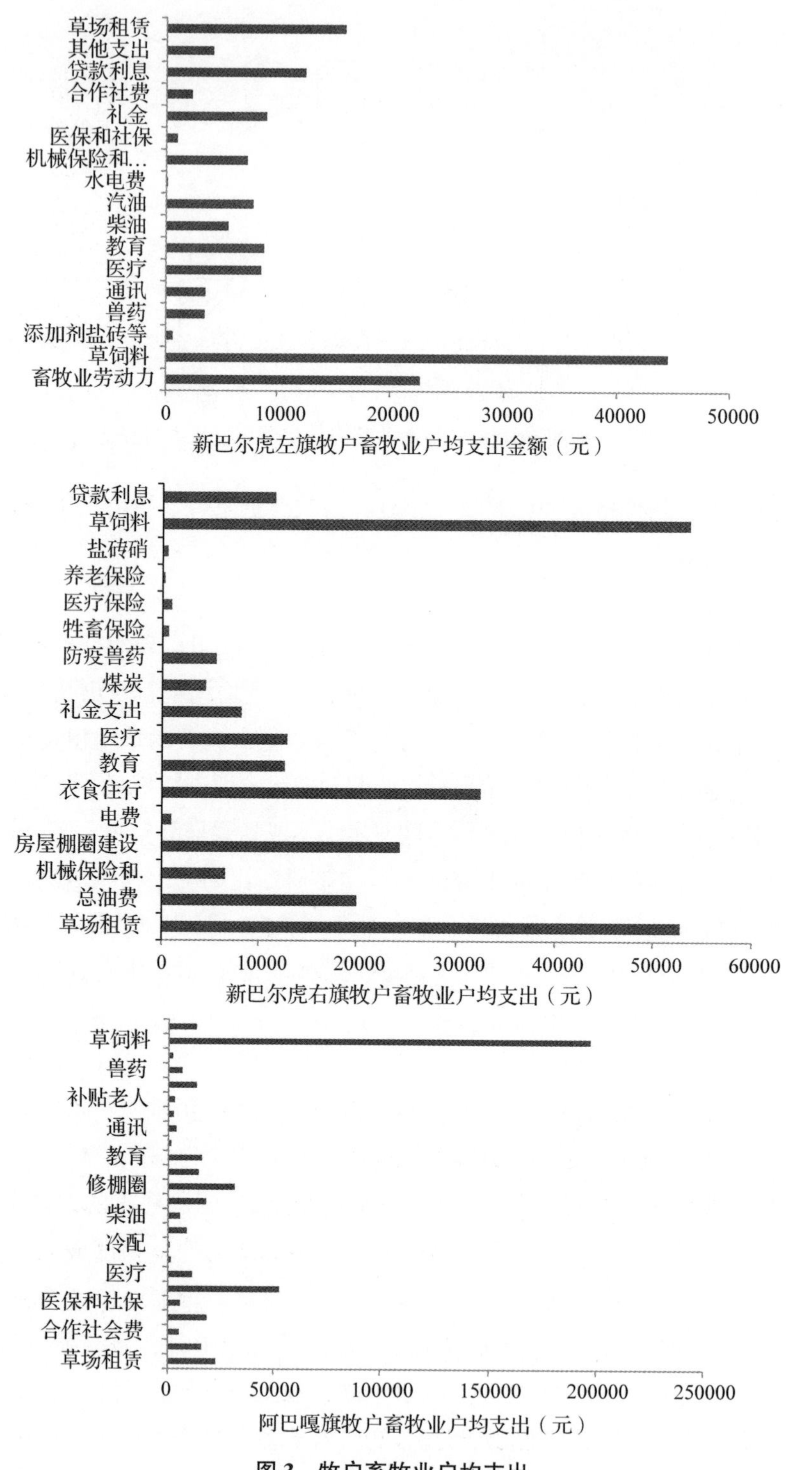


**图 3　牧户畜牧业户均支出**

牧户现在更多是选择养牛(图 6)。原因如下：①2015—2019 年连年气候干旱，草场产草量降低，羊群踩出的牧道会加重草场状况，因此出于保护草场的角度，廉价出售羊群，养殖对草场踩踏破坏程度较低的肉牛。②一旦天气干旱，需要购买本土羊习惯吃的高质量干草，而养牛购买质量稍差较为便宜的干草就可以过冬。③羊羔价格年际间波动幅度大，牛的市场价格比较稳定。

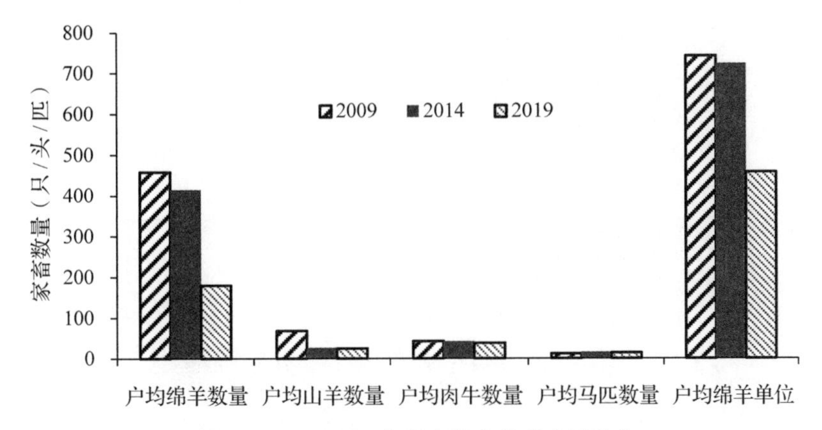


**图 4　2009—2019 年新左旗户均养畜量变化**

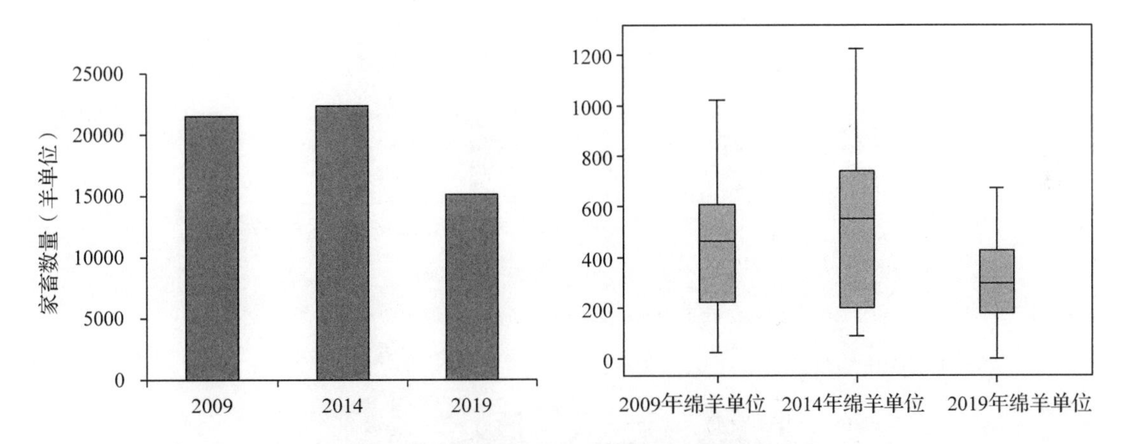


**图 5　新左旗连续跟踪牧户家畜数量变化情况**

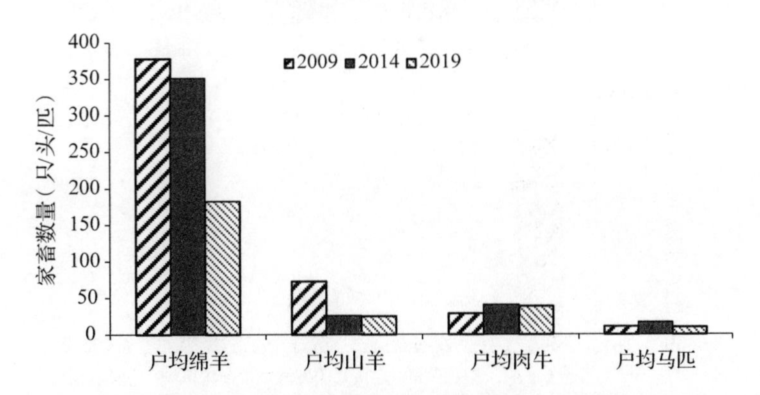


**图 6　新左旗连续跟踪牧户家畜结构变化情况**

(2)平均载畜率变动。根据上述分析得出，2019 年的冬季平均载畜率低于 2009 年和 2014 年的平均载畜率(图 7)。另外，新左旗大部分牧民冬季会将牛和羊全天舍饲。少数牧民选择半天舍饲半天放牧，剩余牧民则选择到兴安盟或者吉林省白城一代过冬，因此实际的冬季载畜率可能更低。

(3)畜均成本变化。将与畜牧业有关的饲草料投入、雇佣劳动力投入、棚圈、网围栏、机井等固定资产累积投入，摩托车、拉水车、打草机、捆草机、铲车等机械的累积投入，以及汽油和柴油等燃料投入进行整合并除以总的羊单位，得出畜均成本(图 8)。无论是户均还是畜均，阿巴嘎旗的饲草料支出均为最高，同时累积固定资产投入和机械投入高，表明更多采用定居的生产方式。新左旗克尔伦苏木芒来嘎查牧户人均草场面积较大，同时畜均累积固定资产投入较低，为建

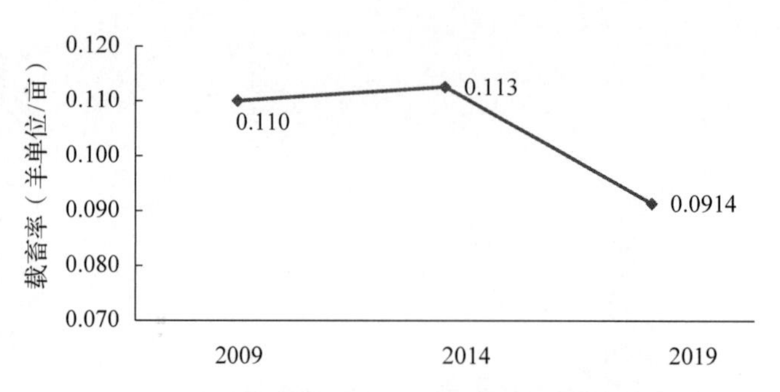


图7　新左旗调研样本不同年份载畜率的变化

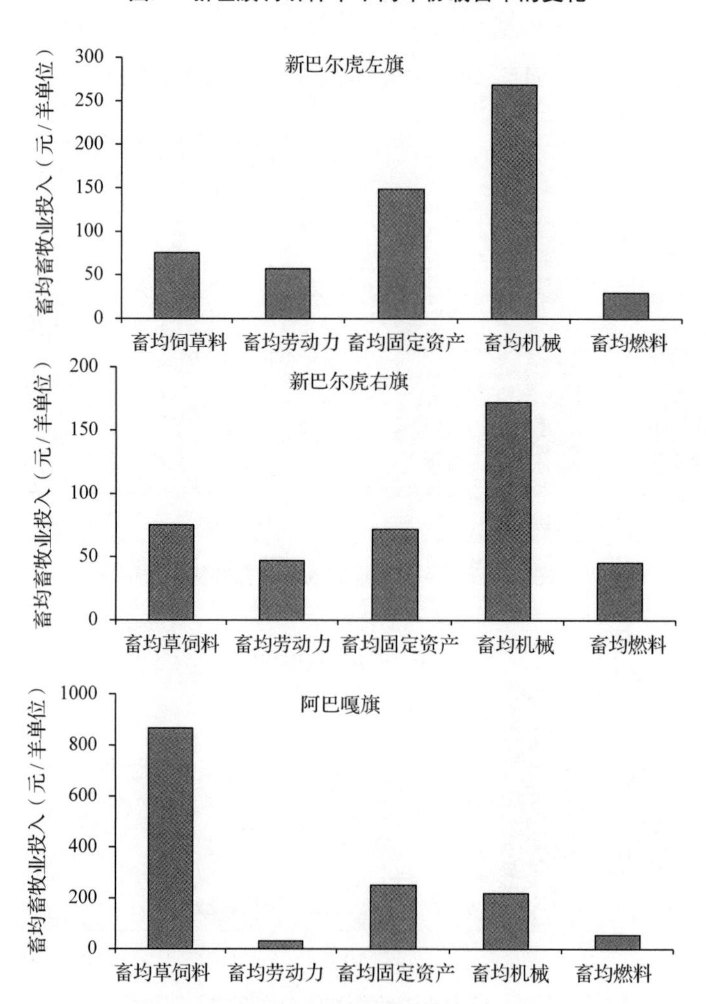


图8　调研旗县畜均畜牧业投入

立合作社进行转场游牧提供了有利条件。

分析新左旗2009、2014、2019年不同年份畜均投入变动(图9)，其中畜均固定资产投入和畜均机械投入不是累计投入，而是考虑折旧后的投入。结果显示，近年来畜均投入基本呈上升趋势，尤其饲草料成本翻了三倍。其次，畜均劳动力投入上升明显，牧户认为草场承包到户、牧区社区瓦解、城市化等都是重要原因。劳动力成本上升、定居后劳动力强度的上升也促进了机械化投入增高。畜均燃料费用也在2009—2014年间明显上升，从另一个层面验证了机械化程度的提高。

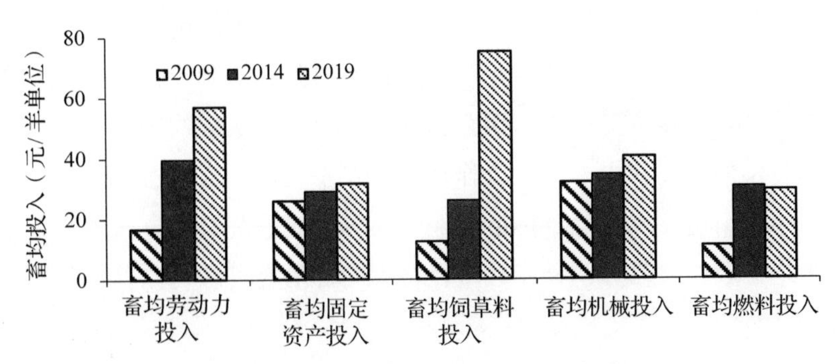


**图 9 新巴尔虎左旗不同年份畜均投入变动**

**3. 推动畜牧业组织经营模式的改变**

1)新左旗冬季跨盟轮牧

自草场承包到户，尤其从 2004 年开始实施“退牧还草”工程以来，牧民个体户和国家投资的网围栏面积在牧区进一步扩大，新左旗牧户逐渐从 2～3 季轮牧生产方式转向春冬季舍饲、夏秋季在草场上放牧的生产方式。

新一轮草畜平衡政策实施前后，新左旗全旗范围内出现连年干旱，2017 年冬季降雪量大，牧民不得不提前舍饲保畜。这种情况下，为了草场能够休养生息，保证草畜平衡，节省生产成本，新左旗南部苏木(如乌布尔宝力格苏木)从 2015 年左右开始由苏木政府通过与兴安盟地方政府沟通协商，帮助牧民冬季到兴安盟过冬，牧民需要支付牲畜运输费用和在当地秸秆地租赁费用，这些费用加起来远低于在新左旗本地舍饲费用。通过这一方式，解决自然灾害和要素市场波动带来的成本增加影响，同时在一定程度上保证当地草场春冬季节能够修养生息。也有部分牧户出于外地牲畜疫病和牲畜膘情的考虑，对这种跨盟过冬轮牧方式持怀疑态度。

2)新右旗芒来模式

芒来嘎查是新巴尔虎右旗克尔伦苏木 15 个牧业嘎查之一，位于旗所在地阿拉坦额莫勒镇西南 25 公里处，北邻克尔伦河，南邻蒙古国边境。嘎查总人口 115 户 336 人，草场总面积 60. 34 万亩，其中集体草场 10. 91 万亩。芒来模式是指以嘎查为单位(草牧场已承包到户)，按照牧民自愿原则，依据草畜平衡的标准，将承包经营的草场及牲畜入股，牧民成为股份制专业合作社股东和社员的一种新型组织模式。

在牧区现代化的资金支持下，芒来嘎查于 2019 年 6 月 18 日组建成立了新型股份制专业合作社——芒来畜牧业专业合作社。吸纳了 88 个牧户，牧民入社率 77%；88 户入社牧民中 23 户于 2019 年 11 月以草场和牲畜入股①成为合作社股民，其中 12 户在合作社内担任管理岗，11 户则在社内当职业牧民。其余 65 户因禁牧或草场流转，到 2020 年 12 月份方能回到草场上放牧，届时将牲畜和草场股份化成为股民。其次，优化网围栏整合了 39 万亩草场，草场整合率 65%；拆除网围栏 96 公里，涉草场面积 16. 3 万亩。以草定畜并制定游牧方案，截至 2020 年 7 月合作社将 10656 头匹只牲畜分成了 3 个浩特，11 个放牧点，分别进行科学轮牧。牲畜均使用统一标识，避免社员的私人利益最大化行为影响团体利益最大化。此外，将全程追溯体系运用到生产管理中，以免更换或损失。

---

① 16 亩草场+1 只羊=1 股，每股股值=16 亩草场×10 元(每亩草场 1 年租赁价格)×6 年(本轮草场承包到期年份)+1500 元(1 只羊定价)=2460 元。

芒赉模式的优势：第一，对加入合作社的牧户草场，能拆除网围栏统筹管理草场资源，以现代企业制度划区轮牧、整体经营，从而延长草场恢复时间，有利于保护环境。第二，通过整合劳动力资源，解放牧区牧户剩余劳动力，拓宽就业择业渠道，实现牧民多行就业与增收。第三，想退休的牧户，用自己的草场和牛羊入股合作社后，在不卖掉全部牲畜的情况下，还能获得相对稳定的收入来源。第四，由于规模化、标准化经营后，以统购统销的方式提高议价能力，从而降低成本提高售价来增加收益。第五，合作社可以合理安排信贷资源，比普通牧户受市场行情波动的影响更少。

3）阿巴嘎旗饲草料储备社会化服务体系

阿巴嘎旗牧户对于建立合作社的热情并不高，而更加倾向于建立家庭牧场。一方面，现有的家庭牧场，拥有打草场的非常少，饲草料需要从外地购入。另一方面，因春季休牧的原因，阿巴嘎旗的一年内的饲草料需求量大。面对这一情况，为了保证草畜平衡政策的有效实施，当地政府通过建立草料社会化服务体系，帮助牧民降低生产成本，避免因无法承担费用而偷牧或违反相关规定，造成“两败俱伤。”

**（三）社会效果**

补奖政策实施十年来，在牧区取得了良好的社会效益，被牧民称为“德政”政策。调研过程中新左旗一位牧民表示：“以前牧民需要按牲畜头数给国家交税，现在国家给牧民补助和奖励，时代真的是变好了。”

**1. 农牧民对禁牧和草畜平衡的认知情况**

牧民对草原补奖政策的实施情况很了解，其中大部分牧户对政策满意并且认为有必要继续实施草原补奖政策。分析三个牧区旗县138个牧民的调研数据（图10），结果如下：从牧民对草原补奖政策的认识程度来看，只有13.1%的牧民对草原补奖政策的评价是无所谓或者没有评价，主要是对此没有特别了解，也没有进一步去思考相关政策实施情况和政策对自身利益的影响。其余的86.9%的牧民对政策实施的情况给与了正面或负面的评价。其中68.1%的牧民给与正面评价，认为政策对他们有帮助，禁牧和草畜平衡政策对草原可持续利用有积极意义。18.8%的牧民给与负面评价认为政策对他们的帮助作用有限，而对草原的可持续利用，降水量才是关键因素。

对比分析禁牧政策和草畜平衡政策。阿巴嘎旗58户牧民，2个牧户实施禁牧政策，其余56户均实施草畜平衡政策。新巴尔虎右旗30户牧民，4户实施禁牧，其余26户实施草畜平衡政策。6个实施禁牧政策的牧户中，3个牧户偏向草畜平衡政策，3个牧户更偏向禁牧政策。

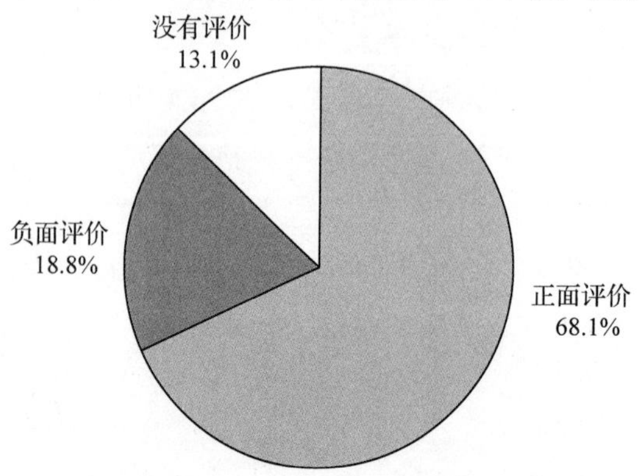


**图10 调研牧区旗县牧户对政策的评价情况**

新巴尔虎左旗比较特殊，50个牧户中，24个牧户既有实施禁牧政策的草场也有实施草畜平衡政策的草场，剩余26个牧户的全部草场只实施了草畜平衡政策。从对政策的评价来看，有实施禁牧政策的牧户比只实施草畜平衡的牧户，对政策有着相对积极的评价，或许跟24户牧民在2016年时候可以自主选择实施禁牧政策有关，他们选择了认为比较合理的禁牧草场面积，从而达到了生态和经济上的自认为合理的平衡。但是24户中有13户牧民希望以后政策实施，补贴资金能一次性准时发放给牧户，目前分成两批次发放，对牧民购买干草饲料的帮助作用因为未能及时足额到账没有达到预期效果。26户只实施草畜平衡政策的牧民，14户也表达了一次性准时发放补贴资金的诉求。

**2. 对精准扶贫的作用**

草畜平衡和禁牧政策推行以来，极大的助推了牧区精准脱贫工作。草原区域是贫困集中多发区，据统计，新一轮补奖政策实施以来，每年155.6亿的直补资金有95.7亿流向贫困县，为草原区域的脱贫攻坚做出了巨大贡献。调研了解到，在实施“封顶保底”政策的各省份，保底的标准均不低于当地脱贫的最低标准。仅此一项，在内蒙古因补奖政策直接达到脱贫标准的在册贫困人口达12000余人。

调研的阿巴嘎旗、新巴尔虎左旗和右旗，牧区贫困户主要是因为疾病和灾害导致。被访的贫困牧户获得的禁牧和草畜平衡补贴每户平均达26978元，被访贫困户2019年的平均家庭总收入达到了112178元。在这3个牧区旗中，贫困户的家庭总收入当中禁牧和草畜平衡补贴资金的占比达到了24%。整体来看，补奖政策有效助推了牧区全面脱贫工作，并得到了极好的效果。

**3. 对劳动力转移的作用**

在草原生态补奖政策落地过程中，生产经营组织不断创新，此过程中促进了劳动力转移。新巴尔虎右旗30户牧民中有18户加入了嘎查合作社，2019年成立合作社后，在外务工或者自己创业的劳动力有8个，占18户牧民总劳动力(39)的20.5%。阿巴嘎旗58户牧民中有14个牧户加入了合作社组织，有3个牧民加入合作社后在外务工或者自己创业，占14户牧民总劳动力(37)的8%。阿巴嘎旗的牧民对加入合作社的意愿比新巴尔虎右旗的要低很多，合作社的组织方式和规模等因素影响了合作社对劳动力转移作用的大小。

## 三、草原生态补奖政策执行中存在的问题

基层牧民普遍反映，草原生态补奖政策补助标准调整不及时，政策内容比较单一，难以满足生产多样化需求。基层林草管理工作人员反映，生态补奖政策监管存在力量不足和部门配合不协调的问题。

(1)补奖政策补助标准偏低且形式单一。调研了解到，随着牧区经济社会发展，草原作为生产资料的租金价格不断上升。2020年牛羊的市场价格较2016年也有较大提高，维持禁牧和草畜平衡政策而减畜的成本增加。很多农牧民反映，随着舍饲半舍饲率提高，饲草料成本不断上涨，补奖政策资金远远低于购买饲草料成本，牧民主要通过提高出栏头数或者增加银行贷款来应对困难，如果遇到自然灾害或市场风险，也很容易陷入债务旋涡。阿巴嘎旗休牧一个月(4月15日至5月15日)的地方财政补助标准是每亩0.75元。尽管休牧政策严格实施，有利于草场返青生长，但是一个月休牧所产生的饲草料成本远远高于休牧补贴。尽管生态补奖政策有利于改善农牧民生

计，但是较低的补贴标准，加上监管力量不足，牧民容易在经济利益驱动下，私自提高载畜量。目前中央财政补贴只针对禁牧和草畜平衡两项内容，休牧、划区轮牧等生态友好型生产方式还没有纳入中央财政补助。

（2）草原生态补奖政策对农牧民增收支持力度不强。草原生态补奖政策目标是对牧民保护草原的行为给予资金补助，激励牧民保护草原生态。但随着畜牧养殖业发展形势向好，生态补奖政策对农民增收的溢出效应越发不明显。牧区发展相对滞后，基础设施薄弱、交通不便，牧民生产生活成本较高。阿巴嘎旗、新巴尔虎右旗、新巴尔虎左旗还是以单户牧民放牧为主，当地仓储、运输条件较差，畜产品加工水平不高，牧民分享到畜牧业产业链价值增值部分不多。内容单一的草原生态补奖政策很难满足牧民追求生活富裕的需要。

（3）草原生态补奖政策实施监管成本高，部门协调机制缺乏。机构改革后，基层草原监管力量薄弱，新技术应用投入不足，造成对禁牧和草畜平衡监管投入力量不足。阿巴嘎旗实施草原生态补奖政策的草原面积为4079 万亩，涉及7 个苏木镇、71 个嘎查的6241 户。但是，只聘用了60 名草原专职管护员，编入苏木镇草原生态综合执法所，重点对禁牧区进行管护和草畜平衡区进行巡查。每名管护员平均需要巡查68 万亩草场，平均需要监管104 户牧民。伴随舍饲圈养的普及，加之牧区繁殖、农区育肥的跨区合作模式发展，牧区牲畜繁育周期加快、牲畜数量处于快速变动状态，目前载畜量标准已经不适用新时代新形势，数量管控困难。总体上看，无人机、遥感卫星等新技术在草原生态监管上的应用还较少，高标准监管需要的人力、财力、物力投入还远远不足。目前，草原生态补奖政策资金仍由农业农村部门负责发放监管，我局负责禁牧和草畜平衡监管，政策在基层执行过程中造成了生态补奖资金发放与草原生态监督管理“两张皮”现象。禁牧和减畜执行效果与生态补奖资金发放脱节，政策落实效果大打折扣。一些基层干部认为，这种工作模式使一些农牧民群众忘记了生态补奖资金的真正用途，忘记了自己应承担的责任和义务，影响了政策落地。

（4）不确定性环境因素增加了牧民保护草原生态的难度，影响了政策效果。目前频发的旱灾、鼠虫害等对草原植被影响较大，气候环境因素不确定造成农牧民需要增加额外的支出来应对。草原生态补奖政策只是静态地对禁牧和草畜平衡给予现金直补，缺乏其他关乎牧民生产生活的辅助政策措施，对农牧民抗击自然灾害的支持作用较弱。阿巴嘎旗调研发现，有83%的牧民认为近年来旱灾对草原危害严重，由于基础设施逐步完善、储备草饲料能力提高，雪灾对牧民已不构成太大威胁。旱灾导致草原植被退化，造成牧民舍饲成本提升、牲畜掉膘掉羔增多，草原生态补奖资金很难应对这种情况。

## 四、完善草原生态补奖政策的建议

调研组认为，优质的草原生态系统是草原牧区推进乡村振兴的重要物质基础和产业基础，需要把草原生态保护放在乡村振兴的大格局中考察。同时，草原生态保护也是维护生态安全的重要举措。因此，完善草原生态补奖政策既要考虑全局，又要突出生态保护重点，既要保持政策连续性稳定性，又要统筹与其他政策协同配合。

（1）建立草原生态补奖资金动态调整机制。建立动态调整的草原生态补奖标准，对农牧民由于禁牧和草畜平衡造成的减畜损失进行适当补助。新一轮草原生态补奖标准要坚持在原有基础上适当提高，保障农牧民生态补奖收入稳中有升，坚定农牧民保护草原生态的信心。生态补奖政策标准原则上要充分考虑牧区生产资料成本上升的因素，草饲料市场价格变化和出栏牲畜价格的因素。根据实际情况，在原有补助基础上，试点建立休牧补助和划区轮牧补助，提高草原生态保护政策的精准性和针对性。

(2)创新监管方式方法压实属地责任。在禁牧和草畜平衡监管中，由于基层监管力量薄弱、牲畜繁育的周期性等原因，以实际载畜数量为指标落实监管难度较大。草原生态补奖资金发放与监管不统一极易造成部门间相互扯皮，也不利于草原生态保护目标实现。因此，建议在监管方式方面应以林长制为抓手，压实县、乡政府的草原生态保护属地责任，加强基层草原管护员队伍建设。运用现代技术结合村规民约，创新监管方法，运用卫星遥感等信息技术，每年定期采集草原生态状况数据并评估，作为考核生态补奖政策落实依据，实现从家畜数量监管逐步转变到生态质量监管。规范对草场出租等流转行为，鼓励社区通过村规民约相互监督减少草场超载情况。

(3)多措并举合力助推草原生态保护。草原生态补奖政策是推进草原牧区发展的旗舰政策。在推进乡村振兴过程中，草原生态补奖政策外延必须扩大，加强与其他政策协同配合，形成综合型的支持草原牧区发展的政策体系。建议，在生态政策方面，增加应对旱灾等自然灾害损失的保险类政策，防止农牧民因灾返贫。针对中度以上退化草原区域开展3~5年为周期的草原生态修复工程。在产业政策方面，增加支持农牧民发展家庭牧场、合作社等规模经营的补助类政策。支持草产业发展，支持集约型人工草场发展，提高农牧民抗灾自救能力。在民生政策方面，改善牧区基础设施、生产条件，建立草料社会化服务体系，增加农牧民技能培训，包括电子商务、农村能人等针对性培训，提高牧民对接市场的能力。

调 研 单 位：国家林业和草原局经济发展研究中心、中国农业科学院草原研究所
课题组成员：王浩、张志涛、李平、张鑫、乌日汗、张苏日塔拉图、钱政成、熊屹、王建浩、张宁、王伊煊、韩枫

# 退化草原生态恢复技术和政策研究

## ——以内蒙古草原为例

**摘要**：气候变化、不合理的管理以及超限利用导致草原生态系统退化尤为严重，已然成为生态文明建设的短板。而草原作为我国面积最大的陆地生态系统，事关生态文明建设的大局。本研究在气候变化、人为干扰的背景下，结合我国草原保护和管理政策，比较和剖析国内外草原保护和恢复的先进理念和技术，寻求可以借鉴的草原保护恢复的技术方案，为草原管理和牧业制度的不断优化提供决策参考。从草地可持续发展的需求出发，将对草地的利用限制在生态系统生产效率的底限之内，并依靠科学技术方法与手段，在发展中寻求适应性机制和良策。尽量选择和使用高效的生态恢复技术，在草原的利用和产业化发展中，对草原的优势和特色进行科学分析与诊断，立足长远，加强草地的监管与监控。草地退化是多因素叠加耦合的过程，要运用综合系统观念，深入分析草原各项资源的潜力，在草原保育之中合理开发其能量与物质的可再生能力，使草原保持永续的生产力。

## 一、研究背景

草原是陆地生态系统的主体类型，从生态功能看，全球生物圈固定能量比例中草原约占11.6%(黄艳娥，2014)，总碳储量约占全球的8%(耿国彪、宋峥，2019)，其也是我国大江大河水源的涵养区，黄河水量的80%、长江水量的30%都来源于草原(曹鸿鸣，2007)，既为人类及畜牧业发展提供了生产资料，也为野生动物提供了食物和栖息地，在保持水土和维持区域生态平衡中也起着重要的作用；从经济社会发展看，我国草原既是生态屏障区和偏远边疆区，也是少数民族聚居区和贫困人口集中分布区，而草原地区贫困县牧民90%的收入都来自草原(杨邦杰等，2010)。然而气候变化、不合理的管理以及超限利用都加重了草原生态系统功能的脆弱性，加剧了土壤生境的恶化和群落结构的简单化，造成草地生产力和功能的衰退，给人类的生存和发展带来了巨大的挑战(Klein et al. ,2017；Kang et al. ,2019；Zhang et al. ,2020)。

目前，中国草地退化研究热点区域主要分布在内蒙古、新疆、青海、西藏、甘肃等地。尽管国家已经实施了有关脆弱生态环境综合整治与恢复重建技术的试验研究，在围栏封育、施肥、生态补播、鼠害和毒杂草治理、土地沙化治理等方面取得了一系列的成果，为我国草原生态环境保护与建设提供了技术支撑(Gou et al. , 2019；Dong et al. , 2020；Wei et al. , 2020)。然而，我国草原面临生态状况和资源底数不清，现有政策的精准性和力度不够，理念和技术难以把握，草原保护修复的基础支撑薄弱等问题，均影响了我国草原的保护和修复效率；此外，我国大面积的草原分布于环境脆弱的高寒和干旱、半干旱区等脆弱生态环境，又具有海拔和气候梯度变化，其生态环境决定了修复措施多样、成本高、成果难以巩固、恢复难以持续等特点。因此，需要对我国退化草原生态恢复技术和政策进行更为深入的探索。

气候变化和人为干扰对草地退化保护和恢复的影响一直是生态学的热点问题，也使草原生态系统面临着巨大挑战(Sutherland et al.；2013；MacLean et al.；2018；Harrison，2020)。在气候变化情景下，物种要么选择容忍或适应，要么选择迁移或灭亡(Pecl et al.；2017)。而脆弱环境中关键类群的迁移将直接降低其生态作用，致使脆弱生态环境不能对气候变化和人为干扰做出相应的反馈调控，从而加速生物多样性的丧失和生态系统服务功能的退化(Denley et al.；2019；Fahad & Wang，2020；文志，2020)。气候变化不仅直接作用于草原生态系统，也通过草原环境条件的改变间接影响栖息于草原的不同生物类群的生长与分布。例如，气候变化导致草地退化增加了草地生态系统中苔藓植物的盖度和生物量，也有研究表明气候变化背景下干旱环境中的生物土壤结皮层的分布逐年下降，不利于草地的保护和恢复(Virtanen et al.，2000；Ingerpuu et al.，2005；Havrilla et al.，2019)；一些非维管束植物与草地植被的关系可以随气候梯度发生促进和抑制作用的转变(Gilbert & Corbin，2019；Havrilla et al.，2019)；气候变化加剧高山地区海拔梯度上温度、降水、太阳辐射、蒸发量、干旱指数等环境条件的差异性变化从而给高寒草地的植物多样性和分布带来更大的影响(Gobiet et al.，2014；Spitale，2016；Kou et al.，2020)。可见，气候变化对草地退化恢复的影响是多维环境条件综合作用的结果。然而，目前很多的恢复技术往往针对多维环境条件中的个别因素，缺乏多因素的综合分析。

在中国草地退化研究的热点区域中，内蒙古天然草地面积位居全国之首，退化草地面积超过3867万公顷(马瑞芳，2007；Hu et al.，2017)。内蒙古草地资源地域辽阔，类型多样，是我国最大的草场和天然牧场，具有明显的地带性特征，依次分布着草甸草原、典型草原、荒漠草原三个草原地带，包括温性草甸草原、温性典型草原、温性荒漠草原、温性草原化荒漠、温性荒漠，还有低平地草甸、山地草甸和沼泽类非地带性草地等，其中以低平地草甸最为普遍，内蒙古草原是目前世界上草地类型最多、保存最完整的欧亚草原(刘瑞国等，2012；镡建国，2015；Lu et al.，2019)。内蒙古草原80%以上处于干旱、半干旱地区，从东到西跨越了温带湿润区、半湿润区、半干旱区、干旱区和极端干旱区等5个气候区，由东北向西南递减(江凌等，2016)。多年来，由于气候干旱、自然灾害频发以及不合理的管理与超限度利用等因素，天然草原退化、沙化严重，植被衰退，草地生产力下降，生物多样性降低，草原资源质量变差，草原生态环境恶化，退化草地的改良修复与治理工作迫在眉睫(镡建国，2015)，加之多风少雨的气候和疏松的表土极易造成土壤风蚀沙化和水土流失，内蒙古草原区煤矿众多，人为扰动大，近年来与之相关的草地退化和环境污染等问题日益突出，而针对该区的有效复垦措施研发滞后，对其恢复效果的评价也存在争议(雷少刚等，2019；于昊辰等，2019)。

## 二、研究现状

### (一)草地恢复热点研究及发展趋势

在web of science核心数据库中，以“TS=(restor * OR rehabilitat * OR regenerat * OR establish

＊）AND TS=(grassland OR steppe OR meadow) AND CU=CHINA"为检索词，检索 2005—2020 年相关文献，共获得 2349 篇相关文献。近 15 年来，我国学者共发表文章 2349 篇，发文数量呈逐年上涨趋势，说明我国对于退化草地恢复越来越关注。草地退化恢复关键词共现图如图 1 所示，我国草地恢复热点问题集中在黄土高原、植被恢复、气候变化、土壤有机碳等方面，说明在草地恢复的过程中，科研工作者越来越注重结合生态环境特点进行草地的保护和恢复，然而将气候变化与人为干扰相结合，从不同草地不同生物类群着手，全面制定干旱、半干旱区草地退化的技术和政策仍需要做出更多的努力和多元化的尝试。

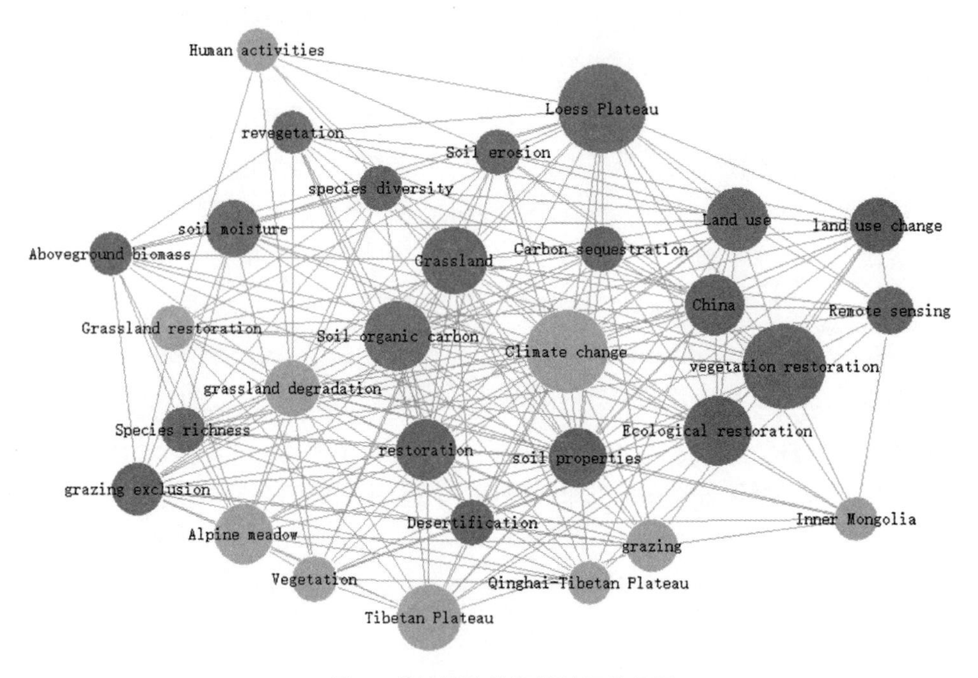


**图 1　草地退化恢复关键词共现图**

目前，针对草地恢复的措施主要以围栏封育、调整放牧强度、建立人工和半人工草地、退耕还草、免耕补播、施肥、刈割、毒杂草防除、灌溉、草方格沙障、控制鼠害、划破草皮等技术应用最为广泛。蒋胜竞等(2020)基于 Web of Science 核心数据库和 CNKI 数据库资源，通过提取 2000—2018 年有关草地生态修复相关文献数据源，整理了我国目前常用的草地恢复技术及其应用分布情况，并指出在未来世界范围内的草地恢复技术研究中免耕补播、退耕还草、栽培草地、施肥和刈割将具有较快发展态势。

近几十年来，国内外学者在生态系统退化成因、环境变化、退化演替规律、退化治理与恢复等方面进行了大量研究(Sutton et al., 2016；张骞等, 2019；Ahlborn et al., 2020)，并结合遥感技术实行了时空动态观测(Li et al., 2017；Yang et al., 2018)。在改良草地管理措施、改善草地土壤结构、实行科学的放牧制度以及草原植物不同季节生长的动力学模拟和草地生产力模拟等方面进行了深入探索(Yang et al., 2016；Hu et al., 2017；Klein et al., 2017；Chai et al., 2019)。为改良草地提供了良好的理论依据，并为草原生态环境的保护和修复提供了先进的技术支撑(表 1)。

**表1 国内外先进技术及研究区草原类型**

| 研究机构 | 研究情况 | 草原类型 |
| --- | --- | --- |
| 美国得克萨斯州农工大学 | 草原动力学模拟 | 半干旱草原 |
| 美国尼明苏达大学 | 结构方程建模评估放牧对生态系统的影响，提出政府部门可持续利用土壤和草地管理提供重要的科学依据 | 半干旱草原 |
| 英国洛桑研究所 | 过程模型及元模型评估草地系统生产力，在养分和污染物循环转化，尤其是碳、氮、磷、硫和微量元素等方面都有丰硕成果 | 半天然草原 |
| 捷克南波希米亚大学理学院 | 注重数据分析和建模的方法研究 | 干旱草原 |
| 荷兰瓦赫宁根大学 | 高分辨率数字化模型 | 半湿润草原 |
| 澳大利亚查尔斯铎德大学 | 草原动态分析 | 温带草原 |
| 澳大利亚联邦科学与工业研究组织 | 提出恢复生态的理论，提出生态系统恢复的目标与模式 | 温带草原 |
| 中国科学院地理科学与资源研究所 | 提出了恢复退化草地施肥技术和人工草地的稳定维持技术；农区牧草种植技术和混合青贮技术 | 高寒天然草原 |
| 中国科学院水利部成都山地灾害与环境研究所 | 建立了草地退化沙化评价体系与遥感调查技术，高寒草原生态恢复技术等，提出了西藏生态安全屏障构建的理论与技术体系，解决了国家重大需求。编制了西藏生态安全屏障生态监测技术规范 | 高寒天然草地 |
| 中国科学院西北高原生物研究所 | 在高寒草地畜牧业生产结构及方式优化取得了初步的认识、建立了技术平台和理论框架 | 高寒草原、温带草原 |
| 中国农业大学资源与环境学院 | 生态系统模型和空间分析技术 | 草甸草原、典型草原、荒漠草原 |
| 内蒙古农业大学草原与资源环境学院 | 围栏封育；飞播种草；<br>浅耕翻；免耕补播 | 草甸草原、温性典型草原、温性荒漠草原、温性草原化荒漠和温性荒漠类 |
| 内蒙古蒙草环境(集团)股份有限公司 | 围栏封育<br>补播+施肥<br>松耙(或切根)+施肥 | 干旱草原 |
| 东北师范大学 | 草地生物多样性、动-植物关系及营养级效应；<br>草原植物-土壤微生物相互作用；<br>草地可持续利用问题及草地放牧生态学研究 | 草甸草原、典型草原、沙地草原、半荒漠草原 |
| 中国矿大 | 内蒙古草原矿区生态廊道建设；<br>草原煤矿区牧草栽培；<br>内蒙古矿区草地退化监测技术 | 典型草原、沙地草原、半荒漠草原 |
| 西藏农牧学院 | 建立了土地沙化的整治模式，筛选出优良牧草巴青披碱草、西藏早熟禾两个乡土品种，编写了“西藏垂穗披碱草种子繁育技术规程”标准 | 高寒草原 |

此外，我们又在以往研究基础上，整理了中国范围内关键恢复技术和方法的应用情况和热点分布。整理结果表明，我国草地生态恢复技术的应用具有明显的地域性。例如，围栏封育的应用主要集中于我国高寒草地和北方风沙区的草原区，撂荒弃耕的应用主要分布在以陕西、宁夏为主的黄土高原中部，而草方格沙障技术的应用主要分布在黄土高原和内蒙古高原的沙化草原地带。草方格沙障技术的应用主要分布内蒙古高原的沙化草原地带，主要是通过在沙地上设置障碍物来控制风沙流动的速度和方向，阻止草原进一步沙化，同时在草方格内栽种耐寒固沙植物来达到恢复的目的(王健等，2019)。但是目前的研究多数以各个地区的独立草地恢复技术的措施的应用为

主，这就难以进行同等水平的比较和分析，也难以从本质上平行比较并筛选出适宜不同生态系统的草地保护和恢复技术。同时也说明草地恢复治理中最重要的是对退化草地的实际状况进行调查和综合分析，方可充分利用各种技术尽快恢复退化草地生态系统的结构与功能。

**(二)草地恢复的先进理念和技术方法**

目前就一些发达国家和地区而言，草地退化的保护和恢复主要体现在生态治理高技术化和放牧管理精准化等方面。例如，在实施草地恢复措施的同时逐渐适应保护生态的需要，及时调整草原技术政策，将重点转向保护修复，使草原科技支撑由传统的畜牧生产加工技术体系转变为集生态育种、沙化草原治理、生态大数据监测、畜产品加工等一体化的现代高技术体系，以实现草原的保护修复(Qi et al.，2017；Lanta et al.，2019)。一些地区也逐渐形成了较为科学系统的放牧制度，让草原得以休养生息，注重因地制宜、科学灵活、细致规范的精准性(Orr et al.，2011；Wei et al.，2020)。例如，欧美和澳大利亚等国家对一些牧草繁茂、载畜量适宜的草原地区实施连续放牧，对干旱区、半干旱等区域制定了季节性放牧、延时放牧、限时放牧、夜间放牧等制度(McDonald et al.，2018；Starrs，2018)；澳大利亚应用施肥改良土地，进行草地全部围栏化，并在围栏地上施肥、飞播牧草，实行科学的轮牧制度，保持草地的利用和生长平衡(Orgill et al.，2018)。此外，一些发达国家和地区也开始对草原进行绿色化监测和修复。具体来说，无论气候变化还是人为干扰(例如土地利用和放牧等)均对草原植被的种群动力和群落结构产生相应的影响。而种群动力学和群落结构的差异性比较，可以指示和模拟草原栖息地环境的变化(Lamošovǎ，2010；Stachovǎ& Lepš，2010)，并结合植物的演替规律和竞争或者互作关系对草原进行生物保护和修复(Gregory et al.，2009；Bartoš et al.，2011；Fibich et al.，2015)。例如，美国通过国家宇航局研制的大型空间遥感仪器——中分辨率成像光谱仪(MODIS)对草原进行全时监测，建设数字牧场，实现对草原放牧、草原生态的精准监管(Whitney et al.，2018)；捷克共和国检验播种物种的定居和传播是否是一个生态非随机过程，通过关键植被的功能性和生长策略的分析，最终提供了有利于草原恢复的科学数据(Albert et al.，2019)。

伴随着日益严重的生态危机，“以草定畜、科学放牧”的理念逐渐形成并被广为接受，核心是强调生态优先，在保持草原生态平衡的前提下发展畜牧业，在实践中主要体现在通过立法、休牧轮牧、持证经营等保护草原(Dumont et al.，2019；Larkin et al.，2019)。在全面调查青海省清洁能源基地发展现状和土地沙化对清洁能源危害的基础上，国家林草局规划院完成了《青海省清洁能源基地暨荒漠化重点区域生态修复规划(2021—2025 年)》，开创了沙化土地生态治理与清洁能源融合发展的新模式，形成沙化土地治理、生态保护修复、生态产业多位一体，治用并行和均衡发展的治理体系；2020 年通过了《草原征占用审核现场查验技术规范》《草原资源承载力监测与评价技术规范》等标准以贯彻落实新标准化法，促进林草保护事业的高质量发展；此外，国家林业和草原局还制定了林业和草原应对气候变化的政策和行动，充分考虑了草地恢复面临的气候变化问题以及由此带来的严峻挑战。此外，草原地区已普遍落实了草地的使用权和有偿承包责任制，调动了牧民建设草地、保护草地的积极性，但对牧民利用草原的强度和维护草原的义务没有明确要求。未能按照草地气候与环境的限制因素科学合理地利用与管理草地。因此，探索一条便捷有效的生态恢复技术是我国草地可持续发展的当务之急。

周华坤等(2016)认为退化高寒草地的治理应站在生态系统的高度，采用调整系统内部各组分结构的综合治理模式，包括：人工草地种植、天然草地改良、鼠虫防治、天然草地季节封育、家庭牧场优化经营及高寒草地畜牧业集约化管理等。贺金生等(2020a)针对植物种源、土壤微生物、土壤养分及人文影响因子，提出了退化高寒草地恢复的主要途径，包括：①研发乡土草种子采集、扩繁、包衣等技术，不同乡土草种种子组配及免耕补播技术，解决种源制约。②筛选适用于退化草地恢复的复合微生物菌种并研发菌剂，解决退化草地恢复的微生物制约。③研发以土壤养分调控为基础的植被恢复技术，解决退化草地恢复的土壤制约。④构建基于牧民新技术应用的草地适应性管理模式。并提倡在恢复实践中遵循自然规律，了解恢复区域周边草地群落的组成、结构及土壤条件，以外源添加(种源、养分、微生物菌剂等)为辅助手段，开展兼具生产功能与生态功能为目标的“近自然恢复”(贺金生等，2020b)。

此外，从全国范围来看，李银春等(2019)研究表明辽宁省彰武县通过人工种草、补播改良、毒害草治理等方式使得该地区的沙化草原得到了一定程度的改良。张骞等(2019)基于草地退化等级的差异，采用分级模式利用人工技术措施来进行草地恢复，对于轻度退化草地，采用了围栏封育的方式进行生态恢复，以去除外界环境干扰，让其自然恢复；对于中度退化草地，采用了人工补播施肥，清除毒草以及灭除鼠害等方式来治理；对于恢复困难大的极重度退化土地，采用了人工改建成人工草地，利用植被更新等措施治理。Xu 等(2021)研究了退化高寒草原、耕种高寒草原、栅栏高寒草原和完整高寒草原等四种高寒草原处理方法在恢复青海玛多县高寒草原生态系统九种生态系统功能中的作用，发现草原耕作和围栏在恢复退化高山草原生态系统功能多样性的过程中作用显著。李超锋等(2020)以新疆蒿类荒漠草地为研究对象，通过归纳总结当前蒿类荒漠草地封育后植被恢复现状，发现封育 5~10 年为蒿类荒漠草地最适封育年限。吴婉萍等(2020)在应用带状混播技术对宁夏荒漠草原退化草地生产力进行改良的过程中发现，因地制宜的人工补播改良对荒漠草原土壤环境和植物群落的改善具有积极的促进作用。张振超(2020)通过对红原高寒草甸的 7 个退化梯度样带进行了一年的禁牧实验，发现对轻度退化高寒草甸而言，禁牧一年可恢复到理想的状态，而退化相对严重的草地的最佳禁牧时间为 9 年。闫晓红等(2020)等通过对我国退化草地修复技术相关研究进行综述，发现围封 4~7 年对内蒙古呼伦贝尔严重沙化草地恢复效果最佳，围封 8 年对新疆伊犁绢蒿轻度退化草地的荒漠草地的恢复效果最好，浅耕翻、划破草皮和切根适用于以根茎型禾草为主的退化草地，其中划破草皮和切根以中轻度退化草地为主，浅耕翻则适用于重度退化草地，在中重度及以上的退化草地修复时，通常施肥与补播、切根等措施结合实施效果更佳。柴清琳(2019)以黄土高原云雾山典型草原保护区中放牧、长期禁牧(35 年)、禁牧后刈割等不同管理措施为研究对象，通过监测草地植物物种组成、地上净初级生产力、凋落物重量、土壤有机碳含量、土壤含水量等指标，研究植物群落结构、植物种多样性与生产力及其稳定性，土壤有机碳库和土壤水库对草地管理措施的响应发现，不同管理措施下草地植物多样性、地上生产力及其稳定性、土壤有机碳和土壤含水量差异显著，放牧草地的多样性较高，但土壤有机碳和草地生产力处于较低水平，而禁牧使土壤有机碳和草地生产力显著提高，但物种多样性显著降低，刈割使物种多样性得到有效改善，但对草地生产力和土壤水分造成负面影响。

周俗等(2020)还提出以草地沙化、鼠荒地治理为突破点，强化科技投入和技术协作，在加强乡土草种资源的挖掘、创制和扩繁的基础上，加强免耕补播、松土施肥、鼠虫害及毒害草绿色防控及配套机械设备的研发与应用，针对不同生态类型退化草原开展技术集成创新。重度流动沙化草原主要采取“围栏封禁+高山柳沙障+补施有机肥+灌草复合种植+连续管护”技术模式；重度固化沙化草原主要采取“围栏封禁+灌草复合补植+综合管护”技术模式；中度沙化草原主要采取“围栏封禁+草种补播+综合管护”技术模式；轻度沙化草原主要采取划区轮牧、围栏封育、补播改良、草地修复、禁牧休牧、鼠虫害和毒杂草防治等配套技术措施；鼠荒地采用以生物防治+植被修复为主，物理、生态控制相结合的措施，防治鼠荒地向沙化草地演变。周琼(2020)在三江源区选取轻度、中度和重度退化草地，在山坡退化草地分类分级的理论支撑下，进行了自然修复、半人工草地补播和人工草地改建的生态恢复技术试验，发现坡度是影响草地恢复效果的重要因素之一。罗伟和张定红(2010)通过对高原人工草地退化机理分析，在人工草地建植试验和实践中得出：采用烧荒、除莠、补播、施肥等措施，可提高人工草地的生产能力。张骞等(2019)在现有研究基础上对青藏高原区退化草地生态系统的恢复措施与机制进行了系统性的总结与论述，概括了高寒草地“分区—分类—分级—分段”的恢复治理技术及管理模式，涵盖了人工种草、人工改良、半人工草地建设、人工草地复壮技术、人工草地分类建植技术、刈用型人工草地建植技术、放牧型人工草地建植技术、高寒地区燕麦和箭筈豌豆混播技术、黑土坡治理技术等，并提倡对退化高寒草地生态系统采取因地制宜的恢复技术与工程建设。

在退化草地生态系统的恢复治理实践中，同一项目可能会应用多种技术，并针对不同退化程度做相应调整。如：严重退化草地，像“黑土滩”(次生裸地)可进行翻耕、耙耱、撒播、施肥、覆盖、镇压等措施，建立以垂穗披碱草、冷地早熟禾、中华羊茅等为主的多年生混播人工草地群落(Wang et al.，2013；Xu et al.，2017)，也可对垂穗披碱草等进行免耕补播，在最小化草地植被破坏的情况下，通过提高土壤环境质量，促进退化草地的良性恢复(Feng at al.，2010)。对于重度退化草地及鼠害破坏不十分严重的草地，可进行松耙、补播、施肥等改良措施，能较快地恢复植被。不同退化程度的天然草地，应采用不同的改良模式，对于中度和轻度退化草地，以天然草地的自我修复为主，改良措施为辅，中度退化草地采用灭除杂草、施肥混合模式，轻度退化草地采用封育、施肥混合模式，这样能以较少的投资换取天然草地较快地恢复。

总之，针对不同类型、不同退化程度的草地生态系统，应采取不同的恢复方法。从生态系统的组成成分角度看，主要包括非生物和生物系统的恢复(师尚礼，2009)。非生物系统恢复技术包括水体恢复技术(如控制污染、去除干扰、排涝和灌溉技术)、土壤恢复技术(如草地施肥、土壤改良、表土稳定、控制水土侵蚀、换土及分解污染物等)、空气恢复技术(如烟尘吸附、生物和化学吸附等)。生物系统的恢复技术包括植被(物种的引入、品种改良、植物快速繁殖、植物的搭配、植物的种植)、消费者(消费者的引进、病虫害的控制)和分解者(微生物的引种及控制)的重建技术和生态规划技术等。

**(三)内蒙古草地退化研究**

内蒙古地域辽阔，草地生态系统众多，关于内蒙古退化草原恢复的研究主要集中在锡林郭勒盟典型草甸地区，关于其余地区草地类型的研究相对较少。当前，针对内蒙古草原退化的改良治理方法大体可概括为近自然修复(封育、禁牧、休牧、轮牧)、人工促进修复(松耙、划破草皮、浅耕翻、补播、施肥、鼠害防治、虫害防治)和综合修复(采取两种或两种以上的修复方法)三大类(草地保护和恢复的主要技术如表 2 所示)。旨在科学合理地控制好农林牧水工复合生态系统结构和功能的基础上，通过人为干扰(农业、生物、工程措施)及自然恢复手段排除施加给草地的超负荷利用压力，使之降低到草地生态系统恢复功能的阈值限制(孟林、高洪文，2002)。

镡建国和庄玲(2015)基于人、畜、水、土、草高度耦合、生态与经济共同发展的草地利用最佳模式，应用“内蒙古天然草地合理利用单元划分指标体系与标准”将内蒙古草场划分为不同的利用单元，并根据不同草地类型及退化程度，提出了以围栏封育、浅耕翻、补播改良和划区轮牧、限时放牧为配套技术，辅之以人工饲草料基地建设的适合于不同草地类型的运用多种修复措施的草原生态修复技术模式。唐华俊等(2020)在提出草甸草原多尺度退化机理、退化草甸差异化系统性恢复新理论的基础上，构建了北方草甸退化草地系统性修复技术体系，包括低扰动快速恢复、植被综合复壮、草地稳定重建、土壤定向培育等草地改良治理技术方法和区域生态产业技术，并由中国农科院农业资源与农业区划研究所牵头，集中了国内18所同行机构科研力量，在呼伦贝尔和锡林郭勒草甸草原，开展天然草地修复治理和退耕地快速重建技术示范。

**表2　内蒙古草地恢复技术关键词频次表**

| 关键词 | 频　次 | 关键词 | 频　次 |
|---|---|---|---|
| 人类活动 | 33 | 生态补偿 | 5 |
| 净初级生产力 | 31 | 动态变化 | 5 |
| 典型草原 | 27 | 锡林郭勒草原 | 4 |
| 气候变化 | 24 | 退化群落 | 4 |
| 草原退化 | 24 | 生态恢复 | 4 |
| 围栏封育 | 19 | 大针茅 | 4 |
| 土　壤 | 17 | 刈　割 | 4 |
| 植被恢复 | 16 | 荒漠草原 | 3 |
| 可持续发展 | 16 | 群落演替 | 3 |
| 群落特征 | 9 | 功能群 | 3 |
| 多样性 | 8 | 切　根 | 3 |
| 放　牧 | 7 | 丛枝菌根真菌 | 3 |
| 地上生物量 | 6 | | |

注：数据来源于CNKI1988—2020文献检索

现阶段，内蒙古草原改良治理措施正从以草畜平衡、休牧和禁牧措施为主向休牧和围栏封育措施为主转变。综合以往研究，围栏封育是治理过程中应用最广泛的措施之一，其通过人为干预强制排除家畜践踏、采食及排便等干扰，在草地残存种源基础上，依靠自然力进行天然下种或根系萌发或人工移植、补播(植)、抚育、管护等干预措施，来实现草地减轻放牧压力和恢复自然植被的双重目的，使草地生态系统在自身的弹性下得以恢复和重建(Yuan et al., 2012；孙佳慧等，2020；齐丽雪，2019)。围栏封育的应用对草地生产力的促进效果为92.5%，但对植物多样性恢复的促进效果只有43.9%。又如撂荒弃耕显著促进了草地生产力，但对植物多样性恢复的促进效果不足50%。再如人工播种对土壤碳库和草地生产力的促进效果分别达到了98%和93%，但对土壤磷库却是显著的副作用(王健等，2019)。在围封基础上短期水氮添加措施能进一步改善植被状况，显著促进群落株高和比叶面积等性状，但高氮添加却显著降低了物种多样性和功能多样性(徐锰瑶等，2020)。贾明(2005)采用围栏封育和松土补播综合措施，用9MSB—2.10型草地免耕松播联合机组在风蚀沙化草地，进行优良牧草的补播和人工建植，对内蒙古荒漠植被恢复与重建进行试验，确定了各种技术的适用条件与范围，初步提出了荒漠草原植被恢复与重建的技术体系。

随着遥感和地理信息系统技术的快速发展与深度应用，草地退化与后期恢复效果的动态监测技术获以革新，遥感技术可基于多源遥感影像(多时相、多光谱、多传感器、多平台和多分辨率)在地面调查与采样分析的基础上，最快获取较为准确的草地空间分布数据及土地利用信息，通过反演的 NPP 和 SOM 空间分布数据，建立草地退化指数的监测模型，跨学科确定草地退化阈值，开展草地退化预测，预警生态风险并分析主要驱动力(Osvaldo et al.，2018；刘晓枫，2020；张玉红，2020；朱宁等，2020)。万华伟等(2016)利用长时间序列的 MODIS 数据，对呼伦贝尔生态功能区草地进行了 10 年的动态监测，并结合土地利用类型变化和气候数据对草地退化指数的年际变化进行了驱动力分析，结果表明极端气候和采矿、工业建设等人类活动是功能区草地生态系统质量变化的主要驱动力。王婧和张玮(2009)对锡林浩特市 2000 和 2007 年遥感影像进行预处理，采用 OIF 指数法，选出最佳波段组合，通过非监督分类与监督分类相结合的方法提取草地围栏信息。通过实地调查对提取结果进行精度评价，构建综合监测评价模型，对退化草地的封育恢复进行评价与监测，用于研究围栏内外的草地退化现状和程度，该模型可以很好地反映草地退化程度及围栏内外的差异。温昕(2020)基于高分辨率遥感影像及无人机遥感验证，利用多源遥感数据和畜牧业统计数据，对锡林郭勒草原草地退化与承载压力时空格局进行了评估研究，并结合面向对象分类、可见光植被指数等方法，对不同类型草地灌丛区与非灌丛区的植被指数进行对比分析，指出利用遥感技术提取草原返青期，准确地掌握牧草长势的时空变化，可以使得休牧时间有准确的数据支撑，指导休牧政策的实施，加强草原的科学管理，保护脆弱的草原生态。

自 1980 年《中华人民共和国草原法》颁布以来，内蒙古自治区便启动了包括草地个人使用权和禁牧令在内的一系列草地恢复措施。2000 年初，中国和澳大利亚联合研究发现草原放牧率与草原植被生长存在相关性，在当时放牧强度下，放牧率减半可以使草原植被更好的生存(Kemp et al.，2020)。Hao(2014)评估了采取禁牧措施后锡林郭勒地区草地的生态效应，发现退化草地的群落结构开始迅速恢复到良性状态，并指出禁牧可以促进植物群落的平均高度、覆盖率以及地上新鲜生物量和质量的增加。Wu(2014)通过对比研究内蒙古呼伦贝尔草原六年连续放牧和禁牧地区的植被和土壤特性，得出禁牧六年后，土壤有机碳和总氮储量分别增加了 13.9%和 17.1%，表明消除放牧压力是控制该地区草地退化的有效方法。同时，还指出在进行退化草地恢复建设时，应对恢复措施的有效性进行全面评估，并不断调整和改善草地恢复的管理策略。甄霖(2018)通过对锡林郭勒草地生态恢复措施的整理研究发现该区草地生态恢复措施实施力度沿样带自北向南逐渐变弱，且草地恢复措施正由以草畜平衡、休牧和禁牧为主向休牧和围栏封育为主转变。Yang(2017)通过比较自然恢复、浅耕和耙地这三种草地恢复技术实施效果，发现以上措施均能增加草地地上植物的生物量以及凋落物的累积，并对土壤和植物的氮磷比产生影响，且恢复草地的土壤 N、P 含量要高于放牧草地。赵一安(2016)通过对不同草地恢复措施进行对比研究发现，浅耕翻改良措施有利于牧草产量的快速恢复，但对于长期生态恢复来说，浅耕翻并不是最理想的改良退化草地的方法。在更大时间尺度上，围栏封育措施改良效果更为显著。张晓娜(2018)研究了不同封育措施对草原植被与土壤的影响，发现封育措施对土壤表层养分含量影响较大，土壤有机质、全氮、碱解氮、速效磷含量均在完全封育草地最高。单贵莲(2012)发现生长季围封调制干草、其他时间轻度放牧利用的管理方式可保证退化草地在一定程度上得到恢复，综合考虑草地产草量、群落结构及物种多样性，认为 13 年是较适宜的围封年限，但围封后的适宜利用问题(如适宜的割草制度)有待进一步研究。

近百年来，全球气温一直处于不断变暖的状态，有研究认为气候变暖会使种群数量萎缩、种群间遗传物质交流中断，造成种内不断近亲交配，遗传多样性丧失，并指出气候变化直接或间接地改变了地表植被与环境的适应关系以及植物间的竞争机制，限制草本植物的繁衍和定居，驱动植物多样性变化，严重威胁生物多样性，牵制着草地生态系统结构和功能的稳定性(Li et al., 2018；何远政，2020；牛书丽等，2009)。Loreau 等(1998)对南美草原长期观测数据分析发现降水变异性的增加显著降低了草地生态系统的初级生产力。姜威(2014)利用 ISSR 分子标记研究发现增温降低了高寒草甸植物异针茅(*Stipa aliena*)和垂穗披碱草(*Elymus nutans*)的种群遗传多样性。Huang 等(2014)人发现降雨量增加阻碍了科尔沁沙地差不嘎蒿种群间的基因流，导致遗传多样性降低。为了厘清高寒草地植被覆盖变化的趋势及其对气候变化的响应特征，阳春霞等(2020)利用 MODIS-NDVI 遥感数据、温度和降水量数据，对藏北地区不同时相 NDVI 的变化特征进行了趋势分析与讨论，发现藏北植被覆盖变化与气候因子呈正相关，且存在明显的季节波动。

内蒙古草原位于 IGBP 全球变化研究典型陆地样带之内，是气候变化最为敏感的区域之一(Dai et al., 2016)。整体来看，内蒙古草地类型的分布应该主要受降水的影响，水分对植被生长起到制约作用，而气温与降水的相互作用将促成草原带的演变(苏力德，2015)。受到全球气候变暖的影响，内蒙古地区植被覆盖度下降，草地生产力水平降低，各项生态功能受损，生物组成发生变革，原优势种下降，劣质杂草占据优势地位，土壤养分含量下降(杜伟，2019)。牛建明(2001)指出气候变化对内蒙古的草原植被可能产生重要的影响，一方面，草原面积显著减少，南部界限大幅度北移森林草原退出本区。另一方面，草原生产力明显下降，荒漠草原的减产最为突出。乔宇鑫等(2016)通过对内蒙古地区 198 个草地样地地下生物量测定并结合遥感和气象数据分析，结果显示地下生物量与降雨量(或者湿润度)和 NDVI 正相关，随着降雨量(或者湿润度)和 NDVI 的增加，地下生物量有增加的趋势；与温度(或者≥10℃年积温)和海拔负相关，随着温度(或者≥10℃年积温)和海拔的上升，地下生物量逐渐减少。Pei 等(2020)认为气候变化可能会影响内蒙古地区物种分布范围变化，物种会转移至更适合的地方进行生长。王霞(2010)运用实证经济学的方法，通过计量经济模型量化了气候与人为活动对草地退化的影响，在数量上相对科学地提出了内蒙古草地资源退化趋势呈加重状态，并纵向分析了年平均气温与草地退化率之间的相关关系，发现内蒙古牧区和半农半牧区人为活动强度呈增加趋势，对草地退化率影响明显。

由于内蒙古地区大多草原属于干旱半干旱区区域，植被类型多由旱生植物构成。朱乐(2020)利用中国土地利用与土地覆盖数据 CNLUCC(2018)对 1∶100 万中国植被中的大针茅草原分布区进行分类，发现其中 21.25%的大针茅草原生境已丧失，其丧失的主要方式为草地向耕地转化，丧失比例高达 9.79%。此外，还有研究表明草原植物群落植物功能性状之间的关系也会因草地退化阶段不同而有所不同。李丹(2016)等发现植物可以通过功能性状的协调或组合来适应贫瘠的土壤环境。在轻度退化的羊草+针茅群落中，叶片碳氮比与群落最大高度、叶干物质含量、木质素含量呈显著正相关关系。在严重退化的羊草+冷蒿群落中，所有性状均呈极显著正相关关系。

近年来，有毒杂草在草原迅速生长蔓延，是对牲畜、野生食草动物和人类有毒的次生化合物植物，被认为是土地退化的早期迹象(James et al., 2005)。但 Zhang 等(2020)提出有毒杂草繁衍也可能会对草地产生若干潜在的积极生态影响，例如促进水土保持，改善养分循环和生物多样性保护以及保护牧场免受牲畜的过度破坏等。关于外来生物入侵草地的研究开展较多，在过去 50 年中，世界各地的半干旱牧场受灌木丛侵占现象严重，主要途径包括当地木本物种的传播或从其他生态系统引入。同时也可能是由于过度放牧，$CO_2$ 水平升高，牲畜和野生动物传播带来的(Belayneh et al.，2017）。此外，还有研究表明温带草原生物受到气候变化的影响与其他陆地生物相比不成比例，草地斑块破碎化，草原动植物栖息地丧失，导致气候对草原动、植物及土壤微生物群落影响效应更为明显（Fang et al.，2020）。干旱、半干旱地区以及复垦区等脆弱生境易形成生物土壤结皮（Biological Soil Crust，BSCs），BSCs 对于解决草原复垦区表土不足、适应物种少、水资源短缺三大主要问题具有重要意义（刘春雷，2011）。BSCs 可以通过改变草原土壤理化性质和生物学特征影响局部水文循环，对表土具有显著的持水能力（Rosentreter 2020；Belnap 2010）。苔藓结皮作为生物土壤结皮的高级演替阶段和主要类型可以反映环境的恢复情况，有助于管理者对草地的健康状况进行评价（Törn et al.，2006）。

由于人类活动的不断加剧，包括放牧、开垦、刈割、旅游、采矿活动等，引起了天然草原物种多样性丧失和生产力退化等问题，严重威胁到草原生态系统多功能的发挥（梁存柱等，2002；沈海花等，2016；王仁忠，1996）放牧是草原资源利用最重要的方式（杨智明等，2007）。有关研究指出，适度的放牧会促进一些禾草的分蘖、分枝和生长，家畜活动也有利于种子的传播，因此合理的放牧对草地生产力、生物多样性以及物质循环和能量流动均具有促进作用（高露等，2019）。但草原的承载能力是有限的，放牧强度变化对草原植物群落具有不同的影响，从而影响草地生产力（Wang et al.，2010；Xue et al.，2010）。过度放牧会导致草地斑块化，不同的放牧方式使草原斑块的空间分布格局变得更为复杂，进而导致草原整体景观趋于破碎化与复杂化（陈颜洁等，2019）。刘琮等（2020）研究发现重度放牧利用较刈割和刈割+放牧利用不利于群落建群种植物生长，降低了群落数量特征和物种多样性，对优质草甸草原的健康发展构成了威胁。

随着矿区不断开发，内蒙古草地矿区及其周边环境也发生了很大变化，例如植被面积减少、生境破碎化，从而影响个体到生态系统的生态过程（白中科等，2006；康萨如啦等，2011）。内蒙古作为中国重要的煤矿开采地，矿区开采拉动了当地经济发展的同时，也对当地的生态环境造成了威胁。露天开采对地表产生强烈扰动，大量地底翻出的剥离物堆积而成的排土场土壤贫瘠，加之重型卡车在排土运输过程中的碾压将地表严重压实，使得植物扎根困难，严重影响该地区的环境，使得该地区的草原植被退化严重。此外，草原旅游发展迅速，然而在旅游开发较为集中的区域出现了明显的生态环境退化问题。李文杰（2010）以希拉穆仁草原旅游区为例，发现人为破坏性干扰使草原景观格局出现较大变化，使景观破碎化程度加大，生态环境稳定性降低，其中旅游干扰成为草原旅游区景观向破碎化程度急剧演变的主要外因。旅游破坏了植被斑块的完整性，导致植物多样性减少，其中旅游道路表现出强烈的分割作用，被分割后的草原整体景观破碎化程度加剧，呈现出具有多种要素分布的格局状态（陈颜洁等，2019）。

此外，揭示不同类群生物和草地间的关系也是治理草地退化及提高牧草产量的有效途径。草原土壤微生物总数、各类群微生物数量以及生物量碳具有明显季节动态变化，微生物数量冬春季较少，而夏秋季微生物活动旺盛、数量较多（李浩，2008）。王智瑞等（2019）研究发现，在草甸草原，刈割显著降低了土壤微生物生物量和土壤呼吸，降低了氮、磷获取酶的活性，表明刈割可能会导致土壤氮、磷养分失衡，从而加剧草原功能退化。而在草地恢复过程中，氮及有机物的添加是常用的草地恢复技术。李木香（2020）发现在土壤表层添加高浓度的氮会对土壤真菌群落产生显著影响，从而改变土壤真菌群落的构成。Che 等（2020）研究发现添加凋落物显著增加了微生物 rDNA 的转录活性和真菌丰度，但降低了微生物的 α 多样性，可能会显著增加病原体的丰度以及与固氮，反硝化和甲壳质分解有关的微生物，同时降低硝化作用的丰度。草地毒草的迅速蔓延，造成草地植被群落和生物多样性减少，植被单一化，可食牧草急剧减少、草产量下降，草地退化和毒草化程度加剧，严重制约了草地畜牧业经济的持续发展。应采取以生态控制为主多种手段相结合的综合防控技术(严杜建等，2015)种间互作机制，对维持混播草地的持续稳定生产意义重大，谢开云(2013)从光照、养分、水分和空间等资源方面展开探讨了禾草和豆科牧草在混播时所采取的不同生存策略，阐述了豆—禾混播草地草种之间的竞争与促进关系，提出可以通过混播建植技术、草地管理措施及草地利用方式避免或减弱混播草地豆禾牧草之间的竞争。

在资源约束日益趋紧、生态环境压力逐步加大的背景下，牧草产业发展将成为畜牧业提质增效及天然草地生态系统持续稳定发展的重要关注点。在保护和有效利用天然草地的同时，积极推动人工种草，发展牧草产业非常迫切(高海秀，2020)。但牧草引种时需注意，为农业生产而培育的短期的非本土牧草品种，是引起世界各地草地生态系统物种高度入侵的重要原因之一(Grant & Wouter，2019)。但也有研究表明，种植适宜的牧草种类，有助于促进退化草地改良，王静(2018)以生物改良为切入点，通过田间试验比较发现苜蓿(*Medicago Sativa* L.)、芨芨草(*Achnatherum splendens*)、羊草(*Leymus chinensis*)、红豆草(*Onobrychis viciaefolia*)对宁夏银北典型草地盐碱化状况有明显改善作用。梁建勇等(2015)采用尼龙袋法对不同类型草地牧草消化率季节动态进行分析，发现高海拔地区的高寒草甸和沼泽化草甸牧草干物质消化率显著高于低海拔地区荒漠草原，且随着时间的推移，高寒草甸和沼泽化草甸牧草干物质消化率先升高后降低，且在6月体内消化率达到最高。新疆温性荒漠草原则随着季节的变化，从花期—果期—枯草期牧草干物质消化率逐渐降低。在高寒牧区，6、7和8月牧草营养价值较高，可满足放牧家畜维持和生产能量需要。内蒙古畜牧业生产多在农场单位进行，由于进口牧草已成为重要的饲料来源，部分环境压力转移到外部，减轻了草原的部分压力(Chen et al.，2017)。

郑伟等(2015)通过模糊综合评价，依据2008—2012年各混播组合的群落组分稳定性、功能稳定性和可入侵性，比较了21个豆禾混播组合的群落稳定性。Lang等(2020)通过用自组织特征图(SOFM)代替分类方法并在LNS方法中定制理想状态评估方法，构建了一种先进的本地净生产规模(ALNS)方法。用于分析草地生态系统内的差异，探索草地生态系统的理想状态，并将退化定义为实际状态偏离理想状态的程度，代表可以恢复草地生态系统的程度，可以用于量化和评估内蒙古此类系统的整体退化，从而有助于制定草地生态系统地保护和恢复计划。李秋月(2015)以内蒙古草地地上部生物量和0~20厘米土壤有机碳为草地生态系统的功能特征量，根据IPCC对脆弱性的概念，初步建立了内蒙古地区草地畜牧业脆弱性指标体系，从饲草产量对气候变化的响应角度探讨了气候变化背景下内蒙古地区草地脆弱性变化情况，发现内蒙古东部饲草产量受气候变化影响程度最大，东部地区最脆弱，西部地区草地生物量受气候变化影响程度最小。Zhang等(2020)基于生态恢复协会(SER)评估恢复成功的九项标准，将内蒙古草原中退化和恢复需求的变量放在一起，分析其恢复效果，发现内蒙古草原完成的研究中仅部分提供了评估恢复效果所需的数据。足以正确评估物种组成，并初步支持对另外七个标准的评估，同时他还指出放牧排除可能会促使退化草原快速有效地恢复。崔悦等(2020)以内蒙古鄂托克旗草地荒漠化典型区域为例，采用主观层次分析与客观熵权相结合的方法，构建了包括技术成熟度、技术应用难度、技术相宜性、技术效益和技术推广潜力指数在内的退牧还草技术综合评价指标，并基于农牧户视角对内蒙古鄂托克旗退牧还草技术进行了综合评价。

## 三、研究结果

(1)草地恢复治理中最重要的是对退化草地的实际状况进行调查和综合分析，方可充分利用各种技术尽快恢复退化草地生态系统的结构与功能。本底情况调查是一切工作开展的基础，野外调查及工程测量、试验是获取草地退化数据的可靠途径。在此基础上，随着遥感和地理信息系统技术的快速发展与深度应用，草地退化空间分布监测技术获以革新，可基于多源遥感影像在地面调查与采样分析的基础上，最快获取较为准确的草地空间分布数据及土地利用信息，通过反演的NPP 和 SOM 空间分布数据，建立草地退化指数的监测模型，跨学科确定草地退化阈值，开展草地退化预测，预警生态风险并分析主要驱动力。

(2)在草地恢复实践中，应把握住宜农则农，宜牧则牧的原则，针对不同退化草地类型实施不同的综合修复手段。针对草甸草原，对由于过度放牧导致的中轻度退化羊草草地进行浅耕翻，对于植被严重退化草地，采取浅耕翻+补播；在放牧草地单元实施划区轮牧和限时放牧的技术措施，在草场的耐受性区间的前提下，提高畜产品的贡献率；在打草场单元采取放牧地与打草场轮换利用技术，辅助带状打草进行草地休闲恢复，调整刈割时间，辅助施肥、切根、松土复壮等措施，提高草地产量及品质，调节牲畜饲草的季节不平衡，保障冬春草地的饲草供给；针对典型草原和荒漠草原，对于植被严重退化草地，采取本土原生植物品种免耕补播；在正常草地单元实施冬春季休牧、夏秋季轮牧和限时放牧的技术措施；在人工饲草料基地单元种植高产优质的饲草料，补充冬春季节的饲草不足。针对荒漠、沙地，在技术措施上采取围栏封育+补播措施。补播牧草须选择适合当地生境条件的优良牧草种子进行补播，做到草、灌结合，长寿与短寿植物结合，因地制宜采取不同的组合配比。对于大面积集中连片的地段采取飞播种草的方式进行补播，局部小面积的地区采用人工模拟飞播的方式进行补播。对固定沙丘和对于流动、半流动沙地及风沙危害严重的地区，首先采用灌木固沙或设置机械沙障固沙，再进行补播种草。

(3)不同草地生态恢复技术对不同生态恢复目标产生的结果存在较大差异。为了扭转草地退化的态势，应根据恢复生态学原理及生态系统可持续发展理论，在了解草地退化各阶段群落组成、退化成因以及植被演替规律的情况下，针对不同地区不同草地类型特征，明确恢复目标，并结合区域草地产业开发与生产实际以及退化草地分类分级理论，在充分考虑草地生态系统自身完整性及其在整个生态环境体系中的作用的基础上，筛选有针对性的恢复技术措施与工程建设，实现经济效益、生态效益、社会效益协同发展。

(4)在退化草地恢复过程中，要根据草地类型和植被退化程度以及多样性指标体系来实施草地调整管理措施。通过设置草地野外监测站及实验室分析，并结合遥感监测及地理信息系统技术，在草地分布整体环境特征的基础上，对草地恢复后续工作进行实时动态关注。同时，在充分考虑草地生态恢复技术效益评估指标体系构建的基础上，兼顾退化草地恢复模式的区域适应性，预防草地改建与恢复技术实施后，可能诱发的草地再退化。对开展技术实施后不同状态退化草地的一系列评估，可以有效指导并完善现有草地恢复技术调整与研发工作，也是后续大规模开展生态恢复工程的重要科学依据。

(5)要充分考虑气候变化和人为干扰对草地退化的影响。气候变化和人类活动是草地退化的主要驱动因子，也是草地恢复措施与生态恢复工程建设实施效果的重要影响因素。在草地生态系统恢复过程中应始终贯彻并协调两者之间的关系，科学合理地利用草地资源，完善草原管理制度，尽量控制人为干扰强度，缩小可能影响草地可持续发展的不利因素，加强适度放牧管理，佐以科学合理的草地恢复技术，改善草原生态环境。同时，还应适应气候变化特征，调整草地恢复目标及可持续性理念，加大科技创新力度，研发适应未来气候变化趋势并有利于草地产业发展的、高产优质牧草种子，创造条件发展绿色推动经济发展产业模式。

## 四、存在的问题

(1)我国在20世纪80年代进行过一次全国草地资源统一调查，包括草原面积、草原类型和分布情况等等，而时隔40年，中国草原在气候变化和人为干扰的背景下发生了很大的变化，对我国草原的二次调查工作尤为迫切。

(2)自1982年至2010年我国有1/5以上的草地呈现不同程度退化，且退化趋势仍在持续，虽然我国已采取了一系列生态恢复技术措施，但大部分研究都以恢复草地生产力、土壤碳库和植被盖度为目标，对草地动物、非维管植物及其与草地相关性的关注相对较少。

(3)内蒙古退化草原恢复的研究主要集中在锡林郭勒盟典型草甸地区，关于其余地区草地类型的研究相对较少。而草地恢复的关注点一般集中在草地退化机制的原因、植被群落特征以及土壤理化性质方面，对草地恢复技术的研究也多关注围栏封育、刈割等方面。目前应该加强对内蒙古其他区域草地退化情况的了解并提出有针对性的恢复技术或措施。

(4)从实施效果来看，同一草地生态恢复技术对不同的生态恢复目标可以产生较大差异，就我国目前采取的多数草地恢复措施来看，对植物多样性的恢复效果均相对较差，退化草地恢复过程漫长，而且在恢复过程中各种因子的波动也可能会导致恢复轨迹的波折和恢复进步的不均匀。

(5)由于草地生态系统的天然脆弱性及牧民对草地在生态环境保护中的功能的忽视，造成人们普遍对草地退化的认识偏颇，使得草原的开发和建设以及政府的生态补偿很难实现对草地退化问题的真正解决。

## 五、政策建议

近年来，随着草地退化带来的生态灾害和生产损失的增加，我国加大了对草原生态建设的投资力度，主要应用于退牧还草、风沙治理、围栏封育、草畜平衡、暖棚建设，以及草原生态补奖机制等等，最近十年的投资额度更是超过以往的三倍。自第十个五年计划以来，国内各级政府部门和科研机构对草地生态系统退化机制、恢复治理技术十分关注，其中“北方草甸退化草地治理技术与示范”是“十三五”国家重点研发计划生态专项第一批启动任务之一，主要针对北方草甸和草甸草原退化机理、恢复机制和治理技术、后续修复阶段生态产业技术创新等方面，创建了退化草甸和草甸草原治理技术体系与模式，为我国北方草原畜牧业与生态环境和谐发展提供了技术支撑(傅伯杰等，2013；唐华俊等，2016)。

今后，退化草地恢复应以综合修复技术为主，充分考虑多植物物种及乡土草种的综合配比，加强对退化草地生态系统地下组分的修复，并注重恢复后生态系统的稳定性维持及替代产业持续发展，构建生态富民的产业技术体系与优化模式，促进内蒙古草地区域新兴生态产业带的发展，科学指引，合理应用草地生态恢复技术(Wang et al.，2019；蒋胜竞，2020)。

利用遥感监测技术，根据草地分类经营指数划分保护型草地和适度经营型草地，并有针对性地进行集约化经营管理，加强草场的流转和保护，积极推进围栏封育，推广暖棚、舍饲等养殖方式，优化牲畜的畜种结构，促进规模规范化养殖，促进草原牧区的饲养方式由天然放牧逐步转变为以围栏舍饲半舍饲为主、天然放牧为辅的产业链方向发展。在畜牧业产业链建设过程中还要注重各个节点的相关服务体系的建设，加强牲畜品种改良、饲料的高效率利用、牲畜暖棚养殖、牲畜养殖废物处理等服务，设立服务部门对放牧草地实行干预和管理，及时掌握草地基本情况，合理调整利用强度，有效防止草地退化。

依托“科研单位+企业+合作社+牧民”合作模式，使区域内草原生态环境得到改善的同时带动牧民增收，实现“绿富双赢”。加大生态补偿力度，通过政府补贴、牧民少部分自筹的形式推广退化草场改良项目，如“草原牧鸡”，通过引用家禽(杂食鸡)，杀灭害虫，控制蝗灾，并利用其粪便提高草地肥力，促进牧草产量提高。引导牧民家庭通过畜、禽、草耦合的方式开展生产，可大幅提高草地生产力和牧民收入，实现牧民收入的多元化。

建设现代化家庭牧场，加强人工草地和饲料地的建植和管理，开展实时草地监测与评价，研发、集成适宜不同退化草原类型的草原生态修复技术，探讨退化机制，创建基于人—畜—水—土—草高度耦合、生态与经济共同发展的草地利用优化模式，调节牧草供应和家畜营养需求，维持供求平衡，实施科学的放牧管理措施，合理控制和规划家畜种类、数量、放牧时间和强度，保持草地的生产力和营养供应，使家畜达到高效生产，以生态修复推动绿色产业，科学合理规划草原牧区经济发展和生态保护，最终实现生态效益与经济效益的双赢。

此外，我们还要清晰地认识到草原气候的波动性，草原灾害的频发性，草原水资源的稀缺性和草原生产力的有限性，从草地可持续发展的需求出发，将对草地的利用限制在生态系统生产效率的底线之内，并依靠科学技术方法与手段，在发展中寻求适应性机制和良策。尽量选择和使用高效的生态恢复技术，在草原的利用和产业化发展中，对草原的优势和特色进行科学分析与诊断，立足长远，加强草地的监管与监控。草地退化是多因素叠加耦合的过程，要运用综合系统观念，深入分析草原各项资源的潜力，在草原保育之中合理开发其能量与物质的可再生能力，使草原保持永续的生产力。

调 研 单 位：国家林业和草原局经济发展研究中心、东北师范大学
课题组成员：张鑫、赵广帅、寇瑾、余涛、李扬

# 中国林草植被状况监测评估指标体系研究

**摘要：**为科学评估研究区域(十四省份，包括黑龙江、吉林、辽宁、内蒙古、河北、山西、陕西、甘肃、宁夏、新疆、青海、西藏、四川和云南)的林草植被覆盖状况，了解研究区域及各省区林草植被生态防护效能、存在的问题和面临的风险，推进特定区域林草同步监测、协同规划和融合发展，国家林业和草原局经济发展研究中心委托北京林业大学，开展中国林草植被状况监测评估指标体系研究。通过深入分析现有森林和草原植被覆盖状况监测评估指标的优缺点和适用条件，结合我国主要草原分布省区的实际情况，探索并提出一套适合于现阶段林草植被状况监测评估指标体系，并对研究区域林草植被覆盖状况进行案例分析，为科学、高效开展林草同步监测和融合管理工作提供技术支撑和实施案例。

## 一、研究目标与思路

为科学评价区域生态状况，推进林草同步监测和融合发展，国家林业和草原局经济发展研究中心委托北京林业大学，开展中国林草植被状况监测评估指标研究，旨在分析现有森林和草原植被状况监测评估指标的基础上，结合我国主要草原分布省份的实际情况，探索并提出一套适合于现阶段林草植被状况监测评估的指标，为科学、高效、统一的林草融合管理工作提供支持。

**(一)研究目标**

(1)梳理现有森林和草原覆盖状况的指标。根据我国《森林法》《草原法》《森林法实施细则》《草原法释义》《“国家特别规定的灌木林地”的规定(试行)》等法律法规、相关国家和行业标准以及国内外开展森林、草原及植被监测与研究的相关案例，对现有森林、草原及林草覆盖相关指标进行梳理，明确其概念、内涵、用途和测度方法。

(2)分析现有森林和草原覆盖状况指标的特点和适用性。通过分析现有森林、草原及林草(植被)覆盖状况相关指标的指示意义、生态学和生物学属性、时间和空间适用性、不同指标之间的差异状况等，进一步明确林草覆盖状况相关指标的优点和长处、缺点和不足，并提出我国高效开展林草覆盖工作的指标体系建议。

(3)明确我国主要草原分布省份林草覆盖现状。根据植被遥感影像、林草资源统计资料、相关研究文献等，明确我国主要草原分布的十四省份(黑龙江、吉林、辽宁、内蒙古、河北、山西、陕西、宁夏、甘肃、新疆、青海、西藏、四川和云南)的森林面积、草原面积、森林覆盖状况、草原覆盖状况和林草覆盖状况。

### (二)研究思路与方法

采用资料收集、文献查阅、数据分析、模型预测、现场考察与访谈研讨等手段，并充分运用理论分析与实际相结合、定性与定量分析相结合的手段，全面梳理和分析林草覆盖相关指标，明确其概念、内涵，了解其优缺点和适用性。

#### 1. 资料收集与查阅文献

根据国家林草相关法律、法规、标准和文件，系统梳理现有森林、草原和林草覆盖指标，明确其概念、内涵、用途和测度方法，并分析其优缺点和适用性，有针对性地提出具有林草融合特征的监测指标体系，实现研究区域森林和草原覆盖度指标体系的进一步优化。

#### 2. 数据分析与模型构建

通过解译研究区域植被分布状况的卫星影像，并结合区域林草资源和土地利用数据，综合判断当前森林和草原资源存量及分布状况。

森林和草原植被覆盖度来源于2018年植被生长季(7、8月)高质量、无云的Landsat 8 OLI影像，并在对数据进行几何校正和辐射校正的基础上，计算植被归一化植被指数(NDVI)(公式1)，

$$\mathrm{NDVI}=\frac{\mathrm{NIR}-R}{\mathrm{NIR}+R} \tag{1}$$

其中，NIR为近红外波段的反射率；$R$为红光波段的反射率。

然后，采用二分法计算获得林草植被覆盖度。像元二分模型是一种实用的植被遥感估算模型，优点在于计算简便、结果可靠，其原理是，假设一个像元的NDVI值由全植被覆盖部分地表和无植被部分地表组成，且遥感传感器观测到的光谱信息也由这两种因子线性加权合成，各因子的权重即是各自的面积在像元中所占的比率。其中，全植被覆盖部分地表在像元中所占的面积百分比即为此像元的植被覆盖度，计算公式可表示为：

$$f=\frac{\mathrm{NDVI}-\mathrm{NDVI}_{\mathrm{soil}}}{\mathrm{NDVI}_{\mathrm{veg}}+\mathrm{NDVI}_{\mathrm{soil}}} \tag{2}$$

其中，$f$为植被盖度(%)，NDVIveg为全植被像元的NDVI值，NDVIsoil为无植被像元的ND-VI值，即完全裸地的部分。

#### 3. 现场考察与访谈研讨

通过对青海、宁夏、新疆、陕西、甘肃、河北和内蒙古等省份的林草资源保护与监测情况，进行实际调研、现场访谈，了解各省区在林草覆盖状况监测、统计方面的具体做法、存在的困难及希望进一步优化的方向等，为进一步完善林草覆盖指标体系，促进林草覆盖协同监测、管理与发展提供重要参考。

#### 4. 理论与实际相结合

通过收集整理与林草覆盖率指标体系相关的文献资料，结合研究区自然、社会和经济情况的调研，对研究区域林草资源发展、森林覆盖状况、草原植被覆盖状况等进行全面了解，为开展林草综合覆盖状况等探索创造条件。

#### 5. 系统与实证研究相结合

森林和草原生态系统具有复杂性、多样性和关联性等特点。本研究采用系统分析方法，分析研究区域森林和草原资源监测和统计中的难点，实地调查林草资源监测的典型模式，探索新时期林草覆盖状况监测的理想方式和可行手段。

**6. 定性与定量分析相结合**

采用遥感手段同步开展森林和草原覆盖状况监测，以明确较大空间尺度上的林草资源规模、生态防护能力状况等，具有定量统计和定性分析相结合的特点。今后，如果能够采用高质量植被遥感影像，结合国土“三调”结果，便能够更加准确真实的反映区域森林和草原覆盖状况，并可有效呈现林草综合覆盖状况和生态防护能力，届时定量分析的比重将得到极大提升。

**(三)技术路线**

专题技术路线如图1。首先在系统梳理和分析现有林草覆盖状况相关指标基础上，根据国家法律法规及相关政策、研究区自然条件与林草工作实际，提出林草覆盖监测指标优化建议；然后根据林草覆盖监测指标优化方案，开展研究区域林草覆盖及生态防护状况监测。林草覆盖相关监测指标优化及探索性应用，将紧密围绕国家生态安全格局构建需求，致力于实现林草覆盖监测融合、协同发展，为林草覆盖及植被生态防护状况的稳步提升提供技术保障。相关研究成果，有助于推进我国北方防沙带、青藏生态屏障区、黄土高原—川滇生态修复带、东北生态保育区、丝绸之路生态防护带(西段)和京津冀生态协同圈(大部)的林草覆盖和生态防护状况的同步监测和融合发展。

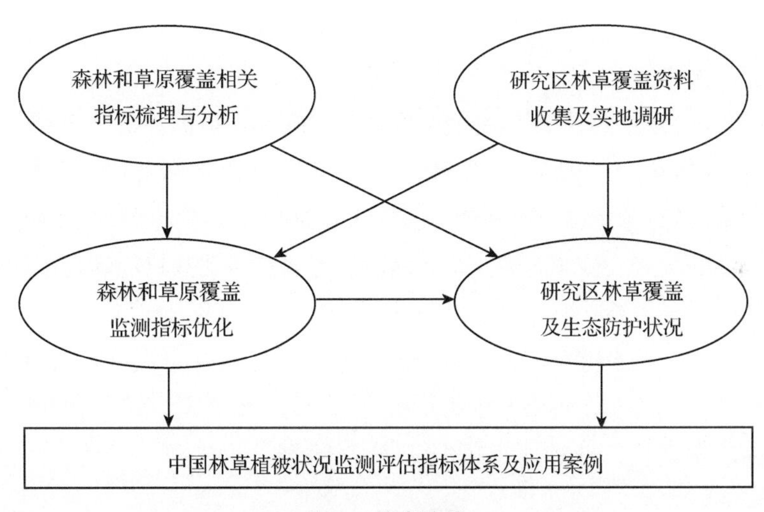


**图1　技术路线**

## 二、国内外主要森林和草原覆盖指标

森林和草原作为重要的自然资源，在维护区域生态安全、支持经济社会发展等方面，具有不可替代的作用。通常采用森林和草原覆盖指标来反映区域森林和草原的基本状况。但是，由于目的、用途及侧重点不同，所采用的具体指标也有所不同，造成数据统计与整合困难。

在当前森林和草原管理行政职能合并的背景下，进一步优化和完善森林和草原覆盖指标体系，对于森林和草原资源的保护、利用和管理具有十分重要的意义。

基于以上目的，本研究系统梳理了国内外森林和草原覆盖相关指标，并对其优缺点和适用性进行了深入分析，并结合我国实际情况，提出了林草覆盖指标优化相关建议，为我国主要草原分布省份“十四五”期间林草同步高效监测提供方法学参考。

### (一)森林覆盖状况指标

目前，通过资料收集、文献检索与综合分析，涉及森林覆盖状况的指标，主要包括林木郁闭度、灌木覆盖度、林木绿化率和森林覆盖率。

#### 1. 林木郁闭度

(1)概念：林木郁闭度(Forest Canopy Density)指的是森林中乔木树冠投影面积与林地面积之比，可用于反映林分密度。根据《中华人民共和国森林法》(2019年修订)、《森林法实施条例》(2016年修订)、国家标准《土地利用现状分类》(GB/T 21010—2017)的规定，郁闭度为0.2以上的乔木林被认定为森林，相应的土地认定为林地。林木郁闭度测定是森林资源调查与规划的重要技术指标。

(2)内涵：林木郁闭度可以反映树冠的闭锁程度和树木利用生活空间的程度，是反映森林结构和森林环境的一个重要因子。

(3)用途：林木郁闭度在水土保持、水源涵养、林分质量评价、森林景观建设等方面有广泛的应用；同时，在森林经营中郁闭度是小班区划、确定抚育采伐强度、甚至是判定是否为森林的重要因子；此外，林木郁闭度可反映林分光能利用程度，常作为抚育间伐和主伐更新控制采伐量的指标，也是区分有林地、疏林地、未成林造林地的主要指标。

(4)测度方法。

①目测法：通过目测林木郁闭度是最为常用、迅速和便捷的方法，但受主观因素影响大，误差也较大，同时还受到地形、地貌、下层植被的影响。2003年国家林业局颁布的《森林资源规划设计调查主要技术规定》中指出，有林地小班，可以通过目测确定各林层的林冠对地面的覆盖程度，但强调有经验的调查人员才能够应用目测法。但是，目测法仅能满足郁闭度十分法表示的精度，更为准确的调查则需要其他方法予以辅助。

②树冠投影法：将林木树冠边缘到树干的水平距离，按一定比例将树冠投影标绘在图纸上，最后从图纸上计算树冠总投影面积与林地面积的比值即为林木郁闭度。由于该种方法依旧需要靠人眼判断，存在着主观性，且难以克服林冠重叠问题，并且费工费时，不适合大范围的森林调查。

③样线法：通过在林地设立长方形样地，通过测量林木冠幅总长，除以样地二对角线总长，即可获得林木郁闭度。样线法被认为是估计郁闭度的最可靠方法，可与通过遥感影像估测的林木郁闭度进行直接比较。

④样点法：一般采用系统抽样方法，在样地内设置样点，判断样点是否为树冠遮盖，统计被遮盖样点数，即可通过公式(林木郁闭度=被树冠遮盖的点数/样点总数)算出郁闭度。该方法应用不当可能会引起抽样偏差，但总体而言方法简便、实用，在实践中广泛应用。

⑤冠层分析仪法：利用冠层分析仪的鱼眼光学传感器进行辐射测量，通过测定冠层下可见天空比例，计算林木郁闭度。该种方法测量快速，但对天空条件要求比较严格，需要在测量时避免阳光直射，要求在均匀的阴天或早晚进行。尽管该方法客观性强，但仪器设备昂贵，应用条件约束严格，不适用于大范围森林郁闭度调查。

⑥遥感影像判读法：对大面积的郁闭度调查，可通过航空相片或高分辨率卫星图像进行判读。在航空相片上可通过树冠密度尺或微细网点板进行郁闭度判读。用卫星影像进行郁闭度调查时，是以地面调查的郁闭度为基础，利用与郁闭度相关性高的波段或变量，建立多元回归模型来

估测林木郁闭度。通过卫星影像进行郁闭度估测，涉及的因素较多，波段选择也十分关键，否则会影响估测精度。

**2. 灌木覆盖度**

(1)概念：灌木覆盖度(Shrub Coverage)指的是，灌木树冠投影面积占林地面积的百分比，可用于反映灌木林的林分密度。根据《"国家特别规定的灌木林地"的规定(试行)》，特指分布在年均降水量400毫米以下的干旱(含极干旱、干旱、半干旱)地区，或乔木分布(垂直分布)上限以上，或热带亚热带岩溶地区、干热(干旱)河谷等生态环境脆弱地带，专为防护用途，且覆盖度大于30%的灌木林地，以及以获取经济效益为目的进行经营的灌木经济林。研究区域大部分县(市)在《"国家特别规定的灌木林地"的规定(试行)》的范围之内，而且研究区域现有森林资源中国家特别规定的灌木林所占比重极大。但是根据《土地利用现状分类》(GB/T 21010—2017)的规定，灌木林地以灌木覆盖度40%为阈值下限，造成研究区域(特别是西北省份)存在较大数量的国家特别规定的灌木林地因覆盖度不足未得到认定，直接导致森林资源规模的减小。

(2)内涵：灌木覆盖度具有与林木郁闭度相近似的内涵，反映灌木树冠空间锁闭程度，反映灌木林结构与环境的一个重要因子。

(3)用途：灌木覆盖度在干旱和半干旱区水土保持等方面有广泛的应用。当灌木林盖度超过特定阈值(20%以上)后，可对立地土壤侵蚀进行有效防控。

(4)测度方法：灌木覆盖度测度方法与林木郁闭度相似，可采用目测法进行快速估算；也可采用树冠投影法，进行精确测定，但相对费时费力；而采用样线法可是在保证测定精度的前提下，做到相对省时省力。总体而言，灌木覆盖度的测定要比林木郁闭度测定更为容易，且精确度更高。

**3. 林木绿化率**

(1)概念：林木绿化率(Rate of Woody Plant Cover)，是指有林地面积、灌木林地面积(包括国家特别规定的灌木林地和其他灌木林地面积)、农田林网以及四旁(村旁、路旁、水旁和宅旁等)林木的覆盖面积之和，占土地总面积的百分比。林业行业标准《森林资源规划设计调查技术规范》(GB/T26424—2010)，给出林木绿化率的概念及计算方式。此后，根据林业行业标准《国家森林城市评价指标》(LY/T 2004—2012)，林木绿化率是国家森林城市评价的重要指标，也是反映某一行政区域内，林业资源和林业建设成效的重要指标。

(2)内涵：林木绿化率是衡量特定区域林木绿化状况的指标。根据林木绿化率的概念可知，由于林木绿化率计算中涵盖了其他灌木林地面积，所以一般情况下林木绿化率要比森林覆盖率更大一些。

(3)用途：林木绿化率是国家森林城市评价的重要指标，也是反映特定区域林木覆盖状况的重要指标。在林业行业标准《国家森林城市评价指标》(LY/T 2004—2012)中规定，创建国家森林城市过程中，通过"四旁"绿化要实现集中居住型村庄林木绿化率达到30%，分散居住型村庄达到15%；公路、铁路等道路因地制宜地开展多种形式绿化，林木绿化率要达到80%以上，形成绿色景观通道。

(4)测度方法：林业行业标准《森林资源规划设计调查技术规范》(GB/T26424—2010)，给出林木绿化率的计算方式，即有林地面积、灌木林面积与四旁树面积之和占土地总面积的百分比。林木绿化率的测度，主要是通过计算特定区域内有林地(乔木林地、竹林、国家特别规定的灌木林地和其他灌木林地)面积，统计“四旁”树木株数并折算为林地面积，然后计算二者之和占区域总土地面积的百分比，即为林木绿化率。

**4. 森林覆盖率**

(1)概念：森林覆盖率(Forest Coverage Rate)是指行政区域内森林面积占土地总面积的百分比。林业行业标准《森林资源规划设计调查技术规范》(GB/T26424—2010)，给出森林覆盖率的概念及计算方式，即有林地面积与国家特别规定灌木林面积之和，占土地总面积的百分比。因此，根据林业行业标准《森林资源规划设计调查技术规范》(GB/T26424—2010)的规定，森林覆盖率与林木覆盖率存在两点差异：第一，仅涵盖国家特别规定灌木林面积，不包括其他灌木林面积；第二，不涵盖“四旁”树占地面积。然而，根据《中华人民共和国森林法》(2019年修订)、《森林法实施条例》(2016年修订)及《“国家特别规定的灌木林地”的规定(试行)》等，指出计算森林覆盖率时，森林面积包括乔木林地面积和竹林地面积、国家特别规定的灌木林地(覆盖度0.3以上)面积、农田林网以及四旁林木的覆盖面积。《中华人民共和国森林法》(2019修订)、《森林法实施细则》(2016年修订)制定时，对林业行业标准《森林资源规划设计调查技术规范》(GB/T26424—2010)中涉及的森林覆盖率进行了修订。此外，根据国家标准《土地利用现状分类》(GB/T 21010—2017)的规定，在国土“三调”过程中，灌木林地认定标准为灌木覆盖度≥40%，又形成与《中华人民共和国森林法》(2019年修订)、《森林法实施条例》(2016年修订)及《“国家特别规定的灌木林地”的规定(试行)》对国家特别规定的灌木林地定位和认定标准的冲突，最终造成大量已被认定的国家特别规定的灌木林地未被认定为灌木林地。所以，由于认定国家特别规定的灌木林地的标准存在重大变化，对于森林资源以灌木林为主的西北省份而言，国土“三调”结果中森林面积应会出现一定减小现象，并会导致森林覆盖率发生相应变化。

(2)内涵：森林覆盖率是反映一个国家、地区森林资源和林地占有的实际水平的重要指标，也是反映森林资源的丰富程度和生态平衡状况的重要指标。但是，由于国家、地区自然条件差异极大，因此不考虑区域差异，简单地进行森林覆盖率横向比较，往往是不可取的。根据目前我国现行法律和行业规范框架之下的森林覆盖率计算方法可知，目前获得的特定区域的森林覆盖率比一般意义上的森林覆盖率略大，主要是其额外囊括了农田林网及四旁植树的折算林地面积。与林木绿化率相比，由于林木绿化面积囊括了其他灌木林地，所以森林覆盖率要比林木绿化率低一些。

(3)用途：森林覆盖率是世界范围内，反映林业资源状况和森林覆盖状况的通用指标，也是反映林业资源动态变化的最主要指标。同时，森林覆盖率也是国家和地区，森林资源保护、林业建设成效的主要考核指标之一，也是诸如生态文明示范区、国家森林城市、国家园林城市等城市荣誉认定的主要参考依据和技术指标。

(4)测度方法：森林覆盖率的测定，主要是通过计算特定区域内有林地(乔木林地、竹林、国家特别规定的灌木林地)面积，统计“四旁”树木株数并折算为林地面积，然后计算二者之和占区域总土地面积的百分比，即为林木绿化率。

**(二)草原覆盖状况指标**

目前，通过对已有资料和文献进行分析，涉及草原覆盖状况的指标，主要包括草原植被覆盖度和草原综合植被覆盖度。

**1. 草原植被覆盖度**

(1)概念：草原植被覆盖度(Grassland Vegetation Coverage)，指的是草原植被在单位土地面积上的垂直投影面积所占百分比。植被覆盖率作为生态学基本概念，当其运用在草原生态系统调查时，便为草原植被覆盖度。在农业行业标准《草原资源与生态监测技术规程》(NY/T 1233—2006)中的草原植被盖度，即是草原植被覆盖度。

(2)内涵：草原植被覆盖度是衡量特定区域内草原植被覆盖和生长状况的重要生态学参数和量化指标，同时也是区域水文、气象和生态等模型的重要参数。准确地获取草原植被覆盖信息，对揭示地表空间变化规律、探讨变化的驱动因子和分析评价区域生态环境具有重要意义。草原植被覆盖度反映区域草原植被覆盖程度，常用于反映草原覆盖程度的空间特征。针对某一块草原、某一类型草原植被覆盖程度的测定，可为计算区域草原平均覆盖程度提供数据支持。

(3)用途：草原植被覆盖度常用于分析气候变化、人类活动对草原植被的影响研究，是气候变化生态学、草原地理学等研究领域的重要植被参数。同时，草原植被覆盖度也是综合计算区域草原植被综合覆盖度的数据来源。

(4)测度方法：草原植被覆盖度的测量，包括地表实测和遥感估算两种方法。地表实测法，是通过在监测草原上布设样方，测定样方中草原植被面积占样方面积的百分比，具体方法以农业行业指导材料《全国草原监测技术操作手册》为准。遥感估算法，是通过解译植被遥感影像，根据监测目标草原的植被和地表反射状况，进而计算草原植被覆盖状况。目前多采用遥感估算结合地表实测数据校准的方式，在获得较为准确的草原植被覆盖度的同时，还可做到省时省力，这也是农业行业标准《草原资源与生态监测技术规程》(NY/T 1233—2006)重点推荐的方法。

**2. 草原综合植被覆盖度**

(1)概念：草原综合植被覆盖度(Comprehensive Vegetation Coverage of Grasslands)，指某一区域草原植被垂直投影面积占草原总面积的百分比，通常用某一区域内各种类型草原的植被盖度与其所占面积比重的加权平均值来表示。在农业行业标准《草原资源与生态监测技术规程》(NY/T 1233—2006)中，尽管草原植被覆盖度已作为重要监测技术指标予以单独列出，但未将草原综合植被覆盖度作为指标予以列出。然而，对县域(市域、省域)草原类型、草原面积、草原植被覆盖度等进行调查后，即可快速测算出草原综合植被覆盖度。草原综合植被覆盖度作为独立的草原覆盖技术指标，2011 年起被《全国草原监测报告》(现为《中国林业和草原发展报告》)采纳，用于反映草原植被覆盖状况；2015 年，又被中共中央、国务院《关于加快推进生态文明建设的意见》所采纳，作为与森林覆盖率同等重要的草原生态监测主要技术指标；2016 年，被列入国家《生态文明建设考核目标体系》和《绿色发展指标体系》，作为我国生态文明建设的一个重要的考核指标；2018 年，在国家标准《草原与牧草术语(征求意见稿)》，给出草原植被综合覆盖度的标准术语解释。根据中共中央、国务院《关于加快推进生态文明建设的意见》，设定我国 2020 年草原综合植被盖度的预期目标为 56%；2021 年 3 月，生态环境部发布的《2020 年全国生态环境质量》，显示我国 2020 年草原综合植被盖度为 56.1%，已实现预期目标。

(2)内涵：草原综合植被覆盖度是用来反映大尺度范围内草原覆盖状况的一个综合量化指标，直观来说是指比较大的区域内草原植被的疏密程度和生态状况，计算中以草原植被生长盛期地面样地实测的覆盖度作为主要数据来源。

(3)用途：草原综合植被覆盖度是当前草原行政管理绩效的最主要技术指标，同时也是《全国草原监测报告》的主要技术指标，还被应用到诸如生态文明建设、区域绿色发展等领域，并作为草原资源保护和建设绩效的核心指标。

(4)测度方法：

①县域尺度草原综合植被覆盖度计算。计算基础是该县内不同类型草原的植被覆盖度和权重，权重为各类型天然草原面积占该县天然草原面积的比例。需要注意的是，某类型草原覆盖度是该类型草原所有监测样地植被覆盖度的平均值。县级以下行政区域综合植被覆盖度的测算方法与县级行政区域综合植被盖度的计算基本相同。

②省域尺度草原综合植被覆盖度计算。省域是面积较大的行政区域，情况复杂，对省域草原综合植被覆盖度的影响因素比较复杂，计算基础是该省内不同类型草原的植被覆盖度和权重，权重为各类天然草原面积占该省天然草原面积的比例。地市级行政区草原综合植被盖度的测算方法与省级行政区测算方法相同。

③国家尺度草原综合植被覆盖度计算。全国草原类型复杂，面积巨大，对全国草原综合植被覆盖度的影响因素众多，全国草原综合植被盖度计算的基础是全国不同类型草原的植被综合覆盖度和权重，权重为各类天然草原面积占全国天然草原面积的比例。

④提高草原综合植被覆盖度的措施。根据调查的对象的分布特性，预先把总体分成几个层(也叫类、亚类、地段等)，在各层中随机取样，然后合并成一个总体。各层的取样数是按照各层的面积占总面积的比例(权重)来确定。卫星等遥感数据相对于地面样地数据具有全覆盖的优势，在草原综合植被覆盖度计算中引入遥感等先进技术，采用野外实际调查和遥感技术相结合，对提高计算的准确度和时效性、改善计算方法、促进草原综合植被覆盖度的广泛应用具有重要意义。

**(三)林草综合覆盖状况指标**

目前，通过对现有资料和文献进行分析，涉及林草综合覆盖状况的指标，主要包括林草覆盖率、绿化覆盖率、归一化植被指数和叶面积指数。同时，本项研究根据现有林草综合覆盖状况指标的优缺点，探索性地提出生态防护植被覆盖率指标，用于表征具有良好生态防护能力的林草植被覆盖状况。

**1. 林草覆盖率**

(1)概念：林草覆盖率(Percentage of the Forestry and Grass Coverage)是指在特定土地单元或行政区域内，乔木林、灌木林与草地等林草植被面积之和占特定土地单元或行政区域土地面积的百分比。国家标准《开发建设项目水土流失防治标准》(GB50434—2008)，规定开发建设项目实施场地林草覆盖率必须达到一定标准(因工程类型和规模不同，标准在 15%~25%)，并在 2018 年修订为《生产建设项目水土流失防治标准》(GB/T 50434—2018)予以保留，进一步说明林草措施作为水土流失防控的重要手段具有极端重要性，同时通过保证林草覆盖率可实现水土流失的基本控制。

(2)内涵：林草覆盖率作为水土保持领域的植被覆盖指标，用于规范开发建设项目水土流失治理工作。同时，林草覆盖率能够较为直观反映单位土地面积上林草覆盖的程度，可用于快速、简易地评估区域生态稳定性、水土流失控制程度。研究区域(十四省份)作为我国土壤侵蚀最为严重的省份之一，风力侵蚀和水力侵蚀均有较大面积分布，因此参考采用林草覆盖率进行省域尺度上的森林和草原植被状况评价，有助于进一步突出生态立区理念，协调林草资源管理与森林、草原生态防护服务之间的关系，同步开展资源保护建设、生态服务功能提升两项重要工作。

(3)用途：林草覆盖率可直观反映区域森林和草原覆盖的整体状况，还可在一定程度上指征区域土壤侵蚀的空间分布状况，对于协同开展林草资源发展与生态环境问题有效治理具有重要意义。根据《中国地理国情蓝皮书》(2017年版)，当年我国林草覆盖率达到62%以上，河北省和重庆市的林草覆盖率分别为46%和63%。因此，在当前和今后较长时间里，森林和草原生态优先原则将不会变化，因此采用林草覆盖率有助于反映两项重要的生态资源规模及生态防护状况。

(4)测度方法。根据林草覆盖率的概念，通过统计区域森林面积和草原面积(森林和草原不重叠)之和占区域土地面积，即可获得林草覆盖率。此外，通过植被遥感影像、土地利用现状信息，并结合地面调查验证，可以分别测算区域内森林面积、草原面积和土地面积，进而测算出区域林草覆盖率。

**2. 绿化覆盖率**

(1)概念：绿化覆盖率(Greening Rate)指城市建成区内绿化覆盖面积与建成区土地面积的百分比。该指标由城建行业标准《风景园林基本术语标准》(CJJ/T 91—2017)做出规定；并与城建行业标准《城市规划基本术语标准》(GB/T 50280—1998)、《城市绿地分类标准》(CJJ/T 85—2017)中的绿地率相近，该指标主要用于指导城市绿化和城乡规划。同时，绿化覆盖率也作为林业行业标准《国家森林城市评价指标》(LY/T 2004—2012)的重要评价指标。

(2)内涵：绿化覆盖率反映城市建成区内绿化程度，能够基本反映城市的生态环境状况。

(3)用途：绿化覆盖率主要用于指导城乡建设规划过程中绿地(林地、草地)的规划控制规模，也可以反映建成区绿化工作的成效。林业行业标准《国家森林城市评价指标》(LY/T 2004—2012)中规定，创建国家森林城市过程中，通过开展城市绿化，要实现城区绿化覆盖率达到40%以上。

(4)测度方法：绿化覆盖率可通过统计城市中乔木、灌木和草坪等所有植被的垂直投影面积，计算其在城市土地面积中的占比，即可获得。在实施过程中，可以采用数据统计、实地调查和高分辨率遥感影像解译相结合的手段，高效测定城市植被垂直投影面积。

**3. 归一化植被指数(NDVI)**

(1)概念：归一化植被指数(Normalized Vegetation Index，NDVI)是一种基于遥感数据处理，所获得的检测植被覆盖度等和植物生长状况的指标。在农业行业标准《草原资源与生态监测技术规程》(NY/T 1233—2006)中，规定了通过遥感手段测定草原植被指数(比值植被指数，Ratio Vegetation Index，RVI；归一化植被指数，NDVI；垂直植被指数，Perpendicular Vegetation Index，PVI；增强植被指数，Enhanced Vegetation Index，EVI)，进行草原覆盖状况和植物长势状况的评估。随着遥感和计算机分析技术的快速发展，无论从影像精度、分析速度等多方面，都取得了突破性的进展，使得采用遥感手段进行草原、森林资源调查成为重要趋势。同时，根据相关植被指数的长期应用和研究，归一化植被指数具有更强的实用性，并在草原和森林资源调查研究中得到普遍运用。

(2)内涵：归一化植被指数主要用于反映植被覆盖和植被分布，能够较为准确反映植被覆盖度、植被物候特征和植被空间分布规律等。

(3)用途：归一化植被指数可用于快速评估中大空间尺度上，植被的空间分布状况及其年际动态等特征，并具有多种调查手段相互验证和转化，多种尺度相互转换的优点。但是，其存在无法自动剔除农作物的影响，因此在农田分布较多的区域存在较大偏差。

(4)测度方法。归一化植被指数的计算公式：$NDVI=(NIR-R)/(NIR+R)$。其中，NIR为近红外波段的反射值，R为红光波段的反射值。

归一化植被指数间于-1与1，负值表示地面覆盖为云、水、雪等对可见光高反射，0表示有岩石或裸土等，正值表示有植被覆盖且随覆盖度增大而增大。归一化植被指数产品，一方面可以在NASA的官方网站上直接下载成品数据，数据的分辨率分别为250米、500米、1000米，根据应用目的的不同用户自行选择；另一方面，可以下载遥感影像，根据NDVI=(NIR-R)/(NIR+R)进行波段运算，不过这对遥感影像的质量要求比较高，需要影像上的云量比较少，必要的话还需要进行去云处理。目前，多种卫星遥感数据反演的归一化植被指数产品，作为地理国情监测云平台推出的生态环境类系列数据产品，已得到广泛的应用。

**4. 叶面积指数(LAI)**

(1)概念：叶面积指数(Leaf Area Index，LAI)，也被称之为绿量，指的是单位土地面积上绿色植物的叶片面积之和。

(2)内涵：叶面积指数作为生态学研究过程中的重要植被指标，与植物面度、结构、生物学特征和环境条件密切相关，能够有效表征植物光能利用状况和冠层结构的综合指标，在生态学、植被地理学等领域被广泛应用(Chen et al.，2019)。

(3)用途：叶面积指数因其具有更为灵活的测度手段和方便的尺度拓展优势，不仅可在较小空间尺度(林地、社区尺度)通过叶面积指数仪快速测量获取，还也可以通过遥感信息解译方式便捷获得中大空间尺度上的植被叶面积指数，因此在越来越多的中大尺度植被覆盖、植被承载力和植被生产力评估方面被广泛应用。特别是基于遥感方式计算叶面积指数，可极大提高估算的时间分辨率，极大克服了传统方式进行林草资源调查费时费力且精度不高等问题。但是，与其他基于遥感手段获得的植被指数相似，基于遥感手段获得了叶面积指数信息，也存在无法自动剔除农作物的影响，因此在农田分布较多的区域存在较大偏差，更适用于天然植被占绝对优势的区域。

(4)测度方法：叶面积指数的测度，可通过购置市售的叶面积指数数据产品快速提取，也可通过通用的高分辨率遥感影像进行解译加工获取，具有较好的可实现性。

**5. 生态防护植被覆盖率**

(1)概念：生态防护植被覆盖率(Coverage of Ecological Protective Forest and Grassland)，指的是某一行政单元或特定区域内具有良好生态防护功能植被面积，占该行政单元或区域土地总面积的百分比。其中，良好生态防护植被面积指的是森林面积和植被覆盖度超过20%的草原面积之和。

(2)内涵：生态防护植被覆盖率是本项研究根据现有的森林、草原及植被覆盖相关指标，并根据这些指标在理论研究、工程规划和生产实践中的具体侧重和实际效用，综合考虑当前植被生态防护的覆盖度阈值效应研究进展的基础上提出的。森林和草原作为陆地生态系统的重要组分，在保持水土、涵养水源和维护生物多样性等方面，发挥着极其重要的作用。研究区域(十四省份)森林和草原是我国北方防沙带、青藏生态屏障区、东北生态保育区、黄土高原—川滇生态修复带、丝绸之路生态防护带(西段)和京津冀生态协同圈(大部)生态防护体系的主要构成，更是我国西部和北部生态安全格局保障体系的关键组成部分。对于森林和草原而言，只有适应当地自然环境的植物群落类型达到一定的覆盖度阈值，才能稳定、高效地发挥生态服务功能(傅伯杰，2020a；傅伯杰等，2020b)。

植被对地表土壤侵蚀起着明显的调控作用，这种调控作用受到植被盖度、类型、高度及空间分布的综合影响。大量研究结果显示，植被盖度对土壤侵蚀的影响最为显著。已有研究表明，当植被盖度低于20%时，会发生强烈的土壤风蚀；而当植被盖度大于20%，土壤风蚀强度将急剧下降(董治宝等，1996)。当沙地草原植被盖度为24%～34%时，土壤风蚀状况基本可控(贺晶，2014)；防风固沙灌木盖度达到20%～30%时，防风固沙效益较为明显，基本能够控制地表土壤风蚀(魏宝，2013)。植被盖度对水蚀的影响较为复杂，不同气候类型区、不同土壤类型研究结果差异较大，一般能够有效防治水土流失的植被盖度介于20%～40%之间(Snelder and Bryan，1995；Giles et al，2006；Martinez-Zavala et al.，2008；Moreno-de Las Heras et al.，2009；Cherlet et al.，2018；Jiang et al.，2019a，b)。植被建设除了考虑能够有效防治水土流失外，还应考虑对土壤理化性质的改善及水资源的承载力。在我国半干旱地区的研究显示，当植被盖度达到20%以上时，在防治土壤风蚀、改善土壤理化性质和水资源消耗上，即能够达到较为均衡的生态效果(Fan et al.，2015a；Fan et al.，2015b；Chi et al，2019)。

在本研究中，综合考虑植被对土壤水分、养分和土壤侵蚀的影响，将能够显著改善土壤理化性质、不超过当地水资源承载力、有效控制土壤侵蚀的基线植被覆盖度，作为生态防护植被盖度的下限阈值。此外，参考了西北省份草原管理条例，关于植被覆盖度不足20%的退化草原、沙化草原进行更新和建立人工草地的相关规定。同时，综合考虑了其他水力侵蚀为主的区域，植被覆盖度不足20%时，植被的水土保持功能相对低下。由于在较大的区域范围内，气候、土壤等自然要素存在较大的空间异质性，适合于不同立地类型的生态防护植被盖度也会有较大变化，需要长期的实验观测才能科学确定，考虑到研究区域普遍自然条件较为严酷、立地类型多样、植被恢复和建设难度较大，因此暂将研究区域(十四省份)生态防护植被的基线覆盖度阈值确定为20%。

(3)用途：生态防护植被覆盖率可用于反映高质量森林和草原资源状况，其分布状况可有效反映区域生态安全格局空间状况。同时，根据该指标还可有针对性地开展林草保护和建设，进而构建更为完善的区域植被生态安全防护体系。

(4)测度方式：以某一行政单元或特定区域内具有良好生态防护功能植被的面积(森林面积与植被盖度超过20%草原面积之和)，在本区域土地面积所占比例，作为该行政单元或区域的生态防护植被覆盖率，即：生态防护植被覆盖率=(森林面积+草原面积$_{植被盖度\geq 20\%}$)/土地总面积。

在进行生态防护植被覆盖率测度时，需要统计森林面积以及植被盖度超过20%草原的面积。森林面积统计较为容易，可根据林业调查数据库或遥感影像解译等手段获取。草原则需要采用遥感手段，测定草原的归一化植被指数(NDVI)，并通过转换计算测定其覆盖度，通过统计覆盖度超过20%的草原面积，即可获得相应的草原面积。由于研究区域草原类型多样，从低覆盖度的温性荒漠类草原和温性荒漠草原类草原，到高覆盖度的草甸类草原和温性草甸草原类草原，因此根据草原的生态防护覆盖度阈值下限确定为20%。需要指出的是，本项研究确定的草原生态防护覆盖度阈值下限，是基于水土流失防控、土壤肥力保持等生态功能充分发挥前提下做出的，不过多考虑草原生产力状况。

## 三、森林和草原覆盖指标应用分析

一般而言，可采用面积来反映森林和草原的绝对规模。然而，由于不同区域自然条件和土地面积差别很大，为了方便比较不同区域的森林和草原规模，多采用相对的比例性指标进行衡量。

目前，我国主要采用森林覆盖率，即森林面积占国土面积的百分比，来比较不同地区森林资源规模；采用草原综合植被盖度(反映草原牧草生长的浓密程度)比较不同地区草原资源状况。从这两个指标的概念来看，二者反映的内容和测算方法均完全不同，无法融通，也无法进行对比。

此外，由于森林覆盖率、草原综合植被盖度的测度，过于依赖实地调查，存在数据还原性差、过程不可追溯、复查难度大等问题，无法满足当前森林和草原保护、利用与管理的要求。因此，对现有森林和草原覆盖指标进行综合分析，并在此基础上提出优化方案，可为新时期森林和草原覆盖状况监测与管理，提供切实可行的解决方案。

**(一)森林覆盖状况指标**

根据森林覆盖状况指标的概念、内涵、测度方法和可操作性等，分别对林木郁闭度、灌木覆盖度、林木绿化率和森林覆盖率进行分析和比较，为森林覆盖状况指标的优化提供参考。

**1. 林木郁闭度**

林木郁闭度一般用于反映林分尺度上的林木覆盖状况，在一定程度上具有反映林木(冠层)浓密程度的作用。

(1)优点与长处。林木郁闭度是鉴别林分是否被认定为森林的重要指标，只有林木郁闭度超过20%时，林分才能被认定为森林。

林木郁闭度能够反映树冠的闭合程度和林地覆盖程度，能够提供更多的生态学、生物学细节，有助于在一定程度上反映森林结构、森林环境及森林的生态服务功能状况(水土保持、水源涵养等)。

(2)缺点与不足。林木郁闭度主要反映特定林分的冠层状况，并不适用于反映中大尺度上的森林覆盖状况表征。

林木郁闭度无法有效体现完整的林地信息，也无法有效整合灌木林的相关信息，因此并不适用于作为独立的森林覆盖状况指标。

**2. 灌木覆盖度**

灌木覆盖度一般用于反映林分尺度上灌丛覆盖状况，能反映树冠对地面的遮盖程度。由于灌木林是中国西北省份主要的森林类型，因此通过覆盖度认定灌木群落是否被认定为灌木林。根据《“国家特别规定的灌木林地”的规定(试行)》，特指分布在年均降水量400毫米以下的干旱(含极干旱、干旱、半干旱)地区，或乔木分布(垂直分布)上限以上，或热带亚热带岩溶地区、干热(干旱)河谷等生态环境脆弱地带，专为防护用途，且覆盖度大于30%的灌木林地，以及以获取经济效益为目的进行经营的灌木经济林。根据《土地利用现状分类》(GB/T 21010—2017)的规定，在国土“三调”工作中，只有灌木覆盖度达到40%以上，才会被认定为灌木林。

(1)优点与长处。灌木覆盖度可反映灌木林冠层结构，进而在一定程度上反映其对立地的覆盖和庇护作用。

灌木覆盖度能够提供更多的生态学、生物学细节，有助于在一定程度上反映灌木林结构、环境状况及其生态服务功能状况等。

(2)缺点与不足。灌木覆盖度主要反映特定灌木林的冠层状况和对地表的覆盖状况。

灌木覆盖度无法有效体现完整的林地信息，也无法有效整合乔木林的相关信息，因此并不适用于作为独立的森林覆盖状况指标。

**3. 林木绿化率**

林木绿化率指的是林地面积、灌木林地面积、农田林网以及四旁林木的覆盖面积之和，占土地总面积的百分比。林木覆盖率主要反映某一区域内木本植物的覆盖状况。

(1)优点与长处。林木覆盖率的测度综合考虑了有林地面积、各种灌木林面积、农田林网及四旁树占地面积，能够全面反映木本植物的覆盖状况，对已有的森林保护和林业建设工作成效予以全部认定。

林木覆盖度可在一定程度上规避在水分条件不良的地区过度营造片状乔木林的弊端，具有强化天然灌木林保护、经济林生态化经营的导向作用，也可更多地体现城乡绿化、农田林网建设、绿色通道建设过程中的造林成效。研究区域(十四省份)大部分地区气候严酷、地形破碎、土壤贫瘠、降水量较低，森林适宜分布区相对较少，草原适宜分布区相对较大；除现有集中分布的乔木林和灌木林之外，大多数区域并不适合大规模人工造林作业，而林业建设的主要工作主要在封山育林、灌木固沙(水土流失治理)、农田林网、四旁植树和通道绿化等，如果采用林木覆盖率对林业建设进行绩效评价考核，不仅能够充分体现建设成效，还可为根据本区自然经济社会特点因地制宜地、注重成效地发展林业起到良好的引导作用。

(2)缺点与不足。在我国林业实践过程中，林木覆盖率的概念内涵与森林覆盖率相近，且林木覆盖率的应用范围相对较窄，不及森林覆盖率更普遍。

林木绿化率的使用，容易造成诸多误导，不便于涉林工作的数据统计、国际履约和学术交流等活动的开展。

**4. 森林覆盖率**

森林覆盖率是反映一个国家、地区森林资源和林地占有的实际水平的重要指标，也是反映森林资源的丰富程度和生态平衡状况的重要指标。该指标是世界各国及我国各省(自治区、直辖市)，进行林业保护和建设绩效评价的核心指标。

(1)优点与长处。森林覆盖率能够反映最主要的森林类型的综合状况，体现区域森林覆盖与土地面积的比例关系。森林覆盖率，有助于克服过度关注森林面积，而忽视区域土地面积差异，势必造成森林资源状况比较出现偏差。因此，森林覆盖率是国内外进行森林资源调查时，最主要的目标性指标之一。森林覆盖率应用最为广泛，便于长期开展林业资源统计与管理。鉴于森林覆盖率作为《中华人民共和国森林法》(2019 年修订)的正文条款，该指标将长期用于我国林业建设成效评价工作，因此必将会得到持续应用。

森林覆盖率作为表征我国森林资源和林业建设的主要指标，具有操作方便、表征准确的特点，可长期作为反映森林覆盖状况的主要技术指标。由于我国幅员辽阔，省级行政单位之间及省级行政单位内部，气候特征、自然条件差异巨大，在反映特定区域森林覆盖状况时除了计算常规的森林覆盖率以外，还可计算区域扣除不适合森林分布土地面积后的森林覆盖率作为补充。这样可以，一方面充分体现实事求是、尊重自然的理念，另一方面如适合森林分布土地上森林分布比例较为适宜，则可将森林资源管理与经营，由造林增量向保护增效转变。

由于地形和气候的双重约束，研究区域部分省份(新疆、青海、宁夏、甘肃、西藏等)适宜林木分布的区域较为有限。因此，仅依据森林覆盖率很难充分反映本区生态安全状况。鉴于此，这些区域可在核算森林覆盖率的同时，核算扣除不适合林木分布区土地面积后的修正森林覆盖率，一方面按照符合林业行业法律和实践规范，另一方面能够真实展现本区森林覆盖的实际情况和潜在空间。

(2)缺点与不足。森林覆盖率的测算，仅将国家特别规定的灌木林地纳入，而其他灌木林未被纳入。研究区域除国家特别规定的灌木林范围县(市、镇)之外，其他县(市、镇)依旧存在相当面积的灌木林，这些灌木林在发挥水土保持、水源涵养、防风固沙、生物多样性维持等方面作用巨大，未将其纳入森林覆盖率的计量具有一定不合理性。

森林覆盖率计量，未考虑到研究区域存在不适宜林木分布土地面积巨大的实际情况。

目前，我国评估区域生态安全状况时，多以森林覆盖率作为参考技术指标，但无法全面反映研究区域以草为主、以林为辅、林草结合的植被生态安全格局构建实际。

### (二)草原覆盖状况指标

根据草原覆盖状况指标的概念、内涵、测度方法和可操作性等，分别对草原植被覆盖度和草原综合植被覆盖度进行分析和比较，为草原覆盖状况指标的优化提供参考。

#### 1. 草原植被覆盖度

草原植被覆盖度，指的是草原植被在单位土地以面积上的垂直投影面积所占百分比，用于反映某一片草原的植被浓密程度。

(1)优点与长处。草原植被覆盖度，作为草原生态学的基本参数，具有具体的生物学和生态学意义，能够直观地反映草原生态防护和牧草生产能力，是草原生态学研究和草原生态监测的重要的元指标。

草原植被覆盖度的测度方法多样，可采用实地调查、无人机调查和遥感影像估算等独立或综合方法实现，也便于实现尺度转化。

(2)缺点和不足。草原植被覆盖度，如同林木郁闭度，能够反映较小空间尺度上的草原植被的浓密程度，并不适于反映中大空间尺度草原的覆盖状况特征。

草原植被覆盖度无法有效体现完整的草原的面积信息，难以直观判断特定行政单元或区域内的草原规模。

#### 2. 草原综合植被覆盖度

草原综合植被覆盖度，指某一区域各主要草地类型的植被覆盖度与其所占面积比重的加权平均值。

(1)优点和长处。草原综合植被覆盖度，可在较为直观地反映了某一行政单元或特定区域内草原植被的平均浓密程度，能够反映草原植被的生态防护能力，也能反映出牧草的生产潜力。

草原综合植被覆盖度，长期作为草原行政管理的核心技术指标，已得长期执行和广泛认可，并已成为生态文明建设、绿色发展等评价体系中关于草原的主要技术指标。

(2)缺点和不足。草原综合覆盖度无法直观体现区域草原面积信息，难以根据该指标判断区域草原规模。

草原综合覆盖度，由于是通过不同类型草原覆盖度及其面积比重，综合加权得到的，所以该指标也无法直观体现不同草原类型间的覆盖度差异，不便于直接指导草原管理与经营。

### (三)林草综合覆盖状况指标

根据林草综合覆盖状况指标的概念、内涵、测度方法和可操作性等，分别对林草覆盖率、绿化覆盖率、归一化植被指数、叶面积指数、生态防护植被覆盖率进行分析和比较，为林草综合覆盖状况指标的优化提供参考。

#### 1. 林草覆盖率

林草覆盖率是指在特定土地单元或行政区域内，乔木林、灌木林与草原等林草植被面积之和占土地总面积的百分比，能够较好反映森林和草原在区域生态保障中的实际效用。

(1)优点和长处。林草覆盖率充分融合了森林和草原的覆盖状况信息，能够有效体现林草资源规模，并可为区域林草资源协同规划、管理和利用，生态安全格局有效构建创造条件。同时，林草覆盖率作为重要参数，在国土部门开展的地理国情普查中已得到试用，并且达到了预期成效。

林草覆盖率可有效规避，同一块土地由于林草重复确权，致使森林和草原面积之和与实际不相符合的问题，便于国家和行业部门进行高效的林草综合管理。

林草覆盖率能够克服，因气候变异、人为活动等所导致灌木覆盖度变化，引起的灌木林与草原面积之间的此消彼长，以及灌木林面积因气候原因而减小等问题。

林草覆盖率可采用数据统计、遥感解译等多种方法快速获取，并且不存在复杂的尺度转换问题。

采用林草覆盖率，对于气候和自然条件恶劣的西北省区而言，可将更多精力放在草原保护和建设上，对于保障区域生态安全、促进畜牧业发展、规避草地植树造林等具有重要引导意义。

(2)缺点和不足。林草覆盖率虽在一定程度上，将森林和草原覆盖状况进行了归并，但依赖于对土地权属和性质(同一块土地，只能被认定为林地或草原其一)进行全面确认。如果无法在今后的自然资源确权过程中，实现土地林权和草权的有效确认，做不到是林则非草、是草则非林，那么林草覆盖率的测算依旧难以有效开展。

研究区域的林草资源中，草原面积比重远大于森林面积，而草原(特别是覆盖度极低的荒漠、荒漠草原和草原化荒漠)易受短期气候波动影响，势必会造成草原面积的年际波动。因此，在气候变异较大时，林草覆盖率可能会因草原面积变化较大，产生较为明显的年际差异。

如果采用林草覆盖率，可能会降低现有森林保护的积极性，使得林业管理者和经营者减少林业生产相关的经费和人力物力投入，具有不利于森林资源保护的潜在倾向。

**2. 绿化覆盖率**

绿化覆盖率通常指城市建成区内绿化覆盖面积占土地面积的比例，能够直观反映城市建成区内绿化程度，并可以基本反映城市的生态环境状况。

(1)优点和长处。绿化覆盖率能够全面反映城市建成区的绿地覆盖状况，涵盖了除森林、草原以外的各类绿地类型，囊括的植被类型更多。

(2)缺点和不足。绿化覆盖率的主要在城乡规划、园林城市和森林城市创建中使用，应用范围相对较窄。

由于城市绿地数量和规模都相对较小，并有相对清晰的统计数据，因此绿化覆盖率适用于城市建成区的绿地覆盖状况表征。但是，对于更大区域而言，绿化覆盖率的各项测算指标较难获取，可操作性不强。

此外，绿化覆盖率更多表达的是城市人工绿化工作的成效，而与林草资源主体为自然植被这一特点不相符合，难以准确表征更大空间尺度上的林草综合覆盖状况。

**3. 归一化植被指数(NDVI)**

归一化植被指数是一种基于遥感数据处理，获取的反映地表植被覆盖状况和植被长势的指标。

(1)优点和长处。归一化植被指数，适合在较大空间尺度上应用，能够较为便捷地获得相对较大区域植被覆盖的基本情况。

采用归一化植被指数反映较大区域林草覆盖状况，省时省力，工作流程标准，具有良好的可重复性和可操作性。

(2)缺点和不足。归一化植被指数不区分森林植被、草原植被，甚至难以区分农作物，因此精度较低。

尽管归一化植被指数，能够很好反映植被覆盖状况，但完全不区分森林和草原植被，无法为林草行业部门高效管理提供针对性的依据。

由于归一化植被指数是通过遥感影像解译方式获取的，因此影像的时/空分辨率、季相等都会对结果产生影响。

**4. 叶面积指数(LAI)**

叶面积指数指的是单位土地面积上绿色植物的叶片面积之和。

(1)优点和长处。叶面积指数并非简单地反映植被覆盖率状况，而比植被覆盖率、归一化植被指数等具有更多的生物学和生态学信息。

叶面积指数能够高效反映植被覆盖的密度，在核算植被蒸腾耗水、叶片滞尘、有毒气体吸收、噪声消减等方面具有独特的优势。

(2)缺点和不足。叶面积指数与归一化植被指数相同，其也存在无法有效区分森林、草原和人工植被(包括农作物)，同时该指标受年际气候变异影响极大。

而且，叶面积指数是通过遥感影像解译方式获取的，因此影像的时/空分辨率、季相等都会对结果产生影响。同时，叶面积指数的计算方式相对复杂，需要专业的技术人才和分析设备。

**5. 生态防护植被覆盖率**

生态防护植被覆盖率，指的是某一行政单元或特定区域内，森林面积和植被覆盖度超过 20%的草原面积之和，占该行政单元或区域土地总面积的百分比。

(1)优点和长处。生态防护植被覆盖率能够充分体现林草的生态防护功能属性，而非一般意义上简单呈现森林与草原面积之和占土地面积的比例。同时，该指标还包含一定的草原植被覆盖度信息，能够起到有机融合林草主要技术指标的作用。

采用生态防护植被覆盖率，可发挥对森林资源和高覆盖度草原资源协同增长的双重引导作用，有助于促进林草质量并重发展。

(2)缺点和不足。生态防护植被覆盖率依赖于对土地权属和性质进行全面确认，在未完全确权情况下，不便于该指标的准确测算。随着国土“三调”工作的持续推进，土地权属和性质将会得到全面的厘清，具有提升该指标适用性的作用。

生态防护植被覆盖率测算，还需对草原植被覆盖度进行定期调查，一定程度上增加了林草管理工作量。

生态防护植被覆盖率作为本项研究提出的，反映林草植被覆盖状况的指标，将在研究区域林草覆盖状况监测过程中探索性试用。如果该指标能够得到林草行业管理部门认可，可在一个或几个主要草原分布省区进行试点实施，进一步检验其应用的可行性。

**(四)综合分析**

**1. 森林覆盖状况指标**

目前，采用森林覆盖率反映特定区域的森林覆盖状况，能够较好反映森林的规模，但部分林业建设成果(特别是其他灌木林等)无法得到充分体现，且森林的综合覆盖状况也未能体现。

今后，可尝试采用类似草原综合植被覆盖度测算方式(森林覆盖度与其所占面积比重的加权平均值)，通过地面实测(森林资源连续清查)和遥感估算相结合的手段，构建森林综合植被覆盖度。

采用森林覆盖率并结合森林综合植被覆盖度，能够更加全面反映特定区域的森林规模和覆盖度状况，可以有效规避当前森林资源管理政策的死角，即出现森林面积持续增大但森林覆盖质量持续下降的不利情况。

**2. 草原覆盖状况指标**

尽管，采用草原综合植被覆盖度是反映草原植被的浓密程度，可从整体上反映特定区域草原植被对所占土地的覆盖程度，但却难以反映草原的面积信息。

今后，可尝试采用类似森林覆盖率测算方式(草原面积与土地面积的比值)，通过地面实测(定期的草原资源综合调查)和遥感估算相结合的手段，构建草原覆盖率。

采用草原综合植被覆盖度并结合草原覆盖率，能够更加全面反映特定区域的草原覆盖状况和规模，可以有效规避当前草原资源管理政策的弊端，即草原覆盖状况持续提高但草原规模逐年缩小的不利情况。

**3. 林草综合覆盖状况指标**

此前，由于森林和草原分属不同行业部门管理，林草监测评估的融合问题长期被搁置。当前，通过机构改革，森林和草原的管理职能合归一处，森林和草原资源同步监测、融合发展需要实现。但是，目前受制于森林覆盖状况采用森林覆盖率(森林的土地占比，反映森林规模状况)，草原覆盖状况采用草原植被综合覆盖度(草原覆盖度与其面积占比的加权平均，反映草原植被密度状态)，二者各自反映植被覆盖的一个方面，因此围绕这两项指标尝试进行指标整合是完全不现实的。

虽然，林草资源现已实现共管，但是森林资源和草原资源必将独立确权，即特定土地仅能获得林权证或草原证，而不可同时被认定为森林和草原。因此，将符合森林认定条件的土地，认定为林地；将符合草原认定条件的土地，认定为草原；既符合森林认定条件，又符合草原认定条件的土地，无特殊原因可优先认定为林地。所以，今后开展林草覆盖状况监测评价，一定是在森林覆盖状况、草原覆盖状况的测算基础上进行综合计算即可，而不存在林草之间的交集状态。

在不考虑森林和草原类型条件下，较大区域的林草覆盖状况综合监测评估可采用归一化植被指数等指标通过遥感估算手段获取，不仅可了解区域植被覆盖比率，还可了解植被覆盖度时空分布状况。但是，由于无法有效区分森林和草原，不宜区分森林覆盖状态、草原覆盖状态，难以确定森林和草原覆盖状况的动态特征(以反映资源规模和质量增减及区域差异)，因此无法为森林和草原资源保护和管理提供有针对性的建议。

林草覆盖率已被长期运用于区域水土流失防治与监测，以反映特定区域水土流失防治的程度。我国西部和北部各省区面临的最主要的生态环境问题是水土流失和风沙危害，因此采用林草覆盖率评估省级行政单位甚至更大区域内的植被和生态状况是较为合理的。因此，可以尝试采用林草覆盖率作为研究区域(十四省份)林草覆盖监测评估工作的一个候选指标。

**4. 研究建议**

结合当前的实际情况，建议将森林覆盖率、草原植被综合覆盖度继续作为森林和草原覆盖状况的主要监测指标，并可将森林综合植被覆盖度、草原覆盖率作为补充指标，用于反映森林植被状况和草原规模状况；建议采用林草覆盖率和生态防护植被覆盖率，作为特定区域林草综合覆盖状况和生态防护状况的指标，可在研究区域进行探索性应用或局部试点实施。

## 四、研究区域自然条件、生态区划与林草类型

### (一)自然条件

课题研究区域包括十四省份，即黑龙江、吉林、辽宁、内蒙古、河北、山西、陕西、甘肃、宁夏、新疆、青海、西藏、四川和云南。研究区域总体呈西南高—东北低的地势走向，包含中国地势三级阶梯的第一阶梯全部(青藏高原)、第二阶梯大部(内蒙古高原、黄土高原、横断山脉、四川盆地局部、秦岭山脉局部、塔里木盆地、准噶尔盆地、天山山脉和阿尔泰山脉)、第三阶梯局部(大兴安岭、小兴安岭、长白山、东北平原和华北平原局部)，国土面积 736.51 万平方公里，占全国陆地面积的 76.72%。

研究区域涉及流域众多，其中包括黄河流域、辽河流域、黑龙江流域、伊犁河流域、西北内陆河流域、西南诸河流域、长江流域(局部)、海河流域(局部)和珠江流域(局部)等。研究区域普遍涵盖了这些流域的上游地区，是大江大河的源头区和主要汇流区，区域林草植被的水源涵养能力直接关系到江河水量供给状况。

研究区域所涉十四省份是我国土壤侵蚀的主要分布区域。研究区域内分布有黄土高原、青藏高原(局部)、云贵高原(局部)是我国水力侵蚀的重点区域；分布有我国主要沙漠(塔克拉玛干沙漠、古尔班通古特沙漠、柴达木盆地沙漠、库姆塔格沙漠、巴丹吉林沙漠、腾格里沙漠、乌兰布和沙漠、库布齐沙漠)和沙地(毛乌素沙地、浑善达克沙地、呼伦贝尔沙地、科尔沁沙地)，因此也是我国风力侵蚀的主要区域；此外，研究区域内的青藏高原(大部)、天山山脉和大兴安岭是我国冻融侵蚀的主要区域。根据《中国水土保持公报(2018 年)》统计，研究区域水土流失面积累计 243.44 万平方公里，占全国水土流失面积(273.69 万平方公里)的 88.95%。根据土壤侵蚀营力区分，研究区域水力侵蚀面积 85.05 万平方公里，占全国水力侵蚀面积的 73.90%；风力侵蚀面积 158.39 万平方公里，占全国风力侵蚀面积的 99.87%。因此，研究区域林草植被状况直接关系到区域土壤侵蚀防控效力，关系到我国水土流失和土地荒漠化的治理成效，关系到东部地区主要河流运行安全和风沙天气发生频率，同时也关系到我国对全球退化土地零增长计划的实际贡献程度(慈龙骏，2005；王涛，2016；Zhao et al.，2017；2018；2020；Shao et al.，2018；Zhang et al.，2018；2020；Zhu et al，2019)。

研究区域涉及国家生态安全格局——北方防沙带、东北森林带、青藏高原生态屏障、黄土高原—川滇生态屏障、南方丘陵山地带(局部)，其森林和草原是国家生态安全格局的骨干(国务院，2011)。因此，研究区域林草植被状况将直接关系着国家生态安全是否稳固、国家经济建设成果能否保存、国家社会发展可否持续，应对其给予足够重视、开展切实行动，为国家生态安全保障创造更加良好的条件。

研究区域涵盖(涉及)全国 25 个重点生态功能区中，除海南岛中部山区热带雨林生态功能区、南岭山地森林及生物多样性生态功能区、武陵山区生物多样性及水土保持生态功能区、大别山水土保持生态功能区之外的 21 个重点生态功能区。研究区域的林草覆盖状况直接影响到我国森林/

草原/湿地生态系统保护、生物多样性保育、水土保持等生态功能，对于我国陆地生态系统健康与否及是否能够实现可持续发展，具有举足轻重的作用(Myers et al.，2000)。

因此，研究区域作为我国主要江河的发源地和上游、水力侵蚀和风力侵蚀的主要发生区、国家生态安全屏障和重点生态功能区所在地，其森林和草原的规模质量和分布状况势必会关系到区域水资源生产和供给、受土壤侵蚀影响区域的河道稳定性和沙尘天气状况、国家生态安全格局稳定性、陆地生态系统服务功能发挥状况等，对于我国乃至亚洲(南亚和东南亚)广大区域生态环境维持和生态安全保障至关重要(陈宜瑜、Jessel，2011)。

**(二)生态区划**

根据我国生态功能区划方案，研究区域的十四省份涵盖我国西部干旱生态大区(全部)、青藏高寒生态大区(全部)及东部季风生态大区(局部)。研究区域地理跨度大、气候类型多样，包括温带大陆性气候(内蒙古中西部、甘肃大部、新疆大部、宁夏大部)、温带季风气候(甘肃局部、陕西局部、山西大部、河北大部、辽宁大部、吉林大部和黑龙江)、亚热带季风气候(陕西南部、四川大部、云南大部和西藏局部)、高原高山气候(西藏大部、青海、新疆局部)以及热带季风气候(云南景洪一带)。

研究区域自然植被分布涉及温带草原区、温带荒漠区、青藏高原高寒植被区、寒温带针叶林区、温带针阔叶混交林区、暖温带落叶阔叶林区(局部)、亚热带常绿阔叶林区(局部)及亚热带季雨林/雨林区(小部)(吴征镒，1995；陈灵芝，2017)。

**(三)森林类型**

研究区域森林类型主要包括针叶林、阔叶林和针阔混交林，以及阔叶灌木林和针叶灌木林(中国科学院生态环境研究中心，2019)。

在研究区域，针叶林主要分布在大兴安岭北部(以兴安落叶松林、樟子松林、红皮云杉林等为主)、呼伦贝尔沙地(以樟子松林为主)、小兴安岭(以兴安落叶松林、红松林等为主)、吕梁山—太行山(以华北落叶松林、油松林、云杉林等为主)、秦岭(以油松林、华山松林等为主)、横断山脉(以川滇冷杉林等为主)、青藏高原东部(以西藏云杉林等为主)、贺兰山(以青海云杉林、油松林等为主)、天山山脉(以雪岭云杉林为主)、阿尔泰山山脉(以新疆冷杉林、新疆落叶松林、新疆五针松林等为主)，且多为混交林。

在研究区域，阔叶林主要分布在大兴安岭(以小叶杨林和蒙古栎林等为主)、小兴安岭(以山杨林、蒙古栎林和辽东栎林等为主)、长白山(以辽东栎林等为主)、秦岭—大巴山(以槲栎林和青冈林等为主)、横断山脉(以栎林、桦林和槭林等为主)、喜马拉雅山东端(以栎林等为主)、塔里木河沿线(以灰杨林和胡杨林等为主)、天山山脉(以野苹果林等为主)和阿尔泰山脉(以桦树林等为主)。

研究区域内的针阔混交林主要分布于小兴安岭及长白山一带，多为红松—蒙古栎林、红松—紫椴林和红松—春榆—水曲柳林等。此外，在横断山脉分布有少量的云南铁杉—槭—桦林等。

此外，国家规定在年均降水量400毫米以下的干旱地区，或乔木垂直分布上限以上，或热带亚热带岩溶地区、干热河谷等生态环境脆弱地带，专为防护用途，且覆盖度大于30%的灌木林地，以及以获取经济效益为经营目的的灌木经济林地，被认定为“国家特别规定的灌木林地”。国家特别规定的灌木林地在核算省区和国家森林覆盖率时，统一纳入森林面积统计范畴。在研究区域(十四省份)的部分县级行政区，为“国家特别规定的灌木林地”规定的区域。因此，在研究区域(十四省份)国家特别规定的灌木林，主要以柳属灌木林、金露梅灌木林、杜鹃灌木林、锦鸡儿灌木林、柽柳灌木林、沙棘灌木林、岩黄耆灌木林和蒿属灌木林等为主。

**(四)草原类型**

研究区域的草原可分为草原、草甸和草丛三大类。其中，草原可细分为草甸草原、典型草原、荒漠草原和高寒草原等类型；草甸可分为典型草甸、高寒草甸、沼泽化草甸和盐生草甸等；草丛主要包括(禾草、蕨类)草丛和稀树草丛(韩建国，2007；高鸿宾，2012)。

研究区域的草原(草甸草原、典型草原、荒漠草原和高寒草原)生态系统的，主要分布于研究区域除四川和云南之外的省份，东起大小兴安岭、西至新疆和西藏国境线。东部以羊草和贝加尔针茅草甸草原为主的呼伦贝尔草原、松嫩草原，中东部以大针茅和克氏针茅草原为主的锡林郭勒草原和科尔沁草原，中部是以克列门茨针茅和短花针茅荒漠草原为主的乌兰察布草原，西部是荒漠背景中的山地草原(中华羊茅和异针茅等)和高寒草原(紫花针茅、高山早熟禾、紫羊茅、嵩草和薹草等)。

研究区域的草甸(典型草甸、高寒草甸、沼泽化草甸和盐生草甸等)生态系统，主要分布于东北地区、甘肃、新疆和青藏高原及周边，可根据建群种差异分为丛生草类草甸、根茎草类草甸和杂草类草甸。其中，丛生草类草甸由适低温耐寒冷的中生多年生丛生草本植物(鸭茅、鹅观草、早熟禾、芨芨草、藏滇羊茅和披碱草等)为优势组成，主要分布于北方温带地区及青藏高原；根茎草类草甸由适低温抗高寒的中生多年生根茎草本植物(拂子茅、披针叶薹草、异穗薹、细果薹草、芦苇、尖薹草、赖草和獐茅等)为优势组成，广泛而不联系地分布于华北、东北、西北地区及青藏高原；杂类草草甸由适低温耐寒冷的多年生中生杂草(地榆、金莲花、糙苏、淡黄香青、长叶火绒草、委陵菜、马先蒿、苦豆子和盐地碱蓬)为优势组成，主要分布于中国北方地区和青藏高原东部。

研究区域草丛(禾草草丛、蕨类草丛、稀树草丛)生态系统，主要分布于山西、陕西、四川和云南，根据优势种类型可分为禾草(芒草、狗牙根和野古草等)草丛、蕨类(芒萁和蕨等)草丛、稀树草丛(草本植物以禾本科植物为主)。

## 五、研究区域森林覆盖状况

**(一)森林面积及森林覆盖率**

根据国家统计局国家数据官方网站显示，2018年研究区域森林面积为14906.86万公顷(占全国森林面积总和的67.62%，其中天然林11502.26万公顷、人工林3404.60万公顷)，森林覆盖率为20.2%(较全国森林覆盖率低0.8%)(国家林业和草原局，2019)(表1)。

**表1 研究区域及各省份森林面积及覆盖率统计数据** 单位：万公顷，%

| 地区 | 森林覆盖率 | 森林面积 | 天然林面积 | 人工林面积 | 林业用地面积 |
|---|---|---|---|---|---|
| 黑龙江 | 43.8 | 1990.46 | 1747.2 | 243.26 | 2453.77 |
| 吉林 | 41.5 | 784.87 | 608.93 | 175.94 | 904.79 |
| 辽宁 | 39.2 | 571.83 | 256.51 | 315.32 | 735.92 |
| 内蒙古 | 22.1 | 2614.85 | 2014.84 | 600.01 | 4499.17 |
| 河北 | 26.8 | 502.69 | 239.15 | 263.54 | 775.64 |

（续）

| 地　区 | 森林覆盖率 | 森林面积 | 天然林面积 | 人工林面积 | 林业用地面积 |
|---|---|---|---|---|---|
| 山　西 | 20.5 | 321.09 | 153.46 | 167.63 | 787.25 |
| 陕　西 | 43.1 | 886.84 | 576.31 | 310.53 | 1236.79 |
| 甘　肃 | 11.3 | 509.73 | 383.17 | 126.56 | 1046.35 |
| 宁　夏 | 12.6 | 65.60 | 22.05 | 43.55 | 179.52 |
| 新　疆 | 4.9 | 802.23 | 680.81 | 121.42 | 1371.26 |
| 青　海 | 5.8 | 419.75 | 400.65 | 19.10 | 819.16 |
| 西　藏 | 12.1 | 1490.99 | 1483.15 | 7.84 | 1798.19 |
| 四　川 | 38.0 | 1839.77 | 1337.55 | 502.22 | 2454.52 |
| 云　南 | 55.0 | 2106.16 | 1598.48 | 507.68 | 2599.44 |
| 研究区域 | 20.2 | 14906.86 | 11502.26 | 3404.60 | 21661.77 |
| 全国合计 | 23.0 | 22044.62 | 14041.52 | 8003.10 | 32591.12 |

然而，通过对研究区域植被遥感影像进行解译，并结合全区土地利用数据进行综合分析，显示2018年研究区域森林面积为14671.96万公顷(国土面积为73651.47万公顷)，区域森林覆盖率为19.92%，略低于国家统计数据(20.20%)(表2)。研究区域各省份的森林面积及森林覆盖率，与国家公布的统计结果基本一致，表明采用遥感手段监测较大区域森林覆盖状况具有较强的可行性。

**表2　研究区域及各省份森林面积与森林覆盖率**

| 省　份 | 国土面积(万公顷) | 森　林 | |
|---|---|---|---|
| | | 面积(万公顷) | 覆盖率(%) |
| 黑龙江 | 4526.36 | 1991.49 | 44.00 |
| 吉　林 | 1909.93 | 786.93 | 41.20 |
| 辽　宁 | 1458.24 | 574.04 | 39.37 |
| 内蒙古 | 11439.69 | 2560.36 | 22.38 |
| 河　北 | 1872.61 | 504.83 | 26.96 |
| 山　西 | 1565.51 | 323.44 | 20.66 |
| 陕　西 | 2057.65 | 884.19 | 42.97 |
| 甘　肃 | 4040.64 | 507.15 | 12.55 |
| 宁　夏 | 518.04 | 62.76 | 12.11 |
| 新　疆 | 16399.53 | 808.73 | 4.93 |
| 青　海 | 7163.83 | 419.71 | 5.86 |
| 西　藏 | 12022.69 | 1495.92 | 12.44 |
| 四　川 | 4844.79 | 1841.31 | 38.01 |
| 云　南 | 3831.96 | 1911.11 | 49.87 |
| 研究区域 | 73651.47 | 14671.96 | 19.92 |
| 全　国 | 96000.00 | 22044.62 | 22.96 |

需要说明的是，由于林地统计时效性、林地和草地重复确权、地面调查与遥感监测精度匹配度等问题，通过统计方式获得的各省份森林面积及森林覆盖率，与遥感手段结合土地利用数据获取的森林面积及森林覆盖率略有差异。同时，由于过去土地测量手段有限，研究区域内多个省份

存在国土面积统计误差问题，而采用遥感手段结合土地利用数据取得的森林面积及森林覆盖率，能够有效解决森林面积统计精度不高等问题。因此，本报告以通过植被遥感影像解译结合土地利用数据获得的2018年研究区域及各省份森林覆盖状况数据为基础，进行研究区域及各省份林草覆盖状况的评价工作。

研究区域森林统计资料与采用遥感手段获得的森林面积和森林覆盖率存在较大一定出入，主要原因是受土地使用性质变更滞后的影响，地类统计存在较大出入；受统计手段限制及精度约束，原有统计途径各省份国土面积、森林面积存在一定出入；国家特别规定的灌木林地，因灌木覆盖度受生长周期和气候变异等影响而产生波动。

研究区域森林覆盖状况持续改善，已得到国家和行业主管部门的肯定。研究区域作为我国主要的经济欠发达地区，是我国进一步巩固脱贫攻坚成果、实施乡村振兴的关键区域，但在森林资源保护和发展方面取得诸多成绩，首先得益于普遍坚持"生态立省份"，依托国家"三北"防护林体系建设工程、退耕还林(草)工程、天然林保护工程、黄河中游防护林体系工程、太行山绿化工程、长江中上游防护林体系工程等国家重大林业工程，积极组织林业建设和森林资源保护；其次，研究区域城镇化快速推进、较大规模生态移民持续开展，为森林覆盖持续增加创造了良好条件；此外，研究区域的自然保护地体系日益完善，为森林资源保护提供重要机制，并为森林面积的持续增长提供长效保障。

随着《全国主体功能区规划》《长江经济带发展规划纲要》《全国生态环境保护纲要》《大规模国土绿化纲要》《全国防沙治沙规划》等规划的实施和纲要的落实，研究区域各省份作为国家生态安全战略格局——北方防沙带、黄土高原—川滇生态屏障、青藏高原生态屏障区、东北生态保育区等的重要组成部分，还是长江经济带发展战略、黄河流域生态保护和高质量的关键区域，随着自然保护地体系构建、生态保护、植被建设力度加大，增加了人工林规模、促进了天然植被的恢复。

综合而言，随着国家及研究区域各省区对生态保护、林业建设的重视程度和投入力度的持续增大，各省份森林面积、森林覆盖率将稳中有升，为提供越来越多的生态服务产品、保障区域及国家生态安全创造基础条件。

### (二)森林分布及林木覆盖度

#### 1. 森林分布及林木覆盖度概况

研究区域的森林主要分布于东北地区的大兴安岭、小兴安岭和长白山，华北地区的阴山、燕山、太行山和吕梁山，西北地区的秦岭、大巴山、六盘山、祁连山、天山、阿尔泰山和塔里木盆地边缘，西南地区的喜马拉雅山脉东端和横断山脉。

根据遥感解译结果，研究区域森林面积为14671.96万公顷，森林覆盖率为19.92%。研究区域各省份根据森林覆盖率可划分为高、中和低森林覆盖率省份，即：高森林覆盖率省份(省份森林覆盖率≥30%，云南49.87%、黑龙江44.00%、陕西42.97%、吉林41.20%、辽宁39.37%和四川38.01%)、中森林覆盖率省份(20%≤省份森林覆盖率<30%，河北26.96%、内蒙古22.38%、山西20.66%)和低森林覆盖率省份(省份森林覆盖率<20%，甘肃12.55%、西藏12.44%、宁夏12.11%、青海5.86%和新疆4.93%)(表2)。总体而言，东北和西南省份森林覆盖率较高，华北省份森林覆盖率居中，西北省份森林覆盖率较低，这也反映了气候、地理等自然条件是影响森林分布的最主要因素。

通过对研究区域森林的林木覆盖状况进行分析，发现高林木覆盖度(林木覆盖度≥60%)森林的面积占森林总面积的79.94%，中林木覆盖度(50%≤林木覆盖度<60%)森林占比9.11%、低林木覆盖度(20%≤林木覆盖度<50%)森林占比10.95%(表3)。

**表3 研究区域及各省份森林面积及林木覆盖度状况** 单位：万公顷,%

| 行政单位 | 森林面积 | 林木覆盖度 | | | | | | | | | | | |
|---|---|---|---|---|---|---|---|---|---|---|---|---|---|
| | | 20%~30% | | 30%~50% | | 50%~60% | | 60%~70% | | 70%~80% | | 80%~100% | |
| | | 面积 | 比例 | 面积 | 比例 | 面积 | 比例 | 面积 | 比例 | 面积 | 比例 | 面积 | 比例 |
| 黑龙江 | 1991.48 | 0.07 | 0.00 | 1.12 | 0.06 | 2.52 | 0.13 | 6.55 | 0.33 | 37.46 | 1.88 | 1943.76 | 97.60 |
| 吉 林 | 786.93 | 0.03 | 0.00 | 2.12 | 0.27 | 5.96 | 0.76 | 14.14 | 1.80 | 30.40 | 3.86 | 734.28 | 93.31 |
| 辽 宁 | 574.04 | 0.11 | 0.02 | 2.65 | 0.46 | 13.35 | 2.33 | 60.27 | 10.50 | 144.65 | 25.20 | 353.01 | 61.50 |
| 内蒙古 | 2560.36 | 167.61 | 6.55 | 340.67 | 13.31 | 235.08 | 9.18 | 205.56 | 8.03 | 268.58 | 10.49 | 1342.86 | 52.45 |
| 河 北 | 504.83 | 0.00 | 0.00 | 3.47 | 0.69 | 18.92 | 3.75 | 85.88 | 17.01 | 216.09 | 42.80 | 180.47 | 35.75 |
| 山 西 | 323.44 | 0.02 | 0.01 | 6.65 | 2.06 | 7.40 | 2.29 | 14.13 | 4.37 | 82.69 | 25.57 | 212.55 | 65.72 |
| 陕 西 | 884.19 | 1.46 | 0.17 | 17.79 | 2.01 | 17.29 | 1.96 | 26.10 | 2.95 | 86.56 | 9.79 | 734.99 | 83.13 |
| 甘 肃 | 507.15 | 8.08 | 1.59 | 22.23 | 4.38 | 24.75 | 4.88 | 55.24 | 10.89 | 139.16 | 27.44 | 257.69 | 50.81 |
| 宁 夏 | 62.76 | 15.11 | 24.08 | 13.32 | 21.22 | 18.45 | 29.40 | 4.53 | 7.22 | 4.53 | 7.22 | 6.82 | 10.87 |
| 新 疆 | 808.73 | 491.44 | 60.77 | 127.32 | 15.74 | 58.94 | 7.29 | 67.31 | 8.32 | 51.87 | 6.41 | 11.85 | 1.47 |
| 青 海 | 419.71 | 128.24 | 30.55 | 23.66 | 5.64 | 23.06 | 5.49 | 67.47 | 16.08 | 148.31 | 35.34 | 28.97 | 6.90 |
| 西 藏 | 1495.92 | 25.63 | 1.71 | 151.49 | 10.13 | 96.20 | 6.43 | 222.40 | 14.87 | 286.34 | 19.14 | 713.86 | 47.72 |
| 四 川 | 1841.31 | 0.17 | 0.01 | 3.36 | 0.18 | 11.28 | 0.61 | 71.02 | 3.86 | 675.52 | 36.69 | 1079.96 | 58.65 |
| 云 南 | 1911.11 | 8.05 | 0.42 | 44.19 | 2.31 | 68.37 | 3.58 | 195.15 | 10.21 | 624.59 | 32.68 | 970.76 | 50.80 |
| 研究区域 | 14671.96 | 846.02 | 5.77 | 760.04 | 5.18 | 601.57 | 4.10 | 1095.75 | 7.47 | 2796.75 | 19.06 | 8571.83 | 58.42 |

一般地，同一区域、相同树种组成条件下，高林木覆盖度森林具有更高的生态服务功能。总体而言，东北地区(黑龙江、吉林和辽宁)、华北地区(陕西、山西、河北)、西南地区(云南、四川)、甘肃省的高林木覆盖度森林面积占比超过70%，以高林木覆盖度森林为主；西北地区(西藏、内蒙古、青海、宁夏和新疆)中低覆盖度森林面积占比超过30%。

研究区域各省份森林的林木覆盖度状况与森林类型、气候条件等关系密切。内蒙古、青海、宁夏和新疆的中低林木覆盖度森林占比相对较大，主要是由于其局部或大部位于干旱半干旱地区，降水稀少，无法提供高覆盖度森林的生态用水需求。此外，西藏森林分布和生长还受到高海拔、低气温等综合影响，因此中低林木覆盖度森林也有相当的比例。

**2. 各省份森林分布及林木覆盖度状况**

*1)黑龙江省*

黑龙江省作为全国重点林业省份之一，森林面积1991.48万公顷(占全国森林面积的9.03%)、森林覆盖率达44.00%。黑龙江省是松花江重要支流嫩江水系的发源地，还是松花江和黑龙江主要的汇流区，是我国生态安全格局东北森林带关键区域，为东北优质商品粮生产基地提供生态防护，为我国重要珍稀濒危野生动植物提供良好栖息地条件。黑龙江省森林主要分布于大兴安岭(雉鸡场山、额木尔山、伊勒呼里山)、小兴安岭(青黑山)、长白山脉(张广才岭、老爷岭、太平岭)和完达山一带。黑龙江省森林分布较多的地区为大兴安岭、黑河、伊春、牡丹江、哈尔滨、鹤岗、双鸭山、七台河和鸡西；森林分布较少的地区包括齐齐哈尔、大庆、绥化市和佳木斯。

黑龙江省以高林木覆盖度(林木覆盖度≥60%)的天然针叶林、天然针阔混交林为主，森林的林木生产、生态防护能力较强，可为我国东北地区乃至东北亚地区生态安全提供有效保障。

2)吉林省

吉林省是全国重点林业省份之一，森林面积786.93万公顷(占全国森林面积的3.57%)，森林覆盖率41.20%；其森林多分布在本省东部和中部，主要分布于长白山(英额岭、威虎岭、龙岗山和吉林哈达岭)。吉林森林分布较多的地区为延边、白山、通化和吉林，分布相对较少的地区为长春、四平、松原和白城。

吉林省东部长白山区素有“长白林海”之称，是国家生态安全格局——东北森林带的主要分布区域，也是松花江、鸭绿江和图们江水系的发源地，在我国东北地区乃至东北亚地区生态安全保障中具有重要作用。吉林省以高林木覆盖度(林木覆盖度≥60%)的天然针叶林、天然针阔混交林为主，森林的林木生产能力、生态防护能力较强，可为我国东北—华北地区乃至东北亚地区的生态安全提供有效保障。

3)辽宁省

辽宁省森林面积574.04万公顷(占全国森林面积的2.60%)，森林覆盖率39.37%，主要分布于长白山山脉(龙岗山、千山)，西部森林主要分布于燕山山脉(努鲁儿虎山)、辽西走廊和科尔沁沙地东南缘。辽宁省森林分布较多的地区为铁岭市、抚顺市、本溪市、丹东市、鞍山市、营口市、辽阳市、朝阳市、葫芦岛市、锦州市和阜新市，森林分布较少的地区为盘锦市和沈阳市。

辽宁省东部森林分布区以高林木覆盖度(林木覆盖度≥60%)的天然针叶林和针阔混交林为主，具有较强的水土保持、水源涵养、固碳释氧、生物多样性维持等生态服务功能；西部森林集中分布区以中低林木覆盖度(20%≤林木覆盖度<60%)森林为主，主要发挥防风固沙、水土保持等作用。辽宁省的森林生态系统，为我国东北—华北地区、渤海湾地区及科尔沁沙地提供有效的生态安全保障。

4)内蒙古自治区

内蒙古自治区是全国重点林业省份之一，森林面积为2560.36万公顷(占全国森林面积的11.61%)，森林覆盖率为22.38%，主要分布大兴安岭原始林区，大兴安岭南部、宝格达山、克什克腾、大青山、乌拉山、贺兰山和额济纳等次生林区。内蒙古自治区森林分布较多的地区为呼伦贝尔、兴安、通辽、赤峰、乌兰察布和呼和浩特；分布较少的地区为锡林郭勒、包头、巴彦淖尔、鄂尔多斯、乌海和阿拉善。

内蒙古自治区东北部大兴安岭及其余脉的森林以高林木覆盖度(林木覆盖度≥60%)天然针叶林和针阔混交林为主，南部燕山余脉以中低林木覆盖度(20%≤林木覆盖度<60%)森林为主；其余地区以中低林木覆盖度(20%≤林木覆盖度<60%)森林为主。内蒙古自治区的森林是国家生态安全格局——北方防沙带、东北森林带的重要组成部分，是保障我国西北、华北和东北地区生态安全的重要屏障。

5)河北省

河北省森林面积为504.83万公顷(占全国森林面积的2.29%)，森林覆盖率为26.96%，主要分布于燕山、太行山和阴山(大马群山)。河北省森林分布较多的地区为承德、秦皇岛、张家口和保定；分布较少的地区为廊坊、唐山、沧州和衡水等。

河北省以高林木覆盖度(林木覆盖度≥60%)和中林木覆盖度(50%≤林木覆盖度<60%)森林为主，其中燕山山脉主要分布着高林木覆盖度森林，太行山脉和阴山山脉主要分布着高林木覆盖度森林并兼有一定数量的中林木覆盖度森林。河北省森林是京津冀生态协同圈的主体，肩负区域防风固沙、水源涵养、清洁大气和农田防护等重要功能，为华北地区及首都圈经济社会可持续发展提供有效的生态安全保障。

6)山西省

山西省森林面积为323.44万公顷(占全国森林面积的1.47%)，森林覆盖率为20.66%，主要分布于吕梁山脉(管涔山、云中山、中条山、太岳山和中条山)和太行山脉(五台山)，且以高林木覆盖度(林木覆盖度≥60%)针叶林和针阔叶混交林为主，少量中低林木覆盖度阔叶林分布于山西省北部的大同盆地。

山西省作为海河重要支流(永定河)、黄河重要支流(汾河和沁河)的发源地，其森林在水源涵养方面作用巨大。山西省森林在黄土高原水土保持、雁北地区防风固沙等方面，同样发挥着重要作用。山西省作为黄河流域主要省份之一，通过开展林草植被建设和流域生态保护，为本省及黄河流域高质量发展创造良好的生态环境条件。

7)陕西省

陕西省森林面积为884.19万公顷(占全国森林面积的4.01%)，森林覆盖率为42.97%，主要分布于秦岭和大巴山(米仓山)，少量分布于子午岭、六盘山余脉及毛乌素沙地。陕西省森林分布较多的地区为安康、汉中、商洛、西安、宝鸡和延安；分布较少的地区为渭南、咸阳和榆林。

高林木覆盖度(林木覆盖度≥60%)森林主要分布在陕西省南部及中北部黄土高原，少量中低林木覆盖度(20%≤林木覆盖度<60%)森林分布在毛乌素沙地。陕西省位于我国生态安全格局——北方防沙带、黄土高原—川滇生态屏障，还是黄河中游生态保护重点区域、长江重要支流(汉江)发源地，其森林在防风固沙、水土保持、水源涵养、防控地质灾害和维持生物多样性等方面具有重要作用。

8)甘肃省

甘肃省森林面积为507.15万公顷(占全国森林面积的2.30%)，森林覆盖率为12.55%，主要分布于六盘山、子午岭、岷山和祁连山北麓。甘肃省森林分布相对较多的地区为陇南、甘南、天山和庆阳，其余地区森林分布较少。

甘肃省的高林木覆盖度(林木覆盖度≥60%)森林占比为89.14%，兼有一定数量中低林木覆盖度(20%≤林木覆盖度<60%)森林。甘肃省位于我国生态安全格局——北方防沙带、黄土高原—川滇生态屏障、青藏高原生态屏障，还是黄河上中游生态保护重点区域、长江支流(燕子河、长丰河、白水江和西汉水)发源地，其森林在防风固沙、水土保持、水源涵养、防控地质灾害和维持生物多样性等方面作用巨大。

9)宁夏回族自治区

宁夏回族自治区森林面积为62.76万公顷(占全国森林面积的0.28%)，森林覆盖率为12.11%；主要分布于六盘山及余脉、罗山、贺兰山及毛乌素沙地等。宁夏回族自治区森林分布较多的地区为固原、吴忠和银川，分布较少的地区为中卫和石嘴山。

宁夏回族自治区森林以中低林木覆盖度(20%≤林木覆盖度<60%)森林为主，高林木覆盖度(林木覆盖度≥60%)森林主要分布于六盘山及贺兰山。宁夏回族自治区作为我国生态安全格

局——北方防沙带和黄土高原—川滇生态屏障的重要组成，以及黄河中游流域生态保护和高质量的关键区域，其森林承担着防风固沙遏制沙漠(沙地)扩张、水土保持维持土地生产力等重要的生态服务功能。

10)新疆维吾尔自治区

新疆维吾尔自治区森林面积为808.73万公顷(占全国森林面积的3.67%)，森林覆盖率为4.93%。新疆维吾尔自治区森林包括天山和阿尔泰山的山地寒温带针叶林、塔里木河流域的温带落叶阔叶林、伊犁河谷次生林及各类人工林。新疆维吾尔自治区森林分布相对较多的地区为阿勒泰、巴音郭楞、伊犁、阿克苏、昌吉和塔城，其余地区森林分布相对较少。

新疆维吾尔自治区的中低林木覆盖度(20%≤林木覆盖度<60%)森林占到83.80%，多为内陆河岸林及人工林等；高林木覆盖度(林木覆盖度≥60%)主要为山地森林。新疆维吾尔自治区位于北方防沙带西段、全球生物多样性热点区域——中亚山地主要分布区，中国生物多样性保护优先区域——天山—准噶尔盆地西南部、阿尔泰山和塔里木河流域区，具有防风固沙、涵养水源、保持水土和维持生物多样性等诸多生态服务功能，对于保障西北地区及中亚地区生态安全至关重要。

11)青海省

青海省森林面积为419.71万公顷(占全国森林面积的1.90%)，森林覆盖率为5.86%，主要分布在祁连山、西顷山、巴颜喀拉山、东昆仑山和唐古拉山；在广阔的柴达木盆地和青海湖周边，还零星分布胡杨林和柽柳林。青海森林分布较多的地区为海北州、果洛州、玉树州和海西州，其余地区森林分布相对较少。

青海省高林木覆盖度(林木覆盖度≥60%)森林、中林木覆盖度(50%≤林木覆盖度<60%)森林和低林木覆盖度(20%≤林木覆盖度<50%)森林的面积比例约为6∶1∶9。中高林木覆盖度森林主要为青海东部地区的山地森林，低林木覆盖度森林主要分布于柴达木盆地。青海是我国生态安全格局——青藏高原生态屏障、北方防沙带的重要组成部分，也是长江、黄河和澜沧江的发源地，其森林在水源涵养、防风固沙、保持水土、维持生物多样性和提供生态旅游资源等方面具有不可替代性，在维系省域及国家生态安全过程中发挥重要作用。

12)西藏自治区

西藏自治区森林面积为1495.92万公顷(占全国森林面积的6.79%)，森林覆盖率为12.44%，主要分布于西藏东部，包括喜马拉雅山东部、念青唐古山、郭喀拉日居和横断山。西藏自治区森林主要分布于山南、林芝和昌都，其他地区分布极少。

西藏自治区高林木覆盖度(林木覆盖度≥60%)森林、中林木覆盖度(50%≤林木覆盖度<60%)森林和低林木覆盖度(20%≤林木覆盖度<50%)森林的面积比约为13∶1∶2。其中，中高林木覆盖度森林主要分布于喜马拉雅山东部、念青唐古山、郭喀拉日居及横断山脉；低林木覆盖度森林主要分布于日喀则和拉萨。西藏自治区作为我国生态安全格局——青藏高原生态屏障的主体，还是雅鲁藏布江和怒江发源地、通天河的重要汇水区，其森林在涵养水源、保持水土、调节气候等方面发挥着重要作用，对于维持西藏、国家乃至南亚生态安全至关重要。此外，西藏自治区位于世界生物多样性热点区域——中国西南山地，其森林在维持生物多样性等方面扮演着重要角色。

13)四川省

四川省森林面积为1841.31万公顷(占全国森林面积的8.35%)，森林覆盖率为38.01%，主要分布于横断山脉、大凉山、锦屏山、岷山、米仓山。四川省森林分布较多的地区为阿坝、甘孜、凉山、攀枝花、乐山、雅安、绵阳、广元和达州，森林分布相对较少地区多位于四川盆地。

四川省的高林木覆盖度(林木覆盖度≥60%)森林占比接近99%，主要得益于降水丰富、气候温和且山川险峻。四川省是我国生态安全格局——黄土高原—川滇生态屏障、青藏高原生态屏障的重要组成部分，还是黄河上游支流(白河、黑河)发源地、长江众多支流/干流汇水区，对于维系我国西南—华南生态安全具有重要保障作用。此外，四川省位于世界生物多样性热点区域—中国西南山地的核心区域，中国生物多样性优先保护区——横断山脉南段区、岷山—横断山北段区，其森林在维持生物多样性等方面，发挥着不可替代的作用。

14)*云南省*

云南省森林面积为1911.11万公顷(占全国森林面积的8.67%)，森林覆盖率为49.87%，主要分布于横断山脉、乌蒙山(五莲峰、拱王山)和六诏山。云南省森林分布相对较少的地区仅曲靖、文山(西部)、红河(北部)和昆明(东北部)。

云南省高林木覆盖度(林木覆盖度≥60%)森林占比93.69%。云南是我国生态安全格局——黄土高原—川滇生态屏障、青藏高原生态屏障的组成部分，是珠江发源地、长江重要汇流区，也是澜沧江、怒江和红河等国际河流汇流区和发源地。云南省的森林具有重要的水源涵养、水土保持和生态景观等生态服务功能。此外，云南省位于世界生物多样性热点区域——中国西南山地核心区域，位于中国生物多样性优先保护区——横断山脉南段区和西双版纳区，其森林在维持生物多样性、保护濒危野生动植物生存与繁衍等方面至关重要(Myers et al.，2000)。

## 六、研究区域草原覆盖状况

### (一)草原面积及草原覆盖率

根据国家统计局国家数据官方网站显示，2018年研究区域草原面积为34232.53万公顷，占全国草原总面积的87.14%，草原覆盖率(草原面积占研究区国土面积的百分比)为46.48%；全国草原面积占国土面积的比例为40.92%，低于研究区域草原覆盖率5.56个百分点(采用2017年国家统计数据)(表4)。

**表4 研究区域及各省份草原面积统计数据**

| 地 区 | 草原覆盖率(%) | 草原面积(万公顷) |
|---|---|---|
| 黑龙江 | 16.64 | 753.18 |
| 吉 林 | 30.59 | 584.22 |
| 辽 宁 | 23.24 | 338.89 |
| 内蒙古 | 68.89 | 7880.45 |
| 河 北 | 25.16 | 471.21 |
| 山 西 | 29.08 | 455.20 |
| 陕 西 | 25.30 | 520.62 |
| 甘 肃 | 44.31 | 1790.42 |
| 宁 夏 | 58.18 | 301.41 |
| 新 疆 | 34.91 | 5725.88 |

（续）

| 地　区 | 草原覆盖率(%) | 草原面积(万公顷) |
|---|---|---|
| 青　海 | 50.77 | 3636.98 |
| 西　藏 | 68.25 | 8205.19 |
| 四　川 | 42.07 | 2038.04 |
| 云　南 | 39.95 | 1530.84 |
| 研究区域 | 46.48 | 34232.53 |
| 全　国 | 40.92 | 39283.27 |

注：①草原覆盖率为某一区域草原面积占其国土面积的百分比；②草原面积为2017年统计数据，2018年至今未进行统计。

通过对十四省份的植被遥感影像进行解译，并结合土地利用数据综合分析，2018年研究区域草原面积为33204.69万公顷，占研究区域国土面积的45.08%，略低于国家数据官方网站统计数据(表5)。研究区域内大多数省份的草原面积与国家统计局公布结果一致性较好，仅吉林省、辽宁省、河北省和云南省的草原面积与国家统计数据存在一定差异，表明采用遥感手段监测较大区域草原覆盖状况总体而言较为可行。

**表5　研究区域及各省份草原面积及草原覆盖率**

| 省　份 | 国土面积(万公顷) | 草原 | |
|---|---|---|---|
| | | 面积(万公顷) | 覆盖率(%) |
| 黑龙江 | 4526.36 | 728.91 | 16.10 |
| 吉　林 | 1909.93 | 268.40 | 14.05 |
| 辽　宁 | 1458.24 | 260.49 | 17.86 |
| 内蒙古 | 11439.69 | 7885.77 | 68.93 |
| 河　北 | 1872.61 | 315.47 | 16.85 |
| 山　西 | 1565.51 | 455.58 | 29.10 |
| 陕　西 | 2057.65 | 520.62 | 25.30 |
| 甘　肃 | 4040.64 | 1798.22 | 44.50 |
| 宁　夏 | 518.04 | 298.85 | 57.69 |
| 新　疆 | 16399.53 | 5728.98 | 34.93 |
| 青　海 | 7163.83 | 3654.96 | 51.02 |
| 西　藏 | 12022.69 | 8235.39 | 68.50 |
| 四　川 | 4844.79 | 1871.10 | 38.62 |
| 云　南 | 3831.96 | 1181.95 | 30.84 |
| 研究区域 | 73651.47 | 33204.69 | 45.08 |
| 全　国 | 96000.00 | 39283.27 | 40.92 |

需要说明的是，部分省份草原面积数据采用数年或数十年前的调查结果，统计时效性较差。研究区域内的多数省份，存在较为严重的草原与林地等重复确权问题，造成同一块土地既被认定为草原，又被认定为林地等其他地类。同时，还存在地面调查与遥感监测精度不尽相同、草原植被受气候条件年际变化较大等问题。因此，通过统计方式获得的各省份草原面积数据，与通过遥感手段获取的草原面积数据存在一定差异。同时，由于过去土地测量手段有限，多省份存在国土面积数据存在一定偏差，而采用遥感手段结合土地利用数据取得的草原面积及分布信息，能够有效解决草原面积统计精度不高、省份国土面积统计存在误差、省份草原面积调查时效性不统一等问题。因此，本报告以研究区域及各省份植被遥感影像分析结合土地利用数据，获得的2018年

研究区域及各省份草原面积数据基础，进行草原覆盖状况的评估工作。

长期以来，提升“草原综合植被盖度”是草原管理的核心工作，对于草原面积的调查、监测和调控未被列为草原管理工作的重要内容。随着退耕还林（还草）工程、京津冀风沙源治理工程、草原生态奖补政策等实施，我国草原规模得到有效控制、草原质量得到适度提升，但是部分省份依旧在草原上大规模建设人工林或开展生产项目建设，草原超载放牧现象仍十分普遍，造成草原规模趋于萎缩。与此同时，受气候变化的强烈影响，我国草原主要分布区域存在草原自然退化和沙化、灌木入侵等问题，也对我国草原规模保持和提升产生不利影响（《第三次气候变化国家评估报告》编写委员会，2015；Steffen，2010）。

随着《全国主体功能区规划》《全国生态环境保护纲要》《全国草原保护建设利用“十三五”规划》《大规模国土绿化纲要》《全国防沙治沙规划》等的实施和纲要的落实，研究区域作为国家生态安全战略格局——北方防沙带、黄土高原—川滇生态屏障、青藏高原生态屏障区、东北生态保育区等的重要组成部分，还是长江经济带发展战略、黄河流域生态保护和高质量的关键区域，草原规模和质量将会有所提升。

因此，随着国家和十四省份对生态保护、草原保护和建设的重视程度和投入力度的持续增大，十四省份草原面积和质量将会稳中有升，为提供越来越多的生态服务产品、促进畜牧业可持续发展、保障省级行政单元及国家生态安全提供基础条件。

### （二）草原分布及草原植被覆盖度

#### 1. 草原分布及草原植被覆盖度概况

中国草原主要分布于研究区域的十四个省份，其中以西藏、内蒙古、新疆和青海分布面积最大（表6）。研究区域分布有呼伦贝尔大草原、锡林郭勒大草原、伊犁草原、那曲高寒草原、川西高寒草原、若尔盖大草原、祁连山草原等重要草原。根据区域及自然条件，研究区域的草原可划分为：

**表6-6 研究区域及各省份草原面积及草原植被覆盖度状况** 单位：万公顷，%

| 省份 | 草原面积 | 草原植被覆盖度 | | | | | | | | | | | | | | | |
|---|---|---|---|---|---|---|---|---|---|---|---|---|---|---|---|---|---|
| | | 5%～10% | | 10%～20% | | 20%～30% | | 30%～50% | | 50%～60% | | 60%～70% | | 70%～80% | | 80%～100% | |
| | | 面积 | 比例 | 面积 | 比例 | 面积 | 比例 | 面积 | 比例 | 面积 | 比例 | 面积 | 比例 | 面积 | 比例 | 面积 | 比例 |
| 黑龙江 | 728.91 | 1.44 | 0.20 | 0.37 | 0.05 | 0.95 | 0.13 | 17.12 | 2.35 | 33.90 | 4.65 | 38.40 | 5.27 | 88.99 | 12.21 | 547.74 | 75.15 |
| 吉林 | 268.40 | 0.43 | 0.16 | 0.42 | 0.16 | 2.21 | 0.82 | 48.43 | 18.04 | 67.13 | 25.01 | 95.29 | 35.50 | 15.17 | 5.65 | 39.32 | 14.65 |
| 辽宁 | 260.49 | 1.04 | 0.40 | 0.11 | 0.04 | 0.22 | 0.08 | 6.16 | 2.36 | 31.65 | 12.15 | 136.57 | 52.43 | 74.25 | 28.50 | 10.49 | 4.03 |
| 内蒙古 | 7885.77 | 1562.29 | 19.81 | 2010.33 | 25.49 | 877.11 | 11.12 | 1484.69 | 18.83 | 720.04 | 9.13 | 487.75 | 6.19 | 363.96 | 4.62 | 379.60 | 4.81 |
| 河北 | 315.47 | 0.06 | 0.02 | 0.03 | 0.01 | 0.86 | 0.27 | 37.51 | 11.89 | 71.76 | 22.75 | 100.83 | 31.96 | 79.55 | 25.22 | 24.87 | 7.88 |
| 山西 | 455.58 | 0.00 | 0.00 | 0.05 | 0.01 | 1.33 | 0.29 | 98.02 | 21.52 | 107.16 | 23.52 | 129.22 | 28.36 | 99.93 | 21.93 | 19.87 | 4.36 |
| 陕西 | 520.62 | 0.01 | 0.00 | 1.39 | 0.27 | 53.94 | 10.36 | 275.42 | 52.90 | 91.62 | 17.60 | 46.75 | 8.98 | 37.21 | 7.15 | 14.28 | 2.74 |
| 甘肃 | 1798.22 | 582.00 | 32.37 | 324.38 | 18.04 | 230.27 | 12.81 | 240.34 | 13.37 | 88.13 | 4.90 | 80.10 | 4.45 | 143.09 | 7.96 | 109.91 | 6.11 |
| 宁夏 | 298.85 | 2.92 | 0.98 | 160.19 | 53.60 | 83.01 | 27.78 | 32.81 | 10.98 | 12.29 | 4.11 | 5.55 | 1.86 | 1.70 | 0.57 | 0.38 | 0.13 |
| 新疆 | 5728.98 | 1018.90 | 17.79 | 2244.78 | 39.18 | 792.45 | 13.83 | 868.91 | 15.17 | 291.77 | 5.09 | 258.34 | 4.51 | 192.24 | 3.36 | 61.59 | 1.08 |
| 青海 | 3654.96 | 81.15 | 2.22 | 699.08 | 19.13 | 697.99 | 19.10 | 978.49 | 26.77 | 364.74 | 9.98 | 419.49 | 11.48 | 351.97 | 9.63 | 62.05 | 1.70 |

（续）

| 省份 | 草原面积 | 草原植被覆盖度 | | | | | | | | | | | | | | | |
|---|---|---|---|---|---|---|---|---|---|---|---|---|---|---|---|---|---|
| | | 5%~10% | | 10%~20% | | 20%~30% | | 30%~50% | | 50%~60% | | 60%~70% | | 70%~80% | | 80%~100% | |
| | | 面积 | 比例 | 面积 | 比例 | 面积 | 比例 | 面积 | 比例 | 面积 | 比例 | 面积 | 比例 | 面积 | 比例 | 面积 | 比例 |
| 西藏 | 8235.39 | 715.00 | 8.68 | 3893.86 | 47.28 | 1553.09 | 18.86 | 1068.53 | 12.97 | 433.00 | 5.26 | 362.36 | 4.40 | 176.26 | 2.14 | 33.29 | 0.40 |
| 四川 | 1871.10 | 2.07 | 0.11 | 5.27 | 0.28 | 15.78 | 0.84 | 125.48 | 6.71 | 179.63 | 9.60 | 408.12 | 21.81 | 747.12 | 39.93 | 387.63 | 20.72 |
| 云南 | 1181.95 | 0.54 | 0.05 | 6.23 | 0.53 | 3.16 | 0.27 | 24.77 | 2.10 | 54.10 | 4.58 | 153.11 | 12.95 | 398.71 | 33.73 | 541.33 | 45.80 |
| 研究区域 | 33204.69 | 3967.85 | 11.95 | 9346.49 | 28.15 | 4312.37 | 12.99 | 5306.68 | 15.98 | 2546.92 | 7.67 | 2721.88 | 8.20 | 2770.15 | 8.34 | 2232.35 | 6.72 |

（1）北方干旱半干旱草原区，位于我国西北、华北北部以及东北西部地区，涉及研究区域的河北、山西、内蒙古、黑龙江、吉林、辽宁、陕西、甘肃、宁夏和新疆10省份，是我国北方重要是生态屏障，该区草原面积约为全国草原面积的一半左右，气候干旱少雨、降水分布不均，以荒漠化草原为主，草原退化、沙化和盐渍化严重，总体生态系统十分脆弱。

（2）东北华北湿润半湿润草原区，位于我国东北和华北地区，主要涉及研究区域的河北、山西、黑龙江、吉林、辽宁和陕西6省，该区草原面积约为全国草原面积的十分之一左右，水热条件较好，多位于农牧交错带，因无序开垦和水土流失，造成局部草原盐渍化和沙化较为严重。

（3）青藏高寒草原区，位于我国青藏高原，主要涉及研究区域的西藏、青海，以及甘肃、四川、云南和新疆部分地区，该区草原面积约为全国草原面积的四成左右，总体气候严寒、产草量低，生态极度脆弱，该区也是诸多大江大河的发源地/汇流区，是我国水源涵养核心区域，但由于过度放牧、采集和开矿等引起严重的草原退化，致使草原水源涵养功能持续减弱。

（4）南方草地区，涉及除北方干旱半干旱草原区、东北华北湿润半湿润草原区和青藏高寒草原区之外的其他省份，本项研究中主要涉及云南省和四川省，该区草原（以禾草草丛、蕨类草丛和稀树草丛为主）面积约占全国草原面积的五分之一左右，水热资源丰富，是我国南方地区草原的集中分布区，但是草原开垦及石漠化可能会导致草原面积出现萎缩。

研究区域草原面积为33204.68万公顷，草原覆盖率为45.08%。根据草原覆盖率可划分为高、中和低草原覆盖率省份，即：高草原覆盖率（省份草原覆盖率≥40%）省份（内蒙古68.93%、西藏68.50%、宁夏57.69%、青海51.02%、甘肃44.50%）、中草原覆盖率（20%≤省份草原覆盖率<40%）省份（四川38.62%、新疆34.93%、云南30.84%、山西29.10%和陕西25.30%）和低草原覆盖率（省份草原覆盖率<20%）省份（辽宁17.86%、河北16.85%、黑龙江16.10%和吉林14.05%）。总体而言，西北、西南省份及山西的草原覆盖率相对较高，东北省份及河北草原覆盖率较低。

通过对研究区域各省份草原植被覆盖状况进行分析，发现高植被覆盖度（草原植被覆盖度≥60%）的草原占比为23.26%，中植被覆盖度（20%≤草原植被覆盖度<60%）草原占比36.64%、低植被覆盖度（5%≤草原植被覆盖度<20%）草原占比40.10%。一般情况下，同一区域相同草原类型和物种组成前提下，草原植被覆盖度越高，其在保持水土、防风固沙和水源涵养的作用也越大。总体而言，黑龙江、吉林、辽宁、河北、山西、四川和云南的高植被覆盖度草原占比超过50%，以高植被覆盖度草原为主；陕西和青海中植被覆盖度草原占比超过50%，以中植被覆盖度草原为主；内蒙古、甘肃、宁夏、新疆、西藏的低覆盖度草原占比接近或超过50%，以低植被覆盖度草原为主。

各省份草原的植被覆盖状况与草原类型、气候条件、人为活动强度等关系密切。内蒙古、甘肃、宁夏、新疆、西藏、陕西和青海以低或中植被覆盖度草原为主，是因为其局部或大部位于干旱半干旱地区，气候条件恶劣；加之这些省份又是我国贫困人口集中分布区域、重要的牧业省份和主要的农牧交错区，放牧、垦荒和采集等强度较大，致使在恶劣的自然条件和高强度的人类干扰双重影响下，草原的植被覆盖度相对较低。黑龙江、吉林、辽宁、河北、山西、四川和云南以高植被覆盖度草原为主，其原因主要是气候相对适宜、人为干扰(特别是牧业生产活动)强度相对较低、部分地区地形异常复杂等。

**2. 各省区草原分布及草原植被覆盖度状况**

1)黑龙江省

黑龙江省草原面积为728.91万公顷(占全国草原面积的1.86%)，草原覆盖率为16.10%。黑龙江省的草原与森林共同发挥水源涵养功能、水质净化和生物多样性维持等生态服务功能，并为嫩江、松花江和黑龙江提供充沛的水源。

黑龙江省的草原主要分布于东北平原(松嫩平原)、三江平原，以温性草甸草原、低地草甸和沼泽为主；由于黑龙江省自然条件适合森林分布，导致除大庆市、齐齐哈尔市、佳木斯市、双鸭山市和黑河市等有较为集中连片的草原分布，其余地区草原呈零星分布状态。

黑龙江省高植被覆盖度(草原植被覆盖度≥60%)的草原占比90%以上，草原的生态防护能力、生态服务功能和牧草生产功能均较强，可为我国东北地区生态安全提供有效保障。

2)吉林省

吉林省草原面积为268.40万公顷(占全国草原面积的0.68%)，草原覆盖率为14.05%，其分布与森林分布耦合性较差，在森林集中分布的区域，仅在林线之上少量分布有少量草原。辽宁省草原主要分布于本省西部的东北平原，是欧亚草原的东端，也是科尔沁草原的重要组成部分，以温性草甸草原和低地草甸为主；分布较多的地区为白城和松原，其他地区分布相对较少。

吉林省以高植被覆盖度(草原植被覆盖度≥60%)草原和中植被覆盖度(20%≤草原植被覆盖度<60%)草原为主，分别占比55.81%和43.88%，因此具有相对较强的防风固沙、牧草生产等功能，可为我国东北地区生态安全提供有效保障。

3)辽宁省

辽宁省草原面积为260.49万公顷(占全国草原面积的0.66%)，草原覆盖率为17.86%。辽宁草原主要分布于科尔沁草原东部、锡林郭勒草原东部、辽西走廊和辽东半岛，以温性草甸草原和温性草原为主；辽宁省草原分布较多的地区为阜新市、朝阳市、锦州市、盘锦市、葫芦岛市和大连市，其他地区草原分布相对较少。

辽宁省以高植被覆盖度(草原植被覆盖度≥60%)草原和中植被覆盖度(20%≤草原植被覆盖度<60%)草原为主，分别占比84.96%和14.60%，因此具有较好的防风固沙、牧草生产和防止水土流失等生态服务功能，对于保障我国东北及渤海湾地区生态安全具有重要作用。

4)内蒙古自治区

内蒙古自治区是我国草原分布最多的省份之一，草原面积为7885.77万公顷(占全国草原面积的20.07%)，草原覆盖率达68.93%。内蒙古草原为欧亚草原在我国的主要分布区，除了大兴安岭林区(呼伦贝尔市东部、兴安盟北部)之外，其他区域均分布有各种类型的草原，主要有草甸草原、典型草原、草甸、荒漠草原和荒漠。

内蒙古自治区以低植被覆盖度(5%≤草原植被覆盖度<20%)草原和中植被覆盖度(20%≤草原植被覆盖度<60%)草原为主，分别占比为45.30%和39.08%，主要分布于锡林郭勒西部、乌兰察布

至阿拉善等地区；高植被覆盖度(草原植被覆盖度≥60%)草原，占比仅 15.61%，主要分布于呼伦贝尔西部、兴安盟西部和锡林郭勒东部。内蒙古自治区是我国北方防沙带东段的主要分布区域，其广泛分布的草原在防风固沙、保持土壤方面重要巨大，为内蒙古自治区、西北及华北地区风沙危害持续降低提供保障。

5)河北省

河北省草原面积为 315.47 万公顷(占全国草原面积的 0.80%)，草原覆盖率为 16.85%。河北省草原主要分布于燕山、太行山和阴山(大马群山)；河北省草原分布较多的地区为张家口、承德和邢台，其他地区草原分布较少。

河北省以高植被覆盖度(草原植被覆盖度≥60%)草原和中植被覆盖度(20%≤草原植被覆盖度≤60%)草原为主，分别占比 65.06%和 34.91%。河北省草原在京津风沙源生态保护、控制土壤风蚀等方面作用巨大，对于保障京津冀地区生态安全至关重要。

6)山西省

山西省草原面积为 455.58 万公顷(占全国草原面积的 1.16%)，草原覆盖率为 29.10%。山西草原主要分布于西部黄土高原区、云中山、恒山、五台山以及东部太行山山地，以典型草原为主；山西省除运城、晋城和长治之外，其他地区草原分布相对较多。

山西省以高植被覆盖度(草原植被覆盖度≥60%)和中植被覆盖度(20%≤草原植被覆盖度≤60%)草原为主，分别占比 54.66%和 45.33%。山西省的草原具有重要的水源涵养、水土保持和防风固沙作用，对于构建国家生态安全格局——黄土高原—川滇生态屏障、北方防沙带，实现黄河流域生态保护与高质量发展战略，保障华北地区生态安全至关重要。

7)陕西省

陕西省草原面积为 520.62 万公顷(占全国草原面积的 1.33%)，草原覆盖率为 25.30%。陕西省草原主要分布于毛乌素沙地(榆林和延安)，以及六盘山和子午岭等山地，以温性荒漠草原为主。

陕西省以中植被覆盖度(20%≤草原植被覆盖度≤60%)草原为主，占比 80.86%；兼有一定数量的高植被覆盖度(草原植被覆盖度≥60%)草原(18.87%)。陕西省草原具有重要的防风固沙、水土保持、涵养水源等功能，对于构建国家生态安全格局——黄土高原—川滇生态屏障和北方防沙带，实现黄河流域生态保护与高质量发展战略，保障毛乌素沙地和黄土高原生态安全至关重要。

8)甘肃省

甘肃省草原面积为 1798.22 万公顷(占全国草原面积的 4.58%)，草原覆盖率为 44.50%。甘肃省草原主要分布于河西走廊(兰州、白银、武威、金昌、张掖、嘉峪关和酒泉)、青藏高原(甘南、临夏)和黄土高原(庆阳)，其他地区(定西市、天水市、平凉市和陇南市)分布较少，以典型草原、荒漠草原和荒漠为主。

甘肃省以低植被覆盖度(5%≤草原植被覆盖度<20%)和中植被覆盖度(20%≤草原植被覆盖度<60%)草原为主，占比分别为 50.40%和 31.07%；高植被覆盖度(草原植被覆盖度≥60%)草原占比仅为 18.52%。甘肃省草原在防风固沙、水土保持及水源涵养等方面作用巨大，对于构建国家生态安全格局——青藏高原生态屏障、黄土高原—川滇生态屏障和北方防沙带，实现黄河流域生态保护与高质量发展国家战略，保障黄土高原、河西走廊生态安全至关重要。

9)宁夏回族自治区

宁夏回族自治区草原面积为 298.85 万公顷(占全国草原面积的 0.76%)，草原覆盖率为

57.69%。宁夏回族自治区除银川平原以外，草原广泛分布，以典型草原和荒漠草原为主。

宁夏回族自治区以低植被覆盖度(5%≤草原植被覆盖度<20%)和中植被覆盖度(20%≤草原植被覆盖度<60%)草原为主，占比分别为54.58%和42.87%。宁夏回族自治区位于我国生态安全格局——北方防沙带、黄土高原—川滇生态屏障，其草原在水土保持、防风固沙等方面发挥着重要作用。

10)新疆维吾尔自治区

新疆维吾尔自治区草原面积为5728.98万公顷(占全国草原面积的14.58%)，草原覆盖率为34.93%。新疆维吾尔自治区草原主要分布于天山山脉、阿尔泰山脉、昆仑山山地、塔里木盆地周边，以荒漠、荒漠草原、典型草原、草甸草原和草甸为主。

新疆维吾尔自治区以低植被覆盖度(5%≤草原植被覆盖度<20%)和中植被覆盖度(20%≤草原植被覆盖度<60%)草原为主，分别占56.87%和34.03%。本区草原与森林耦合分布度较高，对于防控区域及中国北方风沙危害、为塔里木河和伊犁河等内陆河及国际河流的水源供给至关重要。新疆维吾尔自治区位于我国生态安全格局——北方防沙带西段、青藏高原生态屏障北缘，全球生物多样性热点区域——中亚山地主要分布区，具有防风固沙、涵养水源、维持生物多样性等功能，为新本区、我国西北地区及中亚地区生态安全提供保障。

11)青海省

青海省草原面积为3654.96万公顷(占全国草原面积的9.30%)，草原覆盖率为51.02%。青海省除海西州中西部之外，其他区域草原分布极为广泛；青海省草原以高寒草原、高寒草甸、高寒荒漠等为主。

青海省低植被覆盖度(5%≤草原植被覆盖度<20%)、中植被覆盖度(20%≤草原植被覆盖度<60%)和高植被覆盖度(草原植被覆盖度≥60%)草原分别占比为21.35%、55.85%和22.80%。青海省中高植被覆盖度草原占比较高，能够发挥良好的水土保持、防风固沙、水源涵养、维持生物多样性等作用。青海省是黄河、长江和澜沧江发源地，位于国家生态安全格局——青藏高原生态屏障及北方防沙带，对于维持区域水资源供给、构建和巩固国家生态安全格局至关重要。

12)西藏自治区

西藏自治区草原面积为8235.39万公顷(占全国草原面积的20.96%)，是我国重要的草原省区之一，草原覆盖率为68.50%。西藏自治区草原与森林分布耦合度低，在森林连片区(山南南部和林芝西南部)之外的区域广泛分布，以高寒草原、高寒草甸、高寒荒漠和低地草甸等为主。

西藏自治区以低植被覆盖度(5%≤草原植被覆盖度<20%)、中植被覆盖度(20%≤草原植被覆盖度<60%)为主，分别占比为55.96%和37.09%；高植被覆盖度(草原植被覆盖度≥60%)草原占比仅6.94%。西藏自治区草原植被覆盖度相对较低是自然条件恶劣、人为干扰强烈及气候变化影响巨大等共同作用的结果。西藏自治区是国家生态安全格局——青藏高原生态屏障的核心区域，其草原在保持水土、防风固沙、涵养水源、维持生物多样性等方面具有重要作用，为本区、青藏高原、中国西部及南亚地区生态安全提供有效保障。

13)四川省

四川省草原面积为1871.10万公顷(占全国草原面积的4.76%)，草原覆盖率为38.62%。四川省草原主要分布于四川盆地之外的广大区域，包括巴颜喀拉山、阿尼玛卿山、岷山及横断山脉(甘孜、阿坝、凉山和攀枝花)；四川省草原以高寒草甸、草甸、典型草原和草丛为主。

四川省以高植被覆盖度(草原植被覆盖度≥60%)草原为主，占比达 82.46%；兼有少量中植被覆盖度(20%≤草原植被覆盖度<60%)草原，占比为 17.15%。四川省是我国生态安全格局——青藏高原生态屏障、黄土高原—川滇生态屏障的重要组成部分，其草原发挥着重要的水土保持、水源涵养、生物多样性维持作用，为四川省及我国西南地区生态安全提供有效保障。

14)云南省

云南省草原面积为 1181.95 万公顷(占全国草原面积的 3.01%)，草原覆盖率为 38.62%。云南省草原主要分布于横断山脉(高黎贡山、怒山、雪盘山及绵绵山等)、六诏山、乌蒙山和拱王山，以高寒草甸、草甸和草丛为主；云南省草原与森林分布耦合度较低，主要分布于文山、曲靖、玉溪、昆明、楚雄、丽江、怒江和迪庆等。

云南省以高植被覆盖度(草原植被覆盖度≥60%)草原为主，占比达 92.49%；兼有少量中植被覆盖度(20%≤草原植被覆盖度<60%)草原，占比为 6.94%。云南省草原与森林共同发挥着水土保持、水源涵养、生物多样性维持等作用，协同构筑国家生态安全格局——黄土高原—川滇生态屏障、青藏高原生态屏障，为云南省、西南地区及南亚地区生态安全提供有效保障。

## 七、研究区域林草覆盖状况

### (一)林草面积及林草覆盖率

2018 年，研究区域森林面积为 14671.96 万公顷，草原面积为 33204.69 万公顷，林草面积为 47876.65 万公顷，当年研究区域林草覆盖率(研究区林草面积占国土面积的百分比，研究区域国土面积为 73651.47 万公顷)为 65.00%(表 7)。

研究区域各省份林草覆盖率存在较大差异，其中新疆最低(39.87%)，内蒙古最高(91.31%)。根据各省份林草覆盖率，可分为高林草覆盖率(林草覆盖率≥70%)省份，包括内蒙古、西藏、四川和云南；中林草覆盖率(50%≤林草覆盖率<70%)省份，包括黑龙江、吉林、辽宁、陕西、甘肃、宁夏和青海；低林草覆盖率(林草覆盖率<50%)省份，包括河北、山西和新疆(表 7)。

由林草植被组成可以看出，西北省份(甘肃、宁夏、新疆和青海)、西藏、内蒙古和山西的以草为主(省份草原面积>省份森林面积)，东北三省、河北、陕西和云南以林为主(省份草原面积<省份森林面积)，四川省则林草面积相当(省份草原面积≈省份森林面积)(表 7)。

表 7 研究区域及各省份林草面积及林草覆盖率

| 省份 | 森林 | | 草原 | | 林草 | |
|---|---|---|---|---|---|---|
| | 面积(万公顷) | 覆盖率(%) | 面积(万公顷) | 覆盖率(%) | 面积(万公顷) | 覆盖率(%) |
| 黑龙江 | 1991.48 | 44.00 | 728.91 | 16.10 | 2720.39 | 60.10 |
| 吉林 | 786.93 | 41.20 | 268.40 | 14.05 | 1055.33 | 55.25 |
| 辽宁 | 574.04 | 39.37 | 260.49 | 17.86 | 834.53 | 57.23 |
| 内蒙古 | 2560.36 | 22.38 | 7885.77 | 68.93 | 10446.13 | 91.31 |
| 河北 | 504.83 | 26.96 | 315.47 | 16.85 | 820.30 | 43.81 |
| 山西 | 323.44 | 20.66 | 455.58 | 29.10 | 779.02 | 49.76 |

（续）

| 省份 | 森林 | | 草原 | | 林草 | |
|---|---|---|---|---|---|---|
| | 面积(万公顷) | 覆盖率(%) | 面积(万公顷) | 覆盖率(%) | 面积(万公顷) | 覆盖率(%) |
| 陕西 | 884.19 | 42.97 | 520.62 | 25.30 | 1404.81 | 68.27 |
| 甘肃 | 507.15 | 12.55 | 1798.22 | 44.50 | 2305.37 | 57.05 |
| 宁夏 | 62.76 | 12.11 | 298.85 | 57.69 | 361.61 | 69.80 |
| 新疆 | 808.73 | 4.93 | 5728.98 | 34.93 | 6537.71 | 39.87 |
| 青海 | 419.71 | 5.86 | 3654.96 | 51.02 | 4074.67 | 56.88 |
| 西藏 | 1495.92 | 12.44 | 8235.39 | 68.50 | 9731.31 | 80.94 |
| 四川 | 1841.31 | 38.01 | 1871.10 | 38.62 | 3712.41 | 76.63 |
| 云南 | 1911.11 | 49.87 | 1181.95 | 30.84 | 3093.06 | 80.72 |
| 研究区域 | 14671.96 | 19.92 | 33204.69 | 45.08 | 47876.65 | 65.00 |

一般情况下，植被覆盖度达到60%以上，能够达到完全生态防护效能，水土流失和土壤风蚀等现象几乎会完全消失；而植被的覆盖度低于20%时，其防风固沙、保持水土的功能相对较低。研究区域内林草综合覆盖度≥60%的林草植被面积占比为42.17%，20%≤林草综合覆盖度<60%的林草植被面积占比为30.02%，5%≤林草综合覆盖度<20%的林草植被面积占比为27.81%，生态防护功效较低的林草植被(植被覆盖度<20%的草原)面积占到近三成左右(表8)。

**表8 研究区域及各省份林草面积及林草综合覆盖度状况** 单位：万公顷，%

| 省份 | 林草面积 | 林草综合覆盖度 | | | | | | | | | | | | | | | |
|---|---|---|---|---|---|---|---|---|---|---|---|---|---|---|---|---|---|
| | | 5%~10% | | 10%~20% | | 20%~30% | | 30%~50% | | 50%~60% | | 60%~70% | | 70%~80% | | 80%~100% | |
| | | 面积 | 比例 | 面积 | 比例 | 面积 | 比例 | 面积 | 比例 | 面积 | 比例 | 面积 | 比例 | 面积 | 比例 | 面积 | 比例 |
| 黑龙江 | 2720.39 | 1.44 | 0.05 | 0.37 | 0.01 | 1.02 | 0.04 | 18.24 | 0.67 | 36.42 | 1.34 | 44.95 | 1.65 | 126.45 | 4.65 | 2491.50 | 91.59 |
| 吉林 | 1055.33 | 0.43 | 0.04 | 0.42 | 0.04 | 2.24 | 0.21 | 50.55 | 4.79 | 73.09 | 6.93 | 109.43 | 10.37 | 45.57 | 4.32 | 773.60 | 73.30 |
| 辽宁 | 834.53 | 1.04 | 0.12 | 0.11 | 0.01 | 0.33 | 0.04 | 8.81 | 1.06 | 45.00 | 5.39 | 196.84 | 23.59 | 218.90 | 26.23 | 363.50 | 43.56 |
| 内蒙古 | 10446.13 | 1562.29 | 14.96 | 2010.33 | 19.24 | 1044.72 | 10.00 | 1825.36 | 17.47 | 955.12 | 9.14 | 693.31 | 6.64 | 632.54 | 6.06 | 1722.46 | 16.49 |
| 河北 | 820.30 | 0.06 | 0.01 | 0.03 | 0.00 | 0.86 | 0.10 | 40.98 | 5.00 | 90.68 | 11.05 | 186.71 | 22.76 | 295.64 | 36.04 | 205.34 | 25.03 |
| 山西 | 779.02 | 0.00 | 0.00 | 0.05 | 0.01 | 1.35 | 0.17 | 104.67 | 13.44 | 114.56 | 14.71 | 143.35 | 18.40 | 182.62 | 23.44 | 232.42 | 29.83 |
| 陕西 | 1404.81 | 0.01 | 0.00 | 1.39 | 0.10 | 55.40 | 3.94 | 293.21 | 20.87 | 108.91 | 7.75 | 72.85 | 5.19 | 123.77 | 8.81 | 749.27 | 53.34 |
| 甘肃 | 2305.37 | 582.00 | 25.25 | 324.38 | 14.07 | 238.35 | 10.34 | 262.57 | 11.39 | 112.88 | 4.90 | 135.34 | 5.87 | 282.25 | 12.24 | 367.60 | 15.95 |
| 宁夏 | 361.61 | 2.92 | 0.81 | 160.19 | 44.30 | 98.12 | 27.13 | 46.13 | 12.76 | 30.74 | 8.50 | 10.08 | 2.79 | 6.23 | 1.72 | 7.20 | 1.99 |
| 新疆 | 6537.71 | 1018.90 | 15.58 | 2244.78 | 34.34 | 1283.89 | 19.64 | 996.23 | 15.24 | 350.71 | 5.36 | 325.65 | 4.98 | 244.11 | 3.73 | 73.44 | 1.12 |
| 青海 | 4074.67 | 81.15 | 1.99 | 699.08 | 17.16 | 826.23 | 20.28 | 1002.15 | 24.59 | 387.80 | 9.52 | 486.96 | 11.95 | 500.28 | 12.28 | 91.02 | 2.23 |
| 西藏 | 9731.31 | 715.00 | 7.35 | 3893.86 | 40.01 | 1578.72 | 16.22 | 1220.02 | 12.54 | 529.20 | 5.44 | 584.76 | 6.01 | 462.60 | 4.75 | 747.15 | 7.68 |
| 四川 | 3712.41 | 2.07 | 0.06 | 5.27 | 0.14 | 15.95 | 0.43 | 128.84 | 3.47 | 190.91 | 5.14 | 479.14 | 12.91 | 1422.64 | 38.32 | 1467.59 | 39.53 |
| 云南 | 3093.06 | 0.54 | 0.02 | 6.23 | 0.20 | 11.21 | 0.36 | 68.96 | 2.23 | 122.47 | 3.96 | 348.26 | 11.26 | 1023.30 | 33.08 | 1512.09 | 48.89 |
| 研究区域 | 47876.65 | 3967.85 | 8.29 | 9346.49 | 19.52 | 5158.39 | 10.77 | 6066.72 | 12.67 | 3148.49 | 6.58 | 3817.63 | 7.97 | 5566.90 | 11.63 | 10804.18 | 22.57 |

一般地，某一区域具有相对较高的植被覆盖比例时，植被的生态防护能力、生态系统服务功能也相应较高，反之亦然。但是，一些省区(内蒙古、西藏和宁夏等)的林草覆盖率相对较高，但其生态防护能力和生态服务功能却与之不甚匹配；另一些省份(黑龙江、吉林和辽宁等)的生态防护能力

和生态服务功能相对较高，但林草覆盖率却相对较低。这是因为，在内蒙古、西藏和宁夏等省区，低植被覆盖度(5%≤植被覆盖率<20%)草原所占比例接近或超过一半(表8)，而这类草原的生态防护能力较为低下；黑龙江、吉林和辽宁等省区的草原，几乎全部为中高植被覆盖度(植被覆盖度≥20%)(表8)，生态防护能力相对较好。因此，林草面积和林草覆盖率，虽然可直观地反映区域林草规模及其占国土面积的比例，但在反映区域林草植被的生态防护效能方面具有明显不足。

**(二)各省份林草分布**

**1. 黑龙江省**

黑龙江省林草植被面积为2720.39万公顷，林草覆盖率为60.10%。黑龙江省林草植被分布较为广泛，但在东北平原、大兴安岭东麓、小兴安岭南麓、三江平原和完达山东麓分布较少。

黑龙江省林草植被以高林草综合覆盖度(林草综合覆盖度≥60%)为主(占比97.89%)(表8)，在黑土及其养分保持、水源涵养和生物多样性维持方面具有巨大作用，并为东北优质商品粮生产基地、珍稀濒危动植物保护、优质药食产品生产提供保障，也为东北地区和东北亚地区河流提供充足的水源供给。

**2. 吉林省**

吉林省林草植被面积为1055.33万公顷，林草覆盖率为55.25%。吉林的森林主要分布于东部，草原则主要分布于西部，中部的东北平原林草植被分布较少。

吉林省林草植被以高林草综合覆盖度(林草综合覆盖度≥60%)为主(占比87.99%)(表8)，在黑土区水土保持、区域水源涵养和生物多样性维持方面作用巨大，为东北优质商品粮生产基地、珍稀濒危动植物保护提供保障，也为松花江和牡丹江等提供充足的水源供给。

**3. 辽宁省**

辽宁省林草植被面积为834.53万公顷，林草覆盖率为57.23%。辽宁省森林主要分布于本省东部，草原则主要分布于本省西部和辽东半岛，中部的东北平原林草植被分布极少。

辽宁省林草植被以高林草综合覆盖度(林草综合覆盖度≥60%)为主(占比93.38%)(表8)，在黑土区水土保持、水源涵养和生物多样性维持方面作用巨大，为东北优质商品粮生产基地、珍稀濒危动植物保护提供保障，也为辽河和鸭绿江提供水源供给。

**4. 内蒙古自治区**

内蒙古自治区林草植被面积为10446.13万公顷，林草覆盖率为91.31%，是研究区域各省份中林草覆盖率最高的省份。内蒙古自治区森林主要分布于东部，草原主要分布于中部和西部，无林草植被分布的区域极少。

内蒙古自治区林草植被在草原风蚀防控、区域防风固沙和东部林区水源涵养等方面有较大作用，促进北方草原带生态防护和北方防沙带巩固，并为区域重要河流(呼伦贝尔河、额尔古纳河和嫩江等)提供水资源供给。然而，低林草综合覆盖度(5%≤林草综合覆盖度<20%)的林草植被占比超过1/3(表8)，其生态防护效能相对较差，导致内蒙古自治区西部大片区域生态防护不足，致使沙尘天气频发，危及西北及华北生态安全。

**5. 河北省**

河北省林草植被面积820.30万公顷，林草覆盖率43.81%。河北的森林和草原沿太行山、大马群山和燕山，在河北省北部和西部形成一条林草植被带，在华北平原分布极少。

河北省林草植被以高林草综合覆盖度(林草综合覆盖度≥60%)为主(占比83.83%)(表8)，在草原风蚀防控、区域防风固沙和水土保持、山区水源涵养等方面具有较大作用，有助于降低首都及华北平原风沙及水土流失危害，还为永定河和滦河等河流提供水源供给。

**6. 山西省**

山西省林草植被面积为779.02万公顷，林草覆盖率为49.76%。山西省林草植被主要分布于太行山和吕梁山，在汾河谷地(运城盆地、临汾盆地、太原—晋中盆地、大同盆地)、长治盆地、晋城盆地和阳泉盆地分布较少。

山西省林草植被以高林草综合覆盖度(林草综合覆盖度≥60%)为主(占比71.67%)(表8)，在黄土高原水土保持、晋北地区防风固沙、汾河和永定河水源供给等方面具有重要作用，对于促进黄河流域生态保护和高质量发展战略的实施、保障华北地区生态安全具有重要意义。

**7. 陕西省**

陕西省林草植被面积为1404.81万公顷，林草覆盖率为68.27%。陕西省的林草植被在关中盆地和汉中盆地分布较少，其余地区林草植被分布极为广泛。

陕西省林草植被以高林草综合覆盖度(林草综合覆盖度≥60%)为主(占比67.34%)(表8)，在黄土高原水土保持、毛乌素沙地防风固沙、汉江水源供给方面具有重要作用，对于促进黄河流域生态保护和高质量发展战略的实施、保障西北地区生态安全具有重要意义。

**8. 甘肃省**

甘肃省林草植被面积为2305.37万公顷，林草覆盖率为57.05%。甘肃省林草植被在陇西盆地、腾格里沙漠边缘、库姆塔格沙漠边缘分布较少，其他地区分布广泛。

甘肃省林草植被在黄土高原水土保持、祁连山水土保持与水源涵养、河西走廊防风固沙、沙漠绿洲生态防护、青藏高原草原与湿地生态防护、内陆河及黄河干流—长江支流水源供给、生物多样性维持等方面具有重要作用，对于促进北方防沙带保护与巩固、青藏高原生态屏障构建和巩固具有重要意义，也有助于黄河流域生态保护和高质量发展国家战略的深入贯彻和高效实施。然而，甘肃省低林草综合覆盖度(5%≤林草综合覆盖度<20%)的林草植被占比超过1/3(表8)，其生态防护效能相对较差，造成河西走廊地区生态防护不足，易发沙尘天气，危及本省、西北乃至华北地区的生态安全。

**9. 宁夏回族自治区**

宁夏回族自治区林草植被面积361.61万公顷，林草覆盖率69.80%。宁夏回族自治区林草植被在银川平原、中卫盆地、清水河沿线分布较少，其余地区广泛分布。

宁夏回族自治区林草植被在黄土高原水土保持、毛乌素沙地和腾格里沙漠防风固沙等方面具有重要作用，在促进黄河流域生态保护和高质量发展战略的实施、保护与巩固北方防沙带等方面意义重大。然而，宁夏回族自治区低林草综合覆盖度(5%≤林草综合覆盖度<20%)的林草植被占比超过45%(表8)，其生态防护效能相对较差，无法为其中部和北部广大区域提供必要的生态防护，极易遭受水土流失和风沙危害。

**10. 新疆维吾尔自治区**

新疆维吾尔自治区林草植被面积为6537.71万公顷，林草覆盖率为39.87%。新疆维吾尔自治区林草植被在塔里木盆地、吐哈盆地、准噶尔盆地、昆仑山及其北麓分布相对较少，其他地区分布较多。

新疆维吾尔自治区林草植被在防风固沙、保持水土和涵养水源等方面作用巨大，对于巩固青藏高原生态屏障、广大内陆河流域防风固沙、内陆河及国际河流(伊犁河、额尔吉斯河等)水源供给有着重要意义。然而，新疆维吾尔自治区低林草综合覆盖度(5%≤林草综合覆盖度<20%)的林草植被占比接近一半(表8)，其生态防护效能相对较差，无法充分发挥生态防护效能，致使全区大部易受风沙危害。

**11. 青海省**

青海省林草植被面积为4074.67万公顷，林草覆盖率为56.88%。青海省林草植被在柴达木盆地及周边、部分高海拔裸岩或常年冰雪覆盖区分布较少，其余地区分布较为广泛。

青海省林草植被在防控青藏高原土壤的水力、风力和冻融侵蚀等方面作用巨大，同时其水源涵养作用还为黄河、长江和澜沧江等大型河流提供水源供给。青海省低林草综合覆盖度(5%≤林草综合覆盖度<20%)的林草植被占比接近20%(表8)，表明省内局部地区林草覆盖区域的生态防护效能依旧较为低下，无法提供必要的土壤侵蚀防控功能。

**12. 西藏自治区**

西藏自治区林草植被面积为9731.31万公顷，林草覆盖率为80.94%。西藏自治区林草植被在除部分高海拔裸岩或常年冰雪覆盖区之外，均有广泛分布。

西藏自治区林草植被在防控青藏高原土壤水力、风力和冻融侵蚀方面作用巨大，同时也为雅鲁藏布江、怒江、澜沧江和通天河等大型河流提供水源供给，此外还为青藏高原特有动植物保育提供良好的生境。然而，西藏自治区低林草综合覆盖度(5%≤林草综合覆盖度<20%)的林草植被占比接近一半(表8)，其生态防护效能相对较差，无法充分发挥生态防护效能，致使本区西部易受冻融侵蚀和风沙运动等危害。

**13. 四川省**

四川省林草植被面积为3712.41万公顷，林草覆盖率为76.63%。四川省林草植被在四川盆地之外的广大区域分布广泛。

四川省林草植被以高林草综合覆盖度(林草综合覆盖度≥60%)为主(占比90.76%)(表8)，在防控青藏高原冻融侵蚀和山地水力土壤侵蚀方面作用巨大，同时也为长江诸多支流(金沙江、雅砻江、大渡河、岷江、沱江和嘉陵江等)提供水源供给，此外还为中国西南山地(横断山脉)特有动植物保育提供良好的生境。

**14. 云南省**

云南省林草植被面积为3093.06万公顷，林草覆盖率为80.72%。云南省林草植被在除一些城乡集中分布区、干热河谷之外，均有广泛分布。

云南省林草植被以高林草综合覆盖度(林草综合覆盖度≥60%)为主(占比93.23%)(表8)，在防控青藏高原冻融侵蚀、山地水力侵蚀和地质灾害方面作用巨大，同时也为怒江、澜沧江、元江(红河)及南盘江等河流提供水源供给，此外还为中国西南山地(横断山脉)特有动植物保育提供良好的生境。

## 八、研究区域生态防护植被覆盖状况

### (一)生态防护植被面积及生态防护植被覆盖率

截至2018年，研究区域森林面积14671.96万公顷，草原植被覆盖度≥20%的草原面积

19890.35 万公顷，生态防护林草植被面积为 34562.31 万公顷，研究区域生态防护植被覆盖率为 46.93%(表 9)。

研究区域各省份生态防护植被覆盖率存在较大差异，其中新疆最低(19.96%)，云南最高(80.54%)。高生态防护植被覆盖率(生态防护植被覆盖率≥60%)省份，包括黑龙江、内蒙古、陕西、四川和云南；中生态防护植被覆盖率(40%≤生态防护植被覆盖率<60%)省份，包括吉林、辽宁、河北、山西、青海和西藏；低生态防护植被覆盖率(生态防护植被覆盖率<40%)省份，包括甘肃、宁夏和新疆(表 9)。

**表 9 研究区域及各省区生态防护植被面积及其覆盖率状况**

| 省 份 | 土地面积 | 森 林 | | 草原(盖度≥20%) | | 生态防护植被 | |
|---|---|---|---|---|---|---|---|
| | | 面积(万公顷) | 覆盖率(%) | 面积(万公顷) | 覆盖率(%) | 面积(万公顷) | 覆盖率(%) |
| 黑龙江 | 4526.36 | 1991.48 | 44.00 | 727.10 | 16.06 | 2718.58 | 60.06 |
| 吉 林 | 1909.93 | 786.93 | 41.20 | 267.55 | 14.01 | 1054.48 | 55.21 |
| 辽 宁 | 1458.24 | 574.04 | 39.37 | 259.34 | 17.78 | 833.38 | 57.15 |
| 内蒙古 | 11439.69 | 2560.36 | 22.38 | 4313.15 | 37.70 | 6873.51 | 60.08 |
| 河 北 | 1872.61 | 504.83 | 26.96 | 315.38 | 16.84 | 820.21 | 43.80 |
| 山 西 | 1565.51 | 323.44 | 20.66 | 455.53 | 29.10 | 778.97 | 49.76 |
| 陕 西 | 2057.65 | 884.19 | 42.97 | 519.22 | 25.23 | 1403.41 | 68.20 |
| 甘 肃 | 4040.64 | 507.15 | 12.55 | 891.84 | 22.07 | 1398.99 | 34.62 |
| 宁 夏 | 518.04 | 62.76 | 12.11 | 135.74 | 26.20 | 198.50 | 38.32 |
| 新 疆 | 16399.53 | 808.73 | 4.93 | 2465.30 | 15.03 | 3274.03 | 19.96 |
| 青 海 | 7163.83 | 419.71 | 5.86 | 2874.73 | 40.13 | 3294.44 | 45.99 |
| 西 藏 | 12022.69 | 1495.92 | 12.44 | 3626.53 | 30.16 | 5122.45 | 42.61 |
| 四 川 | 4844.79 | 1841.31 | 38.01 | 1863.76 | 38.47 | 3705.07 | 76.48 |
| 云 南 | 3831.96 | 1911.11 | 49.87 | 1175.18 | 30.67 | 3086.29 | 80.54 |
| 研究区域 | 73651.47 | 14671.96 | 19.92 | 19890.35 | 27.01 | 34562.31 | 46.93 |

当植被覆盖度处于 20%~60%区间内时，随着覆盖度的增大，其保持水土、防风固沙的能力逐步提升；当植被覆盖度低于 20%时，植被对水土流失和土壤风蚀的防控能力十分低下；当植被覆盖度超过 60%时，水土流失和土壤风蚀几乎完全消失。研究区域内生态防护植被覆盖度≥60%的林草植被面积占比为 58.42%，50%≤生态防护植被覆盖度<60%的林草植被面积占比为 9.11%，20%≤生态防护植被覆盖度<50%的林草植被面积占比为 32.47%(表 10)。

尽管生态防护植被覆盖率数值略低于林草植被覆盖率，但此指标更能反映林草植被的覆盖质量，而非单纯的林草植被占国土面积的比例。对于低覆盖度草原(5%≤植被覆盖度<20%)占比较高的省份(内蒙古、甘肃、宁夏、新疆、青海和西藏)，生态防护植被与林草植被空间分布差异较大；但对于低覆盖度草原(5%≤植被覆盖度<20%)占比较低的省份(东北三省、河北、山西、陕西、四川和云南)，生态防护植被与林草植被空间分布基本一致(表 10)。

表10 研究区域及各省份林草面积及林草综合覆盖度状况 单位：万公顷，%

| 省份 | 生态防护植被面积 | 生态防护植被覆盖度 | | | | | | | | | | | |
|---|---|---|---|---|---|---|---|---|---|---|---|---|---|
| | | 20%~30% | | 30%~50% | | 50%~60% | | 60%~70% | | 70%~80% | | 80%~100% | |
| | | 面积 | 比例 | 面积 | 比例 | 面积 | 比例 | 面积 | 比例 | 面积 | 比例 | 面积 | 比例 |
| 黑龙江 | 2718.58 | 1.02 | 0.04 | 18.24 | 0.67 | 36.42 | 1.34 | 44.95 | 1.65 | 126.45 | 4.65 | 2491.50 | 91.65 |
| 吉林 | 1054.48 | 2.24 | 0.21 | 50.55 | 4.79 | 73.09 | 6.93 | 109.43 | 10.38 | 45.57 | 4.32 | 773.60 | 73.36 |
| 辽宁 | 833.38 | 0.33 | 0.04 | 8.81 | 1.06 | 45.00 | 5.40 | 196.84 | 23.62 | 218.90 | 26.27 | 363.50 | 43.62 |
| 内蒙古 | 6873.51 | 1044.72 | 15.20 | 1825.36 | 26.56 | 955.12 | 13.90 | 693.31 | 10.09 | 632.54 | 9.20 | 1722.46 | 25.06 |
| 河北 | 820.21 | 0.86 | 0.10 | 40.98 | 5.00 | 90.68 | 11.06 | 186.71 | 22.76 | 295.64 | 36.04 | 205.34 | 25.04 |
| 山西 | 778.97 | 1.35 | 0.17 | 104.67 | 13.44 | 114.56 | 14.71 | 143.35 | 18.40 | 182.62 | 23.44 | 232.42 | 29.84 |
| 陕西 | 1403.41 | 55.40 | 3.95 | 293.21 | 20.89 | 108.91 | 7.76 | 72.85 | 5.19 | 123.77 | 8.82 | 749.27 | 53.39 |
| 甘肃 | 1398.99 | 238.35 | 17.04 | 262.57 | 18.77 | 112.88 | 8.07 | 135.34 | 9.67 | 282.25 | 20.18 | 367.60 | 26.28 |
| 宁夏 | 198.50 | 98.12 | 49.43 | 46.13 | 23.24 | 30.74 | 15.49 | 10.08 | 5.08 | 6.23 | 3.14 | 7.20 | 3.63 |
| 新疆 | 3274.03 | 1283.89 | 39.21 | 996.23 | 30.43 | 350.71 | 10.71 | 325.65 | 9.95 | 244.11 | 7.46 | 73.44 | 2.24 |
| 青海 | 3294.44 | 826.23 | 25.08 | 1002.15 | 30.42 | 387.80 | 11.77 | 486.96 | 14.78 | 500.28 | 15.19 | 91.02 | 2.76 |
| 西藏 | 5122.45 | 1578.72 | 30.82 | 1220.02 | 23.82 | 529.20 | 10.33 | 584.76 | 11.42 | 462.60 | 9.03 | 747.15 | 14.59 |
| 四川 | 3705.07 | 15.95 | 0.43 | 128.84 | 3.48 | 190.91 | 5.15 | 479.14 | 12.93 | 1422.64 | 38.40 | 1467.59 | 39.61 |
| 云南 | 3086.29 | 11.21 | 0.36 | 68.96 | 2.23 | 122.47 | 3.97 | 348.26 | 11.28 | 1023.30 | 33.16 | 1512.09 | 48.99 |
| 研究区域 | 34562.31 | 5158.39 | 14.92 | 6066.72 | 17.55 | 3148.49 | 9.11 | 3817.63 | 11.05 | 5566.90 | 16.11 | 10804.18 | 31.26 |

## (二)各省份生态防护植被分布及生态防护植被覆盖度状况

### 1. 黑龙江省

黑龙江省生态防护植被面积为2718.58万公顷，生态防护植被覆盖率60.06%(表9)。黑龙江省生态防护植被，在除东北平原、三江平原和完达山东麓之外的地区广泛分布。

黑龙江省以中高植被覆盖度(草原植被覆盖度≥20%)草原为主，因此生态防护植被分布状况与其林草综合覆盖状况基本一致。黑龙江省的生态防护植被受气候变化影响较小，但可能会受到东北平原和三江平原的农业开发、油气开发等的不利影响。

### 2. 吉林省

吉林省生态防护植被面积为1054.48万公顷，生态防护植被覆盖率为55.21%(表9)。吉林省生态防护植被主要分布于东北平原东西两侧。

吉林省以中高植被覆盖度(草原植被覆盖度≥20%)草原为主，因此生态防护植被分布状况与其林草综合覆盖状况基本一致。吉林省中部的农业开发、西部(白城市、松原市)的农牧业生产，可能会对其生态防护植被分布造成不利影响。

### 3. 辽宁省

辽宁省生态防护植被面积为833.38万公顷，生态防护植被覆盖率为57.15%(表9)。辽宁省生态防护植被主要分布于东北平原东西两侧。

辽宁省以中高植被覆盖度(草原植被覆盖度≥20%)草原为主，因此生态防护植被分布状况与其林草综合覆盖状况基本一致。辽宁省生态防护植被受气候变化影响较小，但是东北平原农业开发、科尔沁草原过度放牧可能会对草原植被造成一定影响。

### 4. 内蒙古自治区

内蒙古自治区生态防护植被面积6873.51万公顷，生态防护植被覆盖率60.08%(表9)。内蒙古自治区生态防护植被，在其西北部(阿拉善盟、乌海市、巴彦淖尔市、包头市北部、乌兰察布市北部、鄂尔多斯市西北部和锡林郭勒盟西北部)分布较少，其他地区分布广泛。

内蒙古自治区有面积广大的低植被覆盖度(5%≤草原植被覆盖度<20%)草原，因此生态防护植被分布状况与其林草综合覆盖状况差异很大(表10)。内蒙古自治区西北部由于是低植被覆盖度(5%≤草原植被覆盖度<20%)草原集中分布区，因此生态防护植被分布极少，造成这些区域生态防护能力相对较差，极易成为我国沙尘天气的策源地。加之蒙古高原气候暖干化趋势明显，这些区域脆弱的生态系统处于崩溃的边缘。因此，在气候恶化背景下，调整人类活动已成为本区西北部生态安全保障的为数不多的可行方案。同时，构建内蒙古自治区西北部生态防护植被体系，对于降低蒙古国沙尘活动对我国的危害，具有重要战略意义。

**5. 河北省**

河北省生态防护植被面积为820.20万公顷，生态防护植被覆盖率为43.81%(表9)。河北省生态防护植被沿太行山、大马群山和燕山分布，在本省北部和西部形成连续的生态防护植被带。

河北省以中高植被覆盖度(草原植被覆盖度≥20%)草原为主，因此生态防护植被分布状况与其林草综合覆盖状况基本一致。河北省森林分布格局受气候影响较小，但张家口一带的草原集中分布区可能会因旅游活动和风电开发增加而发生退化，应予以格外关注。

**6. 山西省**

山西省生态防护植被面积为778.97万公顷，生态防护植被覆盖率为49.76%(表9)。山西省生态防护植被多分布于太行山和吕梁山，在汾河谷地、长治盆地、晋城盆地和阳泉盆地分布较少。

山西省以中高植被覆盖度(草原植被覆盖度≥20%)草原为主，因此生态防护植被分布状况与其林草综合覆盖状况基本一致。山西省现有生态防护植被格局受气候变化影响不大，但随着矿山生态修复、城镇化快速发展、退耕还林成效凸显，人类活动强度可能会持续降低，生态防护植被尚有一定增长潜力。

**7. 陕西省**

陕西省生态防护植被面积为1403.41万公顷，生态防护覆盖率为68.20%(表9)。陕西省生态防护植被在关中盆地和汉中盆地分布较少，其余地区分布极为广泛。

陕西省以中高植被覆盖度(草原植被覆盖度≥20%)草原为主，因此生态防护植被分布状况与其林草综合覆盖状况基本一致。陕西省北部降水有增加趋势，但其具体生态影响尚不清楚；其他区域生态防护植被格局受气候变化影响不大。陕西省北部生态防护植被易受农牧业、太阳能和风能电站开发等影响，应予以关注和重视。

**8. 甘肃省**

甘肃省生态防护植被面积为1398.99万公顷，生态防护植被覆盖率为34.62%(表9)。甘肃省生态防护植被在陇西盆地、河西走廊西部和北部，分布较少，其他地区分布较为广泛。

甘肃省有面积广大的低植被覆盖度(5%≤植被覆盖度<20%)草原，因此生态防护植被分布状况与其林草综合覆盖状况差异很大。河西走廊西部和北部是低植被覆盖度(5%≤植被覆盖度<20%)草原集中分布区，因此生态防护植被分布极少，造成这些区域生态防护能力相对较差，极易成为我国沙尘天气的策源地。

当前河西走廊气候呈现气温升高和降水变异增大态势，生态系统极易退化或崩溃；加之过于强烈的人类活动(太阳能与风能电站开发、油气开发、灌溉农业、过度放牧等)，进一步加剧了区域的生态退化，致使河西走廊西北部极易成为风沙危害的策源地和严重影响区。因此，限制河西走廊人类活动类型和强度，确保区域生态防护植被覆盖度维持在较高水平，成为关系到甘肃省生态安全格局及丝绸之路生态防护带稳固的重要工作。

**9. 宁夏回族自治区**

宁夏回族自治区生态防护植被面积为198.50万公顷，生态防护植被覆盖率为38.32%(表9)。宁夏回族自治区生态防护植被在银川平原、腾格里沙漠南缘、毛乌素沙地局部和区内黄土高原北部分布较少，在六盘山、区内黄土高原南部(固原市、中卫市海原县、吴忠市同心县南部)、区内毛乌素沙地东部(吴忠市盐池县)和贺兰山较为广泛。

宁夏回族自治区有相对较多的低植被覆盖度(5%≤草原植被覆盖度<20%)草原，因此生态防护植被分布状况与其林草综合覆盖状况差异很大。宁夏回族自治区中北部是低植被覆盖度(5%≤草原植被覆盖度<20%)草原集中分布区，因此生态防护植被分布极少，造成这些区域生态防护能力相对较差，极易成为区域性沙尘天气的策源地。

当前，宁夏回族自治区中北部气候呈现一定的暖湿化趋势，可能会促进这些区域的植被覆盖状况的提升。但是，区域降水变异性持续增强，增加的降水多发生在秋季，区域有效生态用水量是否呈现增加态势尚不明朗。同时，本区工业化进程和农业开发加速，工矿、交通和厂房等用地激增，大量垦荒种植，对本区生态防护植被体系构建带来不利影响。因此，自治区需进一步约束过度人类活动，探索生态防护性种植业经营方式，促进生态防护植被体系的保护和巩固。

**10. 新疆维吾尔自治区**

新疆维吾尔自治区生态防护植被面积为3274.03万公顷，生态防护植被覆盖率19.96%(表9)。新疆维吾尔自治区生态防护植被主要分布于天山山脉、阿尔泰山脉、塔里木盆地边缘(昆仑山南麓、天山南脉和中脉的南麓)、阿拉套山和塔尔巴哈台山周边山地、准噶尔盆地东缘等。

新疆维吾尔自治区有相对较多的低植被覆盖度(5%≤草原植被覆盖度<20%)草原，因此生态防护植被分布状况与其林草综合覆盖状况差异很大，但表现出相似空间分布格局。塔里木盆地(塔克拉玛干沙漠)、准噶尔盆地(古尔班通古特沙漠)、吐哈盆地等是新疆无植被分布的主要区域，也是低植被覆盖度(5%≤草原植被覆盖度<20%)草原的集中分布区，因此生态防护植被分布极少，造成这些区域生态防护能力相对较差。

三山夹两盆的地理格局和典型的温带大陆性气候特征，共同造就了维吾尔自治区的植被分布格局与生态环境面貌。未来气候变化背景下，本区存在降水增加趋势，其生态效应可能会被持续性的气温增加所抵消；气温增加还会造成昆仑山、天山等高山冰川过度消耗，导致内陆河流域水资源供给能力下降，极有可能会引起塔里木盆地边缘、塔里木河流域等区域的生态防护植被发生退化。因此，新疆维吾尔自治区林草植被建设和生态环境改善，要坚持以自然恢复为主，限制大规模人工植被建设(特别是灌溉造林等)，确保现有生态防护植被格局能够长期稳定并发挥应有的功能。

**11. 青海省**

青海省生态防护植被面积为3294.44万公顷，生态防护植被覆盖率45.99%(表9)。青海生态防护植被主要分布于省内东部地区，而在海西州西部、玉树州西部相对较少。

玉树州西部受高寒气候条件所限，分布有较多的低植被覆盖度(5%≤草原植被覆盖度<20%)草原，该州的生态防护植被与林草分布格局，存在一定差异；青海省其他地区的生态防护植被与林草分布格局基本一致。

青海省未来气候增温趋势较为明显，省域内河流和湖泊短期内会因冰川融雪增多而增加水量供给，但长期来看水量供给会随着冰川储水量不断消耗而逐步削减。因此，青海省生态防护植覆盖状况可能会随着区域水资源供给波动而变化，但长期来看林草植被退化风险将不断增加。由于气候变化趋势难以人为控制，所以需要限制人类活动(各类建设、放牧)的强度，降低人类干扰与气候变化的叠加效应，确保现有生态防护植被格局能够长期存在并稳定发挥作用。

**12. 西藏自治区**

西藏自治区生态防护植被面积为5122.45万公顷，生态防护植被覆盖率为42.61%(表9)。西藏自治区生态防护植被主要分布于东部地区，而在那曲北部、日喀则北部和阿里大部分布较少。

西藏自治区西部(那曲、阿里和日喀则)由于气候条件所限，分布有较多的低植被覆盖度(5%≤植被覆盖度<20%)草原，其生态防护植被与林草分布格局差异较大；东部(拉萨、山南、林芝和昌都)生态防护植被与林草分布格局近似。

西藏自治区位于青藏高原，受气候变化影响十分显著。未来，受气温增加影响，西藏的草原生态系统水量平衡关系可能会受到影响，土壤侵蚀可能会有增加趋势，草原植被覆盖度有降低趋势，导致生态防护植被面积具有潜在的减小趋势。因此，严格控制人类活动强度，降低对自然生态系统的干扰，促进本区植被自然恢复与修复，在一定程度上维持和巩固当前的生态防护植被格局。

**13. 四川省**

四川省生态防护植被面积为3705.07万公顷，生态防护覆盖率76.48%(表9)。四川省生态防护植被在四川盆地分布较少，其余地区分布极为广泛。

四川省以中高植被覆盖度(草原植被覆盖度≥20%)草原为主，因此生态防护植被分布状况与其林草综合覆盖状况基本一致。四川省位于青藏高原边缘的甘孜和阿坝未来受气温升高影响较大，可能会影响这两个地区的生态防护植被分布格局；其他区域的生态防护植被格局受气候变化影响相对较小，但要限制人类活动(放牧、旅游、矿产开发和各类建设)对林草植被的过度干扰。

**14. 云南省**

云南省生态防护植被面积为3086.29万公顷，生态防护覆盖率为80.54%(表9)。云南省的生态防护植在部分城镇(农田)集中区、干热河谷之外，均有广泛分布。

云南省以中高植被覆盖度(草原植被覆盖度≥20%)草原为主，因此生态防护植被分布状况与其林草综合覆盖状况基本一致。云南省除了处于青藏高原边缘的迪庆州之外，生态防护植被格局受气候变化影响相对较小。但随着本省旅游开发、矿产开采、道路建设和规模化种植业的快速发展，对林草植被将会产生一定影响，应予以关注。

## 九、研究结论与建议

### (一)研究结果

**1. 研究区域森林覆盖约占国土面积的20%**

通过长期实施国家重大林业工程、区域荒漠化防治与生态修复，2018年研究区域森林面积达到14671.96万公顷，森林覆盖率为19.92%，仅低于全国森林覆盖率约3个百分点。同时，研究区域作为我国人工造林和森林生态恢复的重点区域，未来森林覆盖率尚有一定增长空间。

研究区域地域广大、自然条件各异，各省份森林覆盖率和林木覆盖度状况与森林类型、自然条件等关系密切。研究区域内，森林覆盖率≥30%的省份，包括云南、黑龙江、陕西、吉林、辽宁和四川，20%≤森林覆盖率<30%的省份，包括河北、内蒙古和山西，森林覆盖率<20%的省份，包括甘肃、西藏、宁夏、青海和新疆。研究区域内林木覆盖度≥60%的森林面积占比为 79.94%，50%≤林木覆盖度<60%的森林面积占比 9.11%，20%≤林木覆盖度<50%的森林面积占比 10.95%。

**2. 研究区域草原覆盖占国土面积的 45%**

随着国家退耕还草工程、草原生态修复工程和草原生态保护补助奖励政策的实施，研究区域草原面积和质量在不同程度上有所改善。2018 年研究区域草原面积为 33204.69 万公顷，草原覆盖率为 45.08%，高于全国草原覆盖率近 4 个百分点。

研究区域各省份间气候、土壤及草地利用方式等差异很大，造成草原覆盖率和草原植被覆盖度差异较大。研究区域内，草原覆盖率≥40%的省份，包括内蒙古、西藏、宁夏、青海和甘肃，20%≤草原覆盖率<40%的省份，包括四川、新疆、云南、山西和陕西，草原覆盖率<20%的省份，包括辽宁、河北、黑龙江和吉林。研究区域内草原植被覆盖度≥60%的草原面积占比为 23.26%，20%≤草原植被覆盖度<60%的草原面积占比为 36.64%，5%≤草原植被覆盖度<20%的草原面积占比为 40.10%，生态防护功效较低的低覆盖度草原面积占四成左右。

**3. 研究区域林草覆盖占国土面积的 65%**

2018 年研究区域森林面积为 14671.96 万公顷，草原面积为 33204.69 万公顷，林草面积为 47876.65 万公顷，林草覆盖率为 65.00%。结果表明，研究区域超过六成的国土，受到林草植被的覆盖和庇护。甘肃、宁夏、新疆、青海、西藏、内蒙古和山西的林草植被以草原为主，黑龙江、吉林、辽宁、河北、陕西和云南的林草植被以森林为主，四川的森林和草原面积相当。

研究区域各省份林草覆盖率差异较大，其中新疆最低(39.87%)，内蒙古最高(91.31%)；林草覆盖率≥70%的省份，包括内蒙古、西藏、四川和云南，50%≤林草覆盖率<70%的省份，包括黑龙江、吉林、辽宁、陕西、甘肃、宁夏和青海，林草覆盖率<50%的省份，包括河北、山西和新疆。研究区域内林草综合覆盖度≥60%的林草植被面积占比为 42.17%，20%≤林草综合覆盖度<60%的林草植被面积占比为 30.02%，5%≤林草综合覆盖度<20%的林草植被面积占比为 27.81%，生态防护功效较低的林草植被(草原)面积占约三成左右。

**4. 研究区域生态防护植被覆盖占国土面积的近 47%**

2018 年研究区域森林面积为 14671.96 万公顷，草原植被覆盖度≥20%的草原面积为 19890.35 万公顷，生态防护林草植被面积为 34562.31 万公顷，生态防护植被覆盖率为 46.93%。结果表明，研究区域接近一半的国土，处于林草植被良好的生态防护之下。

研究区域各省份生态防护植被覆盖率存在较大差异，其中新疆最低(19.96%)，云南最高(80.54%)。生态防护植被覆盖率≥60%的省份，包括黑龙江、内蒙古、陕西、四川和云南；40%≤生态防护植被覆盖率<60%的省份，包括吉林、辽宁、河北、山西、青海和西藏；生态防护植被覆盖率<40%的省份，包括甘肃、宁夏和新疆。研究区域内生态防护植被覆盖度≥60%的林草植被面积占比为 58.42%，50%≤生态防护植被覆盖度<60%的林草植被面积占比为 9.11%，20%≤生态防护植被覆盖度<50%的林草植被面积占比为 32.47%。

**(二)研究建议**

**1. 森林和草原覆盖度指标体系有待进一步完善**

除采用森林覆盖率反映森林覆盖状况之外，可尝试采用类似草原综合植被覆盖度测算方式，通过地面实测和遥感估算相结合的手段，构建森林综合植被覆盖度作为补充指标，进而更加全面反映特定区域的森林的相对规模、林木浓密程度和覆盖度状况等。除采用草原综合植被覆盖度反映草原覆盖状况之外，可尝试采用类似森林覆盖率测算方式，通过地面实测和遥感估算相结合的手段，构建草原覆盖率作为补充指标，以更加全面反映反映特定区域的草原相对规模、草原植被浓密程度和覆盖状况等。

**2. 提出林草综合覆盖指标，促进林草同步管理和融合发展**

推进林草融合发展，要加快建立林草植被综合覆盖率指标。当前，林草资源现已实现共管，但森林资源和草原资源将独立确权，即特定土地仅能获得林权证或草原证，而不可同时被认定为森林和草原，今后开展林草覆盖状况监测评价，一定是在森林覆盖状况、草原覆盖状况的测算基础上进行综合计算即可。建议借鉴使用林草覆盖率作为林草融合植被综合植被覆盖考评指标，同时可尝试采用生态防护植被覆盖率，作为反映林草生态防护绩效的植被综合覆盖指标。今后，可在我国草原集中分布省份(特别是西北省份、内蒙古)试点实施林草综合覆盖状况相关指标(如生态防护植被覆盖率)，为促进林草资源同步监测、协同管理和融合发展创造条件。

**3. 生态防护植被覆盖率能够更好反映省域生态状况**

由于低草原植被覆盖度(5%≤草原植被覆盖度<20%)草原的生态防护能力较差，因此不将其纳入生态防护植被数量的统计范畴。一些省份低草原植被覆盖度(5%≤草原植被覆盖度<20%)草原占比相对降低，林草覆盖状况与生态防护植被覆盖状况相近，因此可以采用林草植被分布与覆盖状况，反映区域植被生态防护状况。但是，另外一些位于干旱半干旱区的省份，由于低草原植被覆盖度(5%≤草原植被覆盖度<20%)草原占比相对较高，出现生态防护植被覆盖状况与林草植被覆盖状况存在较大差异的现象。因此，为更加准确地反映省域植被生态防护状况，建议统一采用生态防护植被覆盖率这一林草综合覆盖指标。

**4. 采用遥感手段同步监测林草覆盖状况具有可行性**

目前，我国林草覆盖状况监测，采用遥感监测与实地调查相结合的手段。但是由于我国国土面积巨大，区域自然条件差异巨大，开展高度协同的林草覆盖状况监测存在诸多困难。随着国土三调工作的开展，我国土地利用状况信息已全部了解清楚，在此基础上开展遥感监测与土地利用信息的融合分析，有助于快速、高效、精准地了解省域或国家尺度上的林草覆盖状况，还有助于规避实地调查精度不高、数据无法有效复核等问题。

**5. 林草建设应以林草覆盖提质为主、增量为辅**

目前，我国林草建设的基本思路依然是增加森林面积、提高草原植被覆盖度，缺失了提高森林质量、增加草原面积等重要指标。由于造林土地缺乏、生态用水不足、造林成本持续增加、造林生态和经济成效不高等现实问题，使得我国人工造林的困难将越来越大，因此今后采用自然修复等方式促进森林植被繁衍和森林面积增加，将是林业建设的重要途径。与此同时，通过人工干预等手段，不断提升森林覆盖质量，也将是未来林业建设的重要工作。对于草原建设而言，由于当前的考核指标为草原植被综合覆盖度，因此更加重视对草原植被覆盖状况，而缺乏对草原面积的长期监测与管理工作。因此，今后在通过多种手段促进草原植被综合覆盖度稳定增加的同时，定期监测区域草原面积，促进草原面积的适度增加，将是林草覆盖和生态防护植被覆盖稳定增加的关键。

**6. 建议以十年为周期开展林草覆盖状况同步调查**

林草植被是区域和国家生态安全格局的核心组成，仅对森林资源和覆盖状况开展定期监测，无法完整地勾勒当前区域和国家生态安全格局状况。因此，建议开展林草资源和覆盖状况的同步调查，为林草融合发展提供契机。由于开展森林和草原同步监测，工作量大、成本高，建议以十年为周期开展此项工作，为区域及国家生态安全状况评估与预测提供科学依据和数据支持。

**7. 实现国土“三调”与林草资源调查成果的深度融合**

积极促进国土“三调”与森林资源管理“一张图”和草原资源调查结果的深度融合，实现国土—林草“一张图”管理，为林草资源管护和发展创造基础条件。同时，要积极应对国土“三调”和林草资源融合带来的林地和草地面积变动问题（特别是林地面积减少），做好宜林地和草原/草地的权衡，为今后实现林草高效共管打好基础。

**8. 积极落实科学绿化指导意见，实现林草高效建设**

研究区域十四省份应严格落实国务院办公厅印发的《关于科学绿化的指导意见》，要坚持保护优先、自然恢复为主，规划引领、顶层谋划，因地制宜、适地适绿，节约优先、量力而行，在森林草原建设、经营和管理过程中，要尊重自然、顺应自然、保护自然，统筹山水林田湖草沙系统治理，走科学、生态、节俭的绿化发展之路。此外，还要在合理安排土地、合理利用水资源、优先采用乡土植物材料、科学推进重点区域植被恢复、巩固已有成果及创新监测评价等方面做出更大的努力。

调 研 单 位：北京林业大学
课题组成员：张宇清、秦树高、赵媛媛

国家公园体制研究

# 国家公园财政保障与融资机制创新研究

**摘要：**完善的资金机制在国家公园运营管理中发挥至关重要的作用。本报告首先梳理了市场主导型和公共财政主导型两类国家公园资金来源与融资机制特点，总结了世界上主要国家在国家公园法律法规、财政投入、资金来源渠道与市场化融资机制上的成熟经验，旨在对完善中国国家公园的资金模式提供参考。其次，深入分析我国自然保护地与国家公园体制建设试点阶段的资金构成情况，梳理我国国家公园资金来源的总体情况与融资模式，据此探讨在资金来源渠道、财政保障、权责关系、市场化融资机制等方面存在的问题，最后从财政保障机制、融资支持体系、金融工具创新和市场化融资模式构建、以及国家公园市场运营能力、公众参与机制和协作发展机制等方面，提出构建国家公园资金保障机制与融资体系，以及相关配套政策建议。

1872年，美国黄石国家公园正式成立，标志着世界上第一个国家公园的诞生。从那时起，国家公园的概念逐步扩展到世界大多数国家和地区。根据世界自然保护联盟(IUCN)的定义，国家公园是大面积的自然或接近自然的区域，设立的目的是为了保护大规模(大尺度)的生态过程，以及相关的物种和生态系统特性。这些保护区提供了环境和文化兼容的精神享受、科研、教育、娱乐和参观机会。为更好地实现国家所有、全民共享、世代传承的目标，创新运营机制，强化监督管理，2013年《中共中央关于全面深化改革若干重大问题的决定》中明确提出建立中国国家公园体制。2017年9月，中共中央办公厅、国务院办公厅印发的《建立国家公园体制总体方案》指出，国家公园是“由国家批准设立并主导管理，边界清晰，以保护具有国家代表性的大面积自然生态系统为主要目的，实现自然资源科学保护和合理利用的特定陆地或海洋区域”，要求树立“生态保护第一”以及“国家代表性”和“全民公益性”的国家公园理念，而充足合理的财政资金保障机制则是国家公园运营和发展的重要前提。通过深入探索建立适合我国国情的国家公园财政保障与融资机制，协调国家公园各方利益，可使国家公园管理体制运行顺畅，是推动我国国家公园可持续发展的基础。研究旨在通过分析比较国外代表性国家公园资金来源与融资机制运作的经验与特点，同时结合我国国家公园现有资金来源与融资模式，分析其在资金保障方面存在的问题，构建有效的财政保障与融资机制，为我国国家公园建设与运营提供稳定、可持续的资金保障。

## 一、国家公园资金保障机制国际经验借鉴

纵览国家公园资金保障机制的国际情况，各国国家公园管理体制各异，建立了不同的资金保障

机制，也据此形成了各具特色的资金来源渠道。一般认为，世界各国国家公园资金保障机制分为市场主导型和公共财政主导型两类，根据我国国家公园的实际发展情况，本章主要分析公共财政主导型国家公园，并对市场主导型国家公园进行简要的分析。公共财政主导型模式是指以政府财政资金为国家公园主要资金来源的资金投入模式，本报告将此类国家公园资金来源分为国家财政投入、市场化经营收入和社会捐赠三类，选取在国家公园资金保障机制方面比较有代表性的美国、德国、澳大利亚和日本分析资金来源构成及融资机制的主要特点。

**（一）美国国家公园资金来源与融资机制**

**1. 资金来源及构成情况**

自 1872 年建立世界上第一个国家公园以来，美国形成了典型的中央集权型国家公园管理体制，联邦政府内政部下属的国家公园管理局（National Park Service，NPS）主导管理工作，在由国会制定的法律政策的框架下，施行对国家公园的实际管理工作，其他机构或个人的参与都必须获得国家公园管理局的许可。

（1）财政投入。联邦财政拨款是美国国家公园最主要的资金来源渠道，约占总体来源的 70%左右（图 1）。美国国家公园财政拨款由国家公园管理局负责管理，而国家公园管理局则是美国内政部的组成机构之一。国家公园管理局将每个财年所完成的预算草案提交于内政部预算之中，随后交由国会审议以实现最终的财政拨款。政府拨款主要用于国家公园管理、建设、修缮、保护、土地征用、全职员工工资补助等方面。除直接拨付到国家公园管理局预算账户的款项，美国运输部的公路信托基金也为国家公园管理局的道路、桥梁、游客运转系统提供每年超过 1 亿美元拨款。

（2）经营性收入。美国国家公园的经营性收入主要包括门票收入与特许经营收入。其中门票定价极低以体现公益性，在美国 58 个国家公园中，有 24 个实行免票。而特许经营收入是从与国家公园合作的特许经营者处获得，在签订特许经营合同时，规定特许经营者按照其特许经营收入比例向国家公园管理局缴纳特许经营费。1973 年美国爆发经济危机以后，联邦政府对国家公园的年度预算远低于国家公园的资金需求，于是联邦政府采取一系列措施扩大了以特许经营为主的资金来源。目前特许经营权转让收入占国家公园总经费的 20%。此外，有关国家公园的生态服务购买也开始萌芽，森林持有人可通过碳汇交易项目获取一定收入，例如纽约市向其上游 Catskill 河流域购买生态服务等。

（3）社会捐赠。美国国家公园基金会的主要任务是对国家公园管理局进行全方面支持，是国家公园社会捐赠的最主要来源渠道。其资金来源主要包括捐赠、物品捐赠、服务捐赠、政府补助与支持、其他收入等，其中钱物捐赠占比最大。除进行自身运营外，基金会主要通过寻求捐助、组织志愿服务等方式全面支持国家公园建设运营工作。非政府组织是社会捐赠资金的另一项重要来源，例

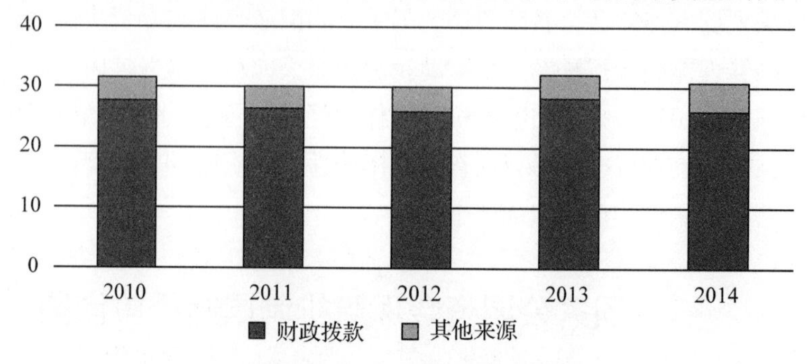


**图 1 美国国家公园资金来源整体情况**

如环境保护基金协会(Environmental Defense)、野生动物基金会(Wildlife Fund)、黄石基金会(Yellowstone Park Foundation)等，从社会各界吸收资金和志愿者提供给国家公园管理局，还能够唤醒和提高美国社会公众对国家公园的关注。

**2. 融资机制的主要特点**

(1)形成以财政拨款为主的多元融资模式。国家公园运营经费是美国联邦政府的财政经常性预算项目。在每个财年的预算草案中，联邦财政拨款通常约占国家公园管理局资金的70%，并以立法的形式保证美国国家公园在联邦经常性财政支出中的地位，以确保国家公园可以获得较为充足的预算资金。此外，国家公园管理局的主要资金来源还包括由私人捐赠建立的信托基金、休闲娱乐费收入、特许经营费、转移支付(包括美国农业部、交通部、内政部司局接收的转移支付)、法案专项资金等。

(2)完善的法律法规保障了资金来源稳定性。美国国家公园预算草案编制以及具体费用列支均需要遵循美国和国家公园管理局的基本法律，例如《美国联邦预算法》《美国国家公园法》等，同时相应科目设置须遵循《国家历史保护法案》《国家环境政策法案》《联邦土地休闲娱乐法案》《国家公园百年服务法案》《墨西哥湾能源安全法》《Helium 法案》等法律法规的规定。通过法规与条文的限制，可以保障美国国家公园以财政拨款为主、资金来源渠道多元的基本结构，并使得各项资金可以实现合理地使用。

(3)通过国家公园基金会整合社会资金。国家公园品牌在美国具有良好的知名度，对环保公益事业支持的概念在社会中传播广泛，因此美国国家公园的社会捐赠资金来源较为丰富，并具有较大的潜力。通过国家公园基金会整合社会零散资源，弥补联邦政府财政拨款的不足，已经成为美国国家公园一项较为成熟的机制。企业、科研机构、非政府组织等私人机构或个人主要通过国家公园基金会与国家公园管理局进行合作，为国家公园的管理活动提供资金、技术和人力的支持。这些主体一般是通过资金投入换取在园区内销售产品、宣传广告乃至从事特许经营活动的机会，进而形成稳定的合作伙伴关系。

**(二)德国国家公园资金来源与融资机制**

德国国家公园管理体系为地方自治型管理模式，国家公园一般归地区或州政府管理。自然保护工作的具体开展和执行、公园建立、管理机构设置、管理目标制定等事务都由地区或州政府决定，由于联邦政府不拥有土地，因此其作用仅限于制定相关宏观政策、框架性规定和法规，也决定了德国国家公园资金来源以地方为主的特点。

**1. 资金来源及构成情况**

(1)财政投入。德国为联邦共和制国家，国家公园为属地管理，即州政府直接管理，作为欧洲最大且最具影响力的经济体，联邦和各州政府具有强大的经济实力，为国家公园保护管理提供资金保障(图2)。自1970年建立第一个国家公园以来，基于国家公园公益性考虑，德国所有州的国家公园均不收门票，采取收支两条线，保护管理费用由州政府承担，工作人员工资及办公费用纳入州政府财政预算，跨州界国家公园预算则由相关各州签订条约，协定预算分担。国家公园年度预算一般占各州预算比重的0.015%左右。从2013年起，德国联邦政府还每年额外拿出5亿欧元用于生物多样性和自然保护，为国家公园建设和发展提供强有力的资金保障。

(2)经营性收入。德国部分国家公园游客中心等部门由非政府组织进行管理，并向游客收取门票等费用，以维持这些部门的运转，而国家就不对这些部门进行补贴，起到节支的作用。另一方

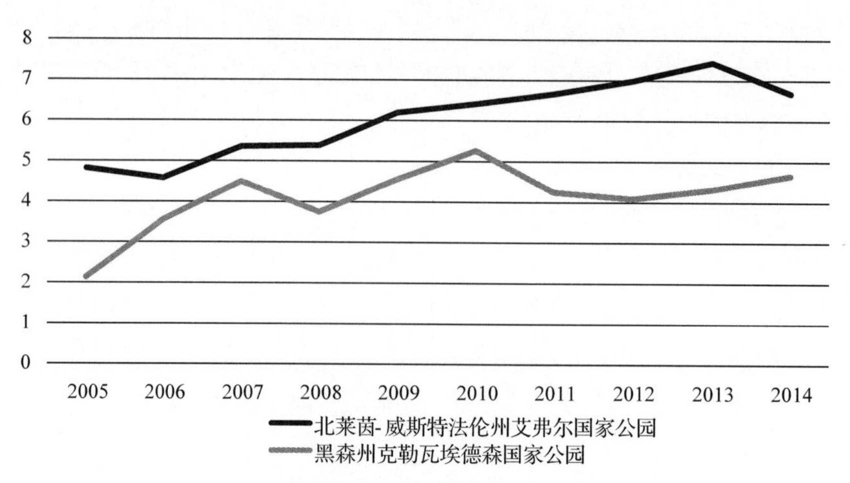


**图 2　德国部分国家公园年度预算情况**

面，国家公园发展与管理部与当地餐馆、木材加工企业合作，出售狩猎所获猎物和采伐所获木材，以获取部分资金。此外，该部门还与部分企业合作，授权其使用国家公园字样，用于商品商标，并收取相应的字样使用权。通过受赠和利用资源所获资金主要用于国家公园开展公众教育活动。

(3)社会捐赠。除州政府资金投入外，社会捐赠也是德国国家公园资金来源的重要组成。社会公众捐助的小额资金可通过护林员直接转交或邮寄等方式赠予国家公园，捐助的大额资金则需通过各种协会转赠国家公园，一般是国家公园以具体项目为依托，寻求接受社会公众捐赠的协会给予资金资助。

**2. 融资机制的主要特点**

(1)资金来源以地方财政拨款为主。德国国家公园实行的是典型的地方自治型管理模式，与之对应，州政府财政拨款是其最主要资金来源，国家公园年度预算纳入州财政预算，统一拨付给公园管理处，地方政府在承担国家公园主要事权的同时，也承担了对应的支出责任。此外，由于保护管理费用主要由州政府承担，也有一些保护专家认为保护费用不足。当涉及大尺度的保护项目、科研项目和先锋实验项目时，则由德国环保部及其下属联邦自然保护局提供资金支持。

(2)与社会机构的合作关系多样化。德国国家公园通过多种方式与社会机构、社会资本进行合作，以补充国家公园的资金来源。一是通过国家公园协会(Förderverein Nationalpark)通过保护、教育、可持续发展促进、合作关系促进等方式协助国家公园工作，社会则可对协会捐款或提交会费成为协会会员。二是通过合作伙伴关系(Nationalpark-Partner)获取资金，个人与机构经过相关培训后可与国家公园建立合作伙伴关系，支付一定费用后可在园内有限度地开展导游、贩卖等商业活动。三是与社会资本建立赞助(Sponsoren)关系，国家公园通过提供实习岗位、产品使用、产品独家售卖的方式获取赞助资金。此外，国家公园与大量环保协会、旅游协会建立了合作关系。

(3)具有较强的地区带动作用。德国国家公园虽不以经济发展为目标，但其具有较强的经济价值也是公认的事实。德国国家公园游客接待量每年约为 5100 万人次，创造经济价值 21 亿欧元，相当于提供了 6.9 万个全职工作岗位，其中约 1000 万人是专程来到国家公园的，这些游客直接消费达 4.3 亿欧元。因此，国家公园通常被视为所在州农村地区的经济引擎，州政府财政支持国家公园的投资回报率可达 2~6 倍。

**(三)澳大利亚国家公园资金来源与融资机制**

澳大利亚国家公园属于中央直接管理与地方自治结合的管理类型。国家公园的主要任务是保护好公园内的动植物资源和环境资源，开展科研工作，实施联邦政府制定的各项保护发展计划，因此所需经费均由联邦政府和州政府专款提供。从管理方式上可分为两类：一是联合管理的国家公园，基于土著民和国家公园的租约关系，由国家公园局局长和传统所有者代表共同组成公园管理委员会，共同负责管理国家公园，二是国家公园局直接管辖的其他公园和海洋保护地。

**1. 资金来源及构成情况**

澳大利亚国家公园和野生生物管理局，负责全国有关自然保护方面的管理和国际交往活动，以及向各州提供必要的资金、资料和协调指导自然保护方面的科研工作。澳大利亚联邦政府仅管理全国小部分的国家公园，包括6个国家公园和13个海洋公园，其他国家公园均由各州和领地政府管理。

澳大利亚国家公园的资金来源主要是由联邦政府专项拨款和各地动植物保护组织的募捐构成，在资金管理上实行收支两条线政策。收入来源主要包括财政拨款、门票收入和基金捐款(图3)，其中财政资金约占总收入的50%，主要由环境与能源部向国家公园提供，每年国家投入大量资金建设国家公园，国家公园范围内的一切设施，包括道路、野营地、游步道和游客中心等均由政府投资建设。同时在3年一度的资产评估中，公园和保护地的土地、建筑和基础设施等价值变化将纳入公园收支之中。此外，财政拨款也会根据国家公园运营情况进行灵活调整，如政府曾向澳大利亚国家公园局拨付2430万澳元的额外业务资金，用以支持扩大海洋保护区的管理安排，包括投资监测技术等。

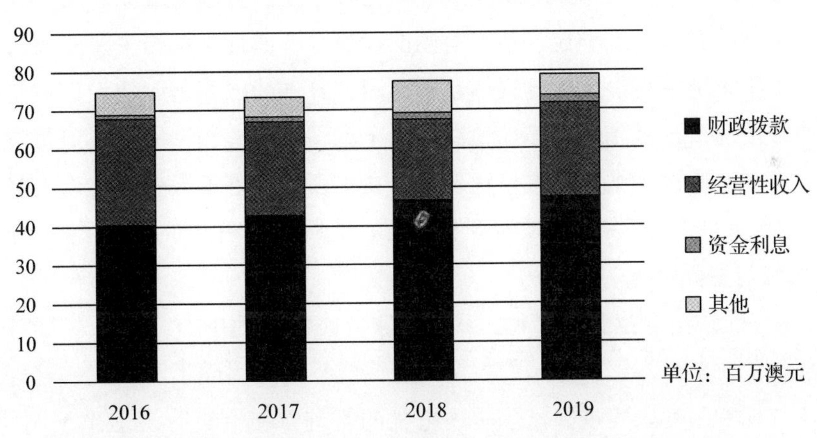


资料来源：Director of National Parks Annual Report 2016 — 2017, 2018—2019

**图3 澳大利亚国家公园资金来源情况**

**2. 融资机制的主要特点**

(1)经营性收入占比较高。澳大利亚国家公园约一半的运营资金来自财政拨款，在众多采用政府主导型国家公园管理模式的国家中处于较低水平，经营性收入占比较高，能够常年稳定在35%左右。但由于国家公园的建设不为盈利，其主要任务是保护公园内的动植物资源、保护环境、开展科学研究等，因此国家公园根据联邦政府制定的各项保护和发展规划开展活动，门票等收入也不用于职工的薪酬，而是上缴财政，由专门机构负责。

(2)关注当地与周边社区利益。澳大利亚国家公园特许经营期限较短，一般不超过12个月，从而确保特许经营者可以受到国家公园管理机构的严格管理。澳大利亚国家公园特许经营准入很严格，需要经营许可证。同时，国家公园注重与当地土著民的关系，逐年增加土著居民和传统业主签订特许经营协议的数量，主要涉及偏远地区的工作。其探索的与原住民共管模式也减轻了国家公园局的管理和财政负担，同时促进了国家公园与当地社区的协同融合发展。

**（四）日本国家公园资金来源与融资机制**

日本的自然公园体系中包括国立公园、国定公园和自然公园三类，其中国立公园被认定为严格意义上的国家公园，而国定公园属于准国家公园。由于日本私人所有土地面积较大，导致没有得到土地所有权的情况下认定国家公园的特殊现象，从而保留了公园的多种土地所有制。因此，日本国家公园由环境厅与都道府县政府、市政府以及国家公园内各类土地所有者密切合作进行管理，因此其国家公园管理体系可归属于中央直接管理与地方自治结合型。国立公园由国家环境厅直接管理，环境省按地区设立相应的环境事务所，负责对辖区内的国立公园进行管理，国定公园、都道府县立自然公园由都道府县进行管理。

**1. 资金来源及构成情况**

（1）财政投入。国家公园管理资金主要来源于国家拨款和地方政府的筹款，日本禁止管理部门对国家公园制订经济创收计划，因此，国家公园中除部分世界文化遗产和历史文化古迹等景点实行收费制以外，其余皆不收门票。公园内的公共设施如风景点、露营点、游客中心等由国家环境省提供，或由国家环境省与地方采用 1∶2 或 1∶3 的比例提供。园区维护工作主要由政府组织地方政府、特许承租人、当地群众来承担，其经费则由国家环境省、都道府县政府与地方企业均分承担。

（2）其他资金来源。日本国家公园的其他资金来源包括自筹、贷款、引资等，比如自然公园内商业经营者上缴的管理费或利税，地方财团的投资等。而社会捐赠主要是通过基金会形式向社会募集资金。由于土地所有形式和分区体系的原因，日本的国家公园建设往往是由政府与私人合作进行的。通常情况下，基础性工作如道路、停车场、野营地和厕所由政府负责建设，而能够收费的设施如客房和交通设施则由私人投资建设，在很多情况下私人投资建设不受政府控制，政府也计划设立公园“特别保护区”等区域避开私人所有地域，另一方面加强对私有土地的收购。

**2. 融资机制与主要特点**

（1）通过完备的法律规范资金管理。日本国家公园的土地国有率较低，且对于国有土地也分属于不同的部门，使得日本国家公园的权属问题比较复杂，因此不利于统一管理。日本据此制定了详尽的法律与规章制度来实现国家公园规范化的管理，在资金管理上也不例外。例如《自然公园法》规定，日本自然公园管理所需资金，实行“执行者负担”原则。其中，国立公园的执行者为环境省，国定公园的执行者为地方政府。中央财政除对官方的国立公园管理机构提供日常管理执行费用之外，也对民间的协作工作提供了一定的经费支持。《国立公园法》修订还确立了“受益者负担”原则，如果地方在参与公园开发中获益，则地方需根据获益程度负担相应费用。

（2）与社会资本建立密切合作关系。受土地所有制影响，日本国家公园从建设到运营管理，中央政府、地方政府、私人之间都有较为密切的合作关系，除参与建设活动外，从 20 世纪 70 年代起，社会资本逐步加大了自然公园公益支持力度和广度，如公益信托基金与多种民间财团基金。多数社会协作组织均自筹经费，大型组织可以通过吸收企业、财团法人作为成员，收取会费进行公益活动。

**（五）主要经验与启示**

**1. 法律法规体系比较完善，财政保障机制较为健全**

在世界各国，国家公园建设与发展大多通过制定完善的法律法规，保障其稳定而多样化的资金来源，并规范资金的使用。许多国家在环境保护方面具有坚实的法律基础，国家公园也是依据法律公布而成立并依法进行管理，一些国家在中央与地方多个层级进行立法，并且实行一园一法。通过完善的法律法规，经济较为发达的国家普遍确立了国家公园资金来源主要由政府负担的原则，并将执行者负担原则、确立国家公园为公共物品等纳入法律条文，形成了较为完善的财政保障机制。此外，各国也对国家公园准入费、特许经营等其他资金来源渠道进行了详尽地规定。在确保有效地保护和保存公园资源和价值，且必须遵循严格控制的条件下，允许在公共自然保护地当中从事商业性行为，并规定绝大部分重新投入自然保护建设当中，用以完善保护地的设施，提高管护水平。

**2. 强调国家公园公益属性，以各级政府投入为主**

国际上通常把国家公园作为公益性事业，对于采用公共财政主导型资金模式的国家公园，国家与政府财政拨款通常可以达到总运行经费的70%以上，并在大尺度保护项目和科研项目上提供额外的资金资助。能够对经营性收入进行严格限制，且不允许国家公园管理部门下达经济创收指标。国家公园的管理权与经营权分离，且特许经营等活动受到国家公园管理部门的严格监督。各国还对国家公园财务状况进行公开，确保各类资金公开透明。使国家公园的工作重点回归到保护、宣教与游憩的公益性上，消除国家公园创收冲动。此外，国家公园范围内的所有基础设施建设主要由政府投资建设，管理人员为国家公务员或参照国家公务人员管理，管理资金由政府预算提供。通过从整体到局部、从收入到支出的严格把控，贯彻了把生态环保和可持续发展理念放在首要位置的理念。

**3. 资金来源结构不断优化，形成多元化资金渠道**

主要依靠财政支出来支持国家公园的运营，会给国家财政造成较大压力，大部分国家公园正朝着资金来源多元化方向发展(表1)。对于国家公园机制发展成熟的国家，其国家公园资金来源经过多年的发展完善，基本形成了包括财政拨款、经营性收益、社会捐赠三类的多元资金来源渠道。其中，财政拨款是国家公园资金来源的主体。设立国家公园的国家主要由中央或地方财政为国家公园的保护及管理事业提供资金支撑。各国基于国家公园的不同管理模式，根据事权与财权相统一的原则，由中央或地方财政为国家公园提供经费。经营性收入方面，许多国家公园通过交易、收费的方式提供相应价值和服务，从而获得收益，但公益性是国家公园的第一属性，市场运营程度有限，仅起到补贴作用。社会捐赠来源广泛，方式灵活，对国家公园资金来源发挥了重要补充作用。主要包括个人或机构的直接捐赠、以环保组织和基金会为主的组织捐赠和活动募捐等方式。

**表1 国家公园资金来源情况对比**

| 序 号 | 国 家 | 管理体系 | 资金来源 | 主要特点 |
|---|---|---|---|---|
| 1 | 美 国 | 自上而下型 | 联邦政府拨款、门票及其他收入、社会捐赠、特许经营收入 | 以联邦财政拨款为主 |
| 2 | 德 国 | 地方自治型 | 州政府财政拨款、社会公众捐助、公园有形无形资源利用所带来的收入 | 以州政府财政拨款为主 |
| 3 | 澳大利亚 | 自上而下型 | 联邦政府专项拨款、各地动植物保护组织的募捐 | 以联邦政府专项拨款为主 |
| 4 | 日 本 | 自上而下与地方自治结合型 | 财政拨款、自筹、贷款、引资等，公园内商业经营者上缴的管理费或利税，社会募集的资金、地方财团的投资等 | 以财政拨款为主 |

**4. 市场化机制逐渐成熟，建立了多样化融资模式**

国外国家公园主要依靠国家财政支出运营，现时也在不断拓展其他渠道。一是采取多样的方式引进社会资本。例如通过建立基金会等专门机构等方式深挖社会资本，通过创新与社会资本的合作方式开阔资金来源渠道，引导社会资本投向园内环保、基础设施建设等。二是涉足生态服务交易等新领域。将生态作为一种可交易的特殊商品，在需求与提供方之间按一定方式进行买卖。通过市场交易、生态产品认证计划等模式补充国家公园收入。随着全球经济发展，此类交易具有良好的未来前景。三是其他创新途径，如发行国家公园彩票、国际间项目合作等。

在经济相对落后、财政能力相对较弱的国家，用于生态环境保护的资金常常无法得到保障，为了弥补严重的资金缺口，这些国家公园则在自给自足的商业经营收益模式方面取得了较为丰富的经验。其筹集资金的渠道包括门票等准入费、开展娱乐项目和特色服务、住宿交通等附加消费等，此类国家公园善于利用其独特的自然资源优势，例如自然景观、动植物种群等，管理机构借此提高园内的消费水平以增加国家公园收入。这些收入用于公园维护和野生动物保护，其余的上缴政府或者补偿给当地原住居民。一些国家还将此类收入纳入国家公园基金，统一补偿给其他国家公园。

## 二、我国国家公园资金来源与融资模式分析

我国国家公园试点方案实施以来，各国家公园试点基本解决了原自然保护地体系中管理职能交叉、多头管理现象严重的情况。建立了统一的国家公园管理机构，形成了中央直接管理、省级政府直接管理的统一管理模式，国家公园的资金来源主要以财政拨款为主，以门票收入、社会捐赠等其他收入为辅。

### （一）我国国家公园管理模式与运行机制

从我国国家公园体制建设情况来看，各个国家公园已将原有自然保护区、国家级风景名胜区等保护地体系进行整合，统一行使原各类保护地的管理事权。并依据现行中央政府直接行使事权的垂直管理模式、中央和地方共同行使事权的共同管理模式、中央委托省级政府行使事权的代管模式三种管理模式分类，探索建立不同资金保障机制（表2）。

**1. 中央政府垂直管理模式**

在中央政府垂直管理模式之下，依据事权与财权相统一的原则，明确国家公园为中央财政事权，中央政府承担法律责任并实施监督，国家公园管理机构的运行费用由中央财政负担，纳入中央财政预算，保障国家公园内生态保护与修复工程、生态保护设施的建设、科研投入以及人才的引进和培养。

**2. 中央和地方共同管理模式**

在中央与地方共同管理的模式之下，实际存在着中央直管委托省级政府管理，和中央直管委托省级政府进行跨行政区管理两种模式。在此模式之下，明确国家公园为中央事权，由中央委托省级政府行使。省级政府以中央名义行使国家公园管理职权，承担相应法律责任，并接受中央政府的监督。即在保护上以国家公园管理机构为基础进行统一且唯一的管理，在其他政府事务中以地方政府为主。支出责任由地方承担，其中国家公园预算纳入省级部门预算进行管理，中央主要通过转移支付的方式弥补省级政府支出成本。

### 3. 中央委托省级政府代管模式

在中央委托省级政府行使事权的代管模式下，明确国家公园为省级事权，由省级政府直接履行。地方政府有较大的权利管辖不同的事物，同时拥有自然资源空间管理权和规划权，也就是有权利对国家公园进行内部建设和日常管理。省级政府承担法律责任并实施监督。国家公园纳入省级部门预算，需要由地方财政承担国家公园支出责任。

**表 2　国家公园管理模式及特点**

| 管理模式 | 事权划分 | 支出责任划分 | 代表公园 |
| --- | --- | --- | --- |
| 中央政府垂直管理模式 | 国家公园为中央财政事权，由中央直接履行 | 纳入中央部门预算管理，由中央财政承担支出责任 | 东北虎豹国家公园 |
| 中央和地方共同管理模式 | 国家公园为中央事权，委托省级政府管理 | 纳入省级部门预算管理，由省级政府承担支出责任，中央通过专项转移支付弥补省级政府支出成本 | 三江源国家公园、大熊猫国家公园 |
| 省级政府代管模式 | 国家公园为省级事权，由省级政府直接管理 | 纳入省级部门预算管理，由省级财政承担支出责任 | 钱江源国家公园、武夷山国家公园、神农架国家公园、祁连山国家公园、南山国家公园、普达措国家公园 |

## (二)财政投入机制与资金来源渠道

我国现有的国家公园试点区，大多数是在原有的自然保护区、森林公园等保护地的基础上划定的，因此需要首先对自然保护地资金来源情况进行简要分析。在已有的自然保护地体系中，发展较完善的保护地类型有自然保护区、风景名胜区(以自然生态系统为主的)、地质公园、森林公园、湿地公园等。各类型保护地资金来源的管理规定和现状如表 3 所示。

**表 3　中国主要类型保护地资金来源管理规定和现状**

| 类　型 | 资金管理要求 | 现　状 |
| --- | --- | --- |
| 国家公园（试点） | 建立财政投入为主的多元化资金保障机制。加大政府投入力度，推动国家公园回归公益属性。在确保国家公园生态保护和公益属性的前提下，探索多渠道多元化的投融资模式 | 正处于试点建设阶段 |
| 自然保护区 | 管理自然保护区所需经费，由自然保护区所在地的县级以上地方人民政府安排，国家对国家级自然保护区的管理给予适当的资金补助 | 事业费与补偿费等主要由公共财政支持，但大部分由地方政府财政投入，只有部分国家级自然保护区能申请到由国家主管部门提供的基础设施建设费用补助及专项经费 |
| 风景名胜区 | 门票由风景名胜区管理机构负责出售，交通、服务等项目采用招标等方式确定经营者，经营者应当缴纳风景名胜资源有偿使用费。门票收入和风景名胜资源有偿使用费实行收支两条线管理，专门用于风景名胜资源的保护和管理以及风景名胜区内财产的所有权人、使用权人损失的补偿 | 中国风景名胜区目前资金来源以门票和其他经营收入为主，部分地区的政府财政资金不能独立负担风景名胜区内部建设和发展需要的管理费用，因此对门票等经营性收入依赖较大 |
| 国家级森林公园 | 经有关部门批准，国家级森林公园可以出售门票和收取相关费用。国家级森林公园的门票和其他经营收入应当按照国家有关规定使用，并主要用于森林风景资源的培育、保护及森林公园的建设、维护和管理 | 社会资金约占森林公园资金投入的五成，财政投入约占二成。财政投入总额虽然在不断增加，但是其占总投入比例在下降；旅游经营等自筹收入仍在探索中，占森林公园总投入中比重较小 |

（续）

| 类 型 | 资金管理要求 | 现 状 |
| --- | --- | --- |
| 国家湿地公园 | 国家湿地公园是自然保护体系的重要组成部分，属社会公益事业。国家鼓励公民、法人和其他组织捐资或者志愿参与国家湿地公园的保护和建设工作。合理利用区应当开展以生态展示、科普教育为主的宣教活动，可开展不损害湿地生态系统功能的生态体验及管理服务等活动 | 国家湿地公园建设资金需求量相对较大，且投资渠道相对单一。长期以来，国内湿地公园建设资金主要来源于地方政府，财力有限的地方政府很难直接投资大量资金用于湿地公园建设，单一投资主体吸收的资金终究有限 |

可以看到，自然保护区、湿地公园主要靠地方政府财政支持，而风景名胜区、地质公园、森林公园等多数进行了旅游观光项目深度开发，旅游经营或社会投入为其主要资金来源。对于国家公园而言，在其不同发展阶段，资金来源有所不同。目前国家公园资金筹措机制主要由财政投入、经营性收益和社会捐赠三部分组成。

**1. 财政投入**

财政投入是我国国家公园最重要的资金保障途径。财政资金主要用于管理机构的运行、民生工程、科研投入和人才的引进培养以及自然资源、生态环境的保护和修复中。整体来看，根据国家公园管理模式不同，财政来源渠道主要由本级部门预算拨款与上级财政专项拨款组成。采取垂直管理模式的国家公园试点的资金来源主要是中央财政的专项转移支付收入，例如东北虎豹国家公园是以“天然林保护工程”财政专项资金为主。中央委托地方管理模式国家公园的资金主要由省级财政安排，上级主管部门以专项转移支付的名义拨付至国家公园管理机构，纳入国家公园上级财政预算。省级政府垂直管理模式的国家公园试点资金主要由省级财政安排。

结合前文关于我国主要保护地种类资金情况的总结，可进一步分析国家公园财政投入的整体情况。首先是国家公园管理局收入，目前各个国家公园管理局主要职责包括组织起草法规规章与管理制度、资源环境保护、发展规划、生态环境监测、开展游憩科教活动、特许经营活动组织与门票定价等。管理局收入以财政拨款收入为主，既是从本级财政部门取得的一般公共预算财政拨款；其次是各园区财政拨入的生态保护款、农业资源保护修复与利用费等。

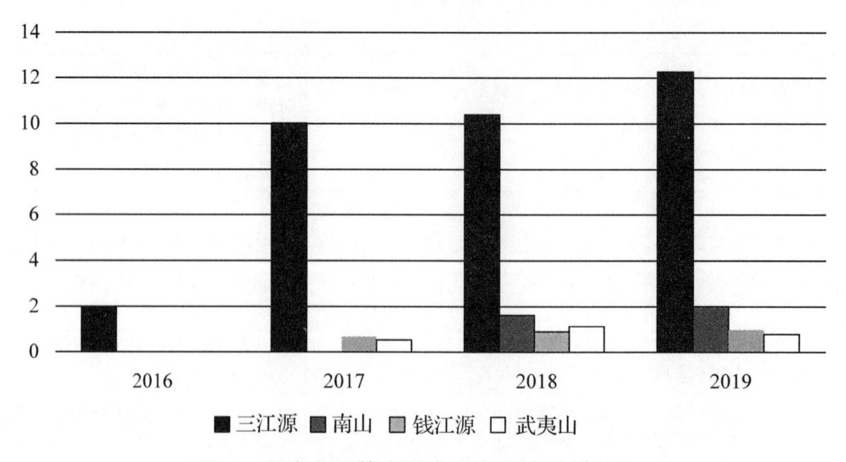


**图4 国家公园管理局资金来源情况**（亿元）

对于管理局未设立国家公园财政科目和专用账户的试点区域。其财政资金主要来源是中央财政对生态功能区建设划拨的经费、专项经费，其中包括中央财政林业补助资金、保护天然林补助、农业资源及生态保护补助资金、江河湖库水综合整治资金等和本级财政的预算拨款。以及由地方代行自然资源所有权管理职能的政府相关部门收取的收入等。除以上常规财政投入之外，地方还通过中央预算内投资计划等形式获取建设资金。例如钱江源国家公园体制试点正式获批以来，开化县共争取中央预算内投资 1.16 亿元。青海省为三江源国家公园与祁连山国家公园累计争取中央预算内投资 10.66 亿元，其中，三江源国家公园体制试点 8.56 亿元，祁连山国家公园体制试点 2.1 亿元。投资主要用于生态系统和遗产资源保护、保护监测、科普教育、配套基础设施等国家公园建设项目。

**2. 经营收益**

目前国家公园区域内的经营性收益来源主要为三类，一是门票收入。二是其他经营性收入，具体包括交通运输服务收入、摊点租金、外来投资企业的资源使用费(税)以及部分住宿设施的收入等。三是自然资源有偿使用收入。

门票收入通常由旅游开发公司向游客收取，并依据公司收入总额或分项收入额，按比例或固定数额划拨至国家公园管理机构。此项收入由于国家公园与各旅游开发公司收入分享比例不同而有较大差异。对于部分国家公园体制试点，如神农架、三江源等，由于得到的财政拨款数额足够，几乎不与旅游开发公司分账。

其他经营收入涉及的项目主要集中于餐饮、住宿、生态旅游、低碳交通、商品销售及其他六个领域。可分为内外两部分，内是指管理机构以自有资金在管理区域内展开经营活动，收入用于区域管理；外是指旅游开发公司为主的社会资本以投资方式在自然保护地范围内开展、参与经营活动。对于社会资本参与其他经营收入的来源去处，一是交予管理机构反哺保护工作；二是自留收入，主要用于旅游设施维护与人员管理费用、营业费用等。

自然资源有偿使用费使用中央政府或地方政府向受益于自然保护地的个体收取一定费用，再根据具体情况补助利益方。通常是各个国家公园区域内不同保护地对其内特定种类的土地类型设定有偿使用费，其收取数量通常与一般经营性收入挂钩，目前这类渠道资金收取依据、管理情况尚缺乏统一标准。

**3. 社会捐赠**

社会捐赠是实现国家公园筹资的重要补充渠道。近年来社会捐赠给国家公园的资金总量正在逐渐增多，捐赠方式也日益多样(表 4)。

一是通过环保基金会等组织捐赠。各类环保组织在募集社会捐赠方面发挥了重要作用，除各个国家公园所主导管理的公益性基金外，也有国家公园接受来自国内外环保组织的各类捐赠。许多国家公园在试点之前，就已接受国际非政府组织的项目和资金投入，例如世界自然基金会(WWF)、国际野生生物保护学会(WCS)、自然资源保护协会(NRDC)等。

二是直接捐赠。包括社会机构及个人直接向国家公园捐赠钱物、土地等。2018 年，中国太平洋保险向三江源国家公园的 17211 名生态管护员捐赠总额 55.08 亿元的意外伤害保险。管护队是公园管理局在园区内各村镇特聘当地建档立卡贫困人口管护人员组成的，辐射带动了当地 6 万余人的有效脱贫。同年，广州汽车集团向三江源国家公园捐赠 20 辆越野巡护用车，用于帮助国家公园强化巡查、加大巡护力度。2019 年，中国人保财险为 237 名武夷山国家公园管护人员捐赠 2019—2020 年两年共计 1.5594 亿元保额的团体人身意外伤害险。

三是国家公园与社会组织进行多样性的合作。东北虎豹、大熊猫、三江源、海南热带雨林、神农架、南山等 6 个试点区与全球环境基金(GEF)、世界自然基金会(WWF)等多个公益性基金组织开展合作。

**表 4 其他社会公益性基金参与情况统计表**

| 基金名称 | 所涉试点 | 参与方式及主要内容 |
| --- | --- | --- |
| 全球环境基金（GEF） | 三江源国家公园 | 资助三江源国家公园体制机制创新项目，在试点区内设立 4 个示范村，开展包括保护地管理人员培训、为人兽冲突政策发展提供技术援助、为示范村生态旅游和特许经营提供技术支持等内容 |
| | 东北虎豹国家公园 | 与黑龙江、吉林两省林业厅开展“东北地区野生动物保护项目”，支持中国境内东北虎豹保护工作 |
| | 神农架国家公园 | 与原神农架自然保护区开展“大神农架地区生物多样性的保护和自然资源可持续利用的扩展与改善项目” |
| 世界自然基金会（WWF） | 三江源国家公园 | 与管理局合作开展“诞生在三江源-国家公园创行”项目，组织“湿地使者行”“护源有我”等志愿者环保公益活动 |
| | 东北虎豹国家公园 | 自 2017 年以来连续 3 年与管理局共同开展巡山清套、巡护员竞技赛和世界老虎日宣传活动 |
| | 大熊猫国家公园 | 与观音山保护区合作开展 108 国道大熊猫走廊带建设、大熊猫栖息地恢复、东凉公路野生动物通道建设、东河台社区共管等项目 |
| | | 与太白山、佛坪、长青等自然保护区合作，在岳坝、杨家沟等区域栽种竹子 2250 亩。 |
| 中国绿化基金会 | 大熊猫国家公园 | 与太白山、佛坪、长青等自然保护区合作，在岳坝、杨家沟等区域栽种竹子 2250 亩 |
| | 神农架国家公园 | 与神农架国家公园管理局、神农架金丝猴基金会签署三方战略合作协议，在腾讯公益等第三方平台推出多个公益宣传及筹款项目，引导企业和网民参与神农架金丝猴生态廊道和栖息地生态恢复建设。 |
| ]阿拉善 SEE 基金会 | 三江源国家公园 | 与三江源生态保护基金会、阿拉善 SEE 三江源项目中心签署三方战略合作协议，在生态保护公益活动、科学研究、生态保护民生项目、生态保护项目、公众宣传和生态教育等方面展开合作 |
| 北京巧女基金会 | 三江源国家公园 | 赴园区实地调研考察后签署合作框架协议，组织编制《国家公园擦泽示范村村落建设概念性规划》 |
| 广州长隆野生动物保护基金会 | 东北虎豹国家公园 | 自 2017 年以来连续 3 年与管理局共同开展巡山清套、巡护员竞技赛和世界老虎日宣传活动 |
| 香港海洋公园保育基金 | 大熊猫国家公园 | 与牛尾河自然保护区合作，加强红外相机监测密度 |
| 香港嘉道理农场暨植物园 | 海南热带雨林国家公园 | 与霸王岭保护区签订《海南长臂猿保护项目协议书》资助海南长臂猿监测项目 |
| 中国西部人才开发基金会 | 三江源国家公园 | 与管理局就公务员、专业技术人员、生态管护员骨干人员培训及志愿者服务等领域签订合作协议 |

未来也将会有越来越多的公益慈善类社会组织、慈善信托、国际非政府组织、科研机构、志愿者组织和相关协会参与到虎豹公园的建设中。国家公园对于社会捐赠的管理利用也取得了一定进展，尤其是部分国家公园已经建立了自然保护基金会负责社会捐赠的专门管理(表 5)。

表 5　各国家公园管理局主导管理的公益性基金情况

| 基金名称 | 成立时间 | 累计筹资 | 使用方向 |
| --- | --- | --- | --- |
| 三江源生态保护基金会 | 2012 年 | 约 2562 万元 | 巡护设备购置、生态环保理念宣传、管护人员待遇提升、社区建设等方面 |
| 神农架金丝猴保护基金会 | 2018 年 | 约 326 万元 | 神农架金丝猴及生物多样性保护的公益宣传、科普志愿者培训、科研监测等方面 |
| 南山生态保护基金 | 2019 年 | 约 410 万元 | 生态保护、科研、监测、科普教育等方面 |

我国国家公园社会捐赠途径与总量正在逐年增加，但鉴于人们的自然保护观念仍处于逐步形成阶段，捐赠意识薄弱，且社会捐赠相关法律的缺失以及监管漏洞的存在，与国家公园总体资金来源相比，捐赠收入占比仍处在较低水平。

## 三、国家公园资金保障机制存在的问题及原因分析

国家公园体制建设在自然保护地管理体制改革方面取得了较大进展。但从国家公园当前资金来源渠道与融资模式看，在试点建设过程中，管理体制与资金保障机制之间不够协调，国家公园在资金保障方面仍存在一定问题。

**（一）资金来源渠道较为单一**

财政拨款、经营性收益和社会捐赠是我国国家公园资金主要来源，根据国家公园自然资源禀赋不同，财政拨款所占比例差距较大，对于自然资源禀赋与地理区位条件较好的国家公园，由于旅游业发达，通过区域内旅游开发公司可以获取一定的经营性收入，尤其是门票收益。但同时由于一些保护地将旅游经营列为景区管理的重点，一定程度上忽略了资源保护。与之相比，三江源、神农架等国家公园由于地理区位、自然禀赋等原因，财政拨款所占比重更大。但整体来看，由于社会捐赠来源的短缺，经营性收益体系的不完善并受国家公园本身特性影响，这二者的缺乏体现为国家公园整体资金来源渠道单一。

对于财政投入而言，资金来源单一的问题仍然存在，目前国家公园整体财政投入情况主要由区域内保护地财政投入决定，无法适应国家公园建设运营的新要求。例如东北虎豹国家公园，其财政资金来源主要依靠天然林保护工程的财政专项资金，加之地方社会经济转型发展与重点国有林区改革等原因，导致各分局账面上存在不同程度的经费亏空。对于经营性收益而言，门票收入是其中最主要的部分，此外各地基本以较为简单的方式以自然资源为依托进行生产经营活动，如利用区域内较为丰富的资源进行农产品加工，利用自然景观发展传统旅游活动等，缺少对国家公园资源的合理且较有效率的使用，缺少多元化的融资机制，并缺少完整的公益性筹资机制。

**（二）事权与支出责任划分不够明晰**

国家公园事权与支出责任划分不够明晰，最直接的体现是国家公园与地方政府在事权划分上的不清晰与不规范，现有的各试点方案中关于国家公园与地方事权划分基本多为原则性的描述。对于采取中央垂直管理模式的国家公园，整体可以保证事权划分的合理性。但对于我国目前实行委托代管模式的国家公园试点，在事权与支出责任划分方面延续了国家级自然保护区的一般做法。即国家公园事权划归中央或省级政府，但采取委托省级或市县政府代管的方式，由省或市县政府承担支出责任，中央在以专项转移支付的方式安排相应的保护经费。由此将会产生以下问题。一是责权利不对等，国家公园管理责任与管理权利在地方，但是管理利益中含有大量全民享

有的部分，这导致管理冲突的可能性增加，交叉管理、多头管理等现象制约了地方积极性的发挥。二是难以有效制止保护专项转移支付资金被挪用的现象，尤其是在缺少监管的情况下。三是难以形成健全的问责机制，若保护资金使用效率不高，将难以区分何处支出补助不足。

**（三）财政保障机制不够健全**

国家公园财政保障制度的不完善，主要体现在垂直管理制度尚未形成。在目前国家公园区域内的各类自然保护地，仅有少数为国家林业和草原局直属事业单位，纳入国家林业和草原局部门预算，由中央直接管理并承担支出责任，其他均由地方林业部门实施管理，体现出较强的属地管理特征。在此管理模式之下，国家公园区域内许多保护地由县级财政承担，明显违背事权与支出责任匹配的原则，并会产生保护地资金受制于地方财政水平、保护地保护不力等一系列问题。

同时转移支付制度设计的不合理。与国家公园相关的自然保护类专项支付数量庞大，并呈现逐年增加的态势，但由于资金项目多、规模大、渠道分散，在管理方面存在许多问题。一是涉及林业、环保、国土、水利和农业等多个部门，来源渠道多且管理办法不一，导致漏洞较多、信息不够透明等问题，加之国家公园区域内保护地在空间上交叉重叠，资金使用目标设置重复，使得资金缺乏统筹，使用效率偏低，绩效考核与管理难度较大。从转移支付内容来看，一是一般性转移支付比重较小，难以补足地方被委托事权的履行以及因保护而导致的发展机会成本等。二是转移支付内容未做调整，根据现有中央列支的国家公园财政投入内容，原由各部门负责的环境保护类专项转移支付与国家公园财政拨款的内容对应的部分应进行清理归并。

**（四）市场化融资机制尚未形成**

虽然目前我国国家公园建设和管理资金有财政、社会和市场等多个来源，但事实上资金保障机制还不够完善，部分国家公园并没有稳定和充足的资金来源。《建立国家公园体制总体方案》中明确提出要尽快建立国家公园建设过程中以财政投入为主体的多元化资金投入保障体系，这对确保各项建设工作、管理体制改革实践等的重要作用不言而喻。但实际上各个国家公园试点建设期间除有关部门积极争取到一部分财政资金支持之外，并没有完善的、持续的、多元化的资金投入体系来对公园建设及管理体制改革等工作提供支持，目前严重缺乏稳定的投入机制，已经实行的融资模式也存在诸多问题。

一是特许经营制度发展缓慢，理论界和实践领域对国家公园特许经营的范围不够明确，各个国家公园等自然保护地在实践之中关于特许经营范围的表述也尚无统一标准，导致特许经营活动展开的困难。

二是缺乏社会资本进入途径和退出机制。鉴于国家公园建设具有较强的公益属性和环保价值，使得部分民间资本及社会资本具有较强的介入意愿，但是限于没有相应的资本引入和退出机制，因此无法对相关投入主体利益提供可靠保障。

三是新型融资工具应用不足，金融创新力度有待加强。由于国家公园的公益属性，且缺乏政策的引导，在一定程度上限制了融资手段和金融工具的创新和运用，在利用绿色债券、地方政府专项债券、PPP 融资、信托融资、融资租赁、产业投资基金和生态修复基金、资产证券化等新型融资工具上还有待加强。

四是机制不完备导致保护与发展之间的矛盾。部分国家公园资金投入侧重保护区旅游投资，以营利为目的的企业越来越多地加入国家公园运营，其经营活动中体现全民公益性的项目较少。为满足游客在游览过程中交通便捷的要求，有国家公园体制试点区多次申请功能区或边界范围调整，影响了国家公园保护目标的实现。门票作为一些国家公园的重要收入来源，当地政府投入大量资金用于旅游设施建设，过于侧重推动地方经济发展和提高经济收益的目标，与国家公园生态保护和自然资源可持续利用的原则有所背离。

**（五）投入支出结构不够匹配**

国家公园投入支出结构不匹配，在中央委托地方管理与省级政府垂直管理两类国家公园中最为显著。在将区域设置为国家公园后，由于未形成完善的国家公园财政保障体系与经营性收益机制，地方政府通过发展旅游业等方式从中获得财政资金锐减，政府则必须以保护为主不得过度开发使用其资源，地方财政收入、区域经济发展、林农群众增收、脱贫攻坚等都受到一定影响。财政投入是国家公园资金保障的最重要来源，但许多国家公园试点所处的地方政府由于自身财政实力薄弱，缺乏充足的资金保障，在稳定维持职工的基本工资之后，将难以拿出多余的资金加强国家公园的建设与管理。

由于地方政府对国家公园的财政拨款有限，园内的国家级自然保护区主要由国家提供固定的事业经费与建设经费，保护地中的森林保护、管理经费由林草部门提供。国家公园的人员事业经费主要由地方财政拨款支持。而庞大的其他经费如景观规划建设费、设施维护费及运营成本，只能依靠企业投资或融资的方式自主筹集。景区的建设、设施维护和全部运营成本等巨大的资金缺口只能通过门票收入以及其他高服务性收费来收回投资、获得发展资金并且补充地方财政收入，资金调入渠道不畅，发展资金匮乏。

## 四、国家公园资金保障机制与融资体系构建

在国家公园建设试点阶段，由于缺乏专门的国家公园建设专项资金，国家公园建设可按照“政府主导、社会参与、市场运作”的原则，构建多元化资金渠道。国家主要通过整合现有财政资金、增加财政投入总量等方式完善财政保障体系。并且根据国家公园自身事权划分，能够测算出国家公园在一定时期内资金预算多少，从而计算出中央财政和地方财政所承担的比例。经营性收入则通过调整适宜的国家公园门票收入、推进特许经营开展等手段进行优化。社会捐赠宜围绕国家公园基金会的成立来构建，逐步形成完备的社会投入机制。

**（一）财政保障机制**

**1. 国家公园财政事权责任划分**

国家公园管理中的事权划分，是安排国家公园财政投入渠道的重要依据。为保证在财政通入中体现高层级政府事权，需要明确事权划分，以确保国家公园管理中基层管理机构的财力与事权相匹配。

国家公园财政事权划分应在外部性原则、激励相容原则和信息复杂性原则等基础下进行。在财政事权划分的实践之中，国家公园需要进行划分的财政事权从整体来看涵盖了自然生态保护、游憩管理、社会治安、区域性社区事务、社会治安、社会保障等。根据事权划分的三项原则与公共产品的基本特性，可以对事权划分进行初步的原则性划分。全国性、战略性自然生态保护和自然资源管理事权，以及游憩管理、科学研究、环境宣传和教育等，具有外部性较强、受益范围广、信息获取容易的特点，适宜划归中央财政事权。对于辖区经济社会发展综合协调、公共服务、社会管理和市场监管等事权，尤其涉及城乡社区事务、交通和治安等事务时，由于信息复杂

等原因，适宜划归地方财政事权。在此基础之上，还应对各项事权就其内容进行细分，通过多层级的事务划分确保覆盖国家公园事权范围，并逐条划分中央事权、地方事权或共同事权。

**2. 国家公园财政资金保障体系**

1）支出责任确认

通过合理的国家公园财政事权划分，可以确定对应的政府与地方政府的支出责任划分，根据财政事权与支出责任相对应，最终才能形成完善的国家公园财政投入体系。

一是国家公园支出责任。国家公园属于中央财政事权，由中央财政安排经费，不允许中央国家公园管理机构与各试点国家公园向地方要求安排配套资金。国家公园财政事权如委托地方执行，需通过专项转移支付安排相应经费。地方财政事权如需要国家公园支持，国家公园应安排相应支出，或通过引导类、应急类、救济类专项转移支付予以支持。二是地方政府支出责任。地方政府财政事权应由地方通过自有财力进行安排。当地方政府履行其财政事权、落实支出责任时，若因国家公园严格保护的目标导致收支缺口，应通过中央财政的一般性转移支付弥补。地方政府财政事权如委托国家公园行使，地方政府应承担相应经费。

2）完善财政投入结构

在单位管理体制的构建上探索将国家公园试点作为省人民政府直属事业单位、上交由省综合管理部门、在省级人民政府建立国家公园管理局作为其直属二级单位等模式，明确具有全民公益性质的国家公园试点单位划为公益一类事业单位。在此基础之上，可进行财政资金保障体系的完善。

首先，根据事权与支出责任匹配的原则，国家公园支出责任由省级财政承担。国家公园试点单位应按省级部门预算管理要求，将门票和特许经营收入等上缴省级财政，各项支出由省级财政统筹安排。若成立省级国家公园管理局，国家公园试点单位应编制单位预算，作为省级国家公园管理局部门预算的组成部分。

其次，国家公园范围内收入应进行统一。应将目前试点区内各部门、各企事业单位分散收取的收入集中由国家公园统一收取，作为政府非税收入全额上缴纳入省级预算管理。对于门票收入与特许经营收入，应自旅游公司处收回管理权与经营权，由国家公园管理机构统一收取与管理。对于国有自然资源有偿使用收入，相关的管理权与收益权应收归国家公园所有，取消各部门关于国家公园区域内自然资源资产管理权和收益权。对于捐赠赔偿收入，应将原各类保护地管理机构设置的保护基金进行整合并统一管理。对于生态环境损害赔偿制度，应以国家公园所在地省级人民政府作为本行政区域内生态环境损害赔偿权利人，指定国家公园管理机构负责其范围内生态环境损害赔偿工作，由国家公园管理机构收取赔偿资金并组织生态环境损害的修复。

3）优化财政投入水平

提升财政投入水平。中央应整合、加大重点生态功能区转移支付、森林生态效益补助、草原生态保护补助奖励政策、湿地生态效益补偿、生物多样性、国家级自然保护区能力建设补助和良好湖泊生态环境保护等中央专项资金补助；地方政府则可通过调整资金支出结构，统筹整合现有各类专项资金及安排专项补助的方式，弥补国家公园资金不足。也可以获得旅游企业的一部分所得税，通过自然资源的有偿使用间接加大财政资金的支持力度。

调整转移支付安排。以国家公园事权与支出责任匹配、国家公园由中央直管等为指导进行优化，将分散在各部门内用于国家公园区域内自然保护地的专项转移支付资金重新整合。整合后资金可通过列入中央或省国家公园预算支出，或是打包后转移支付至地方政府等方式实现精简、统筹、高效地管理。其中，采取垂直管理模式的国家公园，由中央或省级政府通过国家公园履行关于资源保护与游憩管理的相关财政事权和支出责任，原有各类专项资金经过归并整合后调整列入政府对本级国家公园的预算支出。此时转移支付将以均衡地方基本财力的一般性转移支付为主。专项转移支付仅用于中央事权中需要地方委托实施的、地方事权需要中央支持的情况，并严格进行控制。对于采取委托代管模式的国家公园，实际是由地方受委托承担了大量国家公园保护成本支出，中央对地方的转移支付将以关于弥补此部分支出的专项转移支付为主。

建立国家公园专项资金。我国的国家公园具有明显的公共物品属性，是全民所有的公共财产，政府应承担国家公园的建设和管理责任。建立国家公园专项基金的目的是在实现自然资源的有效保护的同时，满足人们欣赏自然、了解历史的需要，体现国家公园的公益性。起到保障国家公园的保护、规划建设管理以及基础设施、公用服务设施建设费用的作用，并应明确投入、使用和监管机制。

**3. 国家公园资金运行管理体系**

国家公园资金保障程度在各省之间存在很大差异，导致各试点履行生态保护职责的能力高低有别。在中央层面的国家公园管理局成立后，应形成适宜的国家公园财务管理体系。采取统收统支的部门财务管理体制，收入与支出全部由国家公园管理局安排，实现各国家公园资金的平衡保障，更有利于实现国家公园的公益目标。

具体来讲，是设立国家公园专用账户和财政科目，对国家公园实行收支两条线管理。收入方面。国家公园门票定价由中央决定，根据国家公园景区质量进行区别定价，保证游客所享受的旅游水平与价格一致。园内特许经营由国家公园自行决定，以国家公园的特许经营收益补足国家公园运营成本的原则进行定价。国家公园的全部非税收收入上缴中央国库，实行收入分成制度。各个国家公园自有收入上缴中央设立的国家公园专项账户。支出方面。国家公园非税收收入按中央决定的收成比例划拨各省市县。各个国家公园的基本工资进行统一安排，并依据国家公园任务目标设立绩效工资以满足提高积极性的要求。设立国家公园项目库，经过申报、入库、评估等环节安排项目经费。国家公园的日常公用经费标准则根据国家公园基本情况、当地物价水平等进行安排。

**(二)融资支持体系**

鉴于充足的资金保障对国家公园体制建设和改革的重要性、紧迫性，因此需要加快形成国家公园建设的多元化投资支持体系。政府在融资体系建设中应起到主要支持作用，毕竟无论是自然资源还是野生动物，都是全民所有资产，具有较强的公益性特征。社会资本进入到国家公园建设体系，应有相应的配套保障体系，建立社会资本进入的规范的规章制度和灵活多样的进入机制与途径，对社会资本投入的规模和方向应进行适度、科学调控，既不能过分限制，又不能毫无控制。

**1. 金融信贷支持体系**

近年来，各级政府在保护地投融资方面，已经集中财力加大了支持力度，并取得了一定程度进展，但投融资机制陈旧、筹资渠道不宽、融资方式简单、筹资困难等现象仍然存在。为鼓励和支持社会资本进入到国家公园建设体系，应为之设立相应的配套保障体系，可建立一套社会资本进入的规范的规章制度，包括资金管理、使用监督、效益评价等方面；成立专门的社会资本管理机构，确保定期向有关社会资本的投入主体汇报资金使用情况等；通过制定投融资优惠政策引导投资者大量投资，保证投资者能够在低风险环境下经营，并获取较大的投资收益，从而刺激和引导各类投资者加大对国家公园基础设施建设和运营的投资；同时要对社会资本投入的规模和方向进行适度、科学调控，既不能过分限制，又不能毫无控制。

为促进资本进入国家公园建设运营体系之中，还需进行融资工具创新，通过产业开发、金融融资、资产证券化、债权融资、PPP项目融资、碳汇交易等社会和市场方式，充分调动社会各界力量，形成多元化的环境保护投融资新格局。创新投融资机制、多渠道筹措资金，是缓解国家公园资金问题的重要途径。

**2. 市场运营收入体系**

国家公园市场运营收入体系主要包括门票收入机制与特许经营机制。目前，旅游开发公司掌握了国家公园旅游资产和门票、特许经营管理权和收益权，在此状况之下无法处理好保护与开发的关系，市场运营收入体系也无法完善，因此，需要改组改造国家公园范围内的旅游开发公司。首先需对其业务范围进行调整，将公司经营的门票、游览设施、住宿等旅游相关设施移交国家公园管理机构，并由国家公园管理机构采取特许经营形式招标企业进行管理。其次，对于旅游开发公司本身，应将其在国家公园范围内的旅游资产与负债划为国家公园管理机构持有。对于改组后的旅游开发公司，可继续发挥其旅游投资管理方面的特长，参与国家公园特许经营竞标，或其他区域的旅游投资和管理项目。

对于国家公园自身而言。一是要优化门票收入分配机制。在一定时期与情况下，可利用国家公园门票收入对地方财政与民众福利进行适当补足。国家公园应通过低门票收入体现其公益性，尤其是在国家公园基础建设完善之后。但在经济欠发达地区，国家公园门票作为地方政府的财政收入与当地社区居民公共设施建设与公共福利的重要来源，可一定时期内适当维持公园门票收入与地方政府财政收入的关联机制，并保持门票价格于合理水平，再逐渐过渡到“收支两条线”的管理模式，将门票收益完全上交国家公园的垂直管理部门。二是针对国家公园园内经营项目适当采用特许经营模式。交通运输服务项目等垄断性项目应实行资质准入为基础的特许经营制度。同时有必要对国家公园内的交通运输类设施投资与运营企业设立资质要求，在持有相应的资质的企业中采取公开招投标的方式竞争特许经营权，国家公园管理局对经营企业实施监督。并且对特许经营企业在国家公园内经营项目征收特定的资源使用税。

此外，可以在统一门票收入与特许经营收入集中国家公园管理的情况下，以“保护为主，全民公益性优先”为目标，通过规范制度建设，寻求将资源环境优势转化为产品品质优势，通过品牌平台推广实现价格优势，在实现保护地友好、社区友好的同时，借助特许经营获利，构建国家公园市场运营收入体系。既是针对国家公园区域内全产业产品品牌，形成多部门参与的管理体系，借助信息化手段实现由品质与市场认可度所带来的产品增值。

**3. 市场化融资模式**

国务院《关于推进中央与地方财政事权和支出责任划分的指导意见》明确提出，将全国性战略自然资源使用和保护等基本公共服务划定为中央财政事权。《总体方案》也提出要建立财政投入为主的多元化资金保障机制。目前中央财政投入还十分有限，且没有形成稳定持续的投入机制，尽管民间资本和社会公益资金有较强的介入意愿，但由于尚未建立相应的机制，也缺乏相关的法律保障，地方政府不敢贸然探索社会投入和保护机制。各级试点区开展集体土地赎买和租赁、企业退出、生态移民等任务需要大量资金，远超地方政府承受能力，普遍存在资金短缺问题。因此需要在资金供需缺口分析的基础上，建立多元化融资模式，充分发挥有限财政资金的杠杆作用，撬动社会资本参与国家公园建设，探索并挖掘国家公园的市场收益渠道，破解资金短缺的难题。

1)特许经营模式

一是构建国家公园特许经营管理体制。首先是确定业务范围，限定在于餐饮、住宿、生态旅游、低碳交通、商品销售及其他六个领域。每个特许经营派发项目必须明确划定严格的空间范围，并遵循严格的数量管理。其次是确定特许经营方式，应依据特许资源的资源类型与使用形态确定其使用方式(表6)。其后还应针对不同状态的经营项目，根据其产权类型的不同，具体确定其所实施的差异化管理路径。最后是特许经营的机构建设，国家公园管理局与各地方国家公园管理局应下设特许经营管理机构，根据特许经营项目与方式进行职能划分，采取中央集权管理或分级分类的管理模式，具体负责管理特许经营的日常运营工作。还应设立相应咨询机构与监督机构负责特许经营机制运行的相关工作。

表6 国家公园特许经营的主要方式

| 特许资源 | 使用形态 | 资源示例 | 使用方式 |
| --- | --- | --- | --- |
| 公产类自然资源 | 公众自由使用 | 阳光、空气、河流、湖泊、山川、草地等 | 自由使用 |
| | 公众习惯使用 | 资源附近居民具有习惯使用权耕种采集等不破坏完整性的传统利用 | 传统利用 |
| | 一般许可使用 | 为避免使用人之间的冲突而加以限制的使用，如自然资源空间的参观拍摄等 | 活动许可 |
| 私产类自然资源 | 特许使用 | 土地、森林、海域、野生动物等地再利用 | 授权 |
| 固定资产 | | 国家公园内的国有土地 | 租赁 |
| | | 国家公园内的集体用地 | |

二是构架国家公园特许经营合同管理机制。首先是明确特许经营合同管理的前置环节，即特许经营实施方案确定、管理模式选择、招评标机制的确立等。其次是推进特许经营合同的规范化管理，包括规范合同内容条款、明确双方权利义务、约定特许合同服务期限等。最后是特许经营合同实施的流程管理。

三是构建国家公园特许经营资金管理机制。首先应形成特许经营权的价值评估流程。安排评估客体与评估流程，评估主体则应包括有形资产、无形资产和地役权等，依次建立特许经营费确定的工作流程。其次是特许经营收支管理体制的形成，包括资金预算管理、资金用途管理、平台化管理、管理质量考核等多个环节。

2)生态公益基金

对于我国国家公园而言，建立专门面向生态环境保护以至生态补偿的各类基金势在必行。首先应为生态环境公益基金设立提供法律支撑。缺乏法律的强制性规定还是生态环境公益基金有效开展的制约因素。因而，有必要以当前中央提出生态文明建设注重环境保护、生态修复为契机，将生态环境公益基金通过立法形式作出具体性的规定，为生态环境公益基金的构建和发展提供法律支撑。对于补偿型基金，由于资金有限，为了使资金得到有效利用，基金制度还应规定特定的补偿对象和适用范围。

基金的筹集方面，其资金来源主要包括政府拨款、基金收益、捐赠收益。国家作为国家公园生态利益的主要享有者，政府拨款应是基金组织的重要收入来源。基金收益则包括运作基金的收益和开展环境保护项目和活动收益。资金的保值和增值是慈善基金会发展的物质基础，根据国家关于基金会的相关规定，可购买国债或进行银行存款，也可在银行担保的前提下运作理财项目。基金会的捐赠收益主要包括公民个人捐款和企业或各种经济组织的捐款，其中后者可以企业为主体形成用于国家公园整体或特定区域的专项基金，有利于提高企业参与的积极性。

3)资产证券化。

在全球性的金融业领域中，资产证券化成为国际资本市场上最重要、最具活力的金融工具之一。随着我国国家公园经营活动逐渐稳定，金融领域的不断创新，证券市场的日益完善，各项法律、监管体系的进一步加强，国家公园收益权资产证券化具备实施的条件，可有选择进行开展。此部分以资产支持票据(Asset Backed Note，ABN)为例进行说明，ABN是指非金融企业在银行间债券市场发行、以基础资产所产生的现金流作为还款支持、约定在一定期限内还本付息的债务融资工具(图5)。

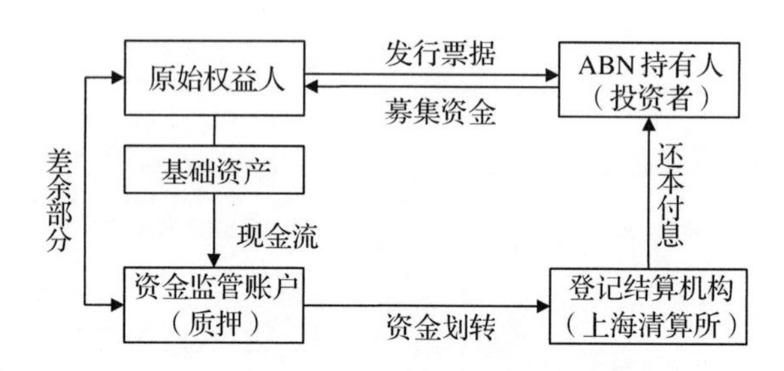


**图5 国家公园ABN运作模式结构**

根据国家公园建设项目收益权的特点，可以设计国家公园建设项目收益权ABN的基本结构。项目原始权益人(如国家公园管理局)享有国家公园建设项目建成后的收益权，即基础资产在未来会产生相对稳定的现金流。由于国家公园设施在建设和后期保养过程中缺乏资金，原始权益人作为发起人，以国家公园建设项目收益权为基础资产，打包出售给特殊目的机构(SPV)。SPV可以是信托公司、证券公司或投资银行，SPV从原始权益人手中买下国家公园收益权资产，以该资产作为基础发行ABN，然后将其出售给投资人。组建SPV的目的是为了最大限度地降低原始权益人的破产风险对资产证券化的影响，即实现被证券化资产与原始权益人(发起人)其他资产之间的“破产隔离”。SPV会在托管银行设立资金托管专户，实现证券化资产资金的专户管理，确保证券化资产本金和收益的安全。

资产证券化能较好地建立一种比较稳定的资金供应机制，降低了财务风险，分散了由于供应渠道单一而造成的流动性风险，同时由收益权做担保为项目建设提供了大量低成本的资金。总的来看，国家公园采用收益权资产证券化融资具有改善国家公园财务状况、筹资前景广阔、降低融资成本、政府信用担保机制强大等优势。

4)PPP融资模式

国家公园内涵丰富，PPP模式可以应用到国家公园建设运营的多个领域中去，包括旅游设施投资运营、生态保护设施投资运营、园区及周边社区产业发展、就业与扶贫等。

国家公园各类建设项目所适用的具体模式有所区别。如“建设——转让”的BT模式(图6)，适于公益性极强，社会效益突出但无市场化收益的国家公园建设项目。政府和社会资本的合作中，社会资本只负责项目的投融资和建设，在建设完成之后运营和维护则需要交由政府部门，而在建设完成之后的收益也归政府部门。

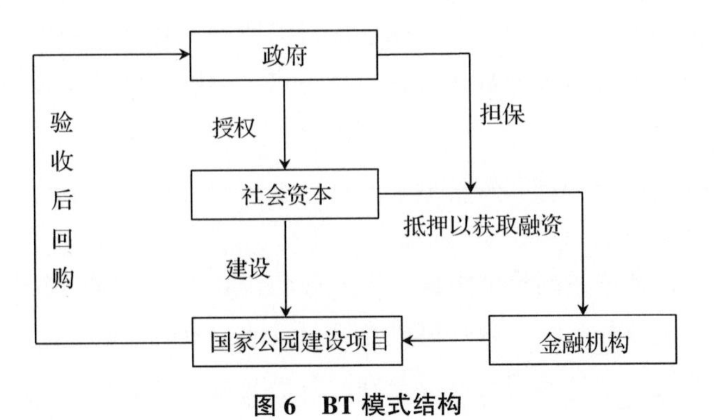


图 6　BT 模式结构

对于可经营性项目采取“建设——经营——转让”的 BOT 模式(图 7)。通过合同约定社会资本参与全部或部分投资成立项目公司(SPV)，以项目公司资产等作为抵押物，向贷款方取得贷款获取融资，由项目公司负责建设、运营和管理项目，并获取收益，协议期满后项目公司将其所经营的项目下所有资产转交给政府部门。

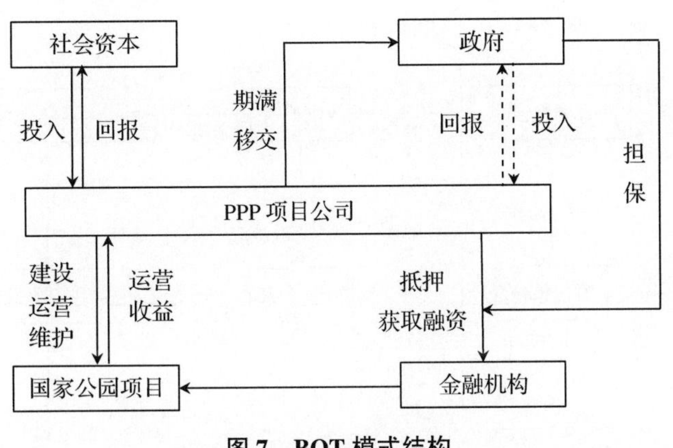


图 7　BOT 模式结构

国家公园特定项目应用 PPP 模式是一个较为复杂的、专业程度较高的系统工程(图 8)，开展该项目一般需要经历“项目准备——项目融资——项目建设——项目运营——项目移交”等环节

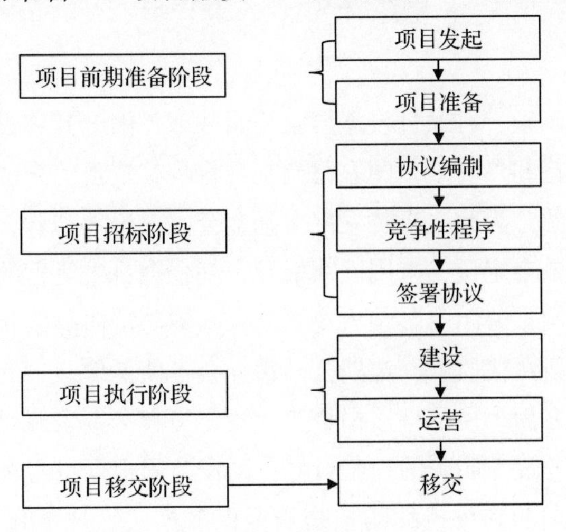


图 8　国家公园 PPP 项目运作流程

(BT 模式则缺少运营环节)。在采用 PPP 模式时前期工作较多，需要进行项目的筛选、项目的可行性论证、项目的招标及设立项目公司。此后项目公司应及时设计融资方案并与金融机构进行各项工作的开展，在项目公司与各利益相关方签订正式合同后便可进入建设与运营环节。合作期满后，由项目公司按照合同约定的形式、内容和标准，将整个项目(包括项目资产、知识产权、相关技术)无偿移交指定的国家公园管理部门。

5)地方政府专项债券。

作为我国自然保护地体系的重要组成，国家公园自身具有一定的资金收入来源渠道，并包含于专项债的重点支持领域与范围之内，可以尝试引进地方政府债券。对于国家公园内计划申请地方政府专项债券的项目，一是要满足发行条件，包括项目是否在建、项目资本金比例、项目融资情况等。二是要满足发行要求，包括满足项目收益与融资自求平衡原则、第三方机构报告、信息披露等。在经过申请加入储备项目库、申请加入待发行项目库、纳入专项债发行与成熟项目库等环节后方可参与发行。专项债资金应仅用于资本性支出，可作为重大项目的资本金。在使用过程中应保证项目必须具有公益性，并严格按照债券发行信息披露文件约定的用途使用，保证资金支付进度。偿还方面，专项债券以对应的政府性基金或专项收入偿还，应当建立单位还本付息台账，健全偿债保障机制。地方政府专项债券的运作流程如图 9 所示。

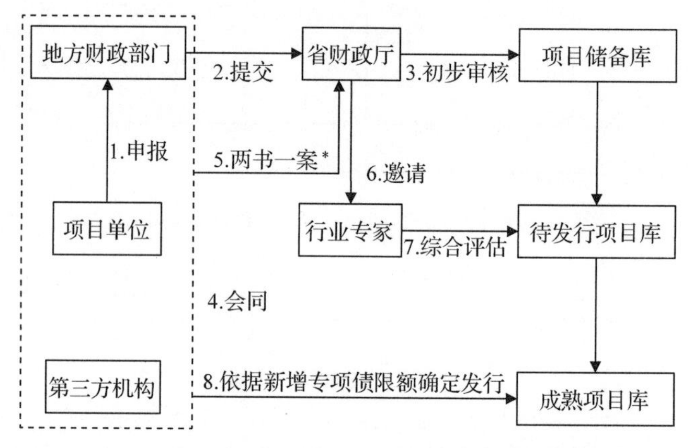


**图 9 地方政府专项债券运作流程**

### (三)社会捐赠体系

构建社会捐赠支持体系，可通过设立国家公园基金，围绕其建设与运营工作展开社会捐赠的管理。在政府部门的支持和参与下，国家公园基金将具有较强的合法性和公信力，更容易整合多方企业和个人的公益资源。为此，应建立健全基金会内部治理结构，明确决策、执行、监督等机构的职责权限；明确基金会定位，采用国家引导、基金会自主运营的组织方式，聘请专业化人员进行管理；依托政府和国家公园的影响力建立公开募集与定向募集相结合的筹集机制，对基金会日常运作和资金使用进行严格监管，定期公开基金会各项工作。

一是捐赠资金来源方面。规范直接捐赠等一般化捐赠资金来源渠道，广泛吸引企业、社会团体和个人的投资和捐赠。设立明确的捐赠目标，国家公园根据自身环境保护特性设立有针对性的捐赠目标，据此建立长期的和可持续的捐赠资金保障模式。规范化筹资模式，可以明确捐赠目标，清晰透明的捐赠流程有助于吸引捐赠者的进入。加强与各类非营利组织的合作关系，借助社会力量，弥补可用资金缺口，利用志愿服务，补充国家公园人员力量。争取国际捐赠者，关注国际环境和自然基金，以期扩大合作范围，参与到各类国际自然保护计划之中，寻求更多协助。

二是捐赠资金管理方面。凡通过国家公园基金会组织募集和接受捐赠得到的收入，由基金会依据相关管理条例与基金会章程，实施管理，不按政府非税收收入办法纳入一般公共预算进行管理。国家公园基金会的财产及其他合法收入只能用于国家公园的资源保护、游憩管理、科学研究和环境教育等领域，与捐赠人订立了捐赠协议的，应当按照协议约定使用。基金会接受货物、房屋等有形财产捐赠的，应当在实际收到后确认并开具捐赠票据。国家公园基金会可以按照合法、安全、有效的原则开展基金的保值、增值活动。过程中需要确立投资基金风险控制机制，以保证投资安全。

## 五、国家公园资金保障体系与政策建议

**（一）明确事权与支出责任，完善财政保障机制**

完善的法律与制度体系是国家公园财政保障机制运作的依据，有助于管理部门以及社会公众对经营单位进行管理和监督。目前在我国国家公园及其专项立法仍然缺位，第三方监管机制、社会资金引入机制、有序公平竞争机制、公开公正的招投标机制尚未建立，导致以经营取代管理的角色错位、契约关系失衡、资金保障不稳定等问题。与我国现有的风景名胜区、自然保护区不同，国家公园是近些年来我国出现的一种新型管理模式，也因此需要建立新的法律与制度体系来确保国家公园资金保障体系的运作。

一是厘清国家公园管理局与地方政府的权责关系，根据各个试点的不同管理模式，细致完备地进行涉及中央与地方各个部门的事权划分工作，依此方可划分各级管理机构之间的支出责任，才能进一步实现财政保障机制的合理构建，保障政府对于公共产品的供给效率，实现国家公园的全民公益价值。

二是要加快我国《国家公园法》立法进程，用法律的形式确立国家公园的功能定位、保护目标、管理原则，研究制定国家公园门票收费标准与特许经营配套法规，并做好现行法律法规的衔接修订工作。在总体规划的基础上，尊重并科学利用公园内的自然与人文资源，结合功能分区和游客流量控制方案，编制特许经营项目专项规划，并构建法律保障的特许经营合同关系。

三是对多元创新融资机制给予法律与制度支持，从国家公园建设到运营管理，为社会资本多渠道参与其中提供坚实的制度保障，确保社会资本在体现国家公园公益性、保护性的原则之下合理、有度地参与其中。此外，若效仿一些国家成立基金会，以公益第三方身份协助管理社资本，这一过程也少不了相应法律法规的支持。

**（二）优化相关财税体制，加大财政投入力度**

从国家公园的公共物品属性出发，根据公共财政购买公共物品的原则，政府应是推进国家公园建设的主体，推进国家公园建设尤其需从财政角度出发，增大财政支持力度。科学的财税体制是优化资源配置、维护市场统一、促进社会公平、实现国家长治久安的制度保障。可从国家公园公益性质以及对园内自然资源与和生态环境的利用出发进行改进。

一是征收生态税。根据公共物品的性质，按照受益者付费的原则，尽快推进生态环境税收改革。确定受益的范围与生态补偿的主体，按照“谁受益、谁付费”“谁破坏、谁付费”的原则，由

生态服务的受益区向提供区支付一定的补偿资金，使后者提供的生态服务成本与效益基本对等，从而激励其提高生态产品或服务的供给水平。

二是整合资源税。从拓宽征税范围、适当提高税率、调整计税方式等几个方面，推进资源税改革，使之成为国家公园等保护地的资金来源，适时将水、森林、草场等非矿藏资源纳入征收范围，逐步将资源相关收费，如矿产资源补偿费、育林基金等合并转入资源税。

三是完善专项转移支付。对现有生态保护专项转移支付的项目，以及其配套情况进行全面清理和规范。规范专项补助配套政策，对属于中央支出责任的项目，由中央全额负担，不再要求地方配套；合理确定均衡性转移支付规模，完善一般性转移支付增长机制，重点增加对革命老区、民族地区、边疆地区、贫困地区等资源区和生态区的转移支付，完善均衡性转移支付的绩效考评机制。

**（三）扩大资金来源渠道，提高资金利用效率**

在资金筹措机制构建中，应大力推进理念创新，优化资金来源并构建多样化的资金筹措机制。

一是提升自然资源利用水平。就是把自身有形资源与无形资产转化为运营资本，对于园内经营性管理服务普遍引入竞争机制，通过合同、委托等方式向社会购买，或通过招标、特许经营的方式进行市场运作。还可以通过国家公园产品品牌增值体系，围绕绿色食品深加工、生态康养体验等新型绿色产业，将资源环境优势转化为产品品质优势，通过品牌增值实现“绿水青山就是金山银山”。

二是借助社会力量。国内的社会捐赠和志愿服务处于活跃期和上升期。包括国内与国际的个人和组织结构提供的资金支持，通过成立基金会、志愿组织、完善合作机制、健全捐款管理等方式，目的是解决设施建设与服务提供中的部分资金问题。

三是进行资金整合。可以在国家公园建设领导小组的协调下，统筹利用各部门、各系统、各行业的相关资金，使分散、零碎的资金发挥更大的作用。

四是理顺资金转化。即明确资金使用途径，具体包括购买建筑材料与设施设备、支付员工薪酬的，接受实物捐赠、志愿服务、社区居民以资源入股等等，此举实际上也是在解决资金问题。

五是资金的分类使用。根据建设项目属性确定资金来源，公益性项目由各级政府投资，经营性项目由企业或社区解决，社区发展项目由地方政府、公园管理机构和社区共同解决。

**（四）创新林业金融工具，构建多元融资模式**

目前，国家公园建设运营主要依靠财政投入，但目前财政支持力度有限且面临较大的经济下行压力，国家公园自身经营能力也有待提高，而商业性金融机构缺少国家公园项目认知与进入途径，导致国家公园项目融资渠道单一，且单靠开发性和政策性金融信贷远远不能满足投资缺口。因此，需要创新融资工具，构建多元化融资机制。国家公园项目建设离不开信贷融资工具，运用绿色金融债券、项目融资、产业投资基金、资产证券化等新型融资工具上有待加强，建议探索通过基金、信托、证券发行等多渠道筹措国家公园建设资金。可以结合国外经验，探索绿色信贷服务、国家公园发展基金、国家公园引入PPP模式等。在此基础上，还应加强其他金融机构创新适合国家公园的金融产品。鼓励各类金融机构开展绿色信贷业务，例如政府逐步成立与国家公园相关的各类基金，包括国家公园产业投资基金、国家公园生态保护基金和创业投资基金，以此拓宽国家公园的融资渠道，缓解资金需求压力。

### (五)激发市场经营动力，扩大项目收入来源

根据国际经验，国家公园经营收入是其资金来源重要的组成部分。但从我国国家公园现状来看，一些国家公园受限于其区位特征与自然禀赋，并不适于一般形式的旅游经济；一些国家公园的旅游公司仍维持了原自然保护地时期的组织结构和经营体系，不适于新的国家公园资金体系。而目前国家公园也尚未形成制度化的权益出让模式。因此总体看来，目前我国国家公园经营性收入来源并不成熟。提高国家公园运营能力。一是要设置合理的门票价格。在确立中央与地方权责划分、财政投入为主的多元资金保障机制逐渐完善的基础之上，建议实行低门票价格或免除门票。此举在体现国家公园特性的同时，通过做长旅游产业链，或可提升国家公园的整体效益。二是提升国家公园经营能力。通过完善特许经营发展特许经营制度、拓展国家公园旅游功能等手段，以期旅游新常态背景下获取合理程度的经营收入。三是改组改造国家公园范围内的旅游开发公司。旅游开发公司在国家公园内进行旅游开发活动，涉及门票、交通、产品销售、食宿等。收入按比例归于地方政府用于预算之中。通过对其进行改组改造，调整业务范围，改制公司结构与运营模式，可以优化国家公园经营收入结构，并更好实现国家公园的保护目标。四是丰富国家公园的权益出让模式。主要是在教育、科研、文化等领域，通过与相关主体合作等模式实现。

### (六)建立公众参与机制，完善社会捐赠体系

国家公园社会参与途径主要分为三类。一是活动参与。通过公益、教育、游览、宣传等多种渠道与途径，加深公众对国家公园的认识，提高公众的公益自觉，有助于形成促进国家公园发展的良性循环。二是资金参与。除直接捐款外，通过志愿参与为国家公园节支也可形成资助行为。三是制度参与。即公众参与到国家公园政策制定，为国家公园发展提供制度保障。可以通过国家公园基金会等专门部门负责公众参与。

为提升公众参与水平，增加捐赠支持力度，还应建立项目化的募资模式，并与社会团体构建良好关系。建立项目化募资模式，首先，应设计清晰的公益项目目标和逻辑，明确公益项目的价值和实现路径。其次，根据公益项目特征确定特定的募款目标人群，针对不同的筹款目标人群，制定个性化、多元化的项目介绍、推广文案、传播方式以及交流内容。最后，将项目的执行流程向公众展示，提高基金会运作的透明度，有助于吸引捐赠方对于组织专业化的认可，进而持续关注和支持。与社会团体搭建联系。就是加强与非营利友好团体的合作，建立外部伙伴关系。国家公园应找准自身在动植物物种、自然和文化遗产等方面的特色和优势，有针对性地搭建起与不同非营利友好团体之间的联系，实现资源共享、优势互补，共同开展公共募捐、志愿服务、宣传国家公园等方面的合作，寻求社会利益的最大化。国家公园管理机构应关注国际环境和自然基金的相关信息，了解各国基金的支持政策和项目投资偏好，选择符合与国家公园特色相吻合的国际基金进行重点研究，进而积极寻求机会构建与这些国际环境与自然基金的友好关系。

### (七)建立协作发展机制，促进区域协调发展

我国国家公园涉及移民搬迁、工矿企业有序退出、国有自然资源有偿使用等问题，与当地社区和地方发展潜在矛盾，因此必须高度重视、耐心处理与当地常住居民的关系。首先，不应把当地居民当作国家公园建设中的阻力，原住民通常在该地区生活多年，甚至世代生活在国家公园所在地区内，他们拥有丰富的地方性知识，了解当地文化，深知当地的生态环境特征，在公园规划与管理过程中，充分尊重原住民的知识和权利，加强社区居民在决策中的作用，可以在管委会设置原住民的职位，以充分发挥社区居民的地方性优势，制定切实可行的规划与管理方法。其次，

我国国家公园所处地区多属于资源丰富但经济欠发达地区，要妥善解决好国家公园区域内及周边群众的脱贫致富、就业创业、教育医疗等问题，实行就地帮扶与迁出帮扶相结合。可在特许经营法规完善后，鼓励支持当地居民在国家公园的生态体验区及周边，通过特许经营模式，以投资入股、合作、劳务等形式从事家庭旅馆、农家乐、自然体验和特色产品开发等经营活动。最后，在社区参与的同时，也要注重社会公众参与，在国家公园设立、建设、运行、管理等各个环节，以及生态保护、环境教育、科学研究等各个方面，引导专家学者、企业、社会组织和个人积极参与。

调 研 单 位：北京林业大学经济管理学院
课题组成员：秦涛、周瑞原、田治威、潘焕学、邓晶、顾雪松、陈国荣、张宝林、王富炜、罗长林

# 国家公园体制下发展生态经济的理论初探

## ——以武夷山和三江源国家公园为例

**摘要**：本项研究以“两山理论”为指导，通过对比国家公园建立前后区域内经济发展的变化情况，分析国家公园制度对区域内经济状况带来的影响，探索在国家公园体制下进一步加强区域内生态经济发展的途径和措施，增强国家公园依托生态和资源优势自我发展的动力，更好地反哺保护事业，推动国家公园体制可持续发展。

国家公园是我国自然保护地的主要形式。按照目前的相关规划，以国家公园为主体的保护地将来要占国土面积的18%，这里蕴含着大量的优势资源。在新的形势下，要跳出以往自然保护区管理的方式，充分利用国家公园自身特有的生态和资源优势，将自然资源进行合理地开发利用，适度发展国家公园生态经济，把生态效益转化为经济效益，为园内群众脱贫致富、农村振兴做贡献，为国家公园持续发展提供不竭内在动力，更好地保护好绿水青山。

## 一、国家公园成立前后的状况比较

武夷山国家公园和三江源国家公园都是首批国家公园试点单位，它们的基础条件、保护任务、管理水平、社会经济发展水平都有很大的差异，在发展区域生态经济的基础条件及发展成果方面可以说是两个类型。我们试图通过对这样两个差异较大的国家公园发展生态经济的研究分析，寻找带有规律性的因素，探索在各种不同条件下发展生态经济的必要性与可行性。

**(一)成立之前的状况**

武夷山国家公园的前身主要是原武夷山国家级自然保护区，总面积为5.65万公顷，保护区经费来源主要依靠财政拨款，2010年518万元，2015年增加到3420万元。武夷山自然保护区是开展保护区社区共建共管的先进单位，生活在保护区试验区内的人口2015年为2825人，主要经济活动是依托保护区及周边的名胜风景区开展旅游相关活动，茶叶、竹的种植及制成品销售。依托保护区开展经济活动的居民收入2010年约2400万元，2015年为3073万元。由于较为妥善地处理和解决了保护区内居民的生计问题，多年来居民与保护区和睦相处，保护区的生态经济具有较为良好的社会和群众基础。

三江源国家公园的前身主要是原三江源国家级自然保护区，这里是长江、黄河、澜沧江的发源地，自然环境恶劣，生态极度脆弱区，草原退化、湖泊减少、冰川萎缩的现象十分严重。为了进一步保护和改善生态环境，在21世纪初，国家又建立了青海三江源国家生态保护综合试验区，总面积达 39.5 万平方千米。由于自然条件极度恶劣，区域内除了最原始的草地畜牧业，基本没有任何经济产出，完全依靠财政资金维系运行。

**(二)成立后的变化及问题**

两个国家公园都是我国 2016 年开始的第一批国家公园体制试点单位，因此试点工作都以建立和完善国家公园管理体制为主。

武夷山国家公园整合了原属于三个部门管理的一个世界文化与自然遗产地、一个国家级自然保护区、一个国家级风景名胜区、两个国家级森林公园、一个国家级水产种质资源保护区，规划面积达到 10 万公顷，比以前的国家级自然保护区面积增加了一倍。经过优化整合，创建了统一高效的行政管理新体制，健全了规范完备的公园治理新体系，建立了严格系统的生态管护新模式和持续协调的绿色发展新机制。我们更加关注的是，国家公园建立之后，园区内的生态经济仍在稳步发展，他们从自身的特有优势出发，紧密跟随时代的发展新形式，壮大绿色产业，指导企业开展地理标志申报和绿色认证，建立“龙头企业+农户”的经营模式，支持创办“合作社+茶农+互联网”的运作模式，实现标准化生产、规模化经营，形成品牌效应，取得了良好的经济效益。2019 年，仅居住在园内居民的茶产业和竹产业收入就分别达到 1.14 亿元、1158 万元。特别是国家公园的建立，整合了整个武夷山地区的旅游资源，打造生态旅游业，实施访客容量动态监测和环境容量控制，支持开展生态观光游和茶文化体验游，旅游业呈现健康良性发展的态势，2019 年的访客人数达到 3984500，景区旅游仅门票收入就达 3.19 亿元。

三江源国家公园则是在原青海三江源国家生态保护综合试验区的基础上进一步优化整合，明确了“一园三区”的国家公园总格局，即：国家公园+长江源、黄河源、澜沧江源三个园区，总面积为 12.3 万平方千米，占三江源总面积的 31.2%。他们创新了生态保护管理新体制机制，整合了林业、国土、环保、水利、农牧等多个部门的生态保护管理和执法职责，设立了统一高效的管理执法机构。同时开展了自然资源资产管理体制试点，积极探索自然资源管理与国土空间用途管制“两个统一行使”的有效实现途径，将三江源国家公园全部自然资源统一确权登记为国家所有。三江源国家公园的试点，得到了中央有关部门的高度肯定，认为“改革试点达到了预期目标，符合中央部署的改革意图”。

由于两个国家公园试点的重点都是围绕体制机制展开，所以，我们进行“发展生态经济”专题调研时，与两个公园的同行更多的是探讨式交流和实地考察。

三江源国家公园是一个典型的严格生态保护型，其建设和运行经费完全依靠国家和省级财政支撑。通过对所在区域各类基建项目和财政资金的整合，公园试点共落实中央和省级资金 43 亿元；同时，青海省每年还从省财政及地方债券资金中安排 4.7 亿元。但是，青海省属于欠发达地区，财力有限，难以长期支撑国家公园大量的资金需要。据公园的同志反映，2016—2018 年省级财政投入的资金占公园总收入的 58%，但到 2019 年，这个比例就下降到 56%，虽然降幅不大，但公园的人员已经感觉到了危险的信号，他们担心，目前的试点工作是事权归中央，由青海省代管；试点工作预期于 2020 年结束，但试点结束之后是什么情况？我们调研时仍没有有关信息，公园的同志深感忧虑。同时让我们感到振奋的是，尽管三江源的自然条件极其恶劣，发展区域经济的基础十分薄弱，但他们仍在积极探索发展生态经济的途径和措施。他们认为，三江源自然条件很差，这里唯一的产业就是草原畜牧业，产值虽然很低，但仍是这片区域最适宜、最经济的产业，正是这种产业，维系了草原社会几千年的运行。自从实行草地承包经营之后，牧民们长期的逐草而居的生活被打破了，夏季冬季草场的迁移难以为继，再加上气候变化的影响，造成了草原草场的不断退化。公园的同志强调，目前公园的三个园区涉及4个县12个乡镇35个村72074人，这些人的生计得不到稳定地解决，国家公园的保护事业就难以持续。试点以来，他们将生态保护与精准脱贫相结合，与牧民群众充分参与、转岗就业、改善生产生活条件相结合，探索生态保护和民生改善共赢之路。除了建立生态公益管护岗位，他们还提出，适度发展家庭牧场，依托公园特殊的自然条件积极探索，开展澜沧江大峡谷览胜走廊、黄河探源、生态体验等小众化特色旅游，安排区内牧民转岗就业。三江源公园的同事们认为，“国家公园”的称谓本身就是一个很有价值的品牌，他们积极探索，形成了“建立推进三江源国家公园绿色金融工作协作机制”，联合三江源生态保护基金会搭建“共建共享”平台，与多家基金组织和企业合作，广募社会资金参与国家公园建设，目前已经落实捐助资金5000多万元；同时，他们还在积极研究“国家公园”标识的商业价值，探索公园标识合法有偿使用的措施，目前已经有一些初步的考虑。尽管这些探索还是很初步的，但是我们已经很清楚地看到了他们着眼于国家公园长远稳定发展，积极探索发挥公园优势增强运营活力的思路及行动。这一点应当给予充分的肯定和支持。

武夷山国家公园曾经是发展保护区社区经济、实现保护事业与社区经济共存共赢的先进单位，创造并积累了许多很好的经验，并且提出了“用低于10%的区域搞开发利用，保护好大于90%的严格保护区域”的极富哲学高度的理念。对于该公园正在开展的生态经济活动，他们认为符合武夷山公园的实际，方兴未艾大有可为。同时，我们也明显地感觉到，在与他们讨论“发展区域生态经济”这一话题时，他们还是有些“小心翼翼”，更多地强调“加强自然保护”；在谈起对今后进一步开辟生态经济新领域方面的思路时，他们的意见主要在“增加对林农的生态补偿”“做好公园特许经营”等。对于“国家公园标识的商业价值”，他们明显持一种保留态度，认为如果把国家公园标识商业化，将给国家公园增加大量的认证、核实、取证、管理等工作，这是目前的国家公园管理力量难以承担的。

我们认为，这种差异，一方面显示了不同社会经济基础背景下对发展生态经济迫切性的不同，同时也不必讳言，由于目前的国家公园试点主要聚焦于体制机制的建立与完善，一些同志对于发展生态经济并未做较为深入地思考，隐隐约约存在“按部就班、不越雷池一步”的谨慎心理。

## 二、国家公园体制下发展生态经济的理论思考

### (一)学习近平总书记关于国家公园建设和“两山理论”的体会

#### 1. 国家公园要引领中国自然保护地建设的方向

总书记明确指出，要建立以国家公园为主体的自然保护地体系。这就为我国保护地建设指明了道路，即国家公园要引领中国自然保护地建设的方向。

以前，我国的自然保护事业是以自然保护区为主体形式。几十年来，我国的自然保护区建设取得了举世瞩目的成就，这一点不容置疑。同时，随着国民经济和社会的快速发展，自然保护区这种模式已经难以全面承担自然保护的重任。归纳多项有关研究的观点主要有：

从管理体制看，现行的自然保护区管理分散在林业、农业、水利、城建、地质等多个部门，由此带来的保护政策各自为政的封闭性和差异性十分明显，保护区建设碎片化的问题长期得不到根本解决。

从运行机制看，各类保护区突出强调严格保护，保护管理基本依靠中央级各级政府的财政投入，经费不足的问题长期困扰保护区。有的保护区也探索通过发展社区经济来增强活力。但保护与利用的关系一直难以协调，保护区经济发展更多地依靠开发区内的矿产、水电、旅游等，与保护区严格保护的宗旨经常发生矛盾，难以持续。

总书记提出的“建立以国家公园为主体的自然保护地体系”，为突破目前保护区建设面临的困境指明了方向。

首先，国家公园体制把我国的自然保护事业真正提升到了“国家”的层面。以前我国的各类自然保护区也冠之以“国家级”的称谓，但这只是一个保护区“级别”的标志，具体的保护事宜一直是分散在各个部门、各个行政区域，封闭化、破碎化的问题长期得不到解决。而国家公园体制的建立，将冲破旧有的各类自然保护区分头管理、分散运行的地域性、破碎性，真正从国家的层面统一规划、布局、运营自然保护事业。其次，国家公园体制将实现优质自然资源真正的国家化、全民化。如果说，我国现行的自然保护区体系突出的特点，一是死保死守(特别是核心区)一草一木不许动，二是部门所有、封闭管理。那么，国家公园制度的建立，将从根本上打破部门利益、行政区域的藩篱限制，把各类自然保护区域从部门所有区域所有变成全国家、全民族的共同资源，把自然资源从单纯死看硬守的保护对象变成为全民服务的优质资产。我们认为，这是从“自然保护区”到“国家公园”最根本的变化。把自然保护与为公众服务统一协调，是发达国家的国家公园的通用理念。如：加拿大国家公园宗旨是“三元合一”——资源保护、公众教育、游客体验。

**2. 国家公园应当是践行“两山理论”的模板**

“两山理论”是习近平新时代中国特色社会主义思想的重要组成部分，是习近平生态文明思想的形象体现。他多次强调，“绿水青山就是金山银山”理念已经成为全党全社会思维共识和行动，成为新发展理念的重要组成部分。“两山理论”不仅为绿色高质量发展指明了方向，也成为造福人民谋求美好生活发展的指引。“两山理论”博大精深，内涵丰富，通过认真学习领会，结合本项研究的调研实际，进一步加深了对“两山理论”的认识和理解。

“两山理论”是习近平新时代中国特色社会主义思想的重要组成部分，为新时代推进生态文明建设、实现人与自然和谐共生提供了根本遵循，同时也实现了理念、方法和思想的有机统一。在崭新的生态文明时代，人们逐渐意识到外部生态环境可以影响生产力的结构、布局和规模，进而影响生产力的运行效率和效益。只有更加重视生态环境这一生产力的核心要素，尊重自然生态的发展规律，保护和利用好生态环境，才能更好地发展生产力，在更高层次上实现人与自然和谐发展的长远目标。

习近平新时代中国特色社会主义思想的核心是人民至上。2020 年，习近平总书记就三个主题(扶贫、复工、生态)多次到各地考察，充分体现三个至上：生命至上、人民至上、发展至上。我们所做的一切，都是为了人民谋福祉，为百姓谋幸福。通过学习我们体会到，“两山理论”的精髓，就是突出彰显“生态优先、绿色发展”这一重要主题，通过创新生产方式，赋予生态系统和环境质量以生产性功能，即生态环境就是生产力，绿水青山本身就是重要的生产要素，是生产力的重要和有机组成部分。找到了将绿水青山优势兑现为金山银山优势的路径，就能在“两山”之间架起桥梁，也就找到了中国经济发展方式转变的着力点，找到了实现循环经济和可持续发展的绿色之路。

国家公园是我国生态环境和自然资源最好、最丰富的区域，理应是践行“两山”理念、实现绿色发展的极其重要的战场。如何充分发挥国家公园的特有优势，积极探索把国家公园的绿水青山更全面、更高效、更系统地兑现为金山银山，应当是，也必须是国家公园建设发展的题中应有之义，责无旁贷。

**(二)发展生态经济是国家公园可持续发展的根本之策**

**1. 发展生态经济是促进保护事业可持续发展的动力支撑**

单纯的保护是无源之水、无本之木，是不能持久的。目前的国家公园试点，经费来源主要依靠中央级省级财政投入。他们反映，国家及地方财力有限，难以满足国家公园建设和发展的各项需求。旅加学者 UBC 大学林学院王光玉教授在研究了国外国家公园百年发展史后提出，发达国家的国家公园的资金目前主要还是依靠政府财政拨款，但财政拨款的比重逐渐下降，因此，允许国家公园开展经营活动增加收入，在国家公园的预算与财务上，经营收入比重逐步上升。如：美国、加拿大、新西兰等国家的国家公园经营收入主要体现在游客活动收费(门票、宿营费、设施使用费用，如本地交通、野炊、餐馆、油气以及特殊娱乐收费)以及有型固定资产产生的收入(包括特许权收费、租金等)。

单纯依靠财政支持的公家公园运行机制恐难以持久，在加强自然保护的前提下科学利用国家公园内的各类资源，为国家公园持久运行提供源源不竭的资金支持，是国家公园试点必须突破的重大任务，事关国家公园体制持久运行的根本。国家公园拥有着广阔的土地、良好的生态环境、丰富的可再生资源。以两个国家公园为例：武夷山公园 1001 平方千米的规划面积内，林地面积就占 90%；三江源公园更是拥有着冰川雪山、河湖湿地、林地草原等多种多样的自然资源与景观，完全具备实现自我循环良性发展的条件。进一步讲，按照目前的相关规划，以国家公园为主体的保护地将来要占国土面积的 18%，不能想象，众多的国家公园坐拥如此丰富、优良的自然资源，长期不能产生自我发展的动力，长期依赖各级政府的支持才能勉强度日，这样的国家公园机制根本无法持续运行。

**2. 国家公园发展生态经济有着得天独厚的优势**

我国的国家公园基本上分布在生态环境和自然资源极其良好和丰富的区域，有着独具特色的优秀资源。主要是两大类：一类是生态环境资源。包括：以自然景观及人文特色为依托的旅游资源(如各类名胜风景区、森林公园、地质公园等)、依托森林环境开展的康养服务等；另一类是生物资源，包括：可再生的森林资源，如木材、竹材、木本粮油等；依托森林环境的特色种植业，如林下种养殖业、林药、优质云雾茶等。这些资源在国家公园广泛分布，有的是以某类资源为主，有的则是同时拥有多种资源。其最突出的特点就是它的天然性和可再生性，只要认真保护科学经营，完全可以做到永续利用，实现良性循环。优质而丰富的生态环境资源和生物资源是国家公园存在的立园之本，更是国家公园发展的动力之源。

国外也有一些成功的案例。如国家公园制度发展较早的美国，其发展实践不断证明，国家公园不能仅仅作为一个“孤岛”生存，公园边界外的人类活动和自然状态同样会影响内部资源的管理。20 世纪末以来，美国依托国家公园发展了一批旅游型、宜居型的“门户小镇”，如紧邻大提顿国家公园和黄石公园的杰克逊小镇、落基山国家公园总部所在地的埃斯蒂斯公园小镇等。这些小镇和国家公园在空间上相互依存、互相支撑，共享社会、经济和生态的影响因素。在经济上，小镇为国家公园的游客提供了加油、食物和住宿等服务，依靠这些经济活动来维持他们的生计。同时，快速发展的旅游经济也推动了当地社区经济的增长。门户小镇不仅仅是一个旅游设施，更是已逐渐演变为一个文化载体。为了共同承担成就彼此发展的责任，国家公园管理机构往往与小镇当局达成合作伙伴关系。美国的经验，对我国国家公园加强对社会公众的服务、稳妥发展公园周边经济、促进公园逐步实现良性循环，具有一定的借鉴意义。

**（三）发展生态经济是促进国家公园所在区域乡村振兴的必由之路**

我国已经进入了全面建设社会主义现代化国家的新征程，在2020年中央农村工作会议上习近平强调，脱贫攻坚取得胜利后，要全面推进乡村振兴，这是“三农”工作重心的历史性转移。总书记提出的乡村振兴七项重大举措，同样适用于国家公园建设，有着很强的针对性和指导性，如：要加快发展乡村产业，立足当地特色资源，优化产业布局，完善利益联结机制，让农民更多分享产业增值收益；要深化农村改革，激发农村资源要素活力，完善农业支持保护制度，尊重基层和群众创造，推动改革不断取得新突破；要实施乡村建设行动，继续把公共基础设施建设的重点放在农村，在推进城乡基本公共服务均等化上持续发力，注重加强普惠性、兜底性、基础性民生建设；要接续推进农村人居环境整治提升行动，合理确定村庄布局分类，注重保护传统村落和乡村特色风貌，加强分类指导；要推动城乡融合发展见实效，健全城乡融合发展体制机制，促进农业转移人口市民化；创新乡村治理方式，提高乡村善治水平等，都是国家公园建设的指导思想和工作重点。

习近平新时代中国特色社会主义思想的核心是“以人民为中心”。纵观历史，我们党干革命、搞建设、抓改革，都是为人民谋利益，让人民过上好日子。对幸福生活的追求是推动人类文明进步最持久的力量。人民群众的广泛和持久参与是我国自然保护事业的根本保障。我国现在的国家公园试点单位以及今后的国家公园发展，基本上都是分布在广大山区、农区、贫困区，这里幅员辽阔，资源丰富，园内的人民群众世世代代生活在这里。他们是国家公园的主人，既是国家公园制度建设的受益者，也是国家公园机制运行的参与者。武夷山国家公园试点区涉及9个乡镇29个村的4.58万人，其中依赖区内自然资源从事茶叶、毛竹、旅游等生产经营活动的人口达3.51万人，占涉及总人口的76.6%，现在仍有3352人居住在园内；三江源国家公园的三个园区涉及4个县12个乡镇35个村的72074人。如果国家公园制度不能让园内的人民群众享受到保护和建设绿水青山带来的利益，这样的制度就不可能持久、不可能稳定，就不能得到人民群众的真心拥护。所以，积极发展生态经济，让人民群众充分享受到国家公园新体制带来的改革红利，是促进国家公园所在区域乡村振兴的必由之路。

**（四）国家公园发展生态经济的根本目的和基本原则**

最后的问题，也是最关键的问题：国家公园发展生态经济，会不会影响建立国家公园的初衷，即：采用最严格的保护措施，加强对生态环境和自然资源保护，完善国家自然保护地体系？国家公园发展生态经济必须遵循哪些的基本原则？

我们认为，国家公园生态经济是一种特殊形态的经济，首先是它的根本目的不是为了单纯追求高额的收益和利润，而是要通过维护园区内人民群众的基本利益，保障和促进国家公园保护事业的发展。归根结底，保护事业是人民的事业，实行最严格的保护措施需要人来完成，维护参加保护人员的基本利益，就是维护保护事业的根本利益，通过发展生态经济，为国家公园保护事业的参与者带来应有的合法合理利益，为国家公园创造源源不绝的内在发展动力。这与加强自然保护的初衷非但不矛盾，而且是符合我国社会经济发展现阶段的实际情况，符合保护事业千秋万代的根本需要。

国家公园生态经济是一种特殊形态的经济形态，还在于它的经济发展必须在严格保护生态环境和自然资源的前提下进行。既然发展生态经济的目的是更好地加强保护，那么，发展生态经济的内容及措施，就必须在严格保护国家公园生态环境的稳定性和自然资源的可持续性的前提下进行。我们认为，国家公园发展生态经济必须遵循的基本原则有以下四个方面：

第一，必须坚持“严禁破坏，限制开发”。以严格保护好生态环境和自然资源为前提，绝对不搞破坏性、一次性的开发利用。这一点不用多议。为此，在美国、加拿大、新西兰等国的国家公园中依然存在的采油采矿等产业(尽管很少量)，我们坚决反对。

第二，必须坚持“依托环境，生态利用”。国家公园不是要不要搞开发利用，而是怎样合理科学地利用。严格保护是国家公园制度建设的立园之本，国家公园实行最严格的保护制度，就为科学利用装上了“安全阀”，即：在国家公园开展的任何利用必须以不破坏生态环境、不损害自然资源为前提。国家公园发展区域生态经济，就是要科学利用国家公园丰富的生物资源和良好的生态环境，牢固树立“生态环境就是生产力，而且是国家公园的第一生产力”的新观念，强调生态性、持久性利用，依托绿水青山建设金山银山，把国家公园建设成“最生态、最环保、最可持续”的最佳名片。

第三，必须坚持“控制规模，适度开发”。国家公园发展生态经济，必须立足于自己的资源基础，严格控制在资源自然循环的限度内。最关键的环节，是必须严格控制发展生态经济的规模。发达国家的国家公园都强调分区管理，把开发区域和游客区与严格保护区域分开。如美国约瑟米蒂公园中将近95%的地区为荒野区，3%为文化区，2%为发展区，大约0.5%为特别使用区：加拿大则将每个公园分为五个根据全国统一标准划分的类别：特殊保护区(Ⅰ区)、荒野区(Ⅱ区)、自然环境区(Ⅲ区)、户外休憩区(Ⅳ区)以及公园服务区(Ⅴ区)。通过公园分区可以规范公园的开发活动，只有Ⅲ、Ⅳ、Ⅴ区才能修建旅游设施。在该国加斯帕(Jasper)国家公园中，特殊保留区不到1%比例，荒野区占97%，1%是自然保护区，1%户外休憩区，剩下不到1%是公园服务区。我国的武夷山国家公园提出的“用低于10%的区域搞开发利用，保护好大于90%的严格保护区域”，也是限制性生态经济的形象描绘。

第四，必须坚持“共同参与，民营为主”。国家公园发展生态经济的根本目的，是充分发挥国家公园的环境优势与生态优势，充分带动公园内的人民群众获得合理的经济收入、改善生活条件，从而更加热爱和投入国家公园的保护事业，同时增强国家公园自我发展的活力与能力。绝对不是单纯强调经济利益，更不能与民争利，因此，国家公园发展生态经济，必须坚持多种主体共同参与，以民营为主，以公园内群众参与为主，充分让利于民。国家公园管理者要把搞好区域生态经济作为自己的重要工作职责，勇做“参与者”，在国家公园管理办法规定的范围内，合法合理地参与园内生态经济的开发运行，在遵循市场经济规则的前提下取得合理的经济收益，逐步减少对财政资金的依赖度，促使国家公园走上“生态立园、严格保护、适度开发、科学利用”的可持续发展道路。

## 三、工作建议

通过一个时期的实地调研和理论思考，我们认为，在国家公园体制下发展生态经济，不仅十分必要，而且完全可行。国家公园第一阶段试点的重点是建立适应国家公园体制的管理体制，这是非常必要的，它为在我国建立国家公园制度奠定了管理体制基础。随着试点工作的继续深入，应当把发展生态经济作为国家公园下一步试点的十分重要的内容，给予足够的重视。通过试点，探索和积累国家公园发展生态经济的途径、措施及经验，及时发现问题并探索解决之策，为今后全国更大范围的国家公园建设开辟道路。为此，提出以下两个工作建议：

（1）抓紧开展国家公园发展生态经济的专题研究。有关学者的研究报告指出，国外国家公园的确定是建立在大量的研究基础之上，这一点对于我国国家公园建设具有重要的借鉴意义。我国的改革已经走过了“摸着石头过河”的初级阶段，逐渐进入以顶层设计为指引的改革深水区。因此，加强对重大问题的深入研究，为顶层设计提供理论和模式支持就显得格外重要。目前，国家林草局围绕国家公园体制试点已经开展了多项研究，但更多的是偏重于发展规划、管理体制、保护政策、财政政策等内容，相对而言，对于适度发展生态经济、科学利用生态和生物资源、增强国家公园内在发展动力等方面则感觉涉及较少，亟须抓紧开展。我们认为，应该高度重视国家公园发展生态经济问题的研究，把它当作践行“两山”理念、完善国家公园体制顶层设计、从根本上增强国家公园内在发展动力的重大项目，抓紧部署开展这方面的专项研究。建议：下一步拟开展的国家公园发展生态经济专题研究内容应当包括：发展区域生态经济的必要性和可行性、国家公园开展生态经济模式的认定与审批管理办法、国家公园社区参与共管经济发展模式、我国国家公园门户小镇健康发展的路径、在总体规划基础上的“一园一策分类指导”、启动阶段的包括财政投资在内的各项支持政策、社会资本和金融资本投入公园生态经济的途径和合作方式、国家公园标识商业价值及实现途径，等等。

（2）专题研究与试点工作有机融合，理论研究与实践紧密结合。试点先行是我国改革不断深化的成功经验，试点的内容往往决定着今后改革深化的方向。鉴于当前我国国家公园建设的快速发展，不可能坐等理论研究的成果而启动。应当充分发挥我国社会主义制度的优越性，把理论研究与实践发展更加紧密地结合起来。为此，我们建议，在下一步深入推进国家公园试点工作时，在初步调研的基础上提出“发展区域生态经济”的研究及试点内容，在国内选择不同区域不同类型的条件适宜的国家公园，增加这方面的试点内容，积极鼓励和支持国家公园利用自身资源优势探索“发展生态经济”的模式。国家林草局应加强对试点工作的指导，及时总结试点工作进展，交流经验，发现问题。

调 研 单 位：中国林业经济学会、国家林业和草原局经济发展研究中心
课题组成员：王前进、李杰

# 林草业高质量发展

# 林草业和健康产业融合发展研究

**摘要：**本研究了解了我国林草业和健康产业融合发展的现状，通过文献调研、典型调查和座谈走访等方式，厘清了林草业与健康产业以及产业融合的相关概念，分析了我国林草业发展以及与健康产业融合的几个阶段，在此基础上对林草业和健康产业融合发展实际情况进行实地调研，收集整理林草业和健康产业融合发展的相关数据及资料，并对调研结果进行分析，总结我国林草业和健康产业融合发展中现存的不足与进一步的发展方向，并为推动林草业和健康产业融合发展提出相关的建议。

## 一、引　言

### (一)研究背景和意义

**1. 研究背景**

自2015年政府工作报告中首次提出“健康中国”概念以来，“健康中国”作为一项长期国策，其重要性不断凸显。2016年3月《中国国民经济和社会发展第十三个五年规划纲要》公布，提出：“把提升人的发展能力放在突出重要位置，全面提高教育、医疗卫生水平，着力增强人民科学文化和健康素质，加快建设人力资本强国，推进健康中国建设。”2016年8月，中共中央政治局审议通过《“健康中国2030”规划纲要》，明确指出大健康产业是“健康中国”建设中重要的组成部分，预示着大健康产业迎来了快速发展的机遇期。

早期，由于将健康仅理解为无病痛状态，健康产业也相应地被等同于医疗产业。而随着健康概念的拓展，大健康产业的含义也愈加丰富。总体上说，大健康产业以健康长寿为终极目标，包含对健康人群的创造和维持健康，对亚健康人群的恢复健康，以及对患病人群的修复健康，是覆盖全人群、全生命周期的产业链。

从理念上来看，基于“健康中国”观念，健康已不仅仅是指身体方面的健康，而是身心全面健康，包括良好的心理状态和道德观念；建设“健康中国”也不仅仅是卫生系统的事业，而是卫生、体育、教育、交通、环保、林草等多领域、多部门、多系统共同的事业。

而从三大产业的角度来分析，大健康产业的众多细分领域中，第一产业的重点关注领域为健康食品及中草药种植，第二产业的重点关注领域为医药研发制造、医疗器械及智能制造，第三产业的重点关注领域为“互联网+大健康”、精准医疗、第三方医疗、健康养老、健康管理及健康保险。

林草业在健康产业中，大有可为，作用日益凸显。传统意义上的医疗服务、医疗设备、制药等属于健康产业链的前端产业。涉及绿色健康食品生产和销售的农林草业种植、林下经济、食品加工等，以及属于更高层次的森林休闲康养、森林游憩、健康大数据、健康保险和健康理财等横跨第一、第二、第三产业的林草业是健康产业链中的后端产业。林草业与大健康两大产业的融合与共生，是新常态下我国大健康产业的新业态、新商业模式，具有广阔的市场空间和发展前景。

林草业和健康产业融合发展研究目前还刚刚起步，还有很多空白点，理论机理不明确，运行机制不清楚，产业发展作用被低估。开展这方面的调查研究具有重要的理论意义和实践价值。

**2. 研究意义**

产业融合发展在形式上多种多样，而对林草业与健康产业融合发展来说，又有不同的发展层次。陈圣林、邵岚(2017)等认为大健康产业的前端产业是医疗设备、医疗服务等，而从林草业和健康产业融合的角度看，第一个层次是农林业种植及加工，涉及绿色健康食品、药品的生产销售，更深一层的则是森林旅游、森林康养、健康大数据等业态。当前，我国在第一个层次上发展势头迅猛，而在更深层次的森林康养业态方面尚处于起步阶段。在阅读了现有的关于这两个产业融合发展的研究后，笔者发现大部分学者对其的发展前景呈乐观态度，从不同的角度分析了林草业与健康产业融合发展的现实意义。

(1)经济意义。林草业与健康产业融合发展在现阶段来说正好契合国家发展趋势，从宏观上来说，孙抱朴(2015)认为融合发展的新业态——“森林康养”产业符合习近平总书记关于推进全面经济改革，优化产业结构，培育新业态、新商业模式的重要讲话精神。张绍全(2018)认为这一产业是林业供给侧结构性改革的重要突破口，同时也能助力实施乡村振兴战略、推进林业脱贫攻坚工作进一步深化。信军、李娟(2017)认为大健康产业与现代农林产业融合发展在产业结构调整、拉动就业、增加农民收入等方面都将发挥巨大的作用。

(2)生态意义。发展林草业与健康产业融合在生态方面也具有非常积极的意义，当前我国不断强调生态文明建设的重要性，“五位一体”的现代化总体布局里更是将生态文明建设定为基础。习近平总书记曾在多个场合强调必须树立和践行绿水青山就是金山银山的理念，张绍全(2018)认为林草业与健康产业融合发展，推进森林康养产业发展是践行“两山”理念，建设美丽中国的有效路径，同时推进这一产业发展也是在推行一种绿色的、健康的生产生活方式。吴欣享(2019)认为林业生态是发展的基础，但融合发展与生态保护并不矛盾，以发展促保护，促进林草资源的可持续发展，这也是牢守生态底线的重要方法。

(3)社会意义。我们国家的林草业与健康产业融合发展尚处于起步阶段，但一些发达国家在这方面的先进经验和取得的成效可以给我们提供一些借鉴。张胜军(2018)总结了国外森林康养产业的发展模式，提到德国是世界上发展森林康养产业最早的国家，而在大力推行森林康养项目后，其国家医疗费用总支出减少 30%，同时国家健康指数也总体上升了 30%。这说明了推进两个产业融合发展，发展新业态、新模式在经济效益和社会效益方面的双重作用。另一方面，信军、李娟(2017)认为促进两个产业融合发展，可以将健康产业的一些先进的管理理念、经营模式等融入农林业的不同环节，优化农林业的产业结构，推进农林业现代化发展，提高管理水平。

**(二)研究目标和内容**

**1. 研究目标**

本研究主要是了解我国林草业和健康产业融合发展的现状，通过重点调查、典型调查和座谈走访等方式，对林草业和健康产业融合发展实际情况进行实地调研，收集整理林草业和健康产业融合发展的相关数据及资料，并对调研结果进行分析，总结我国林草业和健康产业融合发展中现存的不足与进一步的发展方向，并为推动林草业和健康产业融合发展提出相关的建议和意见。

**2. 研究内容**

(1)文献综述。广泛搜集整理和分析国内外有关健康产业的文献资料，搜集林草业在提供森林食品、旅游、康养，促进健康、陶冶情操方面的研究文献，从林草业行业的角度，评估现有研究的视角、研究内容、研究方法、研究的理论和实践价值，以进一步确定研究问题的范围，提出确切的研究内容。

(2)健康产业的界定和趋势。在文献研究基础上，明确健康产业的内涵、产品以及产业的范畴、特点、历史背景，为全文的研究界定框架基础。

(3)林草业在健康产业中的地位，表现形态以及作用机理。在文献研究基础上，分析林草业在健康产业中的地位以及作用，凸显林草业的“健康作用”，特别研究承载这些健康作用的表现形态和作用机理。

(4)林草业与健康产业融合发展现状梳理。基于文献、专家访谈、实地调研，特别是典型案例研究，了解林草业与健康产业融合发展的历史、具体产品和产业形式、规模，在国民经济中的地位和作用等。

(5)林草业与健康产业融合发展现存问题。分析林草业与健康产业融合发展中存在的问题，例如融合的意识不强，手段缺乏而且单一、融合的时机不契合、融合中的机制体制不顺、效果不佳等。

(6)林草业与健康产业融合发展对策。在上述研究基础上，提出林草业与健康产业融合发展对策，从提高融合的意识、创新融合的手段、理顺融合的机制等方面进行研究。

**(三)研究方法**

从本文的研究对象、研究内容和研究目标出发，本文选择研究方法主要包括：

(1)文献研究法。根据国内外各大学术研究数据库的文献检索，查找相关书籍、杂志、报刊，利用校内外图书馆藏书资源梳理目前林草业健康产业融合发展研究现状、趋势、研究成果；探索两者间的关系和影响路径，为本文的研究奠定理论基础，为本研究的文献综述和后续开展提供充足理论支撑。研究搜集查阅了上百篇书籍文献，总结提炼，相互印证，直接参考了31篇中英文文献。

(2)专家访谈法。本研究将访谈林草业与健康产业中的企业、专家、官员进行访谈，了解我国林草业健康产业实际开展融合发展的实施情况、存在的问题及未来发展规划等，以充分了解我国林草业健康产业融合发展过程，保证研究结果更加饱满。研究访谈了福建省三明市林业局、江西省林业局、中国林科院、中国人民大学、北京林业大学等多家单位，收集到了当前各界对林草业与健康产业融合发展的丰富见解。

(3)二手资料收集法。本研究辅以获取我国林草业健康产业融合发展方面的各类二手资料数据，通过多样化的数据来源保证数据的相互补充和交叉验证。所收集的二手资料将主要包括：官网披露的数据资料、书籍、文献、报纸和互联网上关于林草业健康产业融合发展的报道及管理者访谈语录等、从林草业健康企业内部获取相关资料，如公司发展手册、组织结构、运作流程、宣传PPT、宣传视频等。研究中搜索浏览了200多篇目标产业新闻资讯和相关讯息，相互印证其内容，研究资料详实。

（4）案例分析法。通过搜集绿色健康森林草原食品、药品保健品原料提取、森林草原旅游、森林康养森林浴、森林步道骑行等林草业大健康产业相关的各地优秀案例，进行一些实地调研，去往包括东北牡丹江、江西赣州、内蒙古包头等在内的多个地区，调研其融合发展的历史、具体产品和产业形式、规模、在国民经济中的地位和作用、对当地贡献等层面，然后展开案例分析，深入研讨林草业健康产业融合发展在我国各地方的实施效果、发展瓶颈以及可供全国范围内推广的优秀实践经验。

## 二、研究综述和基础理论

### （一）相关概念界定

#### 1. 林草业概念界定

传统的林业概念有狭义和广义之分，狭义的林业指人们从事的植树、造林以及保护森林等活动，也即营林业；广义的林业指除营造林外还包括木材生产和木材等林产品加工在内的林业产业。现代的林业则指人们为了满足社会需要，在同森林生态系统进行物质、能量、信息交换过程中形成和发展起来的，以森林资源为物质基础，经营森林生态社会系统，兼具生态、经济和社会效益，集第一、二、三产业为一体的基础产业和社会公益事业。

其中，林业第一产业内部主要包括林木育种和育苗、营造林、木材和竹材采运、经济林产品的种植与采集、花卉的种植、陆生野生动物繁育与利用等 6 项主要产业；林业第二产业内部主要包括木材加工和木、竹、藤、棕、苇制品制造，木、竹、藤家具制造，木、竹、苇浆造纸和纸制品，林产化学产品制造，木质工艺品和木质文教体育用品制造，非木质林产品加工制造业 6 个主要产业；林业第三产业内部主要包括林业生产服务、林业旅游与休闲服务、林业生态服务、林业专业技术服务、林业公共管理及其他组织服务 5 个主要产业。

草业即与草相关的产业。草地作为草业的基础，其数量的多少与质量的优劣将决定其后续生产及整个草地产业的规模与效益。草业科学主要是指以牧草资源研究为基础，重点开展特异基因发掘、种质创新，主要栽培牧草的新品种选育；开展牧草高效栽培利用及草地可持续利用等技术研究。并以草食动物饲草饲料生产、城镇化和生态治理为主体，运用现代生物技术培育新草种，研究优质高产草地的建设与管理技术体系，创造以人为本的城镇绿化美化园林新格局，探索以草为主的西部生态治理方法和途径，实现我国草野业的产业化。同时，生物多样性研究与保护是国际、国内草业科学新的研究方向之一。

#### 2. 健康产业概念界定

关于健康产业的概念，学者的研究角度各有不同。早期，由于将健康仅理解为无病痛状态，健康产业也相应地被等同于医疗产业。因此狭义的观点认为健康产业是指与人的身体健康直接相关的产业，主要包括医药产销与医疗服务业。而随着健康概念的拓展，大健康产业的含义也愈加丰富。随之产生的广义观点认为，大健康产业不仅关注人体的健康，更关注环境健康以及环境对人体健康的影响，并将大健康产业分为人体健康和环境健康两个层次。也有观点认为大健康产业是指以维护、改善、促进与管理健康和预防疾病为目的，强调治“未病”，提供产、学、研产品与相关健康服务的行业总称。按照经济活动的性质，可以将健康产业分为健康服务以及健康制造业。

总体上说，现阶段的大健康产业是以健康长寿为终极目标，包含对健康人群的创造和维持健康，对亚健康人群的恢复健康，以及对患病人群的修复健康，是覆盖全人群、全生命周期的产业链。

国家统计局 2019 年采用广义概念对健康产业进行界定：健康产业指以医疗卫生和生物技术、生命科学为基础，以维护、改善和促进人民群众的健康为目的，为社会公众提供与健康直接或密切相关的产品的生产活动集合，包括医疗卫生服务，健康促进服务等 13 大类。而从三大产业的角度来分析，健康产业的众多细分领域中，第一产业的重点关注领域为健康食品及中草药种植，第二产业的重点关注领域为医药研发制造、医疗器械及智能制造，第三产业的重点关注领域为“互联网+大健康”、精准医疗、第三方医疗、健康养老、健康管理及健康保险。

**3. 关于产业融合概念的界定**

“融合”的概念最早来源于美国学者 Rosenberg(1963)针对机械工具产业提出的“技术融合”概念。因此，早期研究更多地集中在技术融合对传统产业的改变。随着信息技术的发展，大量的产业融合研究集中于信息产业。之后，开始拓展至涵盖服务产业的各个领域。从不同角度定义产业融合的概念大致可以归纳为四类：从信息通信业角度来看，产业融合是指在技术融合、数字融合的基础上，逐渐发生的产业边界的模糊化；从原因与过程角度来看，产业融合是实现从技术融合到产品与业务融合，再到市场融合，最终达到产业融合的过程；从产品服务和产业组织结构角度来看，产业融合是随着产品功能的不断变化，提供该产品的机构或公司组织之间边界的逐渐模糊化；从产业创新和产业发展角度来看，产业融合是不同产业或同一产业的不同行业相互渗透、相互交叉，最终融合为一体并逐步形成新型产业形态的动态发展过程。

产业融合是产业创新的重要途径，是产业发展的新动力。产业融合的类型可以归纳为三类：一是渗透融合，主要发生在高科技产业和传统产业的边界处的融合，即高新技术产业及相关产业向其他产业渗透、融合并逐步形成新的产业；二是交叉融合，主要是产业之间通过功能互补和产业链的延伸实现的融合；三是重组融合，主要是发生在具有紧密联系的产业之间的融合即各个产业内部的不同行业之间的重组和整合过程，如农业、工业、服务业内部的相关产业通过产业融合来提高产业综合竞争力，从而适应新的市场需求。推动产业融合发生的因素是多方面的，其中技术创新发展是产业融合发生的内在驱动力，政府放松产业管制为产业融合提供外部条件，企业竞争与合作和对范围经济的追求是产业融合的企业动力，跨国公司的发展是产业融合的巨大推动力等。

产业融合具有六大效应：一是创新性优化效应，产业融合能够促进传统产业的创新，进而推进产业的结构优化与发展；二是竞争性结构效应，产业融合能够促使市场结构在企业间不断的竞争与合作变动中逐渐趋于合理化；三是组织性结构效应，产业融合不仅能引发企业组织间产权结构的重大调整，而且还会导致企业组织内部结构的创新；四是竞争性能力效应，产业融合能够促进产业竞争力的提升；五是消费性能力效应，产业融合能够促进消费的提升；六是区域效应，产业融合有利于推动区域的经济一体化发展。

**4. 林草业大健康产业概念的界定**

与“身体无病即健康”的早期传统健康观不同，现代人的健康规则是在身体、精神和社会等方面都处于良好状态的整体健康。在生态文明建设及“健康中国”的大背景下，人们对自然、绿色和生态产品的需求日益增大。

传统意义上的医疗服务、医疗设备、制药等属于健康产业链的前端产业。而涉及绿色健康食品生产和销售的农林草业种植、林下经济、食品加工等，以及属于更高层次的森林休闲康养、森林游憩、健康大数据、健康保险和健康理财等横跨第一、第二、第三产业的林草业是健康产业链中的后端产业。

林草业大健康产业作为一个新兴事物，旨在以林草业资源开发为主要内容，融入医疗、养生、养老、旅游、娱乐、文化、运动等健康服务新理念，形成一个多元组合，产业共融、业态相生的绿色综合体。林草业恰巧承担着建设林草业生态系统、保护湿地生态系统、改善荒漠生态系统、维护生物多样性的重大使命，可以生出丰富的生态产品。目前，林草业已经向开发生物产业、森林固碳、生态疗养、传承文化等方向发展，满足人民群众对生态产品多样化的需求。林草业大健康产业将成为林区可观的经济来源，为林区从第一、第二产业到第三产业的结构性调整指明方向。

林草业在健康产业融合中，大有可为，作用日益凸显。林草业与大健康两大产业的融合与共生，是新常态下我国大健康产业的新业态、新商业模式，具有广阔的市场空间和发展前景。

### （二）林草业与健康产业融合产业的范畴及特点

#### 1. 涉及林草业与健康产业融合发展业务的主体

从事林草业与健康产业融合发展业务的主体较多，主要包括林草局、中医药局、旅游局、产业办、林草科研单位、林草业及健康产业专家等。其中国家及地方林草局主要负责国家或地方林草业及其生态建设的监督管理，组织、协调和指导绿化工作、湿地保护工作和荒漠化防治工作等，承担推进林业改革等职责，是拟订林草业未来发展及其生态建设的方针政策、发展战略、中长期规划和起草相关法律法规的重要执行者，对从事林草业与健康产业相融合起根本性作用；中医药局则主要承担中医医疗、预防、保健、康复及临床用药等的监督管理责任，负责监督和协调医疗、研究机构的中西医结合工作，组织开展中药资源普查，促进中药资源的保护、开发和合理利用，参与制定中药产业发展规划、产业政策和中医药的扶持政策，参与国家基本药物制度建设等职责，对于林草业同健康产业相融合过程中林下药用食用植物的研发生产销售起关键作用；旅游局则主要负责研究拟定旅游业发展的方针、政策和规划，研究解决旅游经济运行中的重大问题，组织拟定旅游业的法规、规章及标准并监督实施，协调各项旅游相关政策措施的落实，特别是假日旅游、旅游安全、旅游紧急救援及旅游保险等工作，保证旅游活动的正常运行。旅游局的介入对诸如林草原康养、氧吧、浴场、旅游度假区等林草业大健康产业的建设推广是不可或缺的；产业办虽然覆盖到从生产到流通、文化、教育等方方面面，但是林草业大健康产业想要彻底融入居民的日常生产生活过程中，必将需要从文化建设和基础教育方面加强林草业对健康产业进一步完善重要性的教育，只有这样才能将林草原城市、城镇、村庄、特色人家建设中植入的文化底蕴发扬光大；林草科研单位及来自高校、研究院的相关专家学者则具有大量林草培育、遗传改良、生态系统管理、荒漠化防治、水土保持和林草业生态工程专业知识，对承担全国性的、重大的、跨地区性的林草业同健康产业融合发展相关的应用基础和应用技术研究，向地区输送专业技术及人才等方面有重要支撑作用。

#### 2. 林草业与健康产业融合发展业务的类别

健康产业是指以医疗卫生和生物技术、生命科学为基础，以维护、改善和促进人民群众健康为目的，为社会公众提供与健康直接或密切相关的产品(货物和服务)的生产活动集合。本研究遵循国家标准将健康产业范围确定为医疗卫生服务，健康事务、健康环境管理与科研技术服务，健康人才教育与健康知识普及，健康促进服务，健康保障与金融服务，智慧健康技术服务，药品及其他健康产品流通服务，其他与健康相关服务，医药制造，医疗仪器设备及器械制造，健康用品、器材与智能设备制造，医疗卫生机构设施建设，中药材种植、养殖和采集等13个大类。并将这13个大类分别归为第一产业、第二产业和第三产业(表1)。林业与健康产业第三产业中的大类和第一产业中的大类有着很多可以融合发展的地方，尤其是健康产业第三产业中的大类与林业非常适合相互的融合发展，后文会有相关的案例具体分析。

**表1　健康产业分类表**

| 产　业 | 健康产业大类 | 林草业在其中表现形态 |
|---|---|---|
| 第一产业 | 中药材种植、养殖和采集 | 中药材种植<br>林草产品采集 |
| 第二产业 | 医药制造 | 药用林草类产品的中药饮片加工、中成药生产、其他药品生产等 |
| | 医疗仪器设备与器械制造 | |
| | 用品、器材与智能设备制造 | 林草类营养、保健品和医学护肤品制造<br>林草类健康旅游休闲场所的器材、体育用品制造等<br>用于户外健康监测评估的智能设备制造 |
| | 医疗卫生机构设施建设 | |
| 第三产业 | 医疗卫生服务 | |
| | 健康事务、健康环境管理与科研技术服务 | 林草业健康产品研发<br>林草产业园区管理<br>林草健康产品质检 |
| | 健康人才教育与健康知识普及 | 林草健康服务人员培训(如森林康养师、康复治疗师培训等) |
| | 健康促进服务 | 林草类健康旅游(如森林公园、步道等)<br>林草类养生保健(如森林康养基地) |
| | 健康保障与金融服务 | |
| | 智慧健康技术服务 | 互联网林草类健康旅游出行服务平台 |
| | 药品及其他健康产品流通服务 | 林草类药品流通(批发、零售、仓储、配送等)<br>林草类营养和保健品流通(批发、零售、仓储、配送等)<br>林草类医学护肤品流通(批发、零售、仓储、配送等)<br>其他林草类健康产品流通(如天然健康绿色食品) |
| | 其他与健康相关服务 | |

### (三)林草业与健康产业融合发展战略的发展历程

#### 1. 1978年至1991年：从以原木生产为中心转移到以造林、护林为中心时期

在这个时期，人们已开始认识到森林是维护生态平衡的重要支柱，认识森林的多种效应，特别是在国土保安、保持水土、富国裕民方面的作用。从单纯强调林业的经济效益到重视林业的综合效益，是林业工作者战略思想的巨大飞跃。

1978年党的十一届三中全会以来，党中央和国务院做出了一系列重要的指示和决定，要求在保护和发展森林的基础上，逐步扩大森林资源的利用，增加木材产量和各种林产品产量，实现青山常在和永续利用，从而使林业走上健康发展的轨道。1980年3月，中共中央、国务院发布《关于大力开展植树造林的指示》和《关于保护森林发展林业若干问题的决定》，明确规定保护森

林、发展林业的方针政策，提出林业调整和林业发展的战略任务。1981 年 10 月，雍文涛同志在《林业的形势和我们的任务》报告中指出："今后总的任务是，切实保护好、经营好现有森林；大力造林育林，扩大森林资源；合理利用森林资源，充分发挥森林的多种功能、多种效益，以逐步满足国家建设和人民生活各方面的需要。""我们的奋斗目标是要经过全国各族人民的长期奋斗，把我国森林覆盖率提高到 30%。到 21 世纪末，把森林覆盖率提高 20%。"这个总任务和奋斗目标就是 19 世纪 80 年代我国林业发展的新战略，它标志着我国林业建设工作的重点逐步从以原木生产为中心，木材生产压倒一切，转移到以营林为基础，以造林、护林、绿化祖国为中心任务的轨道上来，解决了我国林业发展的战略指导思想问题。

这个时期我国林业发展战略主要包括五大战略目标和五大战略措施。战略目标包括：到 2000 年，森林覆盖率达到 20.2%，森林面积达到 29.14 亿亩，森林蓄积量达到 120 亿立方米等。战略措施包括：保护和经营好现有森林；发挥多种经济积极性，加速林业发展；大力开展植树造林，迅速扩大森林资源；走多种经营、以短养长的道路发展林业；实行特殊政策，扶持林业发展。

**2. 1992 年至 1998 年：从传统林业到可持续林业时期**

在这个时期，可持续发展理论引入林业。研究和实施林业可持续发展战略，不仅关系到林业自身的生存与发展，也是国民经济和社会发展的重大课题。林业可持续发展是人类利用森林生态系统的行为准则，是林业发展的高级阶段，也是我国林业发展的必然趋势。

1992 年，在巴西里约热内卢召开了联合国环境与发展会议，中国政府向大会提交了《中华人民共和国环境与发展报告》，系统回顾了中国环境与发展的过程与状况，同时阐述了中国关于可持续发展的基本立场和观点。1994 年，中国政府通过了《中国 21 世纪议程——中国 21 世纪人口、环境与发展白皮书》。1995 年 9 月，党的十四届五中全会和全国人大八届四次会议提出了"科教兴国""两个根本性转变"和"可持续发展"三大战略。江泽民同志在《正确处理社会主义现代化建设中若干重大关系》的讲话中指出，"在现代化建设中，必须把实现可持续发展作为一个重大战略"。

1995 年，《中国 21 世纪议程 · 林业行动计划》提出了中国林业发展的总体战略目标和对策，即既要满足当代人的需求，又不对后代人的需求构成危害，并不断地满足国民经济发展和人民生活水平提高对其物质产品和生态服务功能日益增长的需要，真正实现林业生态效益、经济效益和社会效益相统一。1995 年 12 月，时任林业部部长徐有芳提出了新的林业发展战略，即"以实施分类经营改革为重点，全面实施《林业经济体制改革总体纲要》，建立新的林业经营管理体制和发展模式"。1997 年，党的十五大把科教兴国和可持续发展列为国家发展战略，强调指出要"植树造林，搞好水土保持，防止荒漠化，改善生态环境"。

**3. 1998 年至今：以生态建设为主阶段**

1998 年洪涝灾害后，针对长期以来我国天然林资源过度消耗而引起的生态环境恶化的现实，党中央、国务院将"封山植树、退耕还林"作为灾后重建、整治江湖的重要措施，做出了实施天然林资源保护工程的重大决策。在 1999 年退耕还林试点成功的基础上，2002 年我国全面启动了退耕还林工程。为了进一步加快林业发展，我国政府启动了天然林保护、退耕还林等六大林业重点工程，中共中央，国务院颁发了《关于加快林业发展的决定》(以下简称《决定》)，召开了全国林业工作会议。中国林业进入由木材生产为主向生态建设为主的历史性重大转变，确定了以生态建设为主的林业发展战略。这一时期，我国政府先后确立了林业的"四个地位"，提出了林业的"双增”目标。

2001 年 6 月，温家宝同志在全国林业科学技术大会上提出了新时期我国林业发展必须面对和解决的 7 个战略性问题，做出了开展林业宏观战略研究的重要部署。2002 年 9 月，温家宝同志在听取“中国可持续发展林业战略研究”项目阶段性成果汇报后指出，林业是经济和社会可持续发展的重要基础，是生态建设最根本、最长期的措施；在可持续发展中，应该赋予林业以重要地位；在生态建设中，应该赋予林业以首要地位。2003 年，《决定》指出，“必须把林业建设放在更加突出的位置。在全面建设小康社会、加快推进社会主义现代化的进程中，必须高度重视和加强林业工作，努力使我国林业有一个大的发展。在贯彻可持续发展战略中，要赋予林业以重要地位；在生态建设中，要赋予林业以首要地位；在西部大开发中，要赋予林业以基础地位。”2004 年 3 月，十届全国人大二次会议通过的《政府工作报告》明确提出，我国要“实施以生态建设为主的林业发展战略”。这集中体现了《决定》的精神，使以生态建设为主的林业发展战略成为国家发展战略的有机组成部分。2005 年，国家林业局做出了我国生态建设由“治理小于破坏”进入“治理与破坏相持”阶段的判断，认为治理力度和破坏程度对比相当；并根据这一阶段的特点，调整了林业生产力和生产关系布局，作出实施“东扩、西治、南用、北休”区域发展的新战略，分区施策，分类指导。2007 年 10 月，党的十七大首次提出建设“生态文明”的概念，把建设生态文明作为一项战略任务和全面建设小康社会的目标明确下来，提出到 2020 年，要使我国成为生态环境良好的国家。2009 年 6 月，中央林业工作会议指出，在应对气候变化中，林业具有特殊地位，发展林业是应对气候变化的战略选择。这是我国政府根据林业的特点、国际气候谈判的形势，以及我国生态文明建设的战略目标做出的科学判断，明确了新时期我国林业的新地位、新使命。同年 9 月，在联合国召开的气候变化峰会上，中国政府向国际社会承诺：到 2020 年，我国森林面积比 2005 年增加 4000 万公顷，森林蓄积量增加 13 亿立方米。林业“双增”目标将成为今后我国林业生态建设的首要目标，标志着中国林业将进入一个关键的发展期。

**4.“十三五”规划预示健康产业迎来快速发展的机遇期**

《中国国民经济和社会发展第十三个五年规划纲要》中提出：“把提升人的发展能力放在突出重要位置，全面提高教育、医疗卫生水平，着力增强人民科学文化和健康素质，加快建设人力资本强国，推进健康中国建设。”自首次提出“健康中国”概念以来，“健康中国”作为一项长期国策，其重要性不断凸显。2016 年 8 月 26 日，中共中央政治局审议通过“健康中国 2030”规划纲要，其中提到大健康产业是“健康中国”建设中重要的组成部分。

随着经济与技术的快速发展，大健康产业在我国呈现出巨大的发展机遇。在市场需求与发展环境方面，我国“老龄化”趋势不断提速，疾病、亚健康人群规模巨大，人民对于健康的需要与要求不断提升，大健康产业的发展不仅可以提高人们的生活质量，还可以扩大内需从而刺激经济的发展。此外，作为我国重点发展的战略产业，我国的政策规划也为大健康产业的发展提供了持续的保障。从大健康产业发展本身来看，健康产业作为投资的热点领域，有着充分的资金支持其展开领域内的研究与产品研发，基因测序、移动互联、细胞治疗技术等新兴技术的快速兴起更加快了产业的更替，为大健康产业的发展带来活力。

健康产业迎来快速发展的机遇期，这首先取决于人们对健康和健康产品的需求。在越来越多的人解决了基本的温饱问题后，人们对健康的需求日益增强，而且越是经济发展水平高的国家和地区，人们对健康的认知、追求和期望越高，对助于维护和增进健康的产品和服务的需求也就越高。世界范围内医药费用的不断上涨，实际上就反馈了健康产业在整个国民经济中所占比重的增加。同时，科技的迅猛发展也是推动健康产业发展的又一关键力量。在当今社会，科技正在日新月异地改变着人们的生活，也为传统产业的升级和新兴产业的崛起带来巨大的机遇。回顾人类历史上产业的演进和更替，无不是以技术进步、科技创新为先导和加速器的。尤其是进入 21 世纪以来，科技更是发挥了主导性作用，而且其创新的速度越来越快，对人们生活的影响也越来越深。因此，由于健康需求的普遍增长及科技的发展，健康产业将异军突起，形成一种“以健康为导向”的经济发展模式。

**(四)林草业在健康产业中的表现形态以及作用机理**

由于林草产业具有十分显著的生态效应，一系列森林健康产业与生态文明建设实现了有效互动。且林草产业业态具有第二产业过强并向第三产业转化的特征。目前，从社会企业到林企，从社会资本到林草业资本都在关注林草产业第三产业，而林草业大健康产业成为其关注的主要对象。

同时，林草业承担着建设森林生态系统、保护湿地生态系统、改善荒漠生态系统、维护生物多样性的重大使命，可以生出丰富的生态产品。目前，林草业已经向开发生物产业、森林固碳、生态疗养、传承文化等方向发展，满足人民群众对生态产品多样化的需求。

以良好的生态环境和典型的森林景观为依托的第三产业，是名副其实的生态产业。在生态产品短缺的背景下，和人们热爱自然、亲近自然、回归自然的新趋势下，林草业产业展现了其他产业无法比拟的市场空间和独特优势。第三产业的“森林康养”更是作为近年来大健康产业少有的创新模式，打通并结合大健康产业的全产业链，形成产业相融共生的新业态。30 多年来，我国的森林旅游业为首的林草业产业与健康产业相融合发展的新兴业态从无到有、从小到大，一直保持着加速发展的良好态势，成为我国旅游业发展的重要增长极。

近期，国家林草局发布《林业发展“十三五”规划》，确立了“十三五”林业发展中，森林年生态服务价值达到 15 万亿元，林草业年旅游休闲康养人数突破 25 亿人次的目标。实现此目标，要求大力推进森林体验和康养，大力发展林草业综合服务业，开发并提供优质的生态教育、游憩休闲、健康养生等生态服务产品，提高生态体验产品档次和服务特色。我国野生动植物物种丰富，其中以现在的认知水平来看，我国具有较高经济价值的树种就有 1000 多种。一个物种一旦得到开发，就能形成一个大产业，产生惊人的经济效益。例如，从银杏叶中提取的治疗心脑血管疾病的黄酮，每千克售价 3000 多元；从红豆杉中提取的抗癌药紫杉醇，国际市场上每千克售价 40 万美元以上。此外，药食两用食品作为健康产业核心部分，也受到国家高度重视。利用林地资源和林荫空间开发利用这些林草业物种，开展生产经营活动的经济模式，不仅能改善国民身体素质、提高生活质量，对地方产业发展也有重要推动作用。

随着林下经济、森林旅游等林草业特色产业的深度开发，林草业对劳动力的需求将越来越大，为释放 1.8 亿公顷集体林地和数亿农村劳动力潜能提供了广阔的空间，集体林权制度改革也为亿万林农提供了就业机会和创业平台。从事林下种养等立体复合生产经营，不仅能实现资源共享、优势互补、协调发展，还能助农增收，可谓“绿利”双赢。

## 三、林草业与健康产业融合发展案例分析

### (一)第一产业相关案例

#### 1. 第一产业类别总况

健康产业具体可分为13个大类，其中中药材种植、养殖和采集等类别按产业类别划分又属于第一产业(表2)。这些方面的类别可在中药材种植、林草产品采集、草原绿色食品(动物乳制品、牛羊肉等)和森林绿色食品(各种菌类菇类)上实现与林草业的融合发展。林业与健康产业第一产业中的大类有着比较多可以融合发展的地方，主要表现在各种森林和草原动植物资源的开发和利用上面，林业与健康产业这些类别的融合还属于比较基础的阶段。本文采取了森林食品，草原食品和中草药种植等案例对于该方面的融合与发展情况做了进一步的分析。

表2　健康产业(第一产业)分类表

| 产业 | 健康产业大类 | 林草业在其中表现形态 |
|---|---|---|
| 第一产业 | 中药材种植、养殖和采集 | 中药材种植<br>林草产品采集<br>草原绿色食品(动物乳制品、牛羊肉等)<br>森林绿色食品(各种菌类菇类) |

#### 2. 森林食品案例

我国东北地区吉林省延边朝鲜族自治州地处吉林省东部，位于长白山北麓。长白山区域有着亚洲东部保存最为完好的长白山森林系统，丰富的森林资源和物种资源为黑木耳的生长提供了优越的条件。该地土壤腐殖质层厚，多为营养丰富的黑土；水源充足，天然、纯净、无污染，且富含矿物质成分。同时该区域还有着独特的气候条件，地处寒温带大陆性季风气候，夏热冬寒，日照少、气温低，降水量较大，蒸发量大。该地的地理条件使得黑木耳具有“黑、厚、硬、纯、脆”的特点，营养丰富，含有糖类、蛋白质以及多种微量元素。延边州野生黑木耳产出历史悠久，但由于过度采摘，野生资源逐步走向枯竭。由此也诞生了黑木耳种植产业，产业发展历史悠久，延边州逐渐成为全国最大的优质黑木耳生产基地之一。早在20世纪70年代，延边州部分农民就开始探索黑木耳地栽发展模式，用木材资源段木栽培。到了20世纪80年代主要利用锯木屑吊袋栽培。进入90年代以来，黑木耳袋料地栽法得到推广，即用林木的下脚料如枝丫材锯末屑、粉碎树叶等作为培养料。

据吉林省统计局数据显示，“十三五”以来，延边州黑木耳产业的发展如火如荼。从产量看，2016年，全州黑木耳产量1.1万吨，占全州食用菌产量的82.3%，占全省黑木耳总产量的57.7%；2017年，全州黑木耳产量1.1万吨，占全州食用菌产量的82.2%，占全省黑木耳总产量的56.1%；2018年，受国家政策影响，全州黑木耳产业发展迅速，多个黑木耳企业正式投入生产，黑木耳产量大幅上升。全州黑木耳产量突破3.1万吨，占全州食用菌产量的82.6%，占全省黑木耳总产量的66.4%；截至2019年9月，全州前三季度黑木耳产量已有2.8万吨，预计占全年黑木耳产量的93.4%，全年产量将达到3.0万吨。从县市看，敦化市种植黑木耳65013万袋，占全州总种植面积的43.3%；汪清县种植黑木耳65852万袋，占全州总种植面积的43.8%。

延边州汪清县成为名副其实的主要产区之一。同时汪清县也是延边州其中的一个国定贫困

县。其在 1995 年被国务院命名为“木耳之乡”，被列为重色农产品优势区，获得农业部地理标志认证，截至 2019 年 7 月，全县黑木耳种植户达到 6719 户 13805 人，3 万余人从事木耳相关产业，占全县有劳动能力农业人口的三分之二。而天桥岭镇是汪清县发展黑木耳产业的重点地区，早在 20 世纪 90 年代开始，汪清县天桥岭镇就因地制宜发展特色经济，重视黑木耳产业，在 2014 年被定为国家级黑木耳安全生产示范区生产基地。

汪清县在黑木耳种植产业发展的过程中，逐步从个体农户庭院式栽培的无序、自由发展状态到由政府引导、牵头成立企业、产业园区的集中化、标准化管理。由此生产质量也有明显提高。生产方式也从地栽向棚栽转变，黑木耳企业和部分种植户开始引进液态菌种，使得黑木耳在生长过程中的受污染率极大程度下降，黑木耳的无公害率和产量也得到了保证，2018 年，全州每袋黑木耳干品产量平均在 1.5 两左右，比上年增长 15.4%。实现了黑木耳单产、质量双提升。

近年来，延边州确立了“建设基地、培育龙头、扩大规模、辐射带动”的发展思路，并以汪清县为重点，汪清县天桥岭镇为核心，编制了辐射全州的《延边黑木耳产业带发展规划》，积极构建黑木耳产业体，扎实推进黑木耳产业发展。目前，汪清县已建成了集菌种研发、菌包生产、基地建设、产品加工、物流配货、废弃料治理等为一体的生态循环产业园区。

汪清县的北耳科技有限公司就是由汪清县政府出资成立，主要目的是把一些小、散、弱的企业组织起来，把分散的农户组织起来，实现品类振兴和产业振兴，同时也助力脱贫攻坚，乡村振兴。汪清县也积极探索前沿的菌种培育、黑木耳种植等方法，引进投资成立汪清桃源小木耳生态产业园，倡导自动化、智能化生产。另外，汪清县还引进汪清环恳生态科技有限公司，可以将废弃菌袋生产成塑料颗粒，将转化失败的菌种加工成各类有机肥，真正实现了发展与环保齐头并进。

黑木耳种植产业不仅使汪清县得到长足发展，也让延边州以优质黑木耳而远近闻名。特别是在国家食用菌产业技术体系延吉试验站启动后，为全州黑木耳为主的食用菌产业的发展提供了强大的技术支持，使延边州的黑木耳产业逐渐向规范化、标准化、精准化发展，黑木耳产品的产量和质量大幅提升，黑木耳产业的整体水平和综合竞争力全面提高。2019 年，“延边黑木耳”地理标志证明商标的成功注册，对于加强“延边黑木耳”原产地保护、进一步打响“延边黑木耳”商标品牌、提升农产品附加值和维护市场声誉，以及促进产业发展、增加农民收入等方面具有重要意义。

汪清黑木耳从产品特性而言，含有多糖和丰富蛋白质，具有抗癌和降脂的作用，不仅能美容养颜，还能预防结石、预防心脑血管疾病。黑木耳种植产业提供优质的绿色产品给人们的身心健康提供了重要的基础保障。与此同时，汪清黑木耳种植产业也充分展现了生态环保的特色，对环境健康友好，通过集约化管理、提高种植技术水平、循环利用废弃菌种作为有机肥等方式，将本地产业发展推向更高质量层次水平。从此可见，林业与健康产业紧密联系，两者互相交融，林业对健康产业发展做出突出的贡献，也是其重要的一部分。

**3. 草原食品案例**

乌珠穆沁草原是位于内蒙古锡林郭勒盟东北部的典型温带草原，总面积 7 万多平方千米，是内蒙古仅存较完整的原生态草原，2016 年底已划为国家重点生态功能区。乌珠穆沁草原在行政区域划分上，分为东乌珠穆沁和西乌珠穆沁，两地都以发展畜牧业为主。该地草原生态环境脆弱，水系主要为内流河，气候为温带草原气候，冬冷夏热，降水量少，蒸发量大。草原上除了有蘑菇、蕨菜、黄花等特产，还有芍药、黄芩、防风、知母、甘草等滋补中草药。由于此地为天然草场，水草丰美，适宜优良品种的牛羊马等繁衍生息，比较出名的有乌珠穆沁羊、乌珠穆沁马等等。在当地条件以及长期选育下，乌珠穆沁羊已经形成的一个优良类群，产量总数已超过100万只。由于乌珠穆沁草原得天独厚的优势以及悠久的养殖历史，乌珠穆沁羊可以在辽阔的草原上自由生长，饮地下富含矿物质的水，食随地可见的名贵草药。因此，其肉质营养丰富，纯净无污染，又有较好的医理作用，乌珠穆沁羊被称为“天下第一羊”。1982年经农业部、国家标准总局的确认下，正式批准乌珠穆沁羊为当地优良品种，2008年被准予登记为农产品地理标志。

近年来，随着中央政府和当地政府对畜牧业现代化发展重视程度提高，锡林郭勒盟的肉羊产业发展也在逐步提升。内蒙古自治区“8337”发展思路提出“建成绿色农畜产品生产加工输出基地”；2014年春节前夕，习近平总书记在重要讲话中也对内蒙古“打造现代畜牧业”寄予厚望。肉羊产业的发展在持续转型中，从过去传统粗放式的发展到标准统一化、精细化、智能化、电商化的转型。牧区通过建设家庭生态牧场示范户、牧民合作社，形成“公司+合作社+牧民”或者“公司+家庭牧场”的养殖模式，保证肉羊出品与市场的紧密关联。数据统计，2018年锡林郭勒盟积极培育新型农牧业经营主体，全盟农牧民专业合作社发展到1300多个，规范合作社累计达到875家，认定家庭牧场累计达1022家。还有羊业协会提前确定“合同羊”，把好肉羊品质关。2017年3月，乌珠穆沁羊业协会就与1700多户牧民会员陆续签订合同，明确饲料把控、品种选育和饲养方式等各环节，当年锡林郭勒大庄园肉业有限公司的肉羊计划加工量为50万只，来自乌珠穆沁羊业协会的“合同羊”就有26万只。

另外，建立全程和追溯管理体系，形成全产业链建设，从源头保障食品安全。锡林郭勒肉食品有限责任公司为牧户养殖的羊群安装了智能耳标，安装智能耳标可以给每一只走上消费者餐桌的羊建立档案，消费者通过扫描二维码了解这只羊的月龄、体重、生长牧场、检疫情况、屠宰时间、物流流程等方面的内容。同时，锡林郭勒盟肉食品有限责任公司在锡林浩特市毛登牧场建立自己的肉羊繁育基地，在周边的苏木还建立了肉羊行业协会，逐步形成了“公司+基地+牧户”的产业化体系。该公司通过牢牢把握肉羊的养殖、屠宰、分割加工、销售等各个环节，有效保障了羊肉的质量。由此，肉品质量得以提升，羊肉的价格也有了保障，牧民收入才更能稳步提升。

同时，产品电商化的发展也深刻影响了肉羊的传统营销方式。锡林郭勒盟与龙头电商对接，开展京东——“羊”帆启航、天猫——2亿天猫用户关注“乌珠穆沁羊”、阿里巴巴——“2019阿里巴巴丰收购物节首站·锡林郭勒东乌珠穆沁羊肉节”等项目以及活动，提高了乌珠穆沁肉羊知名度，形成一定的品牌效应。锡林郭勒盟乌珠穆沁羊业协会会长宝音透露，意识到品牌建设对畜牧业的重要性后，锡林郭勒盟政府开始组建团队前往天猫学习电商运营，带动了当地30多家企业上线平台，电商运营模式为乌珠穆沁羊的销售打开了新局面。

乌珠穆沁肉羊产业的发展不仅给当地经济发展带来显著效益，而且通过产业集约化的转型升级让当地脆弱的生态环境得以维护和改善。肉羊产业的欣欣向荣让当地牧民可以改善生活条件，让一些贫困地区也能脱贫致富。同时依赖乌珠穆沁草原的生态环境而发展起来的肉羊产业也为人们提供了健康、营养、美味的羊肉，为人们的饮食健康、饮食安全提供强有力的保障。

特别是在当今工业化、城市化快速发展的背景下，土壤、水源受污染变得更为普遍的情况下，纯净、天然、绿色食品变得更为珍贵稀缺，因此乌珠穆沁肉羊产业的发展能够为国民乃至海外消费者提供健康绿色产品，对健康产业的发展有着特殊和非凡的意义。与此同时，这也有赖于草业为健康肉质产品提供重要基础保障，草业稳定的发展与维系，与健康产业也有了密切的关联。

**4. 中药材种植案例**

大兴安岭林区自然条件得天独厚，生态环境优良，药材资源十分丰富，并且药性药质纯正良好，中药种植技术成熟，种植空间巨大，种植加工已经粗具规模，具备发展生物医药产业的优势和有利条件。

(1)中药材利用历史悠久，种植加工粗具规模。大兴安岭林区少数民族利用中草药历史悠久，虽然林区药材开发工作起步较晚，但发展较快。尤其近几年来，林区药材开发工作在各级领导和职工群众的共同努力下，初步形成了开发思路符合区情、资源底数比较清晰、种植品种基本明确、基地建设粗具规模、产品开发初见成效、龙头企业正在形成的局面。2014 年全区中草药经营种植面积 19 万亩，其中耕地种植面积 6.1 万亩，林药间种 9.9 万亩，野生抚育 3 万亩。主要品种有黄芪、黄芩、防风、柴胡、苍术、赤芍、五味子、桔梗、水飞蓟、灵芝等。全区药材产值由 2001 年的 3920 万元，增长到 2014 年的 79768.5 万元，其中种植业产值(含再生药材)56570.5 万元、药品及保健食品加工业产值 10852 万元、中药材采集业产值 12346 万元。

(2)自然条件得天独厚，药材资源十分丰富。大兴安岭林区在我国植被区划上是一个独立的区域，即“寒温带针叶林区域”，拥有广袤森林资源，林下野生药材自然蓄积丰富，是我国最大的寒温带中药材生长地区。土壤有 8 个类型(斑壤石质土、灰色针叶林土、暗棕壤土、白浆土、黑土、淋溶黑钙土、草甸及沼泽土)，肥力大，适合野生药材生长。大兴安岭林区现有各类植物资源 1000 余种，其中药用植物有黄芪、苍术、赤芍、沙参、百合、断肠草、柴胡、龙胆、杜香、杜鹃等 85 科 192 属 600 余种，被《中国药典》收列的主要品种达百种，常年收购经营的中药材 50 多种，属国家规定的珍稀濒危保护药材 20 多种，药用植物储量高达 170 多万吨，市值约 10 亿元。

(3)自然生态环境优良，药性药质纯正良好。大兴安岭林区大部分地区依然保持着青山绿水、蓝天白云的自然风貌，大气、水体和土壤中的化学污染很少，十分有利于野生药材的生长。黄芪、防风、柴胡、苍术、赤芍、五味子、桔梗、灵芝(松杉灵芝)等药材品种均为省级以上野生药材保护品种，在全国享有一定盛誉。如黄芪被称“北芪”、五味子称“北五味”、苍术称“关苍术”等。此外还有兴安红景天、细叶柴胡和草苁蓉(不老草)等珍稀野生药材资源。

(4)中药种植技术成熟，种植空间巨大。大兴安岭林区有近 20 年的中药种植实践，已经掌握了适合本地种植药材的技术，拥有大兴安岭地区农林科学院北药科、绿色产业处北药办、科技局、药监局等系统的专业技术指导单位，和一批种植中药材的农民“土专家”。特别是近 3 年推广的林下种植中药材技术(林下药材种植、移植、补植)，开创了林药间种的返自然环境绿色种植方式。大兴安岭地区全区总面积 8.3 万平方千米，人口不足 54 万，人均土地和适药林地的数量都十分可观，另外由于气候寒冷，粮食作物的可耕种时间短，丰富的土地资源可以用来开展中药材种植，以达提升土地利用效率的作用。

**(二)第二产业相关案例**

**1. 第二产业类别总况**

健康产业具体可分为 13 个大类，其中医药制造、医疗仪器设备与器械制造、用品、器材与智能设备制造、医疗卫生机构设施建设等类别按产业类别划分又属于第二产业(表 3)。这些方面的类别可在林草类营养、保健品和医学护肤品制造、林草类健康旅游休闲场所的器材、体育用品制造和用于户外健康监测评估的智能设备制造等方面上实现与林草业的融合发展。林业与健康产业第二产业中的大类的融合相比与第一产业和第三产业大类的融合要更加的不容易，且可融合的方面相对较少，但仍然有其可以进行融合发展的突破口。本文采取了药品生产和保健品生产等案例对于该方面的融合与发展情况做了进一步的分析。

**表 3　健康产业(第二产业)分类表**

| 大类产业 | 健康产业大类 | 林草业在其中表现形态 |
| --- | --- | --- |
| 第二产业 | 医药制造 | 药用林草类产品的中药饮片加工、中成药生产、其他药品生产等 |
| | 医疗仪器设备与器械制造 | |
| | 用品、器材与智能设备制造 | 林草类营养、保健品和医学护肤品制造<br>林草类健康旅游休闲场所的器材、体育用品制造等<br>用于户外健康监测评估的智能设备制造 |
| | 医疗卫生机构设施建设 | |

**2. 药品生产案例**

紫杉醇(红豆杉提取物)是一种天然植物类抗肿瘤新药，于20世纪60年代末由美国国立癌症研究所(NCI)从太平洋短叶紫杉的树皮中提取，分离后得到具有紫杉烯环的二萜类化合物经NCI与施贵宝公司30多年的开发，1992年12月获得FDA批准上市，商品名为泰素，现已在世界50多个国家上市，主要用于治疗卵巢癌、乳腺癌和非小细胞肺癌和卡波络式恶性肿瘤。

紫杉醇是细胞抑制剂类抗肿瘤药物，可干扰癌细胞的微管蛋白合成从而发挥抗肿瘤作用，它对正常细胞基本无影响。它对大多数实体瘤有强力抑制作用，尤其对晚期卵巢癌、乳腺癌、非小细胞肺癌和卡波济氏肉瘤的疗效确切、副作用较小，同时，它也用于风湿性关节炎、皮肤病症的治疗。该产品以注射剂为主，辅以粉针和胶囊剂、凝胶剂。

自1992年上市，紫杉醇就受到了医学界的热烈欢迎，当年就创下年销2亿多美元的惊人业绩，上市第七年全球市场销售额已突破10亿美元，由此，紫杉醇创造了植物抗癌药单一制剂的销售奇迹。由此，紫杉醇创造了植物抗癌药单一制剂的销售奇迹，即使是上市较早的长春碱和长春新碱等植物抗癌药，销售额至今只有2亿多美元。2006年，包括天然原料加工的紫杉醇注射剂和半合成紫杉醇注射剂在内的紫杉醇制剂的国内市场销售总额已达37亿美元，高居世界抗癌药物之首。

迄今为止，国际市场上只有2种紫杉醇原料药：一种来自各种红豆杉树皮；另一种是从欧洲观赏紫杉枝条里提取出“10-浆果赤霉碱”，然后再经半合成而成，即多西他赛(多烯紫杉醇)，其结构与天然提取紫杉醇十分相似。这两种原料药均为国际医药市场上的畅销原料药产品，并长期处于供不应求状态，据有关部门估计，紫杉醇原料药与多烯紫杉醇原料药的销量之比大约为1∶1。

世界上包括美国、英国、法国、意大利、荷兰、印度、缅甸等国家都在生产紫杉醇，年产紫杉醇500千克左右，而在此之前，受提取技术未被全面攻克和紫杉醇原料红豆杉稀少的影响，我国一直都是紫杉醇的进口大国和使用大国。

据立木信息咨询发布的《中国注射用紫杉醇市场评估与投资战略报告(2020版)》显示：在国内，紫杉醇是销售金额排名第一的化学制剂，是抗肿瘤药领域用药金额最大的品种。根据PDB

数据，样本医院紫杉醇销售金额从 2015 年的 17.83 亿元增长到 2019 年的 30.53 亿元，年均复合增速达到 11.36%，快于抗肿瘤药物的增长。2020 年第一季度的下跌主要是受“新冠”疫情影响，导致患者诊疗量的下降。2019 年紫杉醇市场的快速增长主要来自恒瑞医药及石药集团白蛋白紫杉醇新上市后销售增长。按照《中国卫生健康统计年鉴 2019》相关数据推测，2019 年国内医院终端紫杉醇制剂的实际销售金额达到 210 亿元人民币。从使用量看，样本医院紫杉醇使用量从 2015 年的 256.19 万(瓶/盒)增长到 2019 年的 362.23 万(瓶/盒)，年均复合增速为 7.17%。

行业数据显示，紫杉醇的制作成本为 300 万美元/千克，市场价格高达 1000 万美元/千克以上。1 克紫杉醇可制成 33 种抗癌药，国内销售价格约为 30000 元人民币，进口药品价格约为 80000 元人民币，是黄金价值的数百倍。

据统计，进入 21 世纪后，全球消耗紫杉醇约 1500~2500 千克/年，仅美国就需 300 千克左右，供需严重失衡。到 2030 年，全球对紫杉醇的需求将超过 3000 千克。由于含量低微和资源有限等客观原因，目前的原料来源和紫杉醇医药产品远远不能满足市场需求，市场缺口巨大。巨大的市场机遇与紫杉醇较大的成长空间，使得包括新基、恒瑞等国内外的大型医药企业在内的近 20 家公司竞相收购、研发紫杉醇新剂型。

红豆杉除了药用价值之外，在生态保护上还有着防沙固沙的作用；红豆杉还有作为原木的经济价值，并且由于红豆杉树木极为珍贵，而且耐低温，更耐腐蚀，稳固坚硬。所以在木材的使用上，价值更高，能够造船具、家具等还可以作为建筑木材。除此之外，在园林绿化、室内盆景开发有很好的观赏价值。红豆杉的果实当中有很高的含油量，可以用来榨油，红豆杉保健品等方面也有着十分广阔的开发前景。

红豆杉属植物全球有 11 种、1 变种，全世界仅分布在中国、印度、缅甸、阿富汗、朝鲜、日本、美国、加拿大、俄罗斯等国家，分布虽广，但数量不多，种群密度小。在我国的红豆杉属有 4 种、1 变种。分别是云南红豆杉、西藏红豆杉、东北红豆杉、中国红豆杉和南方红豆杉。

**3. 保健食品生产案例**

红松又名果松、海松，是松科松属的常绿乔木，是名贵而又稀有的树种，是像化石一样珍贵而古老的树种，天然红松林是经过几亿年的更替演化形成的，被称为“第三纪森林”。红松在地球上只分布在中国东北的小兴安岭到长白山一带，国外只分布在俄罗斯、日本、朝鲜的部分区域。中国黑龙江省小兴安岭的自然条件最适合红松生长，全世界一半以上的红松资源分布在这里，被誉为“红松故乡”。红松树龄达到五十年以上才开始结籽，并要跨越寒冬，历时 18 个月才能成熟。红松种子价值占全部红松林价值的 26%。另外，红松花粉是雄蕊的生殖细胞，含有生命体长寿所需要的全部营养成分，而且这些营养成分的配比也是合理的。它的营养成分包括蛋白质、氨基酸、矿物质、酶与辅酶、核酸、黄酮、单糖、多糖等 200 余种。也是一种营养全面的药食两用佳品。红松松针富含蛋白质、抗菌素、叶绿素、植物纤维、植物酵素、8 种氨基酸和多种微量元素、多种维生素等活性物质，也可作为生产新型保健食品原料。

1)红松果仁系列保健食品的开发

红松果仁是松科乔本植物红松的种子。又称海松子、松子仁、新罗松子。种粒硕大，千粒重约 570g，在我国松科种子产量中名列前茅。我国食用松子已有 3000 多年的历史了。自唐代以来松子就成为我国人民喜爱的小食品。古人把松子视为延年益寿的“长生果”。松子既是美味食物，又是食疗佳品。《本草纲目》记载：“松仁性温，味甘，无毒，主治关节风湿，头眩，润五脏，逐风痹寒气，补体虚，滋润皮肤，久服轻身不老。”《本草经疏》中说：“松子味甘补血。血气充足，则五脏自润，发黑不饥……故能延年，轻身不老。”故被誉为“长生果”在《太平广记》《本草纲目》《开宝本草》中也都有关于松子美容、长寿、抗衰老的记载。松子吸取松树的精华，16 个月怀胎结果，其营养十分丰富。据测定每 100 克果仁中，含热量为 698 千卡(2920 千焦)，水分 0.8 克，蛋白质 13.4 克，脂肪 70.6 克，膳食纤维 10 克，碳水化合物 2.2 克，灰分 3 克，胡萝卜素 10 微克，视黄醇当量 2 微克，硫胺素 0.19 毫克，核黄素 0.25 毫克，烟酸 4.0 毫克，维生素 E32.79 毫克，钾 502 毫克，钠 10.1 毫克，钙 78 毫克，镁 116 毫克，铁 4.3 毫克，锰 6.01 毫克，锌 4.61 毫克，铜 0.59 毫克，磷 569 毫克，硒 0.74 微克。

松仁中含有丰富的磷脂、维生素 E、高质量的植物蛋白、微量元素等营养素，对激活酶的活性，促进蛋白质的合成，抗衰老，抗缺氧，抗辐射，增强体力，提高耐力，消除疲劳，增强人体免疫功能等，都有很好的促进作用。松子内还含有大量的不饱和脂肪酸，这些不饱和脂肪酸不仅在含量上还是在成分组成上，都是目前所知各种植物油中最佳的。常食松子，可以强身健体，特别对老年体弱、腰痛、便秘、眩晕、小儿生长发育迟缓均有补肾益气、养血润肠、滋补健身的作用。治疗燥咳、吐血、便秘等病。据资料查询，国内外对松仁的开发利用研究相对较少，松子还是以炒食、煮食为主。目前，在松仁产品的深加工和综合开发利用方面，虽已开发出了开口松子、松仁露、松子酱、松子调和油、松子蛋白粉、松子油软胶囊等产品，但整体状况还属起步阶段，还没有厂家研究红松果仁系列食品生产技术，实现红松仁的综合开发利用。

2)红松花粉系列保健食品的开发

红松花粉是雄蕊的生殖细胞，含有生命体长寿所需要的全部营养成分，而且这些营养成分的配比也是合理的。它的营养成分包括蛋白质、氨基酸、矿物质、酶与辅酶、核酸、黄酮、单糖、多糖等 200 余种。松花粉食用的历史久远，早在 2000 多年前，中国就有许多食用松花粉和用松花粉美容的记载。在《本草纲目》和《随息居饮食谱》中有关花粉糕的论述，《元和论用经》中也有花粉酒做法。宋代苏东坡的《花粉歌》写道：“一斤松花不可少，八两蒲黄切莫炒，槐、杏花粉各五钱，两斤白蚕一齐捣，吃也好，浴也好，红白容颜直到老。”在历代《本草》中多有松花粉“无毒”的记载，这一记载是中国劳动人民几千年实践的结晶。

进入现代，为了对松花粉营养生理作用进行评价，从 1993 年起，中国营养学专家在德国幕尼黑技术大学营养生理研究所进行了松花粉对生长中的大鼠锌代谢和脂代谢影响的初步研究。结果表明：松花粉具有很高的生物安全性。1995 年，对松花粉的急性毒性实验、致突变性实验、亚急性毒性实验从现代医学的角度进一步证明了历代《本草》中关于松花粉无毒的观点。因松花粉长期的食用安全性，1998 年国家将松花粉纳入普通食品管理。红松花粉中的活性物质如维生素 A 可滋养毛孔；维生素 B6 可改善毛细血管功能，促进血液将营养送达皮肤层，改善皮肤品质；核酸素可促进饱和脂肪酸的代谢，使皮肤不再油腻。红松花粉中还富含清除自由基和抗氧化的物质。红松花粉中还含有大量的磷脂酰胆碱，可燃烧过量的脂肪。红松花粉含有近百种酶，可以促进胃肠蠕动，增进食欲，帮助消化，对胃肠功能有明显的调节作用。红松花粉中含有多种活性氨基酸，服用后不必经过消化和分解即可直接被人所吸收，转送到溃疡面，去进行组织修复。松花粉中所含的多种酶和辅酶，也会有益于这种修复工作。此外，红松花粉还具有肝脏的保健作用，能预防由于过量饮酒所导致的酒精性肝硬化，能帮助受损的肝脏功能康复；具有明显的抗疲劳作用，能增强动物的耐力；具有抗衰老作用和心脑血管疾病的保健作用等。

此外，红松花粉还具有肝脏的保健作用，能预防由于过量饮酒所导致的酒精性肝硬化，能帮助受损的肝脏功能康复；具有明显的抗疲劳作用，能增强动物的耐力；具有抗衰老作用和心脑血管疾病的保健作用等。一般认为，未经加工的红松花粉极不易消化、吸收，直径仅 15～50 微米的花粉球外有两层对酸、碱及消化酶均持稳定性的外壁，并且在花粉的外壁中富含纤维素及抗癌物质胡萝卜素等。虽然花粉的萌孔可以释放部分营养物质，但经科学研究表明松花粉如不经破壁处理其有效成分不能充分释放，因此只有经过破壁处理的松花粉其有效成分才能被人体充分吸收利用。目前多采用机械法对松花粉进行破壁处理，如：低温高速气流干法粉碎技术和低温高频振荡粉碎技术。松花粉的破壁效果可以采用电镜扫描和 X-射线扫描进行分析。破壁后的松花粉可以作为保健食品的主要原料，可开发松花粉片剂、冲剂、松花酒等保健食品及雄花保健枕。

促进红松保健食品的开发生产，可解决林区就业问题，提高当地林业工人的生活水平，促进黑龙江省林区对天然红松林的保护和人工营造红松林的积极性，对林区经济可持续发展起到了重要的作用。具有良好生态效益、经济效益和社会效益。

（1）生态效益。天然红松林在防护效益、涵养水源方面发挥着巨大的作用。东北林区流经天然红松林分布区内的有松花江、黑龙江、乌苏里江和鸭绿江等河流，红松林的存在，具有重要的水源涵养意义。松花江水位比较稳定，含沙量较少，就是因为上游长白山林区有丰富的阔叶红松林。红松林从林冠到地面的灌木、草本、苔藓和枯枝落叶就像一层很厚的海绵体吸收保存着大量的水分，起着巨型水库的作用，可以调节气候，保证江河水位的稳定。防止泥土冲刷，使之大雨不涝，无雨不旱，保证农业高产稳产。黑龙江省和吉林省是我国主要粮食产地，基本没有大旱大涝，颗粒不收的年代，主要原因是有超过 30%以上的森林覆被率，其中有大面积的阔叶红松林。红松原始森林是小兴安岭生态系统的顶级群落，生态价值极其珍贵，它维护着小兴安岭的生态平衡，也维护着以小兴安岭为生态屏障的中国东北地区的生态安全。但是，从 1948 年小兴安岭开发到现在，历经 56 年的采伐，这里的天然红松林已从原始的 120 万公顷减少为不足 5 万公顷，成熟林木大约只剩下 300 万株。且天然红松生长期比较长，生长速度比较慢。一批红松绝迹后，要 1500 多年才能再见到大面积的红松林。天然红松林内物种十分丰富，林下植物多达 70 至 130 多种。且具有强大的防风固沙、涵养水源、防止病虫害等功能。国外学者研究测定，一棵 500 年的红松所产生的经济价值仅有 50～125 美元，而所产生的生态价值却多达 19.5 万美元。因此，红松保健食品的开发生产，可促进黑龙江省林区对天然红松林的保护和人工红松林营造，具有良好的生态效益。

（2）经济效益。近年来，随着国际贸易的发展，松子系列产品出口量逐年增长，松仁以其个大、饱满白嫩、入口清香，具有防止血脂沉积、降低胆固醇、减肥等作用且富营养而享誉世界，受到世界各国消费者的认同。但由于我国红松天然林资源的大幅度减少，全国约产红松子 2 万吨每年，而随着人们对天然绿色有机食品的食用量不断增加，市场的需求量越来越大，需求约为 10 万吨每年，目前生产的红松种子只占市场份额 20%。2010 年红松籽国内市场价格已达 50 元/千克左右，红松果仁更高达 300 元/千克以上，由于市场需求的不断增加，而种子产量逐年降低，同时我国加入 WTO 后，国际贸易往来不断加强，出口红松子 6000 吨/年。几乎占据了整个国际松子的市场，价格稳中有升。我国红松种子产业还处于发展初期，生产经营还基本停留在果仁裸仁出口上，深加工体系没有建立起来，产品也没有形成系列化，知名品牌少之又少。据资料介绍，红松籽进行深加工综合利用后与出售初级原料产品对比，附加值可增加 10 倍以上，因此，促进红松保健食品的研究开发，建立一批具有一定规模、技术含量高、产品附加值高的深加工基地，具有良好经济效益。

(3)社会效益。红松是重要的经济用材树种，国家二级保护植物，在东北林区经济林建设中占有重要地位。随着国家天保工程等林业生态工程的实施，采伐量的减少，红松母树林承包经营现已成为林区职工家庭经济的重要支柱产业，越来越受到人们的关注。因此，促进红松保健食品的开发生产，建立红松综合开发利用的现代化加工企业，提高红松林的经济效益，还可增加了红松籽仁的附加值和林区工人的就业岗位，提高了当地林业工人的生活水平，具有良好的社会效益，可促进人工红松林的发展。

### (三)第三产业相关案例

#### 1. 第三产业类别总况

健康产业具体可分为13个大类，其中医疗卫生服务、健康事务、健康环境管理与科研技术服务、健康人才教育与健康知识普及、健康促进服务等类别按产业类别划分又属于第三产业(表4)。这些方面的类别可在林草健康服务人员培训(如森林康养师、康复治疗师培训等)、林草类健康旅游休闲(如森林公园、森林步道等)和林草类养生保健服务(如专业森林康养基地)等方面上实现与林草业的融合发展。林业与健康产业第三产业中的大类有着非常多可以融合发展的地方，且还有很多可以创新的融合点。此外，林业与健康产业第三产业中的大类非常适合相互的融合发展，且两者融合的层次也更深，主要表现在旅游业和各种健康服务上面。本文采取了森林旅游、草原旅游、森林康养、森林浴、森林步道和森林骑行等案例对于该方面的融合与发展情况做了进一步的分析。

**表4 健康产业(第三产业)分类表**

| 大类产业 | 健康产业大类 | 林草业在其中表现形态 |
|---|---|---|
| 第三产业 | 医疗卫生服务 | |
| | 健康事务、健康环境管理与科研技术服务 | 林草业健康产品研发<br>林草产业园区管理<br>林草区域环境监测与恢复<br>林草健康产品质检 |
| | 健康人才教育与健康知识普及 | 林草健康服务人员培训(如森林康养师、康复治疗师培训等) |
| | 健康促进服务 | 林草类健康旅游休闲(如森林公园、森林步道等)<br>林草类养生保健服务(如专业森林康养基地) |
| | 健康保障与金融服务 | |
| | 智慧健康技术服务 | 互联网林草类健康旅游出行服务平台 |
| | 药品及其他健康产品流通服务 | 林草类药品流通(批发、零售、仓储、配送等)<br>林草类营养和保健品流通(批发、零售、仓储、配送等)<br>其他林草类健康产品流通(如天然健康绿色食品) |
| | 其他与健康相关服务 | |

#### 2. 森林旅游案例

森林旅游是林草部门对依托森林等自然资源开展的各类旅游活动的总称。从1982年到现在的近40年中，我国的森林旅游事业一直保持着快速发展的良好态势。据统计，2016—2019年，全国森林旅游游客量达到60亿人次，平均年游客量达到15亿人次，年均增长率为15%。其中，

2019年，全国森林旅游游客量达到18亿人次，占国内年旅游人数的近30%，创造社会综合产值1.75万亿元。

森林旅游对助力脱贫攻坚的推动作用是巨大的，据了解，我国60%的贫困人口分布在山区林区沙区，这些地区自然资源极其丰富，但也正因如此，经济的发展极为缓慢。以这些地区丰富的自然资源为依托，进行旅游等资源的开发，其发展潜力是巨大的。以森林公园为例，我国50%的国家级森林公园分布于贫困地区，根据国家林草局的测算数据，2018年通过森林旅游实现增收的全国建档立卡贫困人口上升到46.5万户147.5万人，受益人数占贫困人口的9%，年户均增收达到5500元。

森林旅游之所以日益受到欢迎，与其对人身心健康的积极作用是分不开的。随着人们生活节奏加快、城市化程度越来越高，人们的压力越来越大，与自然及绿地接触的机会也变得越来越少，而自然及绿地为人们释放压力、调整情绪、放松身心有着十分积极的影响，因此森林旅游与健康产业的发展是无法分别看待的。以张家界武陵源风景名胜区为例，森林旅游与健康产业的融合发展对经济产生了强有力的推动作用。

张家界市武陵源区曾经是一片不毛之地，被湖南省确立为51个省级贫困县(区)之一，1988年建区之初生活水平十分落后，农民人均年收入不足200元。建区之后，利用武陵源区独特的自然风光，把森林与旅游扶贫紧密结合起来，当地的森林旅游资源逐步开发。确定了“以旅游为龙头，以农业为基础，实施旅游带动扶贫”的战略方针，一手抓旅游开发，一手抓脱贫致富，不断拉长产业链条，完善旅游休闲市场的需求，以旅游反哺扶贫，取得了显著成绩，辖区内贫困发生率大幅降低。武陵源先后获得世界自然遗产、世界地质公园、全国首家5A级旅游景区、全国文明风景旅游区等国际国内桂冠，极大地推动了武陵源的经济社会发展，武陵源开始从一片不毛之地跃然变成国内外知名的旅游胜地。2017年2月，经湖南省人民政府公告，批准武陵区整区脱贫摘帽。

随后，当地政府对景区进行了大力宣传，借助电影《阿凡达》推广张家界美景、举办法国“蜘蛛侠”攀爬百龙天梯等活动，景区的知名度与美誉度不断提高。通过提升旅游服务水平，打造旅游形象品牌，经济总量进一步增大，经济实力全面攀升，夯实了旅游扶贫根基，其在增加收入、扩大就业、提高素质、改善环境、增强幸福感指标等方面的作用日益显现。

为了充分开发当地旅游资源，使世界遗产地、森林保护区的效能充分展现，张家界市对武陵源地区进行了大力整治，花费上亿元对景区内实施恢复与拆迁工作，拆除与景区不相符的建筑物，去“城市化”，全力保护自然资源，最大限度地开发出了森林资源的正面效益。良好的生态环境、独一无二的森林景观以及其带来的多感官的参与性吸引了大量游客前来参观，希望通过身体感官缓解压力、体验自然、愉悦身心。森林旅游对游客身心健康的积极影响，提高了游客对景区的旅游满意度，而游客的体验质量与其忠诚度恰好成正相关，因此，景区客源稳定且逐步扩大，景区旅游与心理健康融合发展，

以森林旅游业为主，通过完善保护景区内生态环境以增强游客观赏体验、促进身心放松为张家界武陵源风景名胜区的主要发展形式，二者融合发展进一步开发，张家界景区的国内外知名度日益提高，2019年张家界市接待国内游客数量7912.3万人次，入境游客人数137万人次，全年旅游总收入905.6亿元，同比上涨19.7%。旅游已然成为当地的支柱性产业，这与当地森林资源所带来的心理健康效用是密切相关的。

与在室内活动或在没有绿地的城市空间内进行活动相比，森林旅游被证实更为有效。森林旅游可降低紧张、困惑、愤怒及压抑感，同时可促进精神恢复。相比之下，室内活动可增加失望、焦虑、愤怒及悲伤感。此外，与在室内散步相比，在森林内散步，可更有效地增强自尊及改善情绪。这表明，森林旅游能产生更多的综合效益。参与森林旅游，可减轻压力，改善认知能力。

**3. 草原旅游案例**

草原旅游最典型的区域即内蒙古自治区的草原旅游产业。我国旅游业的起步较晚，随着改革开放的到来，中国旅游业进入了一个新的时期，形成了产业化发展，内蒙古自治区的旅游发展紧紧跟随着我国旅游战略的变化，将旅游业定位为“体现草原文化、独具北疆特色的旅游观光、休闲度假基地”。近年来，随着国家将旅游业确定为第三产业的重点，旅游业蓬勃发展，草原旅游的发展也十分迅速。截至 2018 年，内蒙古自治区全区实现旅游业总收入 4011.37 亿元，全年接待游客 1304 万人次。草原，作为一道独特的北疆景色，其壮丽辽阔的风光，区别于南方的秀丽、森林的浓密高大，且草原幅员辽阔，广袤无垠，置身于其中，放眼望去一片翠绿，对身心均是极大的放松。这样的特质，吸引了越来越多的人前往草原旅游，在欣赏美景的同时放松身心，在西北高原上，感受与森林完全不同的气息，受到了更多人的青睐。

截至 2019 年，内蒙古境内各级景区 374 家，星级宾馆 320 家，较 2000 年提高了 16%；旅行社总数 1433 个，与 2000 年相比增长了 16 倍，旅行社职工人数与 2000 年相比也有了很大的提高；交通运输方面，高速公路与相邻省份大城市联通，2019 年京张高铁的通行更是大大缩短了南北间的距离，逐步达成了南北贯通、东西顺畅的路网格局，增强了城市之间、区域之间的公路通行和运输服务能力，旅游的产业体系日益完善。

从旅游业对地区经济的贡献方面看，2010 年开始到 2017 年，旅游业对 GDP 的贡献逐年增加，且增长速度快，从 6.29%上涨到了 21.3%，同时旅游业在第三产业当中比重较大，对第三产业的贡献率为 42.7%，对社会消费品零售总额的综合贡献率为 48%。旅游业对内蒙古自治区的经济贡献度超过 40%，成为地区的重要支柱性产业，带动经济的快速发展。同时，旅游业的发展还推动着就业的进程，2017 年带动全区乡村旅游农牧民直接就业 15 万人，带动间接从业 60 多万人，帮助 4.4 万人脱贫；旅游业还拉动了当地的农牧民的收入水平，农牧民依靠第三产业获得的人均净收入仅次于第一产业人均净收入。内蒙古自治区旅游业已成为经济社会发展的重要支撑力。

内蒙古草原旅游的产品形式：

(1)生态产品。草原拥有其独特的天然性、原始性、广阔性，游览者在其中可以充分感受到大自然的原始景观与风光，同时草原地区处在远离城市等污染源的山区，天然草原的固碳能力为 1.3 亿吨，相当于减少二氧化碳排放量的 6 亿吨，空气质量相对较好，可以满足旅游者休闲休养的需要。草原的最佳观赏季节在夏季，夏季的草原相比其他地区而言会低 10 度左右，是避暑的圣地。内蒙古地区湖泊密布，草原及其周边的湿地可以调节气候，涵养水源，保持草原的生态平衡，同时滋养着更多的生物，如吸引着一些候鸟来这里繁衍生息。

(2)文化产品。草原与游牧民族的文化息息相关，以呼伦贝尔草原为例，呼伦贝尔草原是北方游牧民族的摇篮，出现在中国历史上的大多数游牧民族：鲜卑人、契丹人、女真人、蒙古人都是在这个摇篮里长大的。额尔古纳河流域是蒙古民族的发祥地、在这里可以看到成吉思汗统一蒙古草原时叱咤风云的古战场。上千年的历史进程中，蒙古民族以成吉思汗为代表缔造了蒙古民族的历史文化和民俗文化，并用自己的文字记载和传承至今的民间民俗。又以正蓝旗草原为例，正蓝旗是蒙元文化发祥地、察哈尔民俗文化典型代表、中国蒙古语标准音示范基地和“察干伊德文化之乡”，世界文化遗产——元上都遗址坐落于境内。草原蕴含着丰富的文化底蕴。

(3)民俗产品。民俗文化内容以蒙古族为主。以蒙古包为主的居住民俗、以蒙古袍为主的服饰民俗、以男儿三艺为主的竞技民俗、以红、白食为主的饮食民俗、以呼麦、长调为主的表演民俗等强烈地吸引着国内外游客前来观光，是草原旅游取之不尽的宝藏。

(4)饮食产品。草原特产有奶食品、金莲花、雪绒花、风干肉等，同时还有烤全羊、手把肉、奶茶等蒙古族特色菜系，鲜香四溢，是草原旅游体系中最为重要的一部分。

草原旅游在生态产品方面的优势十分突出，结合其他产品形式，可为游客带来丰富的物质、文化体验，为人们带来感官方面的各项顶级体验，这是草原旅游与心理健康融合发展的典型。草原旅游对游客感官的放松、情感的抒发带来了十分正面的影响，陶冶情操、放松身心，在很大程度上促进了游客的心理健康发展，因此，草原旅游与健康产业是分不开的，二者互相融合，互相促进，共同发展。

**4. 森林康养案例**

森林康养最早起源于德国。19 世纪 40 年代，德国人建立了世界上第一个以森林康养为主题的公园，此后森林康养的概念开始受到人们关注。对于森林康养的概念，学界众说纷纭。国家林业和草原局给出的官方定义是：森林康养指依托优质的森林资源，将现代医学和传统中医学有机结合，配备相应的养生休闲及医疗、康体服务设施，在森林里开展以修身养性、调适机能、延缓衰老为目的的森林游憩、度假、疗养、保健、养老等一系列有益人类身心健康的活动。

国外对森林康养的研究起步早，其发展大致概括为三个阶段。1980 年以前为第一阶段，主要研究内容为森林疗养条件。1980 年至 2005 年为第二阶段，主要研究森林环境的医学作用。2005 年至今为第三阶段，该阶段以森林康养为主题的研究在世界范围内蓬勃发展，研究内容转向康养基地建设与体系建设，各发达国家的森林康养产业日趋成熟。在日本，日本森林医学研究会和世界首个森林养生基地认证体系于 2007 年成立；截至 2016 年，日本共认证了 62 处森林疗法基地和 3 种类型森林康养基地，每年有近 8 亿人次到基地进行森林浴；韩国方面，其于 2008 年把“森林休养”列为全体国民的福祉，共营建了 158 处自然休养林、173 处森林浴场，修建了 4 处森林疗养基地和 1148km 林道；德国至今已有 350 处森林疗法基地；美国政府在 2011 年汇集以林业为主的 8 家机构实施大户外战略，此举成为提振美国经济和增加就业的重要举措；目前美国人均收入的 1/8 用于森林康养，年接待游客 20 多亿人次。

相比之下，我国森林康养起步较晚，尚处于初级阶段，理论研究层面在 2015 年之后增长较快，研究内容主要集中在森林旅游、产业发展、疗养因子和发展建议上。具体到产业发展层面，2012 年湖南率先建立了首个森林康养实践基地。随后，四川、浙江、广东、黑龙江和江西等省份陆续启动了基地建设。文化和旅游部于 2016 年 1 月颁布了《国家康养旅游示范基地》标准，标志着森林康养基地建设的正式开始。在 2016 以来，我国已进行了五批次全国森林康养基地建设试点遴选，总计批复 391 个森林康养基地建设试点单位，其中涉及 27 个省份。2020 年 3 月 16 日，《关于国家森林康养基地(第一批)名单的公示》公布了我国各省份现阶段共 107 个森林康养基地。国家林业和草原局在《关于促进森林康养产业发展的意见》提出至 2035 年，建成国家森林康养基地 1200 处；到 2050 年，森林康养服务体系更加健全，森林康养理念深入人心，人民群众享有更加充分的森林康养服务。

根据国家行业标准《森林康养基地总体规划导则》，森林康养产品的规划设计应根据森林康养基地的资源条件开展分析和评价，做到充分发挥森林康养基地优势，突出森林康养资源的特色，梳理和挖掘休闲、健身、养生、疗养、认知、体验等各个类型的森林康养产品。不同地区应根据不同的森林康养产品类型，明确当地康养服务人群的需求取向，设置森林温泉、森林健步、森林课堂、养生食疗等具体产品，制定丰富多彩的森林康养产品内容和开展方式以适应当地康养基地发展。以文成慢悦森林康养基地为例，森林康养产品的设计探索挖掘了当地自然景观、人文景观等优势资源，开发森林健步走、森林太极、森林瑜伽等运动康养；森林浴、森林冥想等静态康养；针灸、推拿等中医药康养；森林课堂、诗歌、书画等文化康养。

在国家层面上，发展森林康养产业具有战略意义。其对国民经济的作用主要可以从三个方面说明。

(1)推动健康中国战略的实施。据《2017 中国家庭健康报告》显示，我国亚健康家庭高达45.1%，慢性疾病人群达6亿，不同程度心理障碍人数近2亿，2020年老龄人口达4亿。有数据表明，我国符合世界卫生组织关于健康定义的人群只占总人口数的15%，有15%的人处在疾病状态中，剩余70%的人处在“亚健康”状态。研究表明，森林康养具有增强人体免疫力、放松心灵、舒缓压力以及预防和延缓疾病等有利于人类身心健康的作用。大力发展森林康养可促进全民身体健康。

(2)助力乡村振兴战略。首先发展森林康养产业有益于培育农民爱绿、护绿的观念，优化乡村森林环境，促进乡村宜居。其次，康养产业发展的合作模式有利于引入社会资本，改进乡村治理结构，引导文明风尚，推进乡村文明和治理有效。最后，森林康养产业的发展可拓展农民增收渠道，推动乡村经济发展。以温州市为例，2019年全市森林旅游康养人次超过5000万，产值超200亿元，产值比2005年增长了300多倍，对农民增收的贡献超过10%。

(3)推动林业产业转型升级。发展森林康养是推进林业产业高质量发展的重要途径。一是实现不砍树也致富，改变原先忽视质量的发展模式，实现生态效益的经济化。二是可以发展康养产品，充分利用林内资源，发展地方经济。三是有利于引进各种市场要素。通过引进资本、信息、人才等生产要素，形成“林业+”的模式，既盘活了林业资源，又增强了林业活力，使林业产业发展有途径，林业职工、林农有收入。

**5. 森林浴案例**

森林浴是指到生态环境良好和自然景观优美的森林环境中，利用优质的生态环境如植物精气、负离子和绿色空间等，辅之以一定的设施条件，开展以休闲保健、增进健康和防止疾病为目的的活动。它是保健三浴(空气浴、水浴、日光浴)中空气浴的一种。根据活动形式进行分类，可将森林浴分为步行浴、坐浴、睡浴和运动浴，不同的活动类型对应不同的适宜人群、运动方式和场地要求，具体有漫步、在木椅上闭目养神、做操和打球等。

森林浴对人体有诸多好处，但新球等(1999)指出森林浴保健作用包括：清新空气和森林分泌物能防病治病；负离子能促进健康、延年益寿；绿色环境有益身心调适和恢复视力；森林环境和气候对人类有庇护功能。陈葩等(2020)以51位在职军官和退休干部为研究对象，证明了森林浴可显著改善人的睡眠质量。郑洲等(2017)通过实验指出森林浴可有效降低高血压患者血压、血脂和改善心脏功能。黄甜(2013)指出森林浴能有效缓解视力疲劳。此外，有研究表明，在森林这一宁静、空气清新和富含植物精气及空气负离子的环境当中，人们可以获得诸多好处，如使人心神宁静、放松身心、预防和治疗疾病(如癌症和神经衰弱)、加强新陈代谢和提高人体免疫力等。

森林浴的保健功效有其特定的机理。一是森林能产生空气负离子，树冠、枝叶的尖端放电以及光合作用过程中的光电效应均会促使空气电解，产生大量的空气负离子。而空气负离子能够改善人体肺功能、心肌功能，促进睡眠和新陈代谢以及杀灭细菌。二是森林可净化空气，其空气洁净作用主要包括对空气中各种尘埃的过滤、吸收和对有毒气体的净化两方面。三是树木通过繁茂的树叶减弱、消散声波起到消除噪声的作用。森林浴能消除或大大改善由于长期生活在噪声环境中所产生的中枢神经和自主神经功能紊乱的各种病症。四是森林中的植物还可以分泌大量的芳香气味即植物精气，它不仅能杀死空气中的细菌，还能随呼吸进入人体，杀死体内的致病菌，同时人体接触到植物精气后，刺激副交感神经，对人可起到镇静、镇痛等作用，使大脑清醒、心情愉快，消除神经紧张和疲劳；还可提高机体免疫功能。

森林浴最早来源于德国，19 世纪 40 年代初，德国人在威利斯赫恩镇森林小城创立了世界上第一个森林浴基地。随后，世界各国开始了对森林浴的研究发展。在不同的国家，森林浴有不同的称呼，在德国称为自然韵律疗法，在苏联称为芬多精科学，在法国则称为空气负离子浴。日本的森林浴建设较其他发达国家起步晚，但发展迅速，1982 年，日本引进德国的森林疗法及苏联的“芬多精科学”，组织多学科专家开展联合研究后，在全国范围内大力提倡森林浴。1983 年，日本林野厅发起“入森林、浴精气、锻炼身心”的森林浴运动，开放 92 处，共 120 万公顷的森林游乐园。截至 2016 年，日本共认证了 62 处森林疗法基地和 3 种类型森林康养基地，每年有近 8 亿人次到基地进行森林浴。在奥地利，大多数居民都要到林区或森林公园欢度周末。美国每年则约有 3 亿人次到林区游览、观光和沐浴，各地均建有为数众多的“森林医院”。

从我国看，台湾地区森林浴发展较为完善。台湾有大量的可利用开发的森林林业，自 1965 年来，已建设森林游乐园 30 余处和森林浴场 40 余处。此外，台湾在欧洲和日本森林浴的基础上，还发展了自己的特色之处，台湾更强调森林浴场的休憩娱乐功能和森林生态文化教育功能的有效融合，因此延伸出教育型森林浴场。在大陆地区，19 世纪 80 年代以来，我国建立了各等级的森林公园，其中一些明确设置了森林浴场所。如北京开发的红螺松林浴园、广东肇庆鼎湖山品氧谷、北京市森鑫森林公园、浙江天目山森林康复医院等。在此前后，一些森林学者在主持规划国内森林公园、自然保护区的过程中，有的也将森林浴场作为一项单独的项目来设计。而每年有众多森林旅游者，也在有意或无意间从事着森林浴活动。

森林浴对经济社会的作用主要有了两点。一是从经济层面来看，森林浴有利于带动林业经济和绿色经济的发展，提升林业在国民经济中的地位。另外，森林浴及其相关产业的发展可以创造新的经济增长点，拉动周边人口就业，拓宽农民增收渠道，并且森林浴将生态效益与经济效益相统一，促进了产业的可持续发展。二是从国民健康的角度看，以日德为例，森林浴有效提高了人体的免疫力，其所节省下的医疗费用和财政支出可抵消部分森林浴建设所耗成本。有研究表明，我国只有 15%的人口处于健康状态，70%处于亚健康状态，另外 15%处于疾病状态。基于此，我国需要大力发展康养及保健产业，实施健康中国战略以提高国民身体素质，森林浴的出现正好契合了这一需求。

**6. 森林步道案例**

“福道”是指福州左海公园—金牛山城市森林步道。它是福州城市绿道与慢行系统建设的重要组成部分，“福道”东北接左海公园环湖栈道，西南连闽江廊线(国光段)，全线总长 19.6 千米，是全国最长的一条依山傍水、与生态景观融为一体的城市空中森林步道和休闲健身走廊，大约花两个小时可以走完全程。踩在坡度只有 8°的步道上，脚下就是林木，身旁就是树冠，仿佛在森林上空行走。

“福道”工程于 2015 年 1 月开工，2016 年年内基本贯通，2017 年对一些改线路段进行扫尾，2018 年春节前全部完成。“福道”建设对改善人居环境、满足广大群众休闲健身需求、提升省会城市整体形象和品位具有重要的意义。

此外，福州市“福道”荣获 2017 年“国际建筑大奖”，该奖项由芝加哥文艺协会建筑与设计博物馆、欧洲建筑艺术与城市研究中心联合颁发，该奖项于 2004 年设立，是引领世界建筑界潮流指标的奖项之一，获奖的作品必须突破设计极限，并成为一座城市中具有艺术价值的作品。“福道”是此批国内唯一获奖的建筑。

这条城市森林步道命名为“福道”，寓意“福荫百姓，道法自然”(即万事万物的运行法则都要遵守自然规律。“福道”建设也是在尊重自然、顺应自然、最大限度保护自然的理念下，让人与自然可持续发展)，以“览城观景、休闲健身、生态环保”为目标定位，以“一轴三片五点”为总体规划，构建市中心特色山水休闲慢行系统。所谓“一轴”，即左海公园—国光公园主轴；“三片”即左海片区、梅峰片区和闽江片区；“五点”即连接 5 个公园节点，分别为左海公园、梅峰山地公园、金牛山体育公园、国光公园及金牛山公园，沿线还有杜鹃谷、樱花园、兰花溪、摩崖壁等十余处人文景观。

“福道”总投资约 6 亿元。全线规划总长约 19 千米，其中主轴线依山脊顺势而建，呈东北—西南走向，长约 6.3 千米；金牛山体育公园和梅峰公园两条分支线长约 2 千米，地面登山步道长约 5.4 千米，现有车行道改造长约 5.3 千米。步道规划设置 10 个主要出入口，其中 5 个出入口与公园景点相连(左海公园、梅峰山地公园、金牛山体育公园、国光公园、金牛山公园)。同时，根据山地现状与栈道高低关系，在合理的位置设置了多处快速出入口(应急出入口)，方便游客快速进出“福道”。

当前，我国正在大力发展旅游业，全面推行“全域旅游”理念，这给我国旅游业转型带来重大的机遇。城市森林步道作为城市旅游路网的有机组成部分，将城市自然景观与人文景观串联组成旅游路线，是服务于全民的公共绿色空间，满足了不同人群的休闲、健身、游览的需求，是践行“全域旅游”理念的方式之一。城市森林作为城市“绿肺”，近几年随着城市的建设，城市森林资源逐渐减少，于是围绕城市森林修建城市休闲步道，是保存城市森林资源的重要措施。通过城市森林步道建设践行“绿水青山就是金山银山”发展理念，让城市居民享有近距离地体验与感受大自然美的机会。因此，当前规划好、建设好城市森林步道具有重要的意义。由于城市森林往往处于山地，地势高差较大、投资成本高、破坏森林资源等原因，导致城市森林步道还没有得到广泛的实践。但随着美丽中国、全域旅游、公园城市等相关政策的支持下，相信城市森林步道建设将会越来越成熟。

随着我国经济的稳步发展和人民生活水平的不断提高，人们追求更加健康和更加亲近自然的生活方式，对户外游憩的需求日趋多样化。通过对野外徒步社会调查表明，长距离野外徒步已成为很多城镇居民热衷的户外活动形式，目前我国的徒步爱好者人数已达到 6000 万人，而森林步道已经成为公众深入大自然、体验大自然的重要载体。目前城市森林步道在国内处于发展阶段，福道作为国内首条钢架镂空森林步道，其环境优异，特色明显，吸引了众多居民游客到此进行游览、健身等活动。现阶段，随着旅游、康健理念深入人心，人们在精神上的追求以及健康的追求越发强烈，城市公园步道也得到广泛居民游客的热捧，福道作为国内首条钢架镂空森林步道，步道立于城市森林之上，可以远眺城市风光，步道的景色和体验给游客的感受也是别具一格，因此步道环境和步道体验评价等级为优秀。可以为别的城市打造森林步道提供一定的借鉴。而我国将在 2050 年前，建成功能比较完备、人民群众满意的全国森林步道体系，使森林步道真正成为人民的幸福之路、健康之路、文化之路、发展之路。

**7. 森林骑行案例**

2011 年，根据广东省委、省政府推进珠三角绿道网规划建设的统一部署，大岭山森林公园按照“彩带环山、四季分明、步移景异、立体景观”的总体绿化效果要求，建成绿道主线 24.5 千米、支线 24.7 千米及绿道沿线配套设施一批。大岭山森林公园也成了一个森林骑行的好去处。大岭山森林公园绿道是串联湖光山色的一个缩影，绿道将大溪水库、怀德水库、石洞核心景区、花灯盏水库等多个优质景点串联起来，沿途群山环绕，碧波千顷，山水相连，林水相融，风光迷人，野趣盎然，骑行其中，“湖之秀，山之灵，景之美”如同一幅幅美丽的画卷步移景开。

大岭山森林公园位于广东省东莞市西南部，珠江口的东北部，北至厚大路，东以大岭山山体为界线，东南以莲花山东南山腰为界，西南至大岭山林场场部，西北至厚街大迳村，横跨四镇一场(厚街镇、虎门镇、长安镇、大岭山镇、大岭山林场)，面积约 74 平方千米，现已建成虎门、厚街、大岭山、长安 4 个入口广场、园区道路 78 千米、登山步道 31 千米，以及便民服务设施一批。

大岭山森林公园绿段主线作为省绿道 2 号线“山水绿道”的主要组成部分，从厚街景区入口至长安景区入口，全长 24.5 千米，绿道沿线配套驿站 4 个，厕所 6 间，观景亭台 3 座，休息平台 10 个。其中，大溪绿道支线西从大溪绿道驿站入，东与环湖绿道相交，全长 2.9 千米。每年 4 月，一片片金黄的黎蒴躺在森林的怀抱中，甚是壮观，骑车或步行其中，呈现一派生机盎然，深得游人喜爱。环湖自行车道环绕怀德水库而行，全长 7 千米，绿树婆娑，湖光潋滟，给人们带来惬意和休闲。驿站配备了崭新的自行车供游客租赁，为公园增添了很多的情趣。市民不仅可以呼吸着新鲜空气，漫步于绿草红花之间，感受到“景观相连、景随步移、人景交融”美感，还可以踩着自行车或悠闲地漫游在湖江之滨，在风景如画的怀德水库边沿途放歌穿行。绿道 7 号支线起点在“新奥林”，与大板绿道支线衔接，终点至长安景区入口，与省绿道 2 号线并行，路宽为 2.24 米，全长 4.4 千米，避免了车行道与自行车道混合使用的情况，使绿道更显人性化。

森林公园是非常适合男女老少骑车悠游的好场所。游客骑着自行车慢慢悠闲而行，在安全宁静的空间里，一面欣赏风景，一面锻炼健康。游客若是骑车累了，不妨稍作休息，好好观赏森林公园生态之美——沿路两旁花木扶疏、荫翳深幽，使人一眼观去世俗尽消，体味到“经纶世务者，窥谷忘返”“游目骋怀，足以极视听之娱”的诗文境界。大兴安岭森林公园就是森林公园骑行的一个好去处，环境优美，放松身心。

骑行是一种健康自然的运动旅游方式，能充分享受旅行过程之美。一辆单车，一个背包即可出行，简单又环保。在不断而来的困难当中体验挑战，在旅途的终点体验成功。骑行可以改善记忆力。不论是对于记忆力较强还是较弱的人来说，骑自行车都具有提高记忆力的作用，缓解帕金森，骑车可以改善与运动有关的大脑区域的活动情况。骑行也可以防癌。日常缺乏运动，就是容易致癌的不良行为之一。长期坚持骑自行车可增强心血管功能，尤其是有氧运动，提高人体新陈代谢和免疫力，起到健身防癌的作用。城市的喧嚣，糟糕的天气，每天都影响着我们的健康，越来越多的“城市病”让我们不知所措。在城市中，我们在追求高质量生活的同时，面临着越来越多的压力，于是人们身心疲惫，极其渴望寻求一个远离尘嚣，亲近自然，放松身心的地方，此时，天然氧吧——森林，则成为广大民众出游的不二之选。据有关实验表明，森林内气候温和，昼夜温差小，林内光照弱，紫外线辐射小，空气湿度小，区域降雨多，云雾多，这种舒适的小气候环境非常适宜人类的生存，因此森林也被称为天然疗养院。因此森林骑行对于人的身心健康具有十分大的益处。

此外，森林骑行可作为森林康养的一个组成部分，可以充分地利用森林资源，发展出新的健康产业。发展“运动+医疗+养生”模式，打造森林骑行、森林户外拓展等森林运动项目品牌。

## 四、林草业与健康产业融合发展中存在的问题

### (一)认识问题

认识到林草业在健康产业中的地位，评估林草业与健康产业融合发展的巨大潜力，才能在各个层面上做出规划更合理地决策，推动林草业与健康产业融合发展。从这一点出发，我们梳理了国家层面以及各地区关于大健康产业以及与林草业相关的各项政策，总结政策内容，发现了一些认识上的问题。

**1. 国家层面健康产业政策梳理**

2013年9月，国务院发布了《关于加快发展养老服务业的若干意见》，提出要建立功能完善、规模适度、覆盖城乡的养老服务体系，使养老服务产品更加丰富，市场机制不断完善，养老服务业持续健康发展的目标。2014年11月，商务部发布《关于推动养老服务产业发展的指导意见》，明确提出了要推动养老服务的融合发展。2015年2月民政部等十部委发布了《关于鼓励民间资本参与养老服务业发展的实施意见》，提出了推进医养融合发展的新举措。这些文件的出台明确反映了未来我国养老服务业具有巨大的发展潜力和广阔的市场前景，也提出了养老服务与医疗等其他产业融合发展的新发展路径，因而未来养老产业与林草业融合发展的一些新路径也就大有可为。

2016年10月，中共中央、国务院发布了《“健康中国”2030规划纲要》，指出了到2030健康服务业总规模将超过16万亿元，要优化健康服务，充分发挥中医药独特优势，加强重点人群健康服务，发展健康产业，发展健康服务新业态，积极发展健身休闲运动产业，加强健康人力资源建设，推动健康科技创新等。同年10月，国务院发布了《关于加快发展健康休闲产业的指导意见》，提出了多方面的政策举措，要培育健康休闲市场主体，优化健身休闲产业结构和布局，加强健身休闲设施建设等。2017年5月，国家卫健委等五部委联合发布了《关于促进中医药健康旅游发展的指导意见》，提出了要开发中医药健康旅游产品，打造中医药健康旅游品牌，完善中医药健康旅游公共服务等。这些文件说明了未来健康产业在国家发展中的重要地位，提出了健康休闲、健康服务、健康旅游等一系列重点产业，为我们国家大健康产业的发展指出了大方向，从中也能看出林草产业在未来健康产业发展中能起到重要作用，产业融合具有无穷的可能性。

2016年5月，国家林业和草原局印发了《林业发展“十三五”规划》，提出了要大力发展生态

公共服务，发展森林城市，建设宜居环境，发展特色经济林、森林旅游等绿色产业，构建生态公共服务网络，开发和提供优质的生态教育、游憩休闲、健康养生养老等生态服务产品。同年，国务院办公厅颁布《关于完善集体林权制度的意见》指出要推进集体林业多种经营，大力发展新技术新材料、森林生物质能源、森林生物制药、森林新资源开发利用、森林旅游休闲康养等绿色新兴产业。2019 年 3 月，国家林业和草原局等四部门联合发布了《关于促进森林康养产业发展的意见》，提出到 2035 年要建成覆盖全国的国家森林康养基地 1200 处，到 2050 年，森林康养服务体系更加健全，森林康养理念深入人心，人民群众享有更加充分的森林康养服务。要达到这一目标，就要完成优化森林康养环境、完善康养基础设施、丰富森林康养产品、建设森林康养基地、繁荣森林康养文化、提高森林康养服务水平等任务。这一系列文件充分说明了林草产业将会是健康产业的重要基础，林草业与健康产业融合发展将会产生很多新业态，促进国民健康水平的提升。

**2. 各省份林草业和健康产业政策梳理**

**表 5　各省份林草业与健康产业政策梳理**

| 省份 | 时间 | 政策文件 | 主要内容 |
| --- | --- | --- | --- |
| 北京 | 2016. 12 | 《北京市全民健身实施计划》 | 广泛开展全民健身活动，推动体育健身组织健康发展，完善全民健身基础设施，通过全民健身促进全民健康，进一步提高广大市民的身体素质和健康水平 |
|  | 2017. 09 | 《“健康北京 2030”规划纲要》 | 普及健康生活方式，加强医体融合和非医疗健康干预，优化全年龄段人群的健康服务，推动医疗卫生和养老服务相结合，加快实施健康绿道工程，推进森林疗养示范区建设 |
|  | 2019. 12 | 《北京市关于完善退耕还林后续政策的意见》 | 积极探索试点林果采摘、林下经济、民俗旅游、森林康养等绿色产业融合发展模式，拓宽退耕农户就业增收渠道 |
| 江苏 | 2017. 05 | 《关于进一步扩大旅游文化体育健康养老教育培训等领域消费的实施意见》 | 大力发展以旅游、文化、体育、健康、养老、教育培训等为代表的幸福产业，适应居民消费多层次、个性化要求，加快推进消费提质扩容，释放消费需求 |
|  | 2017. 06 | 《关于加快发展健身休闲产业的实施意见》 | 到 2020 年，培育 20 家左右功能多元聚合的体育健康特色小镇，到 2025 年，健身休闲产业总规模达到 4500 亿元 |
|  | 2019. 08 | 《关于促进森林康养产业发展的实施意见》 | 以服务健康江苏和促进乡村振兴为目标，全面优化森林康养环境、完善康养基础设施、丰富康养产品、建设康养基地、繁荣康养文化、提高康养服务水平 |
| 山东 | 2017. 04 | 《山东省“十三五”卫生与健康规划》 | 完善“生育-预防-治疗-康复-护理-养老-临终关怀”全生命周期健康服务链，推动发展方式由疾病管理为重心向健康管理为重心转变 |
|  | 2018. 07 | 《关于印发山东省医养健康产业发展规划的通知》 | 医养健康产业与相关产业跨界融合发展，发挥产业带动效应；形成一批在国内具有竞争力的领先技术，打造医养健康产业集群和知名品牌 |
| 广东 | 2015. 08 | 《广东省促进健康服务业发展行动计划》 | 建立覆盖全生命周期、内涵丰富、结构合理的健康服务业体系，加强药食同用中药材的种植及产品研发与应用 |
|  | 2019. 10 | 《广东省林业局办公室关于开展 2019 年省级森林康养基地申报工作的通知》 | 为贯彻落实国家林业和草原局《关于促进森林康养产业发展的意见》，大力发展森林康养新业态，广东省全省推荐认定 2019 年省级森林康养基地 10 个 |

（续）

| 省份 | 时间 | 政策文件 | 主要内容 |
| --- | --- | --- | --- |
| 浙江 | 2019.10 | 《关于加快推进森林康养产业发展的意见》 | 大力发展森林康养+医疗，加快推进森林康养+食品，大力发展森林食品，探索发展森林康养+文化，积极发展森林康养+体育 |
| 浙江 | 2020.03 | 《浙江省森林康养产业规划(2019—2025)》 | 构建“一心五区多群”的森林康养产业总体布局，着力构建浙江森林康养疗养、森林康养养老、森林康养食药、森林康养文化、森林康养体育、森林康养教育六大产业体系；加快推进森林休闲养生城市、森林康养小镇、森林人家、森林康养基地、森林氧吧、森林古道六大重点建设工程 |
| 福建 | 2017.05 | 《“健康福建2030”行动规划》 | 到2030年，健康优先的制度设计和政策体系更加完善，健康领域整体协调发展。健康教育基础化、健康行为自觉化、健身运动常态化，健康生活方式更加普及 |
| | 2018.12 | 《关于加快推进“互联网+医疗健康”发展的实施意见》 | 形成覆盖全人口、全生命周期的全民健康便民惠民服务体系，争创“互联网+医疗健康”示范省，群众获取医疗与健康信息服务更加便捷 |
| | 2020.02 | 《关于加快推进森林康养产业发展的意见》 | 加强森林康养步道、康养林带、康养林网、康养林区建设，针对性地营造、补植景观类和芳香(花卉)类植物，着力打造生态优良、林相优美、景致宜人、功效明显的森林康养环境 |
| | 2020.05 | 《关于出台我省促进森林康养产业发展政策措施的建议》 | 明确要求做大做强森林旅游业，大力实施“百园千道”生态产品共享工程 |
| 江西 | 2017.03 | 《江西省“十三五”大健康产业发展规划》 | 打造特色鲜明、产品丰富、布局合理的大健康产业体系，在生物医药、康体旅游、健康食品、养生养老等领域形成一批具有核心竞争力的知名品牌 |
| 江西 | 2019.11 | 《关于促进江西森林康养产业发展的意见》 | 大力推进森林康养林、森林康养基地、配套设施、品牌建设，努力培育康养+医疗、饮食、体育、特色疗养四种业态，并从组织领导、政策、资金支持、科技支撑和人才培养等方面提出了保障措施 |
| 安徽 | 2017.03 | 《安徽省人民政府办公厅关于加快健康产业发展的指导意见》 | 突出优势，融合发展，科学确定产业发展重点，引导优势产业优先发展和集聚发展。大力促进医疗服务和健康养老养生、体育健身、休闲旅游、药械研发等产业融合发展，实现全产业链发展 |
| | 2019.10 | 《关于加快推进森林康养产业发展的实施意见》 | 以构建森林康养产业体系、培育森林康养新生业态、提升森林康养发展能力为重点，全面提升森林康养的发展质量和综合效益 |
| | 2020.05 | 《安徽省智慧健康养老产业发展规划(2020—2025年)》 | 到2025年，全省智慧健康养老产业体系基本建立，产业规模不断壮大，市场环境进一步优化，品种丰富度、品质满意度、品牌认可度明显提升，培育一批具有影响力的企业和各具特色的产业园 |
| 贵州 | 2015.11 | 《关于支持健康养生产业发展若干政策措施的意见》 | 健康养生产业是以大健康为目标的医药养生产业的重要组成部分。健康养生产业主要包括覆盖生命全周期、围绕人体身心健康，融合医疗服务、大数据信息服务、健康管理和促进服务、健康保险服务等配套服务的休闲养生、滋补养生、康体养生、温泉养生四大业态 |
| | 2019.07 | 《关于推进森林康养产业发展的意见》 | 到2020年，初步形成康复疗养、养生养老、休闲度假等于一体的森林康养产业体系，建设森林康养试点基地100个。到2025年，森林康养产业体系化比较完善，森林康养试点基地120个 |
| 山西 | 2017.04 | 《“健康山西2030”规划纲要》 | 优化多元办医格局、发展健康管理与促进服务、积极发展健身休闲运动产业、促进医药产业发展，大力发展健康产业，保障人民健康水平。积极促进健康与养老、旅游、互联网、健身休闲、食品相融合，催生健康新产业、新业态、新模式 |

（续）

| 省份 | 时间 | 政策文件 | 主要内容 |
|---|---|---|---|
| 山西 | 2020. 06 | 《山西省生物医药和大健康产业2020年行动计划》 | 药食同源、特医食品、药茶等大健康产品产业化取得积极成效，市场认可度大幅提升。晋北原料药及制剂、晋中中成药、晋南新特药三大产业基地集聚效应进一步提升，企业协同发展态势逐步形成 |
| | 2020. 11 | 《支持康养产业发展行动计划(2019—2021)》 | 完善康养产业布局规划，坚持以改革破解发展难题，谋划培育一批康养小镇、康养社区，打响“康养山西、夏养山西”品牌的重大战略部署。拉动投资，吸引消费，打造品牌 |
| 四川 | 2016. 05 | 《四川省林业厅关于大力推进森林康养产业发展的意见》 | 到2020年，全省建设森林康养林1000万亩，森林康养步道2000千米，森林康养基地200处，把四川基本建成国内外闻名的森林康养目的地和全国森林康养产业大省 |
| | 2017. 06 | 《关于进一步扩大旅游文化体育健康养老教育培训等领域消费的实施方案》 | 重点规划建设一批、扶持一批特色鲜明、示范性强的医养结合试点项目。依托特定的度假资源环境与中医药健康旅游基地，建设养老社区基地，深化医、养、旅融合发展，培育一批康养旅游产业集聚区，推出一批以度假型养老、疗养康复、森林康养等为主题的康养旅游产品 |
| | 2019. 11 | 《关于推进健康四川行动的实施意见》 | 加强全省中医治未病管理，以中医体质辨识为基础，推进治未病干预调理，为群众提供个性化服务。研发推广适宜中医养生保健产品。促进中医养生保健及治疗与互联网、旅游等行业协同发展，构建产业链，开发运动保健养生项目 |
| 湖南 | 2016. 12 | 《关于促进五大融合加快发展健康产业的意见》 | 以普及健康生活、优化健康服务、完善健康保障、建设健康环境、发展健康产业为重点。坚持创新驱动，跨界融合。依托现代医学、信息科学与互联网等新技术，推进产业融合，培育新业态 |
| | 2017. 01 | 《湖南省健康产业发展规划(2016—2020年)》 | 加强高科技产业和健康产业融合，推动业态创新、模式创新和机制创新，提高健康产业核心竞争力。做优中医药、健康旅游文化、森林康养、健康颐养等特色产业，做精健康食品、体育健身、健康文化等普惠产业，着力打造健康智造国际品牌 |
| | 2017. 02 | 《关于推进森林康养发展的通知》 | 深入实施创新驱动发展战略，强化科技创新引领，拓宽发展新模式，培育发展新功能，以融合发展为路径，优化产业结构，推动林业产业转型发展，发展特色产业、扶持新兴产业，延伸森林康养产业链，壮大森林康养产业集群 |
| 河南 | 2017. 09 | 《河南省健康养老产业布局规划》 | 立足现有基础，强化发展优势、补齐发展短板，提高产业发展质量和核心竞争力，推动健康养老产业融合化、集聚化、市场化、信息化发展，为决胜全面小康、让中原更加出彩提供坚强持久支撑 |
| | 2020. 08 | 《关于加快推进森林康养产业发展的意见》 | 充分发挥森林资源优势，以构建森林康养产业体系、培育森林康养新生业态为重点，加快推进全省森林康养产业发展 |
| 甘肃 | 2017. 07 | 《甘肃省进一步扩大旅游文化体育健康养老教育培训等领域消费的实施方案》 | 加快全域旅游发展，制定促进体育与旅游融合发展的指导意见，开展多元体育运动，发展时尚健康旅游和户外休闲旅游，集中打造一批户外运动基地和系列户外体育运动产品 |
| 广西 | 2019. 06 | 《广西壮族自治区人民政府关于加快大健康产业发展的若干意见》 | 推进健康产业与一二三产业融合发展，增加健康产品供给，优化健康服务，坚持产业联动、融合发展，构建以健康养老、健康医疗、健康旅游产业为核心，辐射带动健康医药、健康食品、健康运动产业联动发展的“3+3”大健康产业体系 |
| 湖北 | 2020. 07 | 《关于加快湖北省大健康产业发展的若干意见》 | 提出了中医药振兴发展、新兴医疗快速成长、健康食品提档升级、康养产业融合发展、健身康体消费升级、培育壮大市场主体、提升产业自主创新能力、加快产业集聚集群发展等任务 |

（续）

| 省份 | 时间 | 政策文件 | 主要内容 |
| --- | --- | --- | --- |
| 黑龙江 | 2017.12 | 《黑龙江省支持社会力量提供多层次多样化医疗服务发展健康产业实施方案》 | 全面发展中医药服务，开发中医药健康旅游养老路线，推动发展多业态融合服务，提供医疗保健、康体养生、中医药服务等特色医疗旅游产品，培育健康旅游消费市场 |
| 辽宁 | 2017.09 | 《辽宁省进一步扩大旅游文化体育健康养老教育培训等领域消费实施方案》 | 推动“旅游+康体养生”，促进健康医疗旅游。鼓励地方政府和企业，创建国家级健康医疗旅游示范基地、国家级和省级中医药健康旅游示范区、中医药健康旅游示范项目 |
| 吉林 | 2016.04 | 《吉林省人民政府关于推进医药健康产业发展的实施意见》 | 加快发展生物健康材料与保健食品产业。突出长白山资源特色，以保健食品注册与备案管理办法出台为契机，加快发展生物健康材料与保健食品产业，培育医药健康产业新板块。推进保健食品产业不断发展壮大，加快特殊膳食、营养配餐药膳等特色功能食品产业的培育与发展 |
| 内蒙古 | 2019.10 | 《健康内蒙古行动实施方案》 | 实施全民健身行动。实施全民健身计划，构建科学健身体系。推进城市慢跑步行道(绿道)建设，努力打造百姓身边“10分钟健身圈”。加强蒙医药中医药特色优势服务能力建设，充分发挥蒙医药中医药在疾病预防中的主导作用、在重大疾病治疗中的协同作用、在疾病康复中的核心作用，为居民提供全周期、全方位、多样化的蒙医药中医药健康服务 |
| 陕西 | 2019.07 | 《陕西省智慧健康养老产业发展实施方案》 | 丰富智能健康养老服务产品供给，培育智慧健康养老服务新业态，推进医养结合发展。加快建立以居家为基础、社区为依托、机构为补充、医养相结合、覆盖全体老年人的健康养老服务体系 |
| 青海 | 2018.07 | 《关于推进青海省藏医药产业发展指导意见》 | 构建形成以医疗为基础、科研为先导、教育为根本、产业为主体、文化为依托、大健康为方向、国际化为目标的“七位一体”发展模式，不断增强藏医药产业影响力 |
| 云南 | 2016.11 | 《云南省生物医药和大健康产业发展规划(2016—2020年)》 | 重点围绕优质原料产业、生物医药工业、医疗养生服务业、生物医药商贸业4个领域，实施“147”发展战略，做大做强生物医药和大健康产业，打造形成新的经济增长极 |
|  | 2019.08 | 《关于促进林草产业高质量发展的实施意见》 | 推动经济林和木本花卉苗木产业提质增效，巩固提升林下经济产业化水平，规范有序发展特种养殖。发挥我省林区生态环境和物种资源优势，大力发展森林生态旅游和森林康养 |
| 河北 | 2016.04 | 《河北省“大健康、新医疗”产业发展规划(2016—2020年)》 | 健康养老、中医医疗保健、健康旅游、体育健身等多样化服务快速发展，预防、保健、医疗、康复、护理、养老、旅游等服务能力快速提升 |

**3. 政策总结及认识**

产业融合发展是未来产业发展的大势所趋，林草业与大健康产业融合发展从长远来看具有广阔的发展前景。但是我国现有的融合发展实践还存在诸多问题。从融合发展基础的角度来看，林草生态资源是融合发展的基础性因素，生态系统服务以及各级多样性等是非常宝贵的生态资源，但我们对其的价值和作用机理的认识还不够深入，因而大众对林草业资源的认识以及保护意识是制约产业融合发展的重要问题。另一方面，市场上的一些林草类产品如保健品等，涉及夸大效用、虚假宣传的问题，这些现象也会导致大众对该类产品的负面印象，影响未来林草类健康产品的发展前景。

从政府政策的角度看，各地区对大健康产业未来发展乃至融合发展的潜力在认知上是有差异的，对其发展潜力如果低估了则会影响政策制定、产业结构调整、资金支持等方方面面的问题。另一方面，对融合发展的形式、产业引导等问题的政策制定还处在探索阶段，尚没有明确的框架可循，这也是现阶段融合发展的一个问题。

从学术研究的角度看，融合发展最需要的是基础研究的进步，例如对林草业产品价值的挖掘，发现更多对人类身心健康、疾病预防和治疗有效果的产物。还有融合发展的高层次业态如森林康养，需要进一步探明森林环境与现代健康的关系，森林对广义大健康的影响机制，对疾病预防和治疗的作用机理，从而促进这一业态的发展，而我国现有的基础研究在这方面的认识仍然是比较缺乏的，因为很多研究是交叉型、复合型的，需要复合型人才的参与以及多学科合作开展课题，这样才能促进这一制约其融合发展的基础问题的改进。

**（二）规划问题**

纵观国家层面的各项政策文件，对健康产业未来发展而言政策规划较为清晰，《“健康中国2030”规划纲要》提出了未来 10 年健康产业发展的重点，并给出了国民健康水平提升的各项清晰的数字指标，其完整地囊括了不同人群和各健康领域，明确指出到 2030 年健康服务业总规模要达到 16 万亿元。从总体战略到各项目标，从政府行为到公民习惯，从产业支撑到实施保障，都给出了高屋建瓴的规划。《关于促进健康旅游发展的指导意见》指出了发展健康旅游的重要意义，也明确指出要建设一批各具特色的健康旅游基地，推广一批适应不同区域特点的健康旅游发展模式和典型经验，打造一批国际健康旅游目的地。可以看出国家层面的规划强调不同地区健康旅游发展要有自身特色。文件也指出了发展的三个主要方向就是高端医疗服务、康复疗养服务和休闲养生服务，而为达成发展目标，要从培育健康旅游消费市场、优化政策环境、加强组织实施等方面发力。

在健康产业和林草业融合方面，由于在这方面我国还处在探索发展阶段，因此没有专门性的政策文件，也较少提到“融合”这一概念，但融合的一些业态在不同部门的发布的政策文件里有所提及。《林业发展“十三五”规划》提到了要开发和提供优质的生态教育、游憩休闲、健康养生养老等生态服务产品。《国务院办公厅关于完善集体林权制度的意见》也指出要推进集体林业多种经营，大力发展新技术新材料、森林生物质能源、森林生物制药、森林新资源开发利用、森林旅游休闲康养等绿色新兴产业。《关于促进森林康养产业发展的意见》对森林康养未来发展提出了明确的目标，提出到 2035 年要建成覆盖全国的国家森林康养基地 1200 处，到 2050 年，建成更加健全的森林康养服务体系。可以看到现有的这些政策文件只是在融合发展的某一个方面提出了大方向，制定了大目标，但是政策规划仍然不够全面，具体如何实施、如何保障还没有落实到细节上。

林草业与大健康产业融合发展是一个大课题，对一个地区发展也具有重要意义。因此在前期规划上就需要小心谨慎、反复论证，结合地区特征和发展现状制定规划，在实践中还要及时评估发展效果，对有问题的地方及时调整。国家层面的规划为各地林草业与健康产业融合发展指明了方向，但根据对各地区融合发展现状的了解和政策文件的查阅，各地区在融合发展规划上还存在不少问题。

一是产业发展的顶层设计，要坚持一定的原则，例如着眼长远效益，坚持生态效益、经济效益和社会效益的统一，坚持与其他产业相协调等。而现有实践表明，一些地区的规划设计没有统筹规划，未考虑更长远的发展，而是着眼于短期利益，在产业选择上没有与本地区其他产业相协调，没有发挥出本地生态资源的价值，甚至伤害了本地区长远的生态效益。在产业规划和政策激励上，只强调经济发展指标，要达到多大的市场规模，而不是综合统筹地考虑经济效益、社会服务水平、生态效益的全面发展。

二是在空间布局上的规划设计，有的地区在产业规划设计上没有充分考虑与其他产业及基础设施在空间上的协调配合，这无疑会降低产业融合发展的未来潜力。另一方面，在产业结构的空间规划上没有充分考虑与相邻地区的差异性或者配合度，与相邻地区产业结构高度相似可能会降低本地区产业的竞争力，而如果与周围地区协调发展互相配合则能充分发挥产业协同的效应，增强本地区竞争力。这一问题从我们收集的全国各个地区出台的关于大健康以及林草产业的政策文件上就能看出一些，很多地区的政策规划相似性较高，仅有少数几个省份的政策突出本省生态资源优势，强调在本省资源特征以及发展条件基础上进行规划。

三是产业发展的保障规划，国家层面的规划指明发展方向和重点就足矣，但落实到各个地区后需要具体实施，就牵扯到方方面面的问题。很多地区对这一融合产业发展也做了规划，从经济角度给出了发展目标，但是产业发展不是孤立的，需要各项政策、产业环境、基础设施等的支持，而这些东西和产业发展是同步的，很多地区在前期对这些保障措施没有做好规划，在后期发展中就暴露出来了各种问题。例如对康养旅游基地来说，区位规划有误，基础设施缺乏，专业人员缺乏等问题，这些本应在前期规划中考虑到的问题没有考虑，将会大大降低该产业的发展前景，也会导致前期投入失效。类似的问题在融合发展的不同业态中都存在，归根到底是前期规划中考虑不全面，没有关注到一些不太容易注意到但却对产业发展影响较大的保障措施。

**（三）机制问题**

产业融合发展是一种新的趋势，因此在发展机制上也需要新的调整。而根据当前实践，我们的发展机制还需要改进。从发展的长期角度出发，融合发展是比较新的形式，很多地区的发展还处在早期阶段。发展思路也是遵循原来的旧的思路，然而它可能与融合发展是不适配的，将适应性管理的思路融入，对发展的规划应该是动态性的，根据发展阶段及时调整。而现有的实践现状特点可以总结为规划设计有余，但调整机制不足。

从人才资源的角度看，林草业与大健康产业融合发展作为一种新的产业融合趋势，这个行业对人才的需求也是复杂多样的。而现有的人才培养有以下三个方面的问题，一是基础科研人才的缺乏，主要是交叉复合型人才的缺乏，需要掌握医学、生物、林草甚至一些新兴学科知识的人才，他们是挖掘林草生态资源对健康产业价值的中坚力量。二是工程管理人才的缺乏，研究成果的落地，新兴产业的管理探索，需要培养这方面的专业人才。三是融合发展的新兴业态服务人才的缺乏，例如森林康养基地的专门人才：康养恢复师、治疗师等，需要系统地培养和认证。

从资金支持的角度看，作为新兴产业，可以说政府主导和支持占很大比重，而对社会资本的吸引尚有不足。大健康产业未来大有可为，但在前景不明朗的情况下难以吸引到社会资本的参与，因此需要一些金融政策的支持，一些落后地区在这方面还需要向发达地区学习，采用新模式新方法支持该产业发展，充分发挥市场的作用。另外一个重要的方面是对资金的监管，一些地区的模式对资金的后续监管缺乏动态考量，对相关项目实施中的问题没有足够的识别和监管机制，这将会导致扶持资金没有发挥应有的作用。

从产业规范的角度看，融合发展是新业态，大健康产业与林草业的融合具有无限丰富的可能性，但这既是优势，也会带来一些问题。产业丰富多元，其间联系复杂，会产生各种各样的产品和业态，而对新生事物的管理和规范往往是缺乏的。例如一些新型的基于林草植物的健康产品，美容用品或者保健品，其生产规范就缺乏明确的标准，进而导致了一系列的问题，在宣传上过分夸大其效果，甚至是不实虚假宣传等，这些现象会给产业发展带来隐患，诸如此类的问题需要相关的规章制度甚至立法，进而从机制上加以规范。

以上的这些人才、资金、产业规范等问题，都不是孤立的，解决这些问题需要各部门的协调配合，涉及立法、行政、监督等各个方面，需要林草局、旅游局、环保局、市场监管局、中医药局、产业办等部门明确目标，通力配合，需要林草业科研单位、相关协会、社会科研力量、相关社会组织等大力投入，需要教育、媒体、宣传等力量发挥作用，人民群众广泛参与，才能打造林草业与健康产业融合健康发展的良好局面。

**（四）效果问题**

从现有实践来看，林草业与大健康产业融合在一些地区和产业已经取得了不错的成果，但从实践效果来看还存在一定的问题。一是发展的质量问题，根据产业融合效应理论，产业融合会带来经济、社会、生态三个方面的效应。在经济方面，会促进传统产业的创新，优化市场结构，提高产业自身竞争力等。但现有融合实践的融合创新程度还不够高，一些实践并没有带来生产率的大幅提升乃至产业结构的进一步优化，说明融合的程度、深度、方式方法上仍然有改进的余地。

从全国的全域视角来看，我们国家在林草业与大健康产业融合的发展上还处于早期阶段，一个突出的特点就是发展的不平衡性，不同地区具有较大差异。一些发达地区走在发展前列，已经实现了林草健康产品的产业化经营，实现了经济社会生态的协调发展，但一些落后地区还处在探索阶段，对当地特色产业定位不准确，甚至削弱了本地区生态资源优势，缺乏可持续性。另外一个方面则是一些地区产业结构的同质性，没有充分考虑产业结构特色与市场需求，比较盲目地模仿相邻区域融合实践，不考虑地区实际，这种现状还需要当地政府的统筹规划和适当引导。

从微观视角来看，一些地区的林草健康产业虽然发展势头很好，但没有得到恰当的宣传，从而削弱了经济效益是一个突出问题。在眼球经济的时代，只有吸引了消费者的注意，才能有后续活动。如今各种新技术、新宣传手段层出不穷，但一些地区没有抓住热点，利用新手段对本地特色产品、特色产业、特色旅游、特色康养等进行宣传，就失去了发展的先机。只有拥抱新技术、新平台，改变过去的传统思路，才能使本地区发展走在前列。

另一方面，林草业与健康产业融合的高级形态，如特色旅游、森林康养等，它们不是孤立的产业，作为偏服务型的产业，需要配套产业和基础设施的全面支持。而一些地方在配套产业的发展上落后于主导产业，在与硬件相配套的无形服务上也存在不足，没有建立统一的服务标准，这无疑会影响消费者的体验。对新生的业态建立一个持续改进的动态机制将会有助于这种状况的改善。

## 五、林草业与健康产业融合发展对策

**（一）林草业在健康产业中的定位**

林草业在健康产业发展中具有基础性地位。一方面，林草业为健康产业的发展提供物质和环境基础，另一方面，也是健康产业发展到一定阶段后，为了提高发展质量所必须依赖的资源来源。其与健康产业的关系如图1所示。

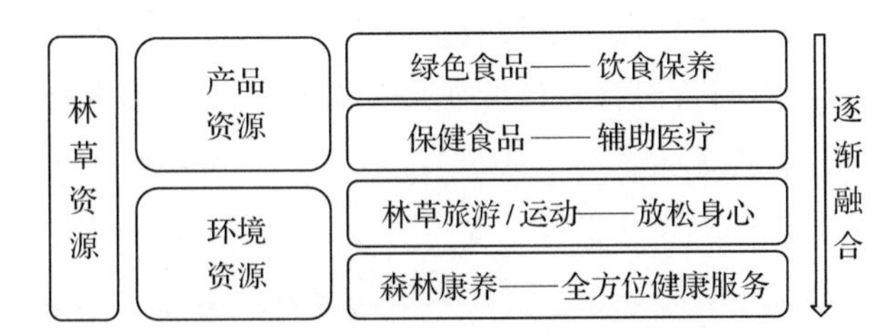


**图 1 林草业对健康产业的基础性作用**

林草业与健康产业传统的融合形式体现在通过提供林草产品达成人们的健康需求。比如有机食品、饮品、功能性的滋补食品、中药材、健康无添加木制品等。在这个层面上，林草行业产品升级中衍生的有机产品概念和产品门类中的保健品分支与健康产业中消费者的需求形成匹配，导致了产业间出现松散的合作关系。

在此基础上，当前林草业在健康产业中的定位由资源提供者向合作伙伴转变，体现了深层次的资源整合和高质量的产业发展。以日渐成熟的森林康养产业为例，其集旅游、医疗、养生、康复、保健、教育、文化、体育于一体。森林为整个产业的发展提供场所和环境资源，在森林开发的过程中，结合健康产业需求与医疗理念，产业融合中打造森林康养商业综合体。产业中的多项服务深度融合了林草业和健康产业的特色，借助森林提供的绿色、安静、天然、宜居的环境，中国传统文化中所尊崇的自然氛围相一致，人们可以在森林中进行心理疗养，因为人在森林中会更容易感到舒适安逸和情绪稳定。森林所提供的负离子空气有广泛的益处，一方面让人远离空气污染的烦恼，另一方面调节人体的神经活动，提高免疫力；此外，森林康养可因地制宜地发挥森林产品的药用价值，为亚健康人群改善饮食习惯、补充所需营养。由此可见，森林康养行业是健康产业往高端层次发展的一个具体体现，人们不仅追求在饮食、药材、环境的单一层面追求的健康，而是希望通过一个综合性的健康环境疗愈身心。产业的融合帮助各自发挥优势，实现一加一大于二的效果。

与此同时，林草业助力健康产业从治疗向预防转变，节约医疗资源、减少医疗成本。林草业提供的产品及环境资源主要服务于健康产业中人们预防疾病、调理亚健康的需求。提高预防性健康标准，降低疾病医疗支出是我国健康管理的重要话题，采取林草业与健康产业融合的模式，是降低医疗支出，提升日常健康的重要手段之一。通过在自然环境中休息、游玩，人可以有效地调节情绪；借助保健类林草产品、药材和森林空气的不同功效，人可以较好地调理身体，减少疾病发生或缓解慢性病症状。总的来说，森林康养产业的发展有助于普及健康生活、优化健康服务中治疗为主预防为辅的高成本模式，建立预防为主防治结合的产业。此外，康养产业中用到的林草资源多是有效运营的林区中自然拥有的，不需要耗费过多的人造资源就能实现环境和健康效益的双重发展。因此森林与健康产业结合的潜力很大，并能有效减少国家医疗和个人医疗的总支出。

综上所述，发挥林草业的基础性作用，并促进林草业与健康产业的深度融合，形成综合林草业产品资源、环境资源、健康产业知识、服务的新业态，是林草业与健康产业融合发展的整体目标。

### (二) 林草业与健康产业融合的基本路径

#### 1. 林草业与健康产业的融合时机

21 世纪是绿色世纪。林草业产业是绿色产业，是规模最大的绿色经济体。进入 21 世纪以来，我国林草产业实现了跨越式发展，成为世界上林草产业发展最快的国家和世界林草产品生产、贸易、消费第一大国，对7亿多农村人口脱贫致富做出了重大贡献，最直观地诠释了“绿水青山就是金山银山”的理念。反映新时代对林草产业发展的要求，不断提升林草产业发展研究水平，实践已向广大科研人员提出了挑战。

林草业生态与大健康产业融合发展是实现我国经济进一步转型升级的重要途径。大健康产业资源消耗低、市场需求大、环境污染小，科技含量高、发展潜力大、消费空间大，涵盖了三大产业，产业链长、产业面宽，能够与多种产业融合共存，有利于推动我国传统林草产业转型升级。

同时，林草业生态与大健康产业融合发展是牢守生态底线的重要方法，有利于提升我国各省份林草业资源的综合利用水平，打破传统的林草业发展模式，大力推动特色资源的组合开发利用，增强可持续发展能力和水平。

将林草业生态与大健康产业融合发展也是推动我国各地方城市快速向小康迈进的重要保障。正如现阶段我国尚未实现脱贫的贫困县域，要实现与全省同步建成小康社会的目标，必须提高人口素质、提升人民生活质量和水平。大健康产业的发展有利于充分发挥林草业生态效应，帮助我国整体实现增收致富，对这些贫困县域建设和谐社会和小康社会具有重大意义。

**2. 林草业与健康产业的融合范围**

要推动林草业生态与大健康产业融合发展，重要的融合时机便在于理顺二者相互依存和相互促进的关系。林草业生态是基础，大健康产业是延续，要想产业得到延续，就必须筑牢基础。通过人们欣赏森林美景、呼吸森林中的新鲜空气、开展森林运动、食用森林食品等康养活动，发挥森林对调理身心、改善亚健康、预防和治疗慢性病的作用。要革新林草业技术，充分挖掘林草业产业的优势，使林草有完整的产业链，在激烈的市场竞争中保持优势，提高林草产业的市场竞争力。

林草业生态优势已成为我国经济发展的重要基础，促进了林草产业的发展，有利于建立完善的林草产业生态监测体系，采用定期报告制度，定期监测和管护林木的生长环境、生长情况、保护状况。除此之外，要改变人员结构，培养林草产业的专门人才，使林草产业的专业化程度不断提高，以林草业生态促进大健康产业的发展，为二者融合发展奠定坚实基础。

注重规划引领，明确产业规划。我国应集中规划、卫生、文体、旅游、环保、农业、林业、食药等多部门的专家，成立“林草业大健康产业发展领导小组”，负责研究制定大健康产业发展规划，明确产业定位、发展思路、建设目标、工作举措，科学规划林草产业、中药材基地等发展路径，将大健康产业发展为支柱产业，统筹谋划，合理布局，确保产业选择有据、发展有效，充分提升我国大健康产业发展层次。其次，注重政策支持，落实优惠政策。研究并制定系统、操作性强、更加细化的大健康产业发展优惠政策。在服务上细化原则，以“一站式”“保姆式”理念提升服务质量。在信贷融资和资产处置方面按照股份制和上市公司进行资本运作，建立合理的人才引进、培养、使用和奖励机制，充分激发我国林草产业与大健康产业融合发展的活力。

**3. 林草业与健康产业的融合方式**

林草健康产业涉及面广，与之相关联的产业众多，不同产业间差异较大，与单一林草业或是健康产业的关联点也不一样，进而造成林草业与健康产业的融合方式存在差异。因此，根据林草业与健康产业的关联方式将农业产业融合方式归结为如下三种类型：技术渗透型融合、重组型融合、延伸型融合。

(1)技术渗透型融合。技术渗透型融合是指高新技术如林草业生物技术、信息技术等向健康产业领域渗透、扩散，进而引起林草健康产业生产经营管理方式的转变。高新技术向林草业健康产业领域的渗透是全方位的。相关技术在林草健康产业经营过程中不断渗透进来，使林草健康产业经营更有效率，更安全，收益更高。

(2)重组型融合。重组型融合是指将林草业内部种植业、研发、中草药等子产业依据生物链的基本规律进行重组，按照系统的思想在其与健康产业的融合过程中对各个子产业的资源及经营过程进行有机整合，以发挥林草健康产业的各项功能。林草健康产业内部子产业融合之前，林草健康产业发展是一个简单的模式，通过对林草健康产业各子产业生产流程进行重组，依据生物链基本规律将各子产业加以融合以发挥协同效应。

(3)延伸型融合。延伸型融合是指将现代服务业特别是旅游业的经营理念、经营模式及相关资源延伸到林草健康产业中来，使之与林草资源、林草生产经营活动有机结合，发挥林草业的观光休闲功能。旅游业向林草业延伸形成旅游型林草健康产业，旅游型林草健康产业以林草业生产为依托，把林草产品生产、林草自然风光、林草产品加工等林草业资源、林草业活动与旅游业的观光、娱乐、购物、餐饮等服务融为一体。在旅游资源规划阶段，一方面根据旅游产业要求，规划建筑、道路、水利、通信网络等基础建设，另一方面要能够满足农业生产的要求，统筹规划，节约资源，提高效益。旅游产品包括旅游餐饮、住宿、景区景点、购物、娱乐等内容，这些产品经过各种组合能够形成观光型、休闲型、文化型、公务型等综合性旅游产品组合。旅游产品及组合向林草产品生产与林草产品加工领域延伸融合，形成具有林草特色旅游产品，相互融合发展。

**4. 林草业与健康产业的融合内容**

1)提供绿色高质量林草产品

近年来，我国经济发展步入转型阶段，随着国内生产总值的增加，我国居民消费支出和消费结构也在发生变化。从拉动国民经济增长的三驾马车来看，经济增长主要靠消费来拉动。如表6所示，最终消费支出对国内生产总值增长的贡献率居高不下，稳定在百分之五十以上。而相对地，投资和净出口对拉动经济的作用较不明显。从反映消费结构变化的恩格尔系数来看，如表7所示，全国居民恩格尔系数持续下降，并且已经达到了发达国家恩格尔系数为30%以下的水平，也说明了国家富裕程度提高，居民生活质量的提升。这也印证了我国居民消费转型升级的特点，消费者对产品或服务有了更高的追求，逐步实现产品消费需求从中低端到中高端的跨越。

**表6 近五年来最终消费支出对国内生产总值增长的贡献率(%)**

| 年份 | 最终消费支出对国内生产总值增长的贡献率 |
|---|---|
| 2015 | 66.4 |
| 2016 | 64.6 |
| 2017 | 58.8 |
| 2018 | 76.2 |
| 2019 | 57.8 |

**表7 近五年来全国居民恩格尔系数(%)**

| 年份 | 全国居民恩格尔系数 |
|---|---|
| 2015 | 30.60 |
| 2016 | 30.10 |
| 2017 | 29.39 |
| 2018 | 28.40 |
| 2019 | 28.20 |

消费升级拉动经济增长，也会促进生产的发展。只有跟上消费升级的步伐，产品和服务的提供才能真正满足消费者的需求。在绿色产品的消费方面，也存在绿色产品供需矛盾。消费者有意愿购买绿色产品，2012年杜邦研究显示，中国消费者对于有利于可持续发展的绿色产品的认识

和需求在不断增长，但是却没有能够让消费者信赖且能够购买的绿色产品。主要是因为企业创新、研发能力有限，缺乏绿色产品的有效供给，另外绿色产品的成本高、标准不统一、虚假信息等因素也成为阻碍消费者购买的重要因素。因此，可以从绿色产品的设计研发、生产、监管、认证等方面着手，建立、完善有效地供给保障。通过提供高品质的林草业产品，不断丰富绿色产品的品类、数量，让消费者购买意愿提升，也能为人们身心健康发展、建设资源节约型和环境友好型社会提供良好的物质保障。

首先要把好绿色产品的质量关。统一绿色产品的生产标准，减少残次率。绿色产品要获得消费者的青睐，产品本身的质量是关键。如果产品质量不过关，就难以吸引消费者的兴趣，更难引起消费者购买欲望。而且绿色产品相对于普通产品，尤其是绿色食品，本身生产成本高，若其无法在质量上有所保障，则容易失去消费者的信任，难以保证客户忠诚度。如果引发食品安全问题，还会导致更严重的后果。目前已经有一些地区尝试公司与合作社或农户合作的模式，聘请专家指导生产，检验出品质量，从而提高绿色产品的品质。未来可以不断完善，形成与市场联动性更强的模式。另外，提高生产技术，降低绿色产品生产成本。企业通过不断研发或借鉴先进的生产技术，提高生产效率，从而降低成本，保障绿色产品的价格在市场中更有竞争力，更能吸引消费者前来了解购买。

其次绿色产品信息公开透明化。随着二维码技术运用得更为普遍，越来越多信息可以电子化，一键扫码便知，实现物联网便捷简约化。绿色产品也可以通过二维码保存生产信息，便于消费者溯源产品全过程，了解生产、加工、仓储、物流等信息。还可以建立统一的绿色产品信息系统查询平台，建设流动性更强的信息流。一方面便于消费者了解，另一方面也反向促使企业提高生产质量。

还需要加强认证的管理和授予。对于符合质检和认证要求的绿色产品，批准认证授予后，要加大宣传力度，通过有效的营销手段，让更多消费者了解、接触。特别是利用电商渠道、线上平台让各具特色的绿色产品能够直接接触广泛的潜在消费者。同时要加大开发力度，挖掘具有潜力、符合认证要求的绿色产品，不断拓宽丰富绿色产品的品类、数量。

政府应建立完善相关的监督体系，通过先进技术，以更灵活、更有效的方式实现对绿色产品的质量检查，落实对绿色产品生产标准化、规范化、统一化的监督体系。同时保障市场运行更为高效、安全。

2）挖掘林草业产品新价值

林产品包括林木产品、林副产品、林区农产品、苗木花卉、木制品、木工艺品、竹藤制品、艺术品、森林食品、林化工产品等。草产品包括青草和干草制品、草籽实及其副产品饲料、青绿饲料、发酵饲草饲料等。

随着科学技术的发展，林产品的精深加工、衍生产品日趋增多，林草产品以其天然、绿色、环保等优势，成为健康产业的主流，特别是在食品、医药、保健等领域被广泛应用，很多林草提取物对医药、保健食品研发具有重大意义。不断挖掘林草业产品新领域是促进林草业与健康产业融合发展的必经之路。

2019 年 10 月中医药生态资源产业化发展论坛上，国家林业和草原局指出，林业和草原是中医药的生态资源宝库，林地和草地潜力巨大，科学发展中药产业，不仅可以有效缓解粮药争地难题，保障中药材种植业健康发展，同时也是促进林草产业发展、促进供给侧结构性改革的重要手段。国家林业和草原局始终高度重视林草产业发展，并力争2020年全国林下经济种植面积发展到约1800万公顷，实现林下经济总产值1.5万亿元的目标，这需要作为林下经济重要组成部分的中草药产业的更有力支撑和更大贡献。

随着城市化、老年化、生育率提高等因素的推动，健康消费者的医疗保健需求正在不断增长。来自中康CMH的数据显示，2016年，零售终端的药品销售规模为2447亿元，同比增长8%；非药品销售规模为930亿元，同比增长12%。同时，药品零售行业的产业驱动力正在从以产品销售为中心转向以消费者健康需求为中心的新生态链中。

实际上，随着2015年我国人均GDP突破8000美元，消费就迈入了"精益服务"阶段，人们开始注重服务消费，追求质的提升。消费者对医疗健康的支付能力也在不断提升。

2016年我国居民人均医疗保健支出为1307元，医疗保健支出在消费支出中的占比达7.6%。而作为补充医保缺口、高端市场需求的商业健康保险同样呈现爆发式增长。2016年健康险原保险保费收入4042.5亿元，同比增长67.7%，年复合增长率28.4%。

近几年国民健康意识增强，保健品销售量显著增长，2016年零售药店中补益养生类产品的复合增长率最高，达到22.3%；市场份额由2008年的2.3%上升到4.3%，消费者到药店有越来越多的药品购买以外的保健、医疗咨询、健康管理等方面的需求。

健康消费已经成为社会的一大热点，各个阶层都在将追求健康作为一种新的生活方式。世界卫生组织在中国调查显示，我国健康人群的比例为15%，患病人群占15%，还有70%的人属于亚健康。亚健康人群的数量超过9亿，明显是一个巨大的市场。

林草业和医疗保健等健康产业的新产品融合开发，市场前景广阔。抓住机遇，加大科研投入，加强新产品的开发。推进中医药产业与林草产业深度融合发展，一要不断强化中医药产业与林草产业深度融合发展科学理念，做好中医药产业和林草产业发展的顶层谋划，制定出符合实际的发展思路、工作目标和重点任务；二要深入开展中医药产业与林草产业深度融合发展的科学研究和推广示范，加强科技创新；三是生态中医药健康产业国家创新联盟要肩负起促进中医药产业与林草产业深度融合发展的历史重任。

*3)继续推广森林和草原旅游*

对森林旅游的推广，可考虑以下几个方面：

(1)继续推进森林公园建设，促进我国城市可持续发展。当前我国城市化程度越来越高，在城市中看见大片绿地的机会越来越少，而人们放松身心、调节情绪的需求也越来越大，因此接触自然及绿地的渴求日益增加，对森林公园的需求也就越来越大。为满足人们的需求，我国应大力开发森林资源，建设森林公园，这在满足人们的精神需求之余，还能够改善生态环境，充分发挥森林公园在提高生态效益方面的显著优势，改善人们的生活环境。另一方面，我国贫困地区有大部分都位于山区林区沙区，这些地区自然资源丰富，但开发程度不够，这也是知识当地居民贫困的主要原因。大力开发这些地区的自然森林资源，在这些地方建造森林公园，仿照张家界国家森林公园的形式，大力推进森林旅游，通过旅游业提高当地收入，创造经济效益。

目前我国很多城市对于森林公园的定位还不准确，只是将森林公园作为人们日常休闲和娱乐的场所，对市民进行免费或半免费开放，在过程中虽然发挥出了森林公园的生态效益和社会效益，可是其经济效益却并不突出。通过建设森林公园，发挥森林旅游业有助于调整森林产业产出模式的效应，把过去的"砍树"导向"看树"，在保护森林资源的前提下，开展可持续的森林旅游活动，可以有效调整传统上通过砍伐森林作为林业经济主要收入来源的结构。

(2)加强森林公园管理，“去城市化”，保持原始的生态环境。在森林公园的发展进程中不可避免会出现一些以营利为目的的“城市化”建筑，这些建筑不仅对生态环境有一定的破坏，同时对森林公园的观赏景色有很大影响，严重损害了游客的观感体验。因此，森林公园在建设、平时的管理过程中一定要加强对这些现象的管理，“去城市化”因素，保持最原始的生态环境。

(3)加强宣传和推广。森林公园是为人们提供休闲和娱乐的重要场所，是对自然资源的有效开发和利用，所以在森林资源的发展过程中，需要有关部门加强对森林公园的宣传，通过网络社交媒体平台进行宣传推广，同时可与其他地区的景点联合举办文化节或运动类活动，扩大森林公园的知名度，吸引更多游客，充分发挥森林公园的效能。

对草原旅游的推广，可从以下几个途径考虑：

(1)摸清资源底数，科学合理规划。摸清旅游资源状况及旅游点分布情况，对这些资源进行全面系统的普查和评估，为科学规划和开发利用提供可靠的依据。在此基础上结合交通、电力、水利等环境条件，做好总体规划，并对总体规划做出相应的环境影响评价，高起点抓好生态和文化旅游工作。

(2)加强区域合作，实现客源共享共赢。各地区发展草原生态旅游不能单凭一地之力，要加强与邻近地区和具有共同历史文化渊源地区之间的合作，实现客源市场和旅游资源的共享。以正蓝旗草原为例，可加强与内蒙古赤峰市克什克腾旗，内蒙古锡林郭勒盟多伦县、乌拉盖开发区、东乌旗、二连浩特市等地区之间的合作，打通元上都遗址到北京、赤峰等口岸的文化旅游之路，使当地草原旅游接入中国北方旅游大网络。

(3)突出文化特色，创建知名旅游品牌。我国有国际一流的草原资源，但还没有一流的草原旅游品牌。我国草原旅游的开展要与美丽的大草原品牌宣传、振兴边疆和民族地区经济、弘扬草原文化有机融合、综合发力，形成具有更大影响力和竞争力的草原旅游品牌。草原资源丰富，民俗文化浓厚，结合当地文化特色，可研究开发一系列具有民族和地方特色的旅游纪念品，如当地特色饮食、影音、图片纪念品，以及一些手工艺品等。同时还可以借助蒙古族呼麦等特色文化，开发具有草原风情的“草原音乐节”，增强游客的参与感和体验感，同时进一步宣传当地文化。

(4)统筹安排节庆活动，延长旅游季节。草原的旅游旺季在夏季，且因为气温较低，有些地区最佳旅游季节仅有1~2个月，为延长旅游季节，可推出多项旅游活动，进一步开发秋季和冬季旅游产品，激活淡季旅游市场，让游客体验更多民俗风情。

(5)设立草原自然公园，加强监督管理，加大生态环境保护力度。积极响应国家建设草原自然公园的要求，遵循“生态优先、绿色发展、科学利用、高效管理”的基本原则，走绿色可持续发展道路。在对草原生态系统实施严格保护、努力实现草畜平衡的基础上，允许草原自然公园开展草原民族民俗文化体验、生态旅游、科研监测、宣教展示等活动，建设必要的保护、修复、科研、游览、休憩和旅游接待服务设施。按照国家设立草原自然公园的目标，促使草原功能从生产为主转向生态为主。草原旅游的开展需要参照草原自然公园设立的相关法规标准，就规范各类草原生态旅游活动制定和实施相关法规、标准，就草原公园内开展生态旅游的强度和容量、旅游基础设施规划建设和草原旅游专业导游的培养等一系列问题做出引导，从而使草原旅游活动能够全面符合草原公园资源保护和环境容量的要求。

随着人们生活水平的提高，人们对旅游的需求也更多变成了心灵上的需求，需要感官、心理上的放松，因此森林草原旅游与健康产业的融合发展愈发迅速，森林旅游俨然已在我国旅游业中占据着重要的地位。继续推广森林草原旅游，满足人们的心理健康需要，已成为必然的趋势。

4)探索林草业与健康产业融合新业态

要加强林草业与健康产业的融合发展，还可以考虑探索新业态发展新途径，如森林康养等。森林是促进健康生活最佳目的地，是建设健康环境的核心基础，也是健康服务业创新的重要领域。是我国大健康产业的新模式、新业态，具有广阔的发展前景。依托森林资源发展的现代林业本身是绿色产业，森林康养业是旅游、体育、教育、中医药、养老等环境友好型产业的自然延伸，符合低碳、循环、可持续的基本要求。

具体的做法可以有：①积极完善森林康养基础设施。依托已有绿道、林间步道等基础设施，充分利用现有房舍和建设用地，建设森林康复中心、森林疗养场所、森林浴、森林氧吧等服务设施，逐步完善森林康养产业可进入性、通畅性、公共场所等基础设施，将森林康养公共基础、健康养老、休闲娱乐等设施建设纳入当地基础设施建设规划。②大力发展森林康养运动产业。通过各种适合在森林中的运动来增强体质，预防疾病。如：慢跑、散步、登山、耕作。开发森林自然疗养、亚健康理疗、养生养老，发展“运动+医疗+养生”模式，鼓励传统运动养生与医疗机构，提供城镇居民、亚健康人群的森林运动健康服务，促进医养体服务产业发展。支持森林康养基地与生态体育深度融合，建设森林感观登山步道等设施，开发打造森林浴、森林作业、森林修行、森林骑行、森林瑜伽、森林太极、森林户外拓展等森林运动项目品牌。③积极发展森林康养医疗产业。针对亚健康人群、慢性病人群，融合健康管理、康复理疗、森林温泉养生、旅居共享酒店民宿等物联网+等技术，加快发展森林康复、理疗、抗衰老、养生、养老等森林康养新业态。加强森林康养基地与医疗单位的合作。④加快发展森林康养文化产业。通过文化体验来修身养性，以实现心灵的宁静和身体的舒适。如：禅修、冥想、品茶、太极、瑜伽、养生操等。传承和挖掘具有地域特征、民族特色的森林文化、历史文化，充分发挥文化资源对森林康养的提升作用，开发森林康养与文学、音乐、传统文化等结合的康养产品。注入乡土情结和地标特色元素，开展传统文化研修，强化自然教育，弘扬森林生态文化，推广森林康养理念。提高对尊重自然、回归自然生活方式的认识，倡导健康生活理念。

森林康养这一林草业与大健康产业融合产生的新兴产业前景巨大。自2016年以来，国务院以及国家林业和草原局等部委发布了很多支持和鼓励发展森林康养的政策文件(表8)。森林生态环境是人们养生的氧吧，也是人们养心的乐园。在日本，森林养生已经发展为“森林医学”；在德国，森林疗养基地也都变成了“森林医院”。而我国，虽然说森林康养起步晚，但是发展势头猛，在当下，“森林养生”已经成为一种时尚的养生方式，一种新兴的健康产业。

**表8 森林康养的政策文件汇总**

| 主要政策文件 | 主要内容 |
| --- | --- |
| 《关于促进森林康养产业发展的意见》 | 到2020年，示范性森林城市达到200个、森林小镇达到1000个、森林公园等达到10000个，建成一批森林人家、森林步道和森林疗养康复场所 |
| 《关于促进林草产业高质量发展的指导意见》 | 到2025年，林业旅游、康养与休闲产业接待规模达50亿人次 |

（续）

| 主要政策文件 | 主要内容 |
| --- | --- |
| 《林业发展"十三五"规划》 | 森林年生态服务价值达到15万亿元，林业年旅游休闲康养人数力争突破25亿人次。到2020年，各类林业旅游景区数量达到9000处，森林康养和养老基地500处，森林康养国际合作示范基地5~10个。以国家级森林公园为重点，建设200处生态文明教育示范基地、森林体验基地、森林养生基地和自然课堂 |
| 《关于开展森林特色小镇建设试点工作的通知》 | 全国选择30个左右作为首批国家建设试点。充分发掘利用当地的自然景观、森林环境、休闲养生等资源，积极引入森林康养、休闲养生产业发展先进理念和模式，大力探索培育发展森林观光游览、休闲养生新业态，拓展国有林场和国有林区发展空间，促进生态经济对小镇经济的提质升级，提升小镇独特竞争力 |
| 《关于大力推进森林体验和森林养生发展的通知》 | 要在开展一般性休闲游憩活动的同时，为人们提供各有侧重的森林养生服务，特别是要结合中老年人的多样化养生需求，构建集吃、住、行、游、娱和文化、体育、保健、医疗等于一体的森林养生体系，使良好的森林生态环境真正成为人们的养生天堂。要加强森林体验（馆）中心、森林养生（馆）中心、森林浴场、解说步道、健身步道等基础设施建设，完善相关配套设施 |

**5. 林草业与健康产业的融合主体**

从事林草业与健康产业融合发展业务的主体较多，主要包括林草局、中医药局、旅游局、产业办、林草科研单位、相关产业专家等。国家及各地林草局主要负责国家或地方林草业及其生态建设的监督管理，组织、协调和指导绿化工作、湿地保护工作和荒漠化防治工作等，承担推进林业改革等职责，是拟订林草业未来发展及生态建设的方针政策、发展战略、中长期规划和起草相关法律法规的重要执行者，对从事林草业与健康产业相融合起根本性作用；中医药局则主要承担中医医疗、预防、保健、康复及临床用药等的监督管理责任，负责监督和协调医疗、研究机构的中西医结合工作，组织开展中药资源普查，促进中药资源的保护、开发和合理利用，参与制定中药产业发展规划、产业政策和中医药的扶持政策，参与国家基本药物制度建设等职责，对于林草业同健康产业相融合过程中林下药用食用植物的研发生产销售起关键作用；旅游局则主要负责研究拟定旅游业发展的方针、政策和规划，研究解决旅游经济运行中的重大问题，组织拟定旅游业的法规、规章及标准并监督实施，协调各项旅游相关政策措施的落实，特别是假日旅游、旅游安全、旅游紧急救援及旅游保险等工作，保证旅游活动的正常运行。旅游局的介入对诸如林草原康养、氧吧、浴场、旅游度假区等林草业大健康产业的建设推广是不可或缺的；产业虽然覆盖到从生产到流通、文化、教育等方方面面，但是林草业大健康产业想要彻底融入居民的日常生产生活过程中，必将需要从文化建设和基础教育方面加强林草业对健康产业进一步完善重要性的教育，只有这样才能将林草在城市、村庄、特色人家建设中植入的文化底蕴发扬光大；林草科研单位及来自高校、研究院的相关专家学者则具有大量林草原培育、遗传改良、生态系统管理、荒漠化防治、水土保持和林草业生态工程专业知识，在承担全国性的、重大的、跨地区性的林草业同健康产业融合发展相关的应用基础和技术研究，向地区输送专业技术及人才等方面有重要支撑作用。

**6. 林草业与健康产业的融合投入产出**

投入产出法是定量研究产业关联较为有效的方法。在针对林草业健康产业融合发展的研究时，可以通过定量测算若干年间我国林草业与健康产业关联融合的直接消耗系数、完全消耗系数、中间投入率、中间需求率、融合度，来深度发现我国林草业与健康产业融合过程中隐含的经济技术联系。相对来说，林草业对健康产业的依赖程度要高于健康产业对林草业的依赖程度。整体上，两者处于低度融合阶段，推动"林草业健康产业一体化"，走"以林促健，以健兴林"的乡村振兴新路径尚需时日。

林草业与健康产业融合是农业农村发展大势所趋，也是城市消费需求的热点所在，更是实现乡村振兴的有效途径之一。现阶段我国林草业与健康产业融合的整体关联度虽然不高，但推动林草业与健康产业融合发展尚需社会各界持续努力。基于此，对于参与林草业与健康产业融合的政府和企业提出以下建议供参考。

其一，分工协作，形成共识与合力。农旅融合的主体是多元的，各级政府、企业、新型职业农民在其中均发挥作用。林草业与健康产业融合发展领域已形成的一种共识是，政府在其中扮演着十分重要的角色。本研究认为，林草业与健康产业融合的不同阶段，政府作用是不同的，经由“主导”到“引导”的变化。目前我国林草业与健康产业尚处于低度融合阶段，政府应在政策制定、设施建设、环境营造、企业培育等方面做好主导。需要指出是，政府在推动林草业与健康产业融合发展中要致力于政策环境的优化，解决其中的关键问题。本研究认为，健康产业用地问题是制约林草业与健康产业融合发展的关键之一。

其二，分清主次，避免产业定位混乱。林草业与健康产业融合发展下，企业产业链条得到延伸，触及一二三产领域。那么，在发展中就出现了孰轻孰重、孰主孰次的问题。如果主次不明、主导产业不明晰，在发展中就极容易造成资源配置的混乱。林草业与健康产业融合企业缺乏核心产品和竞争力。本研究认为，林草业与健康产业融合企业应始终将农业作为主导产业。林草业是基础，做大做强林草业才能解决“林草业+健康产业”的问题，否则可能陷入“皮之不存毛将焉附”的僵局。

其三，循序渐进，避免贪大求快。从目前的数据来看，我国林草业与健康产业处于低度融合阶段，从低度融合到高度融合需要一个过程。健康产业发展具有与林草业发展不一样的规律，它“投资大、回报慢、周期长”，它具有“生产与消费同时性”等特点，景区不同于林草业种植的园区与林草业生产的厂区，它既要满足生产者的需要，也要满足健康消费者的需要。因此，参与林草业与健康产业融合主体应在把握健康产业发展规律的基础上，制定科学规划，分“近中远”期，按照规划循序渐进阶段性发展，切忌贪大求快。

### （三）林草业与健康产业融合的保障

#### 1. 强化技术研发，新物质提取

林草业与健康产业融合的保障需要不断创新，不断发现新物质、开发新产品。因此，应建立林草和健康产业融合高端人才库，保持和业界密切联系。通过建设工程技术研究中心、博士后工作站等形式，创造良好的学术研究氛围和舒适的生活环境，推动高端研发人才、经营管理人才向林区聚集。根据产业的需求，加强政府、高校、企业三方合作，通过设立专业奖学金等多种形式，建立长效的人才供应渠道。

例如，大兴安岭“北药”良种培育技术研究与示范基地，在林业试验基地和寒温带植物园等适合地域，选择防风、党参、牛膝、黄芪、五味子、桔梗、黄芩等特色中草药，进行采种实验和栽培，总结越冬管理，田间管理和采种技术，不断完善提高采种培育技术，进而研发创新，不断带来产业发展的活力，进一步发挥其示范和展示作用。

#### 2. 加强新生事物的标准制定

对于各类新兴产业和朝阳产业而言，在最开始的发展阶段，普遍面临的问题就是缺乏规则、目标和方向，造成市场秩序混乱，最终影响整个行业的发展。对于林草业与健康产业融合而产生

的新生事物，同样是如此。因此必须加强新生事物的标准制定，建立起规范的行业机制，更好地促进新生事物与新兴行业的发展。

要严格制定对于新生事物的标准，要有宁缺毋滥的思想。在产业发展上要建立严格的行业标准以及一定的行业准入门槛，从严把关。要淘汰滥竽充数的企业和项目，保证其良性发展。基于产业前景和前车之鉴，为避免一哄而上、滥竽充数、重走“粗放——再精细化”的老路等情况的发生，必须从一开始就树立走精品之路的观念。

如新兴的森林康养行业，涉及的行业众多，包括林业、商业、交通、旅游等诸多行业。同时也需要很多政府职能部门的协调规划。但是目前为止，我国在整体上缺乏有效的规划和政策法规的支持，很多方面的法律是一片空白，而且整个森林康养的基地建设较为低劣，设施缺乏，很难保证其质量和效果。发展森林康养事业，还要做好多项工作，要提高思想认识，加大扶持力度，抓好典型示范，创新发展机制，研究解决技术、营销模式和管理机制，其中尤其要完善相关规划和标准建设等。对此，我们可以借鉴日本的例子。日本森林康养产业之所以能够获得快速地发展，一个很重要的原因就是制定了统一的森林浴基地评价标准。为建立严格的行业准入机制，日本政府与相关机构一起，在深入研究和广泛征求意见之后，制定了一套科学、全面、统一的森林浴基地评选标准，并在全国范围内推行，以此来有序有效地促进森林保健旅游开发。该评价标准包括两个方面，即自然社会条件和管理服务，从中又细化出 8 个因素，共有 28 项评价指标。此外，目前我国大健康产业法规也不完善，市场秩序混乱，假冒伪劣产品依然存在，标准和信息滞后等等问题。相关标准体系的滞后在一定程度上造成了消费者的“医疗信任危机”，再加上食品安全和保健品过度宣传等问题凸显，严重威胁我国医疗和大健康产业的安全健康发展。法律法规的不健全，就会导致无法可依，无章可循。在健康产业的热潮下，许多地方企业都提出了雄心勃勃的投资计划，无序开发、重复建设等现象比较普遍。这些问题都需要我们加强对相关行业标准的制定和执行。

**3. 加强宣传，充分运用“互联网+”**

林草业与健康产业的融合需要有足够的宣传配合进行保障，其次在当今网络时代的大背景下也需要加快与互联网的融合，创新发展形式，为产业发展保驾护航。

从宣传的角度来看，首先要在人民群众心中牢固树立健康及保健理念，让大众意识到提高国民健康的重要性，拓宽人民对获取健康途径的认知，破除对健康单一化的错误理解。具体到宣传途径，应采用多元化宣传，新旧媒体双管齐下，既要有宏观层面国家的鼓励与倡导，也要有微观层面社区、学校、医院等场景专业人员的耐心推广。其次宣传的形式上，应采用人民群众喜闻乐见的形式，要有严肃的科普讲座，也需要贴近大众、容易理解的情景剧和表演等。

从“互联网+”的角度看，应认识到无论是林草业还是健康产业，发展上都面临新的机遇和挑战，促进两产业的融合发展应该抓住互联网时代的机遇，化解发展中遇到的问题，做到三者相互促进、相互结合。一是可以依托互联网平台进行管理，相关企业和政府部门可通过互联网平台快速、便捷、高效地开展自身工作，实施工作内容，有关政府部门还能通过该平台收集人民群众意见反馈，提高产业发展的质量和效益。二是应打造网络化的资源管理模式，将林草业及健康产业的资源现状进行数据化分析，通过网络平台进行数据处理并储存，做到数据化精确管理，这一举措能为相关决策提供判断依据，有助于核心专家对产业融合发展提供意见。三是依托互联网拓宽营销渠道和产业链，利用互联网上的新媒体渠道进行宣传，通过自媒体和短视频平台对产业和产品展开大规模营销，为产业融合发展造势，同时林草业与健康产业融合产品可通过互联网渠道进行销售，拓宽销售渠道，降低营销费用，还可以依托互联网进行产品调研，创新产品研发，适应市场需求，在延长产业链的同时，提高自身营销能力。四是打造相应的人才培养体系，为产业融合发展提供人才保障，互联网时代下，应当进行多层林业管理人才培养体系。所谓多层，就是分为综合层和专业层两类人才，一方面，要能够根据发展的需求，对综合基础比较好的人员进行综合层次的培养，构建综合型人才储备库。另一方面，根据各个部门、科室的发展情况，进行专业化人才培养，依托互联网进行相关专业知识的推送、新理论知识的讲解等内容，从而综合促进各个部门、科室管理能力的提升。

综上所述，林草业与健康产业的融合发展离不开良好的宣传以及互联网的支撑。我国应根据自身实际发展情况，制定相应对策，创新模式，以促进产业融合发展。

**4. 强化基础理论研究**

推动林草业与健康产业更好地融合，就必须将两产业所拥有的资源和相关的理论进行深入探讨。自然环境能促进人心情愉悦、滋补药材能助人强身健体，这些基本现象已经为人熟知，但是对于形成这些现象的原理消费者并不是十分清楚。林草业对人体健康的作用，根植于传统的医学与养生观念，但也需要与现代医学结合进行实证分析。想实现林草业与健康产业的有效融合，就必然要将林草产品、林草环境要素对人体健康影响的研究精细化，以更清晰地指出，为何某种食材某种自然环境会对人的某一种情绪、身体状况产生影响，从而指导产业融合的方向。

以环境资源为例，一个森林对人的影响取决于森林类型、水体、负氧离子、季节、景观、海拔等多种要素，不同的资源组合可能会产生不同的康养效果，而缺乏基础理论研究，会导致不同的林草疗养基地同质化竞争，不易于发挥区域特色和优势，消费者也无从选择。目前来看，林草业环境资源要素中已经取得一定研究成果的方向包括：欣赏自然环境有帮助患者恢复皮质醇水平的能力，因此会显著的降低心率、平稳血压；在森林环境中进行休憩、运动的活动，对维持荷尔蒙水平、降低紧张感、提升自尊与愉悦的情绪有益；森林能大量产生负氧离子，负氧离子浓度高的森林空气可以调节人体内血清素的浓度，有效缓解由血清素激惹综合征引起的弱视、关节痛、恶心呕吐、烦躁郁闷等，能改善神经功能，调整代谢过程，提高人的免疫力。以这类研究为范本，拓展相关研究的广度和深度，有益于因地制宜地制定环境疗养策略，促进消费者选择适合自身的环境资源进行体验。

以林草产品资源为例，中医和食疗养生是我国林草业和健康产业结合发展的特色领域，药食同源概念下，具有传统食用习惯且列入国家中药材标准(包括《中华人民共和国药典》及相关标准)中的植物可食用部分具有极大的市场前景。目前，针对各种林产品提取物功效的研究已经十分丰富，如金银花中的绿原酸和木樨草苷、覆盆子中的黄酮、银杏白果多糖、黄精皂苷和黄精多糖等，林草食品的健康属性和开发价值日益凸显。但在食疗养生方面，对于针对各种体质的食材应如何搭配没有统一的意见，推动相关研究对促进产业融合起到基础作用。

综上所述，强化对各项林草资源功效的基础理论研究有助于经营者建立合适的健康支持策略，也有助于消费者依据自身的健康情况以及需求选择合适的服务。

## 六、结论与展望

梳理现有的相关研究和产业现状，可以发现林草业与大健康产业融合发展正呈现方兴未艾之势。相关研究从近几年开始逐渐增多，研究视角也越来越多元化，这些研究背后正是反映了这两个产业融合发展的大趋势、新现象、新实践，体现出了国民健康意识、生态意识的提高和国民经济的发展。从融合发展实践来看，呈现出以下几个特点：一是融合发展形式丰富多元，横跨一、二、三产业，发展出了不少新业态，促进了产业结构的调整优化。二是融合发展在全国范围上呈现出了地域特色，大部分地区能结合地区生态资源优势，带动地区经济发展和人民就业。三是融合发展也存在一些亟待解决的问题，相关机制仍需要进一步完善，从而提升发展质量。总的来说，林草业与大健康产业融合发展具有广阔的发展前景和庞大的市场规模，现在已经探索出了一系列的新实践，也已经有一些发展成果，但这一产业仍然处在发展的早期阶段，后续发展势头非常强劲。

未来如何把握林草业与大健康产业融合发展得机遇还需要我们进一步探索，加强基础研究的同时还要加强对现有的融合实践的经验总结和改进，另外，融合发展的形式多种多样，未来研究的一个重点方向是分类研究，探究融合发展的大趋势下如何更科学地对融合的不同产业形态进行分类，在此基础上更好地进行研究。如今的时代是一个新技术不断涌现的时代，产业发展的边界是不断扩展的，在林草业加大健康的模式下，思考能否融合进其他元素，探索产业发展更加多元的可能性应该成为一个新的发展方向。林草业与大健康产业融合发展仍然任重道远，但我们能看到它广阔的发展前景，未来的融合发展一定是可持续的，能实现经济效益、社会效益、生态效益相统一的发展模式。从政府政策到民众意识，从技术发展到社会趋势，能确定的是如今正是产业融合发展的最好的时代，如何把握发展机遇，是面向科研工作者和产业从业者的时代命题。

调 研 单 位：北京林业大学经济管理学院
课题组成员：李小勇、李雪迎、张砚、陈欣、于永浩、罗媛媛、朱芷萱、丁燚、侯忆媛、钱琦君

# 国内外林业经济学科研究文献演进分析(1990—2019)

## ——基于《林业经济》期刊高质量发展视角

**摘要**：随着林业商品经济的发展，林业经济学作为一门独立的经济学科也得到了广泛而深入的研究。文章对1990—2019年30年间国内外不同时期林业经济领域的研究文献进行梳理，按每10年一个时期划分为三个阶段进行文献研究，运用比较分析法对各个时期的文献发表时间、发表期刊、代表性成果等进行分类比较，分析各个阶段国内外林业经济研究领域的论文发表期刊及分布特征，同时运用文献计量CiteSpace分析法对30年间不同时期林业经济领域研究文献的关键词及研究热点的演变趋势进行系统分析，深入解读各个阶段重点研究问题及领域，全面把握各阶段国内外林业经济学研究中代表性研究成果、重点研究领域及热点演进等主要问题，并借鉴国内外经验，为中国林业经济领域创办最早的研究平台《林业经济》期刊未来发展指明方向。

## 一、引　言

林业经济学是研究林业部门生产，以及与此相联系的分配、交换、消费等经济活动和经济关系发展运动的规律及其应用的学科。狭义上理解，即研究森林资源生产和再生产的特点与规律的一门应用经济学科(孟宪鹏等，1992)，主要对林业所处环境条件、林业生产经营的动态过程及外部对林业发展的主客观影响等方面进行研究(邱俊齐等，1998)。党的十九大报告指出：“建设生态文明是中华民族永续发展的千年大计。必须树立和践行绿水青山就是金山银山的理念，坚持节约资源和保护环境的基本国策，像对待生命一样对待生态环境，统筹山水林田湖草系统治理，建设美丽中国，为人民创造良好生产生活环境，为全球生态安全作出贡献。”社会主义生态文明建设是深入贯彻“尊重自然、顺应自然、保护自然”的生态文明理念，推动人与人、人与自然的协调和可持续发展。在新形势发展目标确立下，用新理念推动林业经济高质量发展、重视林业生态文明建设至关重要(白烨，2020)。《林业经济》创刊于1979年，是由国家林业和草原局主管，中国林业经济学会主办，国家林业和草原局经济发展研究中心等机构承办(康子昊等，2020)的林业经济专业学术期刊。作为我国最早出版的国家级林业经济专业学术期刊，创刊以来一直成为刊发国家林业和草原高层重要理论文章和刊登林业经济学术文章的权威窗口，并以较高的理论水平和较强的学术及实践指导意义而受到读者的广泛关注。但因各种不确定性因素的影响，相较于国内外林业领域核心期刊，《林业经济》所刊发论文的质量还有待提升，研究领域应进一步拓宽。

本文在梳理了1990—2019年期间国内外学者在林业经济领域的研究文献中发现，不同时间段，国内与国外林业经济学科的重点研究领域不同，所采取的主要研究方法亦有较大差别。近30年来，由于环境与气候的改变，各国林业发展战略目标的不断推进，国内外林业经济的研究领域也在不断演变，研究热点不断转移更替。其中，列入CSSCI、北大核心的期刊以及国内高校学报上所发表的论文及其研究热点相较于其他普通期刊对于《林业经济》期刊未来发展中所需关注的研究领域更有借鉴意义。

## 二、研究方法

本文的研究目的在于通过对1990—2019年间国内外林业经济学科重点研究领域代表性成果、主要方法以及期刊和论文发表分布特征的分析，探究林业经济相关领域以往研究的趋势与热点，找出存在的缺陷与不足，探寻未来研究需关注的方向，把握办刊重点与难点，提升《林业经济》期刊质量。借鉴前人研究成果，本文主要运用以下三种研究方法进行文献分析。

**（一）文献研究法**

文献研究是利用文献资料间接考察历史事件和社会现象的研究方法，文献又可分为一手文献和二手文献。利用文献研究法具有研究费用低、研究保险系数大的优点，适用于纵贯分析与探索性研究（林聚任，2017）。本文主要是对国内外林业经济学科研究进展进行研究，从中获得经验借鉴。文献研究法具有的适于做较长时间段研究的特点，十分适宜于本研究，有利于形成对研究对象的整体把握，并预测未来。由此，本文主要采用了文献研究法，一方面对林业经济领域重点文献进行阅读和归纳，另一方面采用文献计量分析对相关文献进行量化统计分析。

本文对近30年来国内外林业经济研究领域的25013篇文献进行了较为全面地收集并进行数量分析。首先，对收集到的文献进行较为广泛的浏览，对林业经济领域研究的现有学术成果、运用方法、重点问题、研究前沿等进行整体地了解与把握，得出相应的结论。其次，对文献进行甄别，筛选出重点的文献，包括历年来在林业经济研究领域的发表刊物水平较高，在研究领域内有较大影响，在研究方法上有重大突破与创新的文献。最后，对筛选出的文献进行仔细地阅读，更加准确地了解和把握林业经济领域关注的问题，对其优、缺点做归纳总结。

文献计量分析方面，本文运用了CiteSpace软件进行研究分析。CiteSpace是Citation Space的简称，译为“引文空间”。该软件是美国德雷塞尔大学（Drexel University）陈超美教授及其团队开发的能够分析科学文献中蕴含的潜在知识，并在科学计量学、数据和信息可视化背景下逐渐发展起来的一款多元、分时、动态的引文可视化分析软件。该方法通过可视化的技术来呈现科学知识的结构、规律和分布情况，从而得到相应的可视化图形，即“科学知识图谱”。它不仅仅能够提供引文空间的挖掘，而且还提供其他知识单元之间的共现分析功能，如作者、机构、国家或地区的合作等（李杰等，2017）。本文运用的版本为CiteSpace5.7.R2，利用该软件对1990—2019年期间林业经济领域相关文献的关键词及研究热点的演变趋势进行了系统分析，并对所得结果和可视化知识图谱进行总结分析。在运用文献计量的方法对相应文献进行筛选和分析之后，对重点期刊、重点文献进行阅读研究，深入认识和把握重点问题及领域。

**（二）比较分析法**

本文同样较多地使用了比较分析法对相关问题进行研究。将选取的文献按照发表时间、发表期刊等进行分类，并对不同类别的文献进行对比与分析。一是在按照文献的发表时间分类方面，本文采用了横向比较和纵向比较相结合的方法。在横向比较方面，本文以从1990年开始的每10年为一个时间段，将各时间阶段内的国内外林业经济领域研究的主要期刊、研究重点、研究方法等内容与《林业经济》期刊上发表的文献的相关特点进行对比分析。在纵向比较方面，本文将国外不同时间段内的研究热点进行了对比分析，分析相应的热点的演变趋势。此外，绘制了国内CSS-CI、中文核心、学报的研究热点演变时间线图，对不同时间的研究热点进行了对比分析。同时，将《林业经济》期刊在不同时间段内的研究热点进行对比，分析相应的热点演变趋势，并同时将不同的时间段的国内外林业经济领域研究的热点与《林业经济》期刊的研究热点进行对比，分析总结出国内外该研究领域的演变趋势，从而预测未来的研究趋势。二是按照发表期刊进行分类方面，本文将所有文献主要划分为发表在国内期刊和国外期刊两种情况。将国内外期刊以及《林业经济》期刊发表论文的研究重点进行对比分析。此外，还将国内的期刊按核心类别和性质分类为CSS-CI、中文核心、学报、普通期刊等，将其刊发的论文与《林业经济》期刊发表论文热点、研究趋势进行对比分析。

此外，本文也采用了传统的统计分析法，对不同的时间段内的国内外的林业经济领域的论文在不同的期刊的发表次数以及占比、研究领域、研究热点、来源机构、基金出现次数进行了统计分析，并由高到低进行排序，并将关键词按照出现的次数的多少进行了排序，形成了相应的统计表，利于识别出研究热点。统计表有利于识别重点期刊、主要研究领域、主要来源基金等。不同时间段内的国外林业经济学科研究领域、论文发表期刊、论文的主要来源机构、《林业经济》论文的基金分布的统计表分别来源于WOS网站和CNKI网站。不同时间段内国内外林业经济学科研究热点、《林业经济》研究热点、CSSCI、中文核心和学报等期刊研究热点的统计表来自CiteSpace软件。本研究利用三种方法对选取文献进行综合而全面地分析。

## 三、数据来源

本文搜集1990—2019年30年来有关林业经济研究领域的25013篇公开发表的论文，并按10年一个阶段划分为3个阶段，分别研究在这30年间每10年中的林业经济研究成果及其变化特征。数据主要来源于Web of Science(WOS)、中国知网(CNKI)等平台检索的论文文献。在文献计量分析方面，对国外文献的研究，其数据来源于WOS，对国内文献研究的有效数据主要来源于CNKI。

在WOS中选择核心合集数据库，检索主题为forest economic，检索时间范围选择“1990—1999”“2000—2009”“2010—2019”“1990—2019”。直接从WOS页面上选择“分析检索结果”，得到关于已经检索文献整体的“研究方向”“来源出版物”的出现次数统计表格。下载相应数据时选择记录内容为“作者、标题、来源出版物、摘要”，下载数据的文件格式为“纯文本”。检索的时间为2020年10月12日。将下载下来的数据导入CiteSpace软件上进行“关键词”分析，得到相应的关键词出现次数以及中心性统计表。

在中国知网中采取高级检索模式，检索主题为“林业经济”，文献类型为“期刊文献”，语言为“中文”，来源类别为“全部期刊”，时间范围设置“出版年度”，分别为“1990—1999”“2000—2009”“2010—2019”“1990—2019”。收集近30年中文核心期刊数据时，时间范围设置“出版年度”为“1990—2019”，文献来源类别分别设置为“SCI 来源期刊、EI 来源期刊、北大核心、CSSCI、CSCD”。收集近 30 年 CSSCI 数据时，时间范围设置“出版年度”为“1990—2019”，文献来源类别设置为“CSSCI”。搜集《林业经济》各时间段数据时，设置期刊名称为“林业经济”，时间范围设置“出版年度”分别为“1990—1999”“2000—2009”“2010—2019”“1990—2019”。直接在 CNKI 页面上选择“可视化分析”，得到关于“期刊分布”“来源机构”“基金分布”统计表。检索的时间均为 2020 年 10 月 12 日。下载数据时将相应的文献数据按照“refworks”格式导出，再将相应的数据在 CiteSpace 软件上转换为 WOS 数据格式，再将已经转换好格式的数据进行“关键词”分析，得到相应的关键词出现次数以及中心性统计表，得到关键词出现次数统计表后，对统计表中出现的不合理的关键词进行删除处理，如“林业经济”“对策 ”“问题”“措施”“现状”“策略”，最后将 CSSCI、中文核心以及部分学报的数据进行关键词的时间趋势分析，得到相应的关键词时间线图。

## 四、国内外林业经济研究文献数据分析

本研究按每 10 年一个阶段划分三大阶段，并对三大阶段的国内外研究文献进行全面分析。

### （一）第一阶段（1990—1999）国内外林业经济研究文献分析

#### 1. 该阶段国内外主要林业经济论文发表的期刊及分布特征

（1）国外分布特征。根据 WOS 论文数据信息，1990—1999 年国外主要发表林业经济论文期刊分布如表 1 所示。1990 到 1999 年国外发布林业经济相关论文最多的是“FOREST ECOLOGY AND MANAGEMENT”期刊，一共发表了 63 篇相关论文，占该时间段发表的总量的 5.359%；发表论文第二多的是 FORESTRY CHRONICLE 期刊，在该时间段内，一共发表了 58 篇相关论文；其后依次为 CANADIAN JOURNAL OF FOREST RESEARCH REVUE、CANADIENNE DE RECHERCHE FORESTIERE、AGROFORESTRY SYSTEMS、AMBIO 等期刊。

**表 1　1990—1999 年国外林业经济论文发表期刊及分布**

| 来源出版物 | 篇数 | 占比(%) |
|---|---|---|
| FOREST ECOLOGY AND MANAGEMENT | 63 | 5. 459 |
| FORESTRY CHRONICLE | 58 | 5. 026 |
| FOREST SCIENCE | 35 | 3. 033 |
| CANADIAN JOURNAL OF FOREST RESEARCH REVUE CANADIENNE DE RECHERCHE FORESTIERE | 33 | 2. 86 |
| AGROFORESTRY SYSTEMS | 30 | 2. 6 |
| AMBIO | 30 | 2. 6 |
| ALLGEMEINE FORST UND JAGDZEITUNG | 26 | 2. 253 |
| ECOLOGICAL ECONOMICS | 25 | 2. 166 |
| ECONOMIC BOTANY | 21 | 1. 82 |
| FOREST PRODUCTS JOURNAL | 21 | 1. 82 |
| JOURNAL OF ENVIRONMENTAL MANAGEMENT | 20 | 1. 733 |
| BIOMASS BIOENERGY | 18 | 1. 56 |
| CONSERVATION BIOLOGY | 18 | 1. 56 |
| ENVIRONMENTAL CONSERVATION | 18 | 1. 56 |
| FORSTWISSENSCHAFTLICHES CENTRALBLATT | 17 | 1. 473 |
| SOCIETY NATURAL RESOURCES | 17 | 1. 473 |

(续)

| 来源出版物 | 篇数 | 占比(%) |
| --- | --- | --- |
| WATER AIR AND SOIL POLLUTION | 17 | 1.473 |
| ENVIRONMENTAL MANAGEMENT | 16 | 1.386 |
| WORLD DEVELOPMENT | 16 | 1.386 |
| ECOLOGICAL APPLICATIONS | 14 | 1.213 |
| CLIMATIC CHANGE | 12 | 1.04 |
| HUMAN ECOLOGY | 12 | 1.04 |
| JOURNAL OF FORESTRY | 12 | 1.04 |
| AGRICULTURE ECOSYSTEMS ENVIRONMENT | 11 | 0.953 |
| LANDSCAPE AND URBAN PLANNING | 11 | 0.953 |

注：占比基数为1154篇。

(2) 国内分布特征。根据CNKI论文数据信息，1990—1999年国内主要发表林业经济论文期刊分布如表2所示。1990到1999年发布林业经济相关论文最多的是《北京林业大学学报》期刊，一共发表了14篇相关论文，占该时间段发表的相关论文总量的1.67%。在该时间段内《北京林业大学学报》上发表林业经济主题的论文被引用次数最多的是聂华(1995)年发表的《论林业经济的外部性》论文，其次是朱永杰(1999)发表的《论林业经济中的“市场失灵”问题》论文，被引用次数处于第三位的是陈建成等(1996)发表的《我国林业经济监测预警系统初探》论文。发表论文第二多的是《林业工程学报》期刊，在该时间段内，一共发表了7篇相关论文。其次是《江西农业大学学报》《西北林学院学报》《贵州民族研究》《西南民族大学学报(人文社科版)》等期刊。在该时间段内《江西农业大学学报》上发表林业经济主题论文的被引用次数最多的是方湖珊(1994)发表的《略论我国社会主义林业市场经济的有关问题》论文。该时间段内《西北林学院学报》上发表林业经济主题论文的被引用次数最多的是李让乐等(1995)发表的《森林产权体系构建设想》论文。总的来说，1990—1999年国内发表林业经济领域的期刊主要为部分高校的学报。

**表2　1990—1999年国内林业经济论文发表期刊及分布**

| 期　刊 | 次数 | % of 838 |
| --- | --- | --- |
| 北京林业大学学报 | 14 | 1.67 |
| 林业工程学报 | 7 | 0.84 |
| 江西农业大学学报 | 5 | 0.60 |
| 西北林学院学报 | 4 | 0.48 |
| 贵州民族研究 | 4 | 0.48 |
| 西南民族大学学报(人文社科版) | 2 | 0.24 |
| 金融研究 | 1 | 0.12 |
| 贵州社会科学 | 1 | 0.12 |
| 林业科学 | 1 | 0.12 |
| 农村经济 | 1 | 0.12 |
| 中国农史 | 1 | 0.12 |
| 东北亚论坛 | 1 | 0.12 |
| 水土保持学报 | 1 | 0.12 |
| 南京林业大学学报(自然科学版) | 1 | 0.12 |

（续）

| 期　刊 | 次数 | % of 838 |
| --- | --- | --- |
| 经济管理 | 1 | 0.12 |
| 东南学术 | 1 | 0.12 |
| 技术经济 | 1 | 0.12 |
| 森林与环境学报 | 1 | 0.12 |
| 世界农业 | 1 | 0.12 |
| 学术交流 | 1 | 0.12 |

注：占比基数为838篇。

**2. 该阶段国内外林业经济学科重点研究领域及代表性成果**

(1)该阶段国外林业经济学科重点研究领域及代表性成果。根据WOS论文数据信息，1990—1999年国外林业经济学科研究领域分布如表3所示。将国外林业经济学科从1990到1999年的研究领域最多的是ENVIRONMENTAL SCIENCES ECOLOGY，一共有425篇论文，占了论文总数的32.828%。其次是FORESTRY，一共有354篇论文是进行的该领域的研究，占了论文总数的30.676%。此外，占比较大的研究领域还包括AGRICULTURE、BUSINESS ECONOMICS、BIODIVERSITY CONSERVATION、ENGINEERING等。根据在WOS中检索到的在该时间段内的论文发表的时间、被引用的次数、发表的期刊等因素，认为具有代表性的研究成果为AIDE T M et al.(1995)在FOREST ECOLOGY AND MANAGEMENT上发表的FOREST RECOVERY IN ABANDONED TROPICAL PASTURES IN PUERTO-RICO，VERISSIMO A et al.(1992)在FOREST ECOLOGY AND MANAGEMENT上发表的LOGGING IMPACTS AND PROSPECTS FOR SUSTAINABLE FOREST MANAGEMENT IN AN OLD AMAZONIAN FRONTIER - THE CASE OF PARAGOMINAS和Pamela A. M et al.(1998)在SCIENCE上发表的INTEGRATION OF ENVIRONMENTAL，AGRONOMIC，AND ECONOMIC ASPECTS OF FERTILIZER MANAGEMENT论文。

**表3　1990—1999年国外林业经济学科研究领域分布**

| 研究领域 | 次数 | 占比(%) |
| --- | --- | --- |
| ENVIRONMENTAL SCIENCES ECOLOGY | 425 | 36.828 |
| FORESTRY | 354 | 30.676 |
| AGRICULTURE | 134 | 11.612 |
| BUSINESS ECONOMICS | 93 | 8.059 |
| BIODIVERSITY CONSERVATION | 66 | 5.719 |
| ENGINEERING | 51 | 4.419 |
| PUBLIC ADMINISTRATION | 48 | 4.159 |
| GEOGRAPHY | 47 | 4.073 |
| PLANT SCIENCES | 47 | 4.073 |
| DEVELOPMENT STUDIES | 46 | 3.986 |
| MATERIALS SCIENCE | 44 | 3.813 |
| ENERGY FUELS | 43 | 3.726 |
| SOCIOLOGY | 42 | 3.64 |
| PHYSICAL GEOGRAPHY | 40 | 3.466 |

(续)

| 研究领域 | 次数 | 占比(%) |
|---|---|---|
| WATER RESOURCES | 35 | 3.033 |
| METEOROLOGY ATMOSPHERIC SCIENCES | 33 | 2.86 |
| ANTHROPOLOGY | 31 | 2.686 |
| BIOTECHNOLOGY APPLIED MICROBIOLOGY | 24 | 2.08 |
| GEOLOGY | 20 | 1.733 |
| SCIENCE TECHNOLOGY OTHER TOPICS | 19 | 1.646 |
| SOCIAL SCIENCES OTHER TOPICS | 14 | 1.213 |
| GOVERNMENT LAW | 13 | 1.127 |
| URBAN STUDIES | 12 | 1.04 |
| ZOOLOGY | 12 | 1.04 |
| AREA STUDIES | 11 | 0.953 |

注：占比基数为 1154 篇。

(2)国内林业经济学科重点研究领域及代表性成果。根据 CNKI 论文数据信息，1990—1999 年国内林业经济学科研究领域分布如表 4 所示。将国内林业经济学科从 1990 到 1999 年的研究领域按照关键词出现的次数进行排序，出现次数最多的是林业经济发展，一共出现了 73 次，中心性为 0.22。其次是森林资源，一共出现了 43 次，中心性为 0.21。其他出现较多的研究领域分别有林业资源管理、林业经济增长、森工企业、用材林等。根据在 CNKI 中检索到的在该时间段内的论文发表的时间、被引用的次数、发表的期刊等因素，认为具有代表性的研究成果为聂华(1995)在《北京林业大学学报》上发表的《林业经济的外部性》论文。该论文主要运用了外部经济理论，讨论了林业经济外部性对税收补贴制度和公共产品制度设计这两种政府行为的影响，以及从理论角度探讨了如何解决林业经济的外部性问题。该论文对林业经济的外部性理论进行了较为详细地阐释和梳理，并且结合了实践对相应的问题进行了分析。该论文的理论分析对相应问题地解决以及之后学者对林业经济相关问题的研究都奠定了较高的理论基础。同时该论文也体现了该时间段内学者们重视对林业经济基础理论的研究的特点。

**表 4 1990—1999 年国内林业经济学科研究领域分布**

| 关键词 | 次数 | 中心性 |
|---|---|---|
| 林业经济发展 | 73 | 0.22 |
| 森林资源 | 43 | 0.21 |
| 林业经济管理 | 35 | 0.16 |
| 林业经济增长 | 32 | 0.09 |
| 森工企业 | 31 | 0.12 |
| 用材林 | 30 | 0.08 |
| 市场经济 | 21 | 0.05 |
| 国营林场 | 21 | 0.04 |
| 木材生产 | 20 | 0.04 |
| 林产工业 | 17 | 0.06 |
| 经济林 | 17 | 0.01 |
| 国有林区 | 17 | 0.03 |
| 集体林区 | 16 | 0.03 |

（续）

| 关键词 | 次数 | 中心性 |
| --- | --- | --- |
| 林业生产力 | 16 | 0.08 |
| 林业生产 | 16 | 0.02 |
| 林业经济学 | 16 | 0.02 |
| 林业经济结构 | 16 | 0.05 |
| 国民经济 | 14 | 0.07 |
| 林业发展战略 | 14 | 0.08 |
| 社会主义 | 14 | 0.02 |
| 林业系统 | 14 | 0.04 |

**3. 国内外林业经济学科研究的主要方法及其特色**

(1)国外主要方法及特色。该时间段国外林业经济学科以实证分析为主，包括运用一维和单一标准林业轮作模型、多维和多标准模型等。其中直接的非市场评估的方法被极广泛地运用于确认传统森林价值，包括生态和环境事务以及服务等，但这些理论没有明确人类行为的可接受模型，遭到多领域的经济学家的反对(高岚，2006)。

(2)国内主要方法及特色。对在 CNKI 中检索到的该时间段内发表的论文按照引用的次数排序，被引用次数居第一位的是聂华(1995)的《林业经济的外部性》论文，该论文一共被引用了 70 次，居于第二位的是姚世斌等(1999)在《四川林业科技》上发表的论文，一共被引用了 46 次。据数据统计发现，在该阶段林业经济学科研究中被引用次数较多的论文主要采用的是定性分析的方法，采用定量分析方法的论文较少。许多学者从经济学基础理论的角度对林业经济的外部性、市场失灵、经济效益等问题进行了分析(聂华，1995；朱永杰，1999；张建锋等，1997)，同样也包括采用识别法对林业经济相关领域存在的问题运用定性分析的方法进行归纳总结，再提出相应的对策建议的研究方法。

**4. 该时期《林业经济》研究领域、代表性成果及其分析**

(1)研究领域及代表性成果分析。

**表 5 1990—1999 年《林业经济》研究领域分布**

| 关键词 | 次数 | 中心性 |
| --- | --- | --- |
| 森工企业 | 66 | 0.17 |
| 林业经济 | 53 | 0.25 |
| 木材生产 | 41 | 0.16 |
| 国有林区 | 37 | 0.13 |
| 用材林 | 35 | 0.21 |
| 森林资源 | 31 | 0.14 |
| 木材价格 | 25 | 0.13 |
| 木材产量 | 24 | 0.04 |
| 山区综合开发 | 23 | 0.06 |
| 国民经济 | 21 | 0.08 |
| 市场经济 | 20 | 0.05 |
| 林业生产 | 19 | 0.09 |
| 林业局 | 18 | 0.06 |

（续）

| 关键词 | 次数 | 中心性 |
| --- | --- | --- |
| 育林基金 | 17 | 0.03 |
| 林业分类经营 | 17 | 0.03 |
| 集体林区 | 16 | 0.1 |
| 社会主义 | 16 | 0.03 |
| 南方集体林区 | 15 | 0.06 |
| 林产工业 | 14 | 0.04 |
| 林产品 | 14 | 0.03 |
| 木材流通 | 14 | 0.01 |

天然

次，占到了各机构出现次数总量的 13.82%。论文来源第二多的机构是北京林业大学，一共出现了 54 次，占到了各机构出现次数总量的 13.57%。来源较多的机构还福建林学院、国家林业局经济发展研究中心等。除了研究中心与政府部门，1990—1999 年《林业经济》期刊论文的主要来源高校是北京林业大学、福建林学院、南京林业大学、东北林业大学等林业大学。

**表 6 1990—1999 年《林业经济》论文的主要来源机构分布**

| 机　构 | 次数 | 占比(%) |
| --- | --- | --- |
| 林业部经济发展研究中心 | 55 | 13.82 |
| 北京林业大学 | 54 | 13.57 |
| 林业部经济发展研究中心 | 30 | 7.54 |
| 福建林学院 | 27 | 6.78 |
| 国家林业局经济发展研究中心 | 22 | 5.53 |
| 南京林业大学 | 17 | 4.27 |
| 东北林业大学 | 17 | 4.27 |
| 黑龙江省森林工业总局 | 13 | 3.27 |
| 中国社会科学院农村发展研究所 | 13 | 3.02 |
| 黑龙江省牡丹江市林业管理局 | 12 | 3.02 |
| 林业部调查规划设计院 | 11 | 2.76 |
| 林业部森林工业司 | 11 | 2.76 |
| 林业部综合计划司 | 11 | 2.76 |
| 林业部外事司 | 9 | 2.26 |
| 福建省林业厅 | 8 | 2.01 |
| 吉林林学院 | 7 | 1.76 |
| 福建省南平市林业委员会 | 7 | 1.76 |
| 黑龙江省大兴安岭林业管理局 | 7 | 1.76 |
| 林业部财务司 | 7 | 1.76 |
| 河北林学院 | 6 | 1.51 |
| 中国林业部造林绿化和森林管理司 | 6 | 1.51 |
| 中国生态经济学会 | 6 | 1.51 |
| 安徽农业大学 | 6 | 1.51 |
| 北京市林业局 | 6 | 1.51 |
| 云南省社会科学院农村经济研究所 | 6 | 1.51 |
| 林业经济杂志社 | 5 | 1.26 |
| 华南农业大学 | 5 | 1.26 |
| 财政部农业财务司 | 5 | 1.26 |
| 山西省林业厅 | 5 | 1.26 |
| 云南省林业科学院 | 5 | 1.26 |

根据 CNKI 论文数据信息，1990—1999 年《林业经济》期刊论文的基金分布如表 7 所示。从 1990 到 1999 年，《林业经济》期刊上论文有基金资助的较少。出现最多的基金是加拿大国际发展研究中心资助项目，一共出现了 3 次，其次是国家科技攻关计划，一共出现了两次。其他两个基金是华南农业大学校长科学基金和日本文部省资助项目，分别出现了一次。根据一般经验，获得

高级别的基金支持的论文往往具有较好的质量。从论文和来源机构和基金支持的情况来看,《林业经济》期刊上论文有较好的来源,但是基金支持的情况不佳,论文质量有待进一步提升。

表7　1990—1999年《林业经济》论文的基金分布

| 基　金 | 次数 |
|---|---|
| 加拿大国际发展研究中心资助项目 | 3 |
| 国家科技攻关计划 | 2 |
| 华南农业大学校长科学基金 | 1 |
| 日本文部省资助项目 | 1 |

## (二)第二阶段(2000—2009年)林业经济研究文献分析

### 1. 该阶段国内外主要林业经济论文发表的期刊及分布特征

(1)国外主要林业经济论文发表的期刊及分布特征。根据WOS论文数据信息,2000—2009年国外林业经济论文发表期刊分布如表8。2000到2009年国外发布林业经济相关论文最多的是FOREST ECOLOGY AND MANAGEMENT期刊,一共发表了186篇相关论文,占该时间段发表的相关论文总量的5.873%。发表论文第二多的是FOREST POLICY AND ECONOMICS期刊,在该时间段内,一共发表了155篇相关论文。其次是ECOLOGICAL ECONOMICS、INTERNATIONAL FORESTRY REVIEW、JOURNAL OF ENVIRONMENTAL、MANAGEMENT等期刊。

表8　2000—2009年国外林业经济论文发表期刊分布

| 来源出版物 | 次数 | 占比(%) |
|---|---|---|
| FOREST ECOLOGY AND MANAGEMENT | 186 | 5.873 |
| FOREST POLICY AND ECONOMICS | 155 | 4.894 |
| ECOLOGICAL ECONOMICS | 97 | 3.063 |
| FORESTRY CHRONICLE | 69 | 2.179 |
| INTERNATIONAL FORESTRY REVIEW | 64 | 2.021 |
| JOURNAL OF ENVIRONMENTAL MANAGEMENT | 54 | 1.705 |
| BIODIVERSITY AND CONSERVATION | 47 | 1.484 |
| LANDSCAPE AND URBAN PLANNING | 42 | 1.326 |
| JOURNAL OF FORESTRY | 40 | 1.263 |
| ENVIRONMENTAL MANAGEMENT | 38 | 1.2 |
| BIOMASS BIOENERGY | 37 | 1.168 |
| AGRICULTURE ECOSYSTEMS ENVIRONMENT | 36 | 1.137 |
| AGROFORESTRY SYSTEMS | 36 | 1.137 |
| ECOLOGY AND SOCIETY | 36 | 1.137 |
| FOREST SCIENCE | 36 | 1.137 |
| INTERNATIONAL JOURNAL OF SUSTAINABLE DEVELOPMENT AND WORLD ECOLOGY | 36 | 1.137 |
| CONSERVATION BIOLOGY | 35 | 1.105 |
| SOCIETY NATURAL RESOURCES | 35 | 1.105 |
| FOREST PRODUCTS JOURNAL | 33 | 1.042 |
| SCANDINAVIAN JOURNAL OF FOREST RESEARCH | 33 | 1.042 |
| ECONOMIC BOTANY | 32 | 1.01 |

（续）

| 来源出版物 | 次数 | 占比(%) |
| --- | --- | --- |
| ECOLOGICAL MODELLING | 29 | 0.916 |
| BIOLOGICAL CONSERVATION | 27 | 0.853 |
| CANADIAN JOURNAL OF FOREST RESEARCH | 27 | 0.853 |
| ECOLOGICAL APPLICATIONS | 27 | 0.853 |

注：占比基数为3167篇。

(2)国内主要林业经济论文发表的期刊及分布特征。根据CNKI论文数据信息，2000—2009年国内林业经济论文发表期刊分布如表9所示。2000—2009年发布林业经济相关论文最多的是《林业科学》期刊，一共发表了8篇相关论文，占该时间段发表的相关论文总量的0.73%。发表论文同样多的是《北京林业大学学报》期刊，被引用次数最多的是米锋等(2003)发表的《森林生态效益评价的研究进展》论文，其次是魏远竹等(2001)发表的《产业结构调整与林业经济增长方式转变》论文。其次是《西北林学院学报》《农业经济问题》《中国人口》《南京林业大学学报》等期刊。《西北林学院学报》在该时段内发表的林业经济主体的论文被引用次数最多的是韩杏容(2006)年发表的《我国林业经济增长整合模式分析》论文。相比较于前10年，该时间段内发表林业经济相关领域论文的期刊分布更加的分散，并且发表论文最多的期刊由高校的学报变为了《林业科学》期刊。除此之外还有《农业经济问题》《农村经济》等农业相关领域期刊发表了部分林业经济相关领域的论文。

**表9 2000—2009年国内林业经济论文发表期刊分布**

| 期 刊 | 次数 | 占比(%) |
| --- | --- | --- |
| 林业科学 | 8 | 0.73 |
| 北京林业大学学报 | 8 | 0.73 |
| 西北林学院学报 | 5 | 0.45 |
| 农业经济问题 | 3 | 0.27 |
| 中国人口 | 3 | 0.27 |
| 南京林业大学学报 | 3 | 0.27 |
| 农村经济 | 2 | 0.18 |
| 中国软科学 | 2 | 0.18 |
| 中国农村经济 | 1 | 0.09 |
| 贵州社会科学 | 1 | 0.09 |
| 经济地理 | 1 | 0.09 |
| 草业科学 | 1 | 0.09 |
| 中国农业资源与区划 | 1 | 0.09 |
| 统计研究 | 1 | 0.09 |
| 改革 | 1 | 0.09 |
| 自然资源学报 | 1 | 0.09 |
| 统计与决策 | 1 | 0.09 |
| 广东财经大学学报 | 1 | 0.09 |
| 经济管理 | 1 | 0.09 |
| 中国经济史研究 | 1 | 0.09 |

注：占比基数为1102篇。

**2. 该阶段国内外林业经济学科重点研究领域及代表性成果**

(1)该阶段国外林业经济学科重点研究领域及代表性成果。根据WOS论文数据信息，2000—2009年国外林业经济学科研究领域分布如表10。将国外林业经济学科从2000—2009年的研究领域最多的是ENVIRONMENTAL SCIENCES ECOLOGY，一共有1321篇论文，占到论文总数的41.711%。其次是FORESTRY，一共有985篇论文是进行的该领域的研究，占到论文总数的31.102%。此外，占比较大的研究领域还包括BUSINESS ECONOMICS、AGRICULTURE、BIODIVERSITY CONSERVATION、ENGINEERING等。根据在WOS中检索到的在该时间段内的论文发表的时间、被引用的次数、发表的期刊等因素，认为具有代表性的研究成果为Franklin, J F (2002)在FOREST ECOLOGY AND MANAGEMENT上发表的DISTURBANCES AND SRTUCTURAL DEVELOPMENT OF NATURAL DEVELOPMENT OF NATURAL FOREST ECOSTSTEMS WITH SILVICULTURAL IMPLICATIONS, USING DOUGLAS-FIR FORESTS AS AN EXAMPLE论文，Rudel T K et al. (2004)在Global Environmental Change上发表的Forest transitions: towards a global understanding of land use change论文和David P S et al. (2001)在Agriculture, Ecosystems and Environment上发表的"Economic and environmental threats of alien plant, animal, and microbe invasions"论文。

**表10　2000—2009年国外林业经济学科研究领域分布**

| 研究领域 | 次数 | 占比(%) |
|---|---|---|
| ENVIRONMENTAL SCIENCES ECOLOGY | 1321 | 41.711 |
| FORESTRY | 985 | 31.102 |
| BUSINESS ECONOMICS | 413 | 13.041 |
| AGRICULTURE | 319 | 10.073 |
| BIODIVERSITY CONSERVATION | 198 | 6.252 |
| GEOGRAPHY | 139 | 4.389 |
| SCIENCE TECHNOLOGY OTHER TOPICS | 130 | 4.105 |
| PUBLIC ADMINISTRATION | 115 | 3.631 |
| PHYSICAL GEOGRAPHY | 114 | 3.6 |
| PLANT SCIENCES | 112 | 3.536 |
| DEVELOPMENT STUDIES | 90 | 2.842 |
| ENERGY FUELS | 88 | 2.779 |
| ENGINEERING | 88 | 2.779 |
| GEOLOGY | 84 | 2.652 |
| SOCIOLOGY | 84 | 2.652 |
| MATERIALS SCIENCE | 71 | 2.242 |
| BIOTECHNOLOGY APPLIED MICROBIOLOGY | 64 | 2.021 |
| ANTHROPOLOGY | 52 | 1.642 |
| METEOROLOGY ATMOSPHERIC SCIENCES | 52 | 1.642 |
| URBAN STUDIES | 52 | 1.642 |
| WATER RESOURCES | 50 | 1.579 |
| ZOOLOGY | 37 | 1.168 |
| ENTOMOLOGY | 35 | 1.105 |
| REMOTE SENSING | 33 | 1.042 |
| IMAGING SCIENCE PHOTOGRAPHIC TECHNOLOGY | 28 | 0.884 |

注：占比基数为3167篇。

(2)该阶段国内林业经济学科重点研究领域及代表性成果。根据 CNKI 论文数据信息，2000—2009 年国内林业经济学科研究领域分布如表 11 所示。将国内林业经济学科从 2000 到 2009 年的研究领域按照关键词出现的次数进行排序，出现次数最多的是林业，一共出现了 110 次，中心性为 0.13。其次是林业经济发展，一共出现了 72 次，中心性为 0.26。其他出现较多的研究领域分别有林业资源、非公有制林业、林业可持续发展、林业经济增长等。根据在 CNKI 中检索到的在该时间段内的论文发表的时间、被引用的次数、发表的期刊等因素，认为具有代表性的研究成果为孔凡斌(2008)在《林业科学》上发表的《集体林权制度改革绩效评价理论与实证研究——基于江西省 2484 户林农收入增长的视角》论文。米锋等(2003)的论文和费世民等(2004)在《林业科学》上发表的《关于森林生态效益补偿问题的探讨》论文。孔凡斌(2008)对江西省的 2484 个农户进行了调查，并获得了相应的调查数据，建立了相应的指标评价体系，对林权制度改革后农民林业收入增长数量、增长速率以及增长机理进行了分析。该论文的特点是采取了实地调查的方法获得了研究数据，并建立了相应的指标进行了定量分析，与之前仅采用纯理论的定性分析的研究方法相比，在研究方法上有一定的突破。费世民等(2004)则没有采用定量的方法，采用的定性的方法对森林生态效益补偿问题进行了分析。该论文不仅对国内的生态效益补偿进行了分析，还借鉴了国外的经验，为我国进一步完善和建立，森林生态补偿机制提供经验，促进保护生态环境和林业可持续发展。该论文对建立森林生态效益补偿机制的必要性、现状、原则、途径、标准都进行了详细的分析，最后提出了相应的对策建议。该论文在森林生态补偿领域具有较高的借鉴意义，由此也是该时间段内林业经济学科的代表性成果。

**表 11 2000—2009 年国内林业经济学科研究领域分布**

| 关键词 | 次数 | 中心性 |
|---|---|---|
| 林 业 | 110 | 0.13 |
| 林业经济发展 | 72 | 0.26 |
| 可持续发展 | 61 | 0.07 |
| 森林资源 | 54 | 0.15 |
| 非公有制林业 | 34 | 0.14 |
| 林业可持续发展 | 29 | 0.07 |
| 林业经济增长 | 26 | 0.11 |
| 林业产业发展 | 24 | 0.1 |
| 改 革 | 23 | 0.05 |
| 林业产业 | 23 | 0.08 |
| 生态效益 | 22 | 0 |
| 林业经济结构 | 20 | 0.06 |
| 林业局 | 18 | 0.05 |
| 发 展 | 17 | 0.02 |
| 林业跨越式发展 | 16 | 0.05 |
| 林业资源 | 15 | 0.01 |
| 林业发展 | 14 | 0.04 |
| 用材林 | 14 | 0.06 |

(续)

| 关键词 | 次数 | 中心性 |
| --- | --- | --- |
| 林业经济问题 | 13 | 0.05 |
| 经济效益 | 13 | 0 |
| 林业经济管理 | 13 | 0.01 |
| 国有林场 | 13 | 0.04 |

**3. 该阶段国内外林业经济学科研究的主要方法及其特色**

(1)国外主要研究方法及特色。该阶段国外林业经济的研究广泛地运用了建模分析方法，构建了资源模型、供需模型和政策模式对资源进行评价。相应的方法的运用具有较高的经济学研究的特色，并且结合较多的领域的研究方法，包括林学、经济学、生态学和社会学的研究方法，体现出了跨学科发展的特点(高岚，2006)。

(2)国内主要研究方法及特色。该阶段国内林业经济学科研究既有定性研究又有定量研究。将检索到的该阶段在CNKI的期刊文献按照被引用的次数排序，被引用的次数最多的文献一共被引用了293次，为米锋等(2003)在《北京林业大学学报》发表的《森林生态效益评价的研究进展》论文，其次是孔凡斌(2008)在《林业科学》上发表的《集体林权制度改革绩效评价理论与实证研究——基于江西省2484户林农收入增长的视角》论文，一共被引用了213次。通过阅读被引用的次数较多的论文，发现该阶段林业经济学科研究的方法主要包括了通过实地调查或使用统计数据的方式并建立相应的指标(马阿滨等，2004；吕洁华等，2008；孔凡斌等，2004)对研究对象分析，以及从经济、管理等方面的理论角度用定性分析的方法对相应的问题进行分析。不少学者采用了定性与建立多项指标定量分析相结合的方法对林业经济领域的相关问题进行分析研究。

**4. 该阶段《林业经济》研究领域、主要方法、代表性成果**

(1)该阶段《林业经济》研究领域及代表性成果。根据CNKI论文数据信息，用关键词出现的次数和中心性来表示2000—2009年《林业经济》期刊研究领域分布，如表12所示。2000—2009年，《林业经济》期刊文献研究最多的是"国家林业局"领域，该关键词一共出现了54次，中心性为0.12。居于第二位的"林业局领域"，该关键词一共出现了45次，居于第三位的是"林业跨越式发展领域"，该关键词一共出现了42次，中心性为0.05。此外，在"森林资源""天保工程""国有林区"等方面也有较多研究。

该时间段内，《林业经济》期刊论文运用的研究方法与上一个时期较为相似，定性分析的同时也运用了定量分析的研究方法。采用的研究方法包括实地调查、文献研究、理论分析的研究方法。按照论文被引用的次数排序，具有代表性的论文为支玲(2001)发表的《从中外退耕还林背景看我国以粮代赈目标的多样性》论文，吴水荣等(2001)发表的《森林生态效益补偿政策进展与经济分析》论文以及戴广翠等(2002)发表的《中国集体林产权现状及安全性研究》论文。支玲(2001)有关退耕还林研究主题的论文是《林业经济》期刊在该时间段内的热点研究领域之一。吴水荣等(2001)则从经济学角度对森林生态效益补偿标准、补偿费的归宿以及实施生态效益补偿政策对社会福利的影响等进行了分析。戴广翠等(2002)对集体林权制度改革进行研究也是该时间段内的具有较高热度的研究领域之一。

表12　2000—2009年《林业经济》研究领域分布

| 关键词 | 次数 | 中心性 |
|---|---|---|
| 国家林业局 | 54 | 0.12 |
| 林业局 | 45 | 0 |
| 林业跨越式发展 | 42 | 0.05 |
| 林　业 | 42 | 0.09 |
| 森林资源 | 41 | 0.14 |
| 天保工程 | 39 | 0.1 |
| 改革 | 39 | 0.07 |
| 天然林保护工程 | 38 | 0.06 |
| 国有林区 | 35 | 0.13 |
| 森工企业 | 31 | 0.09 |
| 非公有制林业 | 29 | 0.01 |
| 用材林 | 28 | 0.05 |
| 集体林权制度改革 | 27 | 0.1 |
| 退耕还林 | 24 | 0.05 |
| 木材生产 | 24 | 0.04 |
| 林权制度改革 | 21 | 0.03 |
| 成　效 | 21 | 0.06 |
| 经济林 | 21 | 0.05 |
| 生态环境建设 | 20 | 0.03 |
| 可持续发展 | 19 | 0.02 |
| 新农村建设 | 19 | 0.04 |
| 国有林场 | 19 | 0.08 |
| 生态建设 | 18 | 0.06 |
| 发　展 | 18 | 0.04 |
| 宜林荒山 | 18 | 0.02 |
| 林业发展 | 17 | 0.04 |
| 现代林业 | 17 | 0.05 |
| 木材产量 | 16 | 0.04 |
| 六大工程 | 16 | 0.05 |
| 生态公益林 | 15 | 0.03 |
| 政　策 | 15 | 0.06 |
| 林业产业发展 | 15 | 0.04 |
| 森　林 | 15 | 0.02 |

(2)该时期《林业经济》论文的主要来源及论文质量。根据CNKI论文数据信息，2000—2009年《林业经济》期刊论文的主要来源机构分布如表13所示。从2000至2009年，《林业经济》期刊论文来源最多的机构是国家林业局经济发展研究中心，共出现了93次，中心性为0.02。论文来源居于第二位的机构是北京林业大学经济管理学院，共出现了86次，中心性为0.02。来源较多的机构还包括东北林业大学经济管理学院、南京林业大学经济管理学院、国家林业局等。相比较于前10年，林业高校的经济管理学院的林业经济相关领域的论文发表的数量和比例都有明显的

增加。可以看出，在该时间段内高校开始更加重视对林业经济相关领域的研究。从数量上看，来自高校和研究中心的论文逐渐增多，而来自政府部门的论文数量相对下降。

表13 2000—2009年《林业经济》论文的主要来源机构分布

| 机　构 | 次数 | 中心性 |
|---|---|---|
| 国家林业局经济发展研究中心 | 93 | 0.02 |
| 北京林业大学经济管理学院 | 86 | 0.02 |
| 东北林业大学经济管理学院 | 53 | 0.01 |
| 南京林业大学经济管理学院 | 27 | 0 |
| 国家林业局 | 17 | 0 |
| 东北林业大学 | 14 | 0 |
| 国家林业局 | 14 | 0 |
| 中国人民大学农业与农村发展学院 | 14 | 0 |
| 国家林业局 | 13 | 0 |
| 北京林业大学 | 13 | 0 |
| 国家林业局植树造林司 | 10 | 0 |
| 国家林业局退耕还林工程管理中心 | 9 | 0 |
| 国家林业局政策法规司 | 9 | 0 |
| 中国林业科学研究院 | 8 | 0 |
| 中国农业大学人文与发展学院 | 7 | 0 |
| 福建农林大学 | 7 | 0 |
| 国家林业局经济发展研究中心 | 6 | 0 |
| 北京林业大学省部共建森林培育与保护教育部重点实验室 | 6 | 0 |
| 中国社会科学院农村发展研究所 | 6 | 0 |
| 黑龙江省伊春市政府 | 6 | 0 |
| 国家林业局经济发展研究中心 | 6 | 0 |
| 浙江林学院 | 5 | 0 |
| 国家林业局发展计划与资金管理司 | 5 | 0 |
| 福建农林大学经济与管理学院 | 5 | 0 |
| 国家林业局天然林保护工程管理办公室 | 5 | 0 |
| 国家林业局发展规划与资金管理司 | 5 | 0 |
| 北京圣树农林科学有限公司 | 5 | 0 |
| 中南林业科技大学商学院 | 5 | 0 |
| 浙江省林业局 | 5 | 0 |
| 东北林业大学经济管理学院 | 5 | 0 |
| 青海省林业局 | 5 | 0 |
| 国家林业局防沙治沙办公室 | 5 | 0 |
| 国家林业局三北防护林建设局 | 5 | 0 |
| 北京大学环境科学与工程学院 | 5 | 0 |
| 山西省造林局 | 5 | 0 |
| 西南林学院 | 5 | 0 |

根据CNKI论文数据信息，2000—2009年《林业经济》期刊论文的基金分布如表14所示。2000—2009年，《林业经济》论文的主要来源基金为国家自然科学基金，共出现了32次，其次是国家社会科学基金，共出现了13次。可以看出，《林业经济》期刊的许多论文在该时间段内得到了较高水平的基金支持。此外，基金来源还包括了中国博士后科学基金、高等学校博士学科点专项科研基金、国家科技支撑计划等。相比较之前的10年，《林业经济》期刊论文的基金支持数量有了明显的增加，由此认为，《林业经济》期刊的论文质量也有较为明显地提升。

**表14 2000—2009年《林业经济》论文的基金分布**

| 基 金 | 次数 |
|---|---|
| 国家自然科学基金 | 32 |
| 国家社会科学基金 | 13 |
| 中国博士后科学基金 | 11 |
| 高等学校博士学科点专项科研基金 | 5 |
| 国家科技支撑计划 | 4 |
| 福建省软科学研究项目 | 3 |
| 福建省教育厅科技项目 | 3 |
| 教育部新世纪优秀人才支持计划 | 3 |
| 国家科技攻关计划 | 3 |
| 江苏省软科学研究计划 | 3 |
| 黑龙江省博士后资助经费 | 3 |
| 世界自然基金会基金 | 3 |
| 国家留学基金 | 2 |
| 国家软科学研究计划 | 2 |
| 加拿大国家发展研究中心资助项目 | 2 |
| 浙江省教育厅科研计划 | 2 |
| 黑龙江省科技攻关计划 | 2 |
| 国家重点基础研究发展规划(973计划) | 2 |
| 湖南省教科委科研基金 | 1 |
| 黑龙江省软科学研究计划 | 1 |
| 福建省自然科学基金 | 1 |
| 福建省青年科技人才创新基金 | 1 |
| 安徽省软科学研究计划项目 | 1 |
| 高等学校优秀青年教师教学科研奖励计划 | 1 |
| 中国科学院知识创新工程项目 | 1 |
| 北京林业大学研究生培养基金 | 1 |
| 湖南省哲学社会科学基金 | 1 |
| 江苏省青蓝工程 | 1 |
| 陕西省软科学研究计划 | 1 |

## (三)第三阶段(2010—2019年)林业经济研究文献分析

### 1. 该阶段国内外主要林业经济论文发表的期刊及分布特征

(1)国外主要林业经济论文发表的期刊及分布特征。根据WOS论文数据信息，2010—2019

年国外林业经济论文发表期刊分布如表 15 所示。2010—2019 年国外发布林业经济相关论文最多的是 FOREST ECOLOGY AND MANAGEMENT 期刊，共发表了 346 篇相关论文，占该时间段发表的相关论文总数的 3.453%；发表论文居于第二位的是 FOREST ECOLOGY AND MANAGEMENT 期刊，在该时间段内，共发表了 228 篇相关论文。此外 LAND USE POLICY、FORESTS、SUSTAINABILITY、PLOS ONE 等期刊也发表了较多相关论文。

**表 15　2010—2019 年国外林业经济论文发表期刊分布**

| 来源出版物 | 次数 | 占比 |
|---|---|---|
| FOREST POLICY AND ECONOMICS | 346 | 3.453 |
| FOREST ECOLOGY AND MANAGEMENT | 228 | 2.275 |
| LAND USE POLICY | 214 | 2.136 |
| FORESTS | 213 | 2.126 |
| SUSTAINABILITY | 181 | 1.806 |
| PLOS ONE | 173 | 1.726 |
| ECOLOGICAL ECONOMICS | 164 | 1.637 |
| JOURNAL OF ENVIRONMENTAL MANAGEMENT | 119 | 1.188 |
| INTERNATIONAL FORESTRY REVIEW | 96 | 0.958 |
| SYLWAN | 95 | 0.948 |
| ECOSYSTEM SERVICES | 93 | 0.928 |
| SCIENCE OF THE TOTAL ENVIRONMENT | 91 | 0.908 |
| SMALL SCALE FORESTRY | 82 | 0.818 |
| JOURNAL OF FOREST ECONOMICS | 79 | 0.788 |
| ECOLOGY AND SOCIETY | 77 | 0.768 |
| JOURNAL OF CLEANER PRODUCTION | 76 | 0.758 |
| BIOMASS BIOENERGY | 75 | 0.748 |
| AGROFORESTRY SYSTEMS | 73 | 0.728 |
| BIOLOGICAL CONSERVATION | 73 | 0.728 |
| ECOLOGICAL INDICATORS | 72 | 0.718 |
| REMOTE SENSING | 68 | 0.679 |
| APPLIED GEOGRAPHY | 67 | 0.669 |
| CANADIAN JOURNAL OF FOREST RESEARCH | 62 | 0.619 |
| ENVIRONMENTAL MANAGEMENT | 62 | 0.619 |
| REGIONAL ENVIRONMENTAL CHANGE | 61 | 0.609 |

注：占比基数为 10021 篇。

(2)国内主要林业经济论文发表的期刊及分布特征。根据 CNKI 论文数据信息，2010—2019 年国内林业经济论文发表期刊分布如表 16 所示。2010—2019 年发布林业经济相关论文最多的是《林业经济》期刊，共发表了 189 篇相关论文，占该时间段发表的相关论文总量的 6.14%；发表论文居于第二位的是《林业科学》期刊，在该时间段内，一共发表了 13 篇相关论文。在该时间段内《林业科学》期刊发表的林业经济主题的论文被引用的次数最高的是廖文梅等(2011)发表的《农户参与森林保险意愿的实证分析——以江西为例》论文，其次是才琪等(2015)发表的《中央林业投资与林业经济增长的互动关系》论文，被引用次数居于第三位的论文是廖文梅(2014)发表的《南方集体林区林业经济增长的产业结构演变及其差异分析——基于 13 个省份 1995—2011 年的统计数据》论文；紧随其后的包括《北京林业大学学报(社会科学版)》《中南林业科技大学学报》《西北林学院学报》《东北林业大学学报》等期刊。在该时间段内《北京林业大学学报(社会科学版)》发表的林业经济主题的论文被引用的次数最高的是王本洋等(2014)发表的《1978 年以来我国林业发展战略研究综述》论文，其次是陈绍志等(2012)年发表的《林业县域经济发展的基本经验、问题与政策建议——基于十大林业产业发展典型县(市)的实地调研》论文，被引用次数居于第三位的是兰宇飞等(2010)发表的《基于系统动力学的区域林业经济发展战略仿真与调控研究》论文。《中南林业科技大学学报》上发表的林业经济主题的论文被引用的次数最高的是张颖(2014)年发表的《基于偏离-份额分析法的安徽省林业优势产业的选择研究》论文。在该时间段内《西北林学院学报》发表的林业经济主题的论文被引用的次数最高的是黄彦(2012)发表的《低碳经济时代下的森林碳汇问题研究》论文。相较于前 10 年，《林业科学》期刊同样发表了相对较多的林业经济领域相关论文，但它已不再是发表林业经济领域相关论文最多的期刊。发表林业经济领域论文居于第二位的《林业科学》期刊与发表论文最多的《林业经济》期刊的论文数量有较大的差距。

**表 16　2010—2019 年国内林业经济论文发表期刊分布**

| 期刊 | 次数 | 占比 |
|---|---|---|
| 林业经济 | 189 | 6. 14 |
| 林业科学 | 14 | 0. 45 |
| 北京林业大学学报(社会科学版) | 13 | 0. 42 |
| 中南林业科技大学学报 | 9 | 0. 29 |
| 西北林学院学报 | 8 | 0. 26 |
| 东北林业大学学报 | 6 | 0. 19 |
| 中南林业科技大学学报(社会科学版) | 6 | 0. 19 |
| 统计与决策 | 4 | 0. 13 |
| 技术经济 | 4 | 0. 13 |
| 中国人口 | 3 | 0. 10 |
| 世界农业 | 3 | 0. 10 |
| 浙江农林大学学报 | 3 | 0. 10 |
| 福建农林大学学报(哲学社会科学版) | 3 | 0. 10 |
| 农业经济与管理 | 2 | 0. 06 |
| 中国农村经济 | 2 | 0. 06 |
| 农村经济 | 2 | 0. 06 |
| 西北农林科技大学学报(社会科学版) | 2 | 0. 06 |
| 干旱区资源与环境 | 2 | 0. 06 |
| 经济问题探索 | 2 | 0. 06 |
| 江西农业学报 | 2 | 0. 06 |

注：占比基数为 3080 篇。

**2. 该阶段国内外林业经济学科重点研究领域及代表性成果**

(1)该阶段国外林业经济学科重点研究领域及代表性成果。根据 WOS 论文数据信息，2010—2019 年国外林业经济学科研究领域分布如表 17 所示。国外林业经济学科从 2010—2019 年，研究领域最多的是 ENVIRONMENTAL SCIENCES ECOLOGY，共有 3997 篇论文 ，占到论文总数的

39. 886%；其次是 FORESTRY，共有 2590 篇论文进行了该领域的研究，占到论文总数的 25. 846%。此外，占比较大的研究领域还包括 BUSINESS ECONOMICS、SCIENCE TECHNOLOGY OTHER TOPICS、AGRICULTURE、BIODIVERSITY CONSERVATION 等方面。根据 WOS 中检索到的在该时间段内的论文其发表时间、被引用次数、发表期刊等因素分析，认为具有代表性的研究成果为 Lindner et al. (2010) 在 FOREST ECOLOGY AND MANAGEMENT 上发表的 CLIMATE CHANGE IMPACTS, ADAPTIVE CAPACITY, AND VULNERABILITY OF EUROPEAN-FOREST-ECOSYSTEMS 论文，MARC H ET AL. (2013) 在 NATURE CLIMATE CHANGE 上发表的 CLIMATE CHANGE MAY CAUSE SEVERE LOSS IN THE ECONOMIC VALUE OF EUROPEAN FOREST LAND 论文，和 LUCIANA P B ET AL. (2012) 在 FOREST ECOLOGY AND MANAGEMENT 发表的 COMMUNITY MANAGED FORESTS AND FOREST PROTECTED AREAS: AN ASSESSMENT OF THEIR CONSERVATION EFFECTIVENESS ACROSS THE TROPICS 论文。

**表 17　2010—2019 年国外林业经济学科研究领域分布**

| 研究领域 | 次数 | 占比 |
|---|---|---|
| ENVIRONMENTAL SCIENCES ECOLOGY | 3997 | 39. 886 |
| FORESTRY | 2590 | 25. 846 |
| BUSINESS ECONOMICS | 959 | 9. 57 |
| SCIENCE TECHNOLOGY OTHER TOPICS | 805 | 8. 033 |
| AGRICULTURE | 758 | 7. 564 |
| BIODIVERSITY CONSERVATION | 611 | 6. 097 |
| GEOGRAPHY | 427 | 4. 261 |
| PLANT SCIENCES | 410 | 4. 091 |
| ENGINEERING | 409 | 4. 081 |
| ENERGY FUELS | 326 | 3. 253 |
| GEOLOGY | 288 | 2. 874 |
| WATER RESOURCES | 247 | 2. 465 |
| METEOROLOGY ATMOSPHERIC SCIENCES | 222 | 2. 215 |
| PHYSICAL GEOGRAPHY | 217 | 2. 165 |
| PUBLIC ADMINISTRATION | 214 | 2. 136 |
| REMOTE SENSING | 211 | 2. 106 |
| BIOTECHNOLOGY APPLIED MICROBIOLOGY | 183 | 1. 826 |
| DEVELOPMENT STUDIES | 160 | 1. 597 |
| URBAN STUDIES | 131 | 1. 307 |
| ENTOMOLOGY | 115 | 1. 148 |
| SOCIAL SCIENCES OTHER TOPICS | 111 | 1. 108 |
| LIFE SCIENCES BIOMEDICINE OTHER TOPICS | 110 | 1. 098 |
| MATERIALS SCIENCE | 107 | 1. 068 |
| ANTHROPOLOGY | 104 | 1. 038 |
| ZOOLOGY | 100 | 0. 998 |

注：占比基数为 10021 篇。

(2)该阶段国内林业经济学科重点研究领域及代表性成果。根据 CNKI 论文数据信息，2010—2019 年国内林业经济学科研究领域分布如表 18 所示。将国内林业经济学科从 2010 到 2019 年的研究领域按照关键词出现的次数进行排序，出现次数最多的是林业，共出现了 434 次；其次是可持续发展，共出现了 354 次。其他出现较多的研究领域还包括有“林业资源”“林业产业”“林业经济发展”等。根据在 CNKI 中检索到的在该时间段内的论文发表时间、被引用次数、发表的期刊等因素分析，认为具有代表性的研究成果为姜钰等(2014)在《中国软科学》上发表的《基于系统动力学的林下经济可持续发展战略仿真分析》论文和孔凡斌等(2013)在《中国农村经济》上发表的《中国林业市场化进程的林业经济增长效》》论文。姜钰等(2014)的论文运用了具有一定创新性的“仿真”研究方法，并且是对在该时间段内的重点研究领域——林下经济进行了研究，因此，该论文在该时间段内具有一定的代表性。孔凡斌(2013)利用我国 2002—2011 年 31 个省(自治区、直辖市)的林业市场化指数，建立了线性回归模型，实证分析了林业市场化程度的林业经济增长效应。该论文的写作结构、选用数据以及实证研究的方法都具有较高的规范性，由此也是该时间段内的具有代表性的研究成果。

**表 18　2010—2019 年国内林业经济学科研究领域分布**

| 关键词 | 次数 | 中心性 |
|---|---|---|
| 林　业 | 424 | 0 |
| 可持续发展 | 354 | 0 |
| 发　展 | 131 | 0 |
| 林下经济 | 125 | 0 |
| 森林资源 | 121 | 0 |
| 林业产业 | 102 | 0 |
| 林业经济发展 | 93 | 0 |
| 林业资源 | 73 | 0 |
| 林业发展 | 65 | 0 |
| 现代林业 | 62 | 0 |
| 经济效益 | 52 | 0 |
| 影响因素 | 50 | 0 |
| 低碳经济 | 44 | 0 |
| 经济发展 | 43 | 0 |
| 林业可持续发展 | 43 | 0 |
| 生态环境 | 43 | 0 |
| 生态林业 | 41 | 0 |
| 经　济 | 39 | 0 |
| 生态文明 | 38 | 0 |
| 林业经济管理 | 38 | 0 |
| 产业结构 | 38 | 0 |
| 林业技术 | 37 | 0 |
| 生态效益 | 37 | 0 |
| 林业经济增长 | 36 | 0 |

### 3. 该阶段国内外林业经济学科研究的主要方法及其特色

(1)国外主要研究方法与特色。该阶段国外林业经济学学科研究的最主要方法依然是以定性研究方法为主，其中主要包括对各种模型的使用。在该时间段内国外林业经济主题的研究中模型的关键词出现了较多的次数，可以看出国外林业经济在研究过程中各学者对各种模型的使用的重视。在该时期，“模型”的关键词共出现了549次，在林业经济主题下所有关键词出现次数中排到了较高的位置。同时在该阶段内，国外林业经济研究方法的运用呈现出更能体现跨学科的特点，研究方法中更多地融合了环境科学与生态学、商业经济学、农业、生物、地理、地质学、公共行政、遥感、生物技术应用微生物学技术，甚至融合了昆虫学、材料科学、人类学、动物学等领域的综合性研究。在多学科交叉研究的背景之下，该时间段内国外的林业经济学科的研究方法得到了进一步的丰富。

(2)国内主要研究方法与特色。该时间段内林业经济学科采用的研究方法有了进一步的丰富，采用的研究方法更加多样。将在CNKI中检索到的在该时间段发表的论文按照引用的次数排序，被引用次数最多的是姜钰等(2014)在《中国软科学》上发表的《基于系统动力学的林下经济可持续发展战略仿真分析》论文，该论文一共被引用了73次。其次是贺东航等(2010)在《东南学术》上发表的论文，共被引用了70次。该时间段学者较多地使用了定性分析的研究方法，包括采用仿真、建立logistic、线性回归等计量模型(姜钰等，2014；曾维忠，2011；廖文梅等，2011；肖敏静等，2010；高岚等，2012)，运用科布道格拉斯生产函数(冯达等，2010)，全要素生产率(陈晓兰等，2014；黄安胜等，2015)的方式进行分析。该时间段同样有许多学者采用定性分析的方法对林业经济学科相关问题进行分析，除了运用了基础理论进行分析之外，部分学者还采用了文献综述、访谈调研的研究方法。

**4. 该阶段《林业经济》研究领域、代表性成果及其质量分析**

(1)《林业经济》研究领域、代表成果及质量分析。根据CNKI论文数据信息，2010—2019年《林业经济》期刊研究领域分布如表19所示，以关键词出现的次数和中心性来表示《林业经济》期刊研究领域分布的情况。2000—2019年，《林业经济》期刊研究最多的领域是“集体林权制度改革”，该关键词共出现了95次，中心性为0.15；居于第二位的是“生态文明”领域，该关键词一共出现了76次；再次是“国有林场”领域，该关键词共出现了75次，中心性为0.08。此外，在“林下经济”“林业产业”“国有林区”等领域也有较多研究。

该时间段内《林业经济》期刊论文运用的研究方法方面，包含了定性与定量的研究方法。定性的研究方法方面包括实地调查、文献研究、理论分析的研究方法。定量的研究方法方面，包括建立模型进行分析的方法，包括系统动力学模型、质量屋模型、价值评估模型等，以及建立指标分析方法、文献计量分析方法、熵权法等。按照被引用的次数、论文的内容等因素进行分析，认为该时间段内《林业经济》期刊的具有代表性研究成果为徐济德(2014)年发表的《我国第八次森林资源清查结果及分析》论文，刘拓等(2017)发表的《发展森林康养产业是实行供给侧结构性改革的必然结果》的论文以及耿玉德等(2017)发表的《国有林区改革进展与政策研究——以龙江森工集团和大兴安岭林业集团为例》论文。徐济德(2014)的论文其研究主题——“森林资源”也是该时间段内的主要研究领域之一。刘拓等(2017)对发展森林康养产业进行了较为详细的分析，认为未来森林康养将成为国民经济新的增长点，其能够产生巨大的经济效益和社会效益。耿玉德等(2017)论文的“国有林区”研究领域是该时间段内的具有较高热点的研究领域之一。该论文通过实地调查的方式进行研究，为进一步推进国有林区改革，合理处理历史遗留问题，妥善安置富余分流人员等提出了具有建设性的对策建议。

表 19 2010—2019 年《林业经济》研究领域分布

| 关键词 | 次数 | 中心性 |
| --- | --- | --- |
| 林　业 | 95 | 0. 15 |
| 集体林权制度改革 | 84 | 0. 17 |
| 生态文明 | 76 | 0. 2 |
| 国有林场 | 75 | 0. 08 |
| 林下经济 | 68 | 0. 15 |
| 林业产业 | 65 | 0. 12 |
| 国有林区 | 53 | 0. 12 |
| 可持续发展 | 43 | 0. 07 |
| 农　户 | 41 | 0. 05 |
| 森林资源 | 30 | 0. 02 |
| 生态旅游 | 30 | 0. 06 |
| 森　林 | 29 | 0. 04 |
| 林权改革 | 28 | 0. 04 |
| 气候变化 | 25 | 0. 04 |
| 林业经济 | 25 | 0. 02 |
| 林权抵押贷款 | 23 | 0. 01 |
| 林业局 | 21 | 0. 03 |
| 生　态 | 21 | 0. 03 |
| 森林可持续经营 | 19 | 0. 02 |
| 森林保险 | 19 | 0. 02 |
| 林产工业 | 19 | 0. 01 |
| 林业企业 | 19 | 0. 01 |

(2)主要来源及质量分析。根据 CNKI 论文数据信息，2010—2019 年《林业经济》期刊论文的主要来源机构分布如表 20 所示。从 2010 到 2019 年，《林业经济》期刊论文来源最多的机构是北京林业大学经济管理学院，共出现了 328 次，中心性为 0. 18；论文来源居于第二位的机构是东北林业大学经济管理学院，共出现了 220 次，中心性为 0. 11。来源较多的机构还包括国家林业局经济发展研究中心、中国林业科学研究院林业科技信息研究所、南京林业大学经济管理学院等研究机构或高校。

表 20 2010—2019 年《林业经济》论文的主要来源机构分布

| 机　构 | 次数 | 中心性 |
| --- | --- | --- |
| 北京林业大学经济管理学院 | 328 | 0. 18 |
| 东北林业大学经济管理学院 | 220 | 0. 11 |
| 国家林业局经济发展研究中心 | 202 | 0. 19 |
| 中国林业科学研究院林业科技信息研究所 | 120 | 0. 07 |
| 南京林业大学经济管理学院 | 89 | 0. 02 |
| 中国人民大学农业与农村发展学院 | 71 | 0. 08 |
| 南京森林警察学院 | 53 | 0. 01 |
| 北京林业大学 | 50 | 0. 04 |

（续）

| 机　构 | 次数 | 中心性 |
| --- | --- | --- |
| 国家林业局 | 50 | 0 |
| 西南林业大学经济管理学院 | 38 | 0.02 |
| 国家林业局发展规划与资金管理司 | 33 | 0.02 |
| 青岛农业大学经济与管理学院 | 33 | 0 |
| 福建农林大学经济学院 | 32 | 0.03 |
| 国家林业局林产品经济贸易研究中心 | 28 | 0 |
| 国家林业局调查规划设计院 | 27 | 0.02 |
| 国家林业局农村林业改革发展司 | 26 | 0.03 |
| 中国林业科学研究院 | 25 | 0.02 |
| 国家林业局国有林场和林木种苗工作总站 | 25 | 0.01 |
| 西北农林科技大学经济管理学院 | 25 | 0.02 |
| 国家林业和草原局经济发展研究中心 | 24 | 0.02 |
| 东北林业大学 | 22 | 0 |
| 国家林业局林产工业规划设计院 | 22 | 0.01 |
| 中国社会科学院农村发展研究所 | 20 | 0.04 |
| 华中农业大学经济管理学院 | 20 | 0.01 |
| 山西省国有林管理局 | 17 | 0 |
| 浙江农林大学经济管理学院 | 17 | 0.02 |
| 福建农林大学公共管理学院 | 17 | 0.02 |
| 江西农业大学经济管理学院 | 16 | 0.02 |
| 福建农林大学 | 16 | 0.01 |
| 福建农林大学管理学院 | 16 | 0 |
| 福建农林大学经济与管理学院 | 16 | 0 |
| 《林业经济》期刊社 | 15 | 0.01 |
| 东北农业大学经济管理学院 | 15 | 0 |
| 中北大学经济与管理学院 | 15 | 0 |
| 国家林业局管理干部学院 | 15 | 0.01 |
| 中南林业科技大学 | 14 | 0 |
| 中国林业科学研究院林业研究所 | 14 | 0.01 |
| 青岛农业大学合作社学院 | 14 | 0 |

根据 CNKI 论文数据信息，2010—2019 年《林业经济》期刊论文的基金分布如表 21 所示。2010—2019 年，《林业经济》期刊论文的主要来源基金为国家自然科学基金，共出现了 206 次，其次是国家社会科学基金，共出现了 200 次。此外，基金来源还有黑龙江省哲学社会科学研究规划项目、中国博士后科学基金、黑龙江省自然科学基金等。来自黑龙江的哲学社会科学研究规划项目、自然科学基金、博士后资助经费以及科技攻关计划等在相应的基金支持中有较大的比重，可以看出黑龙江省对林业经济领域有较高的重视。相比较于前 10 年，该时间段内，《林业经济》期刊论文的基金数量又有了明显的增加，但相应的基金数量最多的两个基金依然是国家自然科学基金。由此可见，《林业经济》期刊发表论文的质量在前 10 年的基础上又有了较大程度地提升。

表 21 2010—2019 年《林业经济》论文的基金分布

| 基 金 | 次数 |
| --- | --- |
| 国家自然科学基金 | 206 |
| 国家社会科学基金 | 200 |
| 黑龙江省哲学社会科学研究规划项目 | 45 |
| 中国博士后科学基金 | 25 |
| 黑龙江省自然科学基金 | 23 |
| 黑龙江省博士后资助经费 | 18 |
| 山东省软科学研究计划 | 17 |
| 福建省自然科学基金 | 16 |
| 国家科技支撑计划 | 13 |
| 高等学院博士学科点专项科研基金 | 12 |
| 福建省软科学研究项目 | 11 |
| 江苏省教育厅人文社会科学研究基金 | 11 |
| 国家软科学研究计划 | 10 |
| 湖南省教委科研基金 | 10 |
| 江苏省青蓝工程 | 10 |
| 黑龙江省科技攻关计划 | 9 |
| 中央高校基本科研业务费专项资金项目 | 9 |
| 教育部人文社会科学研究项目 | 7 |
| 湖南省哲学社会科学基金 | 7 |
| 山西省软科学研究计划 | 6 |
| 福建省教育厅科技项目 | 5 |
| 教育部新世纪优秀人才支持计划 | 5 |
| 黑龙江省软科学研究计划 | 4 |
| 河南省软科学研究计划 | 4 |
| 北京市科技计划项目 | 4 |
| 引进国际先进水利科学技术计划 | 4 |
| 江西省软科学研究计划项目 | 4 |
| 浙江省软科学研究计划项目 | 4 |
| 北京市自然科学基金 | 3 |
| 国家重点基础研究发展规划(973 计划) | 3 |

## 五、国内外研究热点及趋势分析

### (一)国外研究热点及趋势分析

(1)国外研究热点。根据 WOS 论文数据信息，1990—2019 年国外林业经济研究热点分布如表 22 所示。近 30 年来，国外林业经济研究成果中最多的领域是 ENVIRONMENTAL SCIENCES ECOLOGY，共有 5743 篇文章是对此领域进行了研究，占到全部文章的 40%；其次是 FORESTRY 方向，一共有 3929 篇文章是对此方向进行研究，占到全部文章的 27%。此外，还有较多研究成果的研究方向在于 BUSINESS ECONOMICS、AGRICULTURE、SCIENCE TECHNOLOGY OTHER TOPICS 等方面。

表 22 1990—2019 年国外林业经济研究热点分布

| 研究方向 | 次数 | 占比 |
| --- | --- | --- |
| ENVIRONMENTAL SCIENCES ECOLOGY | 5743 | 40. 038 |
| FORESTRY | 3929 | 27. 391 |
| BUSINESS ECONOMICS | 1465 | 10. 213 |
| AGRICULTURE | 1211 | 8. 443 |
| SCIENCE TECHNOLOGY OTHER TOPICS | 955 | 6. 658 |
| BIODIVERSITY CONSERVATION | 875 | 6. 1 |
| GEOGRAPHY | 613 | 4. 274 |
| PLANT SCIENCES | 570 | 3. 974 |
| ENGINEERING | 548 | 3. 82 |
| ENERGY FUELS | 457 | 3. 186 |
| GEOLOGY | 392 | 2. 733 |
| PUBLIC ADMINISTRATION | 377 | 2. 628 |
| PHYSICAL GEOGRAPHY | 371 | 2. 586 |
| WATER RESOURCES | 332 | 2. 315 |
| METEOROLOGY ATMOSPHERIC SCIENCES | 307 | 2. 14 |
| DEVELOPMENT STUDIES | 296 | 2. 064 |
| BIOTECHNOLOGY APPLIED MICROBIOLOGY | 271 | 1. 889 |
| REMOTE SENSING | 248 | 1. 729 |
| SOCIOLOGY | 224 | 1. 562 |
| MATERIALS SCIENCE | 222 | 1. 548 |
| URBAN STUDIES | 195 | 1. 359 |
| ANTHROPOLOGY | 187 | 1. 304 |
| ENTOMOLOGY | 161 | 1. 122 |
| SOCIAL SCIENCES OTHER TOPICS | 152 | 1. 06 |
| ZOOLOGY | 149 | 1. 039 |

注：占比基数为 14344 篇。

(2)国外研究趋势。根据不同时间段的国外的林业经济领域研究热点的情况可以看出国外研究趋势。表 23 呈现了 1990—1999 年期间国外林业经济研究热点分布。1990—1999 年，国外林业经济研究热点主要在于森林砍伐、保护、森林管理、生物多样性、持续性、雨林、土地利用等方面。

表 23 1990—1999 年国外林业经济研究热点分布

| 关键词 | 次数 | 中心性 | 开始出现年份 |
| --- | --- | --- | --- |
| forest | 97 | 0. 12 | 1991 |
| management | 58 | 0. 12 | 1991 |
| deforestation | 44 | 0. 06 | 1992 |
| conservation | 43 | 0. 09 | 1993 |
| forest management | 41 | 0. 13 | 1991 |
| economics | 34 | 0. 08 | 1993 |
| growth | 31 | 0. 07 | 1992 |
| biodiversity | 28 | 0. 11 | 1994 |
| sustainability | 28 | 0. 06 | 1993 |
| diversity | 27 | 0. 05 | 1995 |

（续）

| 关键词 | 次数 | 中心性 | 开始出现年份 |
|---|---|---|---|
| rain forest | 26 | 0. 06 | 1994 |
| land use | 23 | 0. 03 | 1995 |
| agroforestry | 22 | 0. 06 | 1991 |
| population | 22 | 0. 03 | 1995 |
| tropical forest | 22 | 0. 1 | 1992 |
| ecosystem | 22 | 0. 07 | 1993 |
| amazon | 22 | 0. 04 | 1992 |
| model | 21 | 0. 07 | 1996 |
| forestry | 20 | 0. 04 | 1993 |
| ecosystem management | 20 | 0. 09 | 1995 |
| dynamics | 18 | 0. 05 | 1992 |
| non-timber forest product | 18 | 0. 05 | 1993 |
| bioma | 18 | 0. 03 | 1991 |
| agriculture | 18 | 0. 06 | 1991 |
| ecology | 17 | 0. 06 | 1992 |
| timber | 16 | 0. 02 | 1995 |
| policy | 16 | 0. 04 | 1993 |
| indonesia | 16 | 0. 01 | 1993 |
| land | 16 | 0. 04 | 1996 |
| carbon | 15 | 0. 04 | 1994 |
| vegetation | 14 | 0. 01 | 1992 |
| community | 13 | 0. 03 | 1991 |
| pattern | 11 | 0. 03 | 1997 |
| plantation | 11 | 0. 01 | 1995 |

表 24 呈现了 2000—2009 年国外林业经济研究热点分布。可以看出，在 2000—2009 年国外林业经济研究热点主要在于森林保护、生物多样性、森林砍伐、土地利用、动力学、多样性、森林管理、热带森林、气候变化、持续性等。

**表 24　2000—2009 年国外林业经济研究热点分布**

| 关键词 | 次数 | 中心性 | 开始出现年份 |
|---|---|---|---|
| forest | 376 | 0. 01 | 2000 |
| management | 318 | 0. 01 | 2000 |
| conservation | 292 | 0. 03 | 2000 |
| biodiversity | 228 | 0. 04 | 2000 |
| deforestation | 197 | 0. 03 | 2000 |
| model | 161 | 0. 02 | 2000 |
| land use | 140 | 0. 02 | 2000 |
| dynamics | 135 | 0. 04 | 2000 |
| growth | 128 | 0. 04 | 2000 |
| impact | 120 | 0. 03 | 2000 |
| diversity | 112 | 0. 04 | 2000 |
| forest management | 103 | 0. 02 | 2000 |
| tropical forest | 102 | 0. 01 | 2002 |
| climate change | 96 | 0. 03 | 2000 |

(续)

| 关键词 | 次数 | 中心性 | 开始出现年份 |
|---|---|---|---|
| sustainability | 92 | 0.01 | 2000 |
| community | 88 | 0.03 | 2000 |
| pattern | 85 | 0.03 | 2000 |
| policy | 83 | 0.03 | 2000 |
| economics | 77 | 0.03 | 2000 |
| vegetation | 76 | 0.04 | 2000 |
| tree | 76 | 0.03 | 2000 |
| bioma | 75 | 0.03 | 2000 |
| agriculture | 75 | 0.04 | 2000 |
| rain forest | 74 | 0.03 | 2000 |
| system | 74 | 0.02 | 2001 |
| landscape | 74 | 0.02 | 2001 |

表25呈现了2010—2019年国外林业经济研究热点分布。可以看出，在2010—2019年国外林业经济研究热点主要集中于森林保护、生物多样性、气候变化、生态系统服务、森林砍伐、土地利用、持续性、森林管理、社区、土地利用变化、植被等。

**表25　2010—2019年国外林业经济研究热点分布**

| 关键词 | 次数 | 中心性 | 开始出现年份 |
|---|---|---|---|
| forest | 1531 | 0 | 2010 |
| management | 1306 | 0 | 2010 |
| conservation | 1184 | 0 | 2010 |
| biodiversity | 837 | 0 | 2010 |
| climate change | 836 | 0 | 2010 |
| impact | 812 | 0 | 2010 |
| ecosystem service | 731 | 0 | 2010 |
| deforestation | 706 | 0 | 2010 |
| land use | 594 | 0 | 2010 |
| model | 549 | 0 | 2010 |
| dynamics | 445 | 0 | 2010 |
| growth | 436 | 0 | 2010 |
| policy | 406 | 0 | 2010 |
| bioma | 398 | 0 | 2010 |
| diversity | 393 | 0 | 2010 |
| landscape | 393 | 0 | 2010 |
| pattern | 374 | 0 | 2010 |
| sustainability | 351 | 0 | 2010 |
| forest management | 340 | 0 | 2010 |
| system | 336 | 0 | 2010 |
| community | 306 | 0 | 2010 |
| land use change | 289 | 0 | 2010 |
| vegetation | 277 | 0 | 2010 |
| carbon | 257 | 0 | 2010 |
| biodiversity conservation | 255 | 0 | 2010 |
| area | 252 | 0 | 2010 |

（续）

| 关键词 | 次数 | 中心性 | 开始出现年份 |
|---|---|---|---|
| china | 251 | 0 | 2010 |
| governance | 250 | 0 | 2010 |
| tree | 248 | 0 | 2010 |
| protected area | 246 | 0 | 2010 |
| livelihood | 241 | 0 | 2010 |
| risk | 222 | 0 | 2010 |
| agriculture | 218 | 0 | 2010 |
| energy | 218 | 0 | 2010 |

近30年，有关林业经济领域研究的部分热点一直有较为突出的、较高的热度。如“森林保护”在30年以来一直处于研究热点的高位。部分的热点在不同的时间段所处热度的排序有所不同，但一直都是集中研究的热点，比如“生物多样性”“持续性”“土地利用”等。其中，“森林砍伐”在1990年到1999年有着非常高的热度，但是其热度在后来的20年逐渐下降，“森林管理”热度也是在30年里呈下降的趋势，“气候变化”热点在1990—1999年没有较高的热度，但在后来的20年里其热度具有逐渐上升的趋势。

**（二）国内研究热点及趋势**

**1. 国内研究热点**

（1）CSSCI公开发表期刊热点。根据CNKI论文数据信息整理，1990—2019年林业经济研究CSSCI公开发表期刊热点分布如表25所示。近30年来，CSSCI公开发表期刊热点主要集中于“可持续发展”“国有林区”和“林业经济增长”方面。相应的关键词分别出现了11次、8次和7次。其他热点还包括“农林经济管理”“循环经济”“林业产业结构”等。有“林业”关键词的论文被引用次数最多的是刘梅娟等（2015）发表在《农业经济问题》上的《我国林业上市公司环境会计信息披露研究》论文，其次是陈建成等（2008）发表在《中国人口·资源与环境》上的《生态文明与中国林业可持续发展研究》论文。林业经济主题下，有《可持续发展》关键词的论文被引用次数最多的是姜钰（2014）年在《中国软科学》是上发表的《基于系统动力学的林下经济可持续发展战略仿真分析》，其次是朱玉林等（2007）在《生态经济》上发表的《基于可持续发展理论的林业循环经济研究》论文。林业经济主题下，有《国有林区》关键词的论文被引用次数最多的是于波涛等（2009）在《中国软科学》上发表的《国有林区发展脆弱性成因分析与测评方法研究》论文，其次是邓永刚等（2019）在《农村经济》上发表的《实施天然林资源保护工程背景下东北国有森工企业生产效率的影响因素分析》论文。林业经济主题下，有“林业经济增长”关键词的论文被引用次数最多的是钟艳等（2011）在《资源开发与市场》期刊上发表的《东北地区林业产业结构变动对林业经济增长的贡献》论文。

**表25　1990—2019年林业经济研究CSSCI公开发表期刊热点分布**

| 关键词 | 次数 | 中心性 |
|---|---|---|
| 林　业 | 15 | 0.13 |
| 可持续发展 | 11 | 0.19 |
| 国有林区 | 8 | 0.1 |
| 林业经济增长 | 7 | 0.13 |
| 中国林业经济学会技术经济专业委员会 | 5 | 0.03 |

(续)

| 关键词 | 次数 | 中心性 |
| --- | --- | --- |
| 中国林业经济学会 | 4 | 0.15 |
| 主成分分析 | 4 | 0.04 |
| 农林经济管理 | 4 | 0.07 |
| 循环经济 | 4 | 0.03 |
| 林业产业结构 | 4 | 0.04 |
| 林权改革 | 4 | 0.02 |
| 农民收入 | 3 | 0.01 |
| 制度变迁 | 3 | 0.01 |
| 国家林业局 | 3 | 0.14 |
| 影响因素 | 3 | 0.01 |
| 改　革 | 3 | 0.04 |
| 林业产业 | 3 | 0 |
| 林业投资 | 3 | 0.02 |
| 林业经济管理 | 3 | 0.03 |
| c-d 生产函数 | 2 | 0.02 |
| 三里河乡 | 2 | 0 |
| 产业结构 | 2 | 0.04 |
| 产业链 | 2 | 0.02 |
| 产权制度 | 2 | 0.01 |
| 人力资本 | 2 | 0.16 |
| 低碳经济 | 2 | 0.01 |
| 全要素生产率 | 2 | 0.01 |
| 农业经济管理 | 2 | 0.01 |
| 制　度 | 2 | 0 |
| 北京林业大学 | 2 | 0 |
| 北京林业大学经济管理学院 | 2 | 0.07 |
| 协调模式 | 2 | 0.01 |
| 南方集体林区 | 2 | 0 |

(2)中文核心和学报等期刊热点。根据 CNKI 论文数据信息整理，1990—2019 年林业经济研究中文核心热点分布如表 26 所示。中文核心期刊热点集中于“林业经济增长”“林业产区”和“国有林区”，分别出现了 31 次、26 次和 25 次。其他热点还包括“可持续发展”“林业经济发展”“产业结构”“森林资源”等。除去 CSSCI 热点分析中已经提及的论文，在林业经济主题下，有“林业”关键词的论文被引用次数最高的是魏远竹等(2001)在《北京林业大学学报》上发表的《产业结构调整与林业经济增长方式转变》论文，其次是陈新云等(2004)在《林业经济问题》上发表的《林业经济发展模式的内涵与分类》论文。有“林业经济增长”关键词的论文被引用次数最高的是高岚等(2012)在《华南农业大学学报(社会科学版)》上发表的《产权管制、要素投入与林业经济增长关系的实证分析》论文。在林业经济主题下，有“林业产业”关键词的论文被引用次数最高的是于波涛(2007)在《学术交流》上发表的《林业产业循环经济的评价指标体系》论文，其次是张智光(2005)

在《林业经济问题》上发表的《我国林业产业现代化的战略体系研究》论文。在林业经济主题下，有“国有林区”关键词的论文被引用次数最高的是徐林初等(1999)在《林业经济》上发表的《关于江西省实施天然林保护工程的几点思考》》论文，其次是国家计委考察团在《林业经济》上发表的《政府调控服务 公众主动参与——芬兰、瑞典山地生态环境建设考察报告》论文。

表 26 1990—2019 年林业经济研究中文核心热点分布

| 关键词 | 次数 | 中心性 |
| --- | --- | --- |
| 林 业 | 53 | 0 |
| 林业经济增长 | 31 | 0 |
| 林业产业 | 26 | 0 |
| 国有林区 | 25 | 0 |
| 可持续发展 | 23 | 0 |
| 林业经济发展 | 22 | 0 |
| 影响因素 | 20 | 0 |
| 产业结构 | 20 | 0 |
| 改 革 | 19 | 0 |
| 森林资源 | 16 | 0 |
| 中 国 | 15 | 0 |
| 森工企业 | 14 | 0 |
| 林业产业结构 | 13 | 0 |
| 中国林业经济学会 | 13 | 0 |
| 农林经济管理 | 11 | 0 |
| 林业局 | 10 | 0 |
| 国营林场 | 10 | 0 |
| 用材林 | 10 | 0 |
| 国有林场 | 10 | 0 |
| 林业经济结构 | 9 | 0 |
| 市场经济 | 9 | 0 |
| 中国林业经济学会技术经济专业委员会 | 9 | 0 |
| 集体林区 | 8 | 0 |
| 林业生产 | 8 | 0 |
| 林权改革 | 8 | 0 |
| 农 户 | 8 | 0 |
| 林业分类经营 | 8 | 0 |
| 南方集体林区 | 7 | 0 |

根据近 30 年来各高校学报的林业经济相关领域的论文发表情况，北京林业大学学报、江西农业大学学报、西北林学院学报、南京林业大学学报、中南林业科技大学学报、东北林业大学学报发表林业经济相关领域的论文数量较多。以上六所大学学报发表林业经济主题论文的热点分布如表 27 所示。热点集中于“林业”“林业经济管理”和“影响因素”，分别出现了 13 次、9 次和 5 次。其他热点还包括“林业发展”“林业产业”“可持续发展”等。在林业经济主题下，有“林业”关键词的论文被引用次数最高的是魏远竹等(2001)在《北京林业大学学报》上发表的《产业结构调整与林业经济增长方式转变》论文，其次是姜微等(2007)在《中南林业科技大学学报(社会科学版)》上发表的《湖南省林业产业结构灰色关联度分析》论文。在林业经济主题下，有“林业经济管理”

关键词的论文被引用次数最高的是陈继红等(2006)在《东北林业大学学报》上发表的《中国 CDM 林业碳汇项目的评价指标体系》论文，其次张卫民等(2013)在《北京林业大学学报(社会科学版)》上发表的《关于中国林业经济管理学科起源的探讨》论文。在林业经济主题下，有“影响因素”关键词的论文被引用次数最高的是乔月等(2013)在《北京林业大学学报(社会科学版)》上发表的《三明市农户林权抵押贷款行为及影响因素分析》论文，其次是刘轩羽等(2014)在《北京林业大学学报(社会科学版)》上发表的《三明市农户林权抵押贷款行为及影响因素分析》论文。在林业经济主题下，有“林业产业”关键词的论文被引用次数最高的是杨帆等(2014)在《中南林业科技大学学报》上发表的《集体林权制度改革前后我国林业产业结构的动态变化分析》论文，其次是张颖等(2014)在《中南林业科技大学学报》上发表的《基于偏离-份额分析法的安徽省林业优势产业的选择研究》论文。在林业经济主题下，有“可持续发展”关键词的论文被引用次数最高的是王本洋等(2014)在《北京林业大学学报(社会科学版)》上发表的《1978 年以来我国林业发展战略研究综述》论文，其次是赵璟等(2004)在《北京林业大学学报(社会科学版)》上发表的《西部地区林业人力资本潜能与林业可持续发展》论文。

**表 27　1990—2019 年林业经济研究学报热点分布**

| 关键词 | 次数 | 中心性 |
| --- | --- | --- |
| 林　业 | 13 | 0. 36 |
| 林业经济管理 | 9 | 0. 27 |
| 影响因素 | 5 | 0. 15 |
| 南京林业大学 | 5 | 0. 21 |
| 林业发展 | 4 | 0. 07 |
| 林业产业 | 4 | 0. 08 |
| 改　革 | 4 | 0. 08 |
| 可持续发展 | 4 | 0. 09 |
| 农林经济管理 | 4 | 0. 07 |
| 产业结构 | 4 | 0. 08 |
| 经济增长 | 3 | 0. 18 |
| 森林资源 | 3 | 0. 07 |
| 森林生态经济 | 3 | 0. 07 |
| 森工企业 | 3 | 0. 05 |
| 林业经济管理学 | 3 | 0. 08 |
| 林业生产力 | 3 | 0. 11 |
| 北京林业大学经济管理学院 | 3 | 0. 03 |
| 价值规律 | 3 | 0. 08 |
| 集体林权 | 2 | 0. 03 |
| 陕　西 | 2 | 0. 03 |
| 股份制 | 2 | 0. 02 |
| 绩　效 | 2 | 0. 02 |

**2. 研究趋势**

(1)CSSCI 公开发表期刊研究趋势。近 30 年 CSSCI 公开发表期刊研究的时间趋势图如图 1 所示。近 30 年 CSSCI 公开发表期刊研究主要在可持续发展、林业经济增长、林业产权、循环经济、林业税费制度等领域。可持续发展领域经历了从森林旅游、经济增长点到多目标优化到产业经济增长再到动态区域发展的研究热点演变。林业经济增长领域经历了从石油能源、淡水资源到格兰杰因果分析再到灰色关联度到偏离-份额模型的分析方法的演变。林业产权领域经历了从国有林区到林业循环经济再到国有森工企业的研究热点的演变。

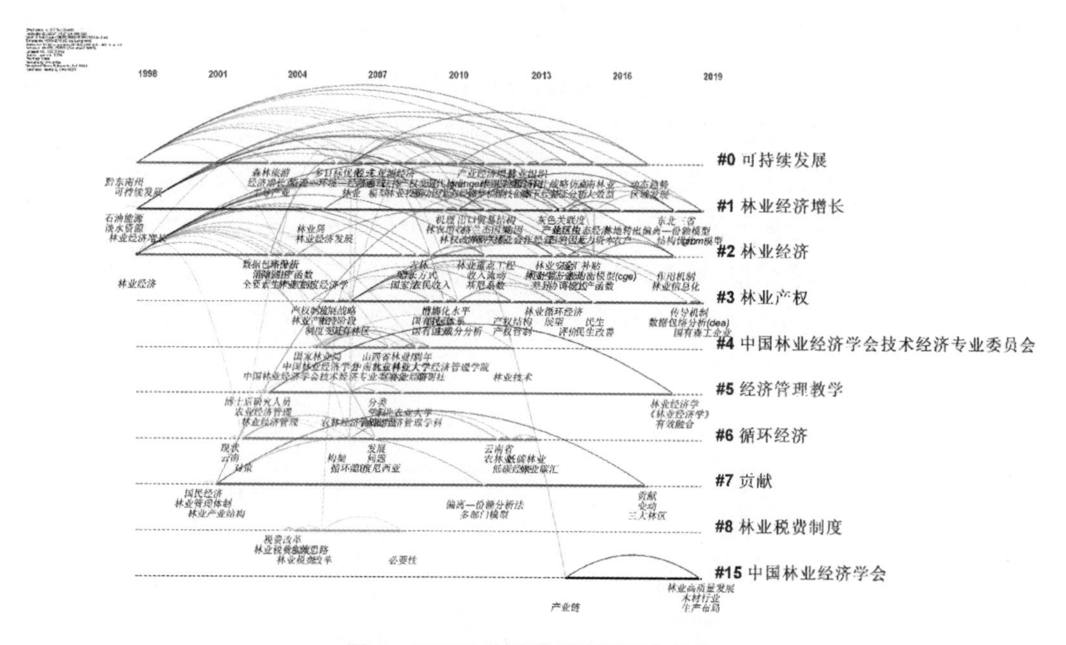


**图 1　CSSCI 公开发表期刊研究趋势**

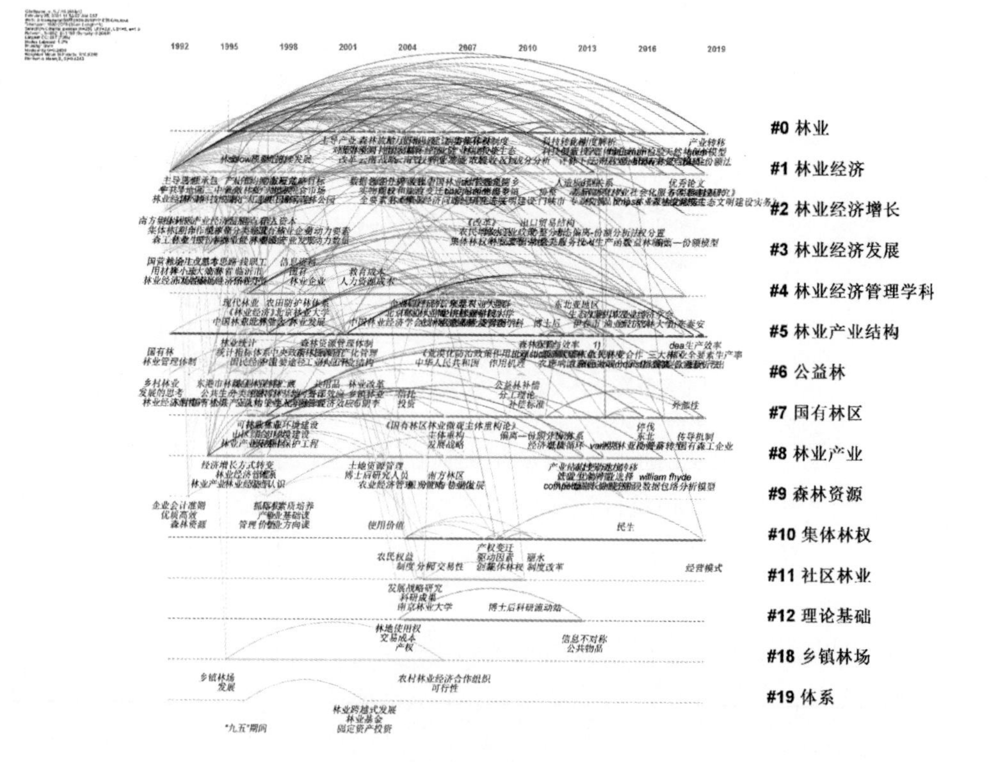


**图 2　中文核心期刊研究趋势**

(2)中文核心和学报等期刊研究趋势。近30年中文核心期刊研究的时间趋势图如图2所示。近30年中文核心期刊研究领域主要在林业经济增长、林业经济发展、林业经济管理、林业产业结构、公益林、国有林区、林业产业、森林资源、集体林权、社区林业、乡镇林场领域。林业经济研究热点从20世纪90年代初的集体林区、国营林场社会主义、用材林、乡村林业等热点到2000年左右的森林旅游、乡镇林业、土地资源管理、林业使用权、交易成本等热点到2010年左右的森林保险、公益林补偿、分工理论、低碳循环等热点到近年的天然林保护、产业转移、公益林制度、林业全要素生产率等热点。

根据近30年来各高校的学报的林业经济相关领域的论文发表情况,《北京林业大学学报》《江西农业大学学报》《西北林学院学报》《南京林业大学学报》《中南林业科技大学学报》《东北林业大学学报》发表林业经济相关领域的论文数量较多。由此主要分析了以上六所大学学报发表相关领域论文的热点演变趋势。近30年《北京林业大学学报》发表林业经济主题的论文48篇、《江西农业大学学报》7篇、《西北林学院学报》17篇、《南京林业大学学报》12篇、《中南林业科技大学学报》18篇、《东北林业大学学报》10篇。近30年中文核心期刊研究的时间趋势图如图3。

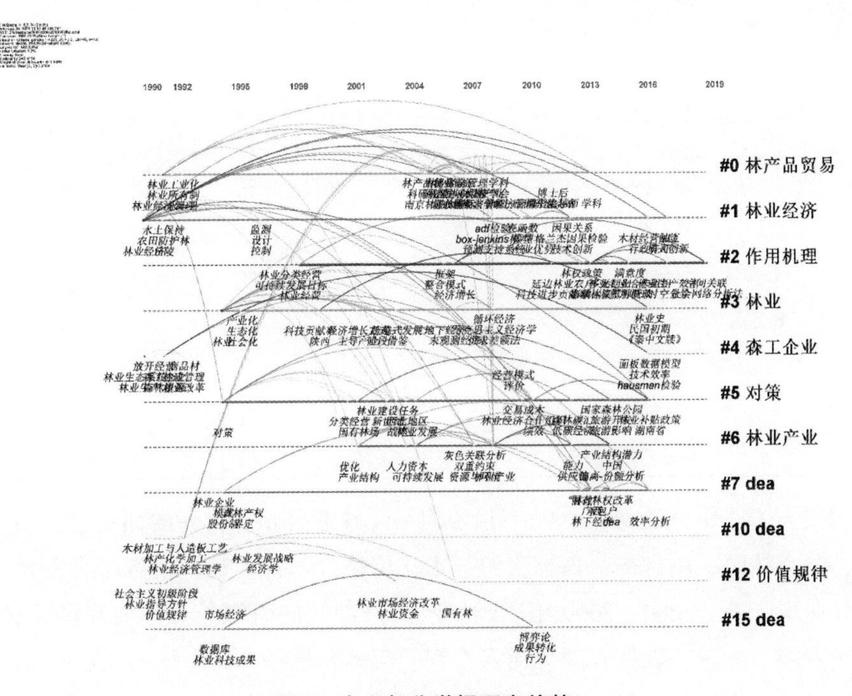


**图3　中文部分学报研究趋势**

部分中文学报在20世纪90年代研究热点主要在林业工业化、林业所有制、水土保持、农田防护林等。2000年左右中文学报的研究热点主要在科技贡献、林业建设任务、国有林场、林业资金等。2010年左右中文学报的研究热点主要在格兰杰因果检验、产业优势、交易成本、森林碳汇、灰色关联分析、双重约束等。今年来中文学报的研究热点主要在木材经营加工、空间关联、社会网络分析法、面板数据模型等。

**(三)《林业经济》期刊研究热点及趋势分析**

(1)研究热点。根据CNKI论文数据信息,1990—2019年《林业经济》期刊热点分布如表28。《林业经济》期刊研究热点在于国有林区、集体林权制度改革、森林资源。它们分别出现了125次、111次、102次。其他热点还包括国有林场、森工企业、生态文明等。

表28　1990—2019年《林业经济》热点分布

| 关键词 | 次数 | 中心性 |
| --- | --- | --- |
| 林　业 | 137 | 0 |
| 国有林区 | 125 | 0 |
| 集体林权制度改革 | 111 | 0 |
| 森林资源 | 102 | 0 |
| 国有林场 | 101 | 0 |
| 影响因素 | 97 | 0 |
| 森工企业 | 97 | 0 |
| 生态文明 | 88 | 0 |
| 改　革 | 85 | 0 |
| 林业局 | 84 | 0 |
| 林业产业 | 80 | 0 |
| 国家林业局 | 68 | 0 |
| 林下经济 | 68 | 0 |
| 木材生产 | 65 | 0 |
| 用材林 | 63 | 0 |
| 可持续发展 | 62 | 0 |
| 天然林保护工程 | 55 | 0 |
| 天保工程 | 48 | 0 |
| 成　效 | 46 | 0 |
| 森　林 | 44 | 0 |
| 林业跨越式发展 | 42 | 0 |
| 发　展 | 42 | 0 |
| 退耕还林 | 42 | 0 |
| 农　户 | 41 | 0 |
| 林权改革 | 41 | 0 |
| 木材产量 | 40 | 0 |

（2）《林业经济》研究趋势。1990—1999年，《林业经济》期刊的研究热点主要在森工企业、木材生产、国有林区、用材林、森林资源、木材价格、木材产量、山区综合开发、国民经济、市场经济、林业生产等。2000—2009年，《林业经济》期刊的研究热点主要在国家林业局、林业局、林业跨越式发展、林业、森林资源、天保工程、天然林保护工程、国有林区、森工企业、非公有制林业、用材林、集体林权制度改革、退耕还林、木材生产等。2010—2019年，《林业经济》期刊的研究热点主要在林业、集体林权制度改革、生态文明、国有林场、林下经济、林业产业、国有林区、可持续发展、农户、森林资源、生态旅游、森林、林权改革、气候变化、林业经济、林权抵押贷款、林业局、生态、森林可持续经营、森林保险等。可以看出近30年来相对于国内外对林业经济领域的研究，《林业经济》期刊的研究热点一直都有较大的变化。近年来《林业经济》期刊对生态文明、可持续发展有较多的强调，并且同国外对林业经济领域越来越重视对气候变化领域的研究一样，近年来《林业经济》期刊对此热点也有了越来越多的研究。

## 六、经验借鉴与政策启示

**(一)国外经验借鉴**

(1)理论基础、研究领域的经验借鉴。国外林业经济研究的研究领域国外林业经济从1990年到2019年的主要研究均为环境科学生态学，近年在生物多样性保护领域也有较多的研究。其中，林业经营理论是国外林业经济理论的一部分，其理论从法正林思想、自由经济思想、永续林思想、多功能经营发展演变到森林可持续经营理论。在理论的发展过程中先后产生了森林效益永续论、林业政策效益论、森林多功能论、协同论、船迹理论、林业分工论、木材培育论、新林业理论、近自然林业及可持续发展理论等(高岚等，2006)。国内外面临的林业经济领域问题本身虽然有所不同，但是可以选择性地借鉴国外林业经济研究的研究方法，使我国对相关问题的研究有更多的角度和更深的理解。

(2)研究方法的借鉴与创新。国外林业经济研究多用实证研究的方法，国外的研究在对林业经济研究的模型构建方面有较多地探索。在对不同的问题进行分析的时候运用了多种模型，比如资源模型、供需模型和政策模式。可以借鉴国外已经较为成熟的相关模型对我国的相应问题进行分析，从而能够使国内对相关问题的研究有更进一步的发展。相应的研究方法的借鉴不应仅仅局限于林业经济领域，可借鉴更多学科的研究方法，比如社会学、管理学、生态学的研究方法。可以将更多种类的研究方法引用到林业经济研究领域，从而促进林业经济领域的研究得到进一步发展。

**(二)政策启示**

《林业经济》期刊在近30年的发展过程中取得了长足的进步，在研究方法不断改进与强化的背景之下，文献的理论研究得到了进一步的深化，特别是近年来在生态文明建设、可持续发展的理论研究方面有了更广泛和深入地探索。但其局限性也显而易见，所刊发论文在林业经济学理论研究的贡献上较为有限。在研究方法方面，随着国内林业经济研究领域对实证研究方法的愈加重视与运用，《林业经济》刊发论文在运用实证研究方法方面，相对于国内有着更高的影响力的期刊，《林业经济》期刊研究方法运用的种类较少，且具有一定的滞后性，成为当前学术地位提升中的短板，大大影响了期刊在国内林业经济研究领域的影响力。鉴于此，期刊应在以下五个方面引起足够重视。一是要明确目标，找准定位。要勇于突破理论研究领域的局限性，积极汲取国外及国内C刊相关领域实证研究方法的拓展思路，不断增强期刊的学术性和理论研究的前沿性；二是要在新时代新形势下，加强学科之间的融合，增强社会主义生态文明建设理念，把握林业经济研究重点和热点领域，做好学术引领平台；三是要把脉国际研究动态，紧跟国内外研究形势，打造国内、国际高质量研究平台；四是要充分利用“互联网+”技术、融媒体和大数据优势资源，加强多渠道宣传合作交流，补短板，创特色，创品牌；五是要加大资金投入，打造高质量评审专家队伍，培养高素质作者群体；六是要加强编辑专业培训，不断提高期刊社团队业务水平和工作能力。没有优秀的编辑就没有高质量的、优秀的期刊(申玉美，2021)，因此，培育优秀的编辑团队对于期刊创造良好的学术交流和展示平台至关重要。

调 研 单 位：《林业经济》期刊社
课题组成员：王信、赵萱、刘璨、康燕、康子昊

# 大规模油茶种植企业油茶经营效果的调查研究

**摘要**：通过对湖南省的大规模油茶种植企业的典型调查，在厘清其经营模式和经营措施的基础上，对不同经营模式和经营措施下油茶种植的经营效益进行了分析。研究结果表明：湖南省大规模油茶种植企业经历了“三起两落”的坎坷发展历程，呈现出经营模式不断创新、经营水平逐步提升、扶植政策逐渐完善等发展的主要特征。指出了大规模油茶种植企业存在着油茶品种多且产量低、油茶林地产权纠纷多、油茶经营盈利低甚至亏损、油茶果偷盗和哄抢问题严重等主要问题。阐明了大规模油茶种植企业成败与否的运行机制。在此基础上，提出了大规模油茶种植企业经营模式转型的具体措施，总结了大规模油茶种植企业油茶种植的几种经营模式以及实施的微观条件。最终提出促进大规模油茶种植企业高质量发展的宏观政策措施。

## 一、研究背景

茶油是我国独有的食用油品种，有文字记载在我国南方诸省有着2000余年的食用历史，具有悠久的传统使用习俗和丰富的利用方法；另外，茶油品质好且营养丰富，可以和欧洲传统食用油——橄榄油媲美；此外，油茶主要种植在海拔500米以下的丘陵地带，和其他油料作物不同，不与农作物争耕地，是一种较为理想的生产食用油树种。为了确保我国食用油不受国际商业资本的控制，保障我国的粮油安全，自2008年起政府大力鼓励并扶持油茶产业发展，特别是我国传统油茶主产区——湖南省2017年将油茶产业作为该省十个千亿级产业之一加以发展，2018年制定出了《2018—2038年湖南省油茶产业发展规划》。但是，在油茶产业的发展过程中，存在着经营模式选择的问题，也就是油茶种植业企业的大规模经营和小规模的适度规模经营之争的问题。这里所谓大规模经营模式是指企业大规模租赁农户的林地，企业雇佣农户统一进行油茶种植、统一收获的生产经营方式；而小规模适度规模经营模式是指企业大规模租赁农户林地后通过“反租倒包”等形式由农户生产经营或者是由小分队生产经营；另一种方式是企业提供资金和技术给农户，企业和农户联合经营。作为油茶产业发展之初，为了能够早见成果、快见成效，许多地方政府大力鼓励企业大规模开发经营油茶。由于企业组织化程度高、治理结构强，资金、技术力量雄厚，短时间内能够快速组织生产，开发种植了大面积的油茶林，因此，企业大规模种植油茶深得多数地方政府官员和少数学者的推崇。但是，从近几年实际反映的情况看，许多大规模油茶种植业企业出现了生产成本过高、经营难以为继等问题。对此，多位学者和部分基层工作者（包括政府基层管理者和实际油茶生产经营者)积极提倡小规模适度规模经营。尽管如此，一些地方政府官员还是大力提倡企业大规模进行油茶生产经营，强调当前出现的企业大规模油茶经营难的问题只是资金、技术和劳动力等结构性方面的问题，而并非经营模式的问题。那么，这种模式之争孰是孰非，应该可以通过2009年以来大规模油茶种植企业的经营效果进行成本效益分析，判定两种不同经营模式的优劣。因为传统品种的油茶种植5年便进入初果期，8年进入盛果期，而高产品种的油茶种植3年便进入初果期，5年可进入盛果期。2009年以后种植的油茶大多已经盛果，其经营效果已经显现出来。对此，本项目试图以湖南省大规模油茶种植企业为研究对象，通过对2009年以来成立的企业进行访谈式调查，了解其油茶种植业的经营模式、经营措施，对不同经营模式和经营措施下的经营绩效进行分析，了解不同经营模式下的企业油茶经营效果，挖掘当今不同经营模式下生产经营中存在的主要问题，并从剖析这些问题产生的原因。与此同时，调查了解大规模油茶种植业经营者成功的经营模式下具体措施是什么？其成功经营模式下的形成机制是什么？这一经营机制成功的微观经营条件有哪些？以及这些成功经验是否可以复制并推广？最后，探讨大规模油茶种植业经营模式转型的具体措施是什么？促进大规模油茶种植业高质量发展的宏观政策措施是什么？这些均是目前我国油茶产业发展中亟待解决的问题。

## 二、主要研究案例

### (一)LY市DH油茶科技开发有限公司

该公司的本业是一家广告媒体公司，由于经营有效，积累了一定的资本。因2008年国家大力推广油茶种植，公司于2009年5月投资开发油茶。至2010年年底，公司共租赁林地1000余亩，除租赁了100余亩村集体林地外，主要依托乡镇政府和村干部做农户的思想工作，将农户的承包林地集中流转给公司。公司以每亩800元按50年一次性支付租金，林地上的树木按均价每株10元补偿，至2010年7月共租赁林地约1000余亩，完全采取公司制的经营管理。即公司雇佣当地农户，由公司统一生产经营。公司预计2年内可租赁林地1万亩，5年内2万亩，并新建茶油加工厂，规划加工能力为3万吨，生产高纯度的压榨纯茶油，其中60%销往美国，地方政府也希望公司成为当地的油茶示范基地。时至今日，公司从投资开发已经经历了11年，现在公司经营的油茶林地面积依然是1000余亩。究其原因是农户不愿意将林地租赁给公司，原来公司租赁农户的林地时是通过乡镇政府干部和村干部做农户的思想工作，而不是市场机制下的土地流转，在油茶林地租赁上和农户发生了产权纠纷，因此公司也不敢再扩大租地面积。另外，现在公司种植的油茶品种不太好，造成产量低。2019年油茶鲜果亩均产量只有140斤(剔除了偷摘盗走的油茶籽)，按6%的出油率，亩产茶油只有8.4斤，经过精加工后，每斤精包装茶油售价为128元，而每年每亩抚育(除草和施肥)油茶的费用需要1500元，扣除加工成本和管理人员的工资和费用，公司每亩油茶亏损500元左右，也就是公司每年油茶经营亏损50万元左右。现在公司想通过开发“农家乐”来增加收入，以维持油茶基地的运行。公司的油茶种植生产可以说是“骑虎难下”，前后共投资了2000多万元(据说，前期投资主要是政府的各种支农惠农补贴，主要是后期抚育支出较多)，放弃又不甘心，现在主要是靠公司其他经营收入来弥补油茶经营的亏损，公司似乎又在等待政府的扶持资金。

### (二)YY市HL实业发展有限公司

该公司董事长最开始在部队从事后勤服务工作，后来在深圳开车、经营租车业务，到之后从事竹片加工、销售，建筑石料开发等实业经营，积累了一定的资本。公司最开始从事农林业生产经营是2005年1月，公司成立时注册资金2000多万元，最开始从事杨树育苗、种植，2008年开始从事油茶种植和绿化树木生产经营。公司现有职工30多人，最鼎盛时期达到过300多人。在油茶生产经营方面，公司于2008年租赁林地，2009年开始种植油茶，曾经规划发展5万亩，从2018年至2015年实际租赁林地3万余亩，跨越全省六个县区，100多个基地，形成“点多、线长、面广”的经营局面，经营管理十分复杂。现在公司油茶经营面临的问题主要有：一是资金严重短缺。由于自有资金只有2000多万元，贷款8000余万元，全部用于3万余亩的油茶租地、整地、造林等种植上，2019年，银行催促公司还贷，公司借高利贷将贷款还完。现在，3万余亩油茶需要抚育资金，而从银行根本贷不到款，公司油茶经营难以维持下去。二是林地产权纠纷多。公司经营的林地大多是租赁农户的承包地，林地租金有每年一支付、5年一支付和20年一支付等多种支付方式，2008年时的价格在每亩24~70元不等，现在，林地租金翻番，农户要求涨价，而公司却以合同为由不愿支付，公司也确实没有多余资金支付，由此引起的油茶籽偷盗、破坏公司经营的现象时有发生，严重影响了油茶的生产经营。三是油茶偷盗或哄抢现象十分严重。由于上述产权纠纷问题，油茶籽偷盗占总产量的25%左右，社会环境差的地方达到50%左右，个别地方就因为一点点小的原因，油茶籽被哄抢一空。对此，地方政府缺乏应对措施。现在，油茶进入盛产期，产量越来越高，公司担心偷盗会越来越严重，对此，公司现在必须在油茶籽收获期的前一个月派人每天24小时看守，增加了油茶生产成本。从2019年开始，公司将由原来的公司统一生产经营改变成“反租倒包”的模式，将公司80%左右的林地租给当地的能人或合作社进行生产经营，盈利按5∶5分成。也就是说，公司将已经造好的油茶林承包给能人或合作社，由他们负责日常的抚育、管护和油茶采摘、干燥等工作。实施这一经营模式后，上述产权纠纷问题以及因产权引起的偷盗问题有了一定程度地缓解，但难以从根本上解决。四是油茶鲜果干燥问题。由于大面积的经营，油茶鲜果没有大面积的场地进行晒干、脱壳等处理措施，加上某年天气多雨，许多油茶籽发霉变质。现在，干燥设备基本上过关了，但干燥设备需要200万元的投资，一是增加了企业的生产成本，二是不能算农机产品，得不到政府的补贴。五是油茶产量达不到当年政府宣传的预期。公司现在油茶每亩平均产油量达不到10斤，也就是说油茶籽鲜果产量不足200斤，需要通过高节换冠进行低产林改造，另一方面抚育措施也要跟上，这样一来需要大量的资金。公司新增每年的鲜果产量在600万~700万斤左右，因公司没有加工厂，只能将鲜果卖给茶油加工企业，利润率极低。

**(三)LY市SLG茶油生态农业发展有限公司**

该公司为私人股份制公司，大股东原为煤炭开采，后从事房地产开发，积累了一定的资金。煤炭开采资源耗竭无资源可采，现在，房地产开发还在持续经营，但公司把精力主要放在油茶生产经营上，也把每年房地产的收入投入在油茶生产经营上。公司现租赁农户林地12.6万亩，实际种植油茶8.36万亩，其中，进入盛果期(8年以上)油茶面积5.7万亩。公司租赁的林地租金均为每年一支付，价格随行就市按当年的地租支付。公司原来采取统一经营，劳动力数量要求多，生产成本高，油茶籽偷采现象严重，监督成本高，公司无力经营下去。2014年以后，公司开始采取“反租倒包”的形式逐年将公司租赁的油茶林地租赁给当地的农户经营，农户承包的面积30~800亩不等，公司则委派6名员工负责15个片区(一个乡镇一个片区)的油茶管理的对接工作，公司只直接经营油茶林8200亩，主要进行育苗、品种试验和示范等作用。公司投资建立了茶油加工厂，年加工能力为 12 万吨，2019 年实际加工 700 吨左右，开工率仅为 0.58%，加工能力严重过剩。现在公司主要生产冷榨精炼茶油，家庭用每升 100 元，礼品盒每升 130 元，销售渠道主要有会员制、线上平台线下体验的经销商和政府福利采购三种渠道，其销售份额各自分别为 10%、20%和 70%不等。现在，公司油茶生产经营面临最大的问题：一是油茶品种多而杂，有的只开花不结果，同一品种有的挂满了果有的不结果。二是油茶产量低，鲜果每亩产量低的部分只有 40~60 斤左右，最多的有 800~1000 斤，但仅占 10%，2019 年 5.7 万亩的油茶地共收获鲜果 700 万斤，平均亩产 123 斤。三是茶油的销售。公司反映，现在的茶油销售，如果没有当地政府的福利采购，将茶油以职工的福利销售给全市的政府机关和事业单位，否则茶油很难销售出去，现在普遍反映茶油有价无市。由于公司采用的是一次性支付地租，所以，和农户土地产权纠纷大大降低，保证了正常的生产经营秩序。

**(四)HH 市 SHY 油茶产业科技股份有限公司**

该公司设立于 2007 年，为几个股东联营的股份公司，主要从事油茶的种苗培育、油茶种植、茶油粗精加工及销售于一体的大型茶油生产经营企业。公司原来主要经营超市和房地产，积累了一定的资金。公司现有油茶经营林地 15600 亩，其中，苗圃用地 200 亩，年产油茶苗 800 万株。公司经营的油茶林地全部是租赁了农户和村组集体的林地，公司最初是采取集体统一生产的经营模式，这一模式由于油茶生产成本高，经营难以为继。现有油茶林地的 50%有产权纠纷，根本难以继续生产经营；只有 25%的油茶林地在苦苦支撑着，光油茶籽就有 20%的利润率，亩产鲜果 400 斤。现在采用“公司+合作社(能人)”的经营模式，采用股份合作的形式进行生产。即油茶生产经营的所有费用由公司出资 51%达到控股，能人(合作社)出资 49%，利益按股分红，实现强强联合。每个合作社(能人)负责 1000 亩左右油茶林，主要进行油茶林低改。这一经营模式从 2019 年开始试运行，这一经营模式现在存在的问题是：一是缺乏人才。留在农村的基本上是老弱病残，这些人基本上没有合作意识，现在主要合作人才是乡镇干部。二是地方政府职能错位、缺位和越位。油茶产业发展应该政府是主导，企业是招商引资，农户是生产经营主体，三者应该各行其责，不能干的事就不要干。政府应该做好服务与监督工作，但由于反腐，现在的乡镇干部不敢主动工作，有的甚至不作为。三是缺乏资金。政府现在的贷款资金、油茶发展支持资金实行的都是事后报账制，但企业由于前期亏损大，没有多余的资金来进行油茶提质改造，面临资金链断裂的风险。

**(五)湖南 TW 科技有限公司**

该公司为私人股份制企业，共有 4 名股东，现有油茶林地 6500 余亩，主要集中连片在一个区域，其中，带动周围农户 4500 亩，公司希望近期能够带动周边农户 5 万亩，远期规划能带动农户 20 万亩。公司原来油茶生产经营模式是公司统一生产经营，现在，采用的是“产量承包，质量分成”的经营模式。公司将油茶林地划分为 8 个片区，其中，公司代管 2 个片区，其余 6 个片区承包给 6 名公司员工，这 6 个员工日常主要进行油茶的日常管护，需要抚育和采摘等生产经营活动时，再负责组织农户进行生产经营。公司每月定期支付给 6 名员工一定的基本工资(2000 元左右)，待油茶收获后，公司根据油茶管护的质量，再给予一定比例的分红。公司投资 1000 余万元建有茶油加工厂一个，对油茶进行常规热压的简单初加工，加工生产能够进入市场的精炼茶油。公司开展的林下经济活动主要是在油茶林前 4 年生的油茶林里进行，4 年后不再适宜林下种植。具体做法是：公司将油茶林地承包给本公司的员工，林下种植公司和农场员工各投资 50%，收益按比例分成。现在，公司最大的问题是：一是油茶产量低。由于油茶品种多而杂，产量参差不齐，产量低造成公司经营无法盈利，现在公司有如履薄冰的感觉，随时都有经营不下去的危险。公司认为，如果亩产油茶鲜果 500 斤的话，按现在 4000 亩的产量计算，如果是直接销售鲜果，公司可盈利 500 多万元；如果是销售茶油，公司可盈利 600 多万元，公司现在日常的运转费用在 300 多万元，余下的 200 多万元能够进行其他的生产经营支出，公司的油茶生产经营进入了良性循环。二是缺乏资金。主要是因为上述油茶产量低的原因，需要进行低产林改造。理论和实践上基本上已经知道哪些品种好哪些不好，可以通过优良品种的高冠嫁接来提高产量，现在需要的是进行低产林改造的资金。公司负责人希望政府能够按标准扶植优良企业的低产林改造，而不要像过去一样一些惠农支农资金“撒胡椒面”，一些不够条件的企业也得到了扶植资金，根本起不到效果，造成资金上的浪费。

**(六)湖南 DSX 茶油股份有限公司**

该公司是由 4 个私人股东组成的股份公司，于 2008 年成立，主要从事油茶的种植、茶油加工及销售和茶油副产品的生产与销售等，茶油远销美国、法国、马来西亚、日本、泰国、越南等国家，2018 年出口总额达 1000 多万美元。公司租赁经营林地约 4 万余亩，高标准良种育苗基地 500 亩，以“公司+合作社(专业大户)+农户”的模式带动 36 万亩经营油茶。公司支付农户林地租金的 70%是采用每年一支付的方式，其余是 5 年和 10 年一支付。公司原来采用的是公司统一经营模式，生产经营成本高，管护难度大，公司和租地农户的产权纠纷多且严重。从 2014 年开始，公司探索“公司+庄园+农户”的经营模式，即公司计划不再租赁农户的林地，由外出打工的农民、返乡知识青年和退伍军人等有见识的新型农民组建庄园，也可以是乡村干部等租赁农户的林地设立庄园雇佣农户生产种植油茶，庄园的规模根据庄园主自身的实力确定生产经营规模，估计在 50 ~500 亩之间。公司主要负责给庄园提供生产经营技术及资金，依靠政府的补贴以高于市场价收购庄园的油茶籽，生产高品质的茶油提供给国内外的消费者；庄园主主要依靠自身能力，农忙时雇佣劳动力组织油茶的生产经营。庄园采用“茶山认养、茶油定制”的托管方式种植油茶，采用订单农业销售茶油的经营模式，一方面解决了庄园主油茶生产经营资金的来源，另一方面减少了茶油销售费用。据公司董事长估算，可降低油茶生产经营成本 40%左右，将有力促进油茶产业的发展。由于这一经营模式还处于探索阶段，没有实际运营的成效。像前面的公司一样，目前公司面临的主要问题：一是油茶产量低，二是茶油销售难，三是与农户林地产权纠纷多等问题。

**(七)湖南 DK 县 YF 农林科技有限公司**

该公司为一个私人独家公司，公司现有林地 4000 余亩，均已经支付了租金，租金有 5 年支付一次，也有 10 年支付一次，也有一次性支付了的(3000 余亩)。价格租赁的林地中，其中 2000 余亩办理了林权证，其余的 2000 余亩没有办理林权证，但签了租赁合同。公司负责人认为适度规模经营为好，规模过大经营成本高。公司原来经营项目很多，有工程机械销售、工程承包、房地产开发、农村食用油收购及销售、木材收购、加工及销售等，对农村的市场及情况比较了解。现在公司负责人主要精力放在油茶生产经营上，工程承包只是持有股份，公司负责人的工程股份收入基本上投入到了油茶生产经营上了，保证了油茶生产经营的可持续性。目前，公司投在油茶生产上的资金接近 9000 多万元，其中，茶油加工厂投资为 8000 余万元，加工能力有 5000 吨，现在的开工率不足 5%，公司的油茶籽占 60%，余下的 40%从广西和贵州收购，收购来的茶籽质量难以控制，主要是品种和经营带来的油质问题。公司得到政府的油茶资金补贴主要是扶贫资金，其余的没有得到过。公司最早种植的油茶为2014年3月，现在挂果的有2000余亩，基本上3年就挂果，现在6年进入了盛果期，亩产鲜果2000余斤。之所以经营油茶，一是因为老家一直有经营油茶的习惯，房前屋后全都是油茶，对油茶的生长习性非常了解；另外，自己的祖祖辈辈都经营过茶油加工小作坊；此外，公司负责人自己有11台挖掘机，无工程任务时就开垦油茶地，油茶整地的成本很低。油茶地除草全部靠人工除草，从不打除草剂，因为除草剂除掉了草的同时也杀死了昆虫，这样就大大减少了油茶花授粉的渠道，不利于油茶的生长。公司的油茶品种为湘林系列，油茶树间距为2.5米×2.5米，间距虽短但长势良好，主要是修枝要做到位，让树枝都能见到阳光。公司油茶生产经营的模式是：公司设有固定的油茶生产管理者，由他联系村里的劳动力班组长，班组长再组织农户进行油茶的生产，劳动力都是本地农户。只是油茶采摘需要大量劳动力时，才会到周边农村去调集农户，公司现购有一台20座的客车，一次可载客40余人，保证了油茶采摘劳动力的运送。另外，公司还与农户有3万多亩油茶联营。公司负责提供技术、提供保底价收购，农户自己负责油茶种植、抚育、采摘，按这种经营方式收购的油茶籽现在还不多，主要是村里的榨油小作坊消耗了，农户也乐于这种榨油方式。公司负责人相信，随着产量的增加，逐渐会有一些农户将茶籽卖给公司。公司经营的油茶每亩每年的抚育费用在500~700元左右，如果整地不到位，底肥不足的油茶地要到800~900元左右。一般每年除草和施肥2次，打枝1次。现在公司油茶经营还处于不盈利状态，主要还靠承包工程的收入来维持。现在当地也存在油茶籽被偷盗的情况，但情况还可控，没有出现哄抢的现象，偷采油茶籽的数量大概占总产量的5%左右，公司负责人认为现在油茶经营最大的问题是油茶防偷采的问题。第二是油茶籽的干燥储存的问题。尽管有电气干燥设备，但干燥效果不理想，主要是油茶籽大小不一，水分含量不均。第三是和农户的林地产权纠纷问题。公司低价从农户手中租赁了荒山地，修了路通了车，整地施肥使林地越来越肥沃。这样一来，农户就要提高租金，而公司认为是公司不断投入的结果，不愿提高租金，现在这块油茶地的生产经营存在问题。总的来说，公司负责人认为自己是当地人，与农户发生的这些产权纠纷问题通过协调是能够解决的。公司负责人认为，如果进行油茶生产经营的思想准备工作不足就不要入这个行，他本身种植油茶时，就早已把公司其他业务处理好了，全身心地投入到油茶经营上来了。

**(八)CD市ZK农林开发有限公司**

该公司为个人独资企业，创立于2015年，最先主要进行油茶苗育苗和油茶种植，后发展到水稻、蔬菜等农作物的种植销售和生猪养殖销售。公司原来主要经营超市和商铺门面出租，积累了一定的资金，2015年开始涉足油茶、水稻种植和生猪养殖等农林产业。公司农林业经营分为农业和林业两部分，农业用地共14400亩，其中：水田8000亩、西瓜地和蔬菜地各200亩，另外，其他用地6000亩；林业用地共6500亩，全部种植油茶和油茶苗。其中，3000亩是实施租赁了的林地(油茶苗圃300亩)，余下的3500亩是没有租赁的林地，这些林地全部种植了油茶。公司农作物的生产主要采用和当地的经营大户或合作社实行联合经营，公司提供资金、技术和农药、化肥等生产资料，经营大户、合作社负责提供土地、劳动力等生产要素，生产由经营大户或合作社统一组织进行，农产品经营大户、合作社可以自行销售，不能销售的部分农产品由公司负责按市场价收购，收益则按比例分成。公司油茶的生产分为两部分，实施租赁了的林地的生产经营全部由公司统一组织实施，公司将油茶生产任务发包给当地管理能力强的能人，然后再由能人组织当地的农户进行油茶生产，能人和农户只获得劳动收入，农户采用“工分制”的模式，能人每天会根据农户当天的完成情况及完成的质量评定相应的分值，而此分值的高低直接与劳动报酬相挂钩，有效地激发了农户的生产积极性；而对于没有租赁林地的油茶生产则采用“公司+农户”的经营模式，公司负责提供技术、苗木、农药和化肥等，公司按市场价收购农户的油茶籽，农户则以林地、劳动力作为投入，原则上每年的油茶抚育费用和采摘费用公司和农户各付一半。在油茶未产生收益之前，化肥、农药、除草等所有维护费用由公司统一承担，产生收益后再扣回农户应该承担的部分；产生收益费用之后，则公司和农户各承担一半费用，而收获的油茶籽公司以市场价收购，或公司以市场价收购茶油。这样一来，节省了大量的土地开发成本和租金。按每亩地2500元的最低开发成本计算，未流转的3500亩林地可节省875万元的开支，按37年的承包期，以每亩100元的最低流转费用计算，这3500亩林地可节省1295万元的租金，累计可节省2170万元的资金，公司与农户实现了风险共担和利益共享，实现了真正的共享模式。此外，公司还和其他公司无偿开展林下种植或养殖的林下经济活动，实行“林药、林蔬”的套种模式，通过林下经济的套种，替代了除草等抚育措施，节约了近每亩200元的除草抚育成本，同时，林下经济作物的施肥可以被油茶树享用，实现了油茶种植和林下经济的双赢。在油茶苗圃的经营上，公司采用“采购+嫁接+移栽”的经营模式。在这一模式中，公司承担采购的所有费用，请专业人员进行育苗、嫁接，专业人员的薪资与出苗率相挂钩，在育苗满1年后再进行移栽，油茶苗成活率基本可以达到100%，移栽后再交由专业合作社进行管理，这样不仅保证了油茶苗的质量而且还节约了大量的采购成本。

总之，ZK公司油茶种植经营模式在土地利用、种植经营和日常管理三个方面打破了以往企业在油茶种植经营中土地开发成本高、经营不到位、管理费用居高不下、雇佣劳动力生产积极性不高等诸多弊端，为企业与农户之间的合作探索出了一条经营管理的新路径。公司的经营管理理念，贯彻了按生产要素和生产产品的贡献大小进行利益分配的公平公正理念，不仅有效调动了生产者和经营者的积极性，解决了当地农民就业增收的难题，而且还为公司的管理提高了效率，节省了管理费用，真正实现了企业和农户的双赢。

**（九）CX县FX油茶种植农民专业合作社**

该合作社设立于2014年，起源于2010年政府鼓励油茶种植，当时只有少部分人响应。一是许多人外出打工没有劳力或家里无劳力，林地闲置无用；二是部分农户对油茶经营不了解，持观望态度，对此，村支书发起组织合作社种植油茶，自身担任合作社长。一来解决林地抛荒问题，二来给持观望态度的农户做示范，彰显油茶种植的好处。合作社最初设立时只有100户农户参与，经营面积2000余亩，时至今日（2020年6月），共有合作社社员300户，经营面积8800亩，其中贫困户182户，经营面积3700余亩。合作社以社长所在的一个村的农户为主体，经营面积为7600亩，还吸引了周边村少量的农户，经营面积为1200余亩。合作社租赁农户闲置林地有2000余亩，完全由合作社组织劳力统一生产经营管理，而余下的6800余亩则由农户自己经营。合作社油茶林地整地开发资金是县财政提供的油茶开发资金，每亩800元，其中整地每亩支出550元，余下的250元用于购买油茶种苗，余下的每年每亩400元的油茶抚育费用由农户自己承担，油茶地每年除草和施肥各一次，如果包括打枝则需要每亩500元。合作社社长坦承，如果当初没有政府每亩800元的油茶开发费用，农户不会愿意进行油茶种植。当初，为了把村里的闲置的林地全部开发种植油茶，与农户签订军令状，规定油茶地由合作社统一负责整地，费用是县政府提供的油茶开发资金，整地后农户必须造林，否则，必须赔偿整地费用。这样一来，全村能够种植油茶的地方全部种上了油茶。合作社租赁的2000余亩，没有转让林权证，但有手签的合同。合作社租赁的2000余亩油茶林地，挂果前5年由合作社投资，出租林地的农户没有任何收入，油茶挂果后农户从合作社可得到每年每亩300元的收入。而其余由农户自己经营的6800余亩油茶林地通过合作社联系县林业局技术人员为农户培训或免费提供油茶生产技术，合作社得不到任何收入。合作社的油茶挂果后平均亩产鲜果2000斤左右，可榨油(毛油)80斤，按毛油每斤50元计算，亩平均收入4000元左右，剔除每年每亩的抚育费用500元，每亩毛收入在3500元左右，按平均每户20亩林地计算，每户油茶的毛收入为70000元左右。榨出的毛油基本上被广东和贵州油脂加工厂收购，进行精加工后销售，产品暂时不愁销路。此外，榨油后的油枯饼的价格为每块15元，由油脂加工厂收购。另外，合作社2000多亩油茶林地给10个贫困户家庭进行林下养鸡，鸡可以吃掉油茶林地上部分的草，减免了部分除草工作，同时，鸡粪又给油茶林提供了丰富的有机肥，免去了施肥的支出，大大降低了生产成本。养鸡农户每年可孵化小鸡6次，可养肉鸡10万羽，按每羽肉鸡3斤，每斤12元计算，一个养鸡农户年销售额为360万元，剔除成本后的净收入大致为20余万元。油茶种植给农户带来了可观的收入，加上外出打工的收入，村里于2019年摘掉了贫困村的“帽子”。当前合作社油茶经营面临的主要问题有：一是农户很难接受科学的油茶种植技术。现在农户坚持已有观念，认为每亩地上多种多的，少种少得，造林时种植密度过大，严重影响油茶的光合作用，不利于油茶结果，但农户不愿意移植或打枝。此外，一些农户虽然愿意打枝，但由于技术掌握不到位，修剪达不到丰产的效果。二是油茶地的基础设施建设缺乏。现在油茶林地的枝干道路没有硬化，一下雨道路泥泞不堪，坑坑洼洼，不利于油茶的生产经营。

## 三、湖南省企业大规模种植油茶生产经营的主要特征

### (一)发展历程坎坷

我国大规模发展高产油茶从2008年至今大体可以划分为三个阶段：第一阶段是2008年至2013年的混沌发展阶段。这一阶段的主要特征是种苗乱、经营主体乱和经营模式乱的“三乱”局面。种苗乱就是指种苗有70~100多个品种，有些品种之间的差别不大难以分清；有的种苗产量低有些甚至根本不结果，造成油茶经营者损失巨大。经营主体乱是指农户、专业大户、合作社、村组集体、企业公司等各种经营主体都参与到油茶生产经营上来，一些甚至不懂农业、没有油茶经营技术的企业或公司都参与到油茶开发上来，大部分是为了获取国家的油茶财政补贴，一些企业获得财政补贴后少部分用在油茶生产经营上，大部分用于工商业甚至房地产开发上。还有一部分是事业转型真心经营油茶，但苦于不懂生产经营技术，造成油茶经营效果低下。经营模式乱是指现有的油茶生产经营模式中有适合油茶生产经营的，也有许多经营主体不韵农林业经营之道，纯粹是按照工商业的经营理念经营油茶，造成油茶经营效率低下。这一阶段的问题主要是油茶产业发展政策出台后，首先是技术掌握不到位，效果体现不出来，DSX企业的油茶挂果率只有30%；再则，企业匆忙上马，林地租赁引起的产权纠纷多。此外，政府服务不到位，金融服务、技术保障、产权纠纷调解等政策保障体系没有构建起来，即使有也是一些缺乏系统性、比较零散的政策措施，难以起到对整个油茶行业健康有序发展的作用。

第二阶段是2014年至2018年的高产油茶发展进入反思调整阶段。油茶品种经过10余年的

种植试行，已经能够筛选出高产油茶品种而淘汰了低产或无产的油茶品种，“三华”系列和“湘林”系列里的一些品种在多年的栽培中已经显现出较好的优势，亩产产量显著提高，为高产油茶发展奠定了坚实的基础。另外，国家治理整顿的政策出台，补贴项目监管措施越来越严格，对油茶生产经营的扶持越来越规范，资金都将规范地用在油茶生产经营上。反过来，油茶生产经营主体经过前一阶段的洗礼，也充分认识到了农林业生产经营的特点，尤其是油茶生产经营的特点与要点，一些大规模油茶种植企业不再扩大种植规模，一些在缩小种植规模，有的甚至在退出了油茶种植领域，专心从事茶油的精深加工，生产高品质的茶油及其关联产品生产与销售。由于高产油茶新品种生产周期长，需要 3 年结果 5 年才盛果，这些新品种油茶的生产成果还只能是初见成效，还不能从一个完整的生产周期进行评价；一些油茶种植企业都还只是试探性地进行新品种的种植，不断探索油茶经营新模式，地方政府也只能是探索性地出台了带有长远性和规划性的油茶发展措施，还没有制定出油茶生产经营技术规程及其实施细则。如 2017 年湖南省政府将油茶产业作为农林业十大千亿级的发展产业，据此，2018 年省林业局组织相关部门制定了《2018—2038 年湖南省油茶产业发展规划》。

第三阶段是 2019 年至今的高产油茶发展进入重新发展阶段。经过第二阶段的反思与整顿，各油茶经营主体通过深沉与惨痛的教训，定位自身的油茶产业发展战略，制定中期与短期的油茶发展规划，通过各经营主体间的相互学习和交流，积极探索高产油茶生产的技术规程和技术措施。地方政府通过产学研等多种渠道和手段，大力支持和推动油茶产业的发展。2019 年，在湖南省林业局的大力支持下，成立了以高校牵头、省林业局油茶办具体负责、各大规模油茶经营为主体成立了“湖南省油茶产业协会”并召开了首次年会，2020 年，省油茶产业协会和省林业局油茶办组织相关专家学者共同讨论制定了《湖南省低产林改造三年行动方案(2020—2022)》和《湖南省茶油生产加工小作坊改造三年行动方案(2020—2022)》，积极应对油茶产业发展第一阶段遗留下来的低产油茶林的改造，同时，大力整顿和提升油茶小作坊加工的质量，试图从种植栽培到加工生产的整个油茶产业链提升湖南省的油茶产业发展水平。

**(二)经营模式不断创新**

大规模油茶种植企业的油茶种植经营模式最初基本上都是采用企业租地，雇佣当地农户进行油茶的栽培种植、抚育管理、鲜果采摘等工作。由于油茶种植分布在露天，生产监督管理十分困难，鲜果采摘存在内部偷盗者(指从事采摘工作的雇佣劳动力)和外部偷盗者(指住在油茶地附近的农户)的偷盗行为，生产组织成本极高；加上租地成本和劳动力成本，生产成本远高于油茶产品生产带来的收益，大规模油茶种植企业的统一生产经营模式难以为继，一些企业不再扩大、有些在缩小、有的甚至退出了油茶种植生产。存留下来的油茶种植企业的生产经营大多数是“骑虎难下”的状态，不得不都在探索和寻找适合油茶生产经营特征的经营模式和生产经营技术，一些企业在试行“反租倒包”“庄园”等经营模式，将原来公司实行的统一经营再发包给包括农村能人、经营大户、合作社和农户在内的不同经营主体，其经营面积在不断缩小。有的通过油茶产品的精深加工以提高茶油的附加价值，通过纵向发展以达到盈利的目的；有的则探索以油茶生产经营为主体，带动休闲观光、油茶文化体验、餐饮住宿等关联产业的发展，通过横向发展带动油茶产业的发展。

**(三)经营水平逐步提升**

大规模油茶种植企业最初经营油茶的动机许多都是为了获得国家的各种支农惠农资金，由于油茶种植的投资是无偿支付，资金挪作他用、浪费现象十分严重，所以，真正用在油茶种植生产的不多，这样一来，油茶种植生产采用的是一种粗放式的经营方式，能收获多少算多少，经营措施简单，经营水平低下。随着国家支农惠农资金使用监督严格，多采用报账式的支付方式和根据生产成果进行资金支付，且进行中途审核，以保证支农惠农资金必须真正用在油茶种植生产上。由于存留下来进行油茶生产经营企业的大部分是真心经营油茶的，在油茶种植上大家相互学习、互相取经，采用的是一种相对集约式的经营方式，经营措施严格按技术规程和技术要求进行，经营水平逐步提高。

**（四）扶植政策逐渐完善**

2008年国家大力发展油茶产业时，湖南省的油茶产业政策主要是根据2007年《国务院办公厅关于促进油料生产发展的意见》和2008年制定的《全国油茶产业发展规划（2009—2020）》的精神，于2008年9月颁发了《湖南省人民政府关于加快油茶产业发展的意见》。《意见》中指出湖南省发展油茶产业的主要措施是：积极推进集体林权制度改革，优化林业生产要素配置，通过鼓励企业经营、大户经营的同时，引导林农组建合作组织等构建油茶产业发展模式，依靠国家油茶产业发展专项资金和省、市、县各级政府设立的油茶产业发展专项资金，同时，还统筹退耕还林、林业生态工程、农业综合开发、扶贫、移民等专项资金，以及土地整理、农业产业化，水土保持和科技研发等资金，开拓财政贴息贷款和林权抵押贷款等融资渠道，落实油茶生产经营者的税收政策，加大科研院所和高等院校的科技支撑，大力推进油茶规模经营，建立起大规模油茶林基地，以确保我国粮油安全。当时，扶持的主要对象是面积在一定经营规模的企业和专业大户，一般的农户造林根本得不到造林补贴资金；扶持的主要标准缺乏，扶持资金的渠道很多，扶持力度大小不一，谁有能力谁得到的资金就多；许多企业前期的油茶开发资金基本上都是使用政府的支农惠农补贴，自身油茶种植投资基本上很少或者根本就没有。因此，当遇到生产困难或国家后续的油茶抚育资金缺乏时，企业放弃油茶经营的现象频现，形成了油茶的“烂尾楼”工程。2014年进入调整反思阶段后，扶持的对象虽然主要还是企业和专业大户，同时，个别县乡也开始扶持一般农户；扶持的标准也逐步趋向规范，国家一方面控制了扶持资金的额度，另一方面制定了相对严格的扶持标准以及资金使用监督考核程序，以保障资金用在油茶生产上。

## 四、湖南省企业大规模种植油茶存在的主要问题及其产生的原因

**（一）油茶品种多且产量低**

油茶生产经营普遍反映油茶生产最大的问题是油茶品种过多和结果少或根本不结果等问题。目前湖南省油茶品种最多的一个品种系列共有70~100个，各品种之间的差异不大，有些品种低的产量只有几十斤的鲜果，一般产量在300~400斤左右，当然，也有反映系列品种中某几个品种产量较高，有的林地亩产可达到1000斤左右，但也有一个企业反映湘林一些品种30%根本不结果。造成这样的原因，既有经营措施是否妥当的问题，也有品种的问题。作为经营措施的问题是因为同一个品种既有企业反映产量很低而有另一家企业反映产量一般的情形，这就与当地的立地条件、经营措施、经营水平密切相关。作为品种的问题是因为2009年政府大力推广种植油茶时，为了保证油茶品种的质量，油茶苗木必须是由政府认定的苗圃供应。由于是垄断经营，一些苗圃鱼龙混杂，把一些假苗木当真苗木卖，也有企业反映应该是某些新品种没有经过严格仔细地试验

和检验就匆忙推广出来了，形成了大量的低产林甚至是残次林。

### (二)油茶林地产权纠纷多

产权纠纷最多的是2009年油茶开发初期的林地租赁问题，由于当时林业经营利润低，林地租金较为低下。以LY市为例，当时林地租金每亩为15~50元不等，而到如今地租价格上涨2~5倍，一些农户对此不满，要求增加租金；有些虽然没有口头表达出来，但内心心存怨悔，成为今后纠纷的导火索。此外，如下述的利益纠纷比比皆是。公司在租赁农户的林地时，有的是由于农户在外打工不在家，由村干部代签与公司签订租赁合同。签订合同后，原来的农户不承认合同的价格或面积，需要补偿；还有就是家里一个人签了合同，后来另外一个人说不是户主，不能算数，也需要补偿；还有就是由于公司不清楚也无法知道林地的面积，村干部说是200亩，公司支付了200亩的租金，结果实际只有150亩，村干部多得了50亩的租金；公司经营油茶是通过乡村的承包者再组织当地农民进行油茶生产，公司将农民的工资支付给承包者，而承包者却没有将工资支付给农民然后人失踪了，结果农民只能找公司要工资，地方政府也要公司先垫付农民工资，公司蒙受资金的损失；还有一块林地200亩，原来合同规定公司与农户按7：3分成，油茶挂果后农户觉得吃亏了，要按5：5分成，公司难以接受；还有一块油茶林地，乡政府修乡村公路征用了也进行了补偿，之后，农户觉得吃亏了，又需要公司给予补偿，说修路是为了公司的油茶生产经营，企业不补偿就阻止公司油茶生产经营；某企业一块油茶林地属荒山荒地，价值不高，所以，企业以很低的价格租赁了，随着企业不断投入，林地肥力不断提高，林地价值大大提升，农户认为原来的租金偏低，而企业则认为是企业投入带来的结果，不愿意增加租金；企业将林地租金交给村干部让转交给农户，村干部贪污了一部分，等事情发现后，原来的村干部早已御任离乡外出了，而新的村干部不能解决，所以，农民只能找公司要补偿，林地产权纠纷问题层出不穷。造成这样多纠纷的原因：一是一些林地租赁不是在市场机制下进行的，一些是企业和乡镇、村干部合谋，通过做农户的工作，有的采取引诱，甚至是半强迫的手段所获取的；二是农户方信息不对称，不知道林地租金会上涨，只是按当时的收益水平来判断林地的价值，“随大流”将林地租赁给企业经营。而作为企业方，也许知道将来林地会升值，可以通过资本资产化实现资本的升值；另一方面，可以通过经营油茶获取国家的农业、林业(油茶)、国土整治、科技、扶贫、合作社和低产林改造等多方面的扶植资金。

### (三)油茶经营盈利低甚至亏损

油茶单位面积上的生产成本极高而利润率低。当前，企业种植油茶的生产成本主要由以下几部分主要构成：

(1)林地租金。由于地域以及立地条件的不同其租金价格而不同。目前，湖南省内适合种植油茶的林地多为带酸性的红壤丘陵地，其租金在每亩30~100元左右。

(2)劳动力成本。主要体现在：①除草、施肥和打枝等油茶抚育工作上，由于每年抚育的次数、抚育地的条件不同其成本不同，每年抚育一次每亩成本大致在150~400元不等，每年抚育二次每亩成本在400~900元不等。②采摘成本。由于明年结果的花和今年结的果同在油茶树枝上，因此，目前很难用机械进行采摘。由于每亩油茶地的产量差异很大，按每亩鲜果产量400~600斤计算，每人每天采摘400斤，劳力成本为每天100~150元为平均工资，目前每亩人工采摘成本为100~370元，如果再加上监工成本、运输成本、采摘时期劳动力紧张带来的食宿等额外开支，每亩采摘成本在200~420元不等。

据估计，目前劳动力成本占油茶生产总成本的60%左右。而目前油茶的生产经营收益同样按每亩鲜果产量400~700斤计算(亩产1000斤几乎没有)，如果是按当前油茶籽鲜果每斤2元售价，其每亩毛收益在800~1400元左右；如果加工成毛油按每百斤鲜果出油率5%计算，每亩产油20~30斤，目前毛油价格在每斤50元，则每亩毛收益在1000~1500元左右；如果再对其进行深加工，则每亩毛收益能更多一些。如果将其收益减去抚育和采摘成本，按出售鲜果计算，每亩的净收益在80~200元不等；如果按出售毛油计算，每亩净收益则为180~400元左右。如果包括整地、管理费用等各种开支在内，则收益更低。以上计算的还是在一种理想状态下的成本收益分析，如果考虑偷盗、自然灾害、人为破坏等因素的影响，企业目前油茶经营基本上是亏损经营，许多企业基本上是靠政府的支农补贴维持。造成上述原因：一是油茶工作机械缺乏。要降低油茶种植生产成本，就必须普及推广油茶种植机械，尽管现在大力发展油茶种植机械，除了整地采用挖掘机效果较好以外，其他机械使用效果不甚理想，还是主要依靠农户的劳力工作，油茶种植业仍然是一个劳动密集型产业。尤其是油茶果采摘只能是靠人工，由于油茶果花同期开，也就是明年结果的花与今年结的果同在树枝上，采用机械采摘很容易损害油茶花，造成明年结果减产。二是油茶地除草使用了除草剂。据多数企业的经验介绍及相关学者的分析，油茶地采用除草剂除草杀死了油茶地里的昆虫、无脊椎动物及微生物，减少甚至灭绝了油茶授粉的昆虫、松土肥土的蚯蚓和保持油茶地生态平衡的微生物，不利于油茶的生长和高产。三是农村劳动力严重缺乏。由于愿意从事农业劳动的人越来越少，农业劳动力成本不断上涨，尤其在油茶采摘季节的劳动力价格是平日的2倍左右。四是茶油价格低。造成茶油价格低是因为茶油生产成本高，据某企业估算2019年的初加工的茶油收购成本价在每斤48元左右，经过精加工后的茶油80~100元左右，属高端食用油，其消费者为特定的高收入阶层，茶油会呈现结构性需求量不足。调研时了解到一些企业已经出现了茶油滞销，有的企业甚至动用了政府采购手段推销茶油。

**(四)油茶偷盗和哄抢问题严重**

据调研所知，在油茶收获季节，每家企业均反映都会出现油茶偷盗现象，而哄抢现象则属于个别现象。所说的偷盗是指当地农户利用晚上或去偏僻无人处偷采油茶籽，或者是利用在公司采摘油茶籽时，交一部分留一部分藏起来，到夜晚时再来拿回家。所谓哄抢有的是农户利用民间传统有“捡露水籽”的习俗(采摘主人家采摘后剩下的不要的油茶籽)，采摘公司基地的油茶籽；有的就是借林地产权纠纷等理由，公开采摘或哄抢公司基地的油茶籽。据被调研的所有公司反映，他们基地经营的油茶多少都出现了油茶偷盗情况，只是程度不同而已。一般较少的地方占全年油茶籽总产量的5%左右，严重一点的地方占20%左右，林地产权纠纷严重的地方达到50%左右，而一家公司某一年某地的油茶籽由于林地产权纠纷问题基本上被哄抢一光，颗粒无收。造成上述问题的原因是：一是由于存在企业租赁农户的林地时，由于企业和农户对林地升值的信息不对称，最初租赁林地多采用的是一次性支付的形式，租金存在过低和租期过长等问题，因此，许多农户心理不平衡，想提高租金却有合同约束，只能是通过偷盗油茶籽来表达情绪；二是农户认为公司种植油茶的生产成本大多是国家的补贴，甚至认为企业不是真心经营油茶，加上社会上仇富的心理，认为企业有钱，为偷盗油茶籽找到了借口。而哄抢则主要是产权纠纷没有得到解决而引起的群体事件，通过哄抢来宣泄上述的情绪。

## 五、成功与失败大规模油茶种植企业的运行机制

管理学大师彼得·德鲁克认为："当今企业的竞争，不是产品的竞争，而是商业模式之间的竞争。"从目前油茶种植技术来看，油茶种植技术含量并非太高，一般企业只要能够租赁到林地并拥有生产经营资金，就能够开展起油茶种植生产经营，但是，经营模式选择是否妥当，对油茶种植经营效果则大相径庭。

### (一)失败大规模油茶种植企业的运行机制

失败大规模油茶种植企业租赁农户的林地最开始多采用是一次性支付的形式，由于信息不对称造成林地租金等利益分配不均的问题，由于企业多为外来的工商资本，难以像专业大户和家庭林场主一样能和当地农户进行有效沟通，双方易各持己见，往往形成了一些矛盾的隐患，这些隐患一旦通过一些细小的事件，就会成为一些显性或隐性群体事件的"导火索"，给农村社会带来了不稳定因素。第二，企业雇用了大量的本地农户作为劳力，农户也只是获得土地租金及劳动报酬，没有和企业形成利益共享、风险共担的利益格局，加上种植业是一个自然力起决定性作用的产业，农林业的生产经营绩效难以客观评价，因此，"委托代理"问题尤为严重，包括监督成本在内的企业内部组织成本极高。尽管之后实行了"反租倒包"的经营模式，如果没有在农户生产管理上采取更为细致有效的劳动考核措施，倒包者还是要雇用农户进行生产劳动，"委托代理"问题仍然存在，油茶生产的劳动效率依然难以提高。第三，企业的油茶生产的地租、抚育、采摘、管护等成本居高不下等因素的系统作用，造成了油茶生产成本高位运行，企业油茶经营收不抵支。第四，农林业生产经营由于受自然因素和人为因素的双重影响，且自然因素在现有技术水平条件下起决定性的作用，油茶生产经营环境一直处于"变"的过程中，油茶种植业生产经营需要有足够的情怀关注着这些变化的因素，只有长期掌握了油茶生产经营的规律，才可能获得油茶生产经营的"真经"，才可能做到油茶生产经营的盈利。而这类工商企业由于缺乏对农林业生产经营以足够的情怀，是以短期的盈利为企业经营的唯一目标，因而企业没有足够的情怀关注油茶生产经营的规律，采取的是一些短视的经营措施，生产经营失败是难以避免的。总之，这类企业的一个共同点是希望企业自身利益的最大化，而没有考虑与利益相关者实现利益共赢。

### (二)成功大规模油茶种植企业的运行机制

成功大规模油茶种植企业租赁农户的林地多采用随行就市支付农户的地租，不容易因林地产权利益而发生纠纷。此外，这些企业主多为本地农户或家族为本地人，油茶生产经营中出现的利益纠纷问题通过沟通较容易得到解决。第二，企业虽然也雇用了当地农户作为劳动力，但在劳动力的管理上实现了"分权管理"，将管理权限委托给懂经营会管理的当地能人，或者是采取承包的方式实行转包经营或股份经营，让"代理人"实现"责、权、利"的高度统一或形成利益共享、风险共担的经营格局。另外，"代理人"在具体管理上有较高管理的技巧、方法和手段。第三，这类企业实行的"承包经营"、"分权管理"和"股份经营"方式化解了地租、抚育和管护的高位成本运行，通过借"外力"的方式解决了油茶生产投资多，风险高等问题，解决了资金和风险的双重压力，企业主可以安心地把主要精力放在企业的发展战略问题上。第四，企业主从事过农林业生产，且对油茶生产经营有着深厚的情怀，把油茶生产经营作为终生奋斗的事业，能够把握住油茶生产经营的"真谛"，应对复杂多变的生产经营环境带来的各种问题，促进企业的油茶生产经营健

康有序发展。总之，这类企业的共同点就是企业和"代理者"等经营主体能够实现利益共享、风险共担，借助"外力"并与企业"内力"形成"合力"，化解了油茶种植生产中的"委托代理成本"极高的问题。

## 六、大规模油茶种植企业经营模式转型的具体措施

### (一)经营模式转型的基本原则及其选择机理

#### 1. 基本原则

大规模油茶种植企业经营模式转型的基本原则应该是：企业要做企业的事，农户要做农户的事，政府要做政府的事；也就是说，企业不要做农户的事，也做不了农户的事；农户不要做企业的事，也做不了企业的事；政府不要做企业的事，也不能做企业的事。总而言之，就是要各司其职，各负其责，各得其利，方能呼唤起油茶生产经营者各自的内生动力，同时，要按"责、权、利"高度统一的原则，使三者有机地联系并协调起来，使三者形成油茶生产经营的合力，促进油茶生产持续发展。

#### 2. 选择机理

油茶种植是一个自然再生产与经济再生产相互交织的生产过程，其中，自然力起决定性的作用，油茶生产受光照、雨水、气温、土壤等因素的影响；另外，还受农户的心态变化、农村社会风气、政府政策变化等经营环境的影响，因此，经营绩效难以客观评价。对此，企业大规模的统一生产经营必然造成委托代理问题，尽管"反租倒包"缩减了经营规模，一定程度上解决了"委托代理"问题，但仍需要雇佣劳动力进行生产劳动，"委托代理"问题依然存在。小规模家庭经营通过血缘关系或小团体经营通过缩小经营规模解决了"委托代理"问题，提高了油茶经营的劳动效率，解决内部生产组织成本过高的问题，但是，由于农户在人力资源、社会资源、自然资源和资金资源等方面存在规模小、抗风险能力低以及较大的差异性，因此，农户在生产技术与工艺、产品规格和质量、合作意识与领会等方面很难达到统一，农户与公司的有效衔接成为难题。解决这一难题一是企业方尽可能缩小经营范围，采用细致有效的经营措施尽可能客观评价油茶的生产经营绩效，使企业和雇佣农户的利益均能得到保障，调动起每一个相关利益者的积极性。这一管理方式选择的前提是首先油茶生产的劳动力充足，其次是当地有威望、懂经营会管理的能人可供选择；二是农户能够消除自身资源引起的差异性，农户能够和企业在油茶生产管理上能够统一思想，步调一致地开展生产经营活动。这一生产经营管理方式的选择取决于大规模油茶种植企业所在当地的。

### (二)经营模式转型的具体措施

基于上述原则，大规模油茶种植企业由原来的统一经营转变成效率相对较高的经营模式的具体措施有以下几种：

#### 1."反租倒包"模式

这一措施是将原来企业统一租赁的林地反租给油茶种植地的农户、能人(专业大户)、家庭林场等经营，企业可提供技术、资金亦可只提供技术，完全由农户经营，所获收益企业和农户之间按比例分成。根据实际经营数据测算和一个家庭两个劳动力的情况测算，一般农户经营油茶规模在50亩为好，根据能力大小可以在50亩范围内上下浮动，一般而言，能人(专业大户)、家庭林

场由于自身能力强，可适当增加经营面积，但不能过大，过大的话就必须雇佣劳动力，而一旦雇佣较多的劳动力就会因为“委托代理”问题而增加生产成本。

这一模式实施的微观条件是：当地有许多具有一定资金和技术实力、懂经营会管理的有一定素质的农户，他们能够也愿意从事油茶生产经营，同时，企业也愿意为农户提供必要的生产技术、资金和油茶籽收购等方面的扶持，特别是贫困地区，农户油茶种植初期政府的资金扶持不可或缺。

**2. 分权管理模式**

这一措施是将原来企业统一租赁的林地转包给企业内部职工，由职工直接经营管理，职工再雇佣农户进行油茶生产，或将林地转包给当地农户，农户自行组织油茶生产，企业职工代为分片管理。企业提供技术服务、病虫害防治、产品销售等生产性服务工作。

这一模式实施的微观条件是：企业有一批具有一定资金和技术实力、懂经营会管理的有一定素质且能够与当地农户进行有效沟通的职工，他们对林业生产具有一定的情怀，能够也愿意从事油茶生产经营，同时，企业也愿意为他们提供必要的生产技术、资金和油茶籽收购等方面的扶持。

**3. 农庄管理模式**

农庄管理模式也有称为庄园管理模式，即公司不租赁农户的林地，由外出打工的农民、返乡知识青年和退伍军人等有见识的新型农民组建农庄(庄园)，也可以是乡村干部等租赁农户的林地设立农庄(庄园)雇佣农户生产种植油茶，农庄(庄园)的规模根据农庄(庄园)主自身的实力确定生产经营规模，估计在50~500亩。公司主要负责给农庄(庄园)提供生产经营技术及资金，依靠政府的补贴以高于市场价收购农庄(庄园)的油茶籽，生产高品质的茶油提供给国内外的消费者；农庄(庄园)主主要依靠自身能力，农忙时雇佣劳动力组织油茶的生产经营。农庄(庄园)采用“茶山认养、茶油定制”的油茶托管种植油茶，加订单农业销售茶油的经营模式，一方面解决了农庄(庄园)主油茶生产经营资金的来源，另一方面减少了茶油销售费用。

这一模式实施的微观条件是：当地有一批具有相当资金和技术实力、懂经营会管理的高素质且能够与当地农户进行有效沟通的人能够成为庄园主，他们对林业生产具有一定的情怀，能够也愿意从事油茶生产经营，同时，还具有一定的茶油销售渠道。

**4.“企业+家庭林场(能人)+农户”模式**

所谓“企业+家庭林场(能人)+农户”模式是指企业完全将租赁的土地退还给农户，为了获得茶油加工原料，通过家庭林场(能人)带动，依靠土地入股将家庭林场(能人)和农户组织起来从事油茶生产经营。这种模式的运行方式是：在制度构建上企业提供一定的资金以及油茶生产技术，实行“四统一”的方式组织油茶的生产经营。所谓“四统一”是指：一是统一供应油茶生产资料。由于购买量大，农户可按一级批发价格购买，降低购买成本；二是统一生产计划。根据生产时节，统一组织农户进行施肥、剪枝等抚育工作和油茶的采摘工作；三是统一技术标准。统一供应苗木，提供栽培、施肥、剪接等抚育的技术规程和工作规范；四是统一服务。对生产经营中出现的病虫害、生产技术等问题由企业统一聘请专家进行解决。在产品销售上企业依据市场需求，通过家庭林场(能人)与农户签订油茶籽购销合同，家庭林场(能人)依据协议将社员生产的茶籽按市场价统一收购并销售给企业，企业还从自身的盈利中按农户的茶籽交易量给予一定比例利润返还和免费的信息和技术服务，诱使农户将茶籽销售给企业。在利益分配上，家庭林场(能人)和农户可按土地股和资金股份分红。在“企业+家庭林场(能人)+农户”组织模式下，家庭林场(能人)处于企业与农户之间，起到一个纽带的作用，主要是协调平衡企业和农户之间的利益分配。家庭林场(能人)也可以入股企业，一方面可以将企业的利益与农户的利益捆绑起来，减少相互之间违约等机会主义行为的出现，另一方面，每个社员的收入不仅来自销售的油茶籽，还来自企业的分红。从理论上说，分红的红利主要来自农户按时、按质和定量的保证优质原料给企业而使企业交易费用的节约。这样，家庭林场(能人)、社员和企业三者可以做到利益共享和风险共担。

这一模式实施的微观条件是：当地有一批具有一定资金和技术实力、懂经营会管理且能够与当地农户进行有效沟通的家庭林场主(能人)，他们能够也愿意从事油茶生产经营，还具有能够组织起农户从事油茶劳动，同时，企业也愿意为家庭林场(能人)提供必要的生产技术、资金和油茶籽收购等方面的扶持。

**5.“公司+合作社+农户”模式**

所谓“企业+合作社+农户”模式是指从事油茶加工等相关产业的企业为了确保原材料的供应，通过农民合作组织，依靠土地入股将农户组织起来从事油茶生产经营。这种模式的运行方式是：在制度构建上企业通过出资和派驻管理者组织农民加入和组建合作社，并提供一定的资金，解决合作社组建资金不足和缺乏带头能人等问题。在生产上合作社采取“四统一”的方式组织油茶的生产经营，收取一定的非营利性的管理费用，作为组织生产经营的费用。在产品销售上企业依据市场需求，与合作社签订生产经营合同，合作社依据协议将社员生产的茶籽按市场价统一收购并销售给企业，企业还从自身的盈利中按农户的茶籽交易量给予一定比例利润返还和免费的信息和技术服务，诱使农户将茶籽销售给企业。在利益分配上合作社按农户的土地股和资金股份分红。在“企业+合作社+农户”组织模式下，合作社处于企业与农户之间，起到一个纽带的作用，主要是协调平衡企业和农户之间的利益分配。合作社也可以入股企业，一方面可以将企业的利益与农户的利益捆绑起来，减少相互之间违约等机会主义行为的出现，另一方面，每个社员的收入不仅来自销售的油茶籽，还来自企业的分红。从理论上说，分红的红利主要来自农户按时、按质和定量的保证优质原料给企业而使企业交易费用的节约。这样，合作社、社员和企业三者可以做到利益共享和风险共担。

这一模式实施的微观条件是：首先是公司必须具有追求长远的经营利润这一目标，公司方应该充分认识到合作为公司能带来长远的利益双赢局面。第二是合作社内部治理结构严谨。将现代企业制度中的股份制引入合作社的内部治理中，以股份合作制为合作社的基本制度，使合作社的内部组织制度治理结构稳定。第三是公司和农户都必须具有信用和契约精神。从农户方看，农户不愿意参加合作的重要原因之一是农户与公司及农户与农户之间相互缺乏信用。对此，加强对农民的以法制为基础的基本教育，提高农民自身素质，增进合作社成员间的相互信用，形成依法办事的社会风气和农民自我管理及民主监督的机制，能够有效增强模式成长发展的基础。

总之，由于各地油茶生产种植的自然禀赋、农户间资源差异程度以及企业生产经营能力的差异性，没有一个放之四海而皆准的经营模式，每一种经营模式都是在特定的条件下形成的，均有其存在的合理性。对此，每个企业应该根据当地的条件做出正确的选择，选择适合自身条件的经营模式。

## 七、促进大规模油茶种植企业高质量发展的宏观政策措施

在当前我国粮油安全受到国际商业资本加大攻势占领我国食用油市场的背景下，通过大力发展油茶产业，确保我国的粮油安全，是一个有效途径，这一点是毋庸置疑的。目前，在现有的政策体系下，大规模油茶种植企业油茶生产经营中出现了上述问题，解决这些问题的关键是需要明确以下几个问题：我国的茶油在食用油中置于一个怎样的地位去发展？政府采用一种怎样的方式去推动发展？应该采用一种怎样的经营模式去发展？只有明确了这些问题，大规模油茶种植企业的油茶产业才可能高质量发展，对保障我国的粮油安全起到应有的作用。对此，对促进大规模油茶种植企业油茶产业高质量发展提出以下几点主要政策建议。

**(一)明确茶油目标市场的战略定位**

当前，油茶产业发展已经提升到国家发展的战略层面，作为国家粮油安全战略的一部分。为了使这一战略规划得到有效实施，需要探索制定出推动我国油茶产业发展具体措施，首要条件就是必须明确茶油目标市场的战略定位。在现有的技术水平条件下，茶油的生产成本是菜油、豆油、玉米油和棕榈油等大众食用油 5~10 倍，且我国的茶油营养理化指标和橄榄油不分伯仲，因此，目前茶油只能定位为高端食用油。对此，在国内市场上制定出与橄榄油进行战略竞争策略，通过宣传油茶文化，创建知名茶油品牌，开发茶油的高档产品，使中高收入的消费者加深对茶油品牌的认知。由于茶油在我国南方等传统消费地域具有悠久的消费习惯，深受高端消费人群的喜爱，目前，这部分消费者的茶油消费已经达到了阈值，要扩大茶油的消费，就必须开拓非传统茶油消费地域——我国北方市场的高端食用油消费者人群，解决当前茶油因结构需求量不足的问题。随着油茶生产技术水平的不断提高，茶油单产的提升和出油率的提高以及油茶的种植面积的扩大，油茶单位生产成本的降低以及销售量的提高使茶油售价降低时，方可使茶油真正成为普通大众的食用油。另外，在国内开发传统茶油消费地域以外市场的同时，积极鼓励企业经销茶油出口，在国际市场上与橄榄油进行竞争，争取扩大茶油的国际市场份额。

**(二)改变政府的扶持方式**

从 2008 年我国大规模开发油茶产业的情况看，政府采用的扶持方式是大规模运动式的推动方式，大张旗鼓地宣传推动，鼓励企业大规模开发油茶种植，在油茶品种、经营技术、立地条件、管理措施和经营条件都还不成熟的背景下，定时间、定任务、定进度地发展油茶产业，出现了大量的低产油茶林，给企业的油茶经营留下了不少问题隐患。对此，政府应该改变对企业的扶持方式，加强对油茶种植企业的服务与监督工作。具体而言，第一，要积极主动承担起茶油文化的挖掘和宣传工作，肩负起茶油公益广告的发布和推介，大力宣传茶油的保健功能和实用价值，扩大茶油的市场占有率和销量，其原因主要是我国《广告法》明文规定企业不能进行生产产品的功能与作用的广告宣传。第二，要提高政府油茶补贴资金的使用效率。首先，要制定出科学、系统的资金支付标准和客观公正评价方法，严格按标准支付油茶补贴资金，同时，要加强对补贴资金使用的监督管理，使资金用在真心真意发展油茶事业的企业上。其次，要改变资金的支付方式，采用分段式支付手段，根据油茶种植企业的生产经营效果再支付后续补贴资金，以提高资金的使用效率。第三，要加强油茶生产经营技术的普及推广工作。发挥大专院校和科研院所的人才优势，深入研究油茶生产经营规律，编写出通俗易懂的油茶生产工艺与技术规程，以指导油茶生产

经营者的实际生产工作。有条件的地方可以实施油茶科技员派遣制度，定点指导油茶种植企业的生产经营技术。第四，要进一步深化林业产权制度改革，继续微观经营组织的构建、融资渠道的拓展、技术推广体系的普及、森林保险的构建和管理体制改革等相关配套措施的改革，特别是要完善农村社会保障体系，构建起公平公正和透明的林地使用权流转制度体系，积极发挥市场机制的作用，进行森林资源、林地和林木资源有序流转，促进油茶规模经营的形成，使油茶经营主体能够实现合理的经营预期。第五，完善相关的法律法规和政策制度。要培养树立法律意识和法制精神，形成以契约为根本的法治社会，完善市场机制的法律制度环境，使公司和农户间的权责利关系一切按契约连接，同时要做到有法可依，执法必严。

**(三)引导大规模油茶种植企业生产经营模式的创新**

从近期看，可利用企业经营这种经营模式作为现阶段油茶产业发展权宜之策，为了克服这一经营模式的劣势，可采用以下方式：①将企业租赁经营的土地以“反租倒包”的形式转交予农户经营，以发挥农户在油茶生产经营过程中的优势；②将现有的一次性支付和逐年支付的租赁形式改为农民土地入股或按收益分成的模式，使公司和大户与农民之间的风险和利益结合起来，做到风险共担、利益共享，这才是真正的市场经济模式，是油茶产业发展可持续发展的基本条件。从油茶生物学特性和油茶产业生产经营特点看，油茶的栽培、抚育、采摘收获以及选籽等生产劳动适合以家庭为单位的生产经营，可以提高劳动生产率；而整地、种苗和农药肥料等生产资料的供应、信息和技术的提供以及油茶籽等产品的销售适宜于统一经营，可以降低生产成本和交易成本。因此，可以考虑以企业为依托，构建农户入股的股份合作经营模式，解决农村能人和带头人缺乏、生产经营组织治理结构难和林地流转困难等问题。而从长远看，应该是在政府的主导下，通过政策倾斜、项目支持，积极引导林农走上合作社经营之路，是油茶产业发展，同时也是林业产业发展的根本之路。从世界林业发达国家的情况看，人多地少的小规模经营适宜于采用综合型合作社经营模式。由于企业和农户都是追求自身利益最大化的“经济人”，因此，政府在两者之间的沟通、协调、信用担保、监督等作用不可缺，尤其是合作社模式的形成与引导上政府的推手极为重要。

**(四)适度支持油茶抚育管理的资金支持力度**

以往国家的油茶扶持手段往往是重造林轻抚育，在各种资金支持下油茶很快能够成林，但是，提高油茶产量除了选择适地适树的优良品种、高标准的整地和栽植技术以外，油茶生长过程中的除杂、施肥、培土和整形修剪等抚育工作非常重要，特别是幼林前三年的抚育管理尤为重要，如果不进行除草和施肥，油茶的产量和质量(出油率和茶油芳香度)均会大幅度下降。根据调研所知，如前述油茶抚育成本极高，一些企业由于资金困难，比较粗糙地开展或者干脆放弃了抚育工作，在长期没有进行抚育的地方，有的油茶树被杂草覆盖；有的甚至成为了荒山荒地，有些甚至放弃了油茶籽的采摘。另外，如前述因种苗和抚育问题造成的油茶低产林较多，开花不结果，有的甚至基本上无结果，严重浪费了林地资源。对此，政府如果为了粮油安全，应该给予一定比例的抚育启动资金或者低息或无息借贷资金，以保证油茶抚育工作的顺利进行，保障油茶产量的增加和品质的提高。

**(五)推进油茶种植企业各类人才的培养**

企业大规模种植油茶急需大量有知识、懂技术、会经营的青壮年人力资源，特别是需要对农林业生产经营具有深厚情怀的经营者。由于农村这部分人大多进入城镇，而留在农村的多为中老年及妇女，尽管公司在人才资源上有一定优势，但油茶经营技术人才缺乏，特别是了解农林业特点、善于和农民沟通、熟知农村社会规则经营管理人才匮乏。这类人才主要是应对公司和农民之间的沟通与协调以及对农民的组织管理工作。另一方面，农民的知识素养和科技水平亟待提高，不能适应现有的各种生产经营模式的发展。对此，政府应该出台相关政策措施，鼓励加大农村基础性教育，提升农民基本文化素质。同时，更重要的是各级政府应该出台优惠政策，鼓励本乡本土的文化青年回乡建设新农村，鼓励大学毕业生到农村担任村干部和科技干部，以提高农业农村建设的人力资源结构，促进大规模油茶种植企业的发展。

调 研 单 位：中南林业科技大学、国家林业和草原局经济发展研究中心
课题组成员：罗攀柱、杨培涛、谭奕娈、张志涛、张宁

# 集体林权制度改革后林地规模化经营的实现路径研究

**摘要**：党的十八届三中全会以来，政府出台了一系列的政策培育新型经营主体，以促进林业适度规模经营。实现集体林经营的规模化、现代化是当前集体林区发展的重中之重。新一轮集体林权制度改革取得了重大成果，确立了集体林地农户经营的主体地位。但“按人头均分、远近肥瘦搭配”的分配政策使得家庭林业经营分散化、细碎化，严重损害林地资源的配置效率和规模效应，农户经营林地积极性受到一定的影响，产出也明显有下降趋势。本研究在厘清集体林权制度改革后集体林区规模化经营动因及其基本特征的基础上，分析不同规模化经营模式存在的问题与成效，提出实现及优化林地规模化经营的路径策略。

## 一、引　言

### (一)调研背景

实现集体林经营的规模化、现代化是当前集体林区发展的重中之重。新一轮集体林权制度改革取得了重大成果，确立了集体林地农户经营主体地位。但“按人头均分、远近肥瘦搭配”的分配政策使得家庭林业经营分散化、细碎化，严重损害林地资源的配置效率和规模效应，农户经营林地积极性受到一定的影响，产出也明显有下降趋势。党的十八届三中全会以来，政府出台了一系列的政策培育新型经营主体，以促进林业适度规模经营。2016年，国务院颁布了《关于完善集体林权制度的意见》鼓励农户采取转包、租入等方式流转林地实现林地规模经营。党的十九大报告中再次强调要发展多种形式的规模经营，林业规模经营及其经营形式成为学界和政界十分关注话题。在深化集体林权改革之后，各地都在积极探索林业规模经营的实现途径，稳定集体林地承包关系、放活生产经营的自主权，促进林地、林木的有效流转，实现林业规模经营。

然而，现阶段农户林地规模经营在各级政府支持下发展形势仍旧十分严峻。主要表现为仅小部分农户流转林地，且绝大部分流转农户经营规模仍然较小。那么，当前南方集体林区农户林地规模化经营程度如何？当前南方集体林区林地规模化经营模式又有什么特点？存在什么问题？应该如何实现或是优化林地规模化经营的路径策略？这些是本课题所要回答的问题。

本课题拟通过对南方集体林权改革的重点省份展开实地调研，科学研判南方集体林区林地规模化经营的实现路径，并为相关政策的出台提供决策参考。

### （二）研究目标与研究内容

#### 1. 研究目标

首先，厘清集体林权制度改革后集体林区规模化经营的整体情况；其次，分析不同规模化经营模式存在的问题与成效；最后，提出实现及优化林地规模化经营的路径策略。

#### 2. 研究内容

（1）南方集体林区林地规模化经营的动因及总体情况分析。以南方集体林权改革的重点省份为主要调研对象，从农户家庭劳动力转移、林地小规模经营的缺陷、地区社会经济发展的推动以及林地规模经营相关激励政策的驱动等方面分析林地规模化经营的动因，并从林地规模化经营现状分析南方集体林区林地规模经营总体情况。

（2）南方集体林区林地规模化经营模式的分析。在厘清南方集体林区林地规模化经营整体情况的基础上，总结南方集体林区存在的规模化经营模式，主要包括：公司化经营模式、股份合作社经营模式、家庭林场经营模式、大户经营模式和联户经营的基本情况、林地经营及开发利用等情况。然后，对每种规模经营模式的内涵、组织形式及其优劣势进行分析比较，指出有待解决的问题。

（3）优化南方集体林区林地规模化经营的路径策略分析。基于研究内容 1 和 2 的研究结果，提出优化南方集体林区林地规模化经营的路径策略，以期为提高南方集体林区林地规模化经营程度的相关政策出台提供相关决策参考。

### （三）研究方法

#### 1. 数据资料收集方法

（1）文献收集。通过文献检索以及阅读，掌握国内外林地规模化经营相关研究动态，了解学界对集体林权改革、林地流转和林地规模化经营的相关研究，为本课题的顺利完成奠定基础。

（2）二手资料收集。通过对公开数据的收集和整理，了解南方集体林区林地流转状况、林地规模化经营情况及其相关鼓励政策等。本课题使用的二手数据主要来源于《中国林业统计年鉴》《中国统计年鉴》和《集体林权制度改革监测报告》。

（3）实地调研。选取南方集体林区具有典型代表性的省份开展实地调查。样本省份在考虑各省经济发展情况、森林资源状况和林地流转规模的基础上，选择浙江省和福建省。对于政府部门的调研主要采取关键信息人访谈的形式，对于林业规模化经营主体主要采取典型调查与个案访谈相结合的方式。对农户调查则在考虑经济发展水平、分林到户程度和林地流转规模的基础上，选择福建省三明市尤溪县和浙江省丽水市龙泉市作为主要的农户调研地点，共计调查 123 个流转户，其中 200 亩以上的规模经营户有 35 户。

#### 2. 数据分析方法

（1）统计描述法。基于问卷调查信息，对林地流转的主要特点进行统计描述，主要从农户流转林地的规模、流转林地的林种、流转期限、流转对象和流转租金等方面展开分析。

（2）案例分析方法。基于关键信息人的访谈，对规模化经营的主要负责人展开案例调研，分析不同规模化经营模式的主要特征及存在问题。

（3）比较分析法。在对各种规模化经营模式进行案例分析的基础上，比较不同模式的优劣势，着重探究不同组织形式对规模化经营效果的影响，突出不同规模化经营模式的异质性做法及相互借鉴之处。

**(四)技术路线**

本文的技术路线图(图 1)：

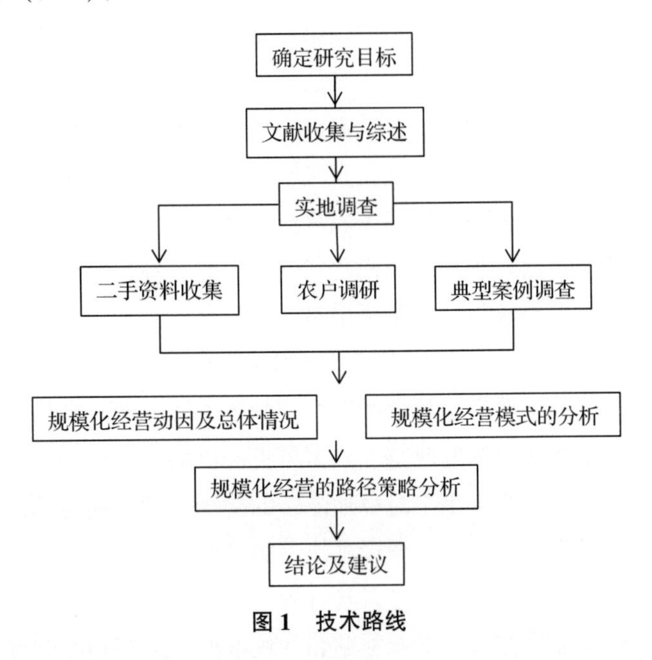


**图 1 技术路线**

## 二、林地规模化经营的形式及特点

### (一)林地规模化经营的动因分析

随着南方集体林区林权改革后森林资源权属明晰化过程的推进，分散的农户与大市场、林地分散经营和规模经营之间的矛盾日益凸显，森林资源经营主体的规模化经营需求也愈发强烈。根据已有研究和调研发现，林地规模化经营的动因可以概括为三个方面：第一，减少小规模分散化经营模式的生产和管理成本；第二，农户生计方式的改变扩大了林地供给；第三，集体林权制度改革促进了林地规模经营的发展。

**1. 减少小规模分散化经营模式的生产和管理成本**

在推进集体林权制度改革的过程中，家庭分散化经营、小规模经营是集体林区的主要经营方式。虽然分散化的林地经营模式在林改初期极大地调动了农户进行林业生产的积极性，但是随着集体林权制度改革的不断深入，小规模、分散化的经营缺陷日益显现。在集体林权制度改革初期，由于林改政策的公平性导向，林地划分时需兼顾林地距村子的路程远近、林地的品质差异以及户籍人口数量等因素，从而导致了林地分割过于细碎，出现“一山多主，一主多山”的现象。虽然，分散化的林地经营模式极大地调动了农民营林积极性，但是，随着集体林改的不断深入，小规模分散化经营的问题日益显现。一方面，林地规模效益是通过单位面积产量的提高或单位林产品生产成本的降低来实现，因此，细碎化的林地经营模式将在一定程度上限定农民的林地投入和产出水平。另一方面，单个农户家庭对于自然灾害和市场风险的抵御能力较低，分散的林地对于林道修建、森林防火、病虫害防治、森林管护和新技术推广等工作也将产生较大的局限性。因此，减少小规模分散化经营模式的生产和管理成本是推动集体林改的一个重要动因。

**2. 农村劳动力转移需要发展林地规模化经营**

随着第二、第三产业的发展和城镇化进程的加快，进一步拉开了城乡收入差距，使得山区农村劳动力发生转移。首先，城乡收入差距在城市中形成的吸引力和乡村中形成的推力极大地提高了农民的外出务工意愿。而农村中受教育程度较高和力壮青年进城从事非农生产的可能性又更高，直接导致了林业生产的高质量劳动力的供给不足、林地利用率下降、林业新技术推广受阻以及林业生态效益降低。其次，农村中日益提高的经济文化水平使得农民对子女的教育观念亦随之改变，相比于指导子女参与林业和农业劳动而言，他们更加期望子女能够跳出农门，摆脱林业劳动，使得林业劳动力的代际传承出现断裂，直接影响了林业的可持续发展。最后，劳动力的成功转移降低了农户对林地的依赖程度，提高了农户流转林地的意愿，加快了林地流转进程，提高林地集中连片经营的可能性，促进了林地规模化经营。因此，林地规模化经营是农村劳动力转移所产生的必然要求，也是林业持续发展的重要出路。

**3. 集体林权制度改革推动了林地规模经营的发展**

新一轮集体林权制度改革明晰了林地产权，减少了流转林地的交易成本，促进了林地流转的发生。此外，自新一轮集体林权制度改革以来，各省份也相继出台了对林地流转和规模经营的扶持政策。比如从财政安排专项资金用于对林地流转的奖励补助，提高林地补助和加强林农保障措施。同时加大了与林地规模经营相关基础设施建设的补助比例，进一步推进了林地经营的现代化进程，极大地提高了林业生产力。林业经营具有投入大、风险大的特点，为缓解林业生产的资金约束、增强林业风险防范能力，森林保费补贴和林权抵押贷款等相关配套政策也相继出台。林业政策调整直接影响农户经营林业的积极性和收益，集体林权制度改革的配套措施，解决了农户营林、造林的后顾之忧，提升了农户造林、营林的热情。

**（二）林地规模化经营的主要模式**

**1. 林业专业大户经营模式**

目前林业经营大户主要两种类型：造林承包大户和林业立体经营大户。造林承包大户主要体现带动功能，林业立体经营大户则是生态效益、经济效益和社会效益协同的实践者。通常来讲，林业专业大户在产业链中主要居于生产环节，负责林产品的规模化、专业化、标准化、商品化生产，对小规模农户起到示范效应。大户在林地经营过程中，自投劳动力和雇佣劳动力并存，但受家庭人数的限制，大户对雇佣劳动力的需求较大，能有效实现一部分农户本地林地就业。

调查发现，大户和合作社的边界是模糊的，许多合作社实际就是大户牵头注册、社员名义出资组建。名为合作社，但基本是大户一人在运作管理，普通社员和大户之间是非常松散的利益连接机制：大户在自己生产的同时，主要负责收购普通农户生产的林产品，然后贩卖给熟悉的经销商，大户与农户之间再进行销售款结算。

尤溪县林业大户郭某 2008 年通过本村及邻近村的林地流转、招投标等形式承包经营毛林 841 亩。郭某作为村书记对本村林地信息较为了解，而且与当地竹材经销商联系紧密，市场信息灵通。访谈发现郭某具有较强的林业经营能力，森林经营意愿强烈，能够较为容易地通过流转和招标实现以家庭为单位的林地规模化经营。然而与其他农户较为类似的是，郭某也面临着林地水利和道路等基础设施条件差、融资困难、信贷支持门槛高的问题，降低了郭某进一步扩大林地规模经营的积极性。

**2. 林业专业合作社经营模式**

农民林业专业合作社是在明确集体林权、对集体所有的林地林木实行家庭承包经营的基础上，同类林产品的生产经营者或者同类林业生产经营服务的提供者、利用者，自愿联合、民主管理的互助性经济组织。农民林业专业合作社作为连接市场和农户的重要载体，发挥着重要的作用，其功能主要包括：第一，服务功能，指农民林业专业合作社以其成员为主要服务对象，提供林业生产资料的购买，林产品的销售、加工、运输、贮藏以及与林业生产相关的技术、信息等服务；第二，社会功能，指农民林业专业合作社通过经营运作，有效吸纳农村劳动力，促进农民就业增收，带动地方经济发展并形成一定的示范效应；第三，经济功能，指农民林业专业合作社作为独立主体参与市场经济活动并在内部存在明显的经济互助性。在2009年国家林业局出台《关于促进农民林业专业合作社发展的指导意见》后，农民林业专业合作社发展的政策环境越发良好，各省亦积极响应，并结合当地的省情和林情，从采伐、财政补助、金融、社会化服务等方面加大扶持力度推动农民林业专业合作社发展，为当地林业经济发展培育中坚力量。

本次调研发现，农民林业专业合作社以林下经济和经济林经营为主，在经济效益方面并不明显。而且农民林业专业合作社为社员提供的服务主要集中于产品收购、生产资料购买和少量的科技服务。比如尤溪县农户王某是村主任，与其好友成立了竹荪种植合作社，服务对象主要是面向本村村民，也有其他乡镇的村民。由于竹荪种植具有一定的技术壁垒，对林地条件和劳动力投入也有一定的要求，合作社会首先对有意向入社的农户进行实地考察，主要是确定该块林地能否种植竹荪。然后，王某及其合作者教授农户竹荪种植技术，并在种植环节提供种苗培育等技术支持，最终由合作社统一收购。据王某介绍，目前竹荪市场行情还比较乐观，不愁销路。但是由于农村现在劳动力较少，而竹荪由于本身的菌类特性其收获必须在限定的时间内完成，因此农户多会因收获时雇用不到足够的劳动力产生损失。

**3. 家庭林场经营模式**

家庭林场是伴随家庭联产承包责任制产生的一种区别于集体统一经营的林业生产经营形式。2013年中央一号文件中提出一系列鼓励新型生产经营主体发展的利好政策，家庭林场作为其中之一，其概念被定义为以农户家庭为基本生产经营单位，以家庭成员为主要劳动力，从事林业规模化、集约化、商品化生产经营，并以林业收入为家庭主要收入来源的新型林业经营主体。此时的定义更多强调的是“林场”的概念，是在集体林地确权后各家分到林地面积不多，不能充分发挥规模效益的背景下，倡导的一种基于林地流转以实现林业的适度规模经营形式，目的在于通过资源的重新整合以更大程度地发掘林业生产力。根据调研情况，课题组发现家庭林场一般是由具有一定的生产规模、资金实力和专业特长的林业大户创建，懂技术、会管理的新型农民在拥有一定规模的林地之后创办的家庭林场。

不同地区对示范性家庭林场认定规则和支持策略有所不同。比如浙江省2015年印发了《浙江省示范性家庭林场标准》，要求经营的林地有规范合同或林权证、林地经营权流转证，林地流转期限20年(其中经济林10年)以上。对于经营规模，浙江省要求对于以用材林为主要经营方向的，规模要在500亩及以上；对于竹林、经济林、花卉和苗木为主要经营方向的，规模要在200亩及以上；对于以森林旅游为主要经营方向的，经营规模在300亩以上；对于种养结合综合经营模式的，经营规模在100亩以上。浙江省政府强调积极支持家庭林场承担林业工程项目、引导林地流转、积极为家庭林场提供科技支撑、支持家庭林场开展可持续经营活动。而福建省对家庭林场的认定标准主要有四条：一是家庭林场的经营主体是林地所在行政村的林农家庭；二是经营林地规模在300亩(竹林200亩)以上，并相对集中连片；三是有林场的发展规划，并落实森林经营措施；四是有发展林下经济的计划，并付诸实施。福建省强调优先安排林木采伐指标、加强项目和资金扶持、支持家庭林场开展多渠道融资和森林保险服务、大力扶持家庭林场发展林下经济、强化技术支持和法律援助等。

大户之间将承包经营的林地和经流转依法取得的林地集中，多个大户一起经营，形成家庭林场。大户之间共享信息、共同经营、共担风险。目前大多是由木材生产经营业主整合资产，形成家庭式、初具规模的私有林场，如尤溪县的三车林场、宏森林场等。

**4. 林业企业**

林业企业是林业供给侧结构性改革的引领者，是现代林业发展的示范者，是市场在资源配置中起决定作用条件下发挥林业生态效益、社会效益和经济效益的重要微观主体，对于促进林业现代化建设，推动林业产业转型升级、区域经济发展和农民增收致富有重要作用。林业企业可通过两条路径实现林地的规模化经营：一种是由大户、家庭林场、合作社在完成工商注册后发展而来，另一种是林业企业通过与农户联营或者建立合作基地完成前向一体化，实现林地规模经营。

多数学者认为龙头企业与农户的关系是一种“契约关系”，或者是一种“订单关系”。企业在选择与农户之间合作关系方面也遵循这一理论，国家鼓励农户以土地入股的形式参与林业企业的发展，因此，在林业企业与农户合作中多数以土地的形式。根据 2014 年的集体林改监测报告，在木材加工类的 35 家企业中有 14 家企业与林农联营或者有合作基地，以特色经济林为主的 69 家龙头企业中有 32 家企业与林农联营或有合作基地。

**（三）林地规模化经营的主要特点**

**1. 实现林地规模化经营的主要方式**

实践中林地规模化经营是通过林地流转来实现。而林地流转的主要方式有租赁、拍卖和招投标、转包和转让、入股等。根据 2017 年国家林业和草原局的“集体林改监测”结果，在各种林地流转方式中，以林地租赁为主（占流转总数的 40.97%），其次为转包或转让（占流转总数的 36.49%），入股等其他流转方式最少（占流转总数的 22.54%）。本次调研发现，如图 2 所示，在流转的 451 个地块样本中，以租赁方式流转的林地有 365 块占总调研林地的约 81%；最少的流转方式是林地入股，仅有 5 块林地。

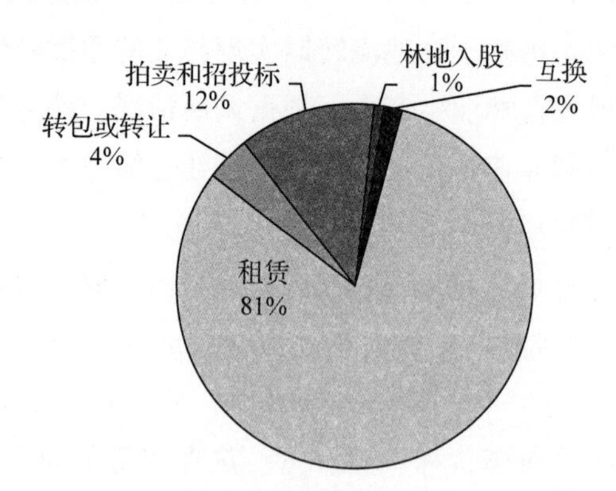


**图 2 农户林地流转方式**（数据来源：农户问卷整理所得）

林地经营权租赁是在一定期限内林权权利人作为出租人将林地出租给承租人使用，由承租人按合同约定支付租金的行为。在林地租赁中，承包方与发包方的承包关系不变，无需经发包方同意，出租合同需要向发包方备案。林地租赁的租金支付方式一般有一次性付清、分期支付和采伐后分红等三种形式。

比如，龙泉市住龙镇村民范某在 2006 年以 3 万元的价格从外村村民手中租入杉木林 80 亩，租期为15年；尤溪县台溪镇村民竹林种植大户付某2015年从本村集体租入毛竹林200亩，租期为20年，每年向本村集体缴纳租金1000元；龙泉市竹垟镇吴某于2003年从本村村民手中租入70亩的荒山用于种植杉木，租期为35年，合同约定林木采伐后采伐收益的30%用于支付租金。

转包或转让是指双方当事人通过平等协商，对转让价款以及其他相关事宜达成合意后林地承包经营权的变动。其中林地转包的流转对象是指本村集体经济组织内部其他农户，承包方与发包方的承包关系不变，无需经发包方同意，转包合同需向发包方备案。林地转让的流转对象一般是外村人员，转让后原承包关系终止，需要进行林权变更登记。

拍卖是指以公开竞价的形式，将特定物品或者财产权利转让给最高应价者的买卖方式。招标投标是以订立招标采购合同为目的的民事活动，具有公开、公正的特点。按照公开、公平、公正原则，在市场机制作用下，以拍卖或招标投标形式来转让林地使用权，能使林业资源得到更优化的配置，从而使林地由分散经营向规模化集约化经营转变，最大限度地解放和发展林业生产力。

实践中，村集体通常将林地以公开招标等形式，租赁给本村村民或社会上有经营能力的单位或个人营林、造林或开展林下经济，承租人根据租期年限分期支付或者一次性支付林地租金。在这种形式下，村集体只拥有林地所有权，收取林地使用费，其他权利均归林地承租人，承租人从经营中获取收益。比如，尤溪县村民用材林种植大户付某2010年通过投标方式从外村集体转入林地320亩用于种植杉木和马尾松，一次性支付价款33万元。

林地使用权出资是指林权所有人以其林地使用权作价入股，或者作为合资合作造林、经营林木的出资合作条件而使林地使用权发生转移的行为。包括林农之间自愿组合，以林地、劳动力、资金入股，联合开发，按股分红；企业以资金或技术入股，村组或林农以林地、管护入股，股份合作办林场经营，按股分红；能人牵头，社会各界投资创办林业合作社，投入荒山开发经营，收益按协议分成；以森林资源为主要经营对象，依法组建公司，完善法人治理结构，将林地等森林资源评估折股资产化运营等。林地、林木折价入股或者林地使用权折价入股合作、合营，收益可按股分红或按比例分成。

目前以出资方式流转主要有两种方式，一种是采取股份合作方式将林地使用权和林木折价入股，建立股份制经营体，林地权属不变，统一经营，按股分红；另一种是对林地使用权和林木通过评估折价，作为成立公司的出资。

互换是指为了实现规模效应，林地使用权人在本村集体经济内部成员之间通过签订互换合同来满足对林地使用的要求。所谓互换合同，指双方约定以各自的林地使用权进行交换的协议。在集体林权制度改革过程中，很多地方已经均山到户，由于以人口为标准对林地进行平均分配，导致改革后林地使用权非常分散，存在农户局部再进行调整的实际需要。在向村集体备案后，农户之间的林地互换就是一种简单有效的形式。

**2. 林地规模化经营的林地规模**

本次调研课题组共调查了林地流转户123户，林地总面积为33724亩，流转面积达26714亩，流转地块共451块(表1)。林地经营规模在200亩以上的经营主体有35户，占到总调查样本的28.46%，而林地经营规模在100亩以上的经营主体占到总调查样本的43.90%。从地块块层面来看，流转地块的块均林地面积约为每块59.23亩。

表 1 流转户流转林地规模情况

| | 0-50 亩 | 50-100 亩 | 100-200 亩 | 200 亩以上 | 合 计 |
|---|---|---|---|---|---|
| 流转户数(户) | 54 | 15 | 19 | 35 | 123 |
| 林地总面积(亩) | 1352 | 1341 | 3272 | 27759 | 33724 |
| 流转面积(亩) | 726 | 743 | 2094 | 23151 | 26714 |
| 流转地块(块) | 189 | 64 | 57 | 141 | 451 |

数据来源：农户问卷整理所得。

**3. 林地规模化经营的主要林种和年限**

(1)流转的林种以用材林和经济林为主。在被调查经营主体流转的 451 块林地中，流转的林种主要为用材林和经济林，其次为竹林，其他林种的林地较少。在被调查经营主体所流转的林地地块中，用材林共有 183 块，占总流转地块的 40. 54%；经济林共有 120 块，占总流转地块的 26. 64%；竹林共有 81 块，占总流转地块的 18. 02%；其他林地共有 67 块，占总流转地块的 14. 80%(表 2)。

(2)流转期限集中在 10 到 30 年之间。通过对被调查农户流转林地的年限进行统计可以发现(表2)，流转林地期限主要集中在 10 年到 30 年之间，共有 243 块，占总流转地块的 53. 92%；其次为 30 年到 50 年，共有 127 块，占总流转地块的 28. 06%；而流转期限较长(指 50 年以上)的地块共有 51 块，占总流转地块的 10. 94%；也有部分地块是短期流转(指 10 年以内)，共有 30 块，占中流转地块的 6. 56%。分不同林种来看，不同林种的流转年限虽然有一定差异，但多集中在 10 年到 30 年之间。其中，用材林流转年限在 10 年到 30 年的地块共有 125 块，占用材林流转总地块的 68. 25%；经济林流转年限在 10 年到 30 年的地块共有 48 块，占经济林流转总地块的 40. 11%；竹林流转年限在 10 年到 30 年的地块共有 38 块，占竹林流转总地块的 46. 43%；其他林地流转年限在 10 年到 30 年的地块共有 33 块，占其他林地流转总地块的 48. 70%。

表 2 农户流转林种和年限

单位：块

| | 10 年以内 | 10-30 年 | 30-50 年 | 50-70 年 | 70 年以上 | 合计 |
|---|---|---|---|---|---|---|
| 用材林 | 6 | 125 | 30 | 20 | 2 | 183 |
| 经济林 | 13 | 48 | 46 | 11 | 2 | 120 |
| 竹 林 | 8 | 38 | 26 | 9 | 1 | 81 |
| 其 他 | 3 | 33 | 24 | 6 | 1 | 67 |
| 合 计 | 30 | 243 | 127 | 46 | 5 | 451 |

数据来源：农户问卷整理所得。

**4. 林地规模化经营的林地来源**

(1)流转来源广泛，但以本村林地为主。从流转来源看(表 3)，流转林地来源于本村村民的农户为 34 户，占总流转户的 27. 64%；流转林地来源于本村集体的农户为 61 户，占总流转户的 49. 59%；流转林地来源于外村村民的农户为 11 户，占总流转户的 8. 94%；流转林地来源于外村集体的农户为 10 户，占总流转户的 8. 13%；流转林地为合作社、工商企业等来源的农户为 8 户，占总流转户的 5. 69%。可见，农户流转林地的来源多样化，但主要来源于本村村民和本村集体。

流转林地的来源为合作社、工商企业等的经营主体，流转平均面积为 412. 65 亩、块均面积为 112. 76 亩均远大于本村村民和本村集体。可以看出本村林地虽然是农户流转林地的主要来源，但从流转林地的单位规模面积来看，能对接市场从合作社或企业那里流转林地的农户会获得更高的规模竞争优势。而从本村集体和外村集体流转的林地在流转平均面积和块均面积上也均大于本村村民，这说明集体组织提供给农户的林地相对于本村村民来说，面积更大、细碎化更小。

**表 3 农户流转林地来源情况**

| | 样本农户（户） | 流转总面积（亩） | 流转平均面积（亩/户） | 流转地块数（块） | 块均面积（亩/块） |
|---|---|---|---|---|---|
| 本村村民 | 34 | 3134 | 93.43 | 106 | 29.50 |
| 本村集体 | 61 | 14585 | 240.81 | 195 | 74.79 |
| 外村村民 | 11 | 2188 | 195.66 | 64 | 34.27 |
| 外村集体 | 10 | 3731 | 363.97 | 59 | 63.64 |
| 合作社、工商企业等 | 7 | 3076 | 412.65 | 27 | 112.76 |

数据来源：农户问卷整理所得。

(2)流转行为表现出较强的关系取向。从农户与林地流转地块对象的关系来看(表 4)，农户与流转对象存在亲戚、朋友、熟人等关系的为 426 个，占总流转地块对象的 94.46%。从村民手中流转林地的农户，流转双方多为亲友、熟人关系：从本村村民流转林地的农户中，与流转对象存在熟人及以上关系的农户为 98 个，占该流转类别总数的 93.33%；从外村村民流转林地的农户中，与流转对象存在熟人及以上关系的农户为 61 个，占该流转类别总数的 96.83%。少部分从合作社、企业等组织流转林地的农户，流转双方也是存在亲戚或熟人关系。可以看出，农户流转林地仍是发生在亲友及熟人之间，林地流转行为表现出较强的关系取向。

**表 4 农户与林地流转对象的关系** 单位：人

| | 亲戚 | 朋友 | 熟人 | 不熟悉 |
|---|---|---|---|---|
| 本村村民 | 24 | 21 | 53 | 7 |
| 本村集体 | 4 | 24 | 164 | 3 |
| 外村村民 | 1 | 26 | 34 | 2 |
| 外村集体 | 1 | 30 | 17 | 10 |
| 合作社、工商企业等 | 7 | 14 | 6 | 0 |

注：农户与本村集体及外村集体、合作社、工商企业等的关系是指农户与该组织负责人的关系。

数据来源：农户问卷整理所得。

**5. 林地租金**

由于林地流转的年限存在较大差异，因此本课题把所有的流转价格都根据流转总价与期限以及面积折成了每亩每年的平均流转价格。2016 年集体林权改革监测报告显示，2014 年商品林流转价格均值为 3.10 元，而 2015 年商品林流转价格均值仅为 1.59 元。本课题组对农户流转地块价格进行统计发现(表 5)，农户流转林地每亩每年平均价格普遍集中在 50 元以下，共有 318 块，约占总流转地块对象的 70.51%；流转林地每亩每年平均价格在 1 元以下的，相当于赠送林地，该流转价格多发生在亲戚和熟人之间，共有 61 块，约占总流转地块对象的 13.53%；每亩每年平均价格在 200 元以上的仅有 13 块，约占流转地块对象的 2.88%。分不同林种来看，用材林每年每亩平均流转价格在 50 元以下的块数为 170 块，占总流转用材林地块的 92.90%；经济林每年每亩平均流转价格在 50 元以下的块数为 80 块，占总流转经济林地块的 66.67%；竹林每年每亩平均流转价格在 50 元以下的块数为 69 块，占总流转用材林地块的 85.19%；其他林地类型每年每亩平均流转价格在 50 元以下的块数为 60 块，占总流转用材林地块的 89.55%。可以看出当前农户流转林地价格普遍较低。

**表 5 农户流转林地价格情况**

单位：元/亩·年，块

| | 0-1 | 1-50 | 50-100 | 100-200 | 200 以上 |
|---|---|---|---|---|---|
| 用材林 | 17 | 153 | 9 | 2 | 1 |
| 经济林 | 19 | 61 | 24 | 11 | 5 |
| 竹　林 | 13 | 56 | 5 | 3 | 4 |
| 其　他 | 12 | 48 | 2 | 1 | 3 |

数据来源：农户问卷整理所得。

**(四)集体林权制度改革后林地规模化经营成效**

根据本课题组的调研情况结合已有研究，课题组发现在集体林权改革后中国林地规模化经营成效主要体现在：提高了林地经营者对林地投资的积极性、促进了社会化服务体系的发展、吸纳了农村剩余劳动力等三个方面。

**1. 提高了林地经营者对林地投资的积极性**

林地实现规模化经营后，由于林地面积增加，其经营收益也相对提高，提高了林地经营者的营林积极性。通过本次调研发现林地经营大户、合作社、公司等林业经营主体，营林积极性远高于普通农户。根据国家林业和草原局的“集体林改监测”结果，流入林地农户林业经营支出及其他各类支出也明显高于无流转的农户。本次调研，课题组也发现相同的情况。图 3 给出了流转户与非流转户之间在劳动力投入和资金投入的差别。可以看出流转户的单位林地面积上劳动力投入和资金投入远大于非流转户，也高于样本的均值水平。

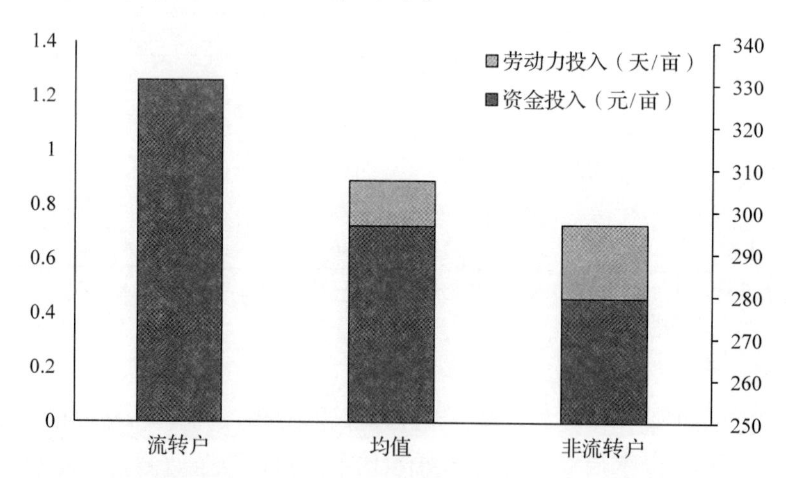


**图 3 流转户与非流转户林地投入情况**(数据来源：农户问卷整理所得)

**2. 促进了社会化服务体系的发展**

林地的规模化经营与单个小农户的经营方式有较大的差异。首先，大面积的林地经营在日常管护和林木采伐上都需要大量的要素投入，因此，对林业生产性服务和综合性服务需求也更高。其次，随着林地规模化经营的发展，林业社会化、专业化程度逐渐加强，许多林业生产经营过程中的环节和劳动被分离出来，由此形成新的组织或行业。而这些新的组织纵横交错构成广泛的服务网络，又进一步支持着林地规模化的发展。最后，由于林农对林地流转的需求，催生了林地流转中介服务的形成与迅速发展，而流转后的林地经过集约化经营所产生的规模效益又能进一步提高林农的林地流转意愿，以促进林地流转中介服务的进一步完善，形成一个良好的循环。此外，由于规模化经营对生产技术和基础设备的需求更专业化，因此规模化农户对林业科技服务和基础设施的部门近年来需求较为强烈，林业社会化服务体系也较为迅速。

**3. 吸纳了农村剩余劳动力**

林地规模化经营后，增加了对劳动力的需求。首先，单个的农户家庭无法完成大面积的林地经营，因此规模化经营在造林、森林抚育、木材采运、林产品采摘等环节需要大量的劳动力。其次，通过调研发现，由于南方集体林区地形多为丘陵、山地，大型机械化使用受限，因此在种植和抚育环节仍以人力投入为主，需要雇佣大量的劳动力，较好地带动了周边村庄劳动力的就业。最后，由于林业规模经营主体对劳动力的需求，在南方各地也催生了专业的育林队，此外，部分规模化经营主体比如公司和合作社也长期雇用了一定数量的农户参与林业经营。综上，林业规模化经营对农村剩余劳动力的吸纳是营林发展需求的体现，而专业化育林的产生更是林业市场可持续发展的要求。

## 三、林地规模化经营中存在的问题

### （一）缺乏先进的管理经验和高质量的人力资本投入

林业规模化经营虽然在全国各大林区都取得了不错的成绩，但小农经济思维仍根深蒂固，缺乏先进的管理经验和高质量的人力资本投入。根据课题组调研发现，农民是当前仍是规模化经营的主体，受教育程度普遍较低且老龄化严重。而年富力强、文化程度稍高的农村青壮年多外出务工，造成懂技术、会管理、有市场开拓能力强的高素质经营管理人才缺乏。因此，以家庭为单位单打独斗，缺乏市场化的开放性思维，且组织化、规模化的经营管理理念淡薄，难以适应新时期的生产需要。同时，在经营管理的规范性中，部分合作社的管理制度常常直接套用其他经营主体管理制度，未能够结合自身实际情况，而且在实际运行中难以落地实施。此外，农户对于各类规模化经营模式的认识存在一定的偏差，比如，有些林业专业合作社社员把合作社当成争取优惠政策和项目扶持资金的组织工具，而合作社理事会、监事会流于形式，建社后从未或很少召开理事会或监事会会议，未能发挥日常管理和监督作用，合作社运作主要由发起人或者理事长控制，没能形成社员民主参与的决策机制。因此，林业规模化经营中所欠缺的先进管理经验及管理型人才是未来掣肘林业规模化经营的重要因素。

### （二）林业社会化服务的发展因劳动力短缺而受到制约

乡村的林业社会化服务虽然有一定的发展，但与此相关的劳动力缺乏仍是制约其进一步发展的重要因素。其中的原因主要包括三个方面：一是由于林业自身的生产经营条件较为艰苦，而优质劳动力对参与林业经营的社会化服务中所获得的收益与其付出的劳动难以形成等价交换。因此，相比于其他的收益高、条件好的工作，林业社会化服务的工作对劳动力的吸引力存在不足。二是由于林业经营周期长、收益少。除了林地流转中介、林木采伐机构等短期型社会服务类型，多数的林业社会化服务有着较长的项目实施周期，以及较为复杂的项目售后等活动需要持续跟进。因此，相比于其他短平快的工作，优质劳动力对参与林业社会化服务工作的意愿不高。三是由于劳动力成本上涨严重，极大地提高了规模化经营主体的雇工成本，同样的雇工支出对于力壮劳动力显得不足。而对于高龄劳动力又存在较高的溢价水平，因而极大地影响了规模化经营主体对于社会化服务的需求水平。此外，由于城镇化的不断发展导致农村劳动力不断转移，而留守的劳动力多为老年人，受教育程度普遍较低。因此，对于造林、抚育以及采伐活动等社会化服务因年老而体力不支，而对于林地的流转、融资等社会化服务的参与又因其文化水平不够而无法参与。由此来看，劳动力短缺问题是林业社会化服务亟须解决的重要问题。

**（三）林地流转规范难，激励和监督、约束机制有待完善**

目前许多地方林农对正规的林地流转政策、流转程序还不够了解，林地流转大部分是林农的自发行为，具有一定的盲目性和被动性，流转方式五花八门，一些地方私下流转现象十分普遍。部分地区签订的流转合同不符合法定程序，造成流转后无法过户，影响了林地的规范经营。另外，由于林地流转权证操作相对困难，及其与不动产登记业务的衔接问题，许多地方林地经营权流转证的办理业务相对延后。同时，林地经营权流转证在各部门间尚未达成共识，造成现在林地流转登记困难。在社会经济生活中，林地经营权流转证的法律效力较低，金融部门在开展林地经营抵押贷款业务上比较谨慎，业务较难开展。另外，林地流转市场中介组织发展缓慢，只有少数地方存在由地方政府组建或主导发展起来的中介组织，非政府组建的严重不足，以至于流转市场服务、政府和中介组织服务都存在缺失和错位。实践中，政府除提供林权登记和纠纷调处外，极少提供签订合同指导、政策法律咨询与宣传、流转价格指导、流转信息公开等其他服务。

**（四）林地经营融资难，银行与农户难以形成有效的金融合作**

当前规模化经营主体多数经营林业初级产品，产品附加值低，而且价格不稳定，自身发展能力有限。林业生产周期较长，前期投入较大，在缺乏资金时，生产期间的管护由于缺乏资金难以为继。而且许多规模化经营主体自有资金较少，也难以通过林权抵押贷款获得正规信贷。林权抵押贷款申请条件苛刻，覆盖范围有限，数据显示到2016年年底，全国抵押林地面积9759.01万亩，占已确权林地的3.64%，与2015年相比，变化不大，而且年末贷款余额和平均每亩贷款均成较大幅度下降。其中的原因主要包括两个方面：一是银行放贷意愿不高，二是农户的贷款意愿不高。对于银行而言，为避免坏账问题，大部分林权抵押贷款只针对权属清晰、易于变现的用材林，而将其他大量林权排斥在外。同时银行也设置了严格的林权抵押贷款审批程序，从而制约了林权抵押贷款的进一步开展，使得森林资源资本化进程受限。对于林业规模化经营的农户而言，由于各地的银行机构对林地质量以及林木类型的要求，以及审批程序等问题，导致农户对林权抵押贷款的积极性不足，促使农户选择其他手续简单、流程简短、放款速度快的其他金融产品或融资渠道。另外，林业地区多处于偏远山区，林权抵押贷款面临着“评估难、管理难和处置难”问题，银行机构对于林权抵押贷款存在“畏贷”心理，林业经营主体和银行信贷员都不偏爱，这使得林权抵押贷款成了“鸡肋”产品。

另一方面，部分林业经营主体在产业发展选择上，为了追求新颖和特色而忽略了发展技术对产业支撑的重要性。甚至存在严重跟风现象，听说某产业好之后，在尚未充分了解该产业，在未对产业发展风险和市场进行评估，也未进行引种试验的情况下，就投入大量资金。而林业经营的周期长又制约着农户的资金周转率，最终导致产业或项目的开展不具备可持续性，使得项目停滞陷入困境。因此，农户与银行之间的金融合作错位是林业规模化经营中所面临的重要问题。

## 四、优化南方集体林区林地规模化经营的策略分析

### （一）提高林业规模化经营主体的管理能力

应针对林业规模化经营主体开设规模化经营的知识讲堂，提高其对林地规模化经营的认知水平，并创办林业经营管理培训机构，提高经营主体对于林地规模化经营的管理能力。首先，林地规模化经营的知识讲堂应具有普适性，包括规模化经营的主要模式以及不同的规模化经营模式的特点、优点、缺点，帮助经营主体在林地规模化经营的模式选择时能够有一个清晰的认识，为后续的林地经营开一个好头。其次，对于已经开展林地规模化经营的经营主体，应对其管理能力的提升下功夫，创办林业管理培训机构，针对不同类型的规模化经营模式设立针对性的管理能力提升课程及实践，帮助经营主体提升自身的经营管理水平。最后，政府应为相关的林业培训机构牵头，不仅要保证相关林业教育能够持续开展，也应避免相关的林业知识教育和管理培训不与社会实践脱节。

### （二）培养专业的营林队伍并加大林业机械研发

专业化是实现林业规模化经营的重要过程，专业的营林队伍能够不断提高林业规模化经营的生产效率，不论是造林成活率、林地管护的便捷性还是林木采伐的高效性都能够得到有效的保障。此外，专业化的营林队伍能够加快林业现代化机械的推广和应用，造林时应用适当的机械化设备能够提高整地速度，不仅节省了人力和时间，而且极大地提高了效率。这能在一定程度上解决炼山难、杂灌清理不易，人工整地缓慢的问题。而对于林业机械化造林的应用可能带来的环境问题，应具体问题具体分析，客观看待机械化造林所带来的生态环境问题。在合理的生态评估的基础上，对于立地条件较好的并且生态恢复能力强的地方，应鼓励使用机械化造林；对于立地条件较差或者生态恢复能力较差的地方，应限制使用机械化造林。因此，组建和培养专业的营林队伍以及林业机械化的推广对于林业规模化经营的发展具有重要作用。

### （三）规范林地流转市场简化交易流程

林地流转市场的规范性需要从根本上解决农户的法律意识薄弱问题，做好相关的法律宣传。第一，应提高双方的法律法规意识，使流转双方能够清晰地认识到不规范的流转合同及协议可能存在的隐患，及其可能造成的损失。第二，林业相关部门应为不同的林地流转方式提供相应的流转合同模板，使农户及规模化经营主体对流转合同的具体内容有清晰的认识。避免因不规范的林地流转而导致后续的经营问题，也从根本上避免因合同规范性而导致的权证过户难问题。第三，为避免因林地流转而产生不必要的纠纷而提高交易成本，应成立林地、林木等森林资源的价值评估中心，充分保障林地流转双方的合法权益。第四，提高林地流转中介组织建立的积极性，综合不同的林业服务需求，解决因单纯的林地流转业务服务的盈利点少和利润低而导致林地流转的社会中介组织不足的问题。第五，设立一站式服务的业务办理大厅，避免办理林地流转手续时辗转多个部门，针对不同类型的林地流转方式绘制明确的林地流转手续办理流程图，各部门间对于林地流转权证应达成共识，同时按照有关法律规定，加强对流转后林地用途进行监督。此外，政府还应加快完善村级自治组织及其内部决策、监督机制和程序，建立相应追责机制，以尽量避免个别干部借流转损害集体利益。

### （四）拓宽林业经营融资渠道落实对林地规模化的后续支持性政策

解决林业经营的融资难问题应从三个方面入手。首先，应从根本上解决银行的畏贷问题，而

林业资产的兑现难、处置难是其畏贷的主要原因。应改变林业资产传统的变现思维，银行可以将抵押的林地通过转售或托管给当地的国有林场或相关企业，而相关企业则可通过碳排放市场获得更高收益。此时，银行可以避免坏账，企业可以提高收益，林业的规模化经营主体能够合法合规地得到相应的抵押贷款。其次，金融部门应大力发展林业普惠金融，同时将互联网金融与林业金融相结合，简化林权抵押贷款的办理手续，降低贷款利息，将林权抵押贷款与信用贷款相结合，提供多样化的贷款产品，从而提高林业规模化经营主体的贷款意愿。最后，对于林业投资周期长、风险高等特点，应因地制宜地鼓励发展林下经济，实施“以短养长”的方式以保证可持续经营，由此可在保障短期收益的同时为长期经营提供一定的资金基础。

调 研 单 位：北京林业大学经济管理学院
课题组成员：程宝栋、徐畅、周莹莹、罗奕奕、裴韬武、李玥铭